电机维修实用技术手册

第 2 版

方大千　朱征涛　等编著

机 械 工 业 出 版 社

本书作者曾在国企负责十多年的电气设备维修管理工作，维护全厂数千台各类电机的正常运行，积累了大量的电机运行、维修管理经验及修理技巧，本书就是结合作者的这些经验和体会，紧紧围绕中、小型电机的安装、使用要点，日常维修与保养，故障及处理，小修、中修和大修，绕组重绕，浸漆、干燥及试验等实际维修内容来编写的。全书内容具体而实用。书中还介绍了电机的基本计算公式、绕组展开图的绘制及范例，以及电机控制和励磁装置的维护与故障处理等。另外，书中还列有电机维修所必需的常用材料、技术资料和技术标准，以方便读者查用。本书所涉及的电机产品基本采用新系列的产品，同时也兼顾了目前仍在使用的少数老产品。另外，本次修订还增加了永磁电机的相关知识和维修资料。

本书叙述通俗易懂，内容丰富、实用、新颖、先进。书中介绍的大量电机维修经验，以及新材料、新技术、新工艺和新方法，在电机维修实践中非常实用。

本书可供电工技师、电机修理人员、设备运行人员和广大城乡电工阅读，也可供电气技术人员、设备管理人员学习、使用。

图书在版编目（CIP）数据

电机维修实用技术手册/方大千等编著. —2版. —北京：机械工业出版社，2018.7

ISBN 978-7-111-60604-8

Ⅰ.①电… Ⅱ.①方… Ⅲ.①电机-维修-技术手册 Ⅳ.①TM307-62

中国版本图书馆CIP数据核字（2018）第174740号

机械工业出版社（北京市百万庄大街22号 邮政编码100037）
策划编辑：付承桂 责任编辑：付承桂
责任校对：郑 婕 封面设计：路恩中
责任印制：常天培
涿州京南印刷厂印刷
2018年10月第2版第1次印刷
184mm×260mm · 27.5印张 · 698千字
0001—3500册
标准书号：ISBN 978-7-111-60604-8
定价：99.00元

前　言

电机是工农业生产及各行各业中使用最广泛的动力设备，其种类繁多，数量极大，是电气工作者涉及最多的电气设备。电动机是消耗电能最多的电气设备，年耗电量约占总发电量的60%，如何维护好电动机，使它安全、可靠、经济地运行，意义十分重大。尤其是自动生产线上的电动机，一旦出现了故障，若不能及时处理，就会造成重大的经济损失。发电机为工农业生产和人们生活提供电能，若发电机发生故障而停机，社会影响和经济损失更大。因此，切实做好电机的安装、使用，日常维护保养工作，落实小修、中修和大修，以及掌握正确的电机修理技术，保证电机的修理质量非常重要。

作者曾在国企负责十多年的电气设备维修管理工作，维护全厂数千台各类电机的正常运行，并从事了多年的小水电工作。工作中涉及的电机有交流电动机、直流电动机、换向器电动机、电磁调速电动机、转矩电动机、背压式汽轮发电机、水轮发电机、风机、水泵、压缩机、防爆电动机、锥形电动机、自整角机和各种电动工具等。作者在长期的实践中积累了大量的电机运行、维修管理经验及修理技巧，本书就是结合作者的这些经验和体会，紧紧围绕中、小型电机的安装、使用，日常维护与保养，故障及处理，小修、中修和大修，绕组重绕，浸漆、干燥及试验等实际维修内容来编写的。全书内容具体而实用。书中还介绍了电机的基本计算、绕组展开图的绘制及范例，以及电机控制和励磁装置的维护与故障处理等。另外，书中还列有电机维修所必需的常用材料、技术资料和技术标准，以方便读者查用。本书所涉及的电机产品基本采用新系列的产品，同时也兼顾了目前仍在使用的少数老产品。

本书主要由方大千、朱征涛等编著。参加本书编写工作的还有方成、方立、郑鹏、朱丽宁、方亚平、方亚敏、张正昌、张荣亮、许纪秋、那宝奎、费珊珊、方亚云、张慧霖、刘梅、方大中、方欣、卢静和孙文燕等同志。

限于作者的水平，书中不妥之处在所难免，望广大读者批评指正。

作　者

目　录

第一章　三相异步电动机的维修

第一节　异步电动机的基础知识

一、异步电动机的型号、铭牌与结构

1. 异步电动机的分类

（1）按照转子结构形式分

1）笼型异步电动机。

2）绕线转子异步电动机。

（2）按照机壳防护形式分

1）开启式：转动部分及绕组没有专门的防护设备，与外界空气直接接触，因此散热性能较好。

2）封闭式：能防止水滴、尘土等进入电动机内部，适用于灰尘较多的场所。

3）防护式：能防止水滴、尘土等从电动机上方进入。

（3）按相数分

1）单相电动机。

2）三相电动机。

（4）按电动机尺寸分

1）大型：$H>630$mm，$D_1>1000$mm。

2）中型：$H=355\sim630$mm，$D_1=500\sim1000$mm。

3）小型：$H=80\sim315$mm，$D_1=120\sim500$mm。

H——电动机中心高（mm），D_1——定子铁心外径（mm）。

（5）按绝缘形式分

1）E 级。

2）B 级。

3）F 级。

4）H 级。

（6）按工作定额分

1）连续。

2）短时。

3）断续。

（7）按安装方式分

1）卧式。

2）立式。

（8）按冷却方式分

1）自冷式。

2）自扇冷式。

3）他扇冷式。

4）管道通风式。

此外，除基本系列分类方式外，派生系列和专用系列一般是按工作环境、拖动特性或特殊性能要求进行分类的。

2. YX3 系列三相异步电动机的型号

YX3 系列三相异步电动机已取代老型号 J_2、JO_2 系列和 Y、Y2、Y3 系列异步电动机。

YX3 系列三相异步电动机的型号含义如下：

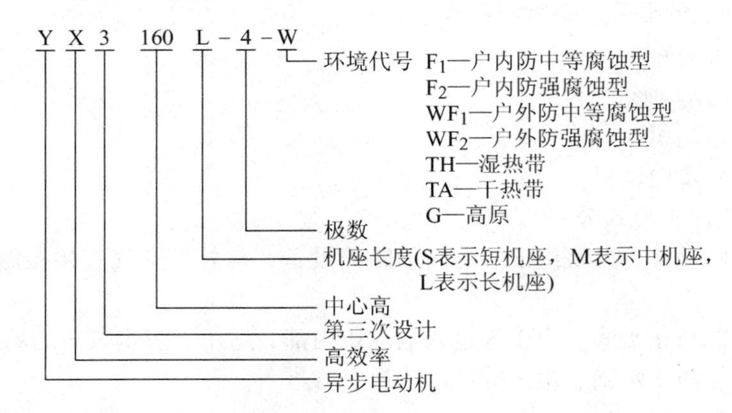

YX3 系列三相异步电动机的外壳防护结构形式为 IP55，为封闭式电动机。外壳防护形式分级的含义为

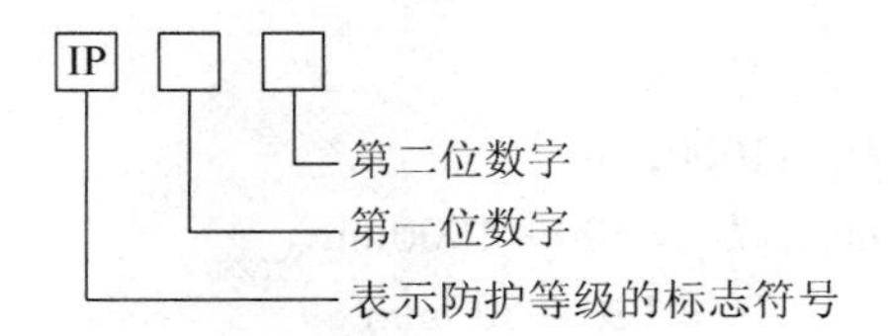

其中，第一位和第二位数字构成三相异步电动机外壳防护等级特征，其分级规定见表 1-1。

表 1-1　三相异步电动机外壳的防护等级

	级别	防止人体触及机壳内部带电或转动部分的防护，防止固体异物进入电机内部的防护
第一位数字	1	能防止大面积的人体（例如手），偶然或意外地触及壳内带电或转动部分 能防止直径大于 50mm 的大固体异物进入壳内
	2	能防止手指触及壳内带电或转动部分 能防止直径大于 12mm 的小固体异物进入壳内
	3	能防止直径大于 2. 5mm 的工具或导线触及壳内带电或转动部分 能防止直径大于 2. 5mm 的固体异物进入壳内
	4	能防止厚度大于 1mm 的工具、金属线或类似的物体触及壳内带电或转动部分 能防止直径大于 1mm 的小固体异物进入壳内
	5	能完全防止触及壳内带电或转动部分 能防止积尘达到有害程度，虽不能完全防止灰尘进入，但灰尘进入的数量不足以妨碍电动机良好地运行

（续）

	级别	防止水进入电动机达到有害程度的防护
第二位数字	1	垂直的滴水对电动机无有害的影响
	2	与沿垂线成15°角范围内的滴水对电动机无有害的影响
	3	与沿垂线成60°角或小于60°角范围内的滴水对电动机无有害的影响
	4	任何方向的溅水对电动机无有害的影响
	5	任何方向的喷水对电动机无有害的影响
	6	经受猛烈的海浪冲击后，无有害数量的海水进入电动机内部
	7	当电动机在规定的压力和时间条件下浸入水中时，电动机的进水达不到有害的数量
	8	当电动机在规定的压力和浸水时间内不限地浸入水中，电动机的进水达不到有害的数量

3. 电动机的铭牌

电动机上都装有一块铭牌，只有看懂铭牌上所标各数据的意义，才能正确使用好电动机。铭牌也是检修电动机的依据。图1-1是YX3系列电动机的铭牌（Y、Y2等淘汰型号电动机的铭牌与YX3系列的类似），铭牌上各数据的意义如下。

① 型号 YX3表示（高效系列）三相异步电动机；160表示机座号，数据为电动机中心高；M表示中机座（另外，还有S表示短机座，L表示长机座）；2表示铁心长序号；2表示电动机的极数。

② 额定功率（15kW）　电动机的额定功率是指电动机的额定工况下，转轴上所输出的机械功率。

③ 频率（50Hz）　电动机所接交流电源的频率。我国采用50Hz的频率。

④ 额定转速（2945r/min）　电动机在额定电压、额定频率和额定功率下，每分钟的转数。三相异步电动机2极为2825～2970r/min，4极为1390～1480r/min，6极为910～980r/min，8极为710～740r/min。电动机的额定功率越大，则转速越高。

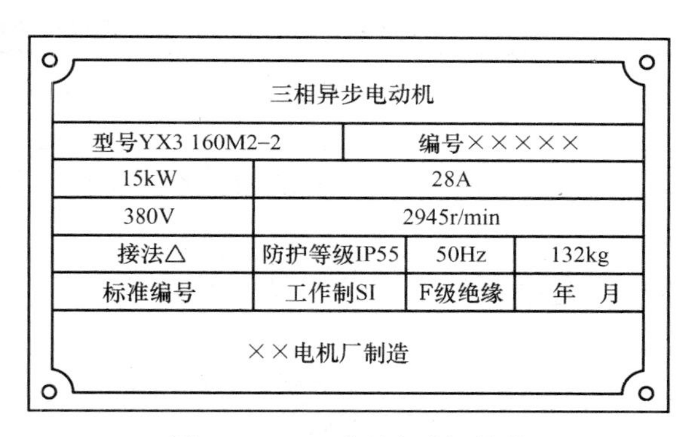

三相异步电动机
型号YX3 160M2-2
编号×××××
15kW
28A
380V
2945r/min
接法△
防护等级IP55
50Hz
132kg
标准编号
工作制SI
F级绝缘
年　月
××电机厂制造

图1-1　YX3系列电动机铭牌

⑤ 额定电压（380V）　是指电动机所用电源电压的额定值，我国低压三相交流电为380V。

⑥ 额定电流（28A）　是指电动机在额定电压、额定频率和额定负荷下定子绕组的线电流。电动机绕组为三角形接法时，线电流是相电流的$\sqrt{3}$倍；为星形接法时，线电流等于相电流。电动机工作电流受处加电压、负荷等因素的影响较大。

电动机额定电流可由下式计算：

$$I_e = \frac{P_e \times 10^3}{\sqrt{3} U_e \eta \cos\varphi} (\text{A})$$

式中　P_e——电动机的额定功率（kW）；

U_e——电动机的额定电压（V）；

cosφ——电动机的功率因素，为0.82～0.91；

η——电动机的效率，为0.8～0.95。

⑦ 绝缘等级（F级）及温升　绝缘等级是指电动机绕组所用绝缘材料的耐热等级。YX3系列采用F级绝缘，其极限温度为155℃；Y、Y2、Y3系列采用B级绝缘，其极限温度为130℃；J_2、JO_2系列采用E级绝缘，其极限温度为120℃；J、JO系列采用A级绝缘，其极限温度为105℃。

温升是指所用绝缘材料的最高允许温度（极限温度）与规定的环境温度40℃之差，或称额定温升。温升单位为K。

⑧ 工作制　是指电动机在额定条件下允许连续使用时间的长短。工作制可分为三类：连续工作、短时工作和断续工作。

⑨ 防护等级（IP55）　YX3系列的防护等级为IP55，IP表示外壳防护符号。

IP55：第一个“5”表示能完全防止触及壳内带电或转动部分；第二个“5”表示任何方向的喷水对电动机无有害的影响。

⑩ 电动机的接法（△形接法）　三相异步电动机一般采用星形（Y形）接法或三角形（△形）接法。

此外，铭牌上还有电动机质量、出厂日期和标准编号等信息。

4. 电动机的安装结构

YX3系列三相异步电动机的安装结构见表1-2。

表1-2　YX3系列三相异步电动机的安装结构特点及安装方式

代号	示意图	结构特点	安装方式	制造范围
				IP55
B_3		两个端盖式轴承，有底脚、有轴伸	借助于底脚安装在基础构件上	H80～H315
B_{35}		两个端盖式轴承，有底脚，传动端端盖上有凸缘，凸缘上有通孔、有轴伸	借助于底脚安装在基础构件上，并附用凸缘安装	H80～H315
B_5		两个端盖式轴承，无底脚，传动端端盖上有凸缘、有轴伸	借助于凸缘安装在基础构件上	H80～H225
B_6		同B_3	借助于底脚安装在墙上，从传动端看底脚在左边	H80～H160
B_7		同B_3	借助于底脚安装在墙上，从传动端看底脚在右边	H80～H160
B_8		同B_3	借助于底脚安装在天花板上	H80～H160
V_1		两个端盖式轴承，无底脚，传动端端盖上带凸缘，凸缘上有通孔，传动端轴伸向下	借助于凸缘在底部基础构件上安装	H80～H315
V_{15}		两个端盖式轴承，有底脚，传动端端盖上有凸缘，凸缘上有通孔，传动端轴伸向下	借助于底脚安装在墙上，并附用凸缘在底部基础构件上安装，传动端轴伸向下	H80～H160

（续）

代号	示意图	结构特点	安装方式	制造范围
				IP55
V_3		两个端盖式轴承，无底脚，传动端端盖上带凸缘，凸缘上有通孔，传动端轴伸向上	借助于凸缘在顶部基础构件上安装	H80 ~ H160
V_{36}		两个端盖式轴承，有底脚，传动端端盖上有凸缘，凸缘上有通孔，传动端轴伸向上	借助于底脚安装在墙上或基础构件上，并附用凸缘在顶部基础构件上安装，轴伸向上	H80 ~ H160
V_5		两个端盖式轴承，有底脚，传动端轴伸向下	借助于底脚安装在墙上，传动端轴伸向下	H80 ~ H160
V_6		两个端盖式轴承，有底脚，传动端轴伸向上	借助于底脚安装在墙上，传动端轴伸向上	H80 ~ H160

5. 电动机的冷却方式

比较常用的冷却方式有：IC01，IC06，IC411，IC416，IC81W。

以 IC411 为例。其完整标记法为 IC4A1A1。

“IC” 为冷却方式标志代号；

“4” 为冷却介质回路布置代号（机壳表面冷却）；

“A” 为冷却介质代号（空气）；

第一个 “1” 为初级冷却介质推动方式代号（自循环）；

第二个 “1” 为次级冷却介质推动方式代号（自循环）。

- IC411，表示内循环风冷，外循环风冷，自由循环冷却。全封闭外表轴向自扇冷却，即电动机本身自带风扇冷却，冷却不需要外接电源。
- IC416，表示内循环风冷，外循环风冷，强迫风冷。全封闭带单独轴流风机的外表轴向风机冷却，即电动机自带风机冷却，冷却风机需要外接电源。
- IC81W，表示内循环风冷，外循环水冷，即空-水冷却。
- IC01，表示自由循环（自通风），周围介质直接自由吸入，然后直接回到周围介质。冷却不需要外接电源。
- IC06，表示自带鼓风机的外通风。冷却需要外接电源。

YX3 系列（IP55）电动机的冷却方式为 IC411。

6. 电动机的功率、机座号与同步转速的关系

YX3 系列电动机的功率、机座号与同步转速的对应关系见表 1-3。

表 1-3 YX3 系列电动机的功率、机座号与同步转速的对应关系

机座号	同步转速/(r/min)							
	3000	1500	1000	750	600	500	428	325
	功率/kW							
80M1	0.75	0.55	0.37	0.18	—	—	—	—
80M2	1.1	0.75	0.55	0.25				
90S	1.5	1.1	0.75	0.37				
90L	2.2	1.5	1.1	0.55				
100L1	3	2.2	1.5	0.75				
100L2	3	3	1.5	1.1				
112M	4	4	2.2	1.5				
132S1	5.5	5.5	3	2.2				
132S2	7.5	5.5	3	2.2				
132M1	—	7.5	4	3				
132M2	—	7.5	5.5	3				
160M1	11	11	7.5	4				
160M2	15	11	7.5	5.5				
160L	18.5	15	11	7.5				
180M	22	18.5	—	—				
180L	—	22	15	11				
200L1	30	30	18.5	15				
200L2	37	30	22	15				
225S	—	37	—	18.5				
225M	45	45	30	22				
250M	55	55	37	30				
280S	75	75	45	37				
280M	90	90	55	45				
315S	110	110	75	55	45			
315M	132	132	90	75	55			
315L1	160	160	110	90	75			
315L2	200	200	132	110	90			
355S1	(185)	(185)	160	132	(90)	75	55	55
355S2	(200)	(200)				90	75	75
355M1	(220)	220	(185)	160	110	110	90	90
355M2	250	250	200		132	—	110	—
355L1	(280)	(280)	(220)	(185)	160		—	
355L2	315	315	250	200	(185)			

注：带（ ）为不推荐的规格。

7. 三相异步电动机的结构

三相异步电动机的结构主要是由定子和转子组成的。定子由定子铁心、定子绕组和机壳（机座、端盖）组成；转子由转子铁心、转子绕组和转轴组成。对于绕线式转子，其绕组和定子绕组一样。转子绕组的三根引线头分别接到轴端的三个集电环上，并通过电刷引出与外电路接通。

三相异步电动机的结构如图 1-2 所示。

二、异步电动机的工作特性及负载特性

1. 异步电动机的工作特性

工作特性一般是指电动机在额定电压和额定频率下运行时，转子转速 n、电磁转矩 M、

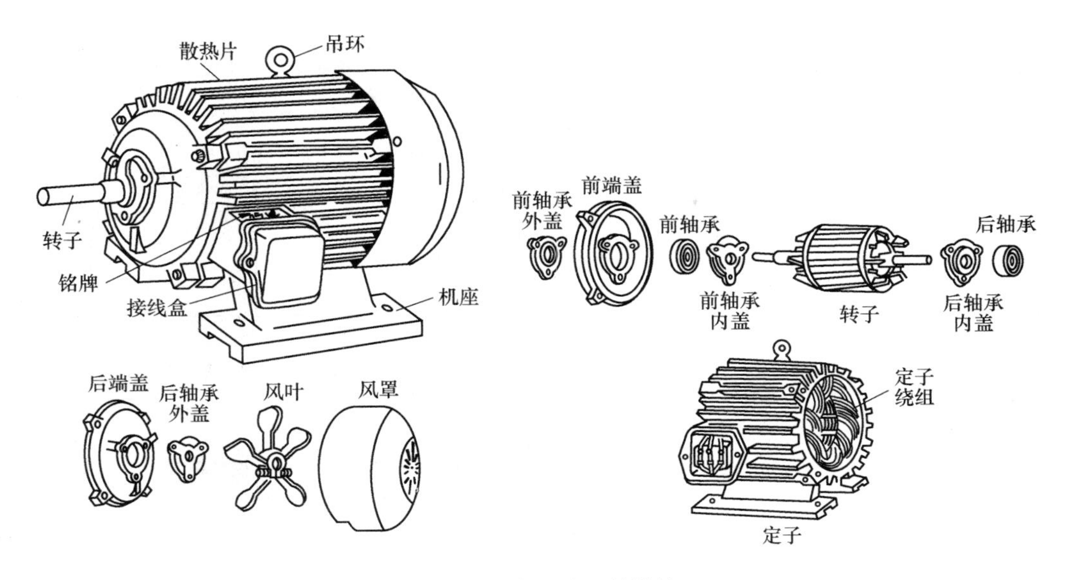

图 1-2　三相异步电动机的结构

功率因数 $\cos\varphi$、效率 η 和定子电流 I 等随输出功率 P_2 而变化的关系。图 1-3 所示为以标幺值表示的普通异步电动机典型的工作特性曲线。

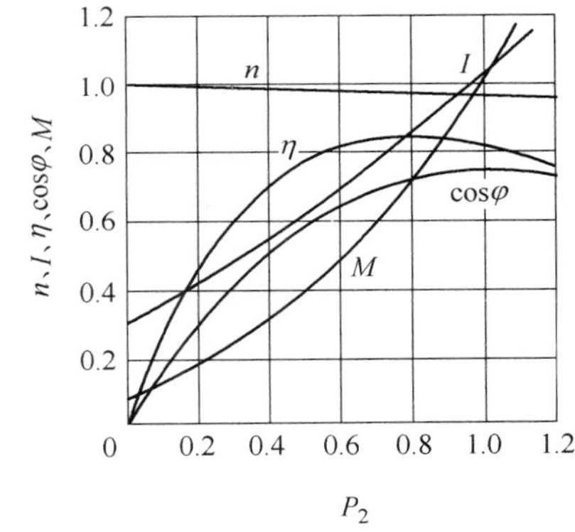

图 1-3　异步电动机工作特性曲线

由图中可见：

1）异步电动机的转速基本上与负载大小无关，在不超出满载范围内运行时，转速基本不变。

2）轻负载时，功率因数和效率很低，而当负载增大到大于 50% 以上额定值时，功率因数和效率变化很少。

3）电磁转矩 M 和定子电流 I 随负载的增大而增大。

2. 电源电压或频率变化对电动机工作性能的影响

当电动机的负载转矩不变，而电源电压或频率低于额定值时，电动机的工作性能将发生变化，其变化情况见表 1-4。

表 1-4　工作性能的变化

性能	频率额定，电压低于额定值	电压额定，频率低于额定值
转矩	M_{max}减小（$\propto U_1^2$） M_q 减小（$\propto U_1^2$）	M_{max}增大$\left(\propto \frac{1}{f^2}\right)$ M_q 也增大
功率因数	因 Φ_1 减小（$\propto U_1$），故励磁电流 I_t 减小，$\cos\varphi$ 增大	因 $U_1 \approx E_1 \propto f\Phi_1$ = 常值，即 Φ_1 增大$\left(\propto \frac{1}{f}\right)$，故 I_t 增大，$\cos\varphi$ 降低
电流	因 $M \propto \Phi_1 I_2 \propto U_1 I_2$ = 常值，故 I_2 增大$\left(\propto \frac{1}{U_1 s}\right)$；负载较大时，$I_1$ 一般增大	因 $M \propto \Phi_1 I_2 \propto \frac{I^2}{f}$ = 常值，故 I_2 减小（$\propto f$）；而 I_t 增大，故 I_1 视具体情况而定

（续）

性能	频率额定，电压低于额定值	电压额定，频率低于额定值
转差率	s 增大$\left(\propto I_2^2 \propto \frac{1}{U_1^2}\right)$	s 降低$\left(\propto \frac{I_2^2}{f} \propto f\right)$
转速	当电压过低，轻载时 n 变化较小，重载时 n 变化大	n 降低（$\propto f$）
损耗	P_{Fe1} 减小；P_{Cu2} 增大；P_f 近似不变，P_{Cu1} 轻载时变化小，负载较大时一般增大	P_{Fe1} 增大；P_{Cu2} 减小，P_f 减小；P_{Cu1} 视具体情况而定
效率	轻载时 η 稍增加；负载较大时 η 降低	因输出功率降低，故 η 一般略降低
温升	τ 增加	τ 略增加

3. 电动机的负载特性

电动机的负载一般有恒功率、恒转矩、二次方转矩、递减功率、负转矩五种，见表1-5。对于二次方转矩特性的机械负载（如风机、泵类），电动机轴上输出功率与转速之比有如下关系：

1）转速为额定值的80%时，轴上输出功率为额定值的51.2%。

2）转速为额定值的50%时，轴上输出功率为额定值的12.5%。

异步电动机的工作特性，受所拖动机械的特性影响较大。对于要求起动转矩较小的负载，如风机、压缩机、离心机等，应选用具有普通机械特性的电动机；对于要求起动转矩较大的负载，如往复式压缩机、起重机、冲床等，应选用转差率高的电动机。在选择电动机时，应使其机械特性与负载特性合理匹配，以实现安全可靠和经济运行。

表1-5 负载特性及电动机输出功率与转速的关系

负荷特性	负载转矩、电动机输出功率与转速的关系		负载实例	转矩—转速特性
	转矩	功率		
恒功率	成反比 $M \propto \frac{1}{n}$	功率恒定 $P_2 = \frac{Mn}{9555} = C$	卷扬机	M P2 / P2 / M / O / n
恒转矩	转矩恒定 $M = C$	$P_2 \propto n$	卷扬机、吊车、轧机、辊式运输机、印刷机、造纸机、压缩机	M P2 / P2 / M / O / n
二次方转矩	成二次方正比 $M \propto n^2$	成三次方正比 $P_2 \propto n^3$	流体负载，如风机、泵类	M P2 / P2 / M / O / n

（续）

负荷特性	负载转矩、电动机输出功率与转速的关系		负载实例	转矩—转速特性
	转矩	功率		
递减功率	M 随 n 的减少而增加	P_2 随 n 的减少而减少	各种机床的全轴电动机	
负转矩	负载反向旋转的恒转矩为负转矩		吊车、卷扬机的重物 G 下吊	

三、异步电动机的出线端标志

电动机出线端标志是以字母和数字组成。绕组以英文大写字母区别，即 A、B、C……共 26 个字母。

绕组线端，不论是终端或中间各抽头，以数字紧接绕组字母用以区别，如 1U、2U、1V、2V、1W、2W。

交流电动机绕组选用字母顺序的后部分。

1）同步、异步电动机定子三相绕组线端应按图 1-4 所示的标志方法。

2）绕线转子异步电动机转子的三相绕组线端标志根据定子线端标志作如下更换：

U 换成 K；V 换成 L；W 换成 M；N 换成 Q。

3）国产三相交流电动机绕组出线端标志见表 1-6。

表 1-6　国产三相交流电动机绕组出线端标志

序号	绕组名称		出线端标志	
			始端	末端
1	定子绕组（各相不连接）	第一相	U1（D1）	U2（D4）
		第二相	V1（D2）	V2（D5）
		第三相	W1（D3）	W2（D6）
2	定子绕组（各相连接）	第一相	U1	
		第二相	V1	
		第三相	W1	
		中性点	N	
3	定子绕组（复式绕组）	第一相	1U1　2U1	1U4　2U4
		第二相	1V2　2V2	1V5　2V5
		第三相	1W3　2W3	1V6　2W6
4	变极电动机（多速电动机）	4 极	4U1　4V2　4W3	4U4　4V5　4W6
		6 极	6U1　6V2　6W3	6U4　6V5　6W6
		8 极	8U1　8V2　8W3	8U4　8V5　8W6
		12 极	12U1　12V2　12W3	12U4　12V5　12W6

（续）

序号	绕组名称		出线端标志	
			始端	末端
5	同步电动机励磁绕组		L1	L2
6	异步电动机转子绕组	第一相	Z1	
		第二相	Z2	
		第三相	Z3	

注：括号内是对应的旧标志。

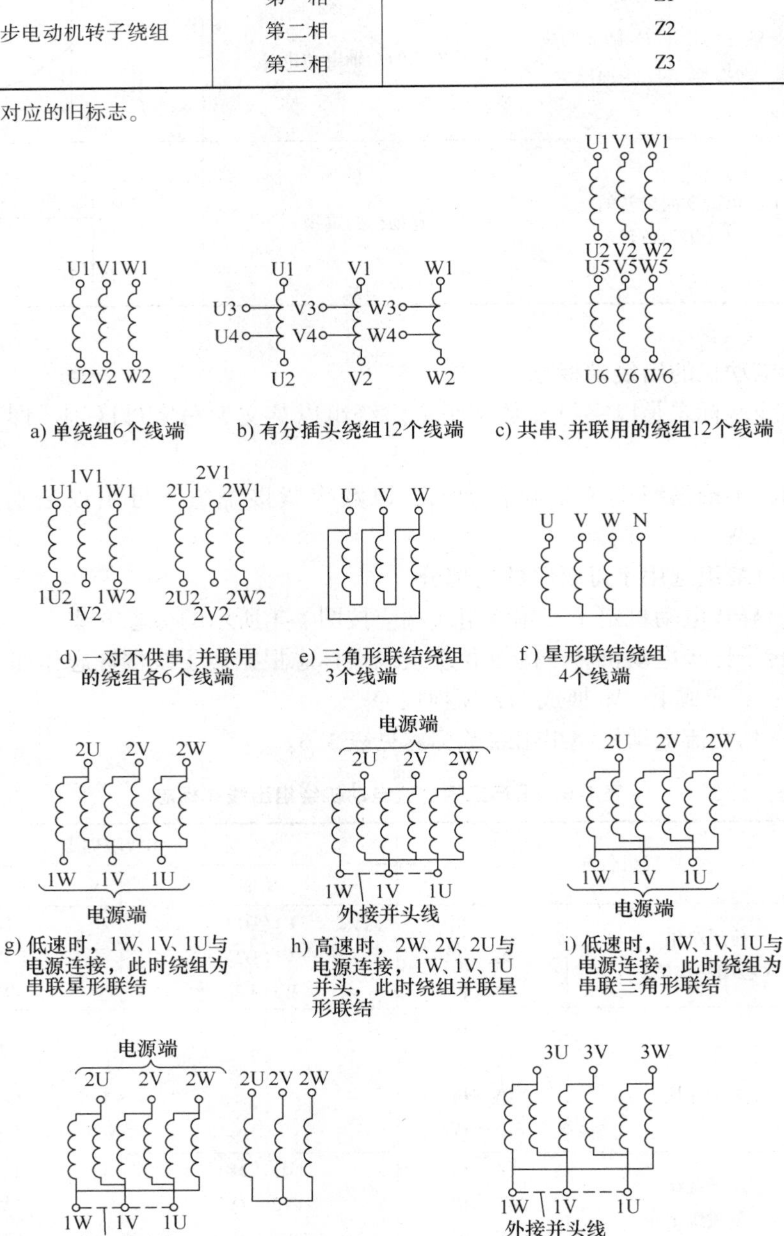

a) 单绕组6个线端　b) 有分插头绕组12个线端　c) 共串、并联用的绕组12个线端

d) 一对不供串、并联用的绕组各6个线端　e) 三角形联结绕组3个线端　f) 星形联结绕组4个线端

g) 低速时，1W、1V、1U与电源连接，此时绕组为串联星形联结　h) 高速时，2W、2V、2U与电源连接，1W、1V、1U并头，此时绕组并联星形联结　i) 低速时，1W、1V、1U与电源连接，此时绕组为串联三角形联结

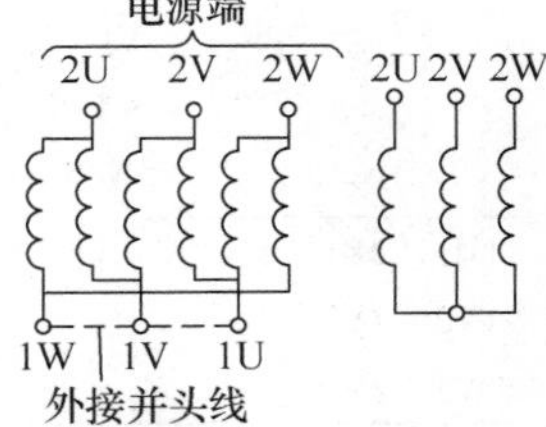

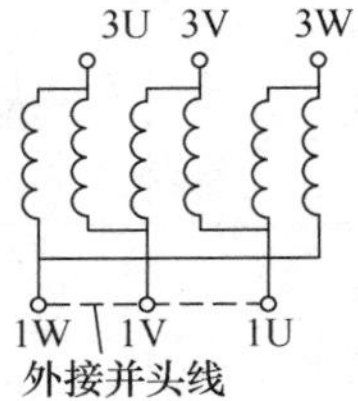

j) 高速时，2W、2V、2U与电源连接，1W、1V、1U并头，此时绕组为并联星形联结

k) 变极三速电动机的两套绕组，其中一套和图i)、j)相同，可得最高和最低两个速度，另一套单联的绕组产生中间速度，共9个线端，前置数字与速度的顺序相同

图1-4　定子三相绕组标志方法

四、异步电动机基本计算公式

1. 异步电动机的基本计算公式（见表1-7）

表1-7 异步电动机基本计算公式

序号	参数	计算公式	说 明
1	同步转速	$n_1=\frac{60f}{p}$	n_1——同步转速(r/min) f——电源频率(Hz) p——电动机极对数
2	转差率	$s=\frac{n_1-n}{n_1}$	s——转差率 n_1——同步转速(r/min) n——转子转速(r/min)
3	额定转差率	$s_e=\frac{n_1-n_e}{n_1}$	s_e——额定转差率 n_e——转子额定转速(r/min)
4	最大转差率	$s_m=s_e(\lambda+\sqrt{\lambda^2-1})\approx 2s_e\lambda$	s_m——最大转差率(又称临界转差率) λ——电动机过载系数，即最大转矩与额定转矩之比，YX3系列电动机为2.0~2.3，Y系列为1.7~2.2，J_2和JO_2系列为1.8~2.2，JO_3系列为2.0~2.2，对于特殊用途的电动机，如起重、冶金用异步电动机(如JZR型)，可达3.3~3.4或更大
5	定子绕组产生的感应电动势	$E_1=4.44k_{dp1}f_1W_1\Phi$	E_1——定子绕组产生的感应电动势(V) k_{dp1}——定子绕组系数 f_1——电源频率(Hz) W_1——定子绕组每相串联线圈匝数 Φ——每极磁通(Wb)
6	转子产生的感应电动势	$E_2=SE_{20}=4.44k_{dp2}f_2W_2\Phi$	E_2——转子产生的感应电动势(V) k_{dp2}——转子绕组系数 f_2——转子电动势的频率 W_2——转子绕组一相的匝数 Φ、f_1、s的意义同前 E_{20}——电动机刚接通电源时，转子由于惯性而尚未转动的瞬间(转子转速$n=0$，转差率$s=1$，则$f_2=f_1s=f_1$，相当于静止变压器状态)，此时的转子电动势值(V)
7	额定转矩	$M_e=9555\frac{P_e}{n_e}$	M_e——额定转速(N·m) P_e——电动机额定功率(kW) n_e——额定转速(r/min)
8	负荷转矩	$M_f=9555\frac{P_2}{n}$	M_f——负荷转矩(N·m) P_2——电动机输出功率(kW) n——电动机转速(r/min)

（续）

序号	参数	计算公式	说明
9	负荷惯性矩与起动时间	$M_g=\frac{GD^2}{375}\times\frac{dn}{dt}M_f$ $t=\int_0^n\frac{GD^2\,dn}{375(M_g-M_f)}$	M_g——负载惯性矩（N·m） M_f——负载转矩（N·m） GD^2——飞轮矩，又称飞轮力矩（N·m） G——飞轮重力（N） D——飞轮直径（m） n——电动机转速（r/min） t——起动时间（s）
10	机械特性	$\frac{M}{M_m}=\frac{2}{\frac{s}{s_m}+\frac{s_m}{s}}$ 当$s\ll s_m$时，$M=\frac{2M_m}{s_m}s$	M——电动机转矩（N·m） M_m——最大转矩（N·m） s——转差率 s_m——最大转差率
11	额定电流（估算）	额定电压为220V时，$I\approx3.3P_e$ 额定电压为380V时，$I\approx2P_e$ 额定电压为660V时，$I\approx1.1P_e$	I——电动机额定电流（A） P_e——电动机额定功率（kW）
12	空载电流（估算）	2～100kW电动机：$I_0=(0.2\sim0.5)I_e$ 2极电动机：$I_0=(0.2\sim0.3)I_e$ 4极电动机：$I_0=(0.3\sim0.45)I_e$ 6极电动机：$I_0=(0.35\sim0.5)I_e$ 8极电动机：$I_0=(0.35\sim0.6)I_e$	I_0——空载电流（A） I_e——额定电流（A）
13	实际功率（估算）	$P=P_e\sqrt{\frac{I_1^2-I_0^2}{I_e^2-I_0^2}}$	P——实际功率（kW） P_e——额定功率（kW） I_1——实际运行电流（A） I_e——额定电流（A） I_0——空载电流（A）
14	负荷率	公式一：$\beta=I/I_e$ 公式二：$\beta=\frac{U}{U_e}\sqrt{\frac{I^2-I_0^2}{I_e^2-I_0^2}}$	β——电动机负载率 U——实际工作电压（V） U_e——额定电压（V） I——实际工作电流（A） I_e——额定电流（A） I_0——空载电流（A）
15	最佳负载率	$\beta_{zj}=\sqrt{\frac{P_0}{\left(\frac{1}{\eta_e}-1\right)P_e-P_0}}\times100\%$	β_{zj}——电动机最佳负载率 P_0——在电动机额定电压U_e下的空载输入功率（kW） η_e——电动机额定效率

（续）

序号	参数	计算公式	说明
16	功率因数	公式一：$\cos\varphi = \frac{P_1 \times 10^3}{\sqrt{3}U_1 I_1}$ 公式二：$\cos\varphi = \frac{P_2 \times 10^3}{\sqrt{3}U_e I_1 \eta}$ 公式三：$\cos\varphi = (\cos\varphi_e)^{\frac{100}{\beta}}$	$\cos\varphi$——功率因数 P_1——电动机输入功率(kW) P_2——电动机实际输出功率(kW) U_1——电动机线电压(V) I_1——电动机线电流(A) U_e——电动机额定电压(V) η——电动机效率 $\cos\varphi_e$——额定功率因数 β——负载率
17	电动机功率平衡方程	$P_2 = P_1 - \sum \Delta P$ $\sum \Delta P = P_{Fe} + P_{Cu1} + P_{Cu2} + P_j + P_{fj}$	$\sum \Delta P$——电动机总功率(kW) P_{Fe}——铁耗(kW) P_{Cu1}——定子铜耗(kW) P_{Cu2}——转子铜耗(对异步电动机而言，应称为铝条中的损耗，这里统称铜耗)(kW) P_j——机械损耗(kW) P_{fj}——附加损耗[包括风摩损耗(即通风功耗)P_f和杂散损耗 P_s 等](kW) P_1、P_2 的意义同前

2. 电动机效率、功率因数与负载的关系

电动机的效率和功率因数随负载变化而变化，其大致关系见表1-8。

表1-8　异步电动机的效率和功率因数与负载的关系

负载	空载	25%	50%	75%	100%
功率因数	0.20	0.50	0.77	0.85	0.89
效率	0	0.78	0.85	0.88	0.875

【例1-1】 有一台YX3　280M-4型90kW异步电动机，额定电流为163.6A，实测线电压为380V，定子电流为140A，空载电流为90A，试求此负载下的功率因数。

解： 负载率为

$$\beta = \sqrt{\frac{I_1^2 - I_0^2}{I_e^2 - I_0^2}} = \sqrt{\frac{140^2 - 90^2}{163.6^2 - 90^2}} = \frac{107.2}{136.6} = 0.78$$

查表1-10，此负载下的效率 η 约为0.95，则电动机的功率因数为

$$\cos\varphi = \frac{\beta P_e}{\sqrt{3}U_1 I_1 \eta} \times 10^3 = \frac{0.78 \times 90}{\sqrt{3} \times 380 \times 140 \times 0.95} \times 10^3 = 0.8$$

【例1-2】 有一台YX3　160M-4型11kW异步电动机，已知额定电流 I_e 为21.6A，额定效率 η_e 为0.91，额定功率因数 $\cos\varphi_e$ 为0.85。试求该电动机的最佳负载率和效率最高时的负载功率。

解： 由计算或实测可得电动机的空载损耗，设实测得 $P_0 = 0.55$kW。

（1）最佳负载率为

$$\beta_{zj}=\sqrt{\frac{P_0}{\left(\frac{1}{\eta_e}-1\right)P_e-P_0}}\times 100\%=\sqrt{\frac{0.55}{\left(\frac{1}{0.85}-1\right)\times 11-0.55}}\times 100\%=63\%$$

（2）效率最高时的负载率为

$$P_2=\beta_{zj}P_e=0.63\times 11=6.93\text{kW}$$

五、Y、Y2、Y3、YX3、YE2、YE3 系列电动机的区别

Y、Y2、Y3 系列电动机中的 2 或 3 表示第二次或第三次改型设计。它们都是一般用途的全封闭自风冷笼型三相异步电动机。

Y 系列电动机是我国 20 世纪 80 年代生产的电动机，该系列电动机的基本防护等级为 IP44，绝缘等级是 B 级；Y2 系列电动机是 1996 年推出（定型）的电动机，该系列电动机的基本防护等级为 IP54，绝缘等级是 F 级，电动机温升按 B 级考核；Y3 系列电动机是 2003 年推出的电动机，其基本防护等级为 IP55，绝缘等级是 F 级，电动机温升按 B 级考核。

Y 系列电动机使用历史最为悠远，制造工艺成熟，性能稳定，但能效较低，属淘汰产品。

Y2 系列电动机较 Y 系列电动机的效率高、起动转矩大、噪声低，电动机外形新颖美观，结构更加合理。Y2 系列电动机的功率等级及安装尺寸与 Y 系列电动机相同，但 Y2 系列电动机的用铜用铁量都低于 Y 系列电动机。

Y3 系列电动机采用冷轧硅钢片，其用铜用铁量都略低于 Y2 系列电动机；其铁心槽形与 Y、Y2 系列电动机不同，铁心长大多不同；在机座外形方面做了改进，散热筋的数量加多加高，对铸件质量也有一定要求；Y3 系列电动机噪声限值比 Y2 系列低；Y3 系列电动机的冷却风扇无论尺寸和形状均与 Y、Y2 系列电动机不同；Y3 系列电动机的能效等级为 2 级（Y、Y2 系列则为 3 级）。

现阶段 Y 系列电动机的应用仍十分广泛，在国家越来越重视节能环保、提倡高能效的今天，Y 系列三相异步电动机即将被能效等级为 2 的 YX3、YE2、YE3 系列高效节能电动机所取代，这也是电机行业的发展趋势。

我国 2005 年推出的 YX3 系列电动机是能效等级为 3 级的高效电动机。它从导磁材料选择、冲片研究、通风改善等方面做了改进，效率平均提高 2.76%，功率因数也提高，长期连续负载可以节约大量电能。

YX3 系列电动机座号范围为 80～355。其功率等级和安装尺寸与 Y、Y2、Y3 系列电动机的功率等级和安装尺寸相同。

YE2 系列电动机也是能效等级为 3 级的高效电动机，其指标数值比 YX3 系列电动机稍低一点，但实际上在很多规格上与 YX3 系列电动机性能也差不多。

YE2 系列电动机的铭牌数据与 Y 系列电动机基本相同，其他数据如基础、轴径、中心高等也都相同，只是效率比 Y 系列电动机高。

2010 年推出的 YE3 系列电动机属于能耗等级为 2 级的超高效电动机。该电动机损耗值比 YX3、YE2 系列高效电动机降低 20%。对于年运行时间超过 3000h 的电动机，负载率超过 60%，电费从 0.7 元/kWh 计算，1.5 年左右可收回标准电动机额外增加的成本。

六、淘汰 Y 系列电动机及替代电动机对照表

淘汰的 Y 系列电动机及替代电动机对照表见表 1-9。

表 1-9 淘汰的 Y 系列电动机及替代电动机对照表

淘汰的 Y 系列三相异步电动机				替代型号													
				江苏清江电机制造有限公司		江苏大中电机股份有限公司		无锡市华东电机厂		无锡华达电机有限公司		江苏微特利电机制造有限公司		西门子电机(中国)有限公司		江苏安徽机电技术有限公司	
序号	型号 Y—	额定功率 kW	效率(%)	型号(高效电机) YX3—	效率(%)	型号(高效电机) YX3—	效率(%)	型号(高效电机) YX3—	效率(%)	型号(高效电机) HJN—	效率(%)	型号(高效电机) WTL—	效率(%)	型号(高效电机) ITL0001—	效率(%)	型号(稀土永磁电机) XYT—	效率(%)
1	80M1—2	0.75	75	80M1—2	77.5	80M1—2	77.5	80M1—2	77.5	80M1—2	77.5	80M1—2	77.5	0DA2	77.5	80M—2(X1)	82.5
2	80M2—2	1.1	76.2	80M2—2	82.8	80M2—2	82.8	80M2—2	82.8	80M2—2	82.8	80M2—2	82.8	0DA3	82.8	80M—2(X2)	83.9
3	80M1—4	0.55	71	80M1—4	80.7	80M1—4	80.7	80M1—4	80.7	80M1—4	80.7	80M1—4	80.7	0EA0	84.1	80M—4(X1)	82.8
4	80M2—4	0.75	73	80M2—4	82.3	80M2—4	82.3	80M2—4	82.3	80M2—4	82.3	80M2—4	82.3	0EA4	85.6	80M—4(X2)	84
5	90S—2	1.5	78.5	90S—2	84.1	90S—2	84.1	90S—2	84.1	90S—2	84.1	90S—2	84.1	1AA4	86.7	90S—2	85.2
6	90L—2	2.2	81	90L—2	85.6	90L—2	85.6	90L—2	85.6	90L—2	85.6	90L—2	85.6	1BA2	87.6	90L—2	86.6
7	90S—4	1.1	76.2	90S—4	83.8	90S—4	83.8	90S—4	83.8	90S—4	83.8	90S—4	83.8	1CA0	88.6	90S—4	85.5
8	90L—4	1.5	78.5	90L—4	85	90L—4	85	90L—4	85	90L—4	85	90L—4	85	1CA1	89.5	90L—4	86.5
9	90S—6	0.7	69	90S—6	77.7	90S—6	77.7	90S—6	77.7	90S—6	77.7	90S—6	77.7	1DA2	90.5	90S—6	80.8
10	90L—6	1.1	72	90L—6	79.9	90L—6	79.9	90L—6	79.9	90L—6	79.9	90L—6	79.9	1DA3	91.3	90L—6	82.6
11	100L—2	3	82.6	100L—2	86.7	100L—2	86.7	100L—2	86.7	100L—2	86.7	100L—2	86.7	1DA4	91.8	100L—2(X1)	87.9
12	100L1—4	2.2	81	100L1—4	86.4	100L1—4	86.4	100L1—4	86.4	100L1—4	86.4	100L1—4	86.4	1EA2	92.2	100L—4(X1)	87.6
13	100L2—4	3	82.6	100L2—4	87.4	100L2—4	87.4	100L2—4	87.4	100L2—4	87.4	100L2—4	87.4	2AA4	92.9	100L—4(X2)	88.6
14	100L—6	1.5	76	100L—6	81.5	100L—6	81.5	100L—6	81.5	100L—6	81.5	100L—6	81.5	2AA5	93.3	100L—6	84.2
15	132S—2	5.5	85.7	132S1—2	88.6	132S1—2	88.6	132S1—2	88.6	132S1—2	88.6	132S1—2	88.6	2BA2	93.7	132S—2(X1)	90.3
16	132S2—2	7.5	87	132S2—2	89.5	132S2—2	89.5	132S2—2	89.5	132S2—2	89.5	132S2—2	89.5	2CA2	94	132S2—2(X2)	91
17	132S—4	5.5	85.7	134S—4	89.2	134S—4	89.2	134S—4	89.2	134S—4	89.2	134S—4	89.2	2DA0	94.6	134S—4	90.8
18	132M—4	7.5	87	132M—4	90.1	132M—4	90.1	132M—4	90.1	132M—4	90.1	132M—4	90.1	2DA2	95	132M—4	91.6
19	132M1—6	4	82	132M1—6	86.1	132M1—6	86.1	132M1—6	86.1	132M1—6	86.1	132M1—6	86.1	3AA0	95	132M—6(X1)	88
20	132M2—6	5.5	84	132M2—6	87.4	132M2—6	87.4	132M2—6	87.4	132M2—6	87.4	132M2—6	87.4	3AA2	95.4	132M—6(X2)	89.3
21	160M1—2	11	88.4	160M1—2	90.5	160M1—2	90.5	160M1—2	90.5	160M1—2	90.5	160M1—2	90.5	3AA5	95.4	160M—2(X1)	92
22	160M2—2	15	89.4	160M2—2	91.3	160M2—2	91.3	160M2—2	91.3	160M2—2	91.3	160M2—2	91.3	3AA7	95.4	160M—2(X2)	92.7
23	160L—2	18.5	90	160L—2	91.8	160L—2	91.8	160L—2	91.8	160L—2	91.8	160L—2	91.8	3BA3	95.8	160L—2	93
24	160M—4	11	88.4	160M—4	91	160M—4	91	160M—4	91	160M—4	91	160M—4	91	3BA6	95.8	160M—4	92.5
25	160L—4	15	89.4	160L—4	91.8	160L—4	91.8	160L—4	91.8	160L—4	91.8	160L—4	91.8	0DB2	80.7	160L—4	93.2

（续）

序号	淘汰的Y系列三相异步电动机			替代型号													
				江苏清江电机制造有限公司		江苏大中电机股份有限公司		无锡市华东电机厂		无锡华达电机有限公司		江苏微特利电机制造有限公司		西门子电机（中国）有限公司		江苏安徽机电技术有限公司	
	型号 Y—	额定功率 kW	效率（%）	型号（高效电机）YX3—	效率（%）	型号（高效电机）YX3—	效率（%）	型号（高效电机）YX3—	效率（%）	型号（高效电机）HJN—	效率（%）	型号（高效电机）WTL—	效率（%）	型号（高效电机）ITL0001—	效率（%）	型号（稀土永磁电机）XYT—	效率（%）
26	160M—6	7.5	86	160M—6	89	160M—6	89	160M—6	89	160M—6	89	160M—6	89	0DB3	82.3	160M—6	90.8
27	160L—6	11	87.5	160L—6	90	160L—6	90	160L—6	90	160L—6	90	160L—6	90	0EB0	83.8	160L—6	91.6
28	180M—2	22	90.5	180M—2	92.2	180M—2	92.2	180M—2	92.2	180M—2	92.2	160M—4	91	0EB4	85	180M—2	93.5
29	180M—4	18.5	90	180M—4	92.2	180M—4	92.2	180M—4	92.2	180M—4	92.2	160L—4	91.8	1AB4	86.4	160L—4(X1)	93.5
30	180L—4	22	90.5	180L—4	92.6	180L—4	92.6	180L—4	92.6	180L—4	92.6	160M—6	89	1AB5	87.4	160L—4(X2)	93.8
31	180L—6	15	89	180L—6	91	180L—6	91	180L—6	91	180L—6	91	160L—6	90	1BB2	88.3	180L—6	92.5
32	200L1—2	30	91.4	200L1—2	92.9	200L1—2	92.9	200L1—2	92.9	200L1—2	92.9	180M—2	92.2	1CB0	89.2	200L—2(X1)	93.9
33	200L2—2	37	92	200L2—2	93.3	200L2—2	93.3	200L2—2	93.3	200L2—2	93.3	180M—4	92.2	1CB2	90.1	200L—2(X2)	94.3
34	200L—4	30	91.4	200L—4	93.2	200L—4	93.2	200L—4	93.2	200L—4	93.2	180L—4	92.6	1DB2	91	200L—4	94.3
35	200L1—6	18.5	90	200L1—6	91.5	200L1—6	91.5	200L1—6	91.5	200L1—6	91.5	180L—6	91	1DB4	91.8	200L—6(X1)	92.8
36	200L2—6	22	90	200L2—6	92	200L2—6	92	200L2—6	92	200L2—6	92	200L1—2	92.9	1EB2	92.2	200L—6(X2)	93.3
37	225M—2	45	92.5	225M—2	93.7	225M—2	93.7	225M—2	93.7	225M—2	93.7	200L2—2	93.3	1EB4	92.6	225M—2	94.7
38	225S—4	37	92	225S—4	93.6	225S—4	93.6	225S—4	93.6	225S—4	93.6	200L—4	93.2	2AB4	93.2	200L—4(X1)	94.6
39	225M—4	45	92.5	225M—4	93.9	225M—4	93.9	225M—4	93.9	225M—4	93.9	200L1—6	91.5	2BB0	93.6	225M—4	94.9
40	225M—6	30	91.5	225M—6	92.5	225M—6	92.5	225M—6	92.5	225M—6	92.5	200L2—6	92	2BB2	93.9	225M—6	93.8
41	250M—2	55	93	250M—2	94	250M—2	94	250M—2	94	250M—2	94	225M—2	93.7	2CB2	94.2	250M—2	95
42	250M—4	55	93	250M—4	94.2	250M—4	94.2	250M—4	94.2	250M—4	94.2	225S—4	93.6	2DB0	94.7	250M—4	95.2
43	250M—6	37	92	250M—6	93	250M—6	93	250M—6	93	250M—6	93	225M—4	93.9	2DB2	95	250M—6(X1)	94.2
44	280S—2	75	93.6	280S—2	94.6	280S—2	94.6	280S—2	94.6	280S—2	94.6	225M—6	92.5	3AB0	95.4	280S—2	95.5
45	280M—2	90	93.9	280M—2	95	280M—2	95	280M—2	95	280M—2	95	250M—2	94	3AB2	95.4	280M—2	95.6
46	280S—4	75	93.6	280S—4	94.7	280S—4	94.7	280S—4	94.7	280S—4	94.7	250M—4	94.2	3AB5	95.4	280S—4	95.6

47	280M—4	90	93.9	280M—4	95	280M—4	95	280M—4	95	280M—4	95	250M—6	93	3AB7	95.4	280M—4	95.8
48	280S—6	45	92.5	280S—6	93.5	280S—6	93.5	280S—6	93.5	280S—6	93.5	280S—2	94.6	3BB3	95.8	280S—6	94.5
49	280M—6	55	92.8	280M—6	93.8	280M—6	93.8	280M—6	93.8	280M—6	93.8	280M—2	95	3BB6	95.8	280M—6	94.8
50	315S—2	110	94	315S—2	95	315S—2	95	315S—2	95	315S—2	95	280S—4	94.7	0DC3	75.4	315S—2	95.8
51	315M—2	132	94.5	315M—2	95.4	315M—2	95.4	315M—2	95.4	315M—2	95.4	280M—4	95	0EC0	77.7	315M—2	96.1
52	315L1—2	132	94.5	315L1—2	95.4	315L1—2	95.4	315L1—2	95.4	315L1—2	95.4	280S—6	93.5	0EC4	79.9	315L—2(X1)	96.2
53	315L2—2	200	94.8	315L2—2	95.4	315L2—2	95.4	315L2—2	95.4	315L2—2	95.4	280M—6	93.8	1AC4	81.5	315L—2(X2)	96.2
54	315S—4	110	94.8	315S—4	95.4	315S—4	95.4	315S—4	95.4	315S—4	95.4	315S—4	95	1BC2	83.4	315S—4	96.1
55	315M—4	132	94.8	315M—4	95.4	315M—4	95.4	315M—4	95.4	315M—4	95.4	315M—2	95.4	1BC2	83.4	315M—4	96.2
56	315L1—4	160	94.9	315L1—4	95.4	315L1—4	95.4	315L1—4	95.4	315L1—4	95.4	315L1—2	95.4	1CC0	84.9	315L—4(X1)	96.2
57	315L2—4	200	94.9	315L2—4	95.4	315L2—4	95.4	315L2—4	95.4	315L2—4	95.4	315L2—2	95.4	1CC2	86.1	315L—4(X2)	96.3
58	315S—6	75	93.5	315S—6	94.2	315S—6	94.2	315S—6	94.2	315S—6	94.2	315S—4	94.2	1CC3	87.4	315S—6	95.2
59	315M—6	90	93.8	315M—6	94.5	315M—6	94.5	315M—6	94.5	315M—6	94.5	315M—4	95.4	1DC2	88	315M—6	95.5
60	315L1—6	110	94	315L1—6	95	315M1—6	95	315M1—6	95	315M1—6	95	315L1—4	95.4	1EC4	90	315L—6(X1)	95.7
61	315L2—6	132	94.2	315L2—6	95	315L2—6	95	315L2—6	95	315L2—6	95	315L2—4	95.4	2AC4	91.5	315L—6(X2)	95.4
62	355M—2	250	95.2	355M—2	95.8	355M—2	95.8	355M—2	95.8	355M—2	95.8	315S—6	94.2	2AC5	92	355M—2	96.3
63	355L—2	115	95.4	355L—2	95.8	355L—2	95.8	355L—2	95.8	355L—2	95.8	315M—6	94.5	2BC2	92.5	355L—2	96.3
64	355M—4	250	95.2	355M—4	95.8	355M—4	95.8	355M—4	95.8	355M—4	95.8	355L1—6	95	2CC2	95	355M—4	96.3
65	355L—4	315	95.2	355L—4	95.8	355L—4	95.8	355L—4	95.8	355L—4	95.8	355L2—6	95	2DC0	93.5	355L—4	96.3
66	355M1—6	160	94.5	355M1—6	95	355M1—6	95	355M1—6	95	355M1—6	95			2DC2	93.8	355M—6(X1)	95.4
67	355M2—6	200	94.5	355M2—6	95	355M2—6	95	355M2—6	95	355M2—6	95			3AC0	94.2	355M—6(X2)	95.4
68	355L—6	250	94.5	355L—6	95	355L—6	95	355L—6	95	355L—6	95			3AC2	94.5	355L—E	95.9
69				112M—2	87.6									3AC5	95		
70				112M—4	88.3									3AC6	95		
71				112M—6	83.4									3BC2	95		
72				112S—6	84.9									3BC4	95		
73														3BC6	95		

注:无锡华达电机有限公司生产 YE2 系列和上海方力电机有限公司生产的 YX3 系列电动机均与表中 YX3 系列相同。

七、YX3 系列电动机的技术数据

YX3 系列电动机的技术数据见表 1-10。

表 1-10 YX3 系列电动机主要技术数据

型号 YX3—	功率 /kW	电流/A			效率		功率因数 cosφ	额定转矩 /N·m	噪声 /dB（A）
		380V	400V	415V	100%负载	25%负载			
$80M_1$—2	0.75	1.8	1.7	1.6	77.5	80.33	0.83	2.48	62
$80M_2$—2	1.1	2.4	2.3	2.2	82.8	83.27	0.83	3.64	62
90S—2	1.5	3.2	3.0	2.9	84.1	84.99	0.84	4.96	67
90L—2	2.2	4.6	4.4	4.2	85.6	96.35	0.85	7.27	67
100L—2	3	6.0	5.7	5.5	86.7	87.16	0.87	9.90	74
112M—2	4	7.9	7.5	7.2	87.6	88.80	0.88	13.19	77
$132S_1$—2	5.5	10.7	10.2	9.5	88.6	89.37	0.88	17.89	79
$132S_2$—2	7.5	14.3	13.6	13.1	89.5	90.29	0.89	24.57	79
$160M_1$—2	11	20.7	19.7	19.0	90.5	90.66	0.89	35.67	81
$160M_2$—2	15	28.0	26.7	25.7	91.3	91.64	0.89	48.64	81
160L—2	18.5	34.4	32.7	31.5	91.8	92.52	0.89	60.09	81
180M—2	22	40.7	38.7	37.3	92.2	92.40	0.89	70.98	83
$200L_1$—2	30	55.1	52.3	50.35	92.9	92.95	0.89	96.62	84
$200L_2$—2	37	67.7	64.3	62.0	93.3	93.14	0.89	119.17	84
225M—2	45	82.0	72.9	75.1	93.7	93.53	0.89	144.94	86
250M—2	55	99.9	94.5	91.5	94.0	94.05	0.89	176.55	89
280S—2	75	135.3	128.6	123.9	94.6	94.62	0.89	240.35	91
280M—2	90	161.7	153.6	148.1	95.0	94.75	0.89	288.42	91
315S—2	110	195.5	185.5	178.3	95.0	94.14	0.90	352.51	92
315M—2	132	233.0	221.9	213.9	95.4	94.64	0.90	423.02	92
$315L_1$—2	160	280.0	265.7	256.1	95.4	95.11	0.91	512.75	92
$315L_2$—2	200	350.0	332.5	320.0	95.4	95.48	0.91	640.94	92
355M—2	250	435.7	411.0	399.0	95.8	95.21	0.91	799.83	100
355L—2	315	549.0	515.0	502.7	95.8	95.54	0.91	1007.79	100
$80M_1$—4	0.55	1.4	1.3	1.3	80.7	81.43	0.75	3.66	56
$80M_2$—4	0.75	1.8	1.8	1.7	82.3	82.56	0.75	4.99	56
90S—4	1.1	2.7	2.5	2.4	83.8	85.31	0.75	7.32	59
90L—4	1.5	3.6	3.4	3.3	85.0	96.48	0.75	9.95	59
$100L_1$—4	2.2	4.8	4.5	4.4	86.4	86.59	0.81	14.44	64
$100L_2$—4	3	6.4	6.0	5.8	87.4	87.43	0.82	19.69	64
112M—4	4	8.4	8.0	7.7	88.3	88.00	0.82	26.25	65
132S—4	5.5	11.4	10.9	10.5	89.2	90.10	0.82	35.98	71
132M—4	7.5	15.2	14.5	13.9	90.1	90.98	0.83	49.06	71
160M—4	11	21.6	20.5	19.8	91.0	91.33	0.85	71.46	73
160L—4	15	28.9	27.4	26.4	91.8	92.98	0.86	97.12	73
180M—4	18.5	35.4	33.7	32.5	92.2	92.64	0.86	119.78	76
180L—4	22	42.0	39.8	38.4	92.6	92.98	0.86	142.44	76
200L—4	30	56.9	54.0	52.1	93.2	93.42	0.86	193.58	76
225S—4	37	69.8	66.3	63.9	93.6	93.62	0.86	237.95	78
250M—4	45	84.7	80.4	77.5	93.9	94.22	0.86	289.39	78
250M—4	55	103.1	98.0	94.4	94.2	94.62	0.86	352.50	79
280S—4	75	136.7	129.9	125.2	94.7	94.67	0.88	480.70	80
280M—4	90	163.6	155.4	149.8	95.0	94.97	0.88	576.84	80
315S—4	110	199.1	189.1	182.3	95.4	95.30	0.88	705.03	88
$315L_1$—4	132	238.9	226.9	218.7	95.4	95.36	0.88	846.04	88

（续）

型号 YX3—	功率 /kW	电流/A			效率		功率因数 cosφ	额定转矩 /N·m	噪声 /dB（A）
		380V	400V	415V	100%负载	25%负载			
$315L_2$—4	160	286.3	274.2	261.3	95.4	95.46	0.89	1025.50	88
$355L_1$—4	200	357.9	342.8	326.7	95.4	95.67	0.89	1281.88	88
355M—4	250	440.5	418.5	403.4	95.8	95.51	0.90	1602.35	95
$355L_2$—4	315	555.1	527.3	508.3	95.8	95.61	0.90	2018.96	95
90S—6	0.75	2.0	1.93	1.86	77.7	78.36	0.72	7.54	57
90L—6	1.1	2.9	2.7	2.6	79.9	81.12	0.73	11.06	57
100L—6	1.5	38	3.6	3.46	81.5	81.56	0.74	15.0	61
112M—6	2.2	5.4	5.1	4.96	83.4	85.12	0.74	22.0	65
132S—6	3	7.3	6.9	6.6	84.9	86.49	0.74	29.38	69
$132M_1$—6	4	9.5	9.1	8.7	96.1	87.58	0.74	39.18	69
$132M_2$—6	5.5	12.7	12.1	11.7	87.4	88.90	0.75	53.87	69
160M—6	7.5	16.2	16.6	15.0	89.0	89.51	0.78	73.09	73
160L—6	11	23.5	22.3	21.5	90.0	90.11	0.79	107.19	73
180L—6	15	30.9	29.4	28.3	91.0	92.12	0.81	146.17	73
$200L_1$—6	18.5	37.9	36.0	34.7	91.5	92.02	0.81	179.36	73
$200L_2$—6	22	44.3	42.1	40.6	92.0	92.48	0.82	213.30	73
225M—6	30	60.8	57.8	55.7	92.5	93.37	0.81	290.80	74
250M—6	37	72.0	68.4	65.9	93.0	93.85	0.84	356.92	76
280S—6	45	85.0	80.8	77.9	93.8	94.03	0.86	434.09	78
280M—6	55	103.6	98.3	94.7	94.2	94.26	0.86	530.55	78
315S—6	75	142.3	134.9	130.0	94.0	94.49	0.85	719.85	83
315M—6	90	172.3	163.1	157.2	95.0	94.25	0.84	863.82	83
$315L_1$—6	110	207.0	196.4	189.3	95.0	95.11	0.85	1055.78	83
$315L_2$—6	132	245.5	232.3	223.8	95.0	95.34	0.86	1266.93	83
$355M_1$—6	160	294.1	277.6	267.6	95.0	94.93	0.87	1535.68	85
$355M_2$—6	200	367.7	347.1	334.5	95.0	95.28	0.87	1919.60	85
355L—6	250	459.6	433.9	418.2	95.0	95.33	0.87	2399.50	85
90L—8	0.55	186	1.77	1.70	73.5	74.4	0.61	7.50	54
$100L_1$—8	0.75	2.31	2.20	2.1	73.5	75.8	0.67	10.23	51
$100L_2$—8	1.1	3.17	3.02	2.9	76.3	79.1	0.69	15.0	51
112M—8	1.5	4.21	4.00	3.86	78.4	80.4	0.69	20.32	52
132S—8	2.2	5.8	5.5	5.3	80.9	82.9	0.71	29.59	69
132M—8	3	7.5	7.2	6.9	82.7	84.7	0.73	40.35	69
$160M_1$—8	4	9.9	9.4	9.0	84.2	85.7	0.73	53.42	69
$160M_2$—8	5.5	13.2	12.5	12.0	85.8	87.4	0.74	73.46	69
160L—8	7.5	17.4	16.5	16.0	87.2	88.6	0.75	99.48	69
180L—8	11	24.8	23.5	22.7	88.8	89.0	0.76	143.90	73
200L—8	15	33.3	31.6	30.5	90.9	90.3	0.76	196.23	73
225S—8	18.5	40.8	38.7	37.3	90.7	90.7	0.76	240.37	73
225M—8	22	46.4	44.1	42.5	91.2	91.6	0.79	285.85	73
250M—8	30	62.6	59.5	37.4	92.1	91.8	0.79	389.80	75
280S—8	37	75.8	72.0	69.4	92.9	92.6	0.80	447.50	80
280M—8	45	91.7	87.1	84	93.2	93.6	0.80	580.74	80
315S—8	55	110.1	104.6	100.8	93.7	93.6	0.81	709.79	74
315M—8	75	149.0	141.6	136.5	94.4	94.2	0.81	867.91	74
$315L_1$—8	90	176.1	167.3	161.2	94.7	94.6	0.82	1161.45	74
$315L_2$—8	110	214.3	203.6	196.2	95.1	94.8	0.82	1429.59	74
$355M_1$—8	132	251.8	239.2	230.5	95.4	95.5	0.835	1703.5	76
$355M_2$—8	160	302.4	287.3	334.5	95.7	95.6	0.84	2164.86	76
355L—8	200	378.0	359.1	418.2	95.7	95.8	0.84	2581.08	76

注：为上海方力电机有限公司产品。

八、YR 系列绕线转子异步电动机的技术数据

YR 系列绕线转子异步电动机定子绕组为△联结。采用 B 级绝缘。外壳防护等级有 IP23 和 IP44 两种。电动机额定电压为 380V，额定频率为 50Hz。

1. YR 系列（IP23）绕线转子异步电动机的功率、转速与机座号的对应关系（见表 1-11）。

表 1-11 YR 系列（IP23）绕线转子异步电动机的功率、转速与机座号的对应关系

机座号	同步转速/(r/min)			机座号	同步转速/(r/min)		
	1500	1000	750		1500	1000	750
	功率/kW				功率/kW		
160^{M1}_{L2}	7.5 11 15	5.5 7.5	4 5.5	$225M^{1}_{2}$	45 55	30 37	22 30
180^{M}_{L}	18.5 22	11 15	7.5 11	250^{S}_{M}	75 90	45 55	37 45
200^{M}_{L}	30 37	18.5 22	15 18.5	280^{S}_{M}	110 132	75 90	55 75

2. YR 系列（IP44）绕线转子异步电动机的功率、转速与机座号的对应关系（见表 1-12）。

表 1-12 YR 系列（IP44）绕线转子异步电动机的功率、转速与机座号的对应关系

机座号	同步转速/(r/min)			机座号	同步转速/(r/min)		
	1500	1000	750		1500	1000	750
	功率/kW				功率/kW		
$132M^{1}_{2}$	4 5.5	3 4	—	$225M^{1}_{2}$	30	18.5 22	15 18.5
160^{M}_{L}	7.5 11	5.5 7.5	4 5.5	$250M^{1}_{2}$	37 45	30 37	22 30
180L	15	11	7.5	280^{S}_{M}	55 75	45 55	37 45
$200L^{1}_{2}$	18.5 22	15	11				

3. YR 系列绕线转子异步电动机的技术数据

YR 系列（IP23）绕线转子异步电动机的技术数据见表 1-13；YR 系列（IP44）绕线转子异步电动机的技术数据见表 1-14。

表 1-13 YR 系列（IP23）绕线转子异步电动机的技术数据

型号	额定功率/kW	满载时				最大转矩/额定转矩	转子		质量/kg
		转速/(r/min)	电流/A	效率(%)	功率因数		电压/V	电流/A	
YR160M—4	7.5	1421	16.0	84	0.84	2.8	260	19	
YR160L1—4	11	1434	22.6	86.5	0.85	2.8	275	26	160
YR160L2—4	15	1444	30.2	87	0.85	2.8	260	37	
YR180M—4	18.5	1426	36.1	87	0.88	2.8	197	61	

（续）

型号	额定功率/kW	满载时				最大转矩/额定转矩	转子		质量/kg
		转速/(r/min)	电流/A	效率(%)	功率因数		电压/V	电流/A	
YR180L—4	22	1434	42.5	88	0.88	3.0	232	61	
YR200M—4	30	1439	57.7	89	0.88	3.0	255	76	
YR200L—4	37	1448	70.2	89	0.88	3.0	316	74	335
YR225M1—4	45	1442	86.7	89	0.88	2.5	240	120	350
YR225M2—4	55	1448	104.7	90	0.88	2.5	288	121	420
YR250S—4	75	1453	141.1	90.5	0.89	2.5	449	105	440
YR250M—4	90	1457	167.4	91	0.89	2.5	524	107	590
YR280S—4	110	1458	201.3	91.5	0.89	3.0	349	196	
YR280M—4	132	1463	239.0	92.5	0.89	3.0	419	194	880
YR160M—6	5.5	949	12.7	82.5	0.77	2.5	279	13	
YR160L—6	7.5	949	16.9	83.5	0.78	2.5	260	19	160
YR180M—6	11	940	24.2	84.5	0.78	2.8	146	50	
YR180L—6	15	947	32.6	85.5	0.79	2.8	187	53	
YR200M—6	18.5	949	39	86.5	0.81	2.8	187	65	
YR200L—6	22	955	45.5	87.5	0.82	2.8	224	63	315
YR225M1—6	30	955	59.4	87.5	0.85	2.2	227	86	335
YR225M2—6	37	964	73.1	89	0.85	2.2	287	82	400
YR250S—6	45	966	88	89	0.85	2.2	307	93	
YR250M—6	55	967	105.7	89.5	0.86	2.2	359	97	575
YR280S—6	75	969	141.8	90.5	0.88	2.5	392	121	
YR280M—6	90	972	166.7	91	0.89	2.5	481	118	880
YR160M—8	4	703	10.5	81	0.71	2.2	262	11	
YR160L—8	5.5	705	14.2	81.5	0.71	2.2	243	15	160
YR180M—8	7.5	692	18.4	82	0.73	2.2	105	49	
YR180L—8	11	699	26.8	83	0.73	2.2	140	53	
YR200M—8	15	706	36.1	85	0.73	2.2	153	64	
YR200L—8	18.5	712	44	86	0.73	2.2	187	64	315
YR225M1—8	22	710	48.6	86	0.78	2.0	161	90	365
YR225M2—8	30	713	65.3	87	0.79	2.0	200	97	400
YR250S—8	37	715	78.9	87.5	0.79	2.0	218	110	450
YR250M—8	45	720	95.5	88.5	0.79	2.0	264	109	515
YR280S—8	55	723	114	89	0.82	2.2	279	125	
YR280M—8	75	725	152.1	90	0.82	2.2	359	131	850

表 1-14 YR 系列（IP44）绕线转子异步电动机的技术数据

型号	额定功率/kW	满载时				最大转矩/额定转矩	转子		质量/kg
		转速/(r/min)	电流/A	效率(%)	功率因数		电压/V	电流/A	
YR132S1—4	2.2	1440	5.3	82.0	0.77	3.0	190	7.9	60
YR132S2—4	3	1440	7.0	83.0	0.78	3.0	215	9.4	70
YR132M1—4	4	1440	9.3	84.5	0.77	3.0	230	11.5	80
YR132M2—4	5.5	1440	12.6	86.0	0.77	3.0	272	13.0	95

（续）

型号	额定功率/kW	满载时				最大转矩/额定转矩	转子		质量/kg
		转速/(r/min)	电流/A	效率(%)	功率因数		电压/V	电流/A	
YR160M—4	7.5	1460	15.7	87.5	0.83	3.0	250	19.5	130
YR160L—4	11	1460	22.5	89.5	0.83	3.0	276	25.0	155
YR180L—4	15	1465	30.0	89.5	0.85	3.0	278	34.0	205
YR200L1—4	18.5	1465	36.7	89.0	0.86	3.0	247	47.5	265
YR200L2—4	22	1465	43.2	90.0	0.86	3.0	293	47.0	290
YR225M2—4	30	1475	57.6	91.0	0.87	3.0	360	51.5	380
YR250M1—4	37	1480	71.4	91.5	0.86	3.0	289	79.0	440
YR250M2—4	45	1480	85.9	91.5	0.87	3.0	340	81.0	490
YR280S—4	55	1480	103.8	91.5	0.88	3.0	485	70.0	670
YR280M—4	75	1480	140	92.5	0.88	3.0	354	128.0	800
YR132S1—6	1.5	955	4.17	78.0	0.70	2.8	180	5.9	60
YR132S2—6	2.2	955	5.96	80.0	0.70	2.8	200	7.5	70
YR132M1—6	3	955	8.20	80.5	0.69	2.8	206	9.5	80
YR132M2—6	4	955	10.7	82.0	0.69	2.8	230	11.0	95
YR160M—6	5.5	970	13.4	84.5	0.74	2.8	244	14.5	135
YR160L—6	7.5	970	17.9	86.0	0.74	2.8	266	18.0	155
YR180L—6	11	975	23.6	87.5	0.81	2.8	310	22.5	205
YR200L1—6	15	975	31.8	88.5	0.81	2.8	198	48.0	280
YR225M1—6	18.5	980	38.3	88.5	0.83	2.8	187	62.5	335
YR225M2—6	22	980	45.0	89.5	0.83	2.8	224	61.0	365
YR250M1—6	30	980	60.3	90.0	0.84	2.8	282	66.0	450
YR250M2—6	37	980	73.9	90.5	0.84	2.8	331	69.0	490
YR280S—6	45	985	87.9	91.5	0.85	2.8	362	76.0	680
YR280M—6	55	985	106.9	92.0	0.85	2.8	423	80.0	730
YR160M—8	4	715	10.7	82.5	0.69	2.4	216	12.0	135
YR160L—8	5.5	715	14.1	83.0	0.71	2.4	230	15.5	155
YR180L—8	7.5	725	18.4	85.0	0.73	2.4	255	19.0	190
YR200L1—8	11	725	26.6	86.0	0.73	2.4	152	46.0	280
YR225M1—8	15	735	34.5	88.0	0.75	2.4	169	56.0	265
YR225M2—8	18.5	735	42.1	89.0	0.75	2.4	211	54.0	390
YR250M1—8	22	735	48.1	89.0	0.78	2.4	210	65.5	450
YR250M2—8	30	735	66.1	89.5	0.77	2.4	270	69.0	500
YR280S—8	37	735	78.2	91.0	0.79	2.4	281	81.5	680
YR280M—8	45	735	92.9	92.0	0.80	2.4	359	76.0	800

4. YR 系列绕线转子异步电动机转子的技术数据

YR 系列（IP23）绕线转子异步电动机转子的技术数据见表 1-15；YR 系列（IP44）绕线转子异步电动机转子的技术数据见表 1-16。

表 1-15 YR 系列（IP23）绕线转子异步电动机转子的技术数据

<table>
<tr><th rowspan="3">功率/kW</th><th colspan="12">同步转速/(r/min)</th></tr>
<tr><th>1500</th><th>1000</th><th>750</th><th>1500</th><th>1000</th><th>750</th><th>1500</th><th>1000</th><th>750</th><th>1500</th><th>1000</th><th>750</th></tr>
<tr><th colspan="3">转子电流/A</th><th colspan="3">开路电压/V</th><th colspan="3">转动惯量 J/(kg·m²)①</th><th colspan="3">最大转矩/额定转矩</th></tr>
<tr><td>4</td><td rowspan="2">—</td><td>—</td><td>11</td><td rowspan="2">—</td><td>—</td><td>262</td><td rowspan="2">—</td><td>—</td><td>0.142</td><td>—</td><td>—</td><td rowspan="6">2.2</td></tr>
<tr><td>5.5</td><td>13</td><td>15</td><td>279</td><td>243</td><td>0.143</td><td>0.162</td><td rowspan="5">2.8</td><td rowspan="2">2.5</td></tr>
<tr><td>7.5</td><td>19</td><td>19</td><td>49</td><td>260</td><td>260</td><td>105</td><td>0.098</td><td>0.164</td><td>0.310</td></tr>
<tr><td>11</td><td>26</td><td>50</td><td>53</td><td>275</td><td>146</td><td>140</td><td>0.122</td><td>0.312</td><td>0.367</td><td rowspan="4">2.8</td></tr>
<tr><td>15</td><td>37</td><td>53</td><td>64</td><td>260</td><td>187</td><td>153</td><td>0.149</td><td>0.370</td><td>0.535</td></tr>
<tr><td>18.5</td><td>61</td><td>65</td><td>64</td><td>197</td><td>187</td><td>187</td><td>0.250</td><td>0.542</td><td>0.630</td></tr>
<tr><td>22</td><td>61</td><td>63</td><td>90</td><td>232</td><td>224</td><td>161</td><td>0.273</td><td>0.637</td><td>0.790</td><td rowspan="3">3.0</td><td rowspan="3">2.0</td></tr>
<tr><td>30</td><td>76</td><td>86</td><td>97</td><td>255</td><td>227</td><td>200</td><td>0.455</td><td>0.810</td><td>0.905</td><td rowspan="4">2.2</td></tr>
<tr><td>37</td><td>74</td><td>82</td><td>110</td><td>316</td><td>287</td><td>218</td><td>0.553</td><td>0.935</td><td>1.60</td></tr>
<tr><td>45</td><td>120</td><td>93</td><td>109</td><td>240</td><td>307</td><td>264</td><td>0.650</td><td>1.625</td><td>1.83</td><td rowspan="2">2.5</td><td rowspan="3">2.2</td></tr>
<tr><td>55</td><td>121</td><td>97</td><td>125</td><td>288</td><td>359</td><td>279</td><td>0.740</td><td>1.88</td><td>2.64</td></tr>
<tr><td>75</td><td>105</td><td>121</td><td>131</td><td>449</td><td>392</td><td>359</td><td>1.337</td><td>2.88</td><td>3.43</td><td rowspan="2">2.6</td><td rowspan="2">2.5</td></tr>
<tr><td>90</td><td>107</td><td>118</td><td rowspan="3">—</td><td>524</td><td>481</td><td rowspan="3">—</td><td>1.500</td><td>3.51</td><td rowspan="3">—</td><td rowspan="3">—</td></tr>
<tr><td>110</td><td>196</td><td rowspan="2">—</td><td>349</td><td rowspan="2">—</td><td>2.275</td><td rowspan="2">—</td><td rowspan="2">3.0</td><td rowspan="2">—</td></tr>
<tr><td>132</td><td>194</td><td>419</td><td>2.597</td></tr>
</table>

① 转动惯量 $J=mr^2$，工程上常用飞轮力矩 GD^2 计算，其中 G 为重力（N），D 为直径（m），$GD^2=4\times9.81J$（N·m²）。

表 1-16 YR 系列（IP44）绕线转子异步电动机转子的技术数据

<table>
<tr><th rowspan="3">功率/kW</th><th colspan="12">同步转速/(r/min)</th></tr>
<tr><th>1500</th><th>1000</th><th>750</th><th>1500</th><th>1000</th><th>750</th><th>1500</th><th>1000</th><th>750</th><th>1500</th><th>1000</th><th>750</th></tr>
<tr><th colspan="3">转子电流/A</th><th colspan="3">开路电压/V</th><th colspan="3">转动惯量 J/(kg·m²)</th><th colspan="3">最大转矩/额定转矩</th></tr>
<tr><td>3</td><td>—</td><td>9.5</td><td>—</td><td>—</td><td>201</td><td>—</td><td>—</td><td>0.046</td><td>—</td><td>—</td><td rowspan="12">2.8</td><td>—</td></tr>
<tr><td>4</td><td>11.5</td><td>11.0</td><td>12.0</td><td>230</td><td>230</td><td>216</td><td>0.034</td><td>0.058</td><td>0.113</td><td rowspan="12">3.0</td><td rowspan="10">2.4</td></tr>
<tr><td>5.5</td><td>13.0</td><td>14.5</td><td>15.0</td><td>272</td><td>244</td><td>230</td><td>0.042</td><td>0.115</td><td>0.142</td></tr>
<tr><td>7.5</td><td>19.5</td><td>18.0</td><td>19.0</td><td>252</td><td>266</td><td>255</td><td>0.091</td><td>0.145</td><td>0.24</td></tr>
<tr><td>11</td><td>25.0</td><td>22.5</td><td>46.0</td><td>276</td><td>310</td><td>152</td><td>0.12</td><td>0.27</td><td>0.40</td></tr>
<tr><td>15</td><td>34.0</td><td>48.0</td><td>56.0</td><td>278</td><td>198</td><td>169</td><td>0.20</td><td>0.41</td><td>0.69</td></tr>
<tr><td>18.5</td><td>47.5</td><td>62.5</td><td>54.0</td><td>247</td><td>187</td><td>211</td><td>0.29</td><td>0.62</td><td>0.81</td></tr>
<tr><td>22</td><td>47.0</td><td>61.0</td><td>65.5</td><td>293</td><td>224</td><td>210</td><td>0.32</td><td>0.70</td><td>1.19</td></tr>
<tr><td>30</td><td>51.5</td><td>66.0</td><td>69.0</td><td>360</td><td>282</td><td>270</td><td>0.64</td><td>1.22</td><td>1.39</td></tr>
<tr><td>37</td><td>79.0</td><td>69.0</td><td>81.5</td><td>289</td><td>331</td><td>281</td><td>0.87</td><td>1.36</td><td>2.14</td></tr>
<tr><td>45</td><td>81.0</td><td>76.0</td><td>76.0</td><td>340</td><td>362</td><td>359</td><td>0.99</td><td>2.17</td><td>2.73</td></tr>
<tr><td>55</td><td>70.0</td><td>80.0</td><td rowspan="2">—</td><td>485</td><td>423</td><td rowspan="2">—</td><td>1.61</td><td>2.48</td><td rowspan="2">—</td><td rowspan="2">—</td></tr>
<tr><td>75</td><td>128.5</td><td>—</td><td>354</td><td>—</td><td>2.11</td><td>—</td><td>—</td></tr>
</table>

九、Y 系列中型高压 6、10kV 三相异步电动机的技术数据

Y 系列中型高压 6、10kV 三相异步电动机，用于驱动各种通风机械，如通风机、压缩机、水泵等设备。6kV 电动机可以取代 JS、JSQ 系列老产品。10kV 电动机因可直接接于 10kV 电网，故具有简化设备、节省投资、降低损耗等优点。

Y 系列高压 6kV 电动机（IP23）的技术数据见表 1-17。

表 1-17 Y 系列高压 6kV 电动机（IP23）技术数据

型号	额定功率/kW	满载时			堵转电流/额定电流	质量/kg
		定子电流/A	效率(%)	功率因数		
同步转速 1500r/min						
Y355—4	220	26.7	93.3	0.85	6.5	1740
Y355—4	250	30.3	93.4	0.85	6.5	1790
Y355—4	280	33.5	93.5	0.86	6.5	1830
Y355—4	315	37.7	93.6	0.86	6.5	1880
Y400—4	355	42.3	93.8	0.86	6.5	2320
Y400—4	400	47.6	94.0	0.86	6.5	2390
Y400—4	450	53.5	94.2	0.86	6.5	2460
Y400—4	500	58.6	94.3	0.87	6.5	2550
Y400—4	560	65.5	94.5	0.87	6.5	2640
Y450—4	630	73.6	94.7	0.87	6.5	3140
Y450—4	710	82.7	94.9	0.87	6.5	3230
Y450—4	800	93.0	95.1	0.87	6.5	3350
Y450—4	900	104.6	95.2	0.87	6.5	3570
Y500—4	1000	116.1	95.3	0.87	6.5	4080
Y500—4	1120	128.4	95.4	0.88	6.5	4230
Y500—4	1250	143.1	95.5	0.88	6.5	4540
Y500—4	1400	160.1	95.6	0.88	6.5	4690
同步转速 1000r/min						
Y355—6	220	27.8	93.0	0.82	6	1900
Y355 —6	250	31.4	93.3	0.82	6	1960
Y400—6	280	34.7	93.5	0.83	6	2350
Y400—6	315	39.0	93.7	0.83	6	2420
Y400—6	355	43.8	93.9	0.83	6	2500
Y400—6	400	49.3	94.0	0.83	6	2590
Y450—6	450	54.7	94.3	0.84	6	3100
Y450 —6	500	59.9	94.5	0.85	6	3190
Y450—6	560	67.0	94.6	0.85	6	3290
Y450—6	630	75.3	94.7	0.85	6	3520
Y500—6	710	84.6	95.0	0.85	6	3980
Y500—6	800	95.2	95.1	0.85	6	4120
Y500—6	900	107	95.2	0.85	6	4400
Y500—6	1000	118.8	95.3	0.85	6	4500
同步转速 750r/min						
Y400—8	220	29.2	92.9	0.78	5.5	2480
Y400—8	250	32.7	93.0	0.79	5.5	2560
Y400—8	280	36.6	93.2	0.79	5.5	2660
Y450—8	315	40.6	93.4	0.80	5.5	3170
Y450—8	355	45.7	93.5	0.80	5.5	3280
Y450—8	400	51.3	93.7	0.80	5.5	3400
Y450—8	450	57.0	93.8	0.81	5.5	3510
Y500—8	500	63.1	94.2	0.81	5.5	3860
Y500—8	560	69.6	94.4	0.82	5.5	4090
Y500—8	630	78.2	94.5	0.82	5.5	4250
Y500—8	710	88.1	94.6	0.82	5.5	4540
同步转速 600r/min						
Y450—10	220	29.9	92.1	0.77	5.5	2990
Y450—10	250	33.4	92.3	0.78	5.5	3080
Y450—10	280	37.3	92.5	0.78	5.5	3170
Y450—10	315	41.4	92.6	0.79	5.5	3280
Y450—10	355	46.6	92.8	0.79	5.5	3370
Y500—10	400	51.6	93.3	0.80	5.5	3790
Y500—10	450	58.0	93.4	0.80	5.5	3900
Y500—10	500	64.3	93.6	0.80	5.5	4030
Y500—10	560	71.9	93.7	0.80	5.5	4160
Y500—10	630	80.8	93.8	0.80	5.5	4390
同步转速 500r/min						
Y450—12	220	31.7	91.4	0.73	5.5	3240
Y450—12	250	35.9	91.7	0.73	5.5	3330
Y500—12	280	39.3	92.7	0.74	5.5	3830
Y500—12	315	43.6	92.8	0.75	5.5	3970
Y500—12	355	49.0	93.0	0.75	5.5	4060
Y500—12	400	55.0	93.3	0.75	5.5	4200
Y500—12	450	61.8	93.4	0.75	5.5	4340

注：定子电流按重庆电机厂样本编写，质量按湘潭电机厂样本编写。

Y系列高压10kV电动机（IP23）的技术数据见表1-18。

表1-18　Y系列高压10kV电动机（IP23）技术数据（设计值）

型　号	额定功率/kW	满载时				堵转电流/额定电流	堵转转矩/额定转矩	最大转矩/额定转矩	质量/kg
		定子电流/A	转速/(r/min)	效率(%)	功率因数				
Y450—4	220	15. 82	1486	92. 83	0. 865	6. 06	0. 93	2. 50	2890
Y450—4	250	17. 95	1485	93. 04	0. 864	5. 83	0. 90	2. 41	2940
Y450—4	280	19. 87	1485	93. 37	0. 871	5. 77	0. 89	2. 38	3000
Y450—4	315	22. 29	1484	93. 57	0. 872	5. 67	0. 89	2. 34	3060
Y450—4	355	24. 92	1484	93. 84	0. 872	5. 59	0. 88	2. 31	3160
Y450—4	400	27. 71	1480	93. 82	0. 888	5. 69	0. 88	2. 42	3160
Y450—4	450	30. 83	1479	94. 04	0. 896	5. 62	0. 88	2. 38	3230
Y450—4	500	34. 13	1479	94. 21	0. 898	5. 72	0. 91	2. 42	3330
Y450—4	560	37. 78	1480	94. 55	0. 905	5. 82	0. 94	2. 47	3490
Y500—4	630	42. 96	1487	94. 47	0. 896	6. 11	0. 89	2. 47	4130
Y500—4	710	48. 23	1486	94. 68	0. 898	6. 02	0. 89	2. 44	4330
Y500—4	800	53. 69	1486	94. 90	0. 906	5. 84	0. 87	2. 35	4530
Y500—4	900	51 92	1485	95. 03	0. 912	5. 70	0. 86	2. 29	4730
Y450—6	220	16. 15	991	93. 04	0. 845	5. 65	0. 94	2. 32	3090
Y450—6	250	18. 51	991	93. 24	0. 836	5. 65	0. 94	2. 32	3090
Y450—6	280	20. 43	990	93. 44	0. 847	5. 52	0. 92	2. 26	3180
Y450—6	315	22. 88	990	93. 69	0. 848	5. 41	0. 91	2. 22	3260
Y450—6	355	25. 66	990	93. 82	0. 851	5. 31	0. 90	2. 17	3420
Y450—6	400	28. 75	989	94. 00	0. 854	5. 27	0. 90	2. 15	3470
Y500—6	450	31. 85	992	94. 20	0. 866	5. 45	0. 85	2. 12	3930
Y500—6	500	36. 02	992	94. 38	0. 849	5. 53	0. 88	2. 18	4030
Y500—6	560	31. 58	992	94. 61	0. 863	5. 57	0. 89	2. 17	4330
Y500—6	630	44. 75	993	94. 80	0. 857	5. 71	0. 93	2. 24	4530
Y450—8	220	17. 70	744	93. 20	0. 770	5. 30	0. 91	2. 24	3070
Y450—8	250	19. 93	744	93. 42	0. 775	5. 09	0. 87	2. 14	3210
Y500—8	280	21. 73	744	93. 70	0. 794	5. 17	0. 90	2. 09	3750
Y500—8	315	24. 46	744	93. 85	0. 792	5. 06	0. 88	2. 05	3800
Y500—8	355	21. 43	744	94. 13	0. 794	4. 98	0. 87	2. 02	3910
Y500—8	400	31. 00	744	94. 22	0. 791	4. 93	0. 87	2. 00	4100
Y500—8	450	34. 61	744	94. 38	0. 795	4. 88	0. 86	1. 97	4300
Y500—8	500	38. 57	744	94. 60	0. 791	4. 99	0. 88	2. 03	4450
Y500—10	220	18. 31	594	92. 55	0. 750	5. 24	0. 90	2. 45	3700
Y500—10	250	20. 74	594	92. 69	0. 751	5. 04	0. 87	2. 35	3750
Y500—10	280	23. 34	594	92. 86	0. 746	4. 99	0. 86	2. 35	3850
Y500—10	315	25. 87	593	92. 98	0. 756	4. 90	0. 85	2. 27	3950
Y500—10	355	28. 57	593	93. 31	0. 769	4. 93	0. 88	2. 26	4250
Y500—10	400	32. 01	593	93. 61	0. 771	4. 93	0. 87	2. 24	4400
Y500—10	450	36. 27	593	93. 67	0. 765	4. 98	0. 89	2. 28	4530
Y500—12	220	18. 96	495	91. 83	0. 729	4. 76	0. 87	2. 13	3900
Y500—12	250	21. 45	495	92. 37	0. 729	4. 62	0. 84	2. 07	4100
Y500—12	280	23. 33	495	92. 64	0. 748	4. 56	0. 83	2. 00	4350
Y500—12	315	26. 18	495	92. 97	0. 747	4. 51	0. 81	1. 99	4470

注：1. 本表为兰州电机厂的数据，质量为估算数，误差±10%。数据供选型参考，以生产厂提供的资料及外形图为准。

2. 表中Y450—□型对湘潭电机厂的型号应为Y500—□型。兰州、湘潭两电机厂的本系列电动机功率等级是相同的，其他数据则不尽相同。

十、YR 系列中型高压 6、10kV 绕线转子异步电动机的技术数据

YR 系列中压高压 6、10kV 绕线转子异步电动机，用于驱动起动转矩较高的机械设备，不适用于卷扬机等频繁起动及经常逆转的使用场合。6kV 电动机可以取代 JR、JRQ 系列老产品。

电动机可以采用全电压起动，起动时转子回路应接入起动变阻器或频敏变阻器等起动装置。

YR 系列高压 6kV 绕线转子异步电动机的技术数据见表 1-19。

表 1-19 YR 系列高压 6kV 绕线转子异步电动机（IP23）技术数据

型号	额定功率/kW	同步转速/(r/min)	满载时			质量/kg
			定子电流/A	效率(%)	功率因数	
YR355—4	220	1500	27.5	92.7	0.83	2240
YR355—4	250	1500	30.8	93.0	0.84	2500
YR355—4	280	1500	34.5	93.1	0.84	2540
YR400—4	315	1500	38.8	93.1	0.85	3400
YR400—4	355	1500	43.1	93.3	0.85	3450
YR400—4	400	1500	48.4	93.5	0.85	3600
YR400—4	450	1500	54.4	93.7	0.85	3800
YR400—4	500	1500	60.3	93.9	0.85	3900
YR400—6	220	1000	28.3	92.5	0.81	3070
YR400—6	250	1000	31.6	92.7	0.82	3150
YR400 — 6	280	1000	35.4	92.8	0.82	3200
YR400—6	315	1000	39.7	93.0	0.82	3320
YR400—6	355	1000	44.7	93.2	0.82	3460
YR450—6	400	1000	49.6	93.5	0.83	3600
YR450—6	450	1000	55.1	93.6	0.84	3800
YR450—6	500	1000	61.1	93.8	0.84	4000
YR450—6	560	1000	68.2	94.0	0.84	4200
YR500—6	630	1000	75.6	94.3	0.85	4750
YR500—6	710	1000	85.1	94.5	0.85	5500
YR500—6	800	1000	95.6	94.7	0.85	5700
YR500—6	900	1000	107.5	94.8	0.85	5900
YR400—8	220	750	29.4	92.2	0.78	3500
YR400—8	250	750	33.4	92.3	0.78	3700
YR400—8	280	750	36.9	92.5	0.78	3900
YR450—8	315	750	40.9	92.6	0.80	3800
YR450—8	355	750	46.1	92.7	0.80	3870
YR450—8	400	750	51.7	93.0	0.80	3960
YR450—8	450	750	57.4	93.1	0.81	4180
YR500—8	500	750	63.5	93.5	0.81	4660
YR450—4	560	1500	67.3	94.2	0.85	3800
YR450—4	630	1500	74.6	94.5	0.86	4100
YR450—4	710	1500	84.0	94.6	0.86	4300
YR450—4	800	1500	93.5	94.6	0.87	4500
YR500—4	900	1500	105.2	94.6	0.87	5000
YR500—4	1000	1500	116.5	94.9	0.87	5500
YR500—4	1120	1500	130.4	95.0	0.87	6000
YR500—4	1250	1500	145.4	95.1	0.87	6500
YR500—8	560	750	71.0	93.7	0.81	4900
YR500—8	630	750	70.7	93.9	0.81	5050
YR500—8	710	750	89.7	94.0	0.81	5280
YR450—10	220	600	30.1	91.3	0.77	3700
YR450—10	250	600	34.1	91.5	0.77	3850
YR450—10	280	600	37.6	91.8	0.78	4000
YR450—10	315	600	42.3	91.9	0.78	4200
YR450—10	355	600	47.6	92.1	0.78	4400
YR500—10	400	600	53.2	92.8	0.78	4600
YR500—10	450	600	59.6	93.1	0.78	4800
YR500—10	500	600	65.3	93.3	0.79	5000
YR500—10	560	600	73.0	93.5	0.79	5200
YR450—12	220	500	32.5	90.4	0.72	3700
YR450—12	250	500	36.9	90.5	0.72	3950
YR500—12	280	500	40.2	91.7	0.73	4500
YR500—12	315	500	44.5	92.0	0.74	4650
YR500—12	355	500	49.5	92.0	0.75	4800
YR500—12	400	500	56.6	92.3	0.75	5000
YR500—12	450	500	62.4	92.5	0.75	5730

注：定子电流按重庆电机厂样本编写，质量按兰州电机厂样本编写。

YR 系列高压 10kV 绕线转子异步电动机的技术数据见表 1-20。

表 1-20　YR 系列高压 10kV 绕线转子异步电动机（IP23）技术数据（设计值）

型号	额定功率/kW	满载时				最大转矩/额定转矩	转子			质量/kg
		定子电流/A	转速/(r/min)	效率(%)	功率因数		电压/V	电流/A	75℃电阻/Ω	
YR450—4	220	16. 07	1474	92. 06	0. 859	2. 65	414	333	0. 01241	3410
YR450—4	250	18. 19	1474	92. 31	0. 859	2. 57	444	353	0. 01268	3450
YR450—4	280	20. 11	1474	92. 68	0. 867	2. 55	479	366	0. 01298	3510
YR450—4	315	22. 52	1475	92. 94	0. 869	2. 53	519	379	0. 01341	3570
YR450—4	355	25. 10	1475	92. 93	0. 875	2. 51	567	390	0. 01396	3660
YR450—4	400	28. 41	1473	93. 28	0. 871	2. 17	518	485	0. 01121	3660
YR450—4	450	31. 49	1474	93. 59	0. 881	2. 15	567	497	0. 01170	3730
YR450—4	500	34. 83	1475	93. 83	0. 883	2. 19	625	500	0. 01220	3830
YR450—4	560	38. 43	1476	94. 26	0. 892	2. 24	696	500	0. 01282	3990
YR500—4	630	43. 76	1481	94. 03	0. 881	2. 24	566	691	0. 00607	4850
YR500—4	710	49. 11	1481	94. 27	0. 885	2. 21	610	722	0. 00618	5000
YR500—4	800	54. 57	1481	94. 53	0. 895	2. 11	663	749	0. 00645	5230
YR500—4	900	60. 78	1481	94. 72	0. 903	2. 08	725	770	0. 00677	5380
YR450—6	220	16. 68	984	92. 29	0. 825	2. 12	428	325	0. 01251	3580
YR450—6	250	19. 24	984	92. 49	0. 811	2. 14	456	345	0. 01224	3580
YR450—6	280	21. 13	984	92. 74	0. 825	2. 07	493	358	0. 01289	3670
YR450—6	315	23. 69	984	93. 03	0. 825	2. 03	535	371	0. 01336	3750
YR450—6	355	26. 54	984	93. 20	0. 829	1. 99	584	383	0. 01397	3850
YR450—6	400	29. 68	985	93. 44	0. 833	1. 97	643	391	0. 01472	3970
YR500—6	450	32. 40	984	93. 37	0. 859	2. 06	588	481	0. 01145	4650
YR500—6	500	36. 54	985	93. 63	0. 844	2. 18	645	486	0. 01177	4730
YR500—6	560	40. 17	986	93. 92	0. 857	2. 13	719	486	0. 01254	4930
YR500—6	630	45. 30	987	94. 20	0. 852	2. 20	809	484	0. 01321	5120
YR450—8	220	17. 76	735	92. 05	0. 777	2. 20	424	328	0. 01539	3570
YR450—8	250	20. 00	735	92. 25	0. 782	2. 11	455	348	0. 01590	3650
YR500—8	280	22. 01	738	92. 90	0. 790	2. 04	457	385	0. 01118	4450
YR500—8	315	24. 76	738	93. 07	0. 789	2. 00	492	403	0. 01148	4500
YR500—8	355	21. 80	739	93. 37	0. 790	1. 97	533	418	0. 01178	4610
YR500—8	400	31. 39	739	93. 51	0. 787	1. 95	581	432	0. 01221	4700
YR500—8	450	35. 05	739	93. 72	0. 791	1. 93	640	441	0. 01288	4900
YR500—8	500	39. 00	740	94. 01	0. 787	1. 99	711	439	0. 01346	5100
YR500—10	220	18. 67	590	91. 86	0. 741	2. 34	478	289	0. 01659	4400
YR500—10	250	21. 13	590	92. 03	0. 742	2. 24	511	307	0. 01703	4460
YR500—10	280	23. 83	590	92. 21	0. 736	2. 24	550	320	0. 01733	4500
YR500—10	315	26. 33	590	92. 39	0. 748	2. 17	597	331	0. 01385	4630
YR500—10	355	29. 16	590	92. 74	0. 758	2. 11	653	342	0. 01922	4770
YR500—10	400	32. 67	590	93. 09	0. 759	2. 09	717	350	0. 02010	4980
YR500—10	450	37. 02	591	93. 20	0. 753	2. 14	797	353	0. 02117	5130
YR500—12	220	19. 17	490	90. 96	0. 728	2. 18	517	255	0. 02547	4590
YR500—12	250	21. 70	490	91. 42	0. 727	2. 13	591	268	0. 02643	4700
YR500—12	280	23. 54	490	91. 73	0. 749	2. 07	648	274	0. 02822	4940
YR500—12	315	26. 39	491	92. 11	0. 748	2. 06	713	280	0. 02976	5120

注：1. 本表为兰州电机厂数据，质量为估算数，误差为 10%，本表数据供选型参考，以生产厂提供的数据和外形图为准。

2. 表中 YR—450—□型对湘潭电机厂的型号为 YR500—□型。

十一、YD 系列变极多速异步电动机的型号及技术数据

YD 系列电动机，利用改变定子绕组的接线方法以改变其极数的方法来实现变速，具有随负载的不同要求而有级地变化功率和转速的特性，从而达到功率的合理匹配和简化变速系统。主要用于要求多种转速的机械设备装置。

YD 系列变极多速异步电动机的型号含义如下：

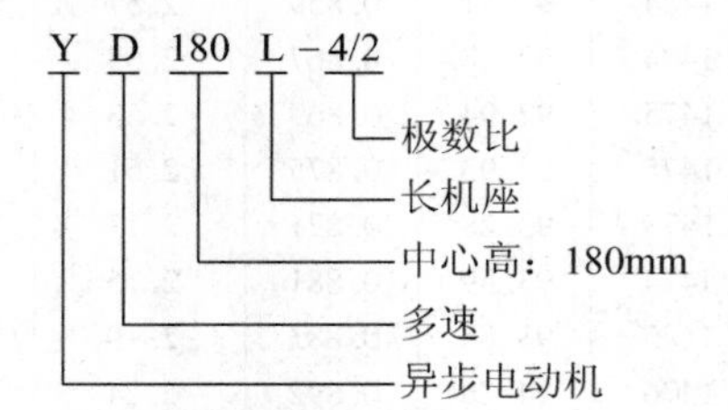

1. YD 系列变极多速异步电动机的机座号、转速比与功率等级间的关系（见表 1-21）。

表 1-21 YD 系列变极多速异步电动机的机座号、转速比与功率等级间的关系

机座号	同步转速/(r/min)								
	1500/3000	1000/1500	750/1500	750/1000	500/1000	1000/1500/3000	750/1500/3000	750/1000/1500	500/750/1000/1500
	功率/kW								
80_1	0.45/0.55								
80_2	0.55/0.75								
90S	0.85/1.1	0.65/0.85		0.35/0.45					
90L	1.3/1.8	0.85/1.1	0.45/0.75	0.45/0.65					
$100L_1$	2/2.4	1.3/1.8							
$100L_2$	2.4/3	1.5/2.2	0.85/1.5	0.75/1.1		0.75/1.3/1.8			
112M	3.3/4	2.2/2.8	1.5/2.4	1.3/1.8		1.1/2/2.4	0.65/2/2.4	0.85/1/1.5	
132S	4.5/5.5	3/4	2.2/3.3	1.8/2.4		1.8/2.6/3	1/2.6/3	1.1/1.5/1.8	
$132M_1$						2.2/3.3/4		1.5/2/2.2	
$132M_2$	6.5/8	4/5.5	3/4.5	2.6/3.7		2.6/4/5	1.3/3.7/4.5	1.8/2.6/3	
160M	9/11	6.5/8	5/7.5	4.5/6	2.6/5	3.7/5/6	2.2/5/6	3.3/4/5.5	
160L	11/14	9/11	7/11	6/8	3.7/7	4.5/7/9	2.8/7/9	4.5/6/7.5	
180M	15/18.5	11/14		7.5/10					
180L	18.5/22	13/16	11/17	9/12	5.5/10			7/9/12	3.3/5/6.5/9
$200L_1$			14/22	12/17	7.5/13				4.5/7/8/11
$200L_2$	26/30	18.5/22	17/26	15/20	9/15			10/13/17	5.5/8/10/13
225S	32/37	22/28						14/18.5/24	
225M	37/46	26/34	24/34		12/20			17/22/28	7/11/13/20
250M	45/55	32/42	30/42		15/24			24/26/34	9/14/16/26
280S	60/72	42/55	40/55		20/30			30/34/42	11/18.5/20/34
280M	72/82	55/72	47/67		24/37			34/37/50	13/22/24/40

2. YD系列变极多速异步电动机引出线的接法（见表1-22）。

表1-22　YD系列变极多速异步电动机引出线的接法

速比	双　速	三　速	四　速
绕组联结方法	△/YY	Y/△/YY或△/Y/YY	△/△/YY/YY
出线数目	6	9	12
低速	1U∘ 1V∘ 1W∘ L_1 L_2 L_3 2U• 2V• 2W•	1U∘ 1V∘ 1W∘ L_1 L_2 L_3 2U• 2V• 2W• 3U• 3V• 3W•	1U∘ 1V∘ 1W∘ L_1 L_2 L_3 2U• 2V• 2W• 3U• 3V• 3W• 4U• 4V• 4W•
中速1	1U∘ 1V∘ 1W∘（连接） 2U∘ 2V∘ 2W∘ L_1 L_2 L_3	1U• 1V• 1W• 2U∘ 2V∘ 2W∘ L_1 L_2 L_3 3U• 3V• 3W•	1U• 1V• 1W• 2U∘ 2V∘ 2W∘ L_1 L_2 L_3 3U• 3V• 3W• 4U• 4V• 4W•
中速2		1U∘ 1V∘ 1W∘（连接） 2U• 2V• 2W• 3U∘ 3V∘ 3W∘ L_1 L_2 L_3	1U∘ 1V∘ 1W∘（连接） 2U• 2V• 2W• 3U∘ 3V∘ 3W∘ L_1 L_2 L_3 4U• 4V• 4W•
高速			1U• 1V• 1W• 2U∘ 2V∘ 2W∘（连接） 3U• 3V• 3W• 4U∘ 4V∘ 4W∘ L_1 L_2 L_3

3. YD系列多速电动机的技术数据（见表1-23）。

表1-23　YD系列多速电动机技术数据

型　号	额定功率/kW	满载时				堵转电流/额定电流	堵转转矩/额定转矩	质量/kg
		转速/(r/min)	电流/A	效率(%)	功率因数			
YD90S—6/4	0.65/0.85	920/1420	2.2/2.3	64/70	0.68/0.79	6/6.5	1.6/1.4	23
YD90L—6/4	0.85/1.1	930/1400	2.8/3	66/71	0.70/0.79	6/6.5	1.6/1.5	25
YD100L1—6/4	1.3/1.8	940/1440	3.8/4.4	74/77	0.70/0.80	6/6.5	1.7/1.4	34
YD100L2—6/4	1.5/2.2	940/1440	4.3/5.4	75/77	0.70/0.80	6/6.5	1.6/1.4	38
YD112M—6/4	2.2/2.8	960/1440	5.7/6.7	78/77	0.75/0.82	6/6.5	1.8/1.5	49
YD132S—6/4	3/4	970/1440	7.7/9.5	79/78	0.75/0.82	6/6.5	1.8/1.7	65
YD132S—4/2	4.5/5.5	1450/2860	9.8/11.9	83/79	0.84/0.89	6.5/7	1.7/1.8	68
YD132M—4/2	6.5/8	1450/2880	13.8/17.1	84/80	0.85/0.89	6.5/7	1.7/1.8	81

（续）

型 号	额定功率/kW	满载时				堵转电流/额定电流	堵转转矩/额定转矩	质量/kg
		转速/(r/min)	电流/A	效率(%)	功率因数			
YD160M—4/2	9/11	1460/2920	18.5/22.9	87/82	0.85/0.89	6.5/7	1.6/1.8	123
YD160L—4/2	11/14	1460/2920	22.3/28.8	87/82	0.86/0.90	6.5/7	1.7/1.9	144
YD180M—4/2	15/18.5	1470/2940	29.4/36.7	89/85	0.87/0.90	6.5/7	1.8/1.9	182
YD180L—4/2	18.5/22	1470/2940	35.9/42.7	89/86	0.88/0.91	6.5/7	1.6/1.8	190
YD200L—4/2	26/30	1470/2950	49.9/58.3	89/85	0.89/0.92	6.5/7	1.4/1.6	270
YD225S—4/2	32/37	1480/2960	60.7/71.1	90/86	0.89/0.92	6.5/7	1.4/1.6	318
YD225M—4/2	37/45	1480/2960	69.4/86.4	91/86	0.89/0.92	6.5/7	1.6/1.6	354
YD250M—4/2	45/52	1480/2960	84.4/98.7	91/88	0.89/0.92	6.5/7	1.6/1.6	427
YD280S—4/2	60/72	1490/2970	111.3/135.1	91/88	0.90/0.92	6.5/7	1.4/1.5	597
YD280M—4/2	72/82	1480/2970	133.6/152.2	91/88	0.90/0.93	6.5/7	1.4/1.5	667
YD132M—6/4	4/5.5	970/1440	9.8/12.3	82/80	0.76/0.85	6/6.5	1.6/1.4	84
YD160M—6/4	6.5/8	970/1460	15.1/17.6	84/83	0.78/0.84	6/6.5	1.5/1.5	119
YD160L—6/4	9/11	970/1460	20.6/23.6	85/84	0.78/0.85	6/6.5	1.6/1.7	147
YD180M—6/4	11/14	980/1470	25.9/29.7	85/84	0.76/0.85	6/6.5	1.6/1.7	192
YD180L—6/4	13/16	980/1470	29.4/33.6	86/85	0.78/0.85	6/6.5	1.7/1.7	224
YD200L—6/4	18.5/22	980/1460	41.4/44.8	87/87	0.78/0.86	6.5/7	1.6/1.5	250
YD225S—6/4	22/28	980/1470	44.2/56.4	88/87	0.86/0.87	6.5/7	1.8/1.8	330
YD225M—6/4	26/32	980/1470	52.6/62.3	88/87	0.86/0.90	6.5/7	1.5/1.3	344
YD250M—6/4	32/42	980/1480	62.1/80.5	90/87	0.87/0.91	6.5/7	1.5/1.3	479
YD280S—6/4	42/55	980/1480	81.5/106.4	90/87	0.87/0.90	6.5/7	1.5/1.3	614
YD280M—6/4	55/67	990/1480	106.7/131.5	90/88	0.87/0.89	6.5/7	1.6/1.3	710
YD90L—8/4	0.45/0.75	700/1420	1.9/1.8	58/72	0.63/0.87	5.5/6.5	1.6/1.4	25
YD100L—8/4	0.85/1.5	700/1410	3.1/3.5	6.1/74	0.63/0.88	5.5/6.5	1.6/1.4	38
YD112M—8/4	1.5/2.4	700/1410	5.0/5.3	72/78	0.63/0.88	5.5/6.5	1.7/1.7	49
YD132S—8/4	2.2/3.3	720/1440	7.0/7.1	75/80	0.64/0.88	5.5/6.5	1.5/1.7	63
YD132M—8/4	3/4.5	720/1440	9.0/9.4	78/82	0.65/0.89	5.5/6.5	1.5/1.6	80
YD160M—8/4	5/7.5	730/1450	13.9/15.2	83/84	0.66/0.89	5.5/6.5	1.5/1.6	119
YD160L—8/4	7/11	730/1450	19/21.8	85/86	0.66/0.89	5.5/6.5	1.5/1.6	147
YD180L—8/4	11/17	730/1470	26.7/32.3	87/88	0.72/0.91	6/7	1.5/1.5	254
YD200L1—8/4	14/22	740/1470	33/41.3	87/88	0.74/0.92	6/7	1.8/1.7	261
YD200L2—8/4	17/26	740/1470	40.1/48.8	87/88	0.74/0.92	6/7	1.5/1.7	301
YD225M—8/4	24/34	740/1470	53.2/66.7	89/88	0.77/0.88	6/7	1.5/1.5	340
YD250M—8/4	30/42	740/1480	64.9/78.8	90/89	0.78/0.91	6/7	1.6/1.7	479
YD280S—8/4	40/55	740/1480	83.5/102	91/90	0.80/0.91	6/7	1.6/1.7	585
YD280M—8/4	47/67	740/1480	96.9/122.9	91/90	0.81/0.92	6/7	1.6/1.7	730
YD90S—8/6	0.35/0.45	700/930	1.6/1.4	56/70	0.60/0.72	5/6	1.8/2	23
YD90L—8/6	0.45/0.65	700/930	1.9/1.9	59/71	0.60/0.73	5/6	1.7/1.8	25
YD100L—8/6	0.75/1.1	710/950	2.9/3.1	65/75	0.60/0.73	5/6	1.8/1.9	38
YD112M—8/6	1.3/1.8	710/950	4.5/4.8	72/78	0.61/0.73	5/6	1.7/1.9	51
YD132S—8/6	1.8/2.4	730/970	5.8/6.2	76/80	0.62/0.73	5/6	1.6/1.9	63
YD132M—8/6	2.6/3.7	730/970	8.2/9.4	78/82	0.62/0.73	5/6	1.9/1.9	84
YD160M—8/6	4.5/6	730/980	13.3/14.7	83/85	0.62/0.73	5/6	1.6/1.9	119
YD160L—8/6	6/8	730/980	17.5/19.4	84/86	0.62/0.73	5/6	1.6/1.9	147
YD180M—8/6	7.5/10	730/980	21.9/24.2	84/86	0.62/0.73	5/6	1.9/1.9	195
YD180L—8/6	9/12	730/980	24.8/28.3	85/86	0.65/0.75	5/6	1.8/1.8	224
YD200L1—8/6	12/17	730/980	32.6/39.1	86/87	0.65/0.76	5/6	1.8/2	250
YD200L2—8/6	15/20	730/980	40.3/45.4	87/88	0.65/0.76	5/6	1.8/2	301
YD160M—12/6	2.6/5	480/970	11.6/11.9	74/84	0.46/0.76	4/6	1.2/1.4	119
YD160L—12/6	3.7/7	480/970	16.1/15.8	76/85	0.46/0.79	4/6	1.2/1.4	147
YD180L—12/6	5.5/10	490/980	19.6/20.5	79/86	0.54/0.86	4/6	1.3/1.3	224

（续）

型　号	额定功率/kW	满载时 转速/(r/min)	满载时 电流/A	满载时 效率(%)	满载时 功率因数	堵转电流/额定电流	堵转转矩/额定转矩	质量/kg
YD200L1—12/6	7.5/13	490/970	24.5/26.4	83/87	0.56/0.86	4/6	1.5/1.5	270
YD200L2—12/6	9/16	490/980	28.9/30.1	83/87	0.57/0.87	4/6	1.5/1.5	301
YD225M—12/6	12/20	490/980	35.2/39.7	85/88	0.61/0.87	4/6	1.5/1.5	292
YD250M—12/6	15/24	490/990	42.1/47.1	86/89	0.63/0.87	4/6	1.5/1.5	408
YD280S—12/6	20/30	490/990	54.8/58.9	88/89	0.63/0.87	4/6	1.5/1.5	536
YD280M—12/6	24/37	490/990	65.8/72.6	88/89	0.63/0.87	4/6	1.5/1.5	585
YD100L—6/4/2	0.75/1.3/1.8	950/1450/2900	2.6/3.7/4.5	67/72/71	0.65/0.75/0.85	5.5/6/7	1.8/1.6/1.6	38
YD112M—6/4/2	1.1/2/2.4	960/1450/2920	3.5/5.1/5.8	73/73/74	0.65/0.81/0.85	5.5/6/7	1.7/1.4/1.6	43
YD132S—6/4/2	1.8/2.6/3	970/1460/2910	5.1/6.1/7.4	75/78/71	0.71/0.83/0.87	5.5/6/7	1.4/1.3/1.7	68
YD132M1—6/4/2	2.2/3.3/4	970/1460/2910	6/7.5/8.8	77/80/76	0.72/0.84/0.91	5.5/6/7	1.3/1.3/1.7	78
YD132M2—6/4/2	2.6/4/5	970/1460/2910	6.9/9/10.8	80/80/77	0.72/0.84/0.91	5.5/6/7	1.5/1.4/1.7	84
YD160M—6/4/2	3.7/5/6	980/1470/2930	9.5/11.2/13.2	82/81/76	0.72/0.84/0.91	5.5/6/7	1.5/1.3/1.4	124
YD160L—6/4/2	4.5/7/9	980/1470/2930	11.4/15.1/18.8	83/83/79	0.72/0.85/0.92	5.5/6/7	1.5/1.2/1.3	145
YD112M—8/4/2	0.65/2/2.4	700/1450/2920	2.7/5.1/5.8	59/73/74	0.63/0.81/0.85	4.5/6/7	1.4/1.3/1.2	45
YD132S—8/4/2	1/2.6/3	720/1460/2910	3.6/6.1/7.1	69/78/74	0.61/0.83/0.87	4.5/6/7	1.4/1.2/1.4	68
YD132M—8/4/2	1.3/3.7/4.5	720/1460/2910	4.6/8.4/10	71/80/75	0.61/0.84/0.91	4.5/6/7	1.5/1.3/1.4	81
YD160M—8/4/2	2.2/5/6	720/1440/2910	7.6/11.2/13.2	75/81/76	0.59/0.84/0.91	4.5/6/7	1.4/1.3/1.4	124
YD160L—8/4/2	2.8/7/9	720/1440/2910	9.2/15.1/18.8	77/83/79	0.62/0.85/0.92	4.5/6/7	1.3/1.2/1.3	145
YD112M—8/6/4	0.85/1/1.5	710/950/1440	3.7/3.1/3.5	62/68/75	0.56/0.73/0.86	5.5/6.5/7	1.7/1.3/1.5	45
YD132S—8/6/4	1.1/1.5/1.8	730/970/1460	4.1/4.2/4	68/74/78	0.60/0.73/0.87	5.5/6.5/7	1.4/1.3/1.3	65
YD132M1—8/6/4	1.5/2/2.2	730/970/1460	5.2/5.4/4.8	71/77/79	0.62/0.73/0.87	5.5/6.5/7	1.3/1.5/1.4	78
YD132M2—8/6/4	1.8/2.6/3	730/970/1460	6.1/6.8/6.5	72/78/80	0.62/0.74/0.87	5.5/6.5/7	1.5/1.5/1.5	84
YD160M—8/6/4	3.3/4/5.5	720/960/1440	10.2/9.8/11.5	79/81/83	0.62/0.76/0.87	5.5/6.5/7	1.7/1.4/1.5	120
YD160L—8/6/4	4.5/6/7.5	720/960/1440	13.8/14.4/15.6	80/83/84	0.62/0.76/0.87	5.5/6.5/7	1.6/1.6/1.5	147
YD180L—8/6/4	7/9/12	740/980/1470	20.2/20.6/24.1	81/83/84	0.65/0.80/0.90	6.5/7/7	1.6/1.5/1.4	205
YD200L—8/6/4	10/13/17	740/980/1470	24.8/28.3/33.3	85/86/86	0.72/0.81/0.90	6.5/7/7	1.6/1.5/1.4	301
YD225S—8/6/4	14/18.5/24	740/990/1480	34.3/39.8/46.4	86/87/87	0.70/0.81/0.90	6.5/7/7	1.6/1.6/1.4	360
YD225M—8/6/4	17/22/28	740/980/1480	42.4/45.1/54.2	87/87/87	0.70/0.85/0.92	6.5/7/7	1.6/1.6/1.4	360
YD.250M—8/6/4	24/26/34	740/990/1480	55.2/52.7/63.8	88/88/88	0.75/0.85/0.92	6.5/7/7	1.5/1.6/1.4	490
YD280S—8/6/4	30/34/42	740/990/1480	68.3/67.3/77.9	89/89/89	0.75/0.86/0.92	6.5/7/7	1.5/1.6/1.4	667
YD280M—8/6/4	34/37/50	740/990/1480	77.4/73.4/92.8	89/89/89	0.75/0.86/0.92	6.5/7/7	1.4/1.5/1.4	740
YD180L—12/8/6/4	3.3/5/6.5/9	480/740/970/1470	13/16/14/19	72/79/82/83	0.55/0.62/0.88/0.89	5/6.5/6.5/7	1.6/1.5/1.3/1.3	210
YD200L1—12/8/6/4	4.5/7/8/11	490/740/980/1480	17/20/17/23	74/81/83/84	0.56/0.67/0.88/0.88	5/6.5/6.5/7	1.3/1.3/1.3/1.3	285
YD200L2—12/8/6/4	5.5/8/10/13	490/740/980/1480	20/22/21/27	75/81/83/84	0.56/0.67/0.88/0.88	5/6.5/6.5/7	1.3/1.3/1.3/1.3	301
YD225M—12/8/6/4	7/11/13/20	490/740/980/1480	21/27/26/39	81/84/85/86	0.63/0.72/0.88/0.90	5/6.5/6.5./7	1.6/1.6/1.5/1.3	340
YD250M—12/8/6/4	9/14/16/26	490/740/990/1480	26/34/33/49	82/85/85/87	0.63/0.73/0.88/0.92	5/6.5/6.5/7	1.6/1.6/1.5/1.3	479
YD280S—12/8/6/4	11/18.5/20/34	490/740/990/1490	32/43/41/65	83/87/85/87	0.63/0.75/0.88/0.92	5/6.5/6.5/7	1.6/1.6/1.5/1.3	650
YD280M—12/8/6/4	13/22/24/40	490/740/990/1490	37/51/49/75	84/87/85/88	0.63/0.75/0.88/0.92	5/6.5/6.5/7	1.7/1.7/1.6/1.5	730

第二节 永磁电机

永磁电机也叫永磁同步电机、稀土永磁同步电机、交流永磁同步电机等。

一、永磁电机的种类和特点

与传统的电励磁电机相比，永磁电机，特别是稀土永磁电机具有结构简单、运行可靠、体积小、质量轻、损耗小、效率高，以及电机的形状和尺寸可以灵活多样等显著优点，因而应用越来越广。永磁电机采用永磁体作为磁场，不需要外界能量即可维持其磁场，而普通电机则需要电流通入才有磁场。

常规永磁电机通常分为以下五类：永磁直流电动机、异步起动永磁同步电动机、永磁无刷直流电动机、调速永磁同步电动机和永磁同步发电机。永磁电机主要有以下特点。

1. 永磁直流电动机

永磁直流电动机与普通直流电动机结构上的不同在于，前者取消了励磁绕组和磁极铁心，代之以永磁磁极。永磁直流电动机的特性与他励直流电动机类似，两者之间的区别在于主磁场产生的方式不同。前者磁场不可控，后者磁场可控。永磁直流电动机除了具有他励直流电动机的良好特性外，还具有结构简单、运行可靠、效率高、体积小、质量轻等特点。

2. 异步起动永磁同步电动机

异步起动永磁同步电动机是具有自起动能力的永磁同步电动机，兼有感应电动机和电励磁同步电动机的特点。它依靠定子旋转磁场与笼型转子相互作用产生的异步转矩实现起动。正常运行时，转子运行在同步速，笼型转子不再起作用，其工作原理与电励磁同步电动机基本相同。

异步起动永磁同步电动机与感应电动机相比，有以下特点：

（1）转速恒定，为同步速。

（2）功率因数高，甚至为超前功率因数，从而减少了定子电流和定子电阻损耗，而且在稳定运行时没有转子铜耗，进而可减小风扇（小容量电机甚至可以去掉风扇）和相应的风摩损耗，效率比同规格感应电动机可提高2%～8%。

（3）具有宽的经济运行范围。不仅额定负载时有较高的功率因数和效率，而且在25%～120%额定负载范围内都有较高的功率因数和效率，使轻载运行时节能效果更为显著。这类电动机一般都在转子上设置起动绕组，具有在某一频率和电压下直接起动的能力。

我国自主开发的高效高起动转矩钕铁硼永磁同步电动机可以解决在油田应用中“大马拉小车”问题，起动转矩比感应电动机大50%～100%，可以替代大一个机座号的感应电动机，节电率在20%左右。

（4）永磁电机的体积和质量较感应电机大大缩小。例如11kW的异步电动机质量为220kg，而永磁电动机仅为92kg，相当于异步电动机质量的45.8%。

（5）对电网影响小。感应电动机的功率因数低，电动机要从电网中吸收大量的无功电流，造成电网的品质因数下降，加重电网变配电设备的负担和电能损耗。而永磁电动机转子中无感应电流励磁，电动机功率因数高，提高了电网的品质因数，使电网中不再需要安装无功补偿装置。

（6）由于通常采用钕铁硼永磁材料，因此价格高；当电机设计或使用不当时，可能出现不可逆退磁。

(7) 加工工艺复杂，机械强度差。

(8) 电机性能受环境温度、供电电压等因素影响较大。

3. 永磁无刷直流电动机

永磁无刷直流电动机用电子换向装置代替直流电动机的换向器，保留了直流电动机的优良特性。它既具有交流电动机结构简单、运行可靠、维护方便等优点，又具有直流电动机起动转矩大、调速性能好的优点。由于取消了电刷换向器，因此可靠性高；损耗主要由定子产生，散热条件好；体积小、质量轻。

4. 调速永磁同步电动机

调速永磁同步电动机和永磁无刷直流电动机结构上基本相同，定子上为多相绕组，转子上有永磁体。两者优点相似。它们的主要区别在于永磁无刷直流电动机根据转子位置信息实现同步，而调速永磁同步电动机需一套电子控制系统实现同步和调速。

5. 永磁同步发电机

永磁同步发电机是一种结构特殊的同步发电机，与普通同步发电机不同的是，它采用永磁体建立磁场，取消了励磁绕组、励磁电源、集电环和电刷等，结构简单，运行可靠，效率高，免维护。采用稀土永磁时，气隙磁密高，功率密度高，体积小，质量轻。

但由于采用了永磁体建立磁场，因此难以通过调节励磁的方法调节输出电压和无功功率。另外，永磁同步发电机通常采用钕铁硼或铁氧体永磁，永磁体的温度系数较高，输出电压随环境温度的变化而变化，导致输出电压偏离额定电压，且难以调节。

二、永磁电机的结构和工作原理

永磁电机和电励磁电机的电枢结构相同，主要区别在于前者的磁极为永磁体。永磁电机按永磁体所在的位置不同，可分为旋转磁极式和旋转电枢式，如图 1-5 所示。图 1-5a 为旋转磁极式磁路结构，永磁体安装在转子上，电枢是静止的，永磁同步电动机、无刷直流电动机都采用这种结构；图 1-5b 为旋转电枢式磁路结构，其永磁体安装在定子上，电枢旋转，永磁直流电机采用这种结构。

对于转子上安装有永磁体磁极，永磁体磁极的安装方式有以下几种：

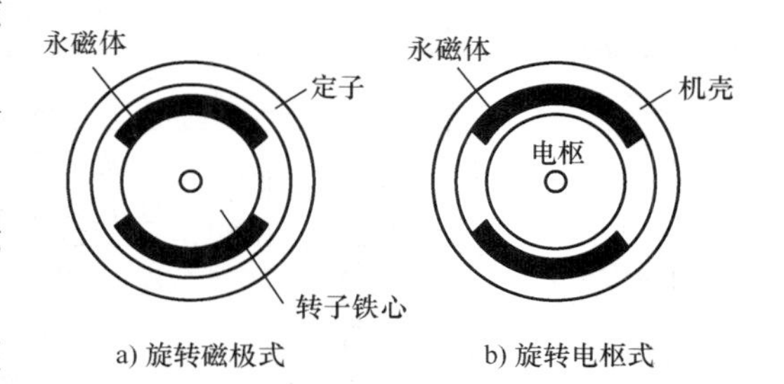

图 1-5 旋转磁极式和旋转电枢式结构

(1) 永磁体磁极安装在转子铁心圆周表面上，称为凸装式永磁转子。

(2) 永磁体磁极嵌装在转子铁心表面，称为嵌入式永磁转子。

转子铁心两侧装上风扇，然后与定子机座组装成整机。这种永磁电动机不能直接通三相交流起动，因转子惯量大，磁场旋转太快，静子的转子根本无法跟随磁场旋转。这种永磁电动机多用在变频调速场合，起动时变频器输出频率从零开始上升到工作频率，电动机则跟随变频器输出频率同步旋转，是一种很好的变频调速电动机。

(3) 永磁转子铁心。即在永磁转子上加装笼型绕组，接通电源旋转磁场一建立，就会在笼型绕组感生电流，转子就会像交流异步电动机一样起动旋转。这就是异步起动永磁同步电动机，是近些年开始普及的节能电机。

笼型转子有焊接式和铸铝式两种。前者在转子每个槽内插入铜条，铜条与转子铁心两侧的铜端环焊接形成笼型转子；后者与普通交流异步电动机一样采用铸铝式转子，将熔化的铝液直接注入转子槽内，并同时铸出端环与风扇叶片，是较廉价的做法。

三、永磁电机中常用的永磁材料

永磁电机中常用的永磁材料有：铝镍钴、铁氧体、钐钴和钕铁硼等。

铝镍钴永磁：铝镍钴永磁是在铝镍型永磁成分中加入钴而制成的一种合金，根据生产工艺不同分铸造和烧结两种。铝镍钴永磁广泛应用于环境温度高或对永磁体温度稳定性要求严格的场合。在使用过程中严禁接触任何铁器，以免造成永磁体局部退磁或磁路中磁通发生畸变。

铁氧体永磁：铁氧体磁体主要有钡铁氧体（$BaO \cdot 6Fe_2O_3$）和锶铁氧体（$SrO \cdot Fe_2O_3$）两类。铁氧体永磁价格便宜，化学稳定性好，且具有质量轻、电阻率高的特点，是目前应用最广的一种永磁材料，大量应用于永磁电机等产品。其主要缺点是温度系数大。温度越低，矫顽力越低，若磁路设计不合理，低温时易出现退磁现象。另外，铁氧化永磁硬且脆，易破碎，在磨加工时必须用软砂轮，工件和磨头的线速度要低，对工件和砂轮须充分淋水冷却。

钐钴永磁：钐钴永磁磁性能优异，但由于含有储量稀少的稀土金属钐和昂贵的金属钴，价格昂贵，使其应用受到很大限制，主要用于要求体积小、质量轻、性能稳定的场合。

钕铁硼永磁：钕铁硼永磁的主要成分是 $Nd_2Fe_{14}B$，是目前磁性能最强的永磁材料。其价格比稀土钴要低得多。钕铁硼永磁的缺点是温度稳定性较差。常温下退磁曲线为直线，但高温下退磁曲线的下部发生弯曲，若设计不当，易发生不可逆退磁。另外，磁体中钕和铁易锈蚀，化学稳定性欠佳，其表面通常需做电镀处理，如镀锌、镍、锡、银、金等，也可做磷化处理或喷涂环氧树脂以减慢其氧化速度。钕铁硼永磁的力学性能较好，可切割加工及钻孔。

以上典型永磁材料的综合对比见表1-24。

表1-24 典型永磁材料的综合对比

性　能	铝镍钴	铁氧体	钐钴	钕铁硼
剩磁/T	1.3	0.42	1.05	1.16
矫顽力/(kA/m)	60	200	780	850
退磁曲线形状	弯曲	上部直线、下部弯曲	直线	直线（高温下下部弯曲）
剩磁温度系数/(%/K)	-0.02	-0.18	-0.03	-0.12
耐腐蚀性能	强	强	强	易氧化
充磁	安装后充磁	充磁后安装（也有安装后充磁的）	充磁后安装	充磁后安装
最高工作温度/℃	550	200	300	150
加工性能	少量磨削、电火花加工	特殊刀具切片和少量磨加工	少量电火花加工	加工性能好
价格	中等	低	很高	高
使用范围	适合于对电机体积、质量和性能要求不高，但工作温度超过300℃或要求温度稳定性好且电机成本不高的场合	适合于对电机体积、质量和性能要求不高，而对电机的经济性要求高的场合。在许多场合，有逐渐被钕铁硼永磁代替的趋势	适合于对电机体积、质量和性能要求高，工作环境温度高，要求温度稳定性好，制造成本不是主要考虑因素的场合	适用于对电机体积、质量和性能要求很高，工作环境温度不高，对永磁体温度稳定性要求不高的场合

四、永磁直流电动机的基本方程

1. 电压平衡方程

永磁直流电动机的电压平衡方程为

$$U=E_a+I_aR_a+2\Delta U_b$$

式中，U 为外加电压（V）；I_a 为电枢电流（A）；R_a 为电枢绕组电阻（Ω）；$2\Delta U_b$ 为一对电刷接触压降，一般为0.5～2V；E_a 为电枢绕组内的感应电动势（V）。

2. 感应电动势

感应电动势是指电机正、负电刷之间的电动势。当电刷位于几何中性线上、电枢线圈均匀分布且为整距时，感应电动势为

$$E_a=\frac{pN}{60a}\Phi n=C_e\Phi n$$

式中，E_a 为感应电动势（V）；p 为电机极对数；N 为电枢绕组总导体数；Φ 为每极气隙磁通（Wb）；a 为电枢绕组的并联支路对数；n 为转速（r/min）；C_e 为电动势常数，$C_e=\frac{pN}{60a}$。

若绕组为短距，则实际感应电动热比上式的计算值小一点。另外，若计空载感应电动势，Φ 应为空载时的每极磁通；若计算负载感应电动势，Φ 应为负载时的每极磁通。

3. 电磁转矩

当电枢绕组通电时，导体与永磁磁场相互作用产生转矩，称为电磁转矩。当电刷放在几何中性线上，电枢线圈均匀分布且为整距时，电磁转矩为

$$T_{em}=\frac{pN}{2\pi a}\Phi I_a=C_T\Phi I_a$$

式中，T_{em}为电磁转矩（N·m）；C_T 为转矩常数，$C_T=\frac{pN}{2\pi a}$；其他符号同前。

4. 电磁功率

永磁直流电动机产生的电磁功率为

$$P_{em}=T_{em}\Omega=\frac{pN}{2\pi a}\Phi I_a\frac{2\pi n}{60}=\frac{pN}{60a}\Phi nI_a=E_aI_a$$

式中，P_{em}为电磁功率（W）；Ω 为转子机械角速度（rad/s）；其他符号同前。

5. 功率平衡方程

$$UI_a=E_aI_a+R_aI_a^2+2\Delta U_bI_a$$

即

$$P_1=P_{em}+P_{Cua}+P_b=(P_2+P_{Fe}+P_{fw})+P_{Cua}+P_b$$

式中，P_1 为电动机输入功率（W），$P_1=UI_a$；P_{em}为电磁功率（W），$P_{em}=E_aI_a=P_2+P_{Fe}+P_{fw}$；$P_2$ 为电动机输出功率（W）；P_{Fe}为铁耗（W）；P_{fw}为机械摩擦损耗（W）；P_{Cua}为电枢绕组铜耗（W），$P_{Cua}=R_aI_a^2$；P_b 为电刷接触电阻损耗（W）；$P_b=2\Delta U_bI_a$；其他符号同前。

6. 转矩平衡方程

$$T_{em}=T_2+T_0$$

式中，T_{em}为电动机转矩（N·m）；T_2 为电动机轴上的机械负载转矩（N·m），$T_2=P_2/\Omega$；T_0 为电动机铁心中的涡流、磁滞损耗和机械损耗引起的空载阻转矩（N·m）；其他符号同前。

7. 电磁参数

（1）线负荷　永磁直流电动机的线负荷，定义为

$$A=\frac{NI_a}{\pi D_a 2a}$$

式中，A 为线负荷（A/cm）；D_a 为电枢外径（cm）；其他符号同前。

（2）电枢绕组电阻 永磁直流电动机的电枢绕组电阻为

$$R_a=\rho\frac{NL_{av}}{A_a}\frac{1}{(2a)^2}$$

式中，R_a 为电枢绕组电阻（Ω）；ρ 为绕组导体的电阻率（$\Omega\cdot mm^2/cm$）；A_a 为电枢导体的截面积（mm^2）；L_{av} 为电枢绕组的平均半匝长（cm）；其他符号同前。

（3）机械时间常数 机械时间常数是衡量电动机动态响应性能的重要指标，定义为

$$T_m=\frac{2\pi R_a J}{60C_e C_T \Phi^2}=\frac{\Omega_0 J}{T_{st}}$$

式中，T_m 为机械时间常数（s）；Ω_0 为空载角速度（rad/s）；J 为转子的转动惯量（$kg\cdot m^2$）；T_{st} 为起动转矩（N·m）；其他符号同前。

五、永磁直流电动机的工作特性

永磁直流电动机的工作特性包括转速特性、转矩特性、机械特性和效率特性。

1. 转速特性

转速特性为外加额定电压 U_e 时转速与电枢电流之间的关系 $n=f(I_a)$，即

$$n=\frac{U_e-I_a R_a-2\Delta U_b}{C_e\Phi}$$

转速特性如图1-6所示。空载转速可近似为

$$n_0=\frac{U_e-2\Delta U_b}{C_e\Phi_0}$$

式中，Φ_0 为空载时的每极磁通（Wb）；其他符号同前。

2. 转矩特性

转矩特性是指外加额定电压 U_e 时，电动机的电磁转矩与电枢电流之间的关系 $T_{em}=f(I_a)$。永磁直流电动机的转矩特性如图1-7所示。

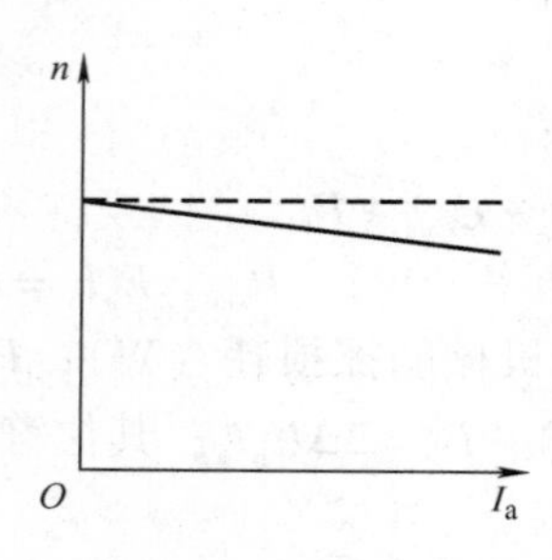

图1-6 永磁直流电动机的转速特性

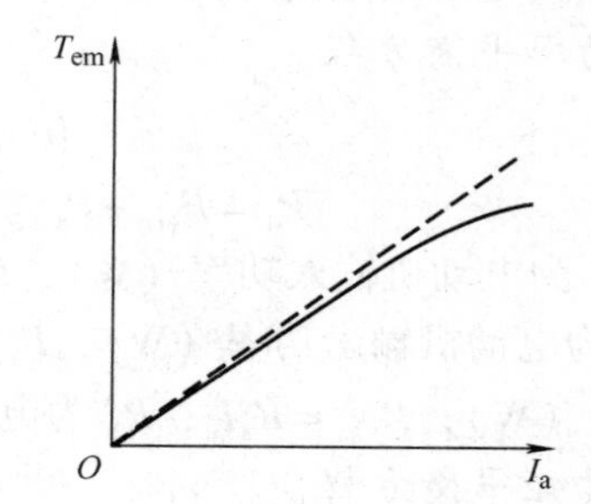

图1-7 永磁直流电动机的转矩特性

3. 机械特性

机械特性是指外加额定电压 U_e 时，电动机转速与电磁转矩之间的关系 $n=f(T_{em})$。当每极

$$n=\frac{U_e-2\Delta U_b-R_a I_a}{C_e\Phi}=\frac{U_e-2\Delta U_b}{C_e\Phi}-\frac{R_a}{C_e C_T\Phi^2}=T_{em}$$

磁通不变时，机械特性是一条下降的直线，如图 1-8 所示。实际上，随着电磁转矩的增大，磁通不是常数，机械特性也不再是一条直线，而是在下端略有抬高。

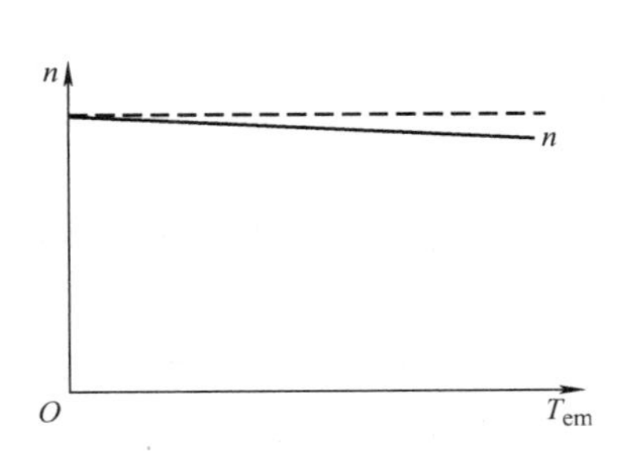

图 1-8　永磁直流电动机的机械特性

4. 效率特性

效率特性是指外加额定电压 U_e 时，效率与输出功率的关系 $\eta = f(P_2)$，即

$$\eta = \frac{P_2}{P_1} \times 100\% = \frac{P_2}{P_2 + \sum P} \times 100\%$$

式中，$\sum P$ 为电动机的总损耗（W）。

六、永磁电机的退磁和充磁

1. 永磁电机退磁原因

永磁电机退磁有以下几种因素造成：

（1）环境或运行温度过高，超过可恢复值。

（2）电机的散热风扇异常，导致电机高温。

（3）磁钢氧化。

（4）电磁退磁。

（5）强烈振动。

（6）电机没有设置温度保护装置。

（7）电机本身设置不合理。

（8）永磁体自然失效。在常规的环境中，在永磁电机充磁后，长期运行即使忽略外界环境和其他外界条件的影响，永磁体的磁性也会随着时间的变化而改变，开路磁通随着时间的变化而损失的百分比叫时间稳定性，也称为自然失效。自然失效跟永磁体的尺寸及使用材料的内禀矫顽力有关。永磁材料随着时间的磁通损失与所经历的时间对数基本成线性关系。

以上第（3）种情况，磁钢氧化，则磁钢不能再用了。其他情况可以考虑充磁。充磁费用很低。

2. 如何防止永磁电机退磁

为了预防永磁电机产生不可逆退磁，应采取如下一些措施。

（1）从永磁电机设计上采取措施

1）适当增加永磁体的厚度。由于转矩绕组电流产生的磁通和径向力绕组产生的磁通作用下，转子表面永磁体容易引起退磁。因此在电动机气隙不变的情况下，要保证永磁体不退磁，最为有效的方法就是适当增加永磁体的厚度。

2）采用磁钢星形切向结构。磁钢星形切向结构布置方式的主要特点是并联磁通比较大，磁阻转矩比较大，对充分利用磁通转矩，提高电机运行的稳定性有利。

3）转子内部设通风槽回路。转子温升过高，永磁体将会产生不可逆的退磁，为此可设计转子内部通风回路，直接冷却永磁体。同时这也有利于提高电机效率。

4）选用矫顽力高的磁钢。电机定子绕组通电产生的磁场如果等于内禀矫顽力时，磁钢的剩磁密度将降为零，即磁钢会出现瞬间退磁。为了避免电退磁现象的发生，设计时可以选用内禀矫顽力更高的磁钢，比如 N35UH 型磁钢（25koe）。它比普通的 N33H 型（22koe）磁钢高 5koe；N35UH 型磁钢的最高工作温度是 180℃，比普通的磁钢（N33H）的最高温度 150℃最高出 30℃。

（2）正确选择永磁电机 永磁电机退磁的一个主要原因是温度过高，如果电机功率选择小了，则会过载，使运行温度过高。因此，在选择永磁电机功率时要留有一定的余量，一般应大于实际负载的20%左右为宜。

（3）避免重载起动和频繁起动 异步起动永磁同步电动机应尽量避免重载直接起动或频繁起动。异步起动过程中，起动短矩是振荡的，在起动转矩波谷段，定子磁场对转子磁极就是退磁作用。因此尽量避免异步起动永磁电动机重载和频繁起动。

（4）老化处理 为了保证永磁电机在运行过程中的性能稳定，不发生明显的不可逆退磁，在使用前应先进行老化处理。方法是将充磁后的永磁材料升温至预计最高工作温度并保持一定时间（一般为2～4h），已预先消除这部分不可逆退磁。

3. *如何判断永磁电机是否退磁*

永磁电机退磁，电机性能会很明显地下降，电流增大，出力不足，甚至会导致电机不能驱动负载以致烧坏电机。可根据以下现象判断永磁电机是否退磁。

（1）永磁电机退磁后运行电流一般会超出额定电流值较多。如果电机只在低速或高速运行时才报过载或偶尔报过载的情况，一般不是退磁导致。

（2）永磁电机在开始运行时电流正常，经过一段时间后，电流变大，时间久了就会报变频器过载。这时需要确定负载是否正常，变频器参数设置是否正确，如果两者都没有问题，则可通过测量空载反电动势加以判断。

须指出，永磁电机退磁是需要一定时间的，有的几个月甚至一两年，如果用户选型错误导致报电流过载，不属于电机退磁。

4. *如何检测永磁电机是否退磁*

检测永磁电机是否退磁，除观察电流是否增大、出力是否降低、带负载是否困难加以判断外，可以用以下方法检测。

（1）用磁通表检测永磁电机的气隙磁场。

（2）通过空载反电动势来判定电机的退磁状况。其方法是：电机在额定电压、额定频率下空载运行达到稳定，调节电机的电压，使其电流最小，此时的外加电压可近似为空载反电动势，测出三个出线端的外加电压，取其平均值即为空载反电动势。如果此值低于电机铭牌上反电动势50V以上，即可确定电机退磁。

5. *永磁电机如何充磁*

永磁电机的充磁方法有多种，下面介绍几种较实用的方法。

（1）方法一。首先在未充磁永磁体表面上缠绕充磁线圈，然后再将缠绕有充磁线圈的未充磁永磁体安放于永磁电机的转子或定子上，接着对永磁电机定子、转子进行组装，组装完毕后对充磁线圈充电，线圈产生的磁场方向与未充磁永磁体的充磁方向相同，未充磁永磁体被磁化为永磁体，实现永磁电机的充磁。

（2）方法二。将没有充磁的电机装配好后，整体在充磁机内充磁。充磁机通过电机外壳、定子对转子表面的磁体充磁。由于装配时转子没有磁性，方便装配。充磁的原理就是通过电流产生一个强大的磁场，这个饱和磁场磁化永磁体后会在永磁体留下剩磁场，从而达到充磁的目的。

但这种充磁方法的效果可能不是很好，因为不好控制永磁体充磁磁场分布，定子、转子磁路多少会对充磁磁场有所影响。

（3）方法三。对于瓦片形磁极（磁瓦），可采用以下几种充磁方式。

1）磁瓦单独充磁，再装入机壳，然后装配整体。

该充磁方式属于开路充磁，由于充磁时没有外磁场磁路，没有构成闭合回路，故不易充饱和，对磁瓦的磁通密度有影响，一般比闭路充磁会偏低一些。这种方式充磁很方便。

2）磁瓦装入机壳再充磁，然后装配整体。

该充磁方式最为常用，属于闭路充磁，充磁后的磁通密度也是最高的，而且可以通过充磁头的形状来调整气隙磁密的波形，达到满足不同永磁电机性能的要求。但是在电机装配时，需要使用专用工装进行装配，否则可能会由于磁吸力的原因磕伤转子或使磁瓦产生磁碎。

3）磁瓦装入机壳，再装配合成品，最后整体充磁。

该充磁方式也属于闭路充磁（因为转子冲片是良好的导磁材料），充磁后的磁瓦磁通密度大小一般介于第一种和第二种之间。须注意：在使用整机充磁时，最好将电刷与转子绕组处于开路状态，否则在电刷与换向器接触表面可能会产生打火现象。

以上三种充磁方式，第一种充磁方式要比第二、三种充磁方式表面剩磁低10%左右，一般而言采用第二种充磁方式比较合理。

七、永磁电机的常见故障及处理

永磁电机的常见故障及处理方法见表1-25。

表1-25 永磁电机常见故障及处理方法

序号	故障现象	可能原因	处理方法
1	出力不足	（1）环境温度过高，如夏天气温高，电阻值大，电机力矩就会偏小 （2）润滑脂太稠 （3）传动齿轮表面不够光滑，阻力大 （4）电机退磁后充磁不足，如不饱和充磁容易出现磁场强度偏低，导致电机力矩偏小 （5）电机永磁体退磁	（1）改善环境条件，如加强通风等 （2）将润滑脂的稀稠度控制适度范围内 （3）将传动齿轮表面处理光滑 （4）正确充磁 （5）见本章第二节六
2	噪声大	（1）齿轮箱异常（如有咔咔声、叮当声等，以及震动声） （2）新电机刚试运行时发出摩擦声	（1）卸开检修齿轮箱，检查齿轮是否有毛刺、断齿，以及齿轮间配合是否良好；若发出叮当声，说明转子表面有污染物，就需要对转子上的污染物做清洁处理；若出现震动声，可能是转子和极爪之间的间隙不均匀造成的，应调整盖板和机壳极爪间的空隙 （2）有可能是由于转子和极爪的间隙太小引起，不过电机运行一段时间后，摩擦声会减小直至消失
3	电机不转动	（1）缺电源 （2）机械卡阻（声音沉闷、响） （3）电机退磁	（1）用万用表检查电源 （2）检查传动机构和负载 （3）查明退磁原因，并充磁
4	漏电	（1）电源接线有裸导体碰到电机外壳 （2）电机外壳未接地（接零）或连接不良 （3）电机受潮	（1）打开接线端子盒查看 （2）电机外壳必须接地（接零） （3）作烘干处理

第三节 三相异步电动机的工作条件与试车

一、三相异步电动机的工作条件

三相异步电动机一般工作条件的规定和要求如下：

1）为了保证电动机的额定出力，电动机出线端电压不得高于额定电压的10%，不得低于额定电压的5%。

2）电动机出线电压低于额定电压的5%时，为了保证额定出力，定子电流允许比额定电流大5%。

3）电动机铭牌上所标注的额定电流值是在环境温度为40℃的条件下的工作电流值。当环境温度变化时，电动机的额定电流允许增减，见表1-26和表1-27。

表1-26 环境温度超过40℃时电动机额定电流应降低百分率

周围环境温度/℃	额定电流降低百分率
45	5%
50	12.5%
55	25%

表1-27 环境温度低于40℃时电动机额定电流应增加百分率

周围环境温度/℃	额定电流增加百分率
35	5%
30	8%

4）电动机在额定出力状态下运行时，相间电压的不平衡率不得超过5%。

5）为了节约用电，正常使用负载率低于40%的电动机应予以调整或更换；空载率大于50%的中小型电动机应加限制空载装置（所谓电动机的空载率，是指电动机空载运行的时间 t_0 与电动机带负载运行的时间 t 之比，即 $\beta = t_0/t \times 100\%$）。

6）新加轴承润滑脂的容量不宜超过轴承内容积的70%。

7）低压电动机定子绕组的绝缘电阻在常温下不得低于0.5MΩ；高压电动机则不得低于1MΩ/kV。

如果不能满足电动机一般工作条件的要求，电动机的输出功率将减小，带负载能力差，电动机发热增高，严重时不能起动，甚至烧毁。

另外，农村电网电压一般偏低。根据《农村电网建设与改造技术原则》（国电农[1999]191号），要求用户端电压合格率达到90%及以上，电压允许偏差应达到：220V允许偏差值+7%～-10%；380V允许偏差值+7%～-7%；10kV允许偏差值+7%～-7%。电压偏低时，会对电动机造成影响。

二、电压变动和电压不对称对异步电动机性能的影响

1. 电压变动对电动机性能的影响

电动机端电压变化，引起电动机的特性变化见表1-28。当电压降低10%时，起动转矩将降低19%，满负载电流增加11%，满负载效率下降2%，电动机温升增高6～7K。不过在75%负载时，效率几乎没有变化。电压降低，将造成电动机起动转矩和最大转矩减少，负载电流增大，线路损耗增加，电动机温升增高。

表 1-28 电压变化对电动机特性的影响

项目		电压变化	
		90%电压	110%电压
起动、最大转矩		-19%	+21%
同步转速		没变化	没变化
转差率		+3%	-17%
满负载转速		-1.5%	+1%
效率	满负载	-2%	+(0.5~1)%
	$\frac{3}{4}$负载	实际上不变化	实际上不变化
	$\frac{1}{2}$负载	+1%	-(1~2)%

项目		电压变化	
		90%电压	110%电压
功率因数	满负载	-1%	-3%
	$\frac{3}{4}$负载	+(2~3)%	-4%
	$\frac{1}{2}$负载	+(4~5)%	-(5~6)%
满负载电流		+11%	-7%
起动电流		-(10~12)%	+(10~12)%
满负载温升		+(6~7)K	-(1~2)K
电磁噪声		稍减少	稍增加

2. 电压不对称对异步电动机性能的影响

三相电压不对称时，可利用对称分量法将电压分解成正序、负序和零序分量。对于定子绕组为△联结或为Y联结但中点不接地时，零序电压对电动机运行一般影响不大；但负序电压将会使电动机的转矩降低，损耗增大，温升上升，影响电动机的寿命。所以，对三相电源的电压不平衡度有一定限制。

不对称电压的不平衡程度用不平衡率表示，即

$$电压不平衡率 = \frac{负序分量}{正序分量} \times 100\% = \frac{U_1}{U_e} \times 100\% \approx \frac{最大电压 - 最小电压}{平均电压} \times 100\%$$

不对称电压将造成三相电流不对称，其电流不平衡率（I_{1-}/I_e）约为电压不平衡率的 7～10 倍（见表 1-29）。

表 1-29 电压不平衡率对电动机电流不平衡率的影响

电压不平衡率(%)	满载时电流不平衡率(%)
1	7～10
2	14～18
3	23～30

据统计，3.5%的不平衡电压使电动机损耗增加约 20%。因此，电动机的标准规定，电动机的电源电压的负序分量不应超过正序分量的 1%；电动机任意一相的空载电流，与三相空载电流平均值之差，不应超过平均值的 10%。

三、电动机基础的预制

为了防止电动机运转时发生振动和位移，通常将它安装在基础上。电动机的基础一般用混凝土或砖砌成。功率较小、短期流动使用的电动机也可固定在木架上。

电动机基础的制作要求如下：

1）浇基础用的混凝土至少应能承受单位荷重 400N/cm^2。

2）基础尺寸可按电动机底板尺寸每边加宽 50～250mm 计算。

3）第一次灌浆后的基础表面高度应较最终竣工面低 20～40mm，留出安装底板或基础型钢和整垫铁的位置。

4）在直接承受负载的基础区下部不宜开孔或挖沟。

5）如基础中埋置地脚螺栓，孔眼要比螺栓所占的位置大些，以便调整螺栓的位置。

6）如在型钢基础中埋置地脚螺栓，应在预留的螺栓孔内留有足够的调节空隙。地脚螺栓下端要做成L形，以免拧紧螺丝时螺栓跟着转动。

7）浇灌地脚螺栓可用1∶1的水泥砂浆，灌浆前应用水将孔眼灌冲干净，然后再灌浆捣实。

8）混凝土基础要在电动机安装前15天做好，砖砌基础要在安装前7天做好。

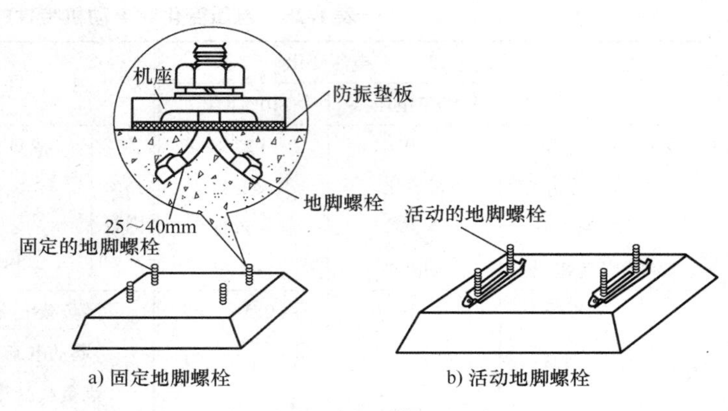

图1-9 电动机混凝土基础

固定地脚螺栓的混凝土基础如图1-9a所示，活动地脚螺栓的混凝土基础如图1-9b所示。

固定电动机的地脚螺栓可按表1-30选用。

表1-30 固定电动机的地脚螺栓

电动机规格			地脚螺栓	
同步转速/(r/min)			数量/个	直径/mm
1500	1000	750		
功率/kW				
1.1～3	0.55～2.2	—	4	10
4～5.5	3～4	—	4	12
7.5～11	5.5～7.5	3	4	16
18.5	15	7.5	4	16
45	37	22	4	20
75	45	37	4	20

四、电动机传动机构的校正

电动机安装在基础上后，要对电动机和所驱动的机械传动机构进行校正。

1）当采用带传动时，如果两个带轮的宽度相等，可按图1-10a所示方法，用一条细线靠近两带轮的侧面工拉直，看细线是否接触A、B、C、D四点。如果接触，表示两带轮轴线平行，否则为不平行，应移动电动机的位置加以调整。

如果两个带轮的宽度不同，可画出两带轮各自的中心线，然后用一条细线拉直，如图1-10b所示。细线的一端紧靠在宽带轮轮缘的A、B两点上，再在C、D两点用钢尺量出长度l_C和l_D，如果$l_C+b_1=l_D+b_1=l$，则表示两带轮轴线平行。

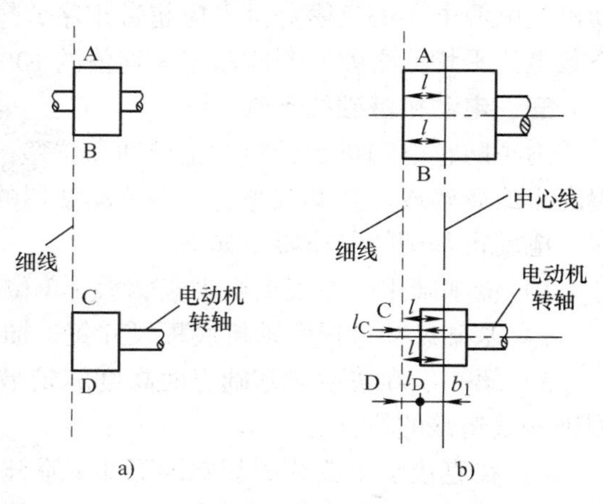

图1-10 带轮校正法

2）当采用联轴器传动时，可用钢尺校正，如图 1-11 所示。校正时先取下连接螺栓，用钢尺测量径向水平间隙 a 和轴向间隙 b，然后将联轴器转动 180°再测一次。如果两次测得的 a 和 b 两值都各自相等，则说明联轴器的平面平行，且轴心也已对准；否则，说明没有装好，需校正。轴向间隙也可以用平薄的铁片在两盘面间的上下左右四个位置塞进去检查，若间隙都相等，则说明两盘面平行了。

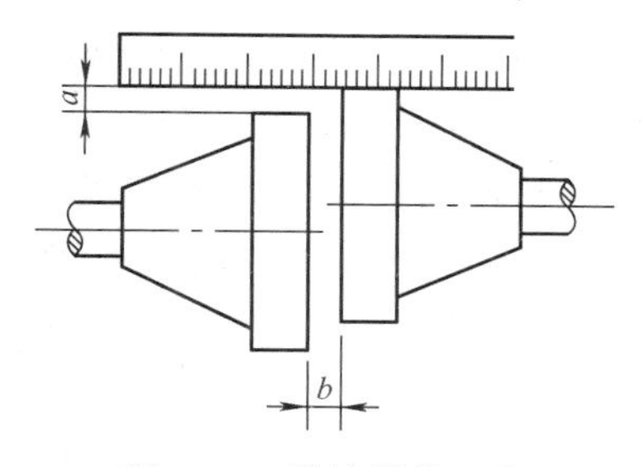

图 1-11　联轴器校正法

对两轴同心度的要求如下：

① 联轴器两盘圆周间隙允许偏差不超过 0.3mm，两盘端面平行间隙允许偏差不得超过 0.1mm。

② 为了防止两轴相碰，12in（30.48cm）以下的水泵两盘间的允许轴向间隙为 2～4mm；14～20in（35.56～50.8cm）的水泵两盘间的允许轴向间隙为 4～6mm；24in（60.96cm）以上的水泵两盘间的允许轴向间隙为 6～8mm。

3）当采用齿轮传动时，必须使电动机的轴与驱动机械的轴保持平行，并使大小齿轮啮合得合适。可用塞尺检查小齿轮与大齿轮的间隙，如果每对齿轮的间隙一致，则说明已调整好。

五、三相异步电动机投入运行前的检查

为了防止电动机起动时发生故障，在投入运行前应认真做好以下检查工作：

1）对于新投入使用或停用 3 个月以上的电动机，应用 500V 绝缘电阻表测量其绝缘电阻。低压电动机定子绕组的绝缘电阻在常温下不得低于 0.5MΩ，高压电动机则不得低于 1MΩ/kV。达不到此要求者，应查出原因并进行处理。如为受潮引起，应进行干燥处理。

2）对于新投入使用的电动机，应检查其铭牌电压、频率是否与电源一致，其他参数（如功率、机座号等）是否满足要求。如果对新投入使用的电动机的情况不甚了解，最好进行一次解体检查，尤其要检查轴承内是否有适量的润滑脂。

3）检查电动机内外有无污垢和杂物，用压缩空气或吸尘器等除尘清扫。电动机通风、冷却系统应良好。

4）检查电动机保护接地（接零）线是否完好，连接是否牢固。

5）检查定子电源线是否完好，引出线连接是否牢固。

6）检查各机械部分、螺栓、地脚螺钉、端盖等是否牢固，电动机安装必须稳固。

7）检查电动机与被带动机械的靠背轮连接是否良好；电动机传动带的张力是否适当。

8）检查绕线转子电动机转子集电环或换向器与电刷接触是否良好，电刷牌号是否符合制造厂说明书的要求，电刷压力是否适宜，电刷在刷架中是否适合，提升是否灵活。

9）检查电动机电源开关、起动设备以及控制装置是否合适、完好，熔丝是否符合要求，热继电器调整是否适当。

10）对不可逆转的机械负载，应检查电动机转向是否和机械设备要求的方向一致。若电动机已就位，不便从联结机械上拆下，则可以按以下方法测定电动机的旋转方向：

① 用粉笔在接线端子的三根电源线上分别标上白、红、蓝记号，在带轮侧的端盖上也画上标记，如图 1-12 所示。

② 将直流毫伏表（或万用表的直流毫安挡接线）接在有白色标记的相线与中心线之间。按顺时针方向用手慢慢旋转带轮，如为 4 极电动机，则每一转中指针会左右摆动 4 次。当带

轮上有两点与端盖上的标记相重合时，指针正由零位开始向正向偏转，将此两处画以白色。

③ 将毫伏表接在带红色标记的相线与中心线之间，仍按顺时针方向转动带轮，当带轮上另两点与端盖上的标记相重合时，指针正由零位开始向正向偏转，将此两处画以红色。

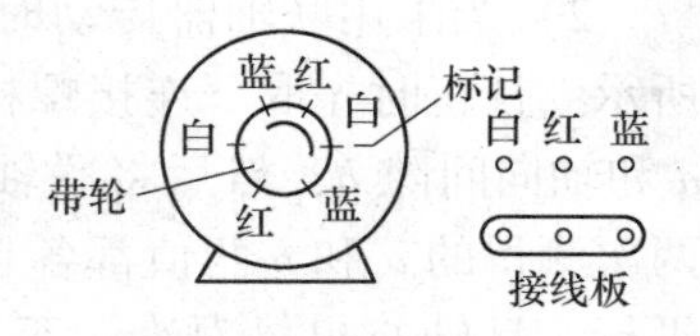

图 1-12 确定电动机旋转方向的方法

④ 按同样方法，将毫伏表接在带蓝色标记的相线与中性线之间，并在带轮上相应位置画以蓝色。结果带轮上画有颜色的点有 6 个（见图 1-12）。如果在带轮上获得的粉笔标记顺序如图 1-12 所示，则依次在白、红、蓝相上通以 U、V、W 相序的电源，电动机会在带轮侧看来是沿顺时针方向旋转。

电源相序可按以下方法测定：

1）相序表法。用相序表测定电源的相序，方便而快捷，它适用于工频 100 ~ 500V 的三相交流电源。使用时，将表面上的 3 个接线端钮 U、V、W 上的引线（分别为黄色、绿色和红色）分别接到待测的 3 根电源线上。按动一按钮（数秒即可），如果铝盘沿顺时针方向转动，则所接的 3 根电源线为正相序；如果铝盘沿逆时针方向转动，则为逆相序。

2）灯泡法。如图 1-13 所示，将两个功率相同的 220V 灯泡（15 ~ 40W）H_1、H_2 及一个电容 C（0.22 ~ 0.47μF，400V）接成星形，1、2、3 三根引出线分别接至被测三相电源上，此时两个灯泡的发光程度将不相同，一个较亮，另一个较暗。若令接电容的一相作为 U 相，则发光较亮的那一相应是 V 相，剩下的一相为 W 相。

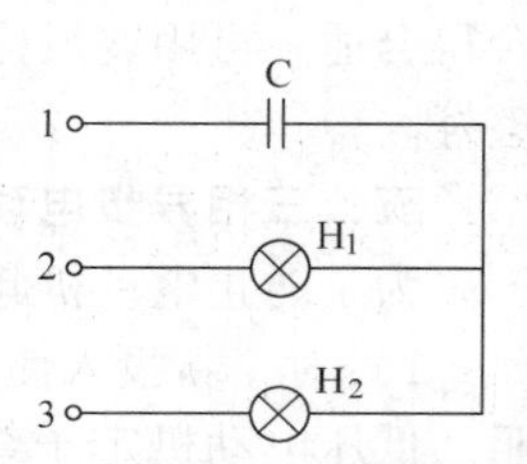

图 1-13 相序测定器

六、三相异步电动机的试车

电动机通电运转前，有条件时应将其与负载机械分开，不能分开时应不带负载试车。具体试车如下：

1）经检查确实具备试车条件了，即可起动电动机。一方面要观察电动机起动电流及进入正常运行状态时的电流，另一方面要观察电动机有无打火、冒烟及异常振动和声响。人站在电源开关旁，一旦发现有异常情况，应立即拉断电源。

2）运行正常后，让电动机空载运转一段时间，检查空载电流是否正常（2 ~ 100kW 电动机的空载电流为额定电流的 20% ~ 50%，电动机容量越小，极数越多，则空载电流与额定电流的比值越大），电动机是否发热，轴承部位是否发热；用试听棒听轴承运转声是否正常；检查传动装置是否良好，传动带是否有打滑现象等。

3）如一切正常，30min 后便可逐渐增加负载，并观察带负载后的电流情况。

电动机空转 30min 的目的，除检查电动机是否正常外，还有借助电动机内部发热自行除潮干燥的作用，以提高绝缘强度。

新购或放置时间较长的电动机在试车时最容易冒白色烟雾。这容易让人误认为电动机绕组烧坏了。其实，这种烟雾没有焦臭味，用手触摸电动机外壳也不烫。产生这种现象的原因是电动机内部有些潮气，经绕组通电发热后，油污、潮气蒸发出来了。只要让它运行一段时间，烟雾就会自行消失。

在试车中，若电动机出现异常情况（如声音异常、基础振动、电流异常、三相电流或电压不平衡、外壳发烫、焦臭味、冒烟、打火等）或发生短路（熔丝熔断、打火、“啪啪”声响）、漏电等故障，应立即停机检查。查明原因并处理后，再继续试车。熔丝熔断后，要检查熔体的额定电流是否正确，有无压伤情况；根据熔丝熔断状况，分析熔断的可能原因

（过载、短路还是压伤熔丝等），切不可用粗铜丝代替进行试车，以免造成更大的事故及烧坏电动机。

七、普通三相异步电动机改装成变频电动机

（1）变频电动机的特点

1）散热风扇由一个独立的恒速电动机带动，风量为恒定，与变频电动机的转速无关。

2）设计机械强度能确保最高速使用时安全可靠。

3）磁路设计既能适合最高使用频率的要求，也能适合最低使用频率。

4）设计绝缘结构比普通电动机更能经受高温和较高冲击电压。

5）高速运行时，产生的噪声、振动、损耗等都不高于同规格的普通电动机。

（2）将三相异步电动机改装成变频电动机

变频专用电动机价格较贵，在电动机的变频调速改造时，为了节约投资，异步电动机尽量利用原有的。但当变频调速运行频率范围为 10～60Hz 时，若采用普通电动机，则在长期低速（低频）运行中会严重发热，缩短电动机的寿命。为了充分利用原有设备，或者当购不到合适的变频专用电动机时，则可将普通三相异步电动机改装成变频电动机。

改装的方法是：在普通电动机上加装一台强风冷电动机，以加强冷却效果，降低电动机在低速运行时的温升。强风冷电动机与被改装电动机同轴，风叶仍为原电动机的冷却风叶。强风冷电动机的功率和极数按以下要求选择：

1）对于 2 极和 4 极的被改装电动机，取被改装电动机功率的 3%，极数和被改装电动机的极数相同。

2）对于 6 极及以上的被改装电动机，取被改装电动机功率的 5%，极数选择 4 极。

第四节　三相异步电动机保护设备及选择

一、有关低压电动机保护的规定和要求

（1）电动机的保护

交流电动机应装设短路保护和接地故障保护，并应根据具体情况分别装设过载保护、断相保护和低电压保护。同步电动机尚应装设失步保护。

（2）数台电动机共用一套短路保护电器的条件

每台交流电动机应分别装设相同短路保护，但符合下列条件之一时，数台交流电动机可共用一套短路保护电器：

1）总计算电流不超过 20A，且允许无选择地切断时；

2）根据工艺要求，必须同时起停的一组电动机，不同时切断将危及人身设备安全时。

（3）电动机保护曲线及整定值的规定

当交流电动机正常运行、正常起动或自起动时，短路保护器件不应误动作。为此，应符合下列规定：

1）正确选择保护电器的使用类别，熔断器、低压断路器和过电流继电器，宜采用保护电动机型。

2）熔断体的额定电流应大于电动机的额定电流，且其安秒特性曲线计及偏差后略高于电动机起动电流和起动时间的交点。当电动机频繁起动和制动时，熔断体的额定电流应再加大 1～2 级。

3）瞬动过电流脱扣器或过电流继电器瞬动元件的整定电流，应取电动机起动电流的2~2.5倍。

（4）电动机接地故障保护规定

1）每台电动机应分别装设接地故障保护，但共用一套短路保护电器的数台电动机，可共用一套接地故障保护器件。

2）接地故障保护应符合现行国家标准《低压配电设计规范》的规定。

3）当电动机的短路保护器件满足接地故障保护要求时，应采用短路保护兼作接地故障保护。

（5）电动机过载保护装设规定

1）运行中容易过载的电动机、起动或自起动条件困难而要求限制起动时间的电动机，应装设过载保护。额定功率大于3kW的连续运行电动机，宜装设过载保护；但断电导致损失比过载更大时，不宜装设过载保护，或使过载保护动作于信号。

2）短时工作或断续周期工作的电动机，可不装设过载保护，当电动机运行中可能堵转时，应装设保护电动机堵转的过载保护。

（6）电动机断相保护规定

1）连续运行的三相电动机，当采用熔断器可护时，应装设断相保护；当采用低压断相断路器保护时，宜装设断器保护；当低压断路器兼作电动机控制电器时，可不装设断相保护。

2）短时工作或断续周期工作的电动机或额定功率不超过3kW的电动机，可不装设断相保护。

3）断相保护器件宜采用断相保护热继电器，也可采用温度保护或专用的断相保护装置。

（7）电动机低电压保护规定

1）按工艺或安全条件不允许自起动的电动机或为保证重要电动机自起动而需要切除的次要电动机，应装设低电压保护。

次要电动机宜装设瞬时动作的低电压保护。不允许自起动的重要电动机，应装设短延时的低电压保护，其时限可取0.5~1.5s。

2）需要自起动的重要电动机，不宜装设低电压保护，但按工艺或安全条件在长时间停电后不允许自起动时，应装设长延时的低电压保护，其时限可取9~20s。

3）低电压保护器件宜采用低压断路器的欠电压脱扣器或接触器的电磁线圈；必要时，可采用低电压继电器和时间继电器。

当采用电磁线圈作低电压保护时，其控制回路宜由电动机主回路供电；当由其他电源供电，主回路失电压时，应自动断开控制电源。

4）对于不装设低电压保护或装设延时低电压保护的重要电动机，当电源电压中断后在规定的时限内恢复时，其接触器应维持吸合状态或能重新吸合。

二、有关高压电动机保护的规定和要求

对电压为3kV及以上的异步或同步电动机，应装设以下保护装置：

1）定子绕组相间短路保护。

2）定子绕组单相接地保护。

3）定子绕组过负荷保护。

4）定子绕组低电压保护。

5）同步电动机失步保护。

6）同步电动机失磁保护。

7）同步电动机出现非同步冲击电流保护。

8）相电流不平衡保护。

3～10kV 电动机的继电保护配置见表 1-31。

表 1-31 3～10kV 电动机的继电保护配置

<table>
<tr><th rowspan="2">电动机容量/kW</th><th colspan="7">保护装配名称</th></tr>
<tr><th>电流速断保护</th><th>纵联差动保护</th><th>过负荷保护</th><th>单相接地保护</th><th>低电压保护①</th><th>失步保护②</th><th>防止非同步冲击的继电失步保护③</th></tr>
<tr><td>异步电动机，<2000</td><td>装设</td><td>当电流速断保护不能满足灵敏度要求时装设</td><td rowspan="4">生产过程中易发生过负荷时，或起动、自起动条件严重时应装设</td><td rowspan="4">单相接地电流 > 5A 时装设，≥10A 时一般动作于跳闸，5～10A 时可动作于跳闸或信号</td><td rowspan="2">根据需要装设</td><td rowspan="2"></td><td rowspan="2"></td></tr>
<tr><td>异步电动机，≥2000</td><td></td><td>装设</td></tr>
<tr><td>同步电动机，<2000</td><td>装设</td><td>当电流速断保护不能满足灵敏度要求时装设</td><td rowspan="2"></td><td rowspan="2">装设</td><td rowspan="2">根据需要装设</td></tr>
<tr><td>同步电动机，≥2000</td><td></td><td>装设</td></tr>
</table>

① 当电动机有必要装设低电压保护装置时，可采用在线电压上的低电压继电器将电动机断开；必要时可采用两个继电器的低电压保护。

② 下列电动机可以利用反映定子回路的过负荷保护兼作失步保护：短路比在 0.8 及以上且负荷平稳的同步电动机；负荷变动大的同步电动机，但此时应增设失磁保护。

③ 大容量同步电动机当不允许非同步冲击时，宜装设防止电源短时中断再恢复造成非同步冲击的保护。

三、电动机保护设备的选用、计算以及保护器的选择

1. 电动机主要保护用电气元件的选用和计算（见表 1-32）

表 1-32 电动机主要保护用电气元件的选用和计算

元件类型	功能说明	选 用 方 法
熔断器	作长期工作制电动机的起动及短路保护，一般不作过载保护	（1）直接起动的笼型电动机熔体的额定电流（I_{re}）按起动电流 I_q 和起动时间 t_q 选取： $I_{re}=KI_q$ 其中，系数 K 按起动时间选择： $K=0.25\sim0.35$（在 $t_q<3s$ 时） $K=0.4\sim0.5$（在 $t_q=3\sim8s$ 时） （2）减压起动的笼型电动机熔体的额定电流（I_{re}）按电动机的额定电流 I_{de} 选取：$I_{re}=1.05I_{de}$

（续）

元件类型	功能说明	选 用 方 法
断路器（自动开关）	作电动机的过载及短路保护，并可不频繁地接通和分断电路	（1）断路器（自动开关）的额定电流 I_{ze} 按电动机的额定电流 I_{de} 或线路计算电流 I_{jz} 选取： $I_{ze} \geqslant I_{de}$ 或 $I_{ze} \geqslant I_{jz}$ （2）延时动作的过电流脱扣器的额定电流 I_{Te} 按电动机的额定电流 I_{de} 选取： $I_{Te}=(1.1\sim1.2)I_{de}$ （3）瞬时动作的过电流整定值 I_{zd}，应按大于电动机的起动电流 I_q 选取： $I_{zd}=(1.7\sim2.0)I_q$ 动作时间必须大于电动机的起动时间或最大过载时间 对于可调式过电流脱扣器，其瞬动整定值的调节范围为 3～6 或 8～12 倍脱扣器的额定电流 I_{Te}，不可调式的为（5～10）I_{Te}
热继电器	作长期或间断长期工作制交流异步电动机的过载保护和起动过程的热保护，不宜做重复短时工作制的笼型和绕线转子异步电动机的过载保护	按电动机的额定电流 I_{de} 选择热元件的额定电流 I_{je}，即 $I_{je}=(0.95\sim1.05)I_{de}$。在长期过载 20% 时应可靠动作。此外，热继电器的动作时间必须大于电动机的起动时间或长期过载时间
过电流继电器	用于频繁操作的电动机的起动及短路保护	（1）继电器的额定电流 I_{je} 应大于电动机的额定电流 I_{de}，即 $I_{je}>I_{de}$ （2）动作电流整定值 I_{zd}，对于交流保护电器来说按电动机起动电流 I_q 来选取，$I_{zd}=(1.1\sim1.3)I_q$；对于直流继电器，按电动机的最大工作电流 I_{dmax} 来选取，$I_{zd}=(1.1\sim1.15)I_{dmax}$
过电压继电器	用于直流电动机（或发电机）端电压保护	（1）继电器线圈的额定电压 U_{je} 按系统过电压时线圈两端承受的电压不超过继电器额定电压来选取，一般线圈必须串接附加电阻 R_f，其阻值计算如下：$R_f=(2.75\sim2.9)\dfrac{U_{de}}{U_{je}}R_j-R_j$。式中，$U_{de}$ 为电动机的额定电压；R_j 为继电器线圈电阻 （2）过电压动作整定值 U_{zd} 按电动机额定电压 U_{de} 选取：$U_{zd}=(1.1\sim1.15)U_{de}$
失磁保护	选用欠电流继电器，接于直流电动机励磁回路中，以防止电动机失磁超速	（1）继电器的额定电流 I_{je} 应大于电动机的额定励磁电流 I_{le}，即 $I_{je}\geqslant I_{le}$ （2）继电器释放电流整定值 I_{jf} 按电动机的最小励磁电流 I_{lmin} 整定：$I_{jf}=(0.8\sim0.85)I_{lmin}$
低电压（欠电压）保护	在交流电源电压降低或消失而使电动机切断后，为防止电源电压恢复时可能引起的电动机自起动，也用于保护电动机因长时间低电压而过载运行	继电器额定电压 U_{je} 按回路额定电压 U_e 选定，对于释放值，一般系统无特殊要求
超速保护	作电动机或工作机械的最高转速保护	动作整定值 n_d 按最高工作转速 n_{dmax} 整定： $n_d=(1.1\sim1.15)n_{dmax}$

2. 重负载用热继电器的选择

对于驱动惯性矩大的负载（如鼓风机、卷扬机、空压机等），其起动时间较长（5s 以上），为使热继电器在起动过程中不动作，可采用以下几种方法：

1）采用间接加热的热继电器。如 JR9 系列热继电器，其 $6I_e$ 的动作时间大于 15s。

2）在大容量情况下，可采用带饱和电流互感器的热继电器。如 JR14-1502 系列等，由于互感器的非线性，其二次电流增加比较慢，热继电器不致误动作。

饱和电流互感器与普通电流互感器的主要区别是：铁心具有较大磁通密度，其特性曲线不是线性的。就是说，饱和电流互感器的一、二次电流比是不固定的，随电流大小而变化。一次电流大时，电流比减小。

3）短接热继电器的方法。在起动过程中，用接触器的触点将热继电器短接，起动结束后热继电器才投入运行。

4）对于超重载起动的电动机，因起动加速时间长达几分钟，可选用两只热继电器，分别整定于电动机的起动电流和满载额定电流。

3. 常用热继电器的技术数据

JR36 系列热继电器的技术数据见表 1-33。T 系列热继电器的技术数据见表 1-34。

表 1-33　JR36 系列热继电器技术数据

型　号	额定电流/A	热元件额定电流/A	电流调节范围/A
JR36-20	20	0.35	0.25～0.35
		0.5	0.32～0.5
		0.75	0.45～0.75
		1.1	0.68～1.1
		1.6	1～1.6
		2.4	1.5～2.4
		3.5	2.2～3.5
		5	3.2～5
		7.2	4.5～7.2
		11	6.8～11
		16	10～16
		22	14～22
JR36-32	32	16	10～16
		22	14～22
		32	20～32
JR36-63	63	22	14～22
		32	20～32
		45	28～45
		63	40～63
JR36-160	160	63	40～63
		85	53～85
		120	75～120
		160	100～160

表1-34 T系列热继电器技术数据

电压相数	型号	额定电流/A	热元件		挡数	断相保护温度补偿
			最小规格/A	最大规格/A		
三相660V	T16	16	0.11～0.16	12～17.6	22	均有断相保护、温度补偿 －20～＋50℃
	T25	25	0.17～0.25	26～32	22	
	TSA45	45	0.23～0.40	30～45	21	
	T85	85	6.0～10	60～100	8	
	T105	105	27～42	80～115	6	
	T170	170	90～130	140～200	3	
	T250	250	100～160	250～400	3	
	T370	370	100～160	310～500	3	

4. 使用电流互感器和热继电器的电动机过电流保护元件的选择

使用电流互感器和热继电器的电动机过电流保护线路如图1-14所示。它适用于电动机功率较大、起动时负载惯性矩大，起动时间较长（8s以上）而又没有合适的热继电器时的场合。此线路能防止起动过程中热继电器动作。

（1）电流互感器TA的选择

电流互感器一次电流按电动机额定电流选取，即

$$I_{1TA}=I_{ed}$$

电流互感器二次电流用5A，即 $I_{2TA}=5A$。

（2）热继电器FR的选择

热继电器的额定电流按电动机的额定电流选择（折算到电流互感器二次侧），即

$$I_{er}=\frac{I_{2TA}}{I_{1TA}}I_{ed}$$

【例1-3】 一台Y225M-6型、30kW异步电动机采用如图1-14所示的过电流保护装置，试选择电流互感器TA和热继电器FR。

解：（1）电流互感器TA的选择

该电动机的额定电流为 $I_{ed}=59.5A$，此电流互感器一次电流可选用标准额定电流为75A，二次电流选5A。

可选择LQG-0.5 75/5A电流互感器。

（2）热继电器FR的选择

热继电器的额定电流为

$$I_{er}=\frac{I_{2TA}}{I_{1TA}}I_{ed}=\frac{5}{75}\times 59.5A=3.97A$$

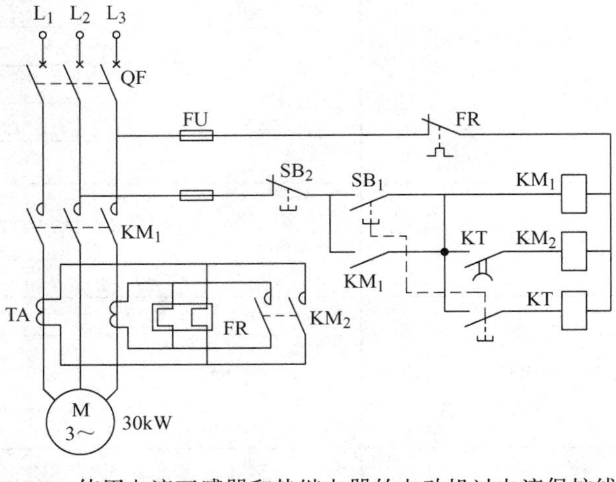

因此可选择整定范围为3.2～4.8A的JR20-10型热继电器。

图1-14 使用电流互感器和热继电器的电动机过电流保护线路

5. 电动机保护器

（1）电动机断相保护开关

JS1、JS3 和 JS4 系列断相保护开关的技术数据见表 1-35。

表 1-35　JS1、JS3 和 JS4 系列断相保护开关的技术数据

型号	电源电压/V	额定电流/A	电动机功率范围/kW	外形尺寸/mm
JS1-200-0	≤500	0.6～1.5	0.3～0.75	83×69×85.8
JS1-200-1		1.5～3	0.73～1.5	
JS1-200-2		3～6	1.5～3	
JS1-200-3		6～10	3～5	
JS1-200-4		10～20	5～10	
JS1-200-5		20～40	10～20	
JS1-200-6		40～80	20～40	
JS1-200-7		80～120	40～60	
JS3-A	380	0.6～1.5	0.3～0.75	68×60×112
JS3-B		1.5～3	0.75～1.5	
JS4-A	380	3～6	1.5～3	155×105×80
JS4-B		6～11	3～5.5	
JS4-C		11～15	5.5～7.5	

（2）BHQ 系列断相、过载、短路保护器

该产品由上海瓦屑电表厂生产，其技术数据见表 1-36。

表 1-36　BHQ 系列断相、过载、短路保护器技术数据

型号	电源电压/V	工作电流/A	质量/g	型号	电源电压/V	工作电流/A	质量/g
BHQ-Y-J	380	0.5～5;2～20	450	BHQ-S-C	380	20～80	640
BHQ-Y-C		20～80	380	BHQ-S-C		63～150	1000
BHQ-S-J		0.5～5;2～20	595	BHQ-S-C		100～250	1000

（3）CDB-Ⅱ型断相、过载保护器

该产品由陕西省咸阳市明强电器厂生产，其技术数据见表 1-37。

表 1-37　CDB-Ⅱ型断相、过载保护器技术数据

型号	电源电压/V	额定电流/A	备　注	型号	电源电压/V	额定电流/A	备　注
CDB-Ⅱ-1	380	0.25～0.5	接线式，安装脚尺寸与 JR16—20 型热继电器相同	CDB-Ⅱ-6	380	12～24	穿心式，安装脚尺寸和 JR15-60 型热继电器相同，穿线孔最大可通过 95mm² 的铜线鼻子
CDB-Ⅱ-2		0.6～1.2		CDB-Ⅱ-7		25～50	
CDB-Ⅱ-3		1.3～2.6		CDB-Ⅱ-8		50～100	
CDB-Ⅱ-4		2.7～5.4		CDB-Ⅱ-9		100～200	
CDB-Ⅱ-5		5.5～11					

（4）GDBT6-BX 系列电动机全保护器

该保护器属于温度检测型，以代替热继电器，其主要技术参数如下：

1）输入电压：交流 220V 或 380V。

2）保护功能及特点：适用于发电机、电动机、变压器、电焊机的各种断相、过电流、堵转、欠电压、过电压、扫膛、轴承磨损、通风受阻、环境温度过高等故障的保护。

3）电压在 170～450V 波动时能正常工作。

（5）DBJ 系列、JL 系列、GBB、GDH 系列、JRDZ 系列、YDB 型等电动机保护器

上述系列电动机保护器属于电流检测型或电流检测＋温度检测型，以代替热继电器。其主要技术参数如下：

1）输入电压。分为两种：一种为交流 220V、380V 或 660V，另一种为无源（自供电）。

2）保护功能及特点。断相起动、运行断相、过电流、堵转、相序、不平衡、欠电压、过电压等故障保护及故障显示、报警、自锁等。

（6）UL-M210F 型电动机保护器

该产品由浙江省宁波市巨龙电气厂生产，具有断相及因过载、过电压、欠电压、堵转而引起的过电流保护。该保护器为穿心式，常闭输出，安装位置任意，断相动作时间小于或等于 2s，$1.5I_e$ 过电流动作时间小于 2min（热态）。由于采用集成模块式全封闭结构，可用于潮湿、多尘、需防爆的场合。过电流整定用刻度盘指示，准确度超过 5%。

（7）M611 系列电动机保护开关

该产品为苏州电气控制设备厂引进 ABB 公司技术而生产的，它适用的交流电压有 220V、380V、660V 等，直流电压有 110V、220V、440V 等，额定电流为 0.1～32A，可作为电动机的过载和短路保护，也可作为电动机全电压起动器。

（8）多达牌 3DB 系列和 DZ15B 系列电动机保护开关

这两个系列的产品由四川眉山岷江电器厂生产。3DB 系列电动机多功能保护开关具有断相、过载、堵转、过电压、欠电压、漏电、故障分辨、记忆显示等多种功能；DZ15B 系列电动机保护开关集电动机起动与多种保护功能于一体，分断能力强，保护功能全，安装、使用方便。

（9）DZJ 型电动机智能监控器

DZJ 型电动机智能监控器集电流互感器、电流表、电压表、热继电器和时间继电器的功能于一体，主要用于对运行中的电动机进行自动检测、保护、监控，也可实现与微机联网。

DZJ 型监控器共有 A、B、D 三种型号，其功能见表 1-38。

表 1-38 DZJ 型监控器的功能

型号	DZJ-A	DZJ-B	DZJ-D	型号	DZJ-A	DZJ-B	DZJ-D
过电流	●	●	●	短路	○	✓	✓
堵转	●	●	●	电流型漏电	○	✓	✓
三相不平衡	●	●	●	通信	—	—	●
断相	●	●	●	就地显示	●	—	●
过电压	●	●	●	分体显示	—	●	—
欠电压	●	●	●	就地设置	●	●	●
起动超时	●	●	●	正、反转起动	—	—	○

注：“●”表示基本功能；“○”表示可选功能；“✓”表示只能单选其中一种，且该功能由用户提出要求，由厂家特制。

其中，A 型可实现对电动机的监测、监控、保护和就地显示；B 型由主体单元及显示单元组成，适用于主体置于板后而显示设备置于面板上的装置，功能与 A 型相同；D 型具有 RS485 通信接口，可实现与计算机的远程通信，通信距离可达 1200m。其具体规格见表 1-39。

表 1-39　DZJ 型监控器的规格

规格/A	电流调整范围/A	适配电动机功率/kW	规格/A	电流调整范围/A	适配电动机功率/kW
10	1~10	1~5	200	20~200	50~75
50	5~50	5~25	400	40~400	75~200
100	10~100	25~50			

（10）GDH-30 系列智能化电动机保护器

1）该保护器的特点如下：

GDH-30 系列电动机保护器是以单片机为核心的纯数字化电动机保护器。输入信号直接由 12 位 A-D 转换器读入单片机，单片机对数字信号进行分析和比对，判断出故障原因及错误信号。由于它是纯数字信号处理，在信号分析过程中不会出现模拟电路带来的不稳定、热漂移、误差、干扰等问题，大大提高了工作的可靠性和准确性。

用户可以根据自己的需要、用途、使用环境而设定电动机的工作参数及条件，从而可使电动机工作在最佳状态，既能可靠地保护电动机，又能使电动机发挥最佳效率。

2）该保护器的功能如下：

① 具有断相保护、过电流保护和三相不平衡保护功能。

② 具有起动时间长、欠电流、热累积等保护功能。

③ 具有故障预报警、远距离预报警、故障动作状态指示等显示功能。

④ 可对过电流、堵转、欠电流的动作时间进行设定。

⑤ 具有手动、自动延时复位功能。

⑥ 具有定时限、反时限特性的任意设定等功能。

⑦ 对非必用功能可进行关闭。

另外，厂家还可以根据用户提出的某些特殊功能进行设计，如可以把保护器设计为Y-△起动型、分时起动型。

（11）JD5 型电动机综合保护器

JD5 型电动机综合保护器采用集成模式全封闭结构。该产品集过载、断相、内部Y-△断相（适用电动机Y-△起动保护）、堵转及三相不平衡保护和故障、运行特性指示等功能于一体，且具有极其良好的反时限特性，其断相速断保护时间小于 2s，过电压 1~40s，过载 3~80s，这是热继电器不能实现的。由于采取全封闭结构，可在灰尘杂质多、污染较严重的场合下使用。

四、异步电动机直接起动功率的确定

笼型异步电动机能否直接起动，取决于下列条件：

1）电动机自身要允许直接起动。对于惯性较大，起动时间较长或起动频繁的电动机，过大的起动电流会使电动机老化，甚至损坏。

2）所带动的机械设备能承受直接起动时的冲击转矩。

3）电动机直接起动时所造成的电网电压下降不致影响电网上其他设备的正常运行。一般情况下要求经常起动的电动机引起的电网压降不大于10%；不经常起动的电动机不大于15%；当能保证生产机械要求的起动转矩，且在网络中引起的电压波动不致破坏其他电气设备工作时，电动机引起的电网压降允许为20%或更大；由一台变压器供电给许多不同特性的负载，而有些负载要求电压变动小时，则允许直接起动的异步电动机的功率就要小一些。

4）当公用电网供电的农用电动机采用全电压起动时，应满足：

① 单台笼型电动机的功率不大于配电变压器容量的30%。

② 起动时，电动机的端子剩余电压不应低于额定电压的60%。

③ 起动时，在同一台配电变压器供电范围内运行的其他用电设备，其端子剩余电压不应低于额定电压的75%。

5）电动机起动不能过于频繁。因为频繁起动会给同一电网上的其他负载带来较大影响。

6）起动容量应不超过供电变压器的过负荷能力。如电动机每昼夜起动6次，起动时间为15s，当变压器负载率小于90%时，最大起动电流可为变压器额定电流的4倍。

7）起动时的动稳定电流和热稳定电流应能符合电动机和起动设备规定的要求。

建议参考表1-40和表1-41予以确定。

表1-40 按电源容量估算笼型异步电动机直接起动时的功率

电源情况	允许直接起动的笼型电动机最大功率/kW
小容量发电厂	每1kVA发电机容量为0.1～0.12kW
变电站	经常起动时，不大于变压器容量的20%
	不经常起动时，不大于变压器容量的30%
高压线路	不超过电动机连接线路上的短路容量的3%
变压器-电动机组	电动机功率不大于变压器容量的80%

表1-41 6(10)/0.4kV变压器允许直接起动的笼型电动机最大功率

变压器供电的其他负荷 S_j 和功率因数 $\cos\varphi$	起动时允许电压降（%）	供电变压器容量/kVA														
		100	125	160	180	200	250	315	320	400	500	560	630	750	800	1000
		起动笼型电动机最大功率/kW														
$S_j=0.5S_b$	10	22	30	40	40	55	75	75	90	110	115	135	155	180	215	
$\cos\varphi=0.7$	15	30	40	55	55	75	90	100	100	155	155	185	225	240	260	280
$S_j=0.6S_b$	10	17	22	30	30	40	55	75	75	90	110	115	135	135	155	185
$\cos\varphi=0.8$	15	30	30	55	55	75	90	100	100	155	185	185	225	240	260	285

注：表中系指变压器低压母线与电动机直接相连时的情况，若经过馈线与电动机相连，允许直接起动的最大功率应低于表中所列数据。

五、采用并联电容器改善异步电动机起动条件的计算

异步电动机直接起动时的起动电流可达到额定电流的6～7倍，即使采用减压起动法，起动电流仍可达到额定电流的2.5～5倍，对供电网络造成较大的冲击。

在异步电动机起动时，投入一定的并联电容器，作为专门用于起动之用。用起动并联电容器产生的容性电流来补偿异步电动机起动时的感性电流，以达到降低起动电流的目的。待

电动机起动完毕转入正常运行时，再根据供电部门对用户的功率因数考核要求，对电容器进行必要的投、切，使功率因数达到所需要的要求。

【例 1-4】 某乡办企业供电系统电压为 380/220V，配有一台 S9-100kVA 的变压器，该企业的异步电动机需要频繁起动。试分别计算未采用和采用起动并联电容器时的允许直接起动的异步电动机最大功率。

解：（1）未采用起动并联电容器时，根据运行经验可知，当用电单位具有专用配电变压器时，若异步电动机需要频繁起动，允许直接起动的电动机最大功率约为配电变压器额定容量的 20%，因此该企业允许直接起动异步电动机最大功率为 20kW。此时供电系统提供的起动电流为

$$I_1=\frac{k_q P}{\sqrt{3}U}=\frac{7\times20}{\sqrt{3}\times0.4}\text{A}=202\text{A}$$

式中，k_q 为异步电动机最大起动电流与额定电流之比，取 $k_q=7$；P 为允许直接起动的异步电动机额定功率（kW）；U 为异步电动机及供电网络的额定电压（kV）。

（2）采用起动并联电容器时

a. 起动并联电容器容量的确定：确定电容器容量的原则是，并联电容器补偿电流（电容电流）I_2 为配电变压器低压侧额定电流的 90% 左右，如取 90%，则有

$$I_2=0.9\frac{S}{\sqrt{3}U}=0.9\times\frac{100}{\sqrt{3}\times0.4}\text{A}=130\text{A}$$

式中，S 为变压器额定容量（kVA）。

补偿电容值为

$$C=\frac{I_2}{2\pi fU}=\frac{130}{2\pi\times50\times400}=0.001035\text{F}=1035\mu\text{F}$$

补偿电容容量为

$$Q=2\pi fCU^2=I_2U=130\times0.4\text{kvar}=52\text{kvar}$$

即应装设总容量为 52kvar 的起动并联电容器（分为若干组，一般可分为 3～5 组）。

b. 允许直接起动的异步电动机最大功率计算：在保持该供电网络提供的起动电流为 202A 不变的前提下，接入 52kvar 的起动并联电容器后，由供电网络和电容器提供给电动机的电流为

$$I_1+I_2=\frac{k_q P'}{\sqrt{3}U}$$

允许直接起动的异步电动机最大功率为

$$P'=\frac{\sqrt{3}U(I_1+I_2)}{k_q}=\frac{\sqrt{3}\times0.4\times(202+130)}{7}\text{kW}=33\text{kW}$$

可见，采用起动并联电容器后，该供电网络所允许直接起动的异步电动机最大功率由原来的 20kW 提高到了 33kW。

六、起动时电动机端电压能否保证生产机械要求的起动转矩的计算

在整个起动过程中，电动机的驱动转矩必须能够克服生产机械的阻转矩，即

$$u_q\geqslant\sqrt{\frac{1.1m_j}{m_q}}$$

式中，u_q 为起动时电动机端子电压相对值（即与额定电压的比值）（或称标幺值，下同）；

m_j 为生产机械静阻转矩的相对值（即与电动机额定转矩的比值）；m_q 为电动机起动转矩的相对值（即与电动机额定转矩的比值），可由产品样本查得；1.1为可靠系数。

m_j 的数值在许多设计技术资料中都可查到，可参见表1-42；m_q 的数值可从电动机产品样本中查到。

对于异步电动机，在起动过程中要保持稳定运行，必须使电动机在下降了的端电压下和临界转差率时产生的最大转矩 m_{Mx} 能克服生产机械此时的阻转矩 m_{jx}，即

$$m_{Mx} \geqslant 1.1 m_{jx}$$

则

$$m_{Mx} = m_{Mm}\left(\frac{u_q}{u_{Me}}\right)^2$$

即

$$u_q \geqslant u_{Me}\sqrt{\frac{1.1 m_{jx}}{m_{Mm}}}$$

式中，m_{Mm} 为电动机额定最大转矩相对值（即与电动机额定转矩的比值）；u_{Me}，u_q 为电动机额定电压、端电压相对值（即与电动机额定电压的比值）。

生产机械阻转矩可按以下方法计算：

对于恒定阻转矩机械为

$$m_{jx} = m_j = \text{常数}$$

对于离心式机械为

$$m_{jx} = m_j + (1 - m_j) n^2 = m_j + (1 - m_j)(1 - s_{jx})^2$$

式中，s_{jx} 为极限转差率；n 为转速。

对于笼型异步电动机，极限转差率可按下式计算

$$s_{jx} = s_e(m_{Mm} + \sqrt{m_{Mm}^2 - 1})$$

式中，s_e 为电动机额定转差率。

由此可求出保持电动机稳定运行所需的最低端电压。

表1-42 不同传动机械各转矩相对值

传动机械名称	所需转矩相对值		
	起始静阻转矩 m_j	同步电动机牵入转矩 m_y	电动机最大转矩 m_{Mx}
离心式扇风机、鼓风机、压机、水泵（管道阀门关闭时起动）	0.3	0.6	1.5
离心式扇风机、鼓风机、压机、水泵（管道阀门打开时起动）	0.3	1.0	1.5
往复式空压机、氨压机、煤气压机	0.4	0.2	1.4
往复式真空泵（管道阀门关闭时起动）	0.4	0.2	1.6
带动输机	1.4~1.5	1.1~1.2	1.8
球磨机	1.2~1.3	1.1~1.2	1.75
对辊、颚式、圆锥形破碎机（空载起动）	1.0	1.0	2.5
锤形破碎机（空载起动）	1.5	1.0	2.5
持续额定功率运行的交、直流发电机	0.12	0.08	1.5
允许25%过负荷运行的交、直流发电机	0.18	0.10	2.0

【例 1-5】　一台离心式水泵电动机功率为 40kW，额定转速 n_e 为 980r/min，电动机额定最大转矩的相对值 m_{Mm} 为 2，试求保持此电动机稳定运行所需的最低端电压。

解： 查有关资料，得离心式水泵的起动阻转矩 m_j 为 0.3。

异步电动机临界转差率为

$$s_{jx}=s_e(m_{Mm}+\sqrt{m_{Mm}^2-1})=\frac{1000-980}{1000}\times(2+\sqrt{2^2-1})=0.075$$

电压降低后离心式水泵起动阻转矩相对值为

$$m_{jx}=m_j+(1-m_j)(1-s_{jx})^2=0.3+(1-0.3)\times(1-0.075)^2=0.9$$

满足水泵电动机平稳起动的最低端电压相对值为

$$u_q=\sqrt{\frac{1.1m_{jx}}{m_{Mm}}}=\sqrt{\frac{1.1\times0.9}{2}}=70\%$$

如果电动机的额定电压为 380V，则最低端电压为

$$380V\times70\%=266V$$

七、异步电动机全电压起动配套设备及导线的选择

YX3 系列电动机轻载全电压起动保护设备及导线的选择见表 1-43。其他系列异步电动机也可参照此表选择。

配管可采用钢管（镀锌焊接钢管）G（管径指内径），PVC 塑料阻燃电线管（管径指外径）和碳素钢电线管 DG（管径指外径）。

八、电动机直接起动器的类型和使用场合

直接起动器有电磁起动器、手动起动器和综合起动器几种。

（1）磁力起动器　又称电磁起动器。主要型号有 QC10 系列、QC12 系列。

QC10 系列：用于远距离直接控制三相笼型异步电动机起动、停止、可逆运转。它带有失电压保护、热继电器过载保护。起动器由交流接触器和 JR36 热继电器组成。

QC12 系列：其用途同 QC10 系列。起动器由交流接触器和 JR36 热继电器组成。

（2）手动起动器　主要型号有 QS5 系列和 QS6 系列等。手动起动器用于远距离控制三相笼型异步电动机起动、停止、可逆运转。它带有失电压保护、热继电器过载保护及继相运转保护。

（3）综合起动器　主要型号有 QZ610 系列、QZ73 系列。

QZ610 系列（农用型）：用于三相笼型异步电动机作不频繁直接起动、停止。它带有失电压保护、热继电器过载保护和断相运转保护。该起动器也适用于农业机械及潜水泵作保护起动器用。

QZ73 系列：用于远距离直接起动、停止，功率至 13kW 的三相笼型异步电动机。它带有失电压、短路和过载等保护。

直接起动器的型号及主要技术数据，见表 1-44。直接起动的起动设备，一般可按表 1-45 选择。

表 1-43 YX3系列电动机轻载全电压起动保护设备及导线选择

电动机型号 YX3系列	功率 /kW	额定电流 /A	可选保护电器系列								BLX BLV 绝缘导线 /mm²	配管直径 /mm	
			NT	RTO	RL6	DZ20	T□(C45N-4)	MSB	CJ20/JR20	QC10/JR20		G	PVC
			熔管电流/熔体电流 /A			断路器电流/脱扣器电流 /A		(电磁起动器类型)/热继电器 额定电流/A					
80M1-2	0.75	1.8	—	50/10	25/6	100/16	100/15(40/3)	(B9,T16)/2.4	10/2.4	2/6/2.4	2.5	15	16
80M2-2	1.1	2.4	0/6	50/10	25/10	100/16	100/15(40/5)	(B9,T16)/3	10/3.5	2/6/3.5	2.5	15	16
90S-2	1.5	3.2	0/10	50/10	25/10	100/16	100/15(40/5)	(B9,T16)/4	10/3.5	2/6/3.5	2.5	15	16
90L-2	2.2	4.6	0/10	50/15	25/10	100/16	100/15(40/10)	(B9,T16)/6	10/5	2/6/5	2.5	15	16
100L-2	3.0	6.0	0/16	50/20	25/16	100/16	100/15(40/10)	(B9,T16)/7.5	10/7.2	2/6/7.2	2.5	15	16
112M-2	4.0	7.9	0/16	50/20	25/20	100/16	100/15(40/15)	(B9,T16)/11	10/11	2/6/11	2.5	15	16
132S1-2	5.5	10.7	0/20	50/30	25/25	100/16	100/20(40/15)	(B16,T16)/13	16/16	3/6/16	2.5	15	16
132S2-2	7.5	14.3	0/32	50/40	63/50	100/16	100/30(40/20)	(B16,T16)/17.6	16/16	3/6/16	2.5	15	16
160M1-2	11	20.7	0/36	50/50	63/63	100/32	100/40	(B30,Y25)/27	25/22	4/6/24	4	15	16
160M2-2	15	28.0	0/50	100/60	100/80	100/32	100/50	(B37,T25)/32	40/32	4/6/33	6	15	20
160L-2	18.5	34.4	0/63	100/80	100/100	100/40	100/60	(B45,TSA45)/45	63/45	4/6/45	10	25	25
180M-2	22	40.7	0/63	100/80	200/125	100/50	100/75	(B45,TSA45)/45	63/45	5/6/50	16	25	32
200L1-2	30	55.1	0/80	100/100	200/125	100/63	100/100	(B65,T85)/70	63/63	5/6/72	25	32	32
200L2-2	37	67.7	0/100	200/120	200/125	100/80	225/125	(B85,T85)/100	100/85	6/6/72	35	40	40
225M-2	45	82.0	0/125	200/150	200/160	200/100	225/150	(B105,T85)/100	100/120	6/6/100	50	50	50

250M-2	55	99.9	0/160	200/200	200/160	200/125	225/175	(B170,T105)/115	160/120	6/7/120	70	50	50
280S-2	75	135.3	0/160	400/250	200/200	200/160	225/200	(B170,T170)/160	160/160	6/7/160	95	70	63
80M1-4	0.55	1.4	—	50/5	25/6	100/16	100/15(40/3)	(B9,T16)/1.8	10/1.6	2/6/2.4	2.5	15	16
80M2-4	0.75	1.8	—	50/10	25/6	100/16	100/15(40/3)	(B9,T16)/2.4	10/2.4	2/6/2.4	2.5	15	16
90S-4	1.1	2.7	0/6	50/10	25/10	100/16	100/15(40/5)	(B9,T16)/3	10/3.5	2/6/3.5	2.5	15	16
90L-4	1.5	3.6	0/10	50/10	25/10	100/16	100/15(40/5)	(B9,T16)/4	10/5	2/6/5	2.5	15	16
100L1-4	2.2	4.8	0/10	50/15	25/16	100/16	100/15(40/10)	(B9,T16)/6	10/7.2	2/6/7.2	2.5	15	16
100L2-4	3.0	6.4	0/16	50/20	25/20	100/16	100/15(40/10)	(B9,T16)/7.5	10/7.2	2/6/7.2	2.5	15	16
112M-4	4.0	8.4	0/20	50/20	25/25	100/16	100/15(40/15)	(B12,T16)/11	10/11	2/6/11	2.5	15	16
132S-4	5.5	11.4	0/20	50/30	63/35	100/16	100/20(40/15)	(B16,T16)/13	16/16	3/6/16	2.5	15	16
132M-4	7.5	15.2	0/32	50/40	63/50	100/16	100/30(40/20)	(B16,T16)/17.6	16/16	3/6/16	2.5	15	16
160M-4	11.0	21.6	0/36	50/50	63/63	100/32	100/40	(B30,T25)/27	40/32	4/6/24	6	15	20
160L-4	15.0	28.9	0/50	100/60	100/80	100/32	100/50	(B37,T25)/32	40/32	4/6/33	6	15	20
180M-4	18.5	35.4	0/63	100/80	100/100	100/40	100/60	(B45,TSA45)/45	63/45	4/6/45	10	25	25
180L-4	22	42	0/63	100/80	200/125	100/50	100/75	(B45,TSA45)/45	63/45	5/6/50	16	25	32
200L-4	30	56.9	0/80	100/100	200/125	100/63	100/100	(B65,T85)/70	63/63	5/6/72	25	32	32
225S-4	37	69.8	0/100	200/120	200/125	100/80	225/125	(B85,T85)/100	100/85	6/6/72	35	40	40
225M-4	45	84.7	0/125	200/150	200/160	200/100	225/150	(B105,T85)/100	100/120	6/6/100	50	50	50
250M-4	55	103.1	0/160	200/200	200/160	200/125	225/175	(B170,T105)/115	160/120	7/6/120	70	50	50
280S-4	75	136.7	0/160	400/250	200/200	200/160	225/200	(B170,T170)/160	160/160	7/6/160	95	70	63
90S-6	0.75	2.0	—	50/10	25/6	100/16	100/15(40/3)	(B9,T16)/2.4	10/2.4	2/6/2.4	2.5	15	16

（续）

电动机型号 YX3系列	功率 /kW	额定电流 /A	可选保护电器系列								BLX BLV 绝缘导线 /mm²	配管直径 /mm	
			NT	RTO	RL6	DZ20	T□（C45N-4）	MSB	CJ20/JR20	QC10/JR20		G	PVC
			熔管电流/熔体电流 /A			断路器电流/脱扣器电流 /A		（电磁起动器类型）/热继电器额定电流/A					
90L-6	1.1	2.9	0/6	50/10	25/10	100/16	100/15（40/5）	（B9，T16）/4	10/3.5	2/6/3.5	2.5	15	16
100L-6	1.5	3.8	0/10	50/10	25/10	100/16	100/15（40/5）	（B9，T16/4）	10/5	2/6/5	2.5	15	16
112M-6	2.2	5.4	0/10	50/15	25/16	100/16	100/15（40/10）	（B9，T16）/6	10/7.2	2/6/7.2	2.5	15	16
132S-6	3.0	7.3	0/16	50/20	25/20	100/16	100/15（40/10）	（B9，T16）/7.5	10/11	2/6/11	2.5	15	16
132M1-6	4.0	9.5	0/20	50/30	25/25	100/16	100/15（40/15）	（B12，T16）/11	10/11	2/6/11	2.5	15	16
132M2-6	5.5	12.7	0/20	50/30	63/35	100/16	100/20（40/15）	（B16，T16）/13	16/16	3/6/16	2.5	15	16
160M-6	7.5	16.2	0/32	50/40	63/50	100/20	100/30（40/20）	（B25，T25）/20	25/22	3/6/24	4	15	16
160L-6	11	23.5	0/36	50/50	63/63	100/32	100/40	（B30，T25）/27	40/32	4/6/33	6	15	20
180L-6	15	30.9	0/50	100/60	100/80	100/32	100/50	（B37，T25）/32	40/32	4/6/33	6	15	20
200L1-6	18.5	37.9	0/63	100/80	100/100	100/40	100/60	（B45，TSA45）/45	63/45	4/6/45	10	25	25
200L2-6	22	44.3	0/63	100/80	200/125	100/50	100/75	（B45，TSA45）/45	63/45	5/6/50	16	25	32
225M-6	30	60.8	0/80	100/100	200/125	100/63	100/100	（B65，T85）/70	63/63	5/6/72	25	32	32
250M-6	37	72	0/100	200/120	200/125	100/80	225/125	（B85，T85）/100	10/85	6/6/100	35	40	40
280S-6	45	85.0	0/125	200/150	200/160	200/100	225/150	（B105，T85）/100	100/120	6/6/100	50	50	50
280M-6	55	103.6	0/125	200/200	200/160	200/125	225/175	（B170，T105）/115	160/120	7/6/120	70	50	50
315S-6	75	142.3	0/160	400/250	200/200	200/160	225/200	（B170，T170）/160	160/160	7/6/160	95	70	63

注：电动机起动电流约为额定电流的6～7倍。功率小取小值，功率大取大值。

表 1-44 直接起动器的型号及主要技术数据

起动器名称	型号	380V 控制电动机功率/kW	操作频率/(次/h)	机械寿命/万次	AC-3 电寿命/万次
磁力起动器	QC3 QC10 QC12	2.2, 4, 11 22, 30, 55 75	不带热继电器 600 带热继电器 30	300	60
手动起动器	QS5	3, 4.5	200	25	10
农用起动器	QZ610	4, 11, 18.5	120	10	5

表 1-45 直接起动的起动设备选择

电动机功率/kW	不需要过载保护			需要过载保护			需失电压保护及自动、集中控制（不论起动次数多少）
	很少起动	不常起动	经常起动	很少起动	不常起动	经常起动	
7 以上	HK TK	HK TK	CQ	HK TK	HK TK	CQ	CQ
7～14	TK	TK	CQ	ZK	ZK	CQ	CQ
14～75	ZK	ZK	CQ	ZK	ZK	CQ	CQ
80 以上	JLC	JLC	JLC	JLC + JR	JLC + JR	JLC + JR	JLC + JR

注：1. HK—刀开关；TK—封闭式开关熔断器组；ZK—断路器；CQ—磁力起动器；JLC—交流接触器；JR—热继电器。

2. 很少起动—平均几天起动一次；不常起动—平均每班起动一次；经常起动—平均每班起动两次以上。

3. 用 CQ 和 JLC 时，其保护设备可用刀开关（HK）或封闭式开关熔断器组（TK）。

九、各种磁力起动器的规格及技术数据

1. 各种磁力起动器规格

QC10、QC12 系列磁力起动器的规格见表 1-46。QC12 系列磁力起动器的技术数据见表表 1-47。QC25 系列磁力起动器的技术数据见表 1-48。

表 1-46 QC10、QC12 系列磁力起动器的规格

QC10	型号	QC10-2/6(4kW)																		
	热元件编号	11	12	13	14	15	16	17	18	19	20	21	22	23	24	25	26	27	28	29
	热元件额定电流/A	2.4（1.5～2.4）			3.5（2.2～3.5）				5（3.20～5.0）				7.2（4.5～7.2）				11（6.8～11）			
QC12	型号	QC12-2/H(4kW)																		
	热元件额定电流/A	2.4（1.5～2.4）			3.5（2.2～3.5）				5（3.20～5.0）				7.2（4.5～7.2）				11（6.8～11）			

QC10	型号	QC10-3/6(10kW)						QC10-4/6(20kW)				
	热元件编号	29	30	31	32	33	34	35	36	37	38	39
	热元件额定电流/A	16（10～16）			24（15～24）				35（京）（22～35）	33（22～33）		
QC12	型号	QC12-3/H(10kW)						QC12-4/H(20kW)				
	热元件额定电流/A	16（10～16）			22（14～22）			32（20～32）				

（续）

<table>
<tr><td rowspan="3">QC10</td><td>型号</td><td colspan="3">QC10-4/6
（20kW）</td><td colspan="4">QC10-5/6
（30kW）</td><td colspan="6">QC10-6/6
（50kW）</td><td colspan="5">QC10-7/6
（75kW）</td></tr>
<tr><td>热元件编号</td><td>43</td><td>44</td><td>45</td><td>46</td><td>47</td><td>48</td><td>49</td><td>50</td><td>56</td><td>57</td><td>58</td><td>59</td><td>60</td><td>61</td><td>62</td><td>63</td><td>64</td><td>65</td></tr>
<tr><td>热元件额定电流/A</td><td colspan="3">45
（32～45）</td><td colspan="2">50
（32～50）</td><td colspan="2">72
（45～72）</td><td colspan="6">100
（60～100）</td><td colspan="5">150
（96～150）</td></tr>
<tr><td rowspan="2">QC12</td><td>型号</td><td colspan="3">QC12-4/H
（20kW）</td><td colspan="4">QC12-5B/H
（30kW）</td><td colspan="6">QC12-6B/H
（50kW）</td><td colspan="5">QC12-7/H
（75kW）</td></tr>
<tr><td>热元件额定电流/A</td><td colspan="4">45
（28～45）</td><td colspan="3">63
（40～63）</td><td colspan="4">85（53～85）</td><td colspan="3">120
（75～120）</td><td colspan="4">160
（100～160）</td></tr>
</table>

注：1. 磁力起动器型号后括弧内数字为起动器控制380V电动机的最大功率。
2. 热元件额定电流值后括弧内数字是热元件整定电流调节范围。

表1-47 QC12系列磁力起动器的主要技术数据

型　号	额定电流/A	吸引线圈额定电压/V	控制电动机最大功率/kW		起动器等级	热继电器整定电流调节范围/A
			220V	380V		
QC12-1	20	交流，50Hz，36，110，220，380	1.2	2.2	1	0.25～0.35 0.32～0.50 0.45～0.72 0.66～1.10 1.00～1.60 1.50～2.40 2.20～3.50 3.20～5.00
QC12-2	20		2.2	4	2	0.25～0.35 0.32～0.50 0.45～0.72 0.68～1.40 1.00～1.60 1.50～2.40 2.20～3.50 3.20～5.00 4.50～7.20 6.80～11.0
QC12-3	20		5.5	10	3	8.0～11.0 10.0～16.0 14.0～22.0
QC12-4	60		11	20	4	14.0～22.0 20.0～32.0 28.0～45.0
QC12-5	60		17	30	5	28.0～45.0 40.0～63.0
QC12-6	50		29	50	60	53.0～85.0 75.0～120
QC12-7	150		47	75	7	75～120 100～160

表 1-48 QC25 系列磁力起动器技术数据

型号	额定绝缘电压/V	额定工作电压/V	约定发热电流/A	额定工作电流/A		额定控制功率/kW		辅助触头对数	配用接触器型号	配用热继电器	
				IP00	IP40、IP55	IP00	IP40、IP55			型号	电流调节范围/A
QC25-4	660	660	10	5.2	5.2	4	4	2 动合、2 动断	CJ20-10	JR20-10	0.1~0.13~0.15、0.15~0.19~0.23、0.23~0.29~0.35、0.35~0.44~0.53、0.53~0.67~0.8、0.8~1~1.2、1.2~1.5~1.8、1.8~2.2~2.6、2.6~3.2~3.8、3.2~4~4.8、4~5~6、5~6~7、6~7.2~8.4、7~8.6~10、8.6~10~11.6
		380		9	9						
		220				2.2	2.2				
QC25-7.5		660	16	9	9	7.5	7.5		CJ20-16	JR20-16	3.6~4.5~5.4、5.4~6.7~8、8~10~12、10~12~14、12~14~16、14~16~18
		380		16	16						
		220				4.5	4.5				
QC25-11		660	25	14.5	14.5	13	13		CJ20-25	JR20-25	7.8~9.7~11.6、11.6~14.3~17、17~21~25、21~25~29
		380		25	25	11	11				
		220				5.5	5.5				
QC25-22		660	40	25	25	22	22		CJ20-40	JR20-63	16~20~24、24~30~36、32~40~47、40~47~55
		380		45	45						
		220				11	11				
QC25-30		660	63	40	25	35	22		CJ20-63	JR20-63	47~55~62、55~63~71
		380		60	60	30	30				
		220				17	17				
QC25-50		660	100	60	40	50	35		CJ20-100	JR20-160	33~40~47、47~55~63、63~74~84、74~86~98、85~100~115、100~115~130、115~132~150、130~150~170、144~160~176
		380		100	100		50				
		220				28	28				
QC25-75		660	160	100	60	85	50		CJ20-160		
		380		150	150	75	75				
		220				43	43				

2. *磁力起动器的主要技术性能*

1）机械寿命在额定条件下不低于 300 万次，电寿命不低于 60 万次，其热继电器的寿命不低于 1000 次过载动作。

2）操作频率：

① 在额定条件下控制笼型异步电动机，正常起动功率因数为 0.35~0.4，TD=40%，额定电压时接通 6 倍额定电流，17% 额定电压下分断额定电流，其操作频率不低于 600 次/h（不带热继电器）；在减轻负载时可提高到 1200 次/h。

② 一般在带热继电器时，不应超过 60 次/h。

3）起动器的接通和分断能力：与组成起动器的交流接触器相同；在工作环境恶劣的场合，宜适量降低。

4）具有过载保护特性：带热继电器的起动器，允许过载不超过5%（视电动机的过载能力而定），一般过载20%时，在20min内即动作。

十、异步电动机减压方式的选择

如果三相异步电动机不允许直接起动，就应该选择适当方式减压起动。所采取减压起动方式，必须使电动机的起动转矩大于负载的阻力矩。因此，电动机所拖动负载的性质是选择减压起动方式的依据。根据一些负载的性质选择减压起动方式，见表1-49；各种起动方式的比较见表1-50。

表1-49 起动方式的选择

负载性质	对起动的要求		负载举例
	限制起动电源	减小起动时对机械的冲击	
无载或轻载起动	星-三角形减压起动 电阻或电抗减压起动		车床、钻床、铣床、镗床、齿轮加工机床、圆锯、带锯等； 带有离合器的卷扬机、绞盘和带拆卸料机的破碎机； 带离合器的普通纺织机械和工业机械； 电动发电机组
负载转矩与转速成二次方关系的负载（风机负载）	延边三角形减压起动 自耦减压起动 电抗或阻抗减压起动		离心泵、叶轮泵、螺旋泵、轴流泵等； 离心式鼓风机和压缩机、轴流式风扇和压缩机等
重力负载		电阻、电抗或阻抗减压起动	卷扬机、倾斜式传送带类机械； 升降机、自动扶梯类机械
摩擦负载	延边三角型减压起动 电阻或电抗减压起动	电阻、电抗或阻抗减压起动	水平传送带、活动台车、粉碎机、混砂机、压延机和电动门等
阻力矩小的惯性负载	三角形减压起动 延边三角形减压起动 自耦减压起动 电机减压起动		离心式分离机、脱水机、曲柄式压力机等（限于阻力矩小的机械）
恒转矩负载	延边三角形减压起动 电阻或电抗减压起动	电阻或电抗减压起动	往复泵和压缩机、罗茨鼓风机、容积泵、挤压机
恒重负载		电阻、电抗或阻抗减压起动	织机、卷纸机、夹送辊、长距离皮带输送机、链式输送机
各种负载	软起动器、变频器	软起动器、变频器	各种负载

表 1-50　各种起动方式的比较

起动方式	全电压	自耦变压器减压	星-三角换接	软起动	变频起动
电动机端子电压	U_e	KU_e	$0.58U_e$	$(0.3\sim1)\ U_e$	$0\sim U_e$
电动机绕组电流	I_q	KI_e	$\frac{1}{\sqrt{3}}I_q$	$(0.5\sim5)\ I_e$	$(1.3\sim1.5)\ I_e$
电动机起动转矩	M_q	K^2M_e	$\frac{1}{3}M_q$	$(0.3\sim1.6)\ M_e$	$(1.2\sim2)\ M_e$
配电系统总电流	I_q	K^2I_q	$\frac{1}{3}I_q$	$(0.5\sim5)\ I_e$	$(1.3\sim1.5)\ I_e$
优缺点及应用范围概述	起动电流大	起动电流小	起动电流小	起动电流较大	起动电流大
	起动转矩大	起动转矩较大	起动转矩小	起动转矩较大	起动转矩大
	能频繁起动	不能频繁起动	能频繁起动	能频繁起动	能频繁起动
	投资最省	价格较高	投资较省	价格较高	价格高
	应用最广	应用较广	应用较广	设备较复杂	设备复杂

注：U_e—电动机额定电压；I_e—电动机额定电流；I_q—电动机起动电流；M_e—电动机额定转矩；M_q—电动机起动转矩；K—起动电压与额定电压之比。

【例 1-6】 有一台笼型三相异步电动机，已知额定功率 P_e 为 55kW，额定电压 U_e 为 380V，额定电流 I_e 为 103A，起动电流为额定电流的倍数 K 为 6.5，起动转矩为额定转矩的倍数 k_{qe} 为 1.2。生产机械要求最小起动转矩为额定转矩的倍数 K_q 为 0.5，连续起动次数 n 为 3，每次起动时间 t_q 不大于 15s，电网要求起动电流不大于 300A。试选择自耦减压起动器。

解：(1) 选择自耦变压器容量。自耦变压器容量（起动容量）一般可按不低于电动机的额定功率 P_e 来估算自耦减压起动器的功率 P_b。按题意，可暂选 $P_b=55\text{kW}$。

(2) 验算自耦变压器的电压比 k：

$$k\geqslant\sqrt{\frac{M_q}{M_{qe}}}=\sqrt{\frac{K_q}{k_{qe}}}=\sqrt{\frac{0.5}{1.2}}=\sqrt{0.417}=0.65$$

选择 $k=n\%=65\%$ 电压比即可。

(3) 验算起动时间 T。三次起动时间总和为 $3\times15=45$（s），小于表 1-51 中 55kW 自耦减压起动器允许承载时间 $T=60\text{s}$。

表 1-51　电动机接在 65%或 80%额定电压抽头时自耦减压起动器承载时间

可供起动的电动机额定功率/kW	一次或数次连续负载时间的总和/s	可供起动的电动机额定功率/kW	一次或数次连续负载时间的总和/s
10 ~ 13	30	100 ~ 125	80
17 ~ 30	40	132 ~ 320	100
40 ~ 75	60		

(4) 验算最大起动电流 I_{1q}。采用电压比 $n\%=65\%$，电网电路中最大起动电流为

$$I_{1q}=k^2I_{qe}=k^2KI_e=0.65^2\times6.5\times103=283(\text{A})$$

能满足电网对最大起动电流不大于 300A 的要求。

通过以上验算，选用55kW自耦减压起动器，抽头电压比选用65%能满足要求。

十一、常用星-三角减压起动器的技术数据

（1）QX2系列和QJ3X系列手动星-三角起动器的技术数据（见表1-52和表1-53）。

表1-52 QX2系列手动星-三角起动器技术数据

起动器容量/kW	13		30	
电动机最大功率/kW	13		30	
额定电压/V	380	500	380	500
触头工作电流/A	16	12	40	26

表1-53 QJ3X系列手动星-三角起动器技术数据

型号	电动机最大功率/kW		不带油重/kg	油重/kg
	220V	380V		
QJ3X-40	20	30	23	5.5
QJ3X-80	40	55	30	7.5
QJ3X-150	75	125	36	8.5

（2）QX3系列和QX4系列自动星-三角起动器的技术数据（见表1-54和表1-55）。

表1-54 QX3系列自动星-三角起动器技术数据

型号	电动机最大功率/kW			热继电器的热元件额定电流/A	热继电器整定范围/A	吸引线圈消耗功率	
	220V	380V	500V			起动/V·A	正常工作
QX3-13	7.5	5.5 13 22	13	11 16 22	6.8~11 10~16 14~22	280	44V·A 18W
QX3-30	16	22 30	30	32 45	20~32 28~45	370	64V·A 24W

表1-55 QX4系列自动星-三角起动器技术数据

型号	电动机最大功率/kW	电动机额定电流/A	热元件整定电流近似值/A	时间继电器整定近似值/s
QX4-17	13	26	15	11
	17	33	19	13
QX4-30	22	42.5	25	15
	30	58	34	17
QX4-55	40	77	45	20
	55	105	61	24
QX4-75	75	142	85	30
QX4-125	125	260	100~160	14~60

（3）LC3-D系列自动星-三角起动器的技术数据

LC3-D系列星-三角减压起动器，适用于交流50Hz或60Hz、电压660V及以下、电流

95A 以下的电路中，作为电动机的重载起动装置。它设有定时器，以控制“星-三角”转换。该起动器为引进法国 TE 公司技术生产。起动器内设有 LC1-D 系列交流接触器和 LR1-D 系列热继电器。

LC3-D 系列星-三角减压起动器的技术数据见表 1-56，其所控制电动机的功率及技术数据见表 1-57。

起动器的热继电器当电动机绕组接成三角形时，是接在三角形内，故表中热元件选择及整定应以被控电动机额定线电流的 $1/\sqrt{3}$ 为依据；起动器最高操作频率为每小时 30 次，两次连续起动的间隔时间不得小于 90s。

起动器接触器线圈能保证在其额定电压为 85% ~105% 内正常工作，其释放电压约为额定电压的 50% 或以下。

表 1-56　LC3-D 系列星-三角减压起动器技术数据

星-三角减压起动器				380V 三相笼型电动机			配用热继电器型号	电流调节范围/A	配用熔断器额定电流/A
型号	产品构成								
	KM_2	KM_3	KM_1	额定电流 I_e/A	0.58 I_e/A	控制功率/kW			
LC3-D123	LC1-D123	LC1-D129	LC1-D099	18.5	10.7	9	LR1-D12316	10 ~ 13	20
				20	11.6	10			20
				22	12.8	11			25
LC3-D189	LC1-D183	LC1-D189	LC1-D099	30	17.4	15	LR1-D16321	13 ~ 18	32
LC3-D183				37	21.5	18.5	LR1-D25322	18 ~ 25	40
LC3-D163	LC1-D163	LC1-D169	LC1-D099	30	17.4	15	LR1-D16321	13 ~ 18	32
LC3-D253	LC1-D253	LC1-D259		37	21.5	18.5	LR1-D25322	18 ~ 25	40
LC3-D323	LC1-D323	LC1-D329	LC1-D189	44	25.5	22	LR1-D32353	23 ~ 32	50
				52	30.2	25			63
LC3-D403	LC1-D503	LC1-D403	LC1-D259	44	25.5	22	LR1-D4035	23 ~ 32	50
				52	30.2	25			63
				60	34.8	30		30 ~ 40	63
				60	34.8	30			80
				68	39.5	33	LR1-D63357	38 ~ 50	
				72	41.8	37			
LC3-D503	LC1-D503	LC1-D503	LC1-D403	79	45.8	40	LR1-D63357	38 ~ 50	80
				85	49.3	45	LR1-D63359	48 ~ 57	100
				98	56.8	51			
				105	60.9	55	LR1-D63361	57 ~ 66	125
LC3-D803	LC1-D803	LC1-D803	LC1-D503	112	65	59	LR1-D63361	57 ~ 66	125
				117	67.9	63	LR1-D80363	63 ~ 80	125
				138	80	75			160
LC3-D953	LC1-D953	LC1-D953	LC1-D503	147	85.3	80	LR1-F105	75 ~ 105	160

注：表中 KM_1、KM_2、KM_3 为接触器的三种工作状态，即 KM_1—Y 运行；KM_2—隔离；KM_3—△运行。

表 1-57 LC3-D 系列星-三角减压起动器在不同电压下控制电动机功率及技术数据

型号	额定工作电压/V	AC-3 时额定工作电流/A	AC-3 时不同电压下控制三相电动功率/kW				电寿命/万次	机械寿命/万次	操作频率/(次/h)	延时头电寿命/万次	最长起动时间/s	质量/kg
			220V	380V	415V	440V						
LC3-D123	660	12	5.5	11	11	11	AC-3 时为 20；AC-4 时为 1	100 ~ 200	30	500	30	1.5
LC3-D163		16	7.5	15	15	15						1.8
LC3-D189 LC3-D183		18	11	18.5	22	22						1.7
LC3-D253		25	11	18.5	22	22						1.8
LC3-D323		32	15	25	25	25						2.0
LC3-D403		40	18.5	37	37	37						4.36
LC3-D503		50	25	55	59	59						4.36
LC3-D803		80	37	75	75	75						5.2
LC3-D953		95	45	80	80	80						5.2

十二、异步电动机减压起动配套设备及导线的选择

YX3 系列电动机减压起动保护设备及连接导线的选择见表 1-58。其他系列异步电动机也可参照此表选择。

表 1-58 YX3 系列电动机减压起动时的电气设备选型表

电动机容量/kW		5.5	7.5	11	15	18.5
设备名称	型号	规格				
刀开关	HK1	30/3	30/3	60/3	60/3	60/3
熔体额定电流/A		15	20	30	40	50
星-三角起动器	QX1(QK3)	13kW	13kW	13kW	15kW	30kW
刀开关	HK1(HH3)	30/3	30/3	60/3	60/3	60/3
熔体额定电流/A		25 ~ 30	25 ~ 30	30 ~ 40	40 ~ 50	50 ~ 60
自耦减压起动器	QJ10	11kW	11kW	11kW	15kW	20kW
断路器	DZ5	25/330	25/330	50/330	50/330	50/330
热元件额定电流/A		16	20	25	40	40
星-三角起动器	QX1	13kW	13kW	13kW	15kW	30kW
电流表	4216-A	20A	30A	30A	30A	50A
绝缘导线/mm^2	BLX BLV	2.5	2.5	4	6	10
配管直径/mm	G	15	15	15	15	25
	PVC	16	16	16	20	25

电动机容量/kW		22	30	37	45	55	75
设备名称	型号	规格					
刀开关	HD13	100/31	100/31	200/31	200/31	200/31	200/31
熔断器/A	RTO	100	100	100	200	200	200
熔体额定电流/A		50	80	100	110	120	150
星-三角起动器	QX4	30kW	30kW	55kW	55kW	55kW	125kW
断路器	TH、TS	100/330	100/330	200/330	200/330	200/330	250/330
热元件额定电流/A	(日)	50	72	110	110	110	160
星-三角起动器	QX1(QX3)	30	30	QX4-55	QX4-55	QX4-55	QX4-75
封闭式负荷开关	HH3	100/3	100/3	200/3	200/3	200/3	
熔体额定电流/A		60 ~ 80	80 ~ 100	125 ~ 160	140 ~ 160	160 ~ 200	
自耦减压起动器	QJ10	28kW	40kW	40kW	50kW	55kW	

（续）

电动机容量/kW		22	30	37	45	55	75
设备名称	型号	规　格					
刀开关	HD13	100/30	100/30	200/30	200/30	200/30	400/30
熔断器/A	RM10	60	100	200	200	200	350
熔体额定电流/A		40～60	80～100	125～160	140～160	160～200	200～260
自耦减压起动器	QJ10	30kW	40kW	40kW	50kW	55kW	75kW
电流表	4216-A	75 75/5A	100 100/5A	150 150/5A	150 150/5A	200/5A	200/5A
电流互感器	LQG-0.5	75/5A	100/5A	150/5A	150/5A	200/5A	200/5A
绝缘导线/mm^2	BLX BLV	16	25	35	35	50	95
配管直径/mm	G	25	32	40	40	50	70
	PVC	32	32	40	40	50	63

十三、机床设备电源线及其保护的选择

机床设备的电源线及其保护用熔体的选择不但取决于设备的总功率，还与设备中最大一台电动机的功率有关，具体选择见表1-59。

表1-59　机床设备电源线及其保护的选择

<table>
<tr><th rowspan="3">设备总功率/kW</th><th rowspan="3">最大一台电动机功率/kW</th><th rowspan="3">熔体电流/A</th><th colspan="6">BLX、BLV型导线截面/mm²及管径/mm</th></tr>
<tr><th colspan="3">30℃</th><th colspan="3">35℃</th></tr>
<tr><th>截面</th><th>G</th><th>DG</th><th>截面</th><th>G</th><th>DG</th></tr>
<tr><td>1.1</td><td rowspan="2">0.6</td><td>5</td><td rowspan="11">2.5</td><td rowspan="11">15</td><td rowspan="11">20</td><td rowspan="9">2.5</td><td rowspan="9">15</td><td rowspan="9">20</td></tr>
<tr><td>6.1</td><td rowspan="5">10</td></tr>
<tr><td>5.2</td><td>0.8</td></tr>
<tr><td>4.2</td><td>1.0</td></tr>
<tr><td>3.5</td><td>1.1</td></tr>
<tr><td>1.9</td><td>1.5</td></tr>
<tr><td>6.2</td><td>1.0</td><td rowspan="3">15</td></tr>
<tr><td>6.0</td><td>1.5</td></tr>
<tr><td>5.8</td><td>1.7</td></tr>
<tr><td>3.6</td><td>2.2</td><td rowspan="7">20</td><td rowspan="2">4</td><td rowspan="2">20</td><td rowspan="2">25</td></tr>
<tr><td>6.4</td><td rowspan="3">1.7</td></tr>
<tr><td>6.8</td><td>4</td><td>20</td><td>25</td><td>2.5</td><td>15</td><td>20</td></tr>
<tr><td>7.6</td><td rowspan="2">2.5</td><td rowspan="2">15</td><td rowspan="2">20</td><td rowspan="4">4</td><td rowspan="4">20</td><td rowspan="4">25</td></tr>
<tr><td>6.4</td><td rowspan="3">2.2</td></tr>
<tr><td>6.8</td><td rowspan="2">4</td><td rowspan="2">20</td><td rowspan="2">25</td></tr>
<tr><td>8.6</td></tr>
</table>

（续）

设备总功率/kW	最大一台电动机功率/kW	熔体电流/A	BLX、BLV型导线截面/mm² 及管径/mm					
			30℃			35℃		
			截面	G	DG	截面	G	DG
5.7	2.8	20	2.5	15	20	2.5	15	20
4.6	3.0	20	2.5	15	20	2.5	15	20
6.8	2.8	25	2.5	15	20	2.5	15	20
7.2	2.8	25	2.5	15	20	4	20	25
8.8	2.8	25	4	20	25	4	20	25
7.0	4.0	25	2.5	15	20	2.5	15	20
7.4	4.0	25	2.5	15	20	4	20	25
9.0	4.0	25	4	20	25	4	20	25
5.5	4.0	25	2.5	15	20	2.5	15	20
7.2	4.5	30	2.5	15	20	2.5	15	20
7.6	4.5	30	2.5	15	20	4	20	25
9.3	4.5	30	4	20	25	4	20	25
7.2	4.5	30	2.5	15	20	2.5	15	20
7.6	4.5	30	2.5	15	20	4	20	25
8.2	4.5	30	4	20	25	4	20	25
7.5	5.5	35	2.5	15	20	2.5	15	20
7.9	5.5	35	2.5	15	20	4	20	25
9.0	5.5	35	4	20	25	4	20	25
9.5	5.5	40	4	20	25	4	20	25
13	5.5	40	6	20	25	6	20	25
14	5.5	40	6	20	28	10	32	32
15	5.5	40	10	32	32	10	32	32
7.7	7.0	4.5	2.5	15	20	2.5	15	20
8.0	7.0	4.5	2.5	15	20	4	20	25
10	7.0	4.5	4	20	25	4	20	25
8.0	7.5	4.5	2.5	15	20	2.5	15	20
8.3	7.5	4.5	2.5	15	20	4	20	25
10	7.5	4.5	4	20	25	4	20	25
13	7.0	50	6	20	25	4	20	25
17	7.0	50	10	32	32	10	32	32
14	7.5	50	6	20	25	6	20	25
18	7.5	60	10	32	32	10	32	32
10	10	60	4	20	25	4	20	25
11	10	60	4	20	25	6	20	25
14	10	60	6	20	25	6	20	25
15	10	60	6	20	25	10	32	32
15	11	60	6	20	25	10	32	32
14	13	60	6	20	25	6	20	25
15	13	60	6	20	25	10	32	32
19	13	60	10	32	32	10	32	32

（续）

设备总功率/kW	最大一台电动机功率/kW	熔体电流/A	BLX、BLV 型导线截面/mm^2 及管径/mm					
			30℃			35℃		
			截面	G	DG	截面	G	DG
15			6	20	25	6	20	25
16	14	60						
19						10	32	32
20	17	80	10	32	32			
21	18.5							
22	22	100				16	32	32
26			16	32	32			
33	28					25	32	40
33	30	120	25	32	40			
36								
42	37					35	32	50
42		150	35	32	50			
44	40							
50						50	50	50
52	45	200	50	50	50			
57	55					70	50	50

注：1. 本表按三相交流 380V 机床设备用电动机编制。
2. G 为钢管，DG 为电线管，也可选用硬塑料管 SG。
3. 若选用铜芯线，则截面和管径均可取小一级。

十四、高压电动机保护用氧化锌压敏电阻的选择

氧化锌压敏电阻是一种无灭弧间隙的避雷器，在正常工作电压下阻值很大，电流很小。当出现过电压时，阻值剧降，能有效地抑制截流过电压。

压敏电阻的接法有星形和三角形两种。对于定子绕组为星形的电动机，压敏电阻应采用三角形接法。

压敏电阻的选择应根据系统的工作电压、电动机的容量及电动机的耐压水平而定。一般来说，电动机的容量大，选择的压敏电阻通流值也要大，否则通流容量不够，容易引起压敏电阻爆炸。标称电压值的选取，应使残压在设备耐压水平以下。可按以下经验公式选取

$$U_{1mA} \geqslant (2 \sim 2.5) U_g$$

$$I_e \geqslant 5kA$$

式中，U_{1mA} 为压敏电阻的标称电压（V）；U_g 为工作电压（V），如接于线电压上，$U_g = U_{uw} = 380V$；I_e 为压敏电阻的通流容量（kA）。

对于 6kV 高压电动机，压敏电阻可采用 MY31 G-6 型（6kV）或 ZNR-LXQ-Ⅱ型（6kV）等。要求残压比（U_{100A}/U_{mA}）尽可能小些。对于低压电动机，压敏电阻可采用 MY31 系列。

【例 1-7】 一台 Y315L1-4 型异步电动机，额定功率为 160kW，额定电压 380V，额定电流为 289A，采用 CKJ-400 型真空接触器控制。为抑制操作过电压，采用压敏电阻保护，试选择压敏电阻。

解： 压敏电阻的选择

$$U_{1mA} \geqslant (2 \sim 2.5)U_g = (2 \sim 2.5) \times 380V = 760 \sim 950V$$

$$I_e \geqslant 5kA$$

可选用标称电压为820V或910V、通流容量为10kA的MY31-820/10型或MY31-910/10型压敏电阻。

十五、高压电动机保护用*RC*浪涌抑制器的选择

采用压敏电阻和*RC*浪涌抑制器保护高压电动机，其抑制过电压的效果更好，其接线如图1-15所示。

例如，6kV高压电动机，真空断路器QF采用ZN4-10/1000-16型，*RC*浪涌抑制器（阻容吸收器）可选用FW-10.5/$\sqrt{3}$-0.1-1型，压敏电阻可选用ZNR-LXQ-Ⅱ（6kV）型。

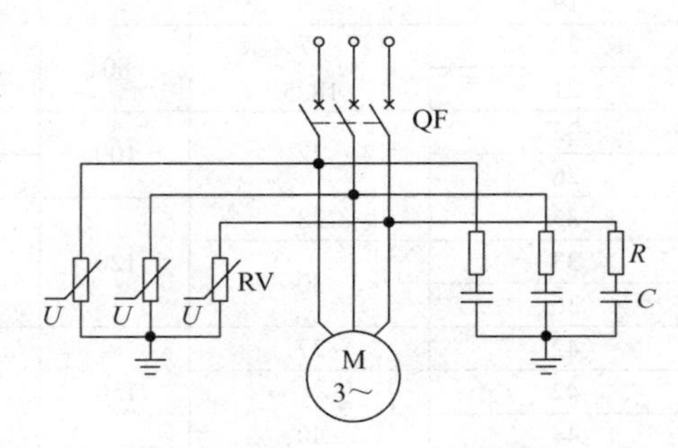

图1-15 *RC*浪涌抑制器与压敏电阻并用的接线

十六、异步电动机制动方式的选择

对于像电梯、起重机、提升机、机床等设备，为防止停机后由于机械设备的惯性作用而产生滑行，应采取制动控制，以便使电动机迅速而准确地停机。常用的制动方式有机械制动（包括电磁抱闸）、反接制动、发电制动、能耗制动和电容制动等。

机械制动是利用摩擦阻力来达到制动目的的，其中应用最多的是电磁抱闸制动器。电磁抱闸制动的特点是：行程小，机械部分的冲击小，能承受频繁动作，制动可靠，一般用于起重、卷扬设备。

反接制动就是在断电的同时，把输入电源的相序变换一个，改变电动机定子旋转磁场的方向，使转子产生一个逆旋转的制动力矩。经过短暂的时刻，再把输入的电源切断，电动机就会很快停止转动。反接制动方法简单可靠，常用于4kW以下的电动机。

能耗制动又称动力制动，是指在供电电源切除后，立即向电动机定子绕组通以直流电流，形成一个固定（静止）的磁场，以消耗因惯性仍按原方向转动的转子动能，使电动机减速停转。能耗制动对电网无冲击作用，应用较为广泛。

反接制动与能耗制动的优缺点比较见表1-60。

表1-60 反接制动与能耗制动的比较

比较项目＼制动方式	反接制动	能耗制动
制动设备	需速度继电器	需直流电源
制动效果	制动力强，准确性差，冲击强烈	制动准确、平稳
优点	制动迅速，但冲击强烈，易损坏传动零件，不宜经常制动	能量损耗小，低速时制动效果差
适用范围	一般用在铣床、镗床、中型车床的主轴控制中	磨床、立铣等机床

发电制动双称再生制动。发电制动发生在电动机转速高于旋转磁场同步转速的时候（如起重设备当重物下降时就可能发生），转子导体产生感应电流，并在旋转磁场的作用下

产生一个反方向的制动力矩，电动机便在发电制动的状态下运转。这种制动方式可限制重物下降的速度，并可将储藏的机械能或位能转变为电能，反馈到电网。

电容制动就是断电时，定子绕组接入三相电容器，电容器产生的自励电流建立磁场，与转子感应电流作用，产生一个与旋转方向相反的制动转矩。电容制动需配备电容器，易受电压波动影响，一般用于 10kW 以下的电动机。

十七、异步电动机反接制动限流电阻的计算

反接制动电阻可采用两相串接法或三相串接法。异步电动机三相电阻反接制动线路如图 1-16 所示。

反接制动限流电阻的计算方法如下。

1. 两相串接法

1）如果要求反接制动最大电流等于该电动机直接起动时的起动电流，是反接制动限流电阻为

$$R=\frac{0.195U_e}{\sqrt{3}I_q}$$

式中，R 为限流电阻（Ω）；U_e 为电动机额定电压（V）；I_q 为电动机直接起动时的起动电流（A）。

2）如果反接制动最大电流取 $I_q/2$，则限流电阻的限值可估算为

$$R=2.25\frac{U_e}{\sqrt{3}I_q}$$

3）限流电阻的功率为

$$P=kI_f^2R$$

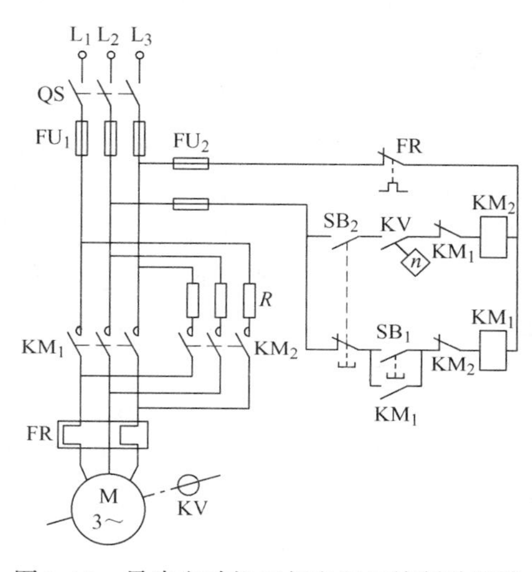

图 1-16　异步电动机三相电阻反接制动线路

式中，P 为限流电阻的功率（W）；I_f 为反接制动时的制动电流（A）；k 为系数，1/4～1/2（实际选用时，如果仅用于制动，而且不频繁反接制动，可取 1/4；如果用于限制起动电流，并且起动较频繁，可取 1/3～1/2）。

【例 1-8】 一台额定功率 P_e 为 11kW 的三相异步电动机，已知额定电流 I_e 为 21.8A，起动电流 I_q 为 152A，额定电压 U_e 为 380V，采用两相串接限流电阻，要求反接制动最大电流为 $I_q/2$，试求反接制动限流电阻。

解： 限流电阻的阻值为

$$R=2.25\frac{U_e}{\sqrt{3}I_q}=2.25\times\frac{380}{\sqrt{3}\times152}\Omega=3.2\Omega$$

电阻功率为

$$P=kI_f^2R=\frac{1}{4}\times\left(\frac{152}{2}\right)^2\times3.2\text{W}=4621\text{W}(\text{取 }5\text{kW})$$

2. 三相串接法

三相串接限流电阻时，其阻值应较两相串接法时的要小，可分别取上述电阻值的 0.67 倍左右。

【例 1-9】 一台 Y180M-2 型异步电动机，已知额定功率 P_e 为 22kW，额定电流 I_e 为 42.2A，额定电压 U_e 为 380V，采用三相串接限流电阻，要求反接制动最大电流等于 I_q，试求反接制动限流电阻。

解：由产品样本查得

$$I_q = 7I_e = 7 \times 42.2\text{A} = 295.4\text{A}$$

反接制动限流电阻的阻值为

$$R = 0.67 \times \frac{0.195U_e}{\sqrt{3}I_q} = 0.67 \times \frac{0.195 \times 380}{\sqrt{3} \times 295.4}\Omega = 0.1\Omega$$

电阻功率为

$$P = kI_f^2R = \frac{1}{4} \times 295.4^2 \times 0.1\text{W} = 2182\text{W}(\text{取}2.2\text{kW})$$

十八、异步电动机电容制动阻容元件的计算

异步电动机电容制动线路如图1-17所示。

(1) 电容C容量的计算

$C_\triangle \geqslant 4.85K_CI_0$(电容器为△形接法)

$C_Y \geqslant 8.4K_CI_0$(电容器为Y形接法)

式中，$C_\triangle$、C_Y为△、Y形接法电容器的容量(μF)；K_C为强迫系数，取4~6；I_0为电动机空载电流(A)，一般小容量电动机的I_0为额定电流的35%~50%。

(2) 放电电阻R阻值的确定

放电电阻R(Ω)可有较大的调整范围，一般可取：

$$R = \frac{10^8}{2\pi fC}$$

式中，f为电源频率，50Hz。

不同功率的电动机，电容C和电阻R的选择参见表1-61。

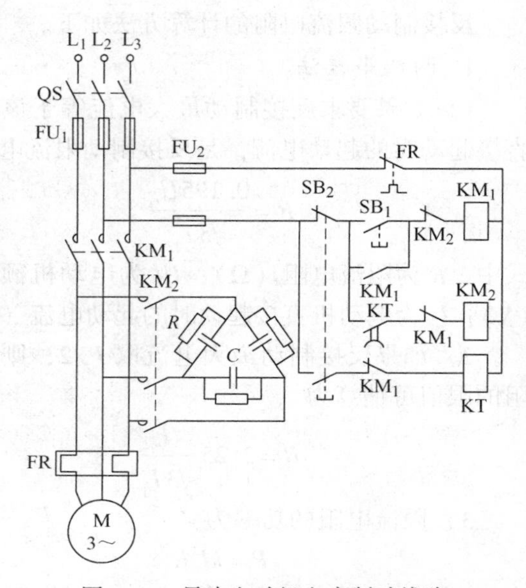

图1-17 异步电动机电容制动线路

表1-61 不同功率电动机电容C和电阻R的选择

电动机功率	0.37~0.5kW	0.5~1kW	1.5kW	2kW	7.5kW
电容C	2×30μF，450V	3×30μF，450V	4×30μF，450V	200μF，450V	400μF，500V
电阻R	5kΩ，5W	5kΩ，5W	5kΩ，5W	200Ω，50W	200~250Ω，200W

由于该电动机低速绕组为△形接法，所以电容器组也接成△形。电容器组必须接在低速绕组上。

【例1-10】 一台1.5kW三相异步电动机，绕组为星形接线，已知电动机的空载电流为2A，采用电容制动，试求制动电容和放电电阻。

解：$C_Y \geqslant 8.4K_CI_0 = 8.4 \times 6 \times 2\mu\text{F} = 100.8\mu\text{F}$

可选用100μF、450V的电容器。

$$R \geqslant \frac{10^8}{2\pi fC} = \frac{10^8}{314 \times 100}\Omega = 3185\Omega = 3.185\text{k}\Omega$$

可选择5kΩ、5W的电阻。

注意，电动机制动停机时间与电容C和电阻的数值有关，如不符合要求，可作适当调整。

十九、异步电动机短接制动防接触器触点粘连的去磁电容器的选择

异步电动机短接制动线路如图 1-18 所示。接触器 KM 线圈上并联电容 C 的作用是这样的：接触器线圈继电后，由于铁磁材料的磁滞特性，铁心中仍有剩余磁通，若不采取措施，有可能会发生接触器断电后不能释放的现象。为了使短接制动更为可靠，设置了电容 C，用以去磁。电容 C 对消除接触器触点火花也有好处，以防触点粘连。

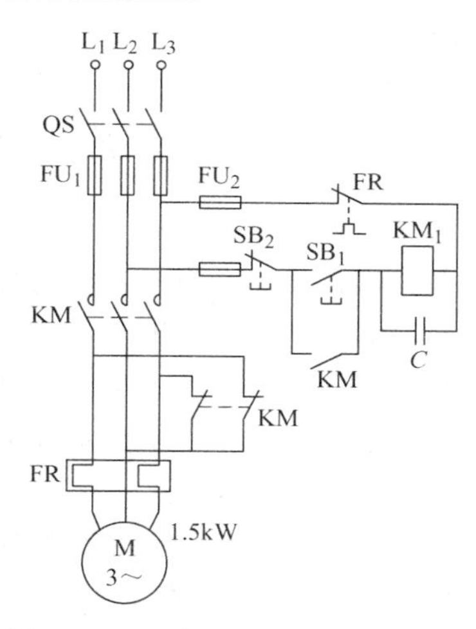

图 1-18 异步电动机短接制动线路

电容 C 的容量可按下式计算：

$$C = 5080\frac{I_0}{U_e}$$

式中，C 为电容器的电容量（μF）；I_0 为接触器线圈的额定电流，即吸持电流（A）；U_e 为接触器线圈的额定电压（V）。

电容器的耐压值应按接触器线圈额定电压的 2～3 倍选取。

【例 1-11】 一台 1.5kW 异步电动机采用短接制动线路，采用 CJ20-10A 交流接触器，为了防止其断电后不能释放及触点粘连，试选择去磁电容量。

解：CJ20-10A 交流接触器线圈的吸持功率为 $P_0 = 12\text{W}$。

线圈的吸持电流为

$$I_0 = \frac{P_0}{U_e} = \frac{12}{380}\text{A} = 0.032\text{A}$$

电容器的电容量为

$$C = 5080\frac{I_0}{U_e} = 5080 \times \frac{0.032}{380}\mu\text{F} = 0.43\mu\text{F}$$

电容器耐压为

$$U_C = (2\sim3)U_e = (2\sim3)\times 380\text{V} = (760\sim1140)\text{V}$$

因此可选用 CBB22 或 CJ41 型 0.47μF、耐压 800V 的电容器。若没有这样高的耐压值，也可用两只 1μF/400V 电容串联代替。

二十、50Hz、420V 或 346V 电动机用于 50Hz、380V 电源的分析

引进国外设备时可能会遇到此问题。国外有些地区的电源频率虽然与我国所使用的工频 50Hz 相同，但配电电压为 420V 或 346V 等。

当 50Hz、420V 电动机用在 50Hz、380V 电源上时，其出力约为原来的 380/420（即 90%）；起动电流也约为原来的 90%，但由于出力降低，故起动电流倍数仍与原来一样；最大转矩和起动转矩约为原来的 $(380/420)^2$，即 81%；电动机的效率略差些；功率因数及温升则有所改善。如考虑这些因数，则 50Hz、420V 电动机在 50Hz、380V 电源上应是可以使用的。

当 50Hz、346V 电动机在 50Hz、380V 电源上使用时，磁通密度为原来的 380/346（即 110%），空载电流将大大增加，若空载电流接近或超过原来的额定电流，则不能使用。同时电动机功率至少比原来降低 10% 以上，并应以负载电流不超过原来的额定电流为度。

【例 1-12】 一台 22kW、50Hz、420V、6 极（970r/min）国外生产的电动机，已知额定

电流为42A，效率为92%，功率因数为0.85，试分析用于50Hz、380V电源上的情况。

解： 1）磁通密度。当该电动机直接接在50Hz电源上时，其电压误差为

$$\Delta U\% = \frac{U-U_e}{U_e}\times 100 = \frac{380-420}{420}\times 100 = -9.5$$

可见，电压误差稍大于规定的±5%的要求，由于是负误差，所以电动机绕组电流密度和各部分磁通密度会减小，电动机不易发热，但输出功率将减小。

2）额定功率（输出功率）。约为原来的380/420≈90%，即

$$P_e \approx 0.9\times 22\text{kW} = 19.8\text{kW}$$

3）起动电流。约为原来的90%；由于输出功率降低至90%，故起动电流倍数与原来相同。

4）最大转矩M_{max}和起动转矩M_q。约为原来的$(380/420)^2\approx 81\%$。

5）转速。由于极数和电源频率都不变，所以转速不变，为970r/min。

6）电动机效率η。较原来稍低，约为90%。

7）功率因数及温升。较原来有所改善，功率因数约为0.86。

二十一、60Hz、380V电动机用于50Hz、380V电源的分析

国外有些地区的电源频率为60Hz，电压有380V和440V等。

60Hz、380V电动机用于50Hz、380V电源时，其磁通密度要增加20%，空载电流将远大于20%（与电动机极数及功率有关），极数多的电动机所占的比例要比同功率极数少的为大；功率小的电动机所占的比例要比功率大的为大。如果空载电流接近或超过原来的额定电流时，则不能使用；如果空载电流比原来的额定电流小而尚有较大差距，则可勉强使用。但一般说来，功率至少比原来降低20%以上，并应以负载电流不超过原来的额定电流为度。

起动电流和起动转矩均比原来增大约20%；最大转矩和最小转矩也会相应增大；效率一般要有所下降；功率因数也会有所下降；由于通风效果因转速下降而变坏，以及磁通密度增加20%，铁心磁通将饱和，故温升要比原来高许多；转速下降17%［$n_1' = (f_2/f_1)n_1 = (50/60)n_1 = 0.83n_1$］。$n_1$、$f_1$和$n_1'$、$f_2$是分别对应于60Hz、380V和50Hz、380V的转速和电源频率。

要使60Hz、380V电动机用于50Hz电源上不发热，可采用降低电源电压的方法加以解决。

为了使电动机不过电流，就要维持磁通密度不变。在用于50Hz电源中时，维持磁通密度不变的电压$U_2' = (f_2/f_1)U_2 = (50/60)\times 380 = 317(\text{V})$。也就是说，只要把电源电压降到317V，即可使60Hz、380V电动机在50Hz电源上使用而不发热。这里f_1、U_2和f_2、U_2'是分别对应于60Hz、380V和50Hz、380V的电源频率和磁通密度维持电压。

使用时需注意：

1）如前所述，电动机转速将降低17%。

2）由于电压为原来的83%，根据$P=\sqrt{3}UI\cos\varphi\eta$，可知降压使用后的功率仅为铭牌功率的83%。

实现降压的方法及可能性。解决降压17%的方法有两种：

1）对于电源电压较低的地区，可调节供电变压器的分接开关挡位来达到。通常电力变压器调压范围为±10%。

2）增加一台调压器。因为增加一台调压器的费用约为更换一台电动机费用的30%～

60%，因此在经济上是合算的。

然而，需注意降压后电动机的转速和功率都将下降到原来的83%，如果不妨碍机械设备的正常使用，就可采用降压的方法。

一般来说，机械设备在配备电动机时都具有20%～30%的余量，甚至更大，以防电压降低后电动机产生堵转。另外，许多机械设备都具有转速下降、力矩下降的负载特性，所以可以用降压的方法，只不过转速下降会对产量（加工机械）或风量（风机）稍有影响。

【例1-13】 一台10kW、60Hz、380V、4极（1750r/min）三相异步电动机，已知额定电流为20.6A，空载电流为10A，效率为88%，功率因数为0.84，试分析用于50Hz电源上的情况。

解： 用下角“1”代表60Hz的各量，下角“2”代表50Hz的各量。该电动机用于50Hz电源时，有：

1）每极磁通

$$\Phi_2 = \frac{f_1}{f_2}\Phi_1 = \frac{60}{50}\Phi_1 = 1.2\Phi_1$$

即每极磁通相应增加20%。

2）空载电流。由于每极磁通增加20%。电动机各部分的磁通密度要增加20%，电动机设计时磁通余量很小，故空载电流的增加将大大超过20%。即

$$I_{o2} \gg I_{o1} = 10\text{A}$$

如果空载电流接近或超过10A，则电动机不能使用。

3）电动机功率。一般来说，电动机功率至少比原来减少20%以上，即

$$P_{o2} < 0.8P_{o1} = 0.8 \times 10\text{kW} = 8\text{kW}$$

4）转速。转速将下降约为

$$\Delta n = \frac{f_1 - f_2}{f_1} = \frac{60-50}{60} = 16.6\% \approx 17\%$$

$$n_2 \approx 0.83n_1 = 0.83 \times 1750\text{r/min} \approx 1450\text{r/min}$$

5）起动电流。电动机是感性负载，其电抗值x正比于电源频率（$x = 2\pi fL$），电源频率变低，x变小，而起动电流反比于电抗值x，因此电动机起动电流会相应地比原来增大20%左右，即

$$I_{q2} \approx 1.2I_{q1}$$

6）转矩。转矩大小反比于电源频率的二次方，即$M \propto \frac{1}{f^2}$，因此当电源频率由60Hz变成50Hz时，转矩增加了，即

$$M_2 = \frac{f_1^2}{f_2^2}M_1 = \frac{60^2}{50^2}M_1 = 1.44M_1$$

即增加了44%左右。

同理，电动机最大转矩和最小转矩也会相应增加。

7）电动机各损耗。

① 铁耗：约与磁通密度二次方及频率的1.3次方成正比，故铁耗P_{Fe}约比原来增加14%。

② 定子铜耗：如果负载电流相同，则定子铜耗P_{Cu1}不变。

③ 转子铜耗：由于磁通密度增加了20%，为维持同样转矩，则转子电流将减少16.6%，故转子铜耗P_{Cu2}有所下降。

④ 附加损耗：风磨损耗P_f因转速下降而降低，约为原来的60%；附加损耗（杂散损耗等）下降很多。

8）效率。由于电动机的输出功率大为降低，所以效率一般要下降。即

$$\eta_2 < \eta_1 = 88\%$$

9）功率因数。因空载电流增大很多，虽然电动机的电抗值下降，但仍不足以补偿，因此功率因数也会有所下降。即

$$\cos\varphi_2 < \cos\varphi_1 = 0.84$$

10）额定电流。根据公式$I = \dfrac{P}{\sqrt{3}U\cos\varphi\eta}$，由于$P$、$\cos\varphi$、$\eta$均下降，而$P$下降更多，因此额定电流有较大减小，约为

$$I_{e2} \approx 0.7I_{e1}$$

11）温升。由于磁通密度比原来增大20%，铁心磁通密度将饱和，另外，通风效果随转速的下降而变坏，因此电动机温升要比原来的高许多。

二十二、60Hz、480V、460V、440V、420V和380V电动机用于50Hz、380V电源的情况及降压使用要求

60Hz、480V、460V、440V、420V和380V电动机用于50Hz、380V电源的情况及降压使用要求，见表1-62。

表1-62 60Hz电动机用于50Hz电源要求

原60Hz电动机/V	480	460	440	420	380
用在50Hz电源降压使用/V	400	383	367	350	317
	输出功率均为原功率的83%				
直接用在50Hz、380V电源	降低功率可以使用		不能长期使用，甚至不能使用		

二十三、50Hz、380V电动机用于60Hz、380V、420V和440V电源的情况

50Hz、380V电动机用于60Hz、380V、420V和440V电源时各参量情况，见表1-63。另外，电动机的功率、功率因数、温升及起动电流等均比原50Hz时有所改善。

表1-63 50Hz、380V电动机用于60Hz电源情况

参　量	用于60Hz、380V电源	用于60Hz、420V电源	用于60Hz、440V电源
	为50Hz原电动机时的百分值（%）		
输出功率P_2	100	110	116
额定转矩M_e	83	91	96
最大转矩M_{max}	85	94	98
起动转矩M_q	69	85	95

【例1-14】 一台11kW、50Hz、380V、4极（1460r/min）的三相异步电动机，已知额定电流为22.6A，空载电流为9A，效率为88%，功率因数为0.84，试分析用于60Hz电源上的情况。

解：1）每极磁通

$$\Phi_1=\frac{f_2}{f_1}\Phi_2=\frac{50}{60}\Phi_2=0.83\Phi_2$$

即每极磁通相应减少17%。

2）空载电流

$$I_{o1}\ll I_{o2}=9\text{A}$$

3）电动机功率。约比原来增加17%以上，即

$$P_{o1}>1.17P_{o2}=1.17\times 11\text{kW}\approx 12.9\text{kW}$$

4）转速。转速将提高约为

$$\Delta n=\frac{f_1-f_2}{f_2}=\frac{60-50}{50}=20\%$$

$$n_1=1.2n_2=1.2\times 1460\text{r/min}\approx 1750\text{r/min}$$

5）起动电流。相应地比原来减小17%左右，即

$$I_{q1}\approx 0.83I_{q2}$$

6）转矩

$$M_1=\frac{f_2^2}{f_1^2}M_2=\frac{50^2}{60^2}M_2=0.69M_2$$

即减小了31%左右。

二十四、50Hz、420V、400V和200V电动机用于50Hz、380V电源的分析

1. 50Hz、420V电动机用于50Hz、380V电网时的分析

当直接接在我国380V电网时，其电压误差时

$$\Delta U\%=\frac{U-U_e}{U_e}\times 100=\frac{380-420}{420}\times 100=-9.5$$

可见，电压误差稍大于规定的±5%的要求，由于是负误差，所以电动机绕组电流密度和各部分磁通密度会减小，电动机不易发热，但输出功率将减小。

根据前面的分析方法，可知：

1）输出功率P_2，约为原来的380/420≈90%。

2）起动电流I_q，约为原来的90%；由于输出功率降低至90%，故起动电流倍数与原来相同。

3）最大转矩M_{max}和起动转矩M_q，约为原来的$(380/420)^2\approx 81\%$。

4）电动机效率η，较原来稍低。

5）功率因数及温升，较原来有所改善。

综上所述，50Hz、420V电动机可以用在50Hz，380V电源上。

2. 50Hz、400V电动机用于50Hz、380V电网时的分析

当直接接在380V电网时，其电压误差为

$$\Delta U\%=\frac{380-400}{400}\times 100=-5$$

可见，电压误差符合小于5%的要求，其定子绕组电流密度和各部分磁通密度变动不大，基于属于正常应用。

3. 50Hz、200V，且定子绕组为△接法的电动机能否用于我国380V电网的分析

若将△接线改为Y接线，则电动机线电压便变为

$$U_e' = \sqrt{3}U_e = \sqrt{3} \times 200\text{V} = 346\text{V}$$

当接在我国380V电网时，其电压误差为

$$\Delta U\% = \frac{380-346}{346} \times 100 = 9.8$$

可见，电压误差稍大于规定的±5%的要求，由于是正误差，所以电动机绕组电流密度和各部分磁通密度会增大，电动机易发热。因此要略降低电动机额定输出功率使用。

第五节　三相异步电动机的维护与检修

一、三相异步电动机的日常检查与维护

1. 新安装或长期停用的电动机投入运行前的检查工作

新安装或长期停用的电动机在投入运行前，应进行以下检查工作：

1）清扫安装场地的垃圾、灰尘。

2）检查并清除电动机内部的灰尘、杂物。

3）查对电动机铭牌上的电压、频率和电源电压、频率等是否相符，接法是否正确。

4）转动转轴，看是否有锈蚀或卡阻现象，要求转轴转动灵活。

5）用绝缘电阻表测量电动机绕组间和绕组对地（外壳）的绝缘电阻。对绕线转子电动机，除检查定子绝缘外，还应检查转子绕组及集电环对地和集电环之间的绝缘电阻。不符合要求者，应进行干燥处理。

6）检查并拧紧各紧固螺钉、地脚螺栓。

7）检查绕线转子电动机或直流电动机的集电环和换向器的接触面是否光洁，电刷接触是否良好，电刷压力是否适当（一般为15～25kPa）。

8）检查轴承中的润滑脂是否良好，量是否过少或过多。

9）检查传动装置（齿轮、皮带）是否处于良好状态。

10）检查电动机保护接地（接零）装置是否可靠，以及电动机机座与电源进线钢管的接地（接零）情况。

11）检查电动机电源引线、保护装置（断路器、刀开关、熔断器、热继电器等）的选用和整定是否正确。

12）检查电流表、互感器、电压表以及指示灯等的情况。

13）准备起动电动机时，事先应通知所有在场人员。起动后，应使其空转一段时间，并注意检查和观察其转向、转速、温升、振动、噪声、火花以及指示仪表等情况。如有不正常现象，应停机，消除故障后再运行。

2. 电动机的日常检查与维护

为了防止电动机发生故障，做到安全、可靠地运行，必须加强日常检查和维护保养工作。

日常检查和维护主要是监视电动机起动、运行等情况，以便及时发现异常现象，在发生事故之前进行防护。这主要靠看、摸、听、嗅、问及监视电流表、电压表、温度计等进行。

1）注意电动机的声音和振动。利用听音棒听电动机的运转声，将棒的前端触在电动机的轴承等部位，另一侧触在耳朵上。如果听惯正常时的声音，就能听出异常声响。对于振动

一般可用触感判断。

2）气味。当电动机因过载及通风受阻而过热或绝缘被击穿、烧焦时，就会发出绝缘焦味，检修人员容易发现异常。

3）温度。电动机正常运行时的温度不应超过允许的限值。简单判别可将手掌平放在电动机外壳上，若不能长时间停留，可以认为温度在60℃以上；若用手指只能停留1～1.5s，表明温度已达80℃以上；若手指接触停留时间更短，表明电动机可能烧坏。

4）电流。观察配电盘上的电流表或用钳形电流表测量三相电流，三相电流应基本平衡，不超过铭牌上所规定的额定电流。若超过，应检查是否有过载、电压下降、电压不平衡或传动机构卡阻、润滑不良等现象，若有则进行适当处理。

5）电压。若电源电压过高、过低或三相不平衡，都会引起电动机过热及其他不正常现象。

6）轴承。应检查其发热、漏油情况，以及有无异常声响，并定期加注或更换润滑油（脂）。在灰尘特别多的地方及轴承温度超过80℃（环境温度不超过40℃）的场合（电机轴承最高允许温度：滑动轴承不超过80℃；滚动轴承不超过95℃），有必要缩短更换周期。所加润滑脂不宜超过轴承室容积的2/3。

7）外观。观察电动机进出风口有没有被污物、杂物堵塞，电动机内部有没有遭受水、油等侵蚀，外壳有没有被尘埃覆盖，保护接地（接零）是否良好，传动带张力是否合适等。

8）集电环、电刷。对于绕线转子电动机，应经常检查电动机的集电环（俗称滑环）有无偏心摆动现象，观察集电环的火花是否过大，集电环表面是否光滑，有无灼伤的痕迹；检查电刷（曾称炭刷）压力是否足够，电刷是否需要更换。

3. 每月（周）的维护

每月（周）定期检查，主要是不分解电动机的检查及清洁，内容包括：

1）绝缘电阻的测量，当绝缘电阻较低时，要除去附着在绕组上的尘埃，必要时作干燥处理。

2）各部位温度的测定。对于重要的电动机，可利用温度计测定并记录各部位的温度，测定时要记录环境温度。以观察温升变化。

3）振动的测定。对于大型或特别重要的电动机，可用振动计测量电动机的振动情况。

4. 年（半年至两年）保养

根据使用条件的不同，半年至两年应进行一次解体保养，清洁内部，加润滑脂，修理不良处，更换部件。

作者在长期设备维护实践中总结出三相异步电动机的维护保养要点，见表1-64。

表1-64　三相异步电动机的维护保养

检查部位	检查内容	方法	标准	维护内容	维护周期
周围环境	环境温度	温度计	不超过规定温度	改善通风条件	日常
	有无水、油及腐蚀性液体进入电机内部	目测	不允许	防止进入电动机内部	日常
	有无灰尘、污物堆积	目测	不允许	清除	日常

（续）

检查部位	检查内容	方法	标准	维护内容	维护周期
电源	电压	电压表	波动在额定值的 ±5% 以内	检查电源	日常
	频率	频率表	波动在额定值的 ±5% 以内	检查电源	日常
定子	电流	电流表	不超过额定值	热继电器整定正确	日常
	温升	酒精温度计、手感温法	不超过规定值	参见表 1-68	日常
	电动机进、出风口是否畅通	目测、手感温法	保持畅通	清洁	日常
	绕组绝缘电阻	绝缘电阻表	运行中为不小于 0.5MΩ	干燥	每月（周）
	绕组绝缘老化、干裂，捆扎线松弛	目测	不应有	捆扎好并进行浸漆处理	半年至两年
转子	绕组上有灰尘、污脏	目测	不能有	清洁	半年至两年
	与定子是否相擦	听声、手感	不能有	检查轴承部位，不应松动，装配应良好	每月（周）
	平衡块在固定部位是否松动	目测	不能松动	紧固	半年至两年
	铁心有无松动	目测	应紧实	处理方法详见第六节四项	半年至两年
转子	笼型转子是否有断条	目测	不允许	对于铜条转子，补焊或更换铜条；对于铸铝转子，更换或改为铜条转子具体见第六节三项	半年至两年
	绕线转子是否断线	目测	不允许	修复	半年至两年
	绕线转子线圈接头是否松脱	目测	不允许	修复	日常
	集电环表面状况	目测	磨损、局部变色、火花痕迹不应过甚	清洁、砂光或车削	日常或每月（周）
			绝缘槽中不应有电刷粉附着	清洁	日常

（续）

<table>
<tr><th>检查部位</th><th>检查内容</th><th>方法</th><th>标准</th><th colspan="2">维护内容</th><th>维护周期</th></tr>
<tr><td rowspan="15">轴承</td><td rowspan="3">电刷及刷架情况</td><td>目测</td><td>不应有断线及端部松脱现象</td><td colspan="2">修复</td><td>日常</td></tr>
<tr><td>弹簧秤、感觉</td><td>电刷压力适当，不应在刷架内卡住或不正</td><td colspan="2">调整电刷压力，改用合适的电刷</td><td>日常</td></tr>
<tr><td>目测</td><td>电刷牌号或尺寸应符合要求</td><td colspan="2">更换</td><td>日常</td></tr>
<tr><td>温升</td><td>酒精温度计、手感温法</td><td>不超过规定值</td><td>针对原因进行处理</td><td>轴承损坏、缺油、油过多、油不洁净；电动机与传动机构不同心；传动带过紧；轴承与轴及端盖配合过松或过紧</td><td>日常</td></tr>
<tr><td>振动</td><td>触感、振动计</td><td>不超过规定值</td><td rowspan="2">针对原因进行处理</td><td>安装不良；轴与轴承配合不好；轴承损坏</td><td>日常</td></tr>
<tr><td>音响</td><td>听声音、听音棒</td><td>不应有异常声音</td><td>轴承损坏；轴承缺油</td><td>日常</td></tr>
<tr><td>滚动轴承润滑脂是否老化</td><td>记录运行时间及换润滑脂时间</td><td>没有明显变化</td><td colspan="2">更换润滑脂</td><td>每月（周）</td></tr>
<tr><td>滚动轴承润滑脂有无漏损</td><td>目测</td><td>不应有漏损</td><td colspan="2">找出原因并解决</td><td>日常</td></tr>
<tr><td>滚动轴承内（外）圈轨道面、配合面、滚珠等有否损伤</td><td>目测</td><td>不应有</td><td colspan="2">找出原因，更换轴承</td><td>半年至两年</td></tr>
<tr><td>滑动轴承润滑油油量</td><td>油面计</td><td>应在规定的范围内</td><td colspan="2">注油</td><td>日常</td></tr>
<tr><td>滑动轴承润滑油渗漏</td><td>目测</td><td>不应有</td><td colspan="2">调换密封垫等</td><td>日常</td></tr>
<tr><td>滑动轴承轴瓦损伤</td><td>目测</td><td>不应有</td><td colspan="2">找出原因，更换</td><td>每月（周）</td></tr>
<tr><td>滑动轴承润滑油是否脏污、老化、有水分及异物等</td><td>目测，取样分析</td><td>不应有显著的变色，不允许有水分及杂质混入</td><td colspan="2">换油，清洁油杯</td><td>每月（周）</td></tr>
<tr><td>滑动轴承油环转动情况</td><td>通过观察孔目测</td><td>转动圆滑</td><td colspan="2">更换</td><td>日常</td></tr>
<tr><td>滑动轴承油环变形、磨损情况</td><td>目测</td><td>变形、磨损不能太大</td><td colspan="2">更换</td><td>每月（周）</td></tr>
</table>

（续）

检查部位	检查内容	方法	标准	维护内容	维护周期
与负载的连接	传动带张力	弹簧秤、手感	应在正常范围内	调整、更换	日常
	传动带损伤情况	目测	磨损、擦伤不能太甚	更换	日常
	链条张力	弹簧秤、手感	应在正常范围内	调整	日常
	链条损伤情况	目测	磨损不能太大	更换	日常
	齿轮磨损情况	目测听音	不应有不均匀的传动声	更换	每月（周）
	联轴器是否偏心	百分表	不允许偏心	调整、更换	每月（周）
	联轴器损伤情况	目测	不应有螺栓松动、损伤、变形等现象	紧固、更换	每月（周）
安装	基础水平度	水平仪	基础要水平	调整	半年至两年
	机座与基础紧固程度	扳手	不允许松动	紧固	半年至两年

二、异步电动机的允许温升及温升检查

1. 电动机绝缘等级和极限工作温度（见表1-65）

表1-65 电动机绝缘等级和极限工作温度

电动机绝缘等级		A	E	B	F	H
绝缘极限工作温度/℃		105	120	130	155	180
温度计法	热点温差/K	15	15	20	30	35
	最高允许工作温度/℃	90	105	110	125	145
	温升极限/K	50	65	70	85	105
电阻法	热点温差/℃	5	5	10	15	15
	最高允许工作温度/℃	100	115	120	140	165
	温升极限/K	60	75	80	100	125

注：1. 本表的数据是在环境温度40℃、海拔1000m的条件下测定。
2. 短时工作电动机的温升极限可增加10K。

2. 异步电动机各部分的温升限值（见表1-66）

表1-66 异步电动机各部分的温升限值 （单位：K）

绝缘等级 / 温升限度 / 电动机部件名称	A		E		B		F		H	
	温度计法	电阻法	温度计法	电阻法	温度计法	电阻法	温度计法	电阻法	温度计法	电阻法
额定功率为5000kW及以上或铁心长度为1m及以上的电动机的交流绕组		60		70		80		100		125
电动机额定功率和铁心长度小于上项的交流绕组	50	60	65	70	75	80	85	100	105	125
永久短路的无绝缘绕组和不与绕组接触的部件	温升不应达到足以使任何相近的绝缘或其他材料有损坏危险的数值									

3. 异步电动机各部分的最高允许温度（见表1-67）

表1-67　三相异步电动机的最高允许温度（周围环境温度为+40℃）

电动机的部分	A级绝缘				E级绝缘				B级绝缘				F级绝缘				H级绝缘			
	最高允许温度/℃		最大允许温升/K		最高允许温度/℃		最大允许温升/K		最高允许温度/℃		最大允许温升/K		最高允许温度/℃		最大允许温升/K		最高允许温度/℃		最大允许温升/K	
定子绕组	温度计法	电阻法	温度计法	电阻法	温度计法	电阻法	温度计法	电阻法	温度计法	电阻法	温度计法	电阻法	温度计法	电阻法	温度计法	电阻法	温度计法	电阻法	温度计法	电阻法
	95	100	55	60	105	115	65	75	110	120	70	80	125	140	85	100	145	165	105	125
转子绕组 绕线转子	95	100	55	60	105	115	65	75	110	120	70	80	125	140	85	100	145	165	105	125
转子绕组 笼型转子	—	—	—	—	—	—	—	—	—	—	—	—	—	—	—	—	—	—	—	—
定子铁心	100	—	60	—	115	—	75	—	120	—	80	—	140	—	100	—	165	—	125	—
集电环	100	—	60	—	110	—	70	—	120	—	80	—	130	—	90	—	140	—	100	—
滑动轴承	80	—	40	—	80	—	40	—	80	—	40	—	80	—	40	—	80	—	40	—
滚动轴承	95	—	55	—	95	—	55	—	95	—	55	—	95	—	55	—	95	—	55	—

4. 手感温法估计温度

电动机温度的大致判断，可用手感温法，详见表1-68。若要详细检查（对于大型电动机或重要场合使用的电动机有必要监视），可用（酒精）温度计法和电阻法测试。运行中异步电动机各部件的允许温升根据绝缘等级来确定。

表1-68　手感温法估计温度

设备外壳温度/℃	感觉	具　体　程　度
30	稍冷	比人体温度稍低，感到稍冷
40	稍暖和	比人体温度稍高，感到稍暖和
45	暖和	手掌触及时感到很暖和
50	稍热	手掌可以长久触及，触及较长时间后手掌变红
55	热	手掌可以停留5~7s
60	较热	手掌可以停留3~4s
65	非常热	手掌可以停留2~3s，即使放开手后热量还留在手掌中好一会儿
70	非常热	用手指可以停留约3s
75	极热（设备可能损坏）	用手指可以停留1.5~2s，若用手掌，则触及后即放开，手掌还感到烫
80	极热（电动机可能烧坏）	热得手掌不能触碰，用手指勉强可以停留1~1.5s，乙烯塑料膜收缩
85~90	同上	手刚触及时便因条件反射瞬间缩回

三、电动机绝缘电阻的要求

1. 电动机的绝缘电阻要求

对于380V的低压电动机，用500V绝缘电阻表测量；对于高压电动机，用1000V、2000V或2500V绝缘电阻表测量。测量方法见第二章第八节二项。

绝缘电阻要求：对于新嵌线的电动机，1000V 及以下的低压电动机应不低于 5MΩ，3～10kV 的高压电动机应不低于 10MΩ。对于 100kW 以上的大型电动机或高压电动机，还应测吸收比 R_{60}/R_{15}（即摇测 60s 和 15s 的绝缘电阻之比），以判断绕组是否受潮。要求吸收比 R_{60}/R_{15}不小于 1.3。

因为电动机绕组的绝缘电阻在不同温度下是不同的，其值随温度、湿度的升高而降低。为了进行比较，通常把所测得的绝缘电阻换算到运行温度时的值，其换算系数见表 1-69。

表 1-69 电动机定子绕组绝缘电阻值换算至运行温度时的换算系数

定子绕组温度/℃		70	60	50	40	30	20	10	5
换算系数 K	热塑性绝缘	1.4	2.8	5.7	11.3	22.6	45.3	90.5	128
	B 级热固性绝缘	4.1	6.6	10.5	16.8	26.8	43	68.7	87

表 1-69 的运行温度，对于热塑性绝缘为 75℃，对于 B 级热固性绝缘为 100℃。

当在不同温度下测量时，可按上表所列温度换算系数进行换算。例如，某热塑性绝缘电动机在 $t=20$℃时测得绝缘电阻为 35MΩ，则换算到 $t=75$℃时的绝缘电阻为 $35/K=35\text{M}\Omega/45.3\approx0.77\text{M}\Omega$。也可按下列公式进行换算：

对于热塑性绝缘，有

$$R_t = R \times 2^{(75-t)/10}$$

对于 B 级热固性绝缘，有

$$R_t = R \times 1.6^{(100-t)/10}$$

式中，R 为绕组热状态的绝缘电阻（MΩ）；R_t 为温度为 t（℃）时的绕组绝缘电阻（MΩ）；t 为测量时的温度。

例如对于上例，代入计算公式，得

$$R = \frac{R_t}{2^{(75-t)/10}}\text{M}\Omega = \frac{35}{2^{(75-20)/10}}\text{M}\Omega = \frac{35}{2^{5.5}}\text{M}\Omega \approx 0.77\text{M}\Omega$$

与查表 1-69 所得的计算值相同。

需指出，标准规定吸收比 K 为 60s 时的绝缘电阻与 15s 时的绝缘电阻的比值。对于大型电机吸收电流衰减过程延长至数分钟者，可采用 10min 绝缘电阻和 1min 绝缘电阻的比值，此值称为极化指数。

2. 湿热环境中使用的电机的绝缘电阻要求

湿热环境中使用的中小型电机绕组对机壳和相互间的绝缘电阻 R 应符合以下要求：

1）额定电压 $U_e<36$V 的电机，$R\geqslant0.1$MΩ。

2）额定电压 36V$\leqslant U_e<220$V 的电机，$R\geqslant0.22$MΩ。

3）额定电压 $U_e\geqslant220$V 的电机按下式规定。当计算值小于 0.38MΩ 时，按 0.38MΩ 为最小限值。

$$R = \frac{U_e}{1000 + \frac{P_e}{100}}$$

式中，R 为绕组绝缘电阻（MΩ）；U_e 为电机额定电压（V）；P_e 为电机额定功率（kW）。

四、高压电动机绝缘老化及其防治

电动机绝缘的老化是决定电动机寿命的重要因素（当然以机轴为主的疲劳寿命、机械性能的好坏以及运行条件等也与电动机的寿命密切相关)。绝缘良好的高压电动机，如在正常负荷和较好的环境中运行，且维护保养得当，其绝缘老化速度较慢，电动机的运行寿命一般可达15年以上。如果电动机本身绝缘不良，或经大修质量不合格，又在恶劣环境中运行，则电动机发热加剧，电、化学作用增大，其绝缘老化速度加快，从而缩短电动机的使用寿命。

1. 高压（3~10kV）电动机绝缘优劣的判断方法（见表1-70）

表1-70 高压电动机绝缘优劣的判断方法

判断方法	绝缘良好	绝缘老化
外观检查（以环氧树脂、粉云母带构成的B级或F级模压成型绕组的绝缘为例）	（1）绝缘呈深褐色，表面光滑发亮、干净，无碳化现象，不膨胀，无凹坑、麻点，无白斑；绝缘层无裂纹、皱纹，绝缘层不脆化；用小木槌轻击时有清脆响声，手感坚实 （2）电动机在运行中无放电、闪弧、过热、短路和击穿现象	（1）绝缘外观几何尺寸不规则，有变形现象；绝缘严重变色，呈黑色，无光泽，表面碳化，有凹坑、麻点；绝缘起皱、膨胀、霉烂，有白斑，有裂纹；绝缘浸漆、烘干不透 （2）电动机在运行中有放电、电晕现象；绕组有匝间或相间短路、击穿现象
仪器测试	（1）用2500V绝缘电阻表测量绕组绝缘电阻，其阻值应符合要求 （2）进行直流耐压试验，泄漏电流较小，各支路泄漏电流平衡，绝缘吸收比较高 （3）测定绕组的介质损耗角正切值（$\tan\delta$）时，其值在标准范围以内 （4）进行匝间耐压冲击试验，能承受规定范围内的试验电压值，无击穿现象 （5）进行绕组的交流耐压试验，能承受规定范围内的交流试验电压值，无击穿现象 （6）6kV级及以上的高压电动机绕组做起晕试验时，起晕电压较高 （7）绕组绝缘具有耐油防腐蚀措施，能承受较大的外力冲击和振动而不出现裂纹或变形	（1）绝缘电阻不合格，且明显下降 （2）泄漏电流较大 （3）$\tan\delta$值超标 （4）匝间耐压低，且易击穿 （5）进行交流耐压试验时达不到标准值就击穿 （6）做起晕试验时，起晕电压低 （7）当受到较大的外力冲击和振动时，易出现裂纹或变形

2. 高压电动机绝缘老化的原因及其防治对策（见表1-71）

表1-71 高压电动机绝缘老化的原因及其防治对策

绝缘老化的原因		防治对策
制造或大修质量不好	（1）绝缘材料不合格，如粉云母带胶量不足或存放过久，胶干枯变硬、发脆，这种带子使用后必然固化不好，出现白斑、起层等毛病 （2）包缠、模压工艺不合理，如包缠不紧密，模压刚入模就在高温下施全压，这样必然使绕组绝缘发空、起层，不坚实。如果模压温度过高，绝缘会变色发黑，出现炭化现象	（1）严格按工艺要求进行大修，更换绕组时，应选择合格的电磁线，粉云母带含胶量要适中，质量要好，过期的带子不能用 （2）严格按包缠工艺操作，层间、匝间绝缘必须可靠，缠绕紧密。包缠层数、叠包搭接均要严格，浸漆，烘干工艺要合理；模压时一定要在初温下施一半压力，再逐步升至模压温度及施全压，模压时间不能过短

（续）

	绝缘老化的原因	防治对策
嵌线及绑扎不当	（1）嵌线过程中绕组上沾有较多灰尘，甚至杂质颗粒，这样电动机运行中会产生放电、闪络现象 （2）嵌线时锤打过猛，使绕组绝缘表面产生变形、出现裂纹 （3）绕组端部绑扎不紧、浸漆不透，从而在电动机运行中使绕组产生位移，振动加大，导致绝缘迅速老化	（1）嵌线过程中绝缘表面不允许沾有灰尘等异物，绕组要轻拿轻放 （2）不许用铁器敲打绕组，敲打绕组时，用力要适当 （3）绕组端部要绑扎紧，浸漆时要浸透 （4）对于有防晕要求的电动机，嵌线中不要划破防晕层，防晕绕组在嵌线前应做起晕试验 （5）成型后的绕组必须做匝间耐压及对地交流耐压试验，不合格的不能嵌线；嵌线过程及接线完也要按规定做耐压试验
使用环境恶劣	（1）安装场所有有害气体、液体和腐蚀性介质，从而使电动机绝缘表面出现树枝扩散状裂纹，绝缘层失效，绝缘电阻下降，严重时甚至露出裸铜线，导致击穿 （2）安装在油坑内，部分绕组浸泡在油中，从而造成绝缘受油腐蚀、膨胀发胖、表面霉变、加速绝缘老化	（1）安装场所环境条件要好，难以做到时，应加强运行区的通风，安装有害气体的吸排装置，以改善运行条件 （2）不允许有油浸入绕组中
运行中操作不当	（1）过负荷运行，加速绝缘老化 （2）频繁起动，使电动机过热，造成绝缘烤焦，甚至一片片脱落 （3）误操作产生过电压，损伤绝缘 （4）防雷装置不良或失灵，当电动机受外部雷电侵入时，绝缘受到很大电压冲击，造成损坏	（1）减轻负载，使电动机在正常负荷下运行 （2）按起动要求规定起停电动机 （3）严格按操作程序进行操作 （4）正确选用避雷装置，定期在雷雨季节前对避雷装置进行试验，安装上合格的避雷器

五、三相异步电动机的小修、中修和大修

定期维护保养分小修、中修和大修三类。目的是检修日常巡视中所发现的而运行中又不能处理的问题；全面检查电动机各部分的状况，对运行中未发现的隐患和故障加以修理；更换不良部件；给轴承添加或更换润滑脂；对于绝缘不良的电动机，经加强绝缘、浸漆、干燥处理，使它恢复到良好的绝缘水平，从而大大提高电动机的整体质量，延长其使用寿命。三相异步电动机的修理周期见表1-72。

表1-72 三相异步电动机的修理周期

类别	电动机型号	大修/年	中修/年	小修/年
1类	连续运行的中小型笼型电动机	7~10	2	1
2类	连续运行的中小型绕线转子电动机	10~12	2	1
3类	短期反复运行、频繁起动、制动的电动机	3~5	2	0.5
4类	交流变流机组、原动机、轧钢异步电动机以及大中型异步电动机	20~25	4~5	0.5

1. 三相异步电动机的小修

小修周期视使用环境条件和运转情况而定。使用环境条件较差且长期使用的电动机3～4个月进行一次，一般半年至1年进行一次。小修项目包括：

1）清除电动机外壳上的灰尘、油垢和风罩上的灰尘、脏物。必要时，拆下风罩，清除风叶上的灰尘、脏物。

2）检查接线盒内接线是否牢固，接线板有无烧焦现象。若烧焦，应予以更换。固定好接线盒。

3）紧固各部分螺栓，检查保护接地（接零）是否良好，接地（接零）线有无断裂，连接是否可靠。

4）检查各转动部分，补加轴承润滑脂。

5）对于380V的低压电动机，用500V绝缘电阻表测量定子绕组对地（外壳）的绝缘电阻，如有必要，再测量相间的绝缘电阻。对于绕线转子电动机，还应测量转子绕组对地（外壳）的绝缘电阻。运行中的电机绝缘电阻应不低于0.5MΩ。若电动机受潮，应进行干燥处理。

6）清除绕线转子电动机集电环上的油垢、电刷粉尘。若集电环表面有灼痕，可用细砂布磨光。

7）调节绕线转子电动机刷握支架，调整弹簧压力，更换过短或破损的电刷，更换失去应有弹力的弹簧。

8）清洁刀开关及起动设备，检查触头和导线接头处有无腐蚀和烧坏现象，并进行处理。

2. 三相异步电动机的中修

电动机中修和大修需解体保养。中修内容包括：

1）包含全部小修项目内容。

2）对电动机进行清扫、清洗和干燥，更换局部绕组，修补、加强绕组绝缘。

3）电动机解体检查，处理松动的绕组和槽楔以及各部的紧固零部件。

4）刮研轴瓦，对轴瓦进行局部补焊，更换滑动轴承的绝缘垫片。

5）更换磁性槽楔，加强绕组端部绝缘。

6）更换转子绑箍，处理松动的零部件，进行点焊加固。

7）转子做动平衡试验。

8）改进机械零部件结构并进行安装和调试。

9）修理集电环，对铜环进行车削、磨削加工。

10）做检查试验和分析试验。

3. 三相异步电动机的大修

电动机大修的内容包括：

1）包含全部中修项目内容。

2）绕组全部重绕更新。

3）铜笼转子导条全部更新，并进行焊接和试验。

4）铝笼转子应全部改为铜笼或全部更换为新铝条。

在具体实施中、大修时，应根据电动机的实际情况进行。对于确实完好的部件，可不必更换。

六、三相异步电动机的解体保养

1. 三相异步电动机解体保养项目及质量标准（见表1-73）

表1-73 三相异步电动机解体保养项目及质量标准

序号	保养项目	质量标准
1	检查、清扫定子绕组和铁心	（1）电动机内部清洁，无杂物、油垢，通风槽清洁 （2）绕组无过热现象，无绝缘老化变色现象，绝缘层完好，绑线无松动现象 （3）高压电动机线棒上无电晕造成的痕迹 （4）定子槽楔无断裂、凸出及松动现象，端部槽楔牢固 （5）定子引线及连线焊接头无过热变色现象，焊接良好 （6）定子各处螺钉无松动现象 （7）定子绕组在槽内无松动现象 （8）定子绝缘电阻符合规定要求（每千伏不低于1MΩ）；380V以下的电动机及绕线转子电动机的转子绝缘电阻不低于0.5MΩ （9）容量在100kW以上或电压在1000V以上的电动机，三相直流电阻三相不平衡度不超过±2% （10）铁心无擦痕及过热现象 （11）铁心硅钢片无松动、无锈蚀现象
2	检查、清扫转子	（1）转子绕组及铁心无灰尘、油污 （2）笼型电动机的导电条在槽内无松动现象，导电条和端环的焊接牢固，浇铸的导电条和端环无裂纹 （3）转子的平衡块应紧固，平衡螺钉应锁牢 （4）绕线转子的槽楔无松动、过热、变色、断裂现象 （5）绕线转子的绝缘电阻不低于0.5MΩ
3	检查集电环、换向器、电刷、刷握及弹簧	（1）集电环及换向器表面应光滑，无沟槽、无锈蚀、无油垢，集电环及换向器表面应正圆，无椭圆现象 （2）电刷在刷握内能上下自由活动，无卡涩现象 （3）弹簧压力符合要求 （4）刷握与集电环之间应有一定间隙 （5）电刷长度适宜，过短者应更换 （6）换向器片间绝缘应凹下0.5～1.5mm，换向片与绕组的焊接应良好
4	检查、清洁风扇	（1）转子风扇叶片无变形，无裂纹 （2）各处螺钉紧固 （3）风扇应清洁，无油泥和其他杂物 （4）风扇方向正确（换向器电动机）
5	检查、清洗轴承并加油	（1）轴承工作面应光滑清洁，无裂纹、锈蚀和破损现象，并记录轴承的型号 （2）滚动轴承转动时声音应均匀，无杂音 （3）轴承的滚动体与内、外圈接触良好，无松动现象，转动灵活，无卡涩 （4）轴承不漏油 （5）清洗轴承，加入合格的润滑脂，润滑脂应填满其内部空隙的1/2（2极电机）或2/3，同一轴承内不得填入两种不同的润滑脂
6	机壳及外部	（1）端盖及外壳无破裂 （2）外部接地线符合要求，无断股情况 （3）零附件完整，各处螺钉应上紧 （4）封闭型电动机应封闭良好，防爆型电动机应符合防爆要求
7	定、转子之间气隙的调整	检查定、转子之间的气隙。一般小型异步电动机为0.25～1.5mm之间，中型异步电动机多在0.75～2mm之间

在电动机解体维护保养工作中，如发现所检查的部位不符合质量标准，应仔细检查，找出原因，进行修理或更换。经修理后的电动机，其质量应符合规定标准。

2. 电动机内部灰尘和油垢的清扫

在电动机大修中，应彻底清除绕组表面及缝隙中的积尘、油垢。具体清除方法如下：

（1）清除绕组表面积尘

1）先用压力为0.2～0.3MPa的压缩空气对绕组进行吹扫。注意，压力不可太大，否则有可能损伤绕组绝缘。

2）然后用棕刷刷除绕组表面和缝隙中的积尘，每刷一次，用压缩空气吹扫一次，直至清洁为止。

3）最后用干净的软棉布将绕组表面擦拭干净。

4）对于电动机内部及绕组上干燥的灰尘，还可以用打气筒或皮老虎吹去。

（2）清除绕组缝隙中的油垢

1）将绕组加热到40～60℃。

2）用四氯化碳或汽油与四氯化碳的混合物（比例1∶2）进行冲洗，一般经数十分钟，油垢便能溶解并自行脱离绕组。

3）若绕组缝隙中仍有少许油垢残留物，则一边冲洗，一边用棕刷等将污物清除干净。

4）用干净的软棉布将绕组表面擦拭干净。

5）对于绕组表面不太严重的油垢，还可用干净的软棉布轻轻擦拭。注意在擦拭绕组时不可用力过猛，以免损伤绕组绝缘层。

擦拭时切不可蘸汽油、机油、煤油或香蕉水等液体，否则会损坏电动机的绝缘性能。

七、轴承的清洗、加油和润滑脂（油）的选择

1. 轴承盖和轴承的清洗

一般，滑动轴承电动机，运行1000h后应更换润滑油；滚动轴承电动机，运行2500～3000h后应更换润滑脂。当然要根据电动机转速和温度、环境中的粉尘和腐蚀性气体等情况适当调整更换时间。

清洗轴承盖的步骤如下：

1）挖净盖里的废油；

2）用汽油或煤油把废油洗去；

3）把轴承盖放在干净的纸或布上，让汽油或煤油挥发。

清洗轴承的步骤如下：

1）刮去轴承钢珠上的废油；

2）擦去残余的废油后把轴承浸在汽油或煤油里，用软毛刷沿同一方向洗刷钢珠（柱）；

3）把轴承再放在清洁的汽油或煤油里洗干净；

4）把轴承放在干净的纸或布上，让汽油或煤油挥发。

轴承通常可留在轴上清洗，以免拆卸时损伤轴承。

2. 新轴承的清洗

轴承拆封后，先要除去防锈剂，然后按下法清洗：

1）对于用防锈油封存的轴承，可用航空汽油或洗涤用轻质汽油清洗；

2）对于用防锈油脂防锈的轴承，应先用轻质矿物油（如10号机油、变压器油）加热溶解（油温不宜超过100℃），将轴承浸入油内，轻轻摇动，待防锈油脂溶解后再取出，冷

却后再用汽油清洗干净；

3）对于用气相剂或其他水溶性防锈材料防锈的轴承，可用皂类或其他清洗剂水溶液清洗。表1-74给出了常用清洗液配方，这种清洗液可以清洗多种防锈剂涂封的轴承，在75～80℃的温度下，清洗1min即可。

表1-74 轴承清洗液配方示例

原料名称	成分(质量比)(%)	原料名称	成分(质量比)(%)
664	0.5	油酸	0.5
平平加	0.3	亚硝酸钠	0.3
三乙醇胺	1	水	97.4

清洗干净的轴承应放在洁净的容器内，不得用裸手接触，以免手上的汗水使轴承生锈。烘干后立即涂以润滑脂。润滑脂的种类需根据使用条件选择。

3. 轴承的加油（脂）

给轴承加油时应注意以下事项：

1）润滑脂必须保持纯净，不可让灰尘、砂粒及金属颗粒等杂质混入。

2）加油的手指或其他工具必须干净。

3）在轴承盖上加油时，不宜加得太满，以占轴承盖油腔的1/2（2极电机）或2/3为宜。

4）在轴承上加油时，只要把油加到能平平地封住钢珠（柱）即可。

4. 润滑脂（油）的选择

不同型号的润滑脂（油）不能混合使用。

（1）滑动轴承润滑油的选择

选择滑动轴承润滑油时，主要考虑电动机的功率、转速等，见表1-75。

表1-75 滑动轴承润滑油的选择

转速/(r/min)	<100kW	100～1000kW	>1000kW
<250	30号机器油	40号机器油或标准油	40号机器油或标准油
250～1000	30号机器油	30号机器油	30号(或40号)机器油或标准油
>1000	20号机器油	20号或30号机器油	30号机器油

滑动轴承润滑油的加注量可按以下经验公式确定：

$$t = D/4 \qquad D = 25 \sim 40\text{mm}$$

$$t = D/5 \qquad D = 40 \sim 60\text{mm}$$

$$t = D/6 \qquad D = 70 \sim 310\text{mm}$$

式中，D为油环直径（mm）；t为油位高度（油环下部到油面的距离，单位为mm）。

（2）滚动轴承润滑脂的选择

选择滚动轴承润滑脂时，要考虑使用要求、工作环境等条件。润滑脂有普通用、高速用、重负载用等规格。一般来说，质厚一些的润滑脂适用于转速较低的电动机；质薄一些的润滑脂适用于转速较高的电动机。钠基润滑脂耐热性较好，但抗潮性较差，所以仅适用于干燥的环境，否则会使轴承氧化生锈；钙基润滑脂耐热性较差，但防潮性好，所以适宜潮湿的场合使用。对于 Y 系列及其派生系列的电动机，只能采用锂基润滑脂。另外，当环境湿度较大时，应选用耐水性较强的润滑脂。

二硫化钼复合钙基润滑脂耐高温、耐潮湿且抗压性好，适用于高温、潮湿及高负载的场所。锂基润滑脂具有耐高温（150℃）、抗低温（-60℃）、耐高速及高负荷、耐水等性能，很适合作为滚动轴承的润滑脂。

中小型电动机滚动轴承润滑脂的选择见表 1-76。含油轴承用润滑油的选择见表 1-77。

表 1-76　中小型三相异步电动机常用滚动轴承润滑脂参考表

序号	润滑脂		针入度（25℃）/(1/10mm)	滴点/℃(>)	主要用途
	名称	牌号			
1	钙基润滑脂	ZG-1 ZG-2 ZG-3 ZG-4 ZG-5	310~340 265~295 220~250 175~205 130~160	75 80 85 90 95	中滴点、具有良好抗水性的普通基脂，适用于封闭式电动机。使用温度：1 号和 2 号脂不高于 55℃；3 号和 4 号脂不高于 60℃；5 号脂不高于 65℃
2	合成钙基润滑脂	ZG-2H ZG-3H	265~310 220~265	80 90	性能和用途同钙基润滑脂。使用温度：2 号脂不高于 55℃；3 号脂不高于 60℃
3	复合钙基润滑脂	ZFG-1 ZFG-2 ZFG-3 ZFG-4	310~340 265~295 220~250 175~205	180 200 220 240	用于高温（150~200℃）和潮湿条件下工作的轴承及封闭式电动机。同类型产品有合成复合钙基脂
4	钠基润滑脂	ZN—2 ZN—3 ZN—4	265~295 220~250 175~205	140 140 150	耐高温、但不抗水的普通钠基脂，适用于开启式电动机。使用温度：2 号和 3 号脂不高于 110℃；4 号脂不高于 120℃
5	锂基润滑脂	ZL—1 ZL—2 ZL—3 ZL—4	310~340 265~295 220~250 175~205	170 175 180 185	抗水、耐高温和机械安定性较好的普通锂基脂，用于各种电动机的润滑。使用温度为 -20~120℃
6	复合铝基润滑脂	ZUF—1H ZUF—2H ZUF—3H ZUF—4H	310~340 265~295 220~250 175~205	180 190 200 210	抗水、耐高温和机械安全性好，适用于开启式及封闭式电动机，使用温度不高于 120℃
7	铝基润滑脂	ZU—2	230~280	75	有良好的抗水性，用于航运机器，如推进器主轴等摩擦部件的润滑及金属表面的防锈
8	二硫化钼锂基润滑脂	1 2 3 4 5	310~340 265~295 220~250 175~205 130~160	175 175 175 175 175	具有良好的承压性能，特别适用于湿热带电动机的润滑，使用温度不高于 145℃。同类型产品有二硫化钼合成锂基脂

（续）

序号	润滑脂		针入度（25℃）/（1/10mm）	滴点 /℃（>）	主 要 用 途
	名称	牌号			
9	二硫化钼复合铝基润滑脂	0	355～385	140	具有良好的承压性能，用于高负载、高温和潮湿条件下的冶金、化学等工业用电动机的润滑
		1	310～340	180	
		2	265～295	200	
		3	220～250	220	
		4	175～205	240	
10	膨润土润滑脂	1	310～340	250	具有良好的承压性能、抗水和机械安定性，适用于温度高达200℃以上的高温机械设备中
		2	265～295	250	
		3	220～250	250	
11	航空润滑脂	202脂		130	小功率三相异步电动机

表1-77 含油轴承用润滑油的选择

润滑油	使 用 条 件	润滑油	使 用 条 件
22号汽轮机油	高速轻负载	L-AN46	低速中负载
46号汽轮机油	中速轻负载	6号汽油机油	高速重负载
L-AN22	高速中负载	10号汽油机油	高速中负载、中速轻负载
L-AN32	高中速重负载、中速中负载、低速轻负载	15号汽油机油	中速中负载、低速轻负载
		22号齿轮油	中速重负载、低速重负载

（3）常用机械润滑油的质量指标

常用机械润滑油有7个牌号，其质量指标见表1-78。

表1-78 机械润滑油质量指标

质量指标	10#	20#	30#	40#	50#	70#	90#
黏度（50℃）/cSt①	7～13	17～23	27～33	37～43	47～53	67～73	87～93
残炭不大于（%）	—	—	0.3	0.3	0.3	0.5	0.6
酸值不大于/(mg KOH/g)	0.14	0.16	0.2	0.35	0.35	0.35	0.35
灰分不大于（%）	0.007	0.007	0.007	0.007	0.007	0.007	0.007
机械杂质不大于（%）	0.005	0.005	0.007	0.007	0.007	0.007	0.007
水分（%）	无	无	无	无	无	痕迹	痕迹
闪点（开口）不低于/℃	165	170	180	190	200	210	220
凝点不高于/℃	−15	−10	−15	−10	−20	0	5

① $1cSt = 10^{-6}m^2/s$。

八、轴承的维护与检修

1. 轴承的维护

轴承损坏会使电动机过热，严重时造成定子与转子相互摩擦，甚至电动机不能转动。因此，应对电动机轴承进行维护。具体内容如下：

1）检查电动机传动机构安装得是否正确，联轴器必须调整正确，传动带张力不能过紧，以免使轴承受扭力。

2）检查运行着的轴承温度是否过高，可用手感温法检查（见表1-68），若温度过高，应查明原因，使轴承温度降下来。

3）用听音棒监听轴承运转时有无杂音，一般正常运转的轴承发出的是均匀连续的“沙沙”声，而不应有其他杂音。

4）轴承安装应良好，保持良好的密封，轴承盖要固定紧，以免灰尘和水分侵入。

5）轴承内应保持一定量的合格的润滑脂，润滑脂的用量应符合以下要求：在轴承上加润滑脂时，只要把润滑脂加到能封住钢珠即可；在轴承盖上加注润滑脂时，以占轴承盖油腔的60%～70%为宜。润滑脂过多或过少都会引起轴承发热。若过多，将直接影响电动机的空载损耗，使轴承产生高热，并使润滑脂熔化而流入绕组中，破坏绕组的绝缘。润滑脂过多，也会使电动机转速降低。

6）正确选用润滑脂，补加润滑脂时必须保持清洁，不允许有灰尘、砂子、铁屑等杂物混入。

7）定期检查润滑脂的状况，劣化的润滑脂应及时更换。对长期运行的一般滚动轴承的电动机，应当1年内更换润滑脂1～2次。

8）大修时，若更换轴承，必须正确选配轴承型号规格，并正确安装。

2. 轴承的检修

（1）轴承的更换　在下列情况下需要换新轴承：

1）电动机的转子下落，造成与定子铁心互相摩擦。

2）轴承内外圈产生裂口。

3）沿切线方向用手触动轴承外圈，滚动时有卡阻、杂音等异常现象。

4）轴承清洗后，用手往返晃动轴承外圈，若外圈与内圈之间的旷量很大，证明轴承已损坏。

一般电动机轴承的损坏都是在带负载的那端，所以在检查时应特别注意带负载那端的轴承。

（2）轴承过紧的修理

1）如果是转轴直径与轴承内径尺寸公差配合不当，可用细砂布把轴表面四周打磨一下。

2）如果由于润滑脂的黏度太大，可用机油把它调稀，或更换合适的润滑脂。

3）如果是润滑脂加得过多，则应减少润滑脂。

4）如果是轴承盖装配不当，可重新调整轴承盖的位置并装好。

（3）轴承过松的修理　使用年久的电动机，由于机械磨损及经多次拆装，会造成轴承内圈与轴或轴承外圈与端盖内圈配合不紧的现象。运转时，将听音棒置于轴承部位监听，会听到“吱哇吱哇”的声响。

修理时，可用钢冲子在轴的外表面或端盖的内圆表面上冲出一些对称的圆点，以增加轴的直径或减小端盖的内圆直径，借此增加它们之间的摩擦力，使轴承牢固地套在轴或端盖上；也可以把轴放到车床上用滚花刀在轴的外表面上滚些花纹，用以增大轴的外径，使轴承能牢固地套在转轴上。

3. 轴承的拆卸

拆卸轴承的方法很多，有冷拆法、热拆法和冷热皆用的方法。

（1）带轮拆卸拉力器　采用合适的拉力器（小型电动机可用两爪钩拉力器，中大型电动机应用三爪钩拉力器），将爪钩紧扣在轴承的内圈上，然后旋转手柄，轴承便被慢慢拉出（见图1-19）。操作时要小心，别损伤转轴；用力要均匀，防止拉力爪脱滑。

（2）敲打法

方法一：选择尺寸合适的铜棒或铁棒，紧对轴承的内圈，用榔头击打，同时使铜棒或铁棒沿轴承内圈四周移动，使四周受力均匀，从而卸下轴承（见图1-20）。这种方法适用于轴承与轴装配不是过分紧密且无锈蚀的中小型电动机轴承的拆卸。

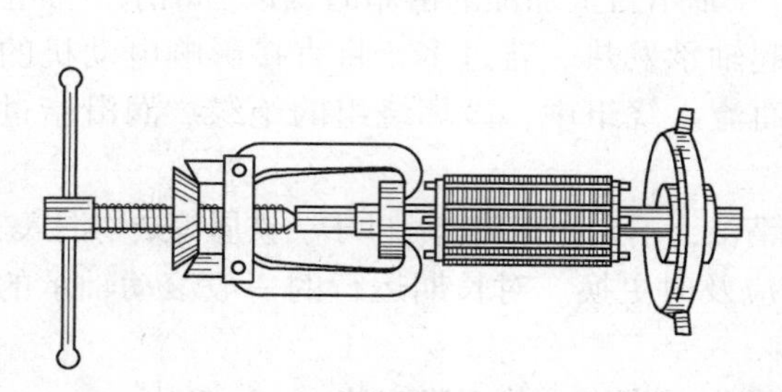

图 1-19 用拉力器拆卸轴承

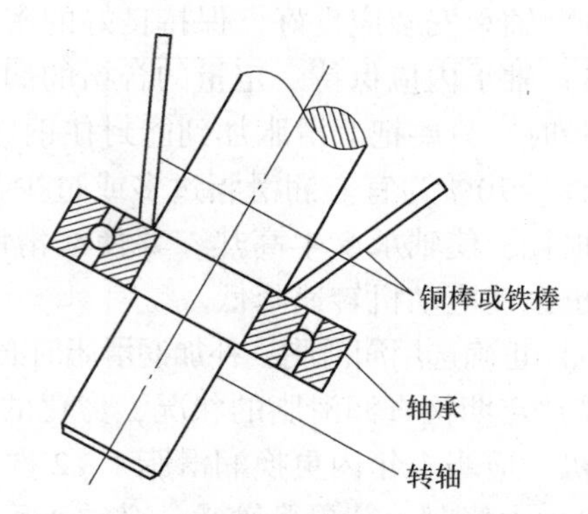

图 1-20 用铜棒或铁棒敲打拆卸轴承

方法二：一人用一只手拿两块铁条紧紧夹住转轴，另一只手扶住转子（在转子的下方垫一木板，以防轴承卸下时转子突然下落而撞伤轴端）。另一个人取一块软铁条垫在转轴的上端，用锤敲打铁条，使轴承脱离转轴。

（3）热拆法　用远红外灯泡或废机油加热轴承。如以废机油加热，浇油前要将用清水浸湿的旧棉花包扎在转轴上，在轴承的内侧位置上固定牢靠，以保持冷却状态。用油壶盛满废机油，将其加热至沸点，然后浇淋在轴承内圈上。3～5min 后，轴承受热膨胀，内径增大，这时趁热拆除，抖动自落。

（4）冷热皆用法　用冷拆法拆除很困难时，可采用 220V、250W 远红外灯泡加热轴承，把温度控制在 100℃左右，利用转轴和轴承两种不同金属材料热膨胀系数的不同，使轴承松动。再用锤通过铜棒或铁棒对称敲打轴承内侧，从而把轴承拆卸下来。

九、电动机轴承的选择

1. 常用电动机轴承型号对照（见表 1-79）

表 1-79 常用电动机轴承型号对照表

电动机型号		标准轴承型号		电缆接口 mm
中心高	极数	轴伸端	非轴伸端	
71M	2、4、6、8	6202-2RS/2Z	6202-2RS/2Z	M24 * 1.5
80M	2、4、6、8	6204-2RS/2Z	6204-2RS/2Z	M24 * 1.5
90S	2、4、6、8	6205-2RS/2Z	6205-2RS/2Z	M24 * 1.5
100L	2、4、6、8	6206-2RS/2Z	6206-2RS/2Z	M30 * 2
112M	2、4、6、8	6207-2RS/2Z	6207-2RS/2Z	M30 * 3
132S	2、4、6、8	6208-2RS/2Z	6208-2RS/2Z	M30 * 4
132M	2、4、6、8	6208-2RS/2Z	6208-2RS/2Z	M30 * 2
160M	2、4、6、8	6209-2RS/2Z	6209-2RS/2Z	M36 * 2
160L	2、4、6、8	6209-2RS/2Z	6209-2RS/2Z	M36 * 2
180M	2、4、6、8	6210-2RS/2Z	6210-2RS/2Z	M36 * 2
180L	2、4、6、8	6210-2RS/2Z	6210-2RS/2Z	M36 * 2
200L	2、4、6、8	6212-2RS/2Z	6212-2RS/2Z	M48 * 2
225S	4、6、8	6213-2RS/2Z	6213-2RS/2Z	M48 * 2
225M	2、4、6、8	6213-2RS/2Z	6213-2RS/2Z	M48 * 2
250M	2、4、6、8	6314/C3	6314/C3	M64 * 2
280S	2	6314/C4	6314/C4	M64 * 2
280S	4、6、8	6316/C3	6316/C3	M64 * 2
280M	2	6316/C4	6316/C4	M64 * 2

（续）

电动机型号		标准轴承型号		电缆接口
中心高	极数	轴伸端	非轴伸端	mm
280M	4、6、8	6316/C3	6316/C3	M64 * 2
315S	2	6316/C4	6316/C4	2/M64 * 2
315S	4、6、8	6319/C3	6319/C3	2/M64 * 2
315M	2	6316/C4	6316/C4	2/M64 * 2
315M	4、6、8	6319/C3	6319/C3	2/M64 * 2
315L	2	6316/C4	6316/C4	2/M64 * 2
315L	4、6、8	6319/C3	6319/C3	2/M64 * 2
355M	2	6319M/C4	6319M/C4	2/M64 * 2
355M	4、6、8	6319/C3	6319/C3	2/M64 * 2
355L	2	6319M/C4	6319M/C4	2/M64 * 2
355L	4、6、8	6319/C3	6319/C3	2/M64 * 2

2. YX3 系列（IP55）电动机轴承及润滑油脂牌号（见表 1-80）

表 1-80　YX3 系列电动机轴承及润滑油脂牌号

机座号		轴伸端	非轴伸端	注油间隔时间/h	注油量/g	润滑油脂牌号
YX3　80		6304-2RZ/C3	6304-2RZ/C3	—	—	2p、4p 电动机为 2 号锂基润滑脂；6p 及以上电动机为 3 号锂基润滑脂
YX3　90		6305-2RZ/C3	6305-2RZ/C3	—	—	
YX3　100		6306-2RZ/C3	6306-2RZ/C3	—	—	
YX3　112		6306-2RZ/C3	6306-2RZ/C3	—	—	
YX3　132		6308-2RZ/C3	6308-2RZ/C3	—	—	
YX3　160	2p	6309/C3	6309/C3	4000	25	
	4p 及以上			6000		
YX3　180	2p	6311/C3	6311/C3	3000	30	
	4p 及以上			5500		
YX3　200	2p	6312/C3	6312/C3	2500	40	
	4p 及以上			5000		
YX3　225	2p	6313/C3	6313/C3	2300	50	
	4p 及以上			4500		
YX3　250	2p	6314/C3	6314/C3	2000	60	
	4p 及以上			3500		
YX3　280	2p	6314/C3	6314/C3	1300	60	
	4p 及以上	6317/C3	6317/C3	2500	70	
YX3　315	2p	6317/C3	6317/C3	1200	70	
	4p 及以上	6319/C3	6319/C3	2000	90	
YX3　355（B3、B35）	2p	6317/C3	6317/C3	1000	70	
YX3　355（V1）	2p	6317/C3	7317B	900	70	
YX3　355（B3、B35）	4p 及以上	6320/C3	6320/C3	1400	120	
YX3　355（V1）	4p 及以上	6320/C3	7320B	1300	120	

3. YX3 系列（IP55）电动机密封圈规格（见表 1-81）

表 1-81 YX3 系列电动机密封圈规格

机 座 号	密封圈规格	
	轴 伸 端	非 轴 承 端
YX3 80	TLA0020BF	TLA0020BF
YX3 90	TLA0025BF	TLA0025BF
YX3 100	TLA0030BF	TLA0030BF
YX3 112	TLA0030BF	TLA0030BF
YX3 132	TLA0040BF	TLA0040BF
YX3 160	TLA0045BF	TLA0045BF
YX3 180	TLA0055BF	TLA0055BF
YX3 200	TLA0060BF	TLA0060BF
YX3 225	TLA0065BF	TLA0065BF
YX3 250	TLA0070BF	TLA0070BF
YX3 280（2p）	TLA0070BF	TLA0070BF
YX3 280（4～8p）	TLA0085BF	TLA0085BF
YX3 315（2p）	TLA0085BF	TLA0085BF
YX3 315（4～10p）	TLA0095BF	TLA0095BF
YX3 355（2p）	TLA0085BF	TLA0085BF
YX3 355（4～16p）	TLA0100BF	TLA0100BF
YX3 355（2p）V1 安装	TLA0085BF	TLA0075BF
YX3 355（4～16p）V1 安装	TLA0100BF	TLA0090BF

注：非标准特殊供货电机、轴面油封根据电动机上实际用规格为准。

十、电动机的拆装

1. 电动机的拆卸

电动机解体保养可以在现场进行，也可以运到检修场所统一保养。如果在现场保养，则需做好场地清洁、防止拆下的电动机部件及检修工具丢失等工作。电动机的拆卸步骤如下：

1）拆卸前应做好以下标记，以便维护保养后装配时不被搞错：

① 标记电源线在接线盒中的接线位置；

② 标记联轴器与轴台的距离；

③ 标记端盖、轴承、轴承盖的负载端和非负载端；

④ 标记机座在基础上的准确位置；

⑤ 标记引出线入口位置，以辨别机座的负载端和非负载端。

2）拆下电源线，并将电源引线线头包缠好绝缘；拧松地脚螺钉和接地线螺钉。

3）拆卸带轮或靠背轮。拆卸时应使用合适的拉拔器等工具。如有顶丝（即支头螺钉），应先旋下。然后在螺钉孔内注入汽油或煤油（如带轮装得不紧，这一工作可省），便可进行拆卸，如图 1-21 所示。注意，切不可用铁锤使劲猛打的方法拆卸，因为这样不但会损坏带轮或靠背轮，而且会损坏电动机转轴。

4）拆卸风罩和风扇。如图 1-22 所示，小型电动机的风扇可以不拆卸，与转子一起抽出。

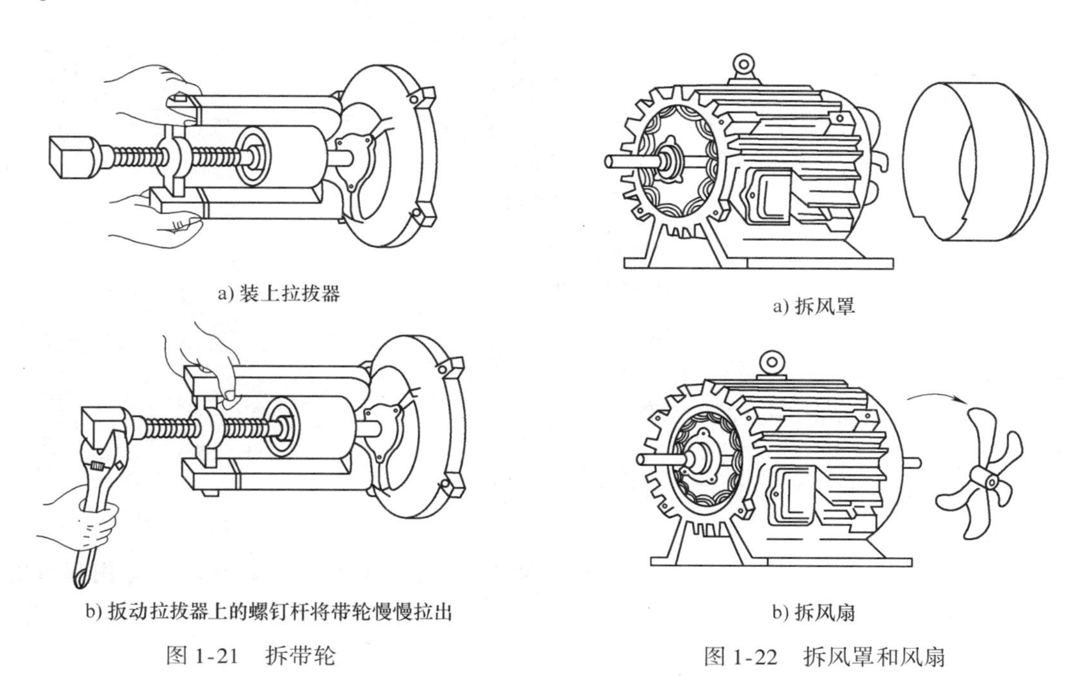

a) 装上拉拔器
b) 扳动拉拔器上的螺钉杆将带轮慢慢拉出
a) 拆风罩
b) 拆风扇

图 1-21 拆带轮

图 1-22 拆风罩和风扇

5）拆卸轴承盖和端盖。先拆下后轴承外盖，再旋下后端盖的紧固螺栓，然后拆下前轴承盖和端盖的紧固螺栓。最后用螺钉旋具插入端盖的根部，把端盖按对角线一先一后地向外扳撬，如图 1-23 ~ 图 1-25 所示。注意前后两端盖要标上不同记号，以免以后组装时前后装错。对于绕线转子电动机，应先提起和拆除电刷、刷架和引出线。

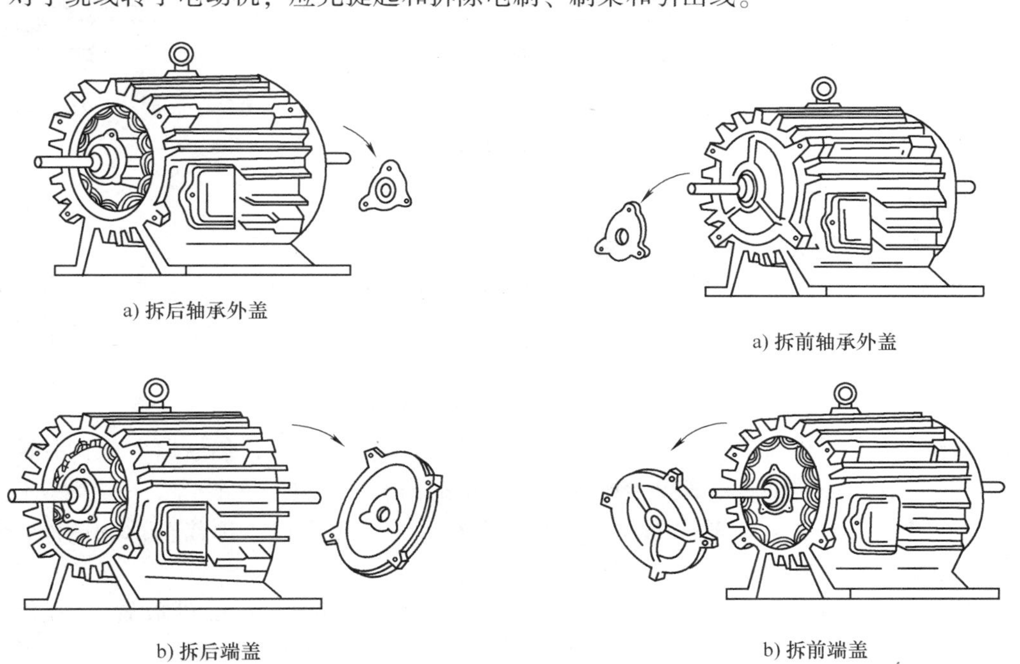

图 1-23 拆后轴承外盖和后端盖

图 1-24 拆前轴承外盖和前盖

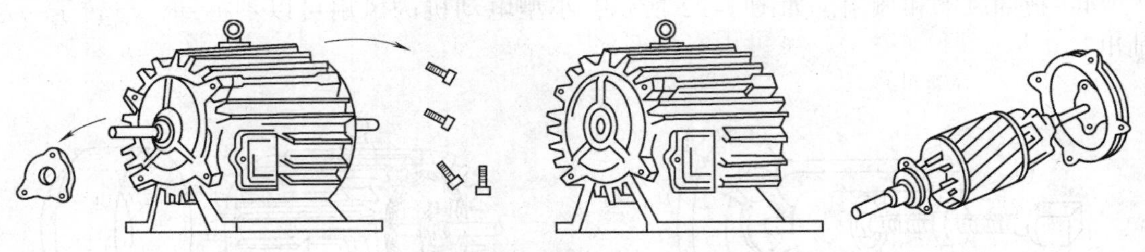

图 1-25 拆卸端盖和转子

6）拆卸前后轴承和轴承内盖。轴承是紧紧地套在转轴上的，一般需用拉拔器拆卸。选用大小适宜的拉拔器，让拉拔器的脚紧紧扣住轴承内圈，夹住轴承，然后慢慢地扳动螺丝杆，轴承就渐渐地脱离转轴，卸了下来，如图 1-19 所示。

如果没有拉拔器，还可用敲打的方法拆卸，如图 1-20 所示。

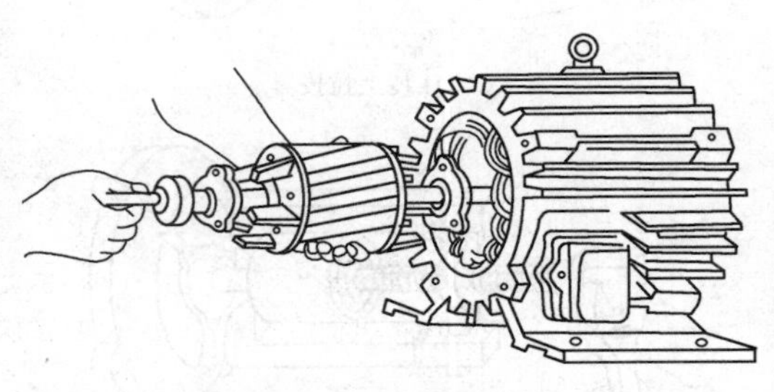

图 1-26 用手抽出转子

7）抽出或吊出转子。注意不要碰伤定子绕组和转子。对较重的转子，最好用起重器具将转子慢慢吊出，如图 1-26 和图 1-27 所示。

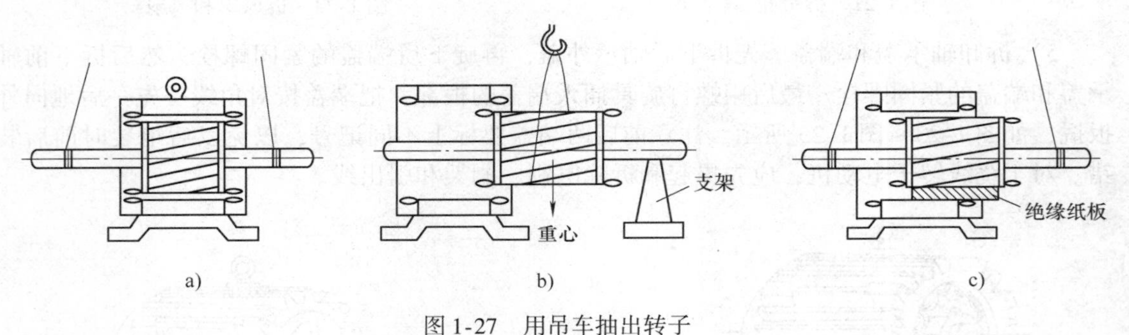

图 1-27 用吊车抽出转子

2. 电动机的组装

电动机的组装顺序大体上与拆卸顺序相反，具体组装步骤如下：

1）将检修、保养好的所有零部件集中在一起，保持装配地点的清洁。所有零部件均应清洁干净，尤其各接触面不得有灰尘、杂质附着；检查绕组、转子，不得沾有油污；风道和定子膛内不得留有杂物。

2）安装轴承。轴承的装配有冷法装配和热法装配两种。

① 冷法装配：先把轴承内盖套入转轴，再把轴承套在转轴上，然后取一根内径略大于转轴的平口铁管套住转轴，使管壁恰好能顶住轴承的内圈。另外，在管口垫一块软铁板，用锤轻轻敲打铁板，轴承就渐渐往下降。如果没有铁管，也可用铁条顶住轴承的内圈，对称地、轻轻地敲，轴承也能水平地套入转轴。

② 热法装配：取一清洁、干燥的铁质容器，在距容器底部 30mm 处放置一张铁丝网，再把轴承置于网上，让 25 号机油淹没轴承（切勿将轴承直接置于容器底部，以免沾上油垢，影响装配精度），如图 1-28 所示。用电炉加热机油至 80 ~ 100℃，经 10 ~ 15min 后，用

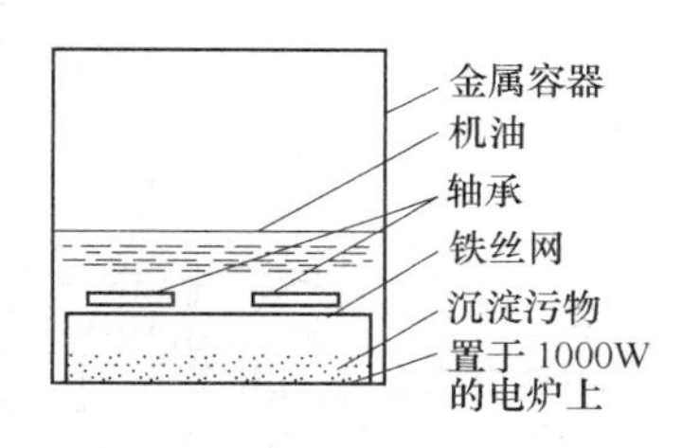

图1-28　轴承的加热

铁钩取出轴承，并立即套入转轴上，只要用力一推，轴承便自动下落正确到位。注意，不可用木材加热，以免炭粒飞扬浸入机油中，污染轴承。

操作时须注意，热装前要将轴颈部分擦干净，趁热套入转轴至轴肩。若套不到位，应检查轴颈加工尺寸是否正确，以及轴颈处有无杂物、毛刺等，也可能是装配速度过慢而轴承已冷却所致。如果轴颈加工没有问题，可用套筒顶住轴承内套圈，用铁锤轻轻敲入。

轴承装在轴上后，应像未装时一样灵活。如果发现轴承内圈与轴过紧，不要硬把它敲进轴中。应检查轴承型号规格是否正确。若正确，则可用细砂布把轴表面打磨一下，再装配。

注意，轴承外圈与端盖轴承室的配合也不能过紧，否则会影响轴承的使用寿命。

3）安装电动机的端盖。将转子装入定子。对准机壳上的螺孔把端盖装上，插上螺栓，按对角线一先一后地把螺栓旋紧（切不可有松有紧，以免损伤端盖）。然后用手盘动转子，转子转动应灵活、均匀，无停滞或偏重现象。

4）安装轴承外盖。先将轴承外盖套入转轴上，然后插上一颗螺栓，一手顶住这个螺栓，一手转动转轴，使轴承的内盖也跟着转动。当转到轴承内、外盖的螺栓孔一致时，即把螺栓顶入内盖的螺钉孔里并旋紧。再把其余两个螺栓也装上旋紧，如图1-29所示。

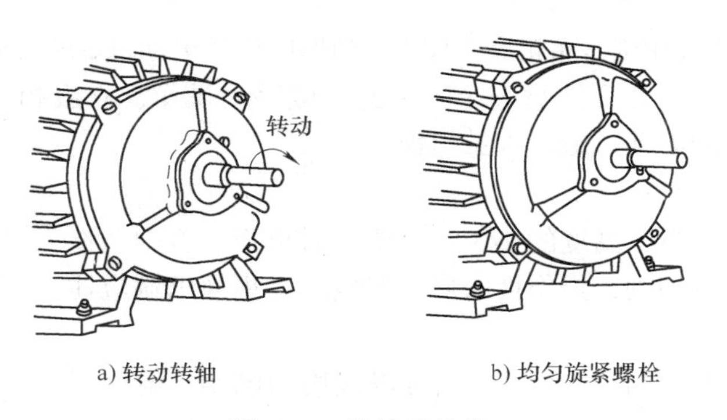

a) 转动转轴　　b) 均匀旋紧螺栓

图1-29　装轴承外盖

5）安装风扇。先将风扇装配到转子上，对于塑料风扇不必做平衡试验。

6）对于绕线转子异步电动机，需安装集电环、电刷架和电刷。连接好引线。

7）安装带轮或靠背轮。对于旧带轮或有锈蚀的带轮，可取一块细砂布卷在圆锉或圆木棍上，把带轮的轴孔打磨光滑，再用细砂布把转轴的表面也打磨光滑（见图1-30），然后对准键槽把带轮套在转轴上，调整带轮和转轴之间的键槽位置，用软铁垫在键的一端轻轻敲打，使键慢慢地进入槽里，最后旋紧、压紧螺钉，如图1-31所示。

8）再次用手盘动转子，如果转动部分未擦及固定部分，并且转子轴向窜动值（见表1-84）正常，则装配工作即告完成。

十一、电刷的研磨、更换和调整

换向器电动机、绕线转子异步电动机、直流电动机都有电刷（炭刷）。电刷安装是否正确，直接关系到电刷产生的火花是否正常，以及集电环或换向器的使用寿命。

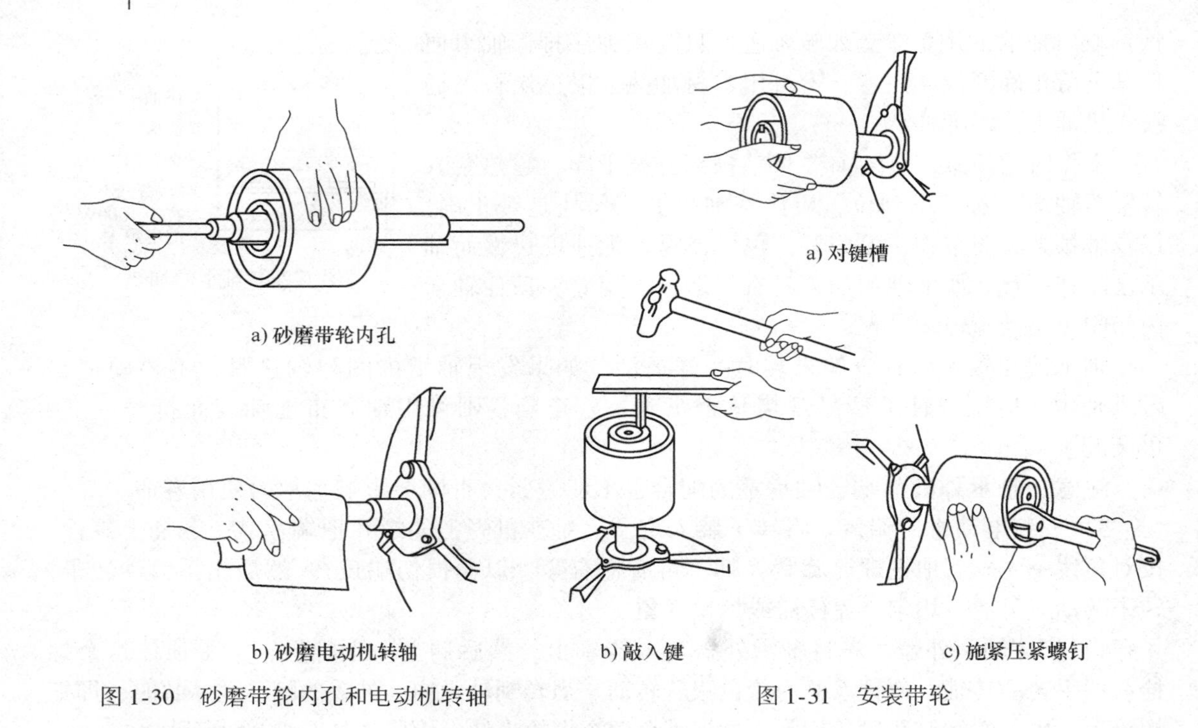

图 1-30 砂磨带轮内孔和电动机转轴　　图 1-31 安装带轮

1. 电刷的研磨

新更换上的电刷需要用细砂布粗磨工作面，研磨时应顺电动机旋转方向移动，如图 1-32 所示。研磨的压力要恰当，并要注意安全，不允许戴手套操作，衣服扣子必须扣牢，以免手套、衣服被卷入旋转的电动机造成人员损伤。

2. 电刷的更换

通常，当电刷磨去整个高度的 2/3 时就要及时更换。否则会造成电刷压力不足，火花加剧，损伤换向器或集电环。更换电刷应注意以下事项：

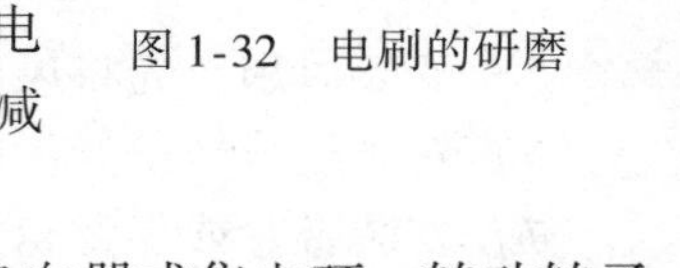

图 1-32 电刷的研磨

1）必须使用与原来电刷型号相同或可以代用的电刷，电刷尺寸必须相同。

2）每次更换电刷的数目不宜过多，一般要求每相上更换的电刷不超过该相电刷总数的 1/4。否则会因新电刷的有效接触面积减少，从而使电流密度增大，损坏电刷、换向器及集电环。

3）新电刷必须磨合工作面，可用 0 号砂布将光滑一面紧贴换向器或集电环，转动转子或开动电动机进行研磨，使电刷与换向器或集电环有 3/4 的接触面积。

更换良好的电刷，在电动机正常运行时，火花甚小。

3. 电刷的调整

电刷的调整主要包括两项内容：一是调整电刷压力；二是调整电刷与刷握的间隙。

（1）电刷压力的调整　电刷压力过小，会使电刷与换向器或集电环接触不良，容易产生火花使换向器或集电环过热烧损；电刷压力过大，会使电刷与换向器或集电环的摩擦力增大，加剧机械磨损并因此而产生过热。为此，应正确调整好电刷的压力，使电动机处于良好的运行状态。

电刷压力的调整方法如下：适当调整电刷与压紧弹簧间的压力，要求各电刷所承受的压力均匀稳定，其压力一般在15～25kPa之间，各电刷之间的压力差为±1kPa。

另外，平时应经常检查电刷的工作状态，确保电刷在刷握内能自由滑动，无卡阻现象。

电刷压力可以用弹簧秤测定，如图1-33所示。测定时，在电刷和换向器或集电环表面之间夹一张牛皮纸，提着弹簧的同时，轻轻拉动纸片。当纸片能移动，但不动得过快时，读取弹簧秤的读数，将2～3次读数的平均值除以电刷截面积，就可得出压力值。

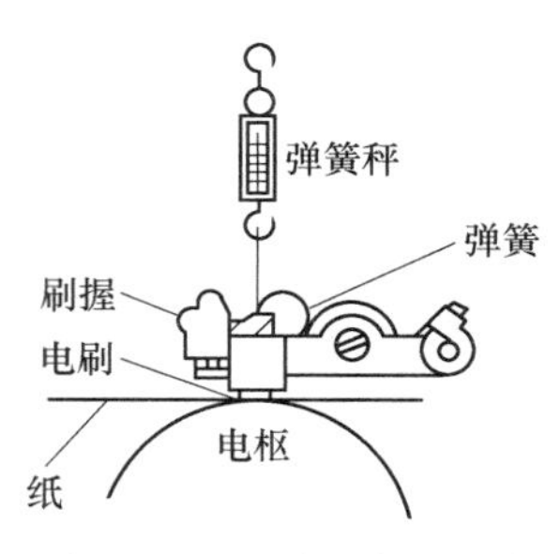

图1-33 电刷压力的测定

实际上，电工在维护电刷时多凭感觉来判断电刷的压力，很少使用弹簧秤测试。但这需要长期实践、摸索才能得心应手。通常，如果更换及调整后的电刷在运行中很少有火花产生，则说明压力正常。

（2）电刷与刷握的间隙调整 电刷与刷握之间的间隙过小，会使电刷受卡阻；电刷与刷握之间的间隙过大，会使电刷在电动机运转时晃动，与整流器或集电环接触不稳定。以上两种情况都会使整流器或集电环过热、烧损。

电刷与刷握的配合要求如下：①电刷的结构型式应与刷握一致；②刷握内表面应光滑平整无毛刺；其表面粗糙度 Ra 小于3.2μm；③电刷外表面应研磨光滑，并使电刷与刷握之间的宽度间隙在0.10～0.40mm之间，厚度间隙在0.05～0.30mm之间。

十二、集电环的维修

如果集电环（或换向器）因使用、维护不当产生麻点、拉毛或烧蚀及圆度超差，应及时维修。在维修时，要视集电环损蚀的程度采取相应的方法。

1）如果集电环灼伤痕深度不大于1mm、损伤面积不超过20%，可先用细锉与油石打磨，然后用0号砂布磨除毛刺与麻点，最后用白布蘸少许机油对集电环表面进行精抛光。

2）如果集电环的灼伤痕深度大于1mm、损伤面积超过20%，则应对集电环进行车磨。若电动机功率不大，可将电动机转子拆卸，固定在车床上进行车削；若电动机功率较大，转子拆装困难，可在轴伸端加装一个小轮盘，用一台小电动机拖动转子旋转，再用锉刀、油石进行锉磨。经车削或锉磨的集电环，还要用0号砂布进行研磨，然后用砂布背面或粗纸紧贴集电环表面进行抛光，最后用旧砂布或白布蘸少许机油对集电环表面进行精抛光，使维修后的集电环表面粗糙度 Ra 在1.2μm左右。

3）对圆度超差的集电环要进行车磨，使圆度差小于0.06mm；对径向跳动超差的集电环进行修复，使其不超过0.03mm。

第六节 三相异步电动机的故障处理

一、三相异步电动机的常见故障及处理

三相异步电动机在运行中会发生各种各样的故障，常见的故障及处理方法见表1-82。

表1-82 三相异步电动机的常见故障及处理

序号	故障现象	可能原因	处理方法
1	电源接通后不能起动	（1）电源无电压或断线 （2）定子或转子回路有断路或短路、接地、线头焊接不良等现象 （3）负载过重或有卡阻现象 （4）定子绕组接线错误	（1）检查电源和开关 （2）找出断路、短路和接地处并进行处理，检查线头焊接情况 （3）此时电动机发出发闷的响声，减轻负载或消除导致卡阻的因素 （4）此时电动机发出异常响声，核对定子绕组接线
2	电源接通后电动机尚未起动，熔丝即熔断或断路器即脱扣	（1）线路或绕组有接地或相间短路现象 （2）熔丝过小 （3）定子绕组一相反接或Y联结错接成△联结 （4）过载保护设备无延时作用 （5）集电环或起动电阻器在起动时短路，或转子内有短路处 （6）过电流脱扣器的瞬时整定值太小 （7）脱扣器某部件损坏	（1）查出故障点并进行修理 （2）适当加粗 （3）改正接线 （4）加装延时设备 （5）将手柄放到起动位置后通电，将短路处修好 （6）调整瞬时整定值 （7）更换脱扣器或损坏的部件
3	运行中声音不正常	（1）定子与转子之间有摩擦 （2）电动机两相运行 （3）轴承损坏或严重缺油	（1）用听音棒检查，停机解体检查轴承、风叶、铁心片及转子轴等部位，并消除摩擦 （2）检查熔丝，用万用表或绝缘电阻表检查绕组或接线头是否有断路现象 （3）用听音棒检查，且轴承发热，更换轴承或加润滑油
4	空载电流偏大（空载电流参考范围见第二章七节五项）	（1）电源电压过高 （2）将Y联结错接成△联结 （3）修理时绕组内部接线有误，如将串联绕组并联 （4）装配质量问题，轴承缺油或损坏，使电动机机械损耗增加 （5）检修后定、转子铁心未对齐 （6）修理时定子绕组线径取得偏大 （7）修理时匝数不足或内部极性接错 （8）绕组内部有短路、断线或接地故障 （9）修理时铁心与电动机不相配	（1）若电源电压常超出电网额定值的5%，可向供电部门反映，调节变压器分接开关 （2）改正接线 （3）纠正内部绕组接线 （4）拆开检查，重新装配，加润滑油或更换轴承 （5）打开端盖检查，并予以调整 （6）选用规定的线径重绕 （7）按规定匝数重绕绕组，或核对绕组极性 （8）查出故障点，处理故障处的绝缘。若无法恢复，则应更换绕组 （9）更换成原来的铁心
5	空载电流偏小（空载电流参考范围见第二章七节五项）	（1）将△联结错接成Y联结 （2）修理时定子绕组线径取得偏小 （3）修理时绕组内部接线有误，如将并联绕组串联	（1）改正接线 （2）选用规定的线径重绕 （3）纠正内部绕组接线

（续）

序号	故障现象	可能原因	处理方法
6	电动机带负载时转速低于额定值，电流表指针来回摆动	（1）电源电压过低 （2）负载过重 （3）起动电压不合适或起动方法不适当 （4）转子笼条断裂 （5）绕线转子一相断路 （6）转子回路起动电阻器一相断路 （7）电刷与集电环接触不良	（1）检查电源电压 （2）适当减轻负载 （3）改变起动电压或起动方法 （4）焊接断条（对于铜条）或更换铸铝转子 （5）用万用表或绝缘电阻表检查，消除故障 （6）修理起动电阻，排除断路故障 （7）调整电刷压力，检查电刷与集电环接触情况
7	三相电流不平衡度偏大	（1）电源电压不平衡 （2）修理时将各相绕组首尾端或绕组中部分线圈接反 （3）修理时各相绕组匝数不相同 （4）绕组匝间短路或接地 （5）多路并联绕组中个别支路断线	（1）检查电源电压 （2）改正接线 （3）重新绕制 （4）查出短路或接地点，并予以消除 （5）查出断线处，重新焊接，并做好绝缘处理
8	电动机振动大（电动机允许振动值见表1-83）	（1）转子不平衡 （2）电动机和被带动机械中心未校好 （3）机座螺钉松动 （4）转轴弯曲 （5）轴承磨损 （6）定子铁心装得不紧 （7）风扇叶片损坏	（1）校正平衡 （2）重新校中心 （3）拧紧机座螺钉 （4）校直或更换转轴 （5）更换轴承 （6）装紧定子铁心 （7）检查风叶并予以更换
9	电动机轴向窜动	对于滑动轴承的电动机，为装配不良	拆下检修，电动机轴向允许窜动量见表1-84
10	电动机温升过高或冒烟	（1）电源电压过高或过低 （2）三相电压严重不平衡 （3）环境温度过高 （4）通风系统阻塞 （5）机械负载过重 （6）轴承润滑不良或卡锁 （7）正、反转过于频繁 （8）定子、转子两相运行 （9）绕组匝间或相间短路或接地 （10）定子、转子摩擦 （11）电动机接法错误	（1）检查电源电压 （2）检查电源电压及开关等接触情况 （3）改善通风条件，降低环境温度 （4）吹灰清扫，清除杂物，对不可逆电动机，应核对旋转方向 （5）减轻机械负载或换成较大容量的电动机 （6）加润滑油或更换不良轴承 （7）正确选择电动机或改变工艺 （8）解体检修，消除断路故障 （9）解体检修，消除故障点 （10）消除摩擦故障，检查装配质量及轴承情况 （11）立即停机改接

（续）

序号	故障现象	可能原因	处理方法
11	Y-△开关起动，Y位置时正常，△位置时电动机停转或三相电流不平衡	（1）开关接错，△位置时三相不通 （2）△位置时开关接触不良，成V联结	（1）改正接线 （2）将接触不良的接头修好
12	电动机外壳带电	（1）接地电阻不合格或接地线断路 （2）绕组绝缘损坏 （3）接线盒绝缘损坏或灰尘太多 （4）绕组受潮	（1）测量接地电阻，接地线必须良好，接地应可靠 （2）修补绝缘，再经浸漆烘干 （3）更换或清扫接线盒 （4）干燥处理
13	绝缘电阻只有数十千欧到数百欧，但绕组良好	（1）电动机受潮 （2）绕组等处有电刷粉末（绕线转子电动机）、灰尘及油污侵入 （3）绕组本身绝缘不良	（1）干燥处理 （2）加强维护，及时除去积存的粉尘及油污，对较脏的电动机可用汽油冲洗，待汽油挥发后，进行浸漆及干燥处理，使其恢复良好的绝缘状态 （3）拆开检修，加强绝缘，并做浸漆及干燥处理，无法修理时，重绕绕组
14	电刷火花太大	（1）电刷牌号或尺寸不符合规定要求 （2）集电环或换向器有污垢 （3）电刷压力不当 （4）电刷在刷握内有卡滞现象 （5）集电环或换向器呈椭圆形或有沟槽	（1）更换合适的电刷 （2）清洗集电环或换向器 （3）调整各组电刷压力 （4）打磨电刷，使其在刷握内能自由上下移动 （5）上车床车光、车圆
15	轴承发热	（1）电动机搁置太久 （2）润滑脂过少或过多，或质量不好 （3）传动带过紧或耦合器装得不好	（1）空载运转，过热时停车，冷却后再运行，反复几次，若仍不行，拆开检修 （2）润滑脂应适量，质量要好 （3）调整传动带张力或改善耦合器装置

表1-83 电动机允许振动值

转速/(r/min)	两倍振动值/mm	转速/(r/min)	两倍振动值/mm
3000	0.06	1000	0.13
2000	0.085	750以下	0.16
1500	0.10		

表1-84 电动机轴向允许窜动量

电动机容量/kW	轴向允许窜动量/mm		电动机容量/kW	轴向允许窜动量/mm	
	向一侧	向两侧		向一侧	向两侧
10及以下	0.50	1.00	75~125	1.50	3.00
10~22	0.75	1.50	125以上	2.00	4.00
30~70	1.00	2.00			

注：向两侧的轴向窜动量，应根据转子磁场中心位置确定。

二、定子绕组接地、短路和断路故障的处理

1. 定子绕组接地

（1）接地点的查找　绕组接地点的常用查找方法有：

1）用绝缘电阻表测试：根据电动机的电压等级选择相应等级的绝缘电阻表。对于500V以上的高压电动机，用1000～2500V的绝缘电阻表；对于500V以下的低压电动机，使用500V绝缘电阻表。当测得的绝缘电阻在0.5MΩ以下时，说明绝缘受潮或绝缘变差；若电阻为零，则说明绕组接地。

2）外部检查：若经干燥处理，电动机绝缘电阻仍为零，说明绕组确实接地。可解体电动机，仔细观察绕组有无压伤（如装配不良），有无对地击穿烧焦痕迹。

3）用自耦降压变压器通电检查：自耦降压变压器可用一台废弃的电动机起动用补偿器内的自耦变压器改装而成（见图1-34）。经改装后的自耦变压器接入380V交流电时，可获得76V、152V和228V的三相电源，以供检查时使用。检查时，打开三相绕组的首尾连接线，按图1-35所示方法将电源的一侧接在定子外壳上，另一侧分别接到三相绕组上。通电一定时间后切断电源，用手感温法查出发热的绕组部位，此部位即为接地点。

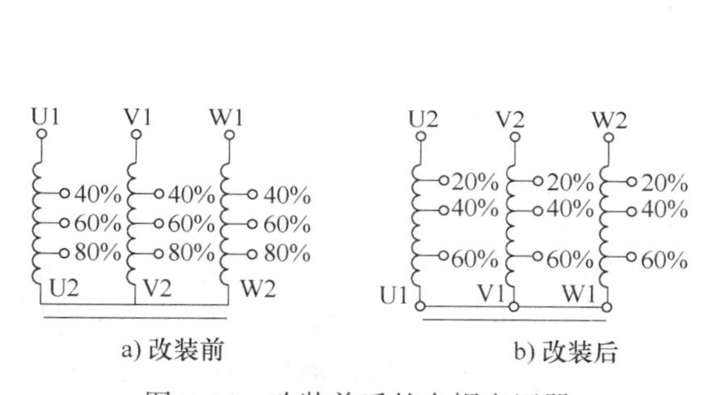

图1-34　改装前后的自耦变压器

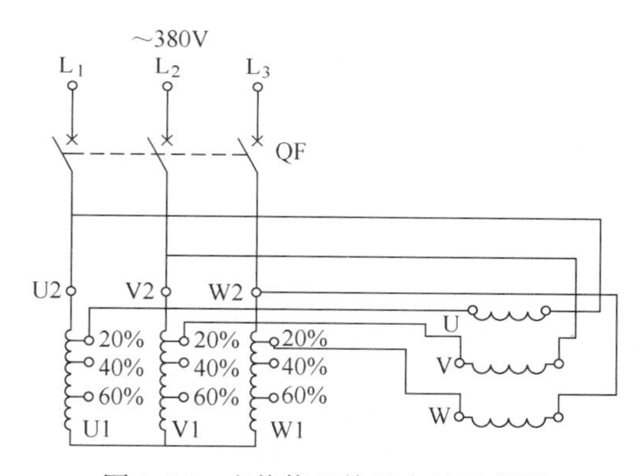

图1-35　查找绕组接地点的示意图

另外，也可用三相或单相较大容量感应式或接触式调压器检查。若用单相调压器，可先检查出哪一相绕组接地，然后对该相绕组加压检查。还可用交流弧焊机检查。

（2）处理方法

1）如果查出的是绕组受潮而不是接地故障，则可以通过干燥处理使之恢复绝缘水平。

2）若为绕组接地，则接地点通常在定子槽口附近，这时较易处理。只要在故障点塞入云母片、绝缘纸或竹片，将绕组与铁心绝缘起来就可。如果上层边绝缘受损，可将槽楔取出，加热（约80℃）使绝缘软化后，取出上层绕组，包扎绝缘带进行局部修理；如果是底槽绕组受损，则应取出一个节距的绕组，进行局部修理。这时需注意，取绕组时切勿损伤匝间绝缘。另外，如果故障处的导线已烧伤或熔蚀，应该换接一段新导线，否则烧伤处易发热烧断。

3）如果接地点位于槽内，一般应更换绕组。

2. 定子绕组短路

绕组短路会使电动机冒烟（短跑匝数很少时不冒烟），三相电流不平衡，运转时噪声和振动加剧，严重时电动机不能起动。发现电动机有短路故障时，应立即停机。

（1）短路点的查找　绕组短路点的常用查找方法有：

1）外部检查：使电动机空载运行约20min，观察绕组有无冒烟现象（短路匝数很少时，不冒烟），然后迅速拆卸电动机，手摸绕组探查出较热的绕组，同时观察绝缘物的变色处，找出故障点。

2）用绝缘电阻表测试：测量每两相之间的绝缘电阻，如果阻值很低，说明该两相间有短路现象，再用肉眼认真查找。

3）用短路侦察器检查：如图1-36所示，将侦察器开口部分放在被检查的定子铁心槽口上，侦察器线圈接到规定的交流电源上。如果定子线圈良好，则没有什么反应；如果该线圈短路，即产生电流，观察短路侦察器所接电流表读数的变化，便可探出短路的线圈。

使用此法时应注意：电动机为△形接法时，应将△形拆开口；绕组为多路并联时，应拆开并联支路；电动机为双层绕组时，因被测槽中有两个线圈，它们分隔一个线圈节距跨于左右两边，所以要将短路侦察器在左右两槽口都试一下，以便确定哪个是短路线圈。

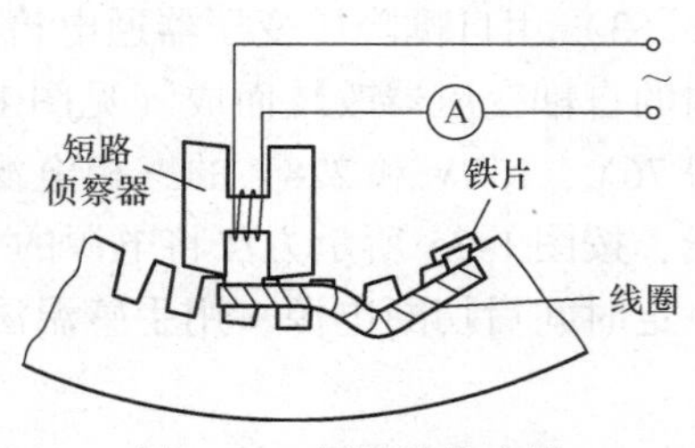

图1-36 用短路侦察器检查绕组短路故障

（2）处理方法

1）如果烧损不严重，可以用修补匝间绝缘的方法处理，即在损坏处包缠绢带、涂绝缘漆、垫绝缘物等；如果烧损严重，则应更换绕组。

2）整个极相组短路时（通常由连接线处短路造成），可将绕组加热至60～80℃，使绕组绝缘软化，然后撬开引线处，将黄蜡管重新套到接近槽部，或用绝缘纸垫好。

3）绕组间短路时，如果短路点在端部，可用绝缘纸垫好。

4）绕组匝间短路时，往往电流很大，会将几匝导线烧成裸线。这时可将定子放进烘箱加热至80℃左右，使电动机的绝缘基本软化，然后把故障线圈翻出槽外，在槽口以外将短路线圈的两端剪断，一根根地拉出坏线。待将全部坏线圈拉出后，若是单层绕组，则清理线槽，换上新的绝缘纸；若是双层绕组，原来的槽内绝缘不必清除，下层用复合绝缘纸卷成圆筒放进去，然后用相同线径的漆包线在两槽间穿绕到原来匝数，如穿不进，少穿几匝也行（但对电动机输出功率会有一定影响）。在穿线时，必须把漆包线线头锉圆、打光，以免在穿线时损坏别的线圈绝缘。穿线完毕，将接头连接、焊牢，并做好绝缘处理，必要时做一次空载试验，最后对穿绕绕圈进行局部浸漆干燥。如果短路的匝数少于槽内总匝数的30%，则不必再穿补新导线，只需将原来的绕组接通即可。当然这样做会使电动机出力受到很大影响。这只适于电动机容量有很大余量的情况下应急处理。

3. 定子绕组断路

（1）断路点的查找 绕组断路点的常用查找方法有：

1）用万用表测试：用万用表欧姆挡测定三相绕组的直流电阻，阻值大的一相即为故障相（高压电动机三相绕组的直流电阻相差不应超过平均值的±2%），再对绕组分段进行检查（以极相组接头处分段），便可查出故障绕组。

2）用自耦降压变压器通电检查：按前面介绍的绕组接地故障中的用自耦降压变压器通电检查的方法，将定子绕组通电一段时间后，由于断路的绕组没有通电回路，所以只要找出没有明显温升的绕组，便可以区别出断路的绕组。用这种方法查找多路并联的断路线圈十分方便。

（2）处理方法

1）如果断路发生在引线或引线接头处（特别是接线端子根部易折断），则较易修理；如果高压电动机个别线圈断股发生在接头处，应用银焊焊接好，或换备用线圈。

2）如果断线发生在槽内，应先将绕组加热至60～80℃，将故障线圈翻出槽外，放入一根截面相同的绝缘导线（高压电动机可换备用线圈），将接头引至槽口以外的端部连接，焊接好后再作绝缘处理。对于高压电动机，每包一层绝缘带应涂刷一次绝缘漆，最后包扎一层白纱带作为保护层，外部涂刷气干漆，烘干后还需进行耐压试验。

三、转子故障的处理

1. 笼型转子断条故障的处理

（1）转子断条故障现象及其产生的原因　转子断条会使电动机起动困难，电动机运转时发出强烈的周期性电磁噪声和振动，三相电流表指针摆动，电动机带负载能力降低，转速下降。

产生转子断条的原因有：制造质量差；电动机起动频繁；操作不当；频繁作正反转运行等造成剧烈冲击而致使转子损坏。

（2）转子断条的检查方法

1）外观检查法：拆开电动机，若发现转子某处有烧黑的痕迹，则说明此处断条。也可以通过观察电流表指针有无摆动、电动机转速和带负载能力降低等加以判断，然后抽出转子，寻找断路点。

2）电流检测法：用三相调压器对定子绕组施加低压电源进行检查（额定电压为交流380V的电动机可施加交流100V左右的电压）。在一相中串入一只电流表，用手使转子慢慢转动，如果转子笼条是完好的，则电流表只有均匀的微弱摆动；如果转子断条，则电流表就会出现指针突然下降的现象。

3）用断条侦察器检查：将电动机拆开，取出转子，用电磁感应法测定转子断条位置。如图1-37所示，把断条侦察器跨在一根笼条上，再把一段钢锯条放在笼条上面。如果笼条是完好的，断条侦察器会在笼条中感应出电流，并使钢锯片发生振动；如果锯片不振动，则说明断条侦察器所跨的这根笼条已断裂。然后再寻找断裂点。如果用肉眼不能发现裂痕，可将断条侦察器和钢锯片放在原处，将一根导线的一端贴在端环上，另一端贴着笼条往前移动。当移到某一点时，若钢锯条发生振动，则说明断裂点已被导线短路，此处即为断裂点。

4）用铁粉检查：在转子两端环上通入低压大电流，将铁粉撒在转子表面。由于电流通过笼条产生磁力线，磁力线将吸引铁粉。如发现某一根笼条周围铁粉很少，则该处即为断条。检查方法如图1-38所示。图中，T_1 为0～250V单相调压器，T_2 为升流器，额定电压为220V/1.5V，二次电流为300～400A。

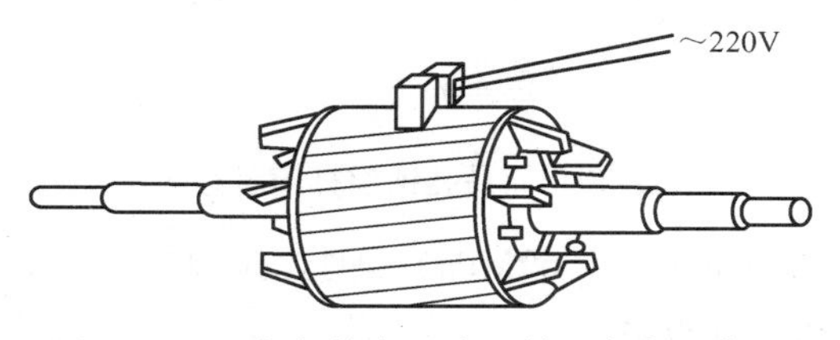

图1-37　用断条侦察器检查转子断条示意图

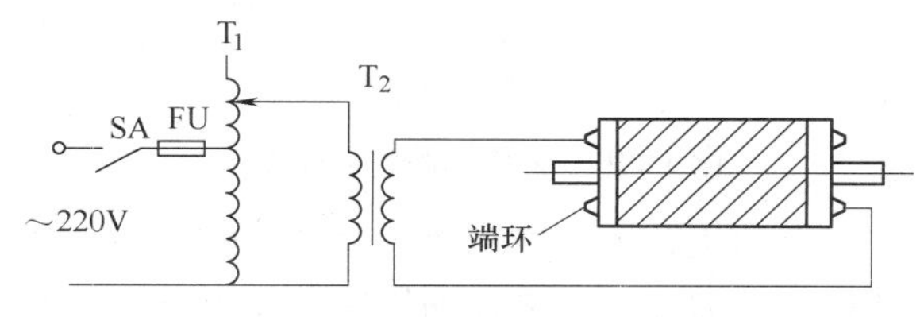

图1-38　用铁粉检查转子断条

（3）处理方法　根据断条的不同情况，采取不同的修理方法。

1）如果是铜条，并且断条发生在端部（槽内部分不易断裂），可在断裂处打成坡口，用银焊焊接。焊接前应用耐火石棉等物用水浇湿后将铁心保护好，以免高温烧伤铁心。

2）如果是铸铝转子，可在断裂处钻孔，并用丝锥铰上螺纹，拧上与笼条相同材质（铝）的螺钉，把断裂处连接上。

3）如果是铸铝转子，且断条较多不能使用，可将铝条熔化后再重新铸铝或换为纯铜条。熔铝前先车掉两端的铝端环，用夹具将铁心夹紧。熔铝的方法可以用工业烧碱（氢氧化钠）来腐蚀铝条，将转子浸入浓度为10%～30%的碱液中，然后将碱液加热到80～100℃。直至铝条熔化为止（一般需经7～8h），然后取出转子用水冲洗，并立即投入到浓度为0.25%的工业用冰醋酸溶液中煮沸，以中和残余碱液，再放入开水中煮沸1～2h，取出后用水冲洗后再烘干。处理时注意碱液对人身健康的影响，加强劳动保护。

也可用煤炉等将转子加热到700℃左右将铝条熔化，然后将槽内及铁心内的残铝清除干净。

如果用铜条代替铝条，铜条截面积应占槽面积的70%左右（不要把槽塞满，否则会造成起动转矩小，而电流增大等情况），两端用短路环焊牢。对于小型转子，可将铜条伸出铁心两端打弯，然后采用纯铜堆焊；对于大、中型电动机，应加铜短路环，环的截面积不应小于铝短路环的70%，铜条和短路环的焊接用银焊。

转子焊接好后要做静平衡试验。对要求振动小、转速高或转子轴向较长的电动机，还要做动平衡试验。

2. 绕线转子的故障及处理

绕线转子绕组的结构、嵌线等都与定子绕组相同，所以故障检查的方法可参考定子绕组故障的检查方法。

（1）钢线部分修理　绕线转子端部绕组用钢线或无纬玻璃丝带绑扎，通常易发生导体绝缘破损、钢丝短路以及钢线散落、断裂、开焊、甩开等故障。

转子端部绑线的结构如图1-39所示。绑扎线与绕组之间填有绝缘材料，以免由于膨胀收缩或机械力作用而擦伤绕组绝缘。

转子绕组端部扎钢丝打箍工作可以在车床上进行，也可以在简易木制机械上进行，如图1-40所示。

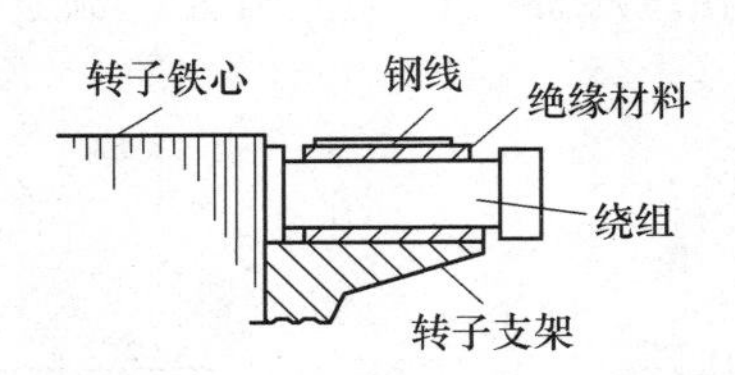

图1-39　转子端部绑线的结构

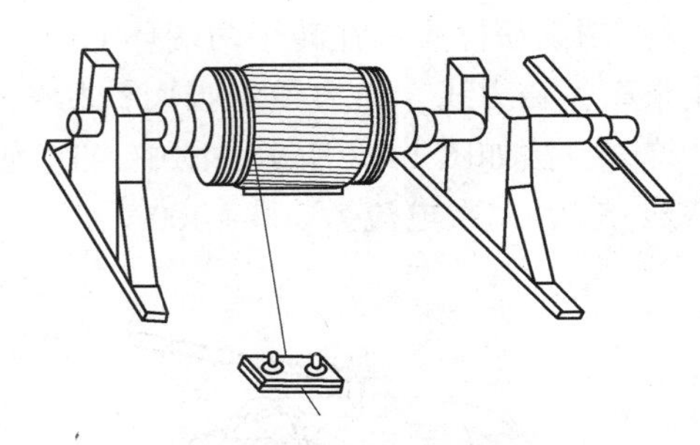

图1-40　简易扎钢丝打箍示意图

电动机转子绑线钢丝的弹性极限应不低于160kg/mm^2（1569MPa）。钢丝拉力按表1-85选择。拉力过大，易损伤绝缘；拉力过小，易使钢丝箍脱落。

表 1-85　扎钢丝预加的拉力

钢丝直径/mm	拉力/N	钢丝直径/mm	拉力/N
0.5	120～150	1.0	490～590
0.6	170～200	1.2	640～780
0.7	250～300	1.5	980～1200
0.8	300～340	1.8	1370～1570
0.9	390～440	2.0	1770～2000

选择钢丝时应尽量和原来的直径相同，匝数、宽度和排列布置也应尽量和原来的一样。

在扎钢丝前应先在绑扎部位包扎2～3层白纱带，再卷上1～2层青壳纸和一层云母。纸板宽度应比扎线宽10～30mm。为了使钢丝扎紧，可在钢丝下面每隔一定间距放置一块铜片。当该段钢丝扎好后，将铜片两端弯到钢丝上，用锡焊牢。钢丝的首端和尾端均应放在此处，以便由铜片卡紧焊牢。

（2）转子端部并接头铜套开焊的修理　先用绝缘电阻表检查转子绕组对地和绕组对钢丝的绝缘电阻。如符合要求，只需重新焊接开焊的铜套或更换部分烧坏的铜套即可。为了使接触良好，在铜套之间再敲入挂锡铜楔，以填塞上下层导体间的空隙。

（3）集电环部分的修理　当电源容量和使用条件允许的话，为了简化修理工作，可以把绕线型转子改为笼型转子，即把绕线转子绕组两端伸出铁心外的端部切断，使绕组成为笼条似的铜条，导线两端应伸出槽外20mm。然后把导线的伸出端朝一个方向敲弯，彼此重叠贴紧，再用铜条焊接成两端短路环，最后到车床上将短路环两端面车平，并校准转子的平衡。用此法修理，会使转子电流略微升高，起动转矩有所下降。最好是清除转子绕组，按前面介绍的方法换入新铜条。

四、定子、转子铁心故障的处理

铁心发生故障，会使涡流增大，铁心局部过热，影响电动机正常运行。

1. 铁心的常见故障

铁心的常见故障有：因定子绕组短路或接地弧光烧伤铁心，使硅钢片局部短路；硅钢片间绝缘损坏而造成短路；紧固不良和电机振动造成铁心松弛；拆除旧绕组时因操作不当而损伤铁心，大修时不慎被机械力损伤等。

2. 铁心的修理

当因绕组短路或接地弧光烧伤铁心，但不严重时可用以下方法修理：先把铁心清理干净，除去灰尘和油污，将已烧损熔化了的局部硅钢片用小锉锉掉，打磨平整，消除片与片熔化在一起的缺陷。再将定子铁心靠近故障点附近的通风槽片取出，使修理时硅钢片有一定的松动余地，然后用钢片剥开故障点上的硅钢片，将被烧伤硅钢片上的碳化物清除干净，再涂以硅钢片绝缘漆，插入一层薄云母片，最后将通风槽片打入，保持铁心紧固。

如果铁心在槽的齿部烧伤，只要把熔化在一起的硅钢片锉掉即可。如果影响到绕组的牢固性，则可用环氧树脂修补烧缺部分的铁心。

当铁心齿端轴向朝外张开和两侧压圈不紧时，可在两块钢板制成的圆盘（其外径略小于定子绕组端部的内径）中心开孔，穿一根双头螺栓，将铁心两端夹紧，然后紧固双头螺栓，使铁心恢复原形。槽齿坏斜时可用尖嘴钳修正。

铁心中间松弛时，可在松弛部位打入硬质绝缘材料，并涂以沥青油漆（462号漆）。

五、轴承和转轴故障的处理

1. 轴承故障及处理

一般电动机运行3~5年后，轴承就有可能受到损伤，所以在电动机解体大修时，都要对轴承进行认真检查和修理。

轴承损坏后，电动机在运行中会出现轴承部过热现象，并发出异常噪声，严重时电动机不能运行。检查轴承内部的缺陷时，用手迅速推动外圈，视其旋转情况便可大致判断。如果是逐渐减速而自行停止，转动时平稳，无振动、摇摆或倒退现象，滚动声轻微，指触感觉溜滑细腻，说明该轴承良好。如果转动时发出杂声并振动、摇摆，停止时像制动一样很突然，甚至倒退反转，说明该轴承有缺陷，不能再用。

（1）轴承损坏的原因分析　轴承过早磨损的原因及其预防措施见表1-86。

（2）修理方法　轴承损坏时可按以下方法进行修理：

1）轴承的清洗、加油及拆装，请见本章第五节七项。

2）清除锈斑。若轴承外表面有锈斑，可用0号砂布擦拭，然后用汽油清洗干净。滚珠或滚道上如有轻微锈斑，可不必管它；若锈蚀较严重，可将其浸在煤油中1~2h，然后用手沿正、反方向拨动轴承外圈多次，利用滚珠与滑道的相互摩擦除去锈斑，再在煤油中清洗干净，尔后再用手拨动轴承外圈转动多次，直到把锈斑彻底清除干净为止。

表1-86　轴承过早磨损的原因及其预防措施

序号	磨损现象	可能原因	预防措施
1	轴承滚道底部有严重的球形磨损轨迹，甚至在滚道内外圈上均有裂口和剥皮	轴承装配过紧，使滚动体与滚道间隙过小，转矩增大，摩擦增加，轴承运行温度上升，使磨损与疲劳加快	重视轴承装配质量。轴承装配质量可按下法检查： （1）目测法：当电动机端盖轴承室装上轴承后，用手转动端盖时，轴承应旋转自如，无振动及松晃现象 （2）塞尺检查法：将装有轴承的电动机端盖，组装于机座止口，用0.03mm厚的塞尺检查轴承圈间的径向间隙一周，若最大间隙位置处在正中上方位（卧式安装电机），则可认为组装正确
2	轴承的滚动体、保持架、内圈及其轴颈等处变成褐色或蓝色	严重缺少润滑脂，或油脂干枯老化，从而使轴承运行温度上升，磨损加剧	及时补充和更换润滑脂。一般以电动机运行1000~1500h补脂一次，运行2500~3000h换脂一次。润滑脂量以轴承室空腔的1/2（2极电机）~2/3为宜
3	轴承滚道上有凹状的珠痕，滚动体磨损痕迹不匀。用塞尺检查轴承两侧的圈间径向间隙值不等，相差较大	轴承安装未对中，当偏斜度大于1/1000时会造成轴承运行温度上升，伴随滚道和滚动体严重磨损；转轴弯曲；轴承盖螺栓的压紧面与螺纹轴线不垂直；用铁锤直接敲击轴承外圈；传动带（齿轮啮合）过紧使轴承径向受力偏差过大等	轴承安装必须对中，可用端面光滑平整、与轴承内圈厚度几乎相等的钢管套筒均匀压装，不能用力过猛。把轴承压入正确位置后，按电动机不同转速检查轴承允许径向跳动值

（续）

序号	磨损现象	可能原因	预防措施
4	润滑脂中混有杂质，促使滚道与滚动体摩擦加剧，噪声异常	轴承盖止口与端盖轴承安装孔间隙过大、松动，电动机运行场所的灰尘、铁末等杂质可从轴承盖止口间隙中侵入轴承室内部，加剧轴承磨损	定期清洗轴承，换用合格的润滑脂；改善电动机运行的环境，避免污物浸入；安装时必须保证轴承盖止口与端盖轴承安装孔间隙符合密封要求
5	角接触轴承受载面产生槽形磨损带	轴承装配错误导致反向加载。因为角接触轴承具有椭圆形的接触区域，仅在一个方向承受轴向推力。若在相反的方向上装配轴承时，滚动体就在滚道槽边缘上滑动，使受载面产生槽形磨损带	按正确的方向装配角接触轴承
6	轴承锈蚀，出现麻点	（1）有水汽或腐蚀性介质侵入轴承内部 （2）使用不合格的润滑脂	（1）改善工作环境或采用防护等级更高的电动机 （2）正确选用润滑脂
7	轴承发热，电动机振动剧烈	电动机转子平衡未校准	校准转子平衡
8	轴承过早老化	（1）有灰尘、砂土、铁屑等杂物侵入轴承 （2）电动机使用不当，如长期超载运行 （3）没有正常维护、保养和运行监视	（1）改善工作环境或采用防护等级更高的电动机 （2）正确使用电动机，避免超载运行 （3）加强维护保养，定期更换润滑脂
9	轴承自身老化	一般当重负载运行至10000h，中负载运行至15000h，轻负载运行至20000h（均以电动机工作电流的大小为标准）时，要考虑更换轴承，以确保安全运行	

3）轴承内、外圈不平行时，应清洗止口，用对称同步方法将全部端盖螺栓旋入机座螺孔内并拧紧。

4）当轴承内、外圈两端面不在同一平面上时，如果是外圈向外突出，可把轴承内盖止口车短；若是外圈向内突出，可把轴承内盖止口加长，也可采用O形垫圈加固。

5）深沟球轴承的径向游隙要求见表1-87，当超过允许值时，应更换新轴承。

表1-87 深沟球轴承（圆柱孔）的径向游隙 （单位：μm）

轴承公称内径		游隙									
d/mm		C_2		标准(C_N)		C_3		C_4		C_5	
超过	到	最小	最大	最小	最大	最小	最大	最小	最大	最小	最大
2.5	6	0	7	2	13	8	23	—	—	—	—
6	10	0	7	2	13	8	23	14	29	20	37
10	18	0	9	3	18	11	25	18	33	25	45
18	24	0	10	5	20	13	28	20	36	28	48
24	30	1	11	5	20	13	28	23	41	30	53
30	40	1	11	6	20	15	33	28	46	40	61
40	50	1	11	6	23	18	36	30	51	45	73

（续）

轴承公称内径		游隙									
d/mm		C_2		标准(C_N)		C_3		C_4		C_5	
超过	到	最小	最大	最小	最大	最小	最大	最小	最大	最小	最大
50	65	1	15	8	28	23	43	38	61	55	90
65	80	1	15	10	30	25	51	46	71	65	105
80	100	1	18	12	36	30	58	53	84	75	120
100	120	2	20	15	41	36	66	61	97	90	140
120	140	2	23	18	48	41	81	71	114	105	160
140	160	2	23	18	53	46	91	81	130	120	180
160	180	2	25	20	61	53	102	91	147	135	200
100	200	2	30	25	71	63	117	107	163	150	230
200	225	2	35	25	85	75	140	125	195	175	265
225	250	2	40	30	95	85	160	145	225	205	300
250	280	2	45	35	105	90	170	155	245	225	340
280	315	2	55	40	115	100	190	175	270	245	370
315	355	3	60	45	125	110	210	195	300	275	410
355	400	3	70	55	145	130	240	225	340	315	460

6）当轴承出现失圆、碎裂、严重磨损等不可修理的故障时，应更换新轴承。

2. 转轴故障及处理

电动机在长期运行中，由于机械力的作用、转轴本身材质的影响、解体大修及拆装轴承等，都有可能造成转轴弯曲、轴颈划伤、轴伸断裂以及磨损尺寸超过允许范围等故障。

转轴的修理可分为转轴弯曲的修理和转轴断裂的修理两类。

（1）转轴弯曲的修理　当转轴弯曲程度不十分严重时，可用下列方法修理；将转子抽出，对转子的弯曲部分适当加热（注意温度不可过高，以免转轴退火影响其机械强度），然后用铁锤敲打校平直。此方法适用于低速电动机。如果将校直了的转子装入定子内腔后还有互相摩擦现象，则需拿到车床上进行校正。

对于容量较大的电动机，不能用上述方法处理，而只能在车床上车平校正。

（2）转轴断裂的修理　对于中、小型电动机，可按下列方法修理。

方法一（更换整根转轴）：将整根断轴从转子铁心中取出，按断轴的实样测绘制图，并按转轴所需材料强度的要求备料（一般可选用普通碳素钢），经车床粗加工、热处理调质、车床二次加工后将转轴压入转子铁心中，再车削全部尺寸，然后在转磨床上进行轴承挡及轴伸挡磨削加工，最后整机装配完成。该方法修理时间长，不利于生产要求。

方法二（拼接法）：一般断轴位置常在转轴外伸部分前轴承位置处，用此法修理简单。先将断轴转子从定子内取出，测量出轴的全长以及外伸部分前轴承挡、轴承挡至转子铁心的长度和直径，绘制一份供车削加工时用的草图。选取一根能满足车削加工所需尺寸的坯料（一般为45号碳素钢），最好选用经过热处理调质的钢材。

将断轴的转子装上车床，把断轴原轴承挡削平，然后进行加工，并把拼接圆钢压入断轴接孔内，如图1-41所示。再用电焊焊接拼接口，待电焊接口自然冷却后，将转轴送到车床上加工全部尺寸。如无磨床设备，只要车床能保证光洁度在1.6范围内就可以了。最后，移至铣床铣键槽。

六、绕线转子异步电动机集电环、电刷故障的处理

绕线转子异步电动机通过集电环及电刷将转子绕组与外电路连接在一起。3个集电环之间以及集电环与转轴之间均彼此绝缘。中、小型异步电动机的集电环如图1-42所示。集电环材料为青铜、黄铜、磷铜或低碳钢等。常用的电刷有石墨、电化石墨或金属石墨等。

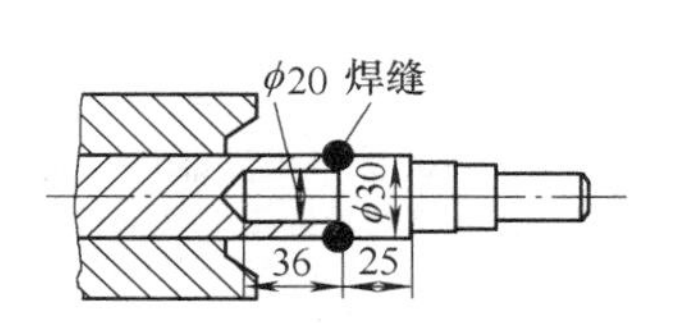

图1-41 1.5kW电动机转轴拼接示意图

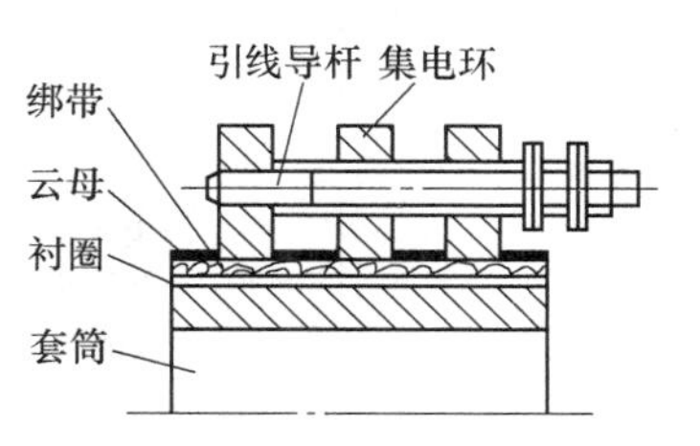

图1-42 紧圈式集电环结构

1. 集电环、电刷的常见故障及处理

绕线转子异步电动机最容易出故障的部位就是集电环与电刷。现将集电环与电刷的常见故障及处理方法列于表1-88。

表1-88 绕线转子异步电动机集电环、电刷的常见故障及处理方法

序号	故障现象	可能原因	处理方法
1	集电环表面轻微损伤，如有刷痕、斑点，细小凹痕	电刷与集电环接触轻度不均匀	调整电刷与集电环的接触面，使两者接触均匀；转动集电环，用油石或细锉轻轻研磨，直至平整，再用0号砂布在集电环高速旋转的情况下进行抛光，直到集电环表面呈现金属光泽为止
2	集电环表面严重损伤，如表面凹凸度、槽纹深度超过1mm，损伤面积超过集电环表面面积的20%~30%	(1) 电刷型号不对，硬度太高，尺寸不合适，长期使用造成集电环损伤 (2) 电刷中有金刚砂等硬质颗粒，使集电环表面出现粗细、长短不一的线状痕迹 (3) 火花太大，烧伤集电环表面	首先需检修集电环，拆下转子进行车修。注意尽量少旋去金属，集电环车修后，须进行抛光，并用压缩空气将金属粉末吹净 (1) 更换成规定型号和尺寸的电刷 (2) 使用质量合格的电刷 (3) 找出火花大的原因并排除
3	集电环呈椭圆形（严重时会烧毁集电环）	运行时产生机械振动所致 (1) 电动机未安装稳固 (2) 集电环的内套与电动机轴的配合间隙过大，运行时产生不规则的摆动	首先车修集电环，方法同上 (1) 紧固底脚螺钉 (2) 检查并固定集电环

（续）

序号	故障现象	可能原因	处理方法
4	电刷冒火	（1）维护不力，集电环表面粗糙，造成恶性循环，加重火花	（1）加强巡视、维护，发现问题时及时处理
		（2）电刷型号、尺寸不合适，或电刷因长期使用而磨损、过短	（2）更换成规定型号和尺寸的电刷，更换过短的电刷
		（3）电刷在刷握内卡住	（3）查出原因，使电刷能在刷握内上下自由移动，但也不能过松
		（4）电刷研磨不良，接触面不平，与集电环接触不良	（4）用细砂布研磨接触面，并保证接触面不小于80%，或换上新电刷（新电刷接触面也需打磨）
		（5）电刷压簧压力不均匀或压力不够	（5）调整压簧压力，弹性达不到要求时，更换压簧（压力应保证有15～25kPa）
		（6）集电环不平或不圆	（6）用砂布将集电环磨平，严重时需车圆
		（7）油污或杂物落入集电环与电刷之间，造成两者接触不良	（7）用干净的棉布蘸汽油将电刷和集电环擦拭干净，除去周围和轴承上的油污，并采取防污措施
		（8）空气中有腐蚀性介质存在	（8）改善使用环境，加强维护
5	电刷或集电环间弧光短路	（1）电刷上脱下来的导电粉末覆盖绝缘部分，或在电刷架与集电环之间的空间内飞扬，形成导电通路	（1）加强维护，及时用压缩空气或吸尘器除去积存的电刷粉末；可在电刷架旁加一隔离板（2mm厚的绝缘层压板），用一只平头螺钉将其固定在刷架上，把电刷与电刷架隔开
		（2）胶木垫圈或环氧树脂绝缘垫圈破裂	（2）更换集电环上各绝缘垫圈
		（3）环境恶劣，有腐蚀性介质或导电粉尘	（3）改善环境条件

电刷下火花的等级见表1-89。

表1-89 电刷下火花的等级

火花等级	电刷下的火花程度	集电环及电刷的状态	允许的运行方式
1	无火花	集电环上有黑痕出现，但不发展，用汽油擦其表面即能除去，同时在电刷上有轻微灼痕	允许长期连续运行
1¼	电刷边缘仅小部分有微弱的点状火花，或有非放电性的红色小火花		
1½	电刷边缘大部分或全部有轻微的火花	集电环上有黑痕出现，用汽油不能擦除，同时电刷上有灼痕。如短时出现这一级火花，集电环上不出现灼痕，电刷不致被烧焦或损坏	允许长期连续运行
2	电刷边缘全部或大部分有较强烈的火花	集电环上有黑痕出现，用汽油不能擦除，同时电刷上有灼痕。如短时出现这一级火花，集电环上不出现灼痕，电刷不致被烧焦或损坏	仅在短时过载或短时冲击负载时允许出现
3	电刷的整个边缘有强烈的火花（即环火），同时有大火花飞出	集电环上的黑痕相当严重，用汽油不能擦除，同时电刷上有灼痕。如在这一火花等级下短时运行，则集电环上将出现灼痕，同时电刷将被烧集或损坏	仅在直接起动或逆转的瞬间允许存在，但不得损坏集电环及电刷

注：若直流电动机，则表中集电环改为换向器。

2. 集电环内套与电动机轴配合间隙过大的处理

若集电环内套与电动机轴配合间隙过大，运行时固定刷架的螺杆会振动得很厉害，集电环容易烧毁。按照规定，转速在1000r/min以下的集电环，径向振动不应超过0.1mm；高于1000r/min时，不应超过0.05mm。集电环在轴向的窜动不应大于集电环宽度的3%，在特殊情况下不应大于5%。

修理方法：先卸下集电环，用砂布将电动机轴打磨干净，用汽油洗净油污，然后用环氧树脂与铁粉拌匀的胶液涂在轴的表面，晾干后进行车削加工。把车床的刀架卸下安装在现场，把电动机转子引线短接，卸去联轴器螺栓，起动电动机，利用电动机的自转进行车削加工，把动配合间隙缩小到0.1～0.15mm。装上集电环，再进行现场外圆同心度加工，加工完毕后再用油石精磨集电环。然后装上研磨好的电刷，空载运行30min，使电刷与集电环接触良好。最后装上联轴器螺栓，带负荷运行，并观察刷架固定螺杆的振动情况。

七、用粘接剂修理电动机端盖裂纹

电动机端盖裂纹可用铁锚牌101聚氨酯胶修理。具体操作步骤如下：

1）钻止裂孔。用汽油清除裂纹线周围的污秽。找出裂纹线的始末端，并用手电钻在始末端点钻ϕ3mm止裂孔各一个，不要钻穿，留壁厚约1mm，以防胶液漏出。

2）开V形槽。用角磨机沿裂纹线开出90°的V形槽至止裂孔。槽底深度为端盖厚度的40%为宜。

3）清洁V形槽粘接面。先用棉丝浸酒精粗擦，后用脱脂棉签蘸丙酮彻底擦拭粘接面。

4）选胶。选用铁锚牌101甲、乙两组分聚氨酯胶，体积比为甲:乙＝2:1。

5）调胶与填胶。按配比将胶在玻璃器皿中彻底拌匀，然后沿着V形槽将胶倒满，胶要略高出端盖表面，再用塑料铲加力压平、压实、压紧。

6）固化。用灯泡加热或电热吹风加热，温度控制在100°C左右，2h后即完全固化。

7）修整粘接面。先用锉刀，后用砂布，把高出端盖表面的粘接剂锉去磨平，使粘接剂与端盖表面齐平。

八、高压电动机定子绕组烧断的抢修

高压电动机因使用日久或在环境恶劣的场所使用，定子绕组端部容易发生短路事故。对于烧断的绕组可按以下方法进行检修。

1）首先解体电动机，用洗衣粉加热水配成洗涤液，彻底清洗端部油污，绝缘缝隙内的污物用棕刷刷洗干净。定子绕组清洗到露出绝缘层本色，再用热水冲去残余的洗涤剂，然后将电动机定子在烘房内烘干（加热温度为100°C左右）。

2）用电工刀清理烧焦部分的绝缘层，使其露出新的绝缘层表面，并削出坡口，以增加爬电距离，用蘸有无水酒精的软白布擦拭干净。

3）将烧断的引线头补焊好，焊口锉平，修理平整。并检查连接是否正确。

4）用无碱玻璃纤维带（20mm×0.17mm）半叠包扎，边包扎边在玻璃纤维带上涂抹配好的环氧树脂胶，包扎到增加绝缘部分的尺寸达到要求为止。包扎时要拉紧玻璃纤维带，严防产生气泡。

环氧树脂和玻璃纤维带都具有很高的耐热性能和防潮、防腐蚀性能，绝缘强度和机械强度都较高，完全可以满足电动机定子绕组绝缘要求。环氧树脂胶的配比见表1-90。

表 1-90 环氧树脂胶的配比（质量比）

原 料	比 例	原 料	比 例
6010 号环氧树酯	100	乙二胺(固化剂)	6 ~ 8
邻苯二甲酸二丁脂(增韧剂)	20	丙酮(稀释剂)	适当

5）将端部所有引出线加包一层白纱带，并均匀涂敷一层环氧树脂胶进行保护。

6）在室温下固化 8 ~ 12h，绝缘层表面喷两遍风干灰磁漆。

7）按照大修耐压试验标准，先用 2500V 绝缘电阻表测量定子绕组对地（对电动机外壳）绝缘电阻，应不小于 500MΩ，然后进行工频耐压试验。对额定电压大于 6kV 的高压电动机，在 9kV 电压下进行试验，时间为 1min。

第二章　三相异步电动机绕组重绕

第一节　电机修理常用材料及选用

一、交流电动机常用电磁线及绝缘材料

交流电动机常用的电磁线及绝缘材料见表2-1。

表2-1　交流电机常用电磁线及绝缘材料

名称	E级	B级	F级	H级
电磁线	QQ—2，QQB，QQL—2，QQLB缩醛漆包线	QZ—2，QZB，QZL—2，QZLB聚酯漆包线 SBEC，SBECB，SBEL-CB双玻璃丝包线 QZSBECB双玻璃丝包聚酯漆包线	QZY—2聚酯亚胺漆包线 QZ(G)，QZ(G)B改性聚酯漆包线 QZYS—BECB双玻璃丝包聚酯亚胺漆包线	QZY，QZYB聚酰亚胺漆包线 SBEG，SBEGB硅有机漆双玻璃丝包线 SBEMB/180聚酰亚胺薄膜绕包线
槽绝缘材料	6520聚酯薄膜绝缘纸复合箔 6530聚酯薄膜玻璃漆布复合箔	6530聚酯薄膜玻璃漆布复合箔 DMD，DMDM聚酯薄膜聚酯纤维纸复合箔	6641聚酯薄膜聚酯纤维非织布复合材料 NMN聚酯薄膜芳香族聚酯胺纤维纸复合箔 SMS聚酰薄膜芳香族聚砜酰胺纤维纸复合箔 DMO聚酯薄膜噁二唑纤维纸复合箔	NHN聚酰亚胺薄膜芳香族聚酰胺纤维纸复合箔 SMS聚酰亚胺薄膜芳香族聚砜酰胺纤维纸复合箔 DMO聚酯薄膜噁二唑纤维纸复合箔
绕包绝缘材料	2412油性玻璃漆布	2430沥青醇酸玻璃漆布 2432醇酸玻璃漆布 2433环氧玻璃漆布 5438—1环氧玻璃粉云母带 9541—1钛改性环氧玻璃粉云母带	聚萘酯薄膜，其他材料同H级	2450有机硅玻璃漆布 2560聚酰亚胺玻璃漆布 5450—1聚酰亚胺薄膜有机硅玻璃粉云母带
绑扎带（转子用）	2830聚酯绑扎带	2830聚酯绑扎带	2840环氧绑扎带	2850聚胺-酰亚胺绑扎带
槽楔、垫条、接线板等绝缘件	3020—3023酚醛层压纸板 4010，4013竹（经过处理，如油煮）酚醛塑料	3230酚醛层压玻璃布板 3231苯胺酚醛层压玻璃布板 4330酚醛玻璃纤维压塑料	3250有机硅环氧层压玻璃布板 3251有机硅层压玻璃布板 3240环氧酚醛层压玻璃布板	9330聚二苯醚层压玻璃布板 9335聚胺酰亚胺层压玻璃布板

（续）

名称	E 级	B 级	F 级	H 级
漆管、套管	2714 油性玻璃漆管	2730 醇酸玻璃漆管	同 H 级	2750 有机硅玻璃漆管 2751 硅橡胶玻璃丝管
引接线	JBQ（500V、1140V）橡皮绝缘丁腈护套引接线	JBYH（500V、1140V、6000V）氯磺化聚乙烯橡皮绝缘引接线 JBHF6kV 橡皮绝缘氯丁护套引接线	JFEH（6000V 及以下）乙丙橡胶绝缘引接线	JHS（500V）硅橡胶绝缘引接线 （500V）聚四氟乙烯引接线
浸渍漆	1032 三聚氰胺醇酸漆	1032 三聚氰胺醇酸漆 5152—2 环氧聚酯酚醛无溶剂漆	155 聚酯浸渍漆 319—2 不饱和聚酯无溶剂漆	1053 有机硅浸渍漆 931 低温干燥有机硅漆

二、常用漆包线

常用漆包线的型号、特点及主要用途见表 2-2。圆电磁线的常用数据见表 2-3。我国线规与英美线规对照见表 2-4。

表 2-2 常用漆包线的型号、特点和主要用途

名称	型号	规格/mm	特点			主要用途
			耐温指数/℃	优点	局限性	
油性漆包线	Q	0.02～2.50	105	漆膜均匀，介质损耗角正切值小	耐刮性差，耐溶剂性差（使用浸剂漆时应注意）	中、高频线圈及仪表、电器的线圈
缩醛漆包圆铜线	QQ-1 QQ-2 QQ-3	0.02～2.50	—	热冲击性好，耐刮性好，耐水解性良好	漆膜卷绕后出现湿裂现象（浸渍前须在120℃左右的温度下加热 1h 以上，消除裂痕）	普通中、小型电动机，微电动机，油浸变压器及电器仪表用线圈
缩醛漆包扁铜线	QQ-B	a 边 0.8～5.6 b 边 2.0～18.0				
聚氨酯漆包圆铜线	QA-1 QA-2	0.015～1.00	—	高频下介质损耗角正切值小；可直接焊接，无需刮去漆膜；着色性好	过载性能差，热冲击及耐刮性尚可	要求 Q 值稳定的高频线圈、电视线圈和仪表用细线圈
聚酯漆包圆铜线	QZ-1/155-Ⅰ QZ-2/155-Ⅱ QZ-1/155-Ⅱ QZ-2/155-Ⅱ	0.02～2.50	155	耐电压性能好，软化击穿性能好	耐水解性差，与含氯高分子化合物不相容	通用中、小型电机、干式变压器和电器仪表的线圈
聚酯漆包扁铜线	QZB	a 边 0.8～5.6 b 边 2.0～18.0				

（续）

名称	型号	规格/mm	特点			主要用途
			耐温指数/℃	优点	局限性	
改性聚酯亚胺漆包圆铜线	QZYH-1 QZYH-2	0.06～2.50	180	热冲击性能好，软化击穿性能好，耐冷冻剂性能好，耐热性能好	与含氯高分子化合物不相容	高温电动机、制冷装置中的电动机、干式变压器和仪表仪器的线圈
改性聚酯亚胺漆包扁铜线	QZYHB	a边0.8～5.6 b边2.0～18.0				
聚酰胺酯亚胺漆包圆铜线	QXY-1 QXY-2	0.06～2.50	200	耐热性、热冲击性、软化击穿性好，耐刮性好，耐化学药品性、耐冷冻剂性好	与含氯高分子化合物不相容	高温、重载电机，牵引电动机，制冷装置中的电动机，干式变压器和仪表仪器的线圈
聚酰胺酰亚胺漆包扁铜线	QXYB	a边0.8～5.6 b边2.0～18.0				
聚酰亚胺漆包圆铜线	QY-1 QY-2	0.02～2.50	220	耐热性最优，软化击穿、热冲击性好，能承受短期过载，耐低温性好，耐辐照性好，耐溶剂、耐化学药品性好	耐刮性尚可，耐碱性差，耐水解性差，漆膜经卷绕后产生湿裂（浸渍前须在150℃左右的温度下加热1h以上，消除裂痕）	耐高温电动机、干式变压器线圈、密封继电器及电子元件
耐冷冻剂漆包圆铜线	QF	0.6～2.50	105	在密闭装置中能耐潮，耐制冷剂	漆膜经卷绕后产生湿裂（浸渍前须在120℃左右的温度下加热1h以上，消除裂痕）	空调设备和制冷装置中的电动机线圈
自粘性漆包圆铜线	QAN	0.10～0.44	120	不需要浸渍处理，经一定温度烘焙后能自行粘合成型	不推荐在过载条件下使用	电子元件和无骨架线圈
耐热型自粘性漆包圆铜线	QZN	0.05～0.80	130	同上，耐化学药品性好，粘结力好，有阻燃性	—	微电机、仪表用线圈、电视机中的线圈、无骨架线圈、电器和无骨架线圈
自熄型自粘性漆包圆铜线	—	0.05～0.50	120			
改性聚酯亚胺—聚酰胺酰亚胺复合漆包圆铜线	QZYH/QXY	0.06～2.50	180	耐热冲击性能好，软化击穿性能好，耐冷冻剂性能好，耐化学药品性能好	与含氯高分子化合物不相容	高温电动机、制冷装置中的电动机、干式变压器线圈
改性聚酯亚胺—聚酰胺酰亚胺复合漆包扁铜线	QZYHB/QXYB	a边0.8～5.6 b边2.0～18.0				

表2-3 圆电磁线的常用数据

铜导线规格		直流电阻20℃,不大于/(Ω/m)	聚酯漆包线		双丝包线	丝漆包线最大外径/mm				玻璃丝包线最大外径/mm	
线径/mm	标称截面积/mm²		最大外径/mm	近似重量/(kg/km)		单丝包油性漆包线	双丝包油性漆包线	单丝包聚酯漆包线	双丝包聚酯漆包线	单玻璃丝包漆包线	双玻璃丝包漆包线
0.05	0.001964	10.08	0.065	0.0180	0.16	0.14	0.18	0.14	0.18		
0.06	0.00283	6.851	0.080	0.0280	0.17	0.15	0.19	0.16	0.20		
0.07	0.00385	4.958	0.090	0.0380	0.18	0.16	0.20	0.17	0.21		
0.08	0.00503	3.754	0.100	0.0490	0.19	0.17	0.21	0.18	0.22		
0.09	0.00636	2.940	0.110	0.0620	0.20	0.18	0.22	0.19	0.23		
0.10	0.00785	2.466	0.125	0.0750	0.21	0.19	0.23	0.20	0.24		
0.11	0.00950	2.019	0.135	0.0910	0.22	0.20	0.24	0.21	0.25		
0.12	0.01131	1.683	0.145	0.1073	0.23	0.21	0.25	0.22	0.26		
0.13	0.01327	1.424	0.155	0.1253	0.24	0.22	0.26	0.23	0.27		
0.14	0.01539	1.221	0.165	0.145	0.25	0.23	0.27	0.24	0.28		
0.15	0.01767	1.059	0.180	0.166	0.26	0.24	0.28	0.25	0.29		
0.16	0.0201	0.9264	0.190	0.188	0.28	0.26	0.30	0.28	0.32		
0.17	0.0227	0.8175	0.200	0.212	0.29	0.27	0.31	0.29	0.33		
0.18	0.0254	0.7267	0.210	0.237	0.30	0.28	0.32	0.30	0.34		
0.19	0.0284	0.6503	0.220	0.263	0.31	0.29	0.33	0.31	0.35		
0.20	0.0314	0.5853	0.230	0.290	0.32	0.30	0.35	0.32	0.36		
0.21	0.0346	0.5296	0.240	0.320	0.33	0.32	0.36	0.33	0.37		
0.23	0.0415	0.4396	0.265	0.383	0.36	0.35	0.39	0.36	0.41		
0.25	0.0491	0.3708	0.290	0.452	0.38	0.37	0.42	0.38	0.43		
0.28	0.0616	0.3052	0.320	0.564	0.41	0.40	0.45	0.41	0.46		
0.31	0.0755	0.2473	0.35	0.690	0.44	0.43	0.48	0.44	0.49		
0.33	0.0855	0.2173	0.37	0.780	0.47	0.46	0.51	0.48	0.53		
0.35	0.0962	0.1925	0.39	0.876	0.49	0.48	0.53	0.51	0.55		
0.38	0.1134	0.1626	0.42	1.030	0.52	0.51	0.56	0.53	0.58		
0.40	0.1257	0.1463	0.44	1.165	0.54	0.53	0.58	0.55	0.60		
0.42	0.1385	0.1324	0.46	1.290	0.56	0.55	0.60	0.57	0.62		
0.45	0.1590	0.1150	0.49	1.415	0.59	0.58	0.63	0.60	0.65		
0.47	0.1735	0.1052	0.51	1.570	0.61	0.60	0.65	0.62	0.67		
0.50	0.1964	0.09269	0.54	1.834	0.64	0.63	0.68	0.65	0.70		
0.53	0.221	0.08231	0.58	2.010	0.67	0.67	0.72	0.69	0.74	0.73	0.79
0.56	0.246	0.07357	0.61	2.269	0.70	0.70	0.75	0.72	0.77	0.76	0.82
0.60	0.283	0.06394	0.65	2.581	0.74	0.74	0.79	0.76	0.81	0.80	0.86
0.63	0.312	0.05790	0.68	2.813	0.77	0.77	0.83	0.79	0.84	0.83	0.89
0.67	0.353	0.05109	0.72	3.199	0.82	0.82	0.87	0.85	0.90	0.88	0.93
0.71	0.396	0.04608	0.76	3.575	0.86	0.86	0.91	0.89	0.94	0.93	0.98
0.75	0.442	0.03904	0.81	3.998	0.91	0.91	0.97	0.94	1.00	0.97	1.02
0.80	0.503	0.03351	0.86	4.569	0.96	0.96	1.02	0.99	1.05	1.02	1.07

（续）

铜导线规格		直流电阻20℃，不大于/(Ω/m)	聚酯漆包线		双丝包线	丝漆包线最大外径/mm				玻璃丝包线最大外径/mm	
线径/mm	标称截面积/mm²		最大外径/mm	近似重量/(kg/km)		单丝包油性漆包线	双丝包油性漆包线	单丝包聚酯漆包线	双丝包聚酯漆包线	单玻璃丝包漆包线	双玻璃丝包漆包线
0.85	0.567	0.03192	0.91	5.189	1.01	1.01	1.07	1.04	1.10	1.07	1.12
0.90	0.636	0.02842	0.96	5.865	1.06	1.06	1.12	1.09	1.15	1.12	1.17
0.95	0.709	0.02546	1.01	6.711	1.11	1.11	1.17	1.14	1.20	1.17	1.22
1.00	0.785	0.02294	1.07	7.156	1.17	1.18	1.24	1.22	1.28	1.25	1.29
1.06	0.882	0.02058	1.14	8.245	1.23	1.25	1.31	1.28	1.34	1.31	1.35
1.12	0.958	0.01839	1.20	8.910	1.29	1.31	1.37	1.34	1.40	1.37	1.41
1.18	1.094	0.01654	1.26	9.782	1.35	1.37	1.43	1.40	1.46	1.43	1.47
1.25	1.227	0.01471	1.33	11.10	1.42	1.44	1.50	1.47	1.53	1.50	1.54
1.30	1.327	0.01358	1.38	12.00	1.47	1.49	1.55	1.52	1.58	1.55	1.59
1.35	1.431	0.01282	1.43	12.90							
1.40	1.539	0.01169	1.48	13.90	1.57	1.59	1.65	1.62	1.68	1.65	1.69
1.50	1.767	0.01016	1.58	15.99	1.67	1.69	1.75	1.72	1.78	1.75	1.81
1.60	2.01	0.008915	1.69	18.40	1.78	1.80	1.87	1.83	1.90	1.87	1.91
1.70	2.27	0.007933	1.79	20.37	1.88	1.90	1.97	1.93	2.00	1.97	2.01
1.80	2.54	0.007064	1.89	22.81	1.98	2.00	2.07	2.03	2.10	2.67	2.11
1.90	2.84	0.006331	1.99	25.40	2.08	2.10	2.17	2.13	2.20	2.17	2.21
2.00	3.14	0.005706	2.09	28.20	2.18	2.20	2.27	2.23	2.30	2.27	2.31
2.12	3.53	0.005071	2.21	31.40	2.30	2.32	2.39	2.35	2.42	2.39	2.48
2.24	3.94	0.004557	2.33	36.00	2.42	2.44	2.51	2.47	2.54	2.51	2.60
2.36	4.37	0.004100	2.45	41.23	2.54	2.56	2.63	2.50	2.66	2.63	2.72
2.50	4.91	0.003648	2.59	44.51	2.68	2.70	2.77	2.73	2.80	2.77	2.86

表 2-4 我国线规与英美线规对照表

英、美线规的编号	相当于线规编号的线径						英、美线规的编号	相当于线规编号的线径					
	AWG 线规		BWG 线规		SWG 线规			AWG 线规		BWG 线规		SWG 线规	
	/mm	/mil[⊖]	/mm	/mil	/mm	/mil		/mm	/mil[⊖]	/mm	/mil	/mm	/mil
0000000	—	—	—	—	12.70	500	1	7.348	289.3	7.620	300	7.620	300
000000	—	—	—	—	11.79	464	2	6.544	257.6	7.214	284	7.010	276
00000	—	—	—	—	10.97	432	3	5.827	229.4	6.579	259	6.401	252
0000	11.68	460	11.53	454	10.16	400	4	5.189	204.3	6.045	238	5.893	232
000	10.40	409.6	10.80	425	9.449	372	5	4.621	181.9	5.588	220	5.385	212
00	9.266	364.8	9.652	380	8.839	348	6	4.115	162	5.516	203	4.877	192
0	8.252	324.9	8.636	340	8.230	324	7	3.665	144.3	4.572	180	4.470	176

⊖ 1mil = 25.4×10^{-6}m，后同。

（续）

英、美线规的编号	相当于线规编号的线径						英、美线规的编号	相当于线规编号的线径					
	AWG 线规		BWG 线规		SWG 线规			AWG 线规		BWG 线规		SWG 线规	
	/mm	/mil	/mm	/mil	/mm	/mil		/mm	/mil⊖	/mm	/mil	/mm	/mil
8	3.264	128.5	4.191	165	4.064	160	30	0.2548	10.03	0.3048	12	0.3353	13.2
9	2.906	114.4	3.759	148	3.658	144	31	0.2268	8.928	0.2540	10.0	0.2946	11.6
10	2.588	101.9	3.404	134	3.251	128	32	0.2019	7.950	0.2286	9.0	0.2743	10.8
11	2.305	90.74	3.048	120	2.946	116	33	0.1798	7.080	0.2032	8.0	0.2540	10.0
12	2.053	80.81	2.769	109	2.642	104	34	0.1601	6.305	0.1778	7.0	0.2237	9.2
13	1.828	71.96	2.413	95	2.337	92	35	0.1426	5.615	0.1270	5.0	0.2143	8.4
14	1.628	64.08	2.108	83	2.032	80	36	0.1270	5.000	0.1016	4.0	0.1930	7.6
15	1.450	57.07	1.829	72	1.829	72	37	0.1131	4.453	—	—	0.1727	6.8
16	1.291	50.82	1.651	65	1.626	64	38	0.1007	3.965	—	—	0.1524	6.0
17	1.150	45.26	1.473	58	1.422	56	39	0.08969	3.531	—	—	0.1321	5.2
18	1.024	40.30	1.245	49	1.219	48	40	0.07985	3.145	—	—	0.1219	4.8
19	0.9116	35.89	1.067	42	1.016	40	41	0.07112	2.800	—	—	0.1118	4.4
20	0.8118	31.96	0.8890	35	0.9144	36	42	0.06335	2.495	—	—	0.1016	4.0
21	0.7229	28.46	0.8128	32	0.8123	32	43	0.05641	2.221	—	—	0.09144	3.6
22	0.6439	25.35	0.7112	28	0.7112	28	44	0.05024	1.978	—	—	0.08128	3.2
23	0.5733	22.57	0.6350	25	0.6096	24	45	0.04473	1.761	—	—	0.07112	2.8
24	0.5106	20.10	0.5588	22	0.5588	22	46	0.03984	1.568	—	—	0.06096	2.4
25	0.4547	17.90	0.5080	20	0.5080	20	47	0.03547	1.367	—	—	0.05080	2.0
26	0.4049	15.94	0.4572	18	0.4572	18	48	0.03159	1.244	—	—	0.04064	1.6
27	0.3606	14.20	0.4064	16	0.4166	16.4	49	0.02813	1.107	—	—	0.03048	1.2
28	0.3211	12.64	0.3556	14	0.3759	14.8	50	0.02505	0.9863	—	—	0.02540	1.0
29	0.2859	11.26	0.3302	13	0.3454	13.6							

注：1. AWG—美国线规。

2. BWG—伯明翰线规。

3. SWG—英国标准线规。

三、常用绕包线、无机绝缘电磁线和特种电磁线

无机绝缘电磁线的型号、特点及主要用途见表2-5。绕包线的型号、特点及主要用途见表2-6。特种电磁线的型号、特点及主要用途见表2-7。

表2-5 无机绝缘电磁线的型号、特点和主要用途

类别	产品名称	型号	规格范围/mm	产品特点	主要用途
氧化膜线和铝带	氧化膜圆铝线 氧化膜扁铝线 氧化膜铝带（箔）	YML YMLC YMLB YMLBC YMLD	0.05～5.0 a边1.0～4.0 b边2.5～6.30 厚0.08～1.00 宽20～900	不用绝缘漆封闭的氧化膜铝线，长期使用温度可达240℃以上，槽满率高，重量轻，耐辐射性好	起重电磁铁、高温制动器、干式变压器线圈并用于需耐辐射的场合
陶瓷绝缘线	陶瓷绝缘线	TC	0.06～0.50	耐高温性能好，长期工作温度可达500℃，耐化学腐蚀性好，耐辐射性好	用于高温及有辐射的场合

表 2-6　绕包线的型号、特点和主要用途

类别	产品名称	型号	规格/mm	特点：温度指数	特点：优点	特点：局限性	主要用途
纸包线	纸包圆铜线	Z	1.0～5.6	105	用于油浸变压器线圈，耐电压击穿性好	绝缘纸容易破裂	油浸变压器绕组
	纸包扁铜线	ZB	a边0.9～5.6 b边2.0～18.0				
	聚酰胺纤维纸(No-mex)纸包圆铜线	—		200	(1) 能经受严酷的加工工艺 (2) 与干、湿变压器通常使用的原材料能相容 (3) 无工艺污染		用于高温干式变压器、中型高温电机绕组
	聚酰胺纤维纸(No-mex)纸包扁铜线	—					
玻璃丝包线	温度指数为130的双玻璃丝包圆铜线	SBE/130	0.30～5.00	130	(1) 过负载性优 (2) 耐电晕性优	(1) 弯曲性较差 (2) 耐潮性较差	中型大型电机的绕组
	温度指数为130的双玻璃丝包圆铝线	SBEL/130		130			
	温度指数为155的双玻璃丝包圆铜线	SBEL/155		155			
	温度指数为155的双玻璃丝包圆铝线	SBEL/155		155			
	温度指数为180的双玻璃丝包圆铜线	SBE/180		180			
	温度指数为180的双玻璃丝包圆铝线	SBEL/180		180			
	温度指数为130的单玻璃丝包漆包圆铜线	SBQ/130	0.30～2.50	130	(1) 过负载性优 (2) 耐电压耐电晕性优 (3) 绝缘层较薄		中型电机的绕组
	温度指数为155的单玻璃丝包漆包圆铜线	SBQ/155		155			
	温度指数为180的单玻璃丝包漆包圆铜线	SBQ/180		180			
	温度指数为130的双玻璃丝包扁铜线	SBEB/130	a边0.80～5.60 b边2.00～16.00	130	(1) 过负载性优 (2) 耐电晕性优	(1) 弯曲性较差 (2) 耐潮性较差	中型、大型电机的绕组
	温度指数为130的双玻璃丝包扁铝线	SBELB/130		130			
	温度指数为155的双玻璃丝包扁铜线	SBEB/155		155			
	温度指数为180的双玻璃丝包扁铜线	SBEB/180		180			
	温度指数为130的单玻璃丝包漆包扁铜线	SBQB/130	a边0.80～5.60 b边2.00～16.00	130	(1) 过负载性优 (2) 耐电压性优 (3) 耐电晕性优	弯曲性较差	中型大型电机的绕组
	温度指数为130的双玻璃丝包漆包扁铜线	SBEQB/130		130			

（续）

类别	产品名称	型号	规格/mm	特点			主要用途
				温度指数	优点	局限性	
玻璃丝包线	温度指数为130的单玻璃丝包漆包扁铝线	SBQLB/130	a边0.80～5.60 b边2.00～16.00	130	（1）过负载性优 （2）耐电压性优 （3）耐电晕性优	弯曲性较差	中型大型电机的绕组
	温度指数为130的双玻璃丝包漆包扁铝线	SBEQLB/130		130			
	温度指数为155的单玻璃丝包漆包扁铜线	SBQB/155		155			
	温度指数为155的双玻璃丝包漆包扁铜线	SBEQB/155		155			
	温度指数为180的单玻璃丝包漆包扁铜线	SBQB/180		180			
	温度指数为180的双玻璃丝包漆包扁铜线	SBEQB/180		180			
	温度指数为130的单玻璃丝包薄膜绕包扁铜线	SBMB/130	a边0.80～5.60 b边2.00～16.00	130	（1）过负载性优 （2）耐电压性优	绝缘层较厚	可用于较严酷工艺条件下，中型、大型电机的绕组
	温度指数为130的双玻璃丝包薄膜绕包扁铜线	SBEMB/130		130			
	温度指数为155的单玻璃丝包薄膜绕包扁铜线	SBMB/155		155			
	温度指数为155的双玻璃丝包薄膜绕包扁铜线	SBEMB/155		155			
	温度指数为180的单玻璃丝包薄膜绕包扁铜线	SBMB/180		180			
	温度指数为180的双玻璃丝包薄膜绕包扁铜线	SBEMB/180		180			
薄膜绕包线	耐电压4kV双层聚酰亚胺-氟46复合薄膜绕包圆铜线	MYFE-4	1.50～5.00	200	（1）耐电压性优 （2）耐油性优 （3）耐高、低温性优 （4）耐辐射性优 （5）在密封条件下耐油水性优 （6）耐拖磨性优	耐碱性差	（1）用于潜油电机及油型电机特殊绕组线，其圆线也适合用于潜油泵电缆绝缘线芯 （2）用于高温轧钢机，牵引电机 （3）耐辐射特种电机 （4）干式变压器
	耐电压7.25kV三层聚酰亚胺-氟46复合薄膜绕包圆铜线	MYFS-7.25					
	耐电压8.7kV三层聚酰亚胺-氟46复合薄膜绕包圆铜线	MYFS-8.7					
	耐电压10kV三层聚酰亚胺-氟46复合薄膜绕包圆铜线	MYFS-10					
	200级单聚酰亚胺-氟46复合薄膜绕包扁铜线	MYFB		200	（1）耐电压性优 （2）耐油性优 （3）耐高、低温性优 （4）耐辐射性优 （5）在密封条件下耐油水性优 （6）耐拖磨性优	耐碱性差	（1）用于潜油电机及油型电机特殊绕组线，其圆线也适合用于潜油泵电缆绝缘线芯 （2）用于高温轧钢机，牵引电机 （3）耐辐射特种电机 （4）干式变压器
	200级双聚酰亚胺-氟46复合薄膜绕包扁铜线	MYFEB					

表 2-7 特种电磁线的型号、特点和主要用途

类别	产品名称	型号	耐热等级	规格范围/mm	产品特点	主要用途
高频绕组线	单丝包高频绕组线 双丝包高频绕组线	SQJ SEQJ	Y	由多根漆包线绞制成线芯	Q 值大，系多根漆包线组成，柔软性好，可降低趋肤效应，如采用聚氨酯漆包线有直焊性	要求 Q 值稳定和介质损耗角小的仪表电器线圈
中频绕组线	玻璃丝包中频绕组线	QZJBSB	B H	宽 2.1～8.0 高 2.8～12.5	系多根漆包线组成，柔软性好，可降低趋肤效应，嵌线工艺简单	用于 1000～8000Hz 的中频变频机绕组
换位导线	换位导线	QQLBH	A	a 边 1.56～3.82 b 边 4.7～10.8	简化绕制线圈工艺，无循环电流，线圈内的涡流损耗小，比纸包线槽满率高	大型变压器线圈
塑料绝缘绕组线	聚氯乙烯绝缘潜水电动机绕组线	QQV	Y	线芯截面积 0.6～11.0mm^2	耐水性能较好	潜水电动机绕组
	聚乙烯绝缘尼龙护套湿式潜水电动机绕组线	SQYN	Y	线芯截面积 0.28～5.0mm^2	耐水性能良好，护套具有较高的机械强度	
		SJYN		线芯截面积 3.55～30mm^2		

SQYN 型耐水线结构与参数见表 2-8；SJYN 型耐水线结构与参数见表 2-9。

表 2-8 SQYN 型耐水线结构与参数

结构与标称直径/(根/mm)	导体直径偏差/±mm	漆包线最大外径/mm	导体标称截面积/mm^2	聚乙烯绝缘标称厚度/mm	尼龙护套标称厚度/mm	绕组线平均外径上限/mm	导体直流电阻/(Ω/m)	
							最小值	最大值
1/0.60	0.006	0.674	0.28	0.30	0.10	1.60	0.05876	0.06222
1/0.63	0.006	0.704	0.31	0.30	0.10	1.65	0.05335	0.05638
1/0.67	0.007	0.749	0.35	0.30	0.10	1.70	0.04722	0.04979
1/0.71	0.007	0.789	0.40	0.30	0.10	1.75	0.04198	0.04442
1/0.75	0.008	0.834	0.45	0.30	0.10	1.80	0.03756	0.03987
1/0.80	0.008	0.884	0.50	0.30	0.10	1.85	0.03305	0.03500
1/0.85	0.009	0.939	0.56	0.30	0.10	1.90	0.02925	0.03104
1/0.90	0.009	0.989	0.63	0.30	0.10	1.95	0.02612	0.02765
1/0.95	0.010	1.044	0.71	0.30	0.10	2.00	0.02342	0.02484
1/1.00	0.010	1.094	0.80	0.30	0.10	2.05	0.02116	0.02240
1/1.06	0.011	1.157	0.90	0.30	0.10	2.10	0.01881	0.01995
1/1.12	0.011	1.217	1.00	0.30	0.12	2.20	0.01687	0.01785
1/1.18	0.012	1.279	1.12	0.30	0.12	2.25	0.01519	0.01609
1/1.25	0.013	1.349	1.25	0.30	0.12	2.30	0.01353	0.01435
1/1.30	0.013	1.402	1.32	0.30	0.12	2.40	0.01252	0.01325
1/1.32	0.013	1.422	1.40	0.30	0.12	2.40	0.01214	0.01285
1/1.40	0.014	1.502	1.60	0.30	0.12	2.45	0.01079	0.01143
1/1.50	0.015	1.606	1.80	0.35	0.12	2.65	0.009402	0.009955

（续）

结构与标称直径/(根/mm)	导体直径偏差/±mm	漆包线最大外径/mm	导体标称截面积/mm²	聚乙烯绝缘标称厚度/mm	尼龙护套标称厚度/mm	绕组线平均外径上限/mm	导体直流电阻/(Ω/m)	
							最小值	最大值
1/1.60	0.016	1.706	2.00	0.35	0.12	2.75	0.008237	0.008749
1/1.70	0.017	0.809	2.24	0.40	0.15	3.00	0.007320	0.007750
1/1.80	0.018	1.909	2.50	0.45	0.15	3.20	0.006529	0.006913
1/1.90	0.019	2.012	2.80	0.45	0.15	3.30	0.005860	0.006204
1/2.00	0.020	2.112	3.15	0.45	0.15	3.40	0.005289	0.005600
1/2.12	0.021	2.235	3.55	0.50	0.15	3.65	0.004708	0.004983
1/2.24	0.022	2.355	4.00	0.50	0.15	3.75	0.004218	0.004462
1/2.36	0.024	2.478	4.50	0.55	0.15	4.00	0.003797	0.004023
1/2.50	0.025	2.618	5.00	0.55	0.15	4.10	0.003385	0.003584

表 2-9 SJYN 型耐水线结构与参数

结构与标称直径/(根/mm)	绞合导体标称直径/mm	标称截面积/mm²	聚乙烯绝缘标称厚度/mm	尼龙护套标称厚度/mm	绕组线平均外径上限/mm	导体直流电阻/(Ω/m)≤
7/0.80	2.40	3.55	0.55	0.15	3.90	0.005098
7/0.90	2.70	4.5	0.55	0.15	4.20	0.004028
7/1.00	3.00	5.6	0.60	0.15	4.60	0.003263
7/1.12	3.36	7.1	0.60	0.15	4.95	0.002601
19/0.63	3.15	6	0.65	0.15	4.85	0.003028
19/0.71	3.55	7.5	0.65	0.15	5.25	0.002384
19/0.75	3.75	8.5	0.65	0.15	5.45	0.002137
19/0.80	4.00	9.5	0.65	0.15	5.70	0.001878
19/0.85	4.25	10.6	0.65	0.15	5.95	0.001664
19/0.90	4.50	11.8	0.65	0.15	6.20	0.001484
19/0.95	4.75	13.2	0.65	0.15	6.45	0.001332
19/1.00	5.00	15	0.70	0.15	6.85	0.001202
19/1.06	5.30	17	0.70	0.15	7.15	0.001070
19/1.12	5.60	19	0.75	0.15	7.50	0.0009582
19/1.18	5.90	21.2	0.75	0.15	7.80	0.0008633
19/1.25	6.25	23.6	0.75	0.15	8.20	0.0007693
19/1.32	6.60	26.5	0.80	0.15	8.70	0.0006899
19/1.40	7.00	30	0.80	0.15	9.10	0.0006133

四、常用浸渍漆和溶剂

有溶剂浸渍漆见表 2-10。无溶剂浸渍漆见表 2-11。表面覆盖漆见表 2-12。常用溶剂及其应用范围见表 2-13。硅钢片漆的特性及应用范围见表 2-14。

表 2-10 有溶剂浸渍漆

项号	名称	型号	标准号	主要组成	耐热等级	用途
1	三聚氰胺醇酸漆	1032 1038 A30—1	JB/T 9558—1999	油改性醇酸树脂、丁醇改性三聚氰胺树脂，溶剂：二甲苯、200 号汽油	B	电机浸渍漆
2	环氧酯漆	1033 A30—2	JB/T 9557—1999	干性植物油酸、环氧树脂、丁醇改性三聚氰胺树脂，溶剂：二甲苯、丁醇	B	耐潮性好，适于电机浸渍漆
3	环氧醇酸漆	H30—6 8340	—	醇酸树脂与环氧树脂共聚物、三聚氰胺树脂	B	电机绕组浸渍漆
4	环氧少溶剂漆	H30—9	—	环氧树脂、桐油酸酐、溶剂二甲苯乙醇混合物、固体含量（质量分数）>70%	B	电机浸渍漆
5	聚酯浸渍漆	155 9105 230—2	—	干性植物油改性对苯二甲酸聚酯树脂、溶剂二甲苯、丁醇	F	电机浸渍漆
6	酚醛改性聚酯漆	155—1 9115	—	亚麻油与甘油的甘油酯、对苯二甲酸二甲酯乙二醇，经缩聚而成，溶剂：二甲苯、丁醇	F	电机浸渍漆，耐热性优良，与漆包线相容性较好
7	亚胺环氧漆	F130	—	环氧树脂、酸酐、亚胺树脂，溶剂：二甲苯、丁醇	F	电机浸渍漆，粘结强度高，与漆包线相容性较好
8	有机硅漆	1053 8703	JB/T 3078—1999	有机硅树脂、溶剂：二甲苯	H	电机浸渍漆，耐热 180℃
9	改性有机硅漆 W30—P	1054 SP931		聚酯改性有机硅树脂，溶剂：甲苯，二甲苯	H	电机浸渍漆，固化温度低
10	聚酰胺酰亚胺漆	D004 PAI—2 H71 190	—	聚酰胺酰亚胺树脂，溶剂：二甲基乙酰胺、稀释剂：二甲苯	H	适用于耐高温电机浸渍漆

表 2-11 无溶剂浸渍漆

项号	名称	型号	主要组成	耐热等级	用途
1	环氧无溶剂漆	110	6101 环氧树脂、桐油酸酐、松节油酸酐、苯乙烯	B	沉浸小型低压电机线圈
2	不饱和聚酯沉浸漆	J844—K	环氧改性不饱和聚酯树脂、促进剂等	B F	沉浸小型低压电机线圈
3	环氧无溶剂漆	9102	618 或 6101 环氧树脂、桐油酸酐、70 酸酐、903 或 901 固化剂、环氧丙烷丁基醚	B	滴浸小型低压电机线圈
4	环氧无溶剂漆	111 8611	6101 环氧树脂、桐油酸酐、苯乙烯、二甲基咪唑乙酸盐	B	滴浸小型低压电机线圈
5	环氧无溶剂漆	H30—5	苯基苯酚环氧树脂、桐油酸酐、二甲基咪唑	B	滴浸小型低压电机线圈
6	环氧无溶剂漆	594 型	618 环氧树脂、594 固化剂、环氧丙烷丁基醚	B	可用于整浸中型高压电机

（续）

项号	名　称	型号	主要组成	耐热等级	用　途
7	环氧无溶剂漆	9101	618环氧树脂、901固化剂、环氧丙烷丁基醚	B	可用于整浸中型高压电机
8	环氧聚酯无溶剂漆	H30—11	环氧树脂、聚酯树脂、苯乙烯	B	沉浸小型低压电机
9	环氧聚酯无溶剂漆	H30—18	环氧树脂、聚酯树脂、苯乙烯	B	沉浸小型低压电机
10	环氧聚酯酚醛无溶剂漆	5152—2	6101环氧树脂、丁醇改性甲酚甲醛树脂、不饱和聚酯、桐油酸酐、过氧化二苯甲酰、苯乙烯、对苯二酚	B	沉浸小型低压电机
11	DAP环氧无溶剂漆	J1131	环氧树脂、改性邻苯二甲酸、二烯丙酯	B	适于微电机真空压力浸漆
12	环氧无溶剂滴浸漆	J1131—D	环氧树脂、酸酐、促进剂	B	滴浸小型电机微型电机
13	环氧聚酯无溶剂漆	D023 上1130	环氧树脂、不饱和聚酯、酚醛树脂、苯乙烯等	B	沉浸中小型低压电机
14	不饱和聚酯绝缘漆滴浸	J844—D	环氧改性不饱和聚酯树脂、促进剂等	B、F	滴浸小型低压电机
15	环氧树脂快干漆J831	J831	环氧树脂、酸酐、促进剂等	B	沉浸低压电机
16	环氧聚酯无溶剂漆	EIU 112 上1140	不饱和聚酯亚胺树脂、618和6101环氧酯、桐油酸酐、过氧化二苯甲酰、苯乙烯、对苯二酚	F	沉浸小型F级电机
17	不饱和聚酯环氧无溶剂漆	319—2 802 FT1052 (9110)	二甲苯树脂、耐热不饱和聚酯、环氧树脂、苯乙烯	B、F	沉浸B、F绝缘低压电机
18	环氧亚胺无溶剂漆D021	D021	聚酰亚胺、环氧树脂等	F	沉浸F级电机
19	亚胺-环氧无溶剂滴浸漆	D020	亚胺-环氧树脂组成双组分无溶剂漆，甲、乙组分分包装	F、H	适于F、H级滴浸电机，耐辐射、耐氟利昂

表2-12　表面覆盖漆

项号	名　称	型号	标准号	主要组成	耐热等级	用　途
1	晾干醇酸漆	1231 C31—1	JB/T875—1999	干性植物改性苯二甲酸季戊四醇醇酸树脂、干燥剂	B	覆盖电器，绝缘零件
2	晾干醇酸漆	1321 C32—9 C32—39	JB/T9555—1999	油改性醇酸树脂干燥剂、颜料	B	覆盖电机、电器线圈等
3	醇酸灰瓷漆	1320 C32—8 C32—58		油改性醇酸树脂颜料	B	覆盖电机、电器线圈

（续）

项号	名　称	型号	标准号	主要组成	耐热等级	用　途
4	环氧酯灰瓷漆	163 H31—4 H31—54	—	环氧酯化物、氨基树脂、防霉剂	B	覆盖湿热带电机线圈
5	晾干环氧酯灰瓷漆	164 H31—2	—	环氧树脂酯化物、颜料、干燥剂、防霉剂	B	覆盖湿热带电机线圈
6	环氧聚酯铁红瓷漆	6341 H31—7	—	环氧树脂、酚醛树脂、己二酸聚酯树脂	B	覆盖电机线圈，亦可用于湿热带电机
7	聚酯晾干瓷漆	165	—	改性聚酯漆基加入颜料、干燥剂等	F	用于覆盖F级转子线圈
8	聚酯晾干镉红瓷漆	180	—	改性聚酯漆基加入颜料、干燥剂等	F	用于覆盖F级转子线圈
9	晾干有机硅红瓷漆	167	—	有机硅树脂、醇酸树脂、颜料等	H	覆盖晾干或低温干燥高温电机线圈
10	有机硅瓷漆	W32—51 W32—53 169 9131 W31—1	—	有机硅树脂、颜料等	H	烘焙干燥，覆盖耐高温电机线圈
11	晾干环氧酯漆	9120 H31—3	—	干性油酸与环氧酯化物、干燥剂等	B	晾干或低温干燥覆盖绝缘零部件，适用于湿热带

表2-13　常用溶剂及其应用范围

名　称	应　用　范　围
溶剂汽油、煤油、松节油	油性漆、沥青漆、醇酸漆等
苯、甲苯、二甲苯	沥青漆、聚酯漆、聚氨酯漆、醇酸漆、环氧树脂漆和有机硅漆等
丙酮、环乙酮	环氧树脂漆、醇酸漆等
乙醇	酚醛漆、环氧树脂漆等
丁醇	聚酯漆、聚氨酯漆、环氧树脂漆、有机硅漆等
甲酚	聚酯漆、聚氨酯漆等
糠醛	聚乙烯醇缩醛漆
乙二醇乙醚、二甲苯甲酰胺、二甲基乙酰胺	聚酰亚胺漆

表2-14　硅钢片漆的特性及应用范围

名称	型号	耐热等级	特性及应用范围
油性漆	1611	A	在高温（400～500℃）下干燥快，漆膜厚度均匀、坚硬、耐油，适用于涂覆一般用途的小型电机、电器用的硅钢片
醇酸漆	6161 5364	B	在300～350℃下干燥快，漆膜有较好的耐热性和耐电弧性，适用于涂覆一般电机、电器用的硅钢片，但不宜涂覆磷酸盐处理的硅钢片

（续）

名称	型号	耐热等级	特性及应用范围
环氧酚醛漆	H52-1 E-9 114	F	附着力强，在200～350℃下干燥快，漆膜有较好的耐热性、耐潮性、耐腐蚀性和电气性能，适用于涂覆大型电机、电器用的硅钢片，而且适宜涂覆磷酸盐处理的硅钢片及其他硅钢片
有机硅漆	9475 W35-1	H	漆膜耐热性和电气性能优良，适用于涂覆高温电机、电器用的硅钢片，但不宜涂覆磷酸盐处理的硅钢片
聚酰胺酰亚胺漆	PAI-Q	H	漆的涂覆工艺性和干燥性能好，耐热性高，耐溶剂性好，漆膜附着力强，适用于涂覆高温电机、电器用的各种硅钢片

五、电工绝缘用纸（板）、漆布、漆管和粘带

电机常用绝缘材料见表2-15。漆布的品种、特性和用途见表2-16。漆管的品种、特性和用途见表2-17。常用粘带的品种、主要性能和用途见表2-18。

表2-15 电机常用绝缘材料

耐热等级	名称	型号	标准厚度/mm
A、E、B F、H、C	青壳纸		0.10～0.40
A	油性漆布	2010	0.15、0.17、0.20、0.24
	油性漆布	2012	0.17、0.20、0.24
	油性漆绸	2210	0.04、0.05、0.06、0.08、0.10、0.12、0.15
	油性漆绸	2212	0.08、0.10、0.12、0.15
E	油性玻璃漆布	2412	0.11、0.13、0.15、0.17、0.20、0.24
	聚酯薄膜	2820	0.006～0.40
	聚酯薄膜绝缘纸复合箔（一层聚酯薄膜，一层青壳纸）	6520或2910	0.15～0.30
B	沥青醇酸玻璃漆布	2430	0.11、0.13、0.15、0.17、0.20、0.24
	醇酸玻璃漆布	2432	0.11、0.13、0.15、0.17、0.20、0.24
	环氧玻璃漆布	2433	0.13、0.15、0.17
	聚酯纤维纸	6630	0.08
	醇酸纸柔软云母板	5130	0.15、0.2～0.25、0.3～0.5
	醇酸玻璃柔软云母板	5131	0.15、0.2～0.25、0.3～0.5
	醇酸柔软云母板	5133	0.15、0.2～0.25、0.3～0.5
	聚酯薄膜玻璃漆布复合箔	6530	0.17～0.24
	聚酯薄膜酯纤维纸复合箔	DMD或DMDM	0.20～0.25
F	F级聚酯薄膜聚酯纤维纸复合箔	F级DMD	0.25～0.30
	聚萘酯薄膜		0.02～0.10
	聚酯薄膜聚酯纤维纸复合箔	NMN	0.25～0.30
	聚砜酰胺纤维纸聚酯薄膜复合箔	SMS	
H	有机硅玻璃漆布	2450	0.06、0.08、0.11、0.13、0.15、0.17、0.20、0.24
	芳香族聚酰胺纤维纸	NHN	0.08～0.09

表 2-16 漆布的品种、特性和用途

名称	型号	耐热等级	特性和用途
油浸漆布（黄漆布）	2010 2012	A	2010型漆布柔软性好，但不耐油，可用于一般电机、电器的衬垫或线圈绝缘；2012型漆布耐油性好，可用于在变压器油或汽油侵蚀的环境中工作的电机、电器的衬垫或线圈绝缘
油性漆绸（黄漆绸）	2210 2212	A	具有较好的电气性能和良好的柔软性。2210型漆布适用于电机、电器薄层衬垫或线圈绝缘；2212型漆布耐油性好，适用于在变压器油或汽油侵蚀的环境中工作的电机、电器的薄层衬垫或线圈绝缘
油性玻璃漆布（黄玻璃漆布）	2412	E	耐热性较2010、2012型漆布好，适用于一般电机、电器的衬垫和线圈绝缘，以及在油中工作的变压器、电器的线圈绝缘
沥青醇酸玻璃漆布	2430	B	耐潮性较好，但耐苯和耐变压器油性差，适用于一般电机、电器的衬垫和线圈绝缘
醇酸玻璃漆布	2432	B	耐油性较好，并且有一定的防霉性，可用作油浸变压器、油断路器等线圈绝缘
醇酸玻璃—聚酯交织漆布	2432-1		
醇酸薄玻璃漆布	—	B	具有良好的弹性和韧性，较高的机械性能、电气性能和耐热性，并具有一定的防霉性和耐油性，可代替漆绸作为电器线圈的绝缘
醇酸薄玻璃—聚酯交织漆布	—		
环氧玻璃漆布	2433	B	具有良好的耐化学药品腐蚀性、良好的耐湿热性以及较好的机械性能和电气性能，适用于化工电机、电器槽绝缘、衬垫和线圈绝缘
环氧玻璃—聚酯交织漆布	2433-1		
有机硅玻璃漆布	2450	H	具有较好的耐热性、良好的柔软性，耐霉、耐油和耐寒性好，适用于H级电机、电器的衬垫和线圈绝缘
有机硅薄玻璃漆布	—	H	具有较高的耐热性、良好的柔软性和耐寒性，适用于H级特种用途电器的线圈绝缘
硅橡胶玻璃漆布	2550	H	具有较高的耐热性、良好的柔软性和耐寒性，适用于特种用途的低压电机端部绝缘和导线绝缘
聚酰亚胺玻璃漆布	2560	C	具有很高的耐热性和良好的电气性能，耐溶剂性和耐辐射性好，但较脆，适用于工作温度高于200℃的电机槽绝缘和端部衬垫绝缘，以及电器线圈和衬垫绝缘
有机硅防电晕玻璃漆布	2650	H	具有稳定的低电阻率，耐热性好，适合作为高压电机定子线圈防电晕材料

表 2-17 漆管的品种、特性和用途

名称	型号	耐热等级	击穿电压/kV				特性和用途
			常态	缠绕后	受潮后	热态	
油性漆管	2710	A	5~7	2~6	1.5~5	—	具有良好的电气性能和弹性，但耐热性、耐潮性和耐霉性差，可作电机、电器、仪表等设备的引出线和连接线绝缘
油性玻璃漆管	2714	E	>5	>2	>2.5	—	
聚氨酯涤纶漆管	—	E	3~5	2.5~3	2~4	3~5（105℃）	具有良好的弹性和一定的电气性能及机械性能，适用于电机、电器、仪表等设备的引出线和连接线绝缘

（续）

名称	型号	耐热等级	击穿电压/kV				特性和用途
			常态	缠绕后	受潮后	热态	
醇酸玻璃漆管	2730	B	5~7	2~6	2.5~5	—	具有良好的电气性能和机械性能，耐油性和耐热性好，但弹性稍差，可代替油性漆管作为电机、电器、仪表等设备引出线和连接线绝缘
聚氯乙烯玻璃漆管	2731	B	5~7	4~6	2.5~4	—	具有优良的弹性以及一定的电气性能、机械性能和耐化学性、适用于电机、电器、仪表等设备的引出线和连接线绝缘
有机硅玻璃漆管	2750	H	4~7	1.5~4	2~6	—	具有较高的耐热性和耐潮性以及良好的电气性能、适用于H级电机、电器等设备的引出线和连接线绝缘
硅橡胶玻璃丝管	2751	H	4~9	—	2~7	3~7 (180℃)	具有优良的弹性、耐热性和耐寒性，电气性能和机械性能良好，适用于在-60~180℃温度范围内工作的电机、电器和仪表等设备的引出线和连接线绝缘

注：各种漆管的储存期为6个月。

表2-18　常用粘带的品种、主要性能和用途

品种		厚度/mm	抗张强度/(N/mm)(纵向)	延伸率(%)(纵向)	击穿强度/(kV/mm)			体积电阻率/(Ω·m)			介质损耗角正切值/10^6Hz	特性和用途
					常态	受潮后	热态	常态	受潮后	热态		
薄膜粘带	聚乙烯薄膜粘带	0.22~0.26	12.5~15.6	4600~4800	>30	—	—	10^{13}~10^{16}	—	—	0.02~0.03	具有较好的电气性能和机械性能，柔软性好，粘结力较强，但耐热性低于Y级，可用于一般电线接头包扎绝缘
薄膜粘带	聚乙烯薄膜纸粘带	0.10	60	—	>10	—	—	—	—	—	—	包扎服帖，使用方便，可代替黑胶布带用于电线接头包扎绝缘
薄膜粘带	聚氯乙烯薄膜粘带	0.14~0.19	—	—	>10	—	—	—	—	—	—	性能与聚乙烯薄膜粘带相似，可用于电压为500~6000V的电线接头包扎绝缘
薄膜粘带	聚酯薄膜粘带	0.055~0.17	—	—	>100	—	—	—	—	—	—	耐热性较好，机械强度高，可用作半导体器件密封绝缘和电机线圈绝缘
薄膜粘带	聚酰亚胺薄膜粘带	0.045~0.07	108~125	250~450	190~210	120~150	130~150 (180℃)	>10^{15}	>10^{15}	>10^{12} (180℃)	0.003	电气性能、机械性能、耐热性优良，成型温度较高，(180~200℃)，可作H级电机线圈和槽绝缘
薄膜粘带	聚酰亚胺薄膜粘带	0.05	90~100	400~500	>120	—	80 (180℃)	>10^{16}	—	>10^{15} (180℃)	0.001	同上，但成型温度更高（300℃以上），可用于H或C级电机，潜油电机线圈绝缘或槽绝缘

（续）

品种		厚度/mm	抗张强度/(N/mm)（纵向）	延伸率(%)（纵向）	击穿强度/(kV/mm)			体积电阻率/(Ω·m)			介质损耗角正切值/10^6Hz	特性和用途
					常态	受潮后	热态	常态	受潮后	热态		
织物粘带	环氧玻璃粘带	0.17	抗张力大于120N	—	击穿电压大于6kV	弯折后3.8	—	$>10^{14}$	$>10^{13}$	$>10^{12}$（130℃）	—	具有较好的电气性能和机械性能，可作为变压器铁心绑扎材料，属B级绝缘
织物粘带	硅橡胶玻璃粘带	—	抗张力大于120N	—	击穿电压为3～5kV	—	—	10^{13}～10^{14}	10^{12}～10^{13}	—	—	同上，但柔软性较好
无底材粘带	自粘性硅橡胶三角带	—	5～8	360～500	20～30	—	—	10^{14}～10^{15}	—	—	0.0014～0.01	具有耐热、耐潮、抗振动、耐化学腐蚀等特性，抗张强度较低，适用于半叠包法，可用于高压电机线圈绝缘
无底材粘带	自粘性丁基橡胶带	—	>1.5	>4000	>20	—	—	10^{15}	—	—	0.02	有硫化型和非硫化型两种，胶带弹性好，伸缩性大，包扎紧密性好，主要用于电力电缆连接和端头包扎绝缘

六、常用绑扎带

绑扎带主要用于绑扎电动机转子和变压器铁心。电工绑扎带的种类及性能见表2-19。

表2-19　电工绑扎带的种类及性能

性　能	单位	聚酯无纬带2830	环氧无纬带2840	丙烯酸酯无纬带①	聚酰亚胺无纬带2850	聚二苯醚无纬带
宽度	mm	20±2	20±2		20±2	25
厚度	mm	0.2	0.2	0.30±0.03	0.2	0.2
挥发物含量②，不大于	%	3～5	3～7	5.1	10～13	3～4
胶含量②	%	27～30	27～30	27±2	27～30	28
可溶树脂含量②，不小于	%	90	90	70.8	90	
抗拉强度，不小于	MPa					
常态		784～1125	784～946	1150	784～915	797
热态		490～633	490～642		490～710	832
耐热等级		B	F	B～H	H	H
储存期	月	3	3	3	3	

① 网状绑扎带。

② 指质量分数。

七、绝缘（胶）带

绝缘导线之间连接后，需要用绝缘胶带包缠，以恢复导线原有的绝缘强度。

绝缘胶带主要有黑胶带、聚氯乙烯绝缘胶带和涤纶胶带等几种。绝缘带（不含胶）有黄蜡带和塑料带。

（1）黑胶带　又称黑胶布、绝缘胶布带，是电工最常用的绝缘胶带。它适用于交流电压380V及以下的电线、电缆绝缘层包缠。在－10～＋40℃环境温度范围使用，有一定的黏着性。黑胶带的规格（胶带宽）有10mm、15mm、20mm、25mm和50mm几种，常用的一种是20mm。

（2）聚氯乙烯绝缘胶带　又称塑料绝缘胶带。适用于交流电压500V及以下电线、电缆绝缘层包缠。在－5～＋60℃环境温度范围使用，除了包缠电线、电缆接头外还可用于密封保护层。它是聚氯乙烯薄膜上涂敷胶浆，再卷后切断而成，其外形与黑胶带相似，只不过外皮是塑料而不是布。

塑料绝缘胶带的绝缘性能、黏着力及防水性能均比黑胶带好，并具有多种颜色，以便安装时作标记。缺点是使用时不易用手扯断，需用电工刀或剪刀切割。

（3）涤纶胶带　又称涤纶绝缘胶带，与塑料绝缘胶带用途相同，但耐压强度、防水性能更好。它是在涤纶薄膜上涂敷胶浆卷切而成。其基材薄、强度高而透明，耐化学稳定性好，除了可包缠电线、电缆接头外，还可以胶扎物体、密封管子等。使用时需用剪刀或刀片在割处划割一道浅痕，然后一扯即断。

（4）黄蜡带　又称黄蜡布带，有平纹和斜纹两种，布面浸渍漆为油基漆。主要用于加强绝缘、导线接头的内层包缠，以及一般低压电机、电器的衬垫绝缘或线圈绝缘包扎。其绝缘强度高、耐化学稳定性好、防水性能好。其规格（带宽）有15mm、20mm和25mm几种，常用的是20mm。带厚有0.15～0.30mm多种。黄蜡带没有黏性。

（5）聚氯乙烯绝缘带　又称塑料带。主要作电气线路的绝缘保护、加强绝缘，或用于绑缚线路，便于分色，以利维护检修。其规格（带宽）有10mm、15mm、20mm、40mm和50mm等多种，常用的一种是20mm。带厚为0.3～0.6mm，其耐压为500V。最厚的有1.6～2.0mm，其耐压可达3000V。

八、槽楔及垫条和电动机引接线

1. 槽楔及垫条

槽楔的作用是固定槽内线圈，并防止外部机械损伤。垫条的作用是加强绝缘。如在双层绕组的槽内存在异相的上下层线圈，它们之间承受的是线电压，因此需设层间垫条。另外还需槽顶垫条和槽底垫条。槽楔及垫条的常用材料及尺寸见表2-20。

应用MDB复合槽楔，可以提高槽的利用率，也可用薄环氧板代替。

表2-20　槽楔及垫条的常用材料及尺寸

耐热等级	槽绝缘及垫条的材料名称、型号、长度	槽楔推力/N
A	竹子（经油煮处理）、红钢纸、电工纸板（比槽绝缘短2～3mm）	155
E	酚醛层压板3020、3021、3022、3023，酚醛层压板3025、3027（比槽绝缘短2～3mm）	200
B	酚醛层压玻璃布板32030、3231（比槽绝缘短4～6mm），MDB复合槽楔（长度等于槽绝缘）	247 244

（续）

耐热等级	槽绝缘及垫条的材料名称、型号、长度	槽楔推力/N
F	环氧酚醛玻璃布板 3240（比槽绝缘短 4 ~ 6mm），F 级 MDB 复合槽楔（等于槽绝缘长度）	247 244
H	有机硅环氧层压玻璃布板 3250，有机硅层压玻璃布板，聚二苯醚层压玻璃布板 338（比槽绝缘短 4 ~ 6mm）	247

按 Y 系列及 Y2 系列三相异步电动机的设计技术说明书规定，Y、Y2、YX3 系列电动机槽楔应采用 3240 环氧酚醛层压玻璃布板或 3830-U 型聚酯玻璃纤维引拔成型槽楔，也可采用 3830-E 型环氧玻璃纤维引拔槽楔。

槽楔的厚度为 1mm（对中心高为 63 ~ 71mm 的电动机）；2mm（对中心高为 80 ~ 280mm 的电动机）；3mm（对中心高为 315 ~ 355mm 的电动机）。

槽楔的宽度和长度由槽口下的槽宽和铁心长度来确定。一般其宽度比槽口下槽宽窄 0.4mm 左右，长度根据槽绝缘每侧伸出铁心长度 8 ~ 20mm 而每侧缩短 5 ~ 10mm（即槽楔长度比槽绝缘短 4 ~ 6mm）。槽楔应保证电动机在使用期间，不会发生滑出，应紧紧压住槽内导线。

竹槽楔允许在中心高为 180mm 及以下 B 级绝缘电动机上代用，但 F 级绝缘及中心高为 200mm 及以上的电动机还以 3240 环氧酚醛层压玻璃布板为主。

竹槽楔的厚度通常是 3mm，且上端呈“⌓”形状，底部平滑，两侧有倒角，宽度和长度仍不变。竹槽楔加工成形后，须经 100℃左右烘干，再浸在变压器油内加热 1 ~ 2h（温度不超过变压器油沸点），捞出后烘干，即可使用。

2. 电动机引接线

电动机引接线的型号与规格见表 2-21。YX3 系列电动机通常采用铜芯交联聚烯烃绝缘电机绕组引接线。

表 2-21　电动机引接线的型号与规格

产品名称	型号	额定电压/V	配套产品耐热等级	截面积/mm^2	外径/mm
丁腈护套引接线	JBQ	500，1140	B	0.2 ~ 120	3.5 ~ 23.2
丁腈聚氯乙烯复合物绝缘引接线	JBF	500	B	0.03 ~ 50	1.1 ~ 14.7
氯磺聚乙烯绝缘引接线	JBYH	500，1140，6000	B	0.5 ~ 120	3.4 ~ 26.0
橡皮绝缘氯丁护套引接线	JBYF	6000	B	6 ~ 120	13.8 ~ 28
乙丙橡皮绝缘电动机引接线	JEF	500，1140，6000	F	0.75 ~ 120	—
乙丙橡皮绝缘电动机引接线	JEFM	500，1140，6000	F	0.75 ~ 120	—
乙丙橡皮绝缘电动机引接线	JEYH	500，1000，1140，3000，6000	F	0.2 ~ 120	2.6 ~ 33.7
硅橡皮绝缘电动机引接线	JHXG	500，（1500，3000，6000）	H	0.75 ~ 240	—

注：括号内为特制规格。

引接线与绕组线连接处采用宽度为 8mm、10mm、12mm，厚度为 0.06mm 的 6230 聚酯薄膜粘带，外面再套 2741 聚氨酯玻璃纤维漆管。

九、硅钢片

1. 硅钢片新旧牌号对照（见表2-22）

表2-22 硅钢片新旧牌号对照表

牌 号	原牌号	厚度/mm	牌 号	原牌号	厚度/mm
DR530—50	D22	0.50	DR265—50	D44	0.50
DR510—50	D23	0.50	DR360—35	D31	0.35
DR490—50	D24	0.50	DR325—35	D32	0.35
DR450—50	—	0.50	DR320—35	D41	0.35
DR420—50	—	0.50	DR280—35	D42	0.35
DR400—50	—	0.50	DR255—35	D43	0.35
DR440—50	D31	0.50	DR225—35	D44	0.35
DR405—50	D32	0.50	DR1750G—35	DG41	0.35
DR360—50	D41	0.50	DR1250G—20	DG41	0.20
DR315—50	D42	0.50	DR1100G—10	DG41	0.10
DR290—50	D43	0.50			

2. 热轧硅钢片的电磁性能（见表2-23）

表2-23 热轧硅钢片的电磁性能

牌 号	厚度/mm	最小磁通密度/T			最大铁损/(W/kg)	
		B_{25}	B_{50}	B_{100}	$P_{10/50}$	$P_{15/50}$
DR530—50	0.50	1.51	1.61	1.74	2.20	5.30
DR510—50	0.50	1.54	1.64	1.76	2.10	5.10
DR490—50	0.50	1.56	1.66	1.77	2.00	4.90
DR450—50	0.50	1.54	1.64	1.76	1.85	4.50
DR420—50	0.50	1.54	1.64	1.76	1.80	4.20
DR400—50	0.50	1.54	1.64	1.76	1.65	4.00
DR440—50	0.50	1.46	1.57	1.71	2.00	4.40
DR405—50	0.50	1.50	1.61	1.74	1.80	4.05
DR360—50	0.50	1.45	1.56	1.68	1.60	3.60
DR315—50	0.50	1.45	1.56	1.68	1.35	3.15
DR290—50	0.50	1.44	1.55	1.67	1.20	2.90
DR265—50	0.50	1.44	1.55	1.67	1.10	2.65
DR360—35	0.35	1.46	1.57	1.71	1.60	3.60
DR325—35	0.35	1.50	1.61	1.74	1.40	3.25
DR320—35	0.35	1.45	1.56	1.68	1.35	3.20
DR280—35	0.35	1.45	1.56	1.68	1.15	2.80
DR255—35	0.35	1.44	1.54	1.66	1.05	2.55
DR225—35	0.35	1.44	1.54	1.66	0.90	2.25

3. 冷轧硅钢片（带）的电磁性能（见表2-24）

表2-24 冷轧硅钢片（带）的电磁性能

标称厚度/mm	牌号	最大铁损 $P_{15/50}$/(W/kg)	最小磁通密度 B_{50}/T	标称厚度/mm	牌号	最大铁损 $P_{15/50}$/(W/kg)	最小磁通密度 B_{50}/T
0.35	DW270—35	2.70	1.58	0.50	DW620—50	6.20	1.66
0.35	DW310—35	3.10	1.60	0.50	DW800—50	8.00	1.69
0.35	DW360—35	3.60	1.61	0.50	DW1050—50	10.50	1.69
0.35	DW435—35	4.35	1.65	0.50	DW1300—50	13.00	1.69
0.35	DW500—35	5.00	1.65	0.50	DW1550—50	15.50	1.69
0.35	DW550—35	5.50	1.66	0.30	DQ122G—30	1.22	1.88
0.50	DW315—50	3.15	1.58	0.30	DQ133G—30	1.33	1.88
0.50	DW360—50	3.60	1.60	0.30	DQ133—30	1.33	1.79
0.50	DW400—50	4.00	1.61	0.30	DQ147—30	1.47	1.77
0.50	DW465—50	4.65	1.65	0.30	DQ162—30	1.62	1.74
0.50	DW540—50	5.40	1.65				

第二节 三相异步电动机定子绕组的基本概念及计算

一、三相异步电动机定子绕组的基本概念

1. 绕组元件数 s

电动机绕组由很多线圈构成，每一个线圈就是一个绕组元件。双层绕组的元件总数与定子槽数 z 相等，即 $s=z$；单层绕组的元件总数是定子槽数的一半，即 $s=z/2$。

2. 极距 τ

极距是指沿定子铁心内圈上每个磁极所占有的定子槽数，即

$$\tau=\frac{z}{2p}$$

式中，z 为定子铁心的总槽数；p 为电动机极对数。

3. 线圈节距（跨距）y

每个线圈的两个有效边分别嵌入铁心的两个不同槽位中，这两个边所间隔的槽数叫做线圈的节距（或称跨距）。如一边嵌在第1槽中，另一边嵌在第6槽中，则 $y=6-1=5$。

1）整距绕组：当线圈的节距等于极距时，称为整距绕组，即 $y=\tau=\frac{z}{2p}$。

2）短距绕组：$y<\tau$。短距绕组的节距一般采用 $y\approx\frac{5}{6}\tau$，以削弱5、7次谐波的影响。

3）长距绕组：$y>\tau$，一般很少采用。

4. 槽距角（每槽所占的电度角）α

槽距角是指相邻两槽之间的电角度。三相绕组对称分布在定子槽中，各相在空间应相互间隔120°电角度，所以每槽所占的电角度应为

$$\alpha = \frac{2\pi p}{z}$$

式中符号意义同前。

5. 相带 q

相带是指一个极相组线圈所占的范围，以电角度表示。一般一个极距 τ 对应的电角度为180°，三相交流电相带占180°/3 = 60°。按上述规律安排的绕组又称为60°相带绕组。对于正弦绕组，每一相带内又分成星接和角接两部分，所以对于每种接法有60°/2 = 30°，叫30°相带。有些电动机采用120°相带。

定子绕组每极每相槽数

$$q = \frac{\tau}{m} = \frac{z}{2pm}$$

式中，m 为定子绕组相数。

q 为整数者，叫做整数槽绕组；q 为分数者，叫做分数槽绕组。

绕组安放和连接时，往往是将一个相带内的 q 个元件串联为一组，称为极相组，俗称联。

二、交流电动机绕组型式及适用范围

交流电动机绕组分为定子绕组和转子绕组。定子绕组有单层、双层和单双层之分。单层绕组又有同心式、同心链式、等元件链式和交叉式绕组。双层绕组又有叠绕组和波绕组等。

转子绕组有笼型绕组和绕线转子电动机转子用波绕组。

交流电动机定子和转子的绕组型式及适用范围见表2-25。

表2-25 交流电动机定子和转子的绕组型式及适用范围

绕组型式			允许最大并联支路数 α_{max}	适用范围
层数	端部连接方式	绕组排列方式		
单层	同心式	60°相带整数槽绕组	$2p$(q 为偶数) p(q 为奇数)	常用于5号机座以下2极电动机定子绕组
	同心链式		$2p$(q 为偶数) p(q 为奇数)	常用于5号机座以下 q = 2、4、6、8 等2、4极电动机定子绕组
	等元件链式		$2p$(q 为偶数) p(q 为奇数)	常用于5号机座以下 q = 2 的2、4、6、8极电动机定子绕组
	交叉式		$2p$(q 为偶数) p(q 为奇数)	常用于5号机座以下 q = 3、5、7等的2、4、6、8极电动机定子绕组
双层	叠绕	60°相带整数槽绕组	$2p$	用于6号机座以上各极电动机定子绕组，小型绕线式转子绕组
		分数槽绕组	$2p/p'$ (p'为分数 q 约净后的分母)	常用于多极（8极以上）电动机定子绕组、小型绕线转子绕组
		散布绕组	$2p$	q 值较大的中、大型2极电动机定子绕组常应用
		Y-△混合联结绕组	$2p$(q 为偶数) p(q 为奇数)	适用于极数少的定子绕组

（续）

绕组型式			允许最大并联支路数 α_{max}	适用范围
层数	端部连接方式	绕组排列方式		
双层	波绕	分数槽绕组	$2p/p'$（p'为分数 q 约净后的分母）	用于中大型绕线转子绕组
		60°相带整数槽绕组	$2p$	常用于大中型绕线转子异步电动机转子绕组
单双层	同心式	分数槽绕组	$2p$（一相带单层槽数为偶数）p（一相带单层槽数为奇数）	适用于 q 大于 2 的中小型异步电动机定子绕组
		60°相带整数槽绕组		

注：p 为电机的极对数；q 为每极每相槽数；q 为分数时，p'为其分数的约净后的分母。

三、三相异步电动机定子绕组的计算及绝缘规范

在修理铭牌失落或数据不全的电动机，以及需要改变某些性能的电动机时，应通过计算得出电动机的各种技术数据。

1. 定子绕组匝数的计算

（1）每相串联匝数

$$W_1 = \frac{K_e U_x}{4.44 k_{dp} f \Phi}$$

式中，W_1 为每相串联匝数（匝）；K_e 为降压系数（又称电势系数），小型电动机取 0.86，中型电动机取 0.90，大型电动机取 0.91；U_x 为相电压（V）；k_{dp} 为绕组系数，$k_{dp} = k_{d1} k_{p1}$，见表 2-28、表 2-29；f 为电源频率（Hz）；Φ 为每极气隙磁通（Wb）。

（2）每极磁通

$$\Phi = B_{pj} S = \frac{2}{\pi} B_\delta S = \frac{B_\delta D_1 l}{p}$$

式中，B_{pj} 为气隙中平均磁通密度，它与气隙中最大磁通密度 B_δ 的关系为 $B_{pj} = \frac{2}{\pi} B_\delta = 0.637 B_\delta$（T）；$S$ 为每极下的气隙面积（m^2）；Φ 为每极磁通（Wb）；B_δ 为气隙磁通密度（T），应根据电动机的具体情况选取，当铁心材料差、气隙大、极数少时应取小值，另外可根据电动机工作是否间歇、短时，以及通风冷却条件等情况适当调整，参见表 2-26；D_1 为定子内径（cm）；p 为电动机极对数；l 为定子铁心长度（cm）。

定子、转子铁心间的气隙应符合表 2-27 中的规定，也可以用以下经验公式计算，即

$$\delta \approx 3\left(4 + 0.7\sqrt{D_1 l}\right) \times 10^{-2}$$

式中，δ 为定子、转子铁心间的气隙（mm）。

表 2-26 三相异步电动机的气隙磁通密度 B_δ （单位：T）

结构形式	极数			
	2	4	6	8
开启式	0.60～0.75	0.70～0.80	0.70～0.80	
封闭式	0.50～0.65	0.60～0.70	0.60～0.75	
Y 系列	Y(IP44)			Y(IP23)
	H80～112	H132～160	H180 以上	
	0.60～0.73	0.59～0.75	0.75～0.80	0.73～0.86

表 2-27 三相异步电动机的气隙

极数	功率/kW										
	0.2 以下	0.2～1.0	1.0～2.0	2.5～5	5～10	10～20	20～50	50～100	100～200	200～300	300～500
	气隙 δ/mm										
2	0.25	0.3	0.35	0.4	0.5	0.65	0.8	1.0	1.25	1.5	2.0
4、6、8	0.2	0.25	0.3	0.35	0.4	0.45	0.5	0.65	0.8	1.0	1.5

若气隙过大，应降低 B_δ 值，以保证电动机的空载电流不致过大，功率因数不致过低。

（3）绕组系数 k_{dp}

1）分布系数 k_{d1}。k_{d1}是由于一个极相组的各个线圈分嵌在不同槽内引起的，k_{d1} 的大小和每极每相槽数 q 有关。q 越大，k_{d1} 越小。当 $q>6$ 时，k_d 趋于一个常数。k_{d1} 的值可由表 2-28 查得。

表 2-28 分布系数 k_{d1} 值

每极每相槽数 q	1	2	3	4	5	6	7 及以上
分布系数 k_{d1}	1.0	0.966	0.960	0.958	0.957	0.956	0.956

2）短距系数 k_{p1}。双层绕组的线圈都采用短距，其节距 y 小于极距 τ。y 越小，k_{p1} 也越小。k_{p1}可由表 2-29 查得。

表 2-29 短距系数 k_{p1} 值

节距 y	每极槽数												
	24	18	16	15	14	13	12	11	10	9	8	7	6
1～25	1.000												
1～24	0.998												
1～23	0.991												
1～22	0.981												
1～21	0.966												
1～20	0.947												
1～19	0.924	1.000											
1～18	0.897	0.996											
1～17	0.866	0.985	1.000										
1～16	0.832	0.966	0.995	1.000									
1～15	0.793	0.940	0.981	0.995	1.000								

（续）

节距 y	每极槽数												
	24	18	16	15	14	13	12	11	10	9	8	7	6
1～14	0.752	0.906	0.956	0.978	0.994	1.000							
1～13	0.707	0.866	0.924	0.951	0.975	0.993	1.000						
1～12		0.819	0.882	0.914	0.944	0.971	0.991	1.000					
1～11		0.766	0.831	0.866	0.901	0.935	0.966	0.990	1.000				
1～10		0.707	0.773	0.809	0.847	0.884	0.924	0.960	0.988	1.000			
1～9			0.707	0.743	0.782	0.833	0.866	0.910	0.951	0.985	1.000		
1～8				0.669	0.707	0.749	0.793	0.841	0.891	0.940	0.981	1.000	
1～7						0.663	0.707	0.756	0.809	0.866	0.924	0.975	1.000
1～6								0.655	0.707	0.766	0.832	0.901	0.966
1～5										0.643	0.707	0.782	0.866
1～4												0.624	0.707

3）绕组系数 k_{dp}：$k_{dp}=k_{d1}k_{p1}$。对于单层绕组，当采用全距线圈时，$k_{p1}=1$，故 $k_{dp}=k_{d1}$。

（4）每相串联导线根数 N_1

$$N_1=\frac{K_e U_x P\times 10^4}{2.22k_{dp}fB_\delta D_1 l}$$

（5）每槽导线根数　每槽导线根数 N 与每相串联导线根数 N_1 之间有如下关系：

$$N_1=\frac{Nz}{ma}$$

经推算，得

$$N=\frac{K_e U_x Pma\times 10^4}{2.22k_{dp}fB_\delta D_1 lz}$$

将 $f=50\text{Hz}$，$m=3$（三相异步电动机）代入上式，得

$$N=\frac{K_e U_x Pa\times 10^4}{37k_{dp}B_\delta D_1 lz}$$

式中，a 为电动机绕组并联支路数。

（6）每个线圈的匝数 W_y

1）双层绕组：由于每一槽中有上、下两个线圈边，故 $W_y=N/2$。整个电动机绕组的线圈总数等于槽数 z，每相线圈数为 $z/3$。

2）单层绕组：$W_y=z$。整个电动机绕组的线圈总数等于 $z/2$，每相线圈数为 $z/6$。

按以上公式求得的线圈匝数，在电动机气隙正常的情况下才适用。若气隙不在规定范围内，则需适当增加线圈匝数以减小空载电流，使电动机的性能满足要求。

（7）极对数的估算　对于无铭牌的电动机，极对数 p 可按下式估算：

$$p=0.28\frac{D_1}{h_c}$$

式中，h_c 为定子铁心实际轭高（cm），$h_c=\dfrac{D-D_1}{2}-h_t$，如图2-1所示。

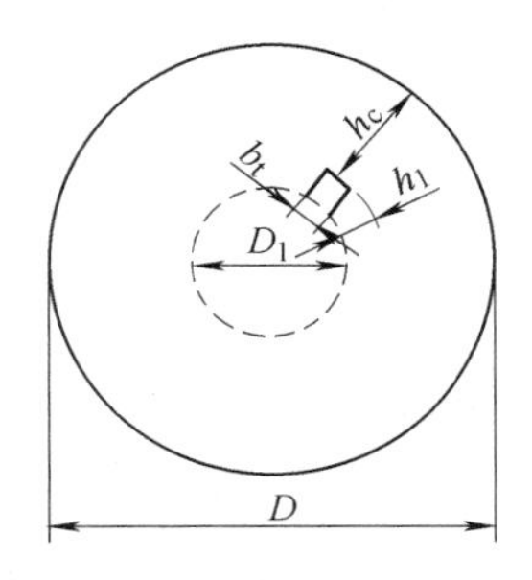

图2-1　定子尺寸图

2. 额定功率的估算

1）估算方法一：用定子铁心尺寸来估算额定功率，即

$$P_e = KD_1^3 l$$

式中，P_e 为电动机的额定功率（kW）；K 为估算系数，见表2-30；其他符号意义同前。

表2-30 估算系数 K 的值

结构形式 \ 极数	2	4	6	8
防护式	2.8×10^{-4}	1.4×10^{-4}	8×10^{-5}	5.4×10^{-5}
封闭式	1.68×10^{-4}	8.4×10^{-5}	4.8×10^{-5}	3.24×10^{-5}

【例2-1】 有一台电动机，其定子内径 D_1 为15.5cm，铁心长度 l 为9cm，极对数为4极，试估算其功率。

解：查表2-30得 $K=1.4\times10^{-4}$，故电动机额定功率约为

$P_e = KD_1^3 l = 1.4\times10^{-4}\times15.3^3\times9 = 4.7\text{kW}$，可认为此电动机额定功率为4.5kW。

2）估算方法二

$$P_e = KD_1^2 l n_1$$

式中，K 为电动机的功率系数，见表2-31；n_1 为电动机的同步转速（r/min）；其他符号同前。

试算时，可取 $K=1.75\times10^{-6}$，也可从表2-31中查得。

表2-31 电动机功率系数与极距 τ 的关系

2p=2		2p=4		2p=6		2p=8	
τ/cm	$K/\times10^{-6}$	τ/cm	$K/\times10^{-6}$	τ/cm	$K/\times10^{-6}$	τ/cm	$K/\times10^{-6}$
11.8	1.31	8.8	1.3~1.5	6.3	1.18	7.06	0.875~1.045
15.4	1.4~1.55	12.2	1.55~1.75	8.65	1.34~1.40	9.25	1.51~1.85
15.4	1.4~1.55	12.2	1.55~1.75	8.65	1.34~1.40	9.25	1.51~1.85
20.4	1.73~1.78	16.1	2.11~2.33	11.5	1.93~2.18	11	1.8~1.84
28.2	1.91~2.16	18.5	2.55~2.63	13.6	2.19~2.25	11.8	2.28~2.44
32.2	2.34~2.44	21.6	2.72~2.86	15.7	2.50~2.47		
37	2.67~2.76						

3）估算方法三：用三相功率公式估算额定功率，即

$$P_e = 3U_x I_x \eta\cos\varphi\times10^{-3} = \sqrt{3}U_1 I_1 \eta\cos\varphi\times10^{-3}\quad(\text{kW})$$

式中，U_x、U_1 分别为电动机额定相电压和线电压（V）；I_x、I_1 分别为电动机额定相电流和线电流（A）；$\cos\varphi$、η 分别为电动机的功率因数和效率，可由同类电动机的技术数据中查得。

4）估算方法四：用额定线电流估算，即

$$P_e = \frac{I_e}{1.8\sim2.2}$$

小电机分母取大值，大电机分母取小值。

3. 导线截面的选择

（1）根据额定功率选择导线截面积

1）根据估算出的额定功率 P_e，求出额定电流：

$$I_e = \frac{P_e \times 10^3}{\sqrt{3} U_e \eta \cos\varphi}$$

式中，I_e 为电动机额定电流（A）；U_e 为电源额定线电压（V）。

电动机绕组的相电流 I_x 的计算方法如下：星形联结时，$I_x = I_e$；三角形联结时，$I_x = I_e/\sqrt{3}$。

2）求出定子导线截面积：

$$q_1 = \frac{I_x}{anj}$$

式中，q_1 为定子导线截面积（mm^2）；a 为并联支路数；n 为导线并联根数；j 为定子电流密度（A/mm^2），铜导线一般可按表 2-32 选取或参照相近规格的电动机技术数据。

表 2-32 中小型电动机定子电流密度 j（A/mm^2）

结构形式 \ 极数	2	4、6	8
密封式	4.0～4.5	4.5～5.5	4.0～5.0
开启式	5.0～6.0	5.5～6.5	5.0～6.0

表中数据较适用于新产品，对老产品应酌情减小 10%～15%。一般功率大者取小值，功率小者取大值。

3）导线直径的选择原则：当导线直径过小时，绕组电阻将增大 5% 以上，从而影响电动机的电气性能；当导线直径过大时，漆包线的绝缘厚度过大，则会导致嵌线困难。常用聚酯漆包线的绝缘厚度见表 2-33。

表 2-33 常用聚酯漆包线的绝缘厚度

圆导线直径/mm	绝缘厚度/mm	圆导线直径/mm	绝缘厚度/mm
0.2～0.33	0.05	0.64～0.72	0.08
0.35～0.49	0.06	0.74～0.96	0.09
0.51～0.62	0.07	1.00～1.74	0.11

为了使嵌线顺利、槽利用率高，绕组的导线直径不宜超过 1.68mm。但若导线过细，机械强度就较差，嵌线时容易拉断。一般对于 5 号机座以下的电动机，单根导线的直径最好不超过 1.25mm；对于 6～9 号机座的电动机，单根导线的直径最好不超过 1.68mm。导线并联根数 n 最好不超过 4 根。若所需导线总的截面积过大，则可增加电动机并联支路数 a。

确定导线线规后，还应校验槽满率 F_k。校验槽满率的方法如下：把实际槽形描印下来进行测量，如图 2-2 所示。槽楔厚度 h 可根据拆下的实物量取，一般为 2～4mm。

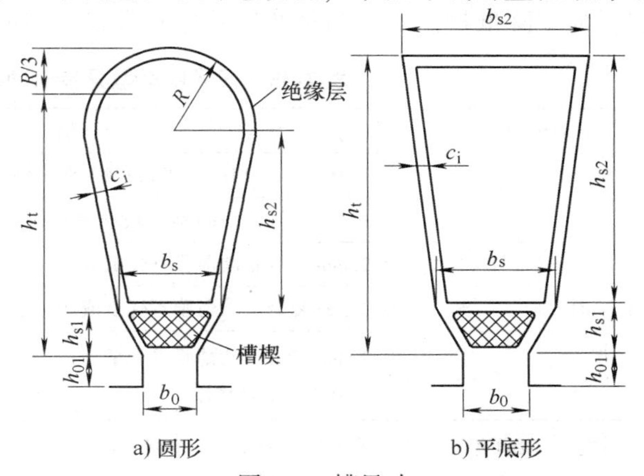

图 2-2 槽尺寸

槽内导线总面积（即槽有效面积）为

$$S_{ux} = S_s - S_i$$

式中，S_s 为槽面积（mm^2）；S_i 为槽绝缘占的面积（mm^2）。
对于图 2-2a 所示的圆底槽有

$$S_s=\frac{2R+b_s}{2}(h_{s1}+h_{s2}-h)+\frac{\pi R^2}{2}$$

单层绕组 $S_i=C_i[2(h_{s1}+h_{s2})+\pi R+b_s]$
双层绕组 $S_i=C_i[2(h_{s1}+h_{s2})+\pi R+2R+b_s]$
对于图 2-2b 所示的平底槽有

$$S_s=\frac{b_{s1}+b_{s2}}{2}(h_{s1}+h_{s2}-h)$$

单层绕组 $S_i=C_i[2(h_{s1}+h_{s2})+b_{s1}+b_{s2}]$
双层绕组 $S_i=C_i[2(h_{s1}+h_{s2})+2b_{s2}+b_{s1}]$
式中，h 为槽楔厚度，一般取 2～4mm；C_i 为槽绝缘材料的厚度（mm），可按电动机的工作电压和绝缘等级来确定（见表 2-34 和表 2-35），或按下面数值估计；A 级绝缘：$C_i=0.35$～0.45mm；B 级绝缘：$C_i=0.44$～0.50mm；E、F 级绝缘：63～112 号机座，$C_i=0.25$mm；132～355 号机座，$C_i=0.40$。

表 2-34 Y、Y2、YX3 系列定子绕组槽绝缘规范

机座号（中心高）/mm	槽绝缘总厚度/mm	槽绝缘均匀伸出铁心两端的长度/mm
63～71	0.25	5
80～112	0.25	7
132～160	0.35	10
180～260	0.35	12
315～355	0.40	15

槽满率为

$$F_k=\frac{nNd^2}{S_{ux}}$$

式中，n 为导线并联根数；N 为每槽导线根数；d 为绝缘导线外径（mm）。

槽满率 F_k 是表示导线在槽内填充程度的重要指标。F_k 应控制在 0.60～0.75 的范围内。对于小型异步电动机，$F_k=0.75$～0.80。若槽满率过高，则会使嵌线困难，容易损伤绝缘层。为了降低槽满率，可适当减小槽楔厚度，或适当提高电流密度 j，使线径细一些。

表 2-35 旧式中小型异步电动机定子绕组槽绝缘规范

电动机型号		槽绝缘	绝缘等级
J、JO 型		两层 0.12～0.14mm 青壳纸夹一层 0.11～0.17mm 的油性玻璃漆布	A 级
		两层 0.11～0.15mm 醇酸玻璃漆布夹一层 0.2mm 的醇酸云母板	B 级
J_2、JO_2 机座号	#1～2	0.22mm 复合聚酯薄膜青壳纸或用一层 0.5mm 聚酯薄膜，一层 0.15mm 青壳纸	E 级
	#3～5	0.27mm 复合聚酯薄膜青壳纸或用一层 0.5mm 聚酯薄膜，一层 0.2mm 青壳纸	
	#6～9	0.27mm 复合聚酯薄膜青壳纸（或用一层 0.5mm 聚酯薄膜，一层 0.2mm 青壳纸）加一层 0.15mm 玻璃漆布	

注：1. 相间绝缘、层间绝缘材料和厚度与槽绝缘基本相同。
2. 槽楔常用竹楔、玻璃层压板、布质层压板等。楔厚不应小于 3mm。

（2）根据铁心槽形选择导线截面积　对于没有铭牌的电动机，由于 $d=\sqrt{S_{ux}F_k/(nN)}$，所以只要得到上述参数，便可求出导线直径，从而确定导线截面积。

1）决定极数及绕组形式：极数 $2p$ 与定子铁心内、外径之比 D_1/D 的关系见表 2-36。

表 2-36　D_1/D 与 $2p$ 的关系

D_1/D	0.56	0.64	0.68	0.71
极数 $2p$	2	4	6	8 及以上

绕组形式主要由每极每相槽数 q 及层数确定，即 $q=z/(2pm)$。

当定子外径 $D\leqslant 245$mm 时，采用单层绕组，常用节距见表 2-37。

表 2-37　根据不同相带 q 来选用绕组形式及节距 y

定子外径 D/mm	$D\leqslant 245$			$D>245$			
每极每相槽数 q	2	3	4	2	3	4	5
绕组形式	单层链式	单层交叉式	单层同心式	双层叠绕	双层叠绕	双层叠绕	双层叠绕
节距 y	1~6	2/1~9 1/1~8	1~12 2~11	1~6	1~8 1~9	1~11	1~13 1~14

2）每槽导线根数为

$$N\approx\frac{U_x 2pa\times10^2}{K'zD_1 lB_\delta}$$

式中，U_x 为相电压，绕组为星形联结时为 220V，绕组为三角形联结时为 380V，可同时作两种计算，最后根据可能有的导线尺寸确定一种联结；K' 为系数，对于单层绕组的小电动机，取 0.85；对于双层绕组的大电动机，取 0.80。

对于计算出的 N，单层绕组应取整数，双层绕组应取偶数。

3）导线截面积 q_1 的选择有以下两种方法。

方法一：按槽满率 F_k 来计算线直径 d，即 $d=\sqrt{S_{ux}F_k/(nN)}$，修理电动机的 F_k 取 75% 为宜。

方法二：按填充系数 K_q 来求导线的截面积 q_1，即先根据槽形尺寸算出槽楔下的截面积 S_s，然后按下式算出槽内导线的总面积，即

$$S=K_qS_s$$

式中，K_q 为填充系数（见表 2-38），K_q 值大，槽的空间利用率就高，但这也增加了嵌线的难度。

表 2-38　填充系数 K_q 值

导线种类	K_q
双纱包圆线	0.32~0.35
单纱包圆线	0.38~0.40
漆包圆线	0.42~0.45

填充系数与槽满率的定义不同，但含义一样。

每根导线的截面积 q_1 为

$$q_1=S/N$$

（3）额定电流的计算 计算出导线截面积后，便可求出额定电流。

先根据导线截面积 q_1 来估算支路电流 $I_支$，即

$$I_{支}=q_1 j$$

式中，j 为电流密度（A/mm^2），对于铜导线，可根据表 2-32 选取；对于铝导线，可根据表 2-39 选取。对于封闭式电动机，取小值；对于四极以上电动机，取大值。

表 2-39 铝导线电动机定子铁心外径 *D* 与电流密度 *j* 的关系

定子铁心外径 D/mm	120～210	210～350	350～500
电流密度 j/(A/mm^2)	2.6～4.3	2～8～4.0	2.2～3.3

额定相电流 I_x 为

$$I_x = Ia = qja$$

式中，a 为并联支路数，见表 2-40，或按 $2p/a$ 必须是整数来选取。

表 2-40 并联支路数 *a* 与极数 2*p* 的关系

极数 $2p$	2	4	6	8	10	12
并联支路数 a	1、(2)	1、2、(4)	1、2、3、(6)	1、2、4、(8)	1、2、5、(10)	1、2、3、4、6、(12)

注：有“（ ）”的并联支路数只适用于双层绕组。

电动机的额定电流 I_e 为：星形联结，$I_e=I_x$；三角形联结，$I_e=\sqrt{3}I_x$。

四、三相单层绕组及展开图分析

1. 三相单层绕组的安排原则与展开图

现以三相四极 24 槽等元件式单层整距绕组为例来说明。可按下列原则和步骤画出其接线展开图。

1）各绕组在每个磁极下应均匀分布，以便使磁场对称。

① 分极：按定子槽数 z 画出定子槽，并编上序号。按磁极数 $2p$ 等分定子槽 z，磁极按 S、N、S、N……的顺序交错排列，如图 2-3 所示。

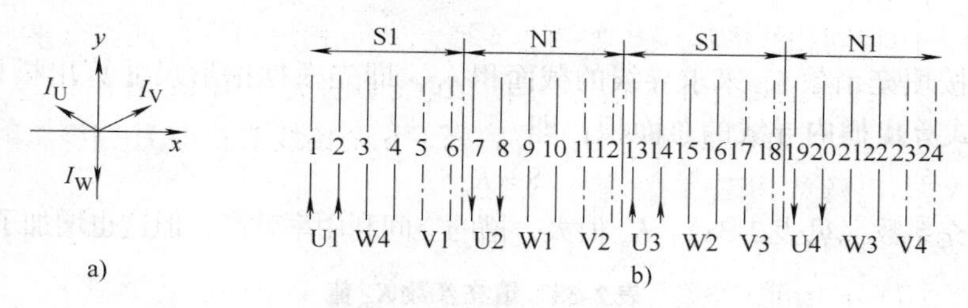

图 2-3 槽的分极及分相

该例中 $z=24$，$2p=4$，相数 $m=3$，故

$$每极槽数=\frac{z}{2p}=\frac{24}{4}槽=6\ 槽$$

② 分相：每个磁极下的槽数均匀分成 3 个相带，每个相带占 60°电角度，每极每相槽数为

$$q=\frac{z}{2pm}=\frac{24}{2\times2\times3}槽=2\ 槽$$

2）画出各相绕组的电源引出线。绕组的起端或末端应彼此间隔120°电角度，图2-3中U1、V1、W1之间或U2、V2、W2之间各相隔120°电角度。每槽所占电角度α为

$$\alpha=\frac{2\pi p}{z}=\frac{360°\times 2}{24}=30°$$

若U相的起端U1在第1槽，则V相的起端V1应在第5槽，W相的起端W1应在第9槽。由于每极每相槽数为2，故U相在各极相带的槽号是1、2、7、8，13、14、19、20，V相在各极相带的槽号是5、6、11、12，17、18、23、24，W相在各极相带的槽号是9、10、15、16，21、23、3、4。可以看出，在每个磁极下三相绕组的排列顺序是U、W、V，如图2-4所示。

3）标出电流方向。同一相绕组的各个有效边在同一磁极下的电流方向应相同，而在相异磁极下的电流方向应相反，见图2-3b。此时应注意：

① U、V、W对应相带（U1、V1、W1，U2、V2、W2等）均应间隔120°；

② 在同一个磁极下各相带槽中电流的方向相同。

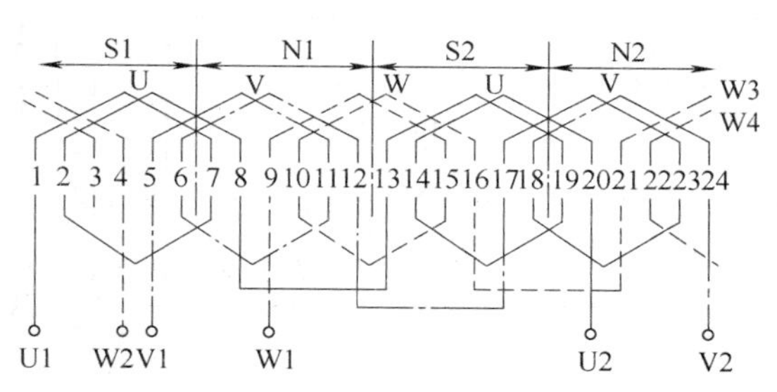

图2-4　三相等元件式单层整距绕组展开图

4）确定绕组形式。绕组可分为单层绕组和双层绕组。单层绕组元件总数为定子槽数的一半。按节距的不同，单层绕组又可分链式绕组、交叉链式绕组、同心式绕组和等元件式整距绕组等。双层绕组元件总数等于定子槽数。按元件的样式分布的不同，双层绕组又可分为叠绕组和波绕组。

5）确定线圈节距y。采用等元件式单层整距绕组，其节距为

$$y=\tau=\frac{z}{2p}=\frac{24}{4}\text{槽}=6\text{ 槽}\ (1\sim7\text{ 槽})$$

即一个元件的起端边若嵌在第1槽中，则末端边应嵌在第7槽中。根据线圈的节距，即可将两有效边连为一个元件。

6）沿电流方向将同相线圈串联。如图2-4所示，每相绕组均由两组线圈组成，顺着电流方向，U相第一组线圈的尾（第8槽）与第二组线圈的头（第13槽）相连，这就联成U相绕组。同样，可画出V相和W相绕组。最后剩下6个接线头，即U相绕组的U1、U2，V相绕组的V1、V2，以及W相绕组的W1、W2。

2. 三相单层绕组的分类

三相单层绕组可分为链式绕组、交叉链式绕组和三相单层同心式绕组。

（1）链式绕组

链式绕组是由相同节距的线圈组成的。它的线圈连接形状像链子一样一环连着一环。

例如，一台三相四极24槽异步电动机展开图的绘制步骤如下：

1）求出每极槽数（极距）τ、每极每相槽数（相带）q，即

$$\tau=\frac{z}{2p}=\frac{24}{2\times2}\text{槽}=6\text{ 槽}$$

$$q=\frac{z}{2pm}=\frac{24}{4\times3}\text{槽}=2\text{ 槽}$$

所以，节距 $y=5$ 槽 $\left(取\ y=\frac{5}{6}\tau\right)$。

2）画出各相绕组的引出线。各相绕组首端U、V、W和尾端X、Y、Z应相差120°电角度。每槽所占电角度为 $\alpha=\frac{2\pi p}{z}=\frac{360\times2}{24}=30°$。每相相差的槽数为 $\frac{120°}{30°}$，即4槽。三相绕组的排列顺序为U、V、W。根据以上原则可以得出U相绕组由（1—6）、（7—12）、（13—18）和（19—24）4个线圈组成。而V、W相绕组的首端应分别在5、9槽内，如图2-5所示。

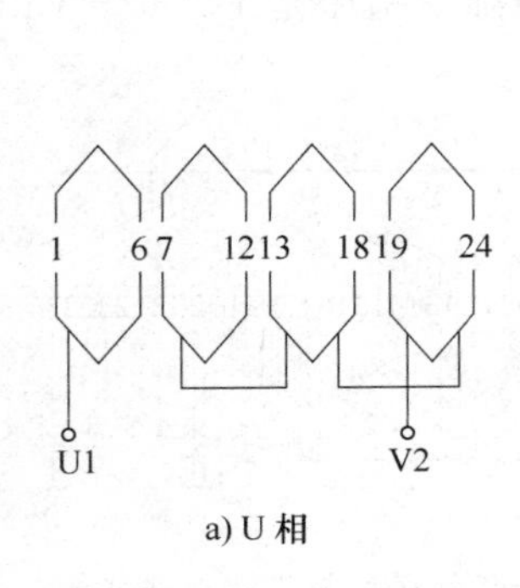

a) U相

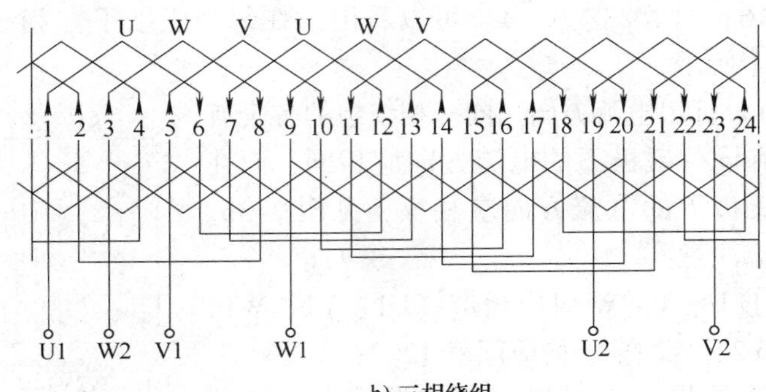

b) 三相绕组

图2-5 三相四极链式绕组展开图

3）假定电流方向。各相各槽按图2-5所示方法标明电流方向。

4）连接端部，形成链式绕组。如图2-5所示，U相的4个线圈应分布在4个极，并交替为N、S、N、S排列。因此，根据电流方向应为反串联。根据以上原则，画出三相绕组的连接方式，如图2-6所示。

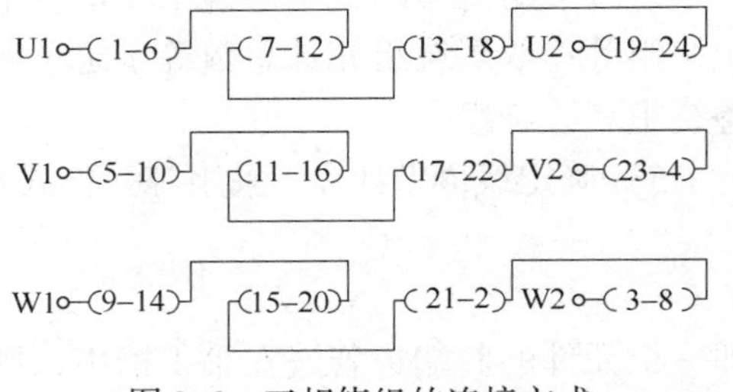

图2-6 三相绕组的连接方式

(2) 交叉链式绕组

电动机每对磁极下有两组大节距线圈和一组小节距线圈。采用不等距线圈连接而成的绕组叫做交叉链式绕组。

例如，一台三相四极36槽异步电动机展开图的绘制步骤如下：

1）求出每极槽数 τ 和每极每相槽数 q，即

$$\tau=\frac{z}{2p}=\frac{36}{4}槽=9\ 槽$$

$$q=\frac{z}{2pm}=\frac{36}{4\times3}槽=3\ 槽$$

确定节距：大节距 $y_1=8$，小节距 $y_2=7$。

2）求出每槽电角度 α，假定电流方向。

$$\alpha=\frac{2\pi p}{z}=\frac{360°\times2}{36}=20°$$

各相应相隔6槽，每极9槽。由此可知，36至8槽电流向上，9至17槽电流向下，18至26槽电流向上，27至35槽电流向下。根据电流方向连接各线圈端部接线。如以第1槽为U相首端，根据上述原则，可画出U相绕组的连接图，如图2-7所示。

3）连接三相绕组。各相首端间隔持 120°电角度，即 6 槽。因此，V、W 相首端应分别在第 7 槽和第 13 槽。每对磁极下均有两组大节距线圈和一组小节距线圈。这既保持了电磁平衡，又实现了短节距要求。连接情况如图 2-7 所示。

U1
W2
V1
W1
U2

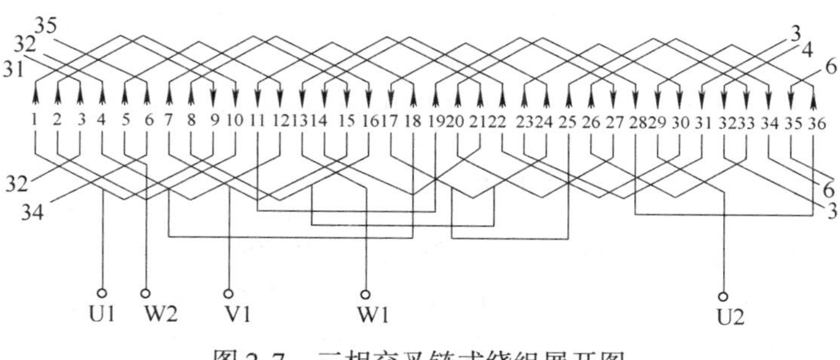

图 2-7　三相交叉链式绕组展开图

交叉链式绕组具有端部线圈连线短的优点，可以节约铜线。

（3）三相单层同心式绕组

同心式绕组的线圈布置如图 2-8 所示。由于线圈的轴线是同心的，因此每个线圈具有不同的节距。

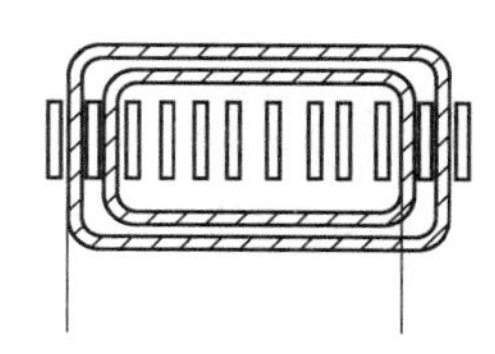

图 2-8　同心式绕组线圈布置示意图

例如，一台三相两极 24 槽异步电动机展开图的绘制步骤如下：

1）求出每极槽数 τ 和每极每相槽数 q，即

$$\tau=\frac{z}{2p}=\frac{24}{2}\text{槽}=12\text{ 槽}$$

$$q=\frac{z}{2pm}=\frac{24}{2\times3}\text{槽}=4\text{ 槽}$$

2）求出每槽电角度 α，画出各相首端。

$$\alpha=\frac{2\pi p}{z}=\frac{360^\circ\times1}{24}=15^\circ$$

各相首端应相差 120°电角度，各相相隔槽数为 $\frac{120^\circ}{15^\circ}=8$（槽）。这时，如 U 相首端在第 1 槽，则 V、W 相首端应分别在第 9 槽和第 17 槽。

3）确定线圈节距，连接三相绕组。为了使每个线圈获得尽可能大的电动势，大线圈节距取 12，小线圈节距取 10。如 U 相首端在第 1 槽，该线圈的另一有效边应在第 12 槽，小线圈为 2、11 槽。根据以上原则，就可以知道 U 相绕组的槽号为 1、2、11、12、13、14、23、24，V 相绕组的槽号为 7、8、9、10、19、20、21、22，W 相绕组的槽号为 3、4、5、6、15、16、17、18。其绕组展开图如图 2-9 所示，连接方式如图 2-10 所示。

V U W V U W
V2 U1 W2 V1 U2 W1

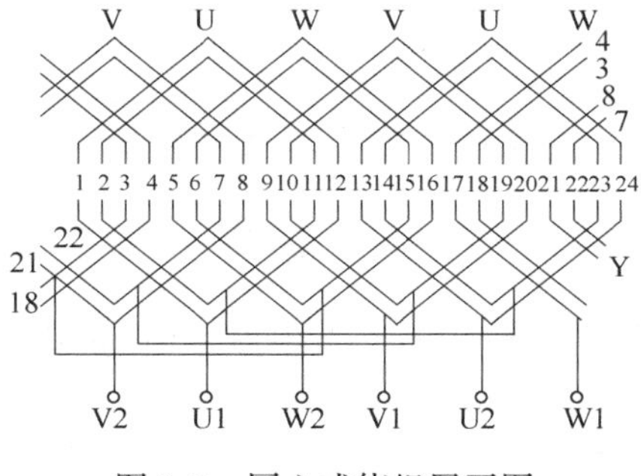

图 2-9　同心式绕组展开图

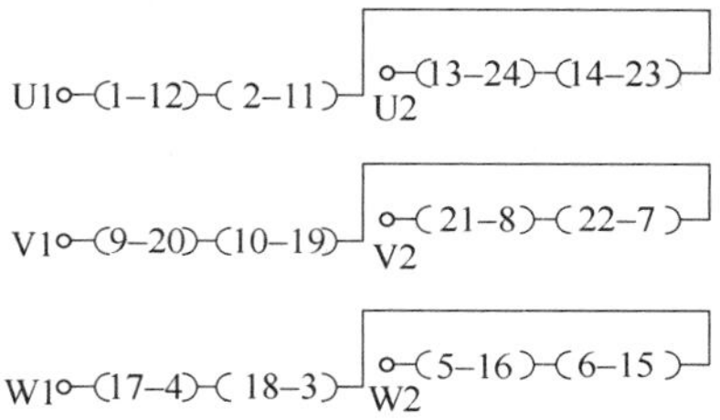

U1○—(1–12)—(2–11)—
○—(13–24)—(14–23)—
U2
V1○—(9–20)—(10–19)—
○—(21–8)—(22–7)—
V2
W1○—(17–4)—(18–3)—
○—(5–16)—(6–15)—
W2

图 2-10　同心式绕组连接方式

五、三相双层绕组及展开图分析

1. 三相双层整数槽叠绕组

双层叠绕组在嵌线时，两个串联的线圈总是后一个叠在前一个上面，因此叫做叠绕组。双层叠绕组的节距可以任意选择，一般选择短节距 $y=\frac{5}{6}\tau$，以便减小谐波电动势，使电动机的磁场分布更接近正弦波，从而改善电动机性能。

例如，一台三相四极36槽异步电动机展开图的绘制步骤如下：

1）求出每极槽数 τ 和每极每相槽数 q，即

$$\tau=\frac{z}{2p}=\frac{36}{4}\text{槽}=9\text{ 槽}$$

$$q=\frac{z}{2pm}=\frac{36}{4\times3}\text{槽}=3\text{ 槽}$$

确定节距：取 $y=\frac{5}{6}\tau=\frac{5}{6}\times9=7.5$，因此取 $y=7$（或 $y=8$），本例取 $y=7$。

2）求出每槽电角度 α，画出各相首端。

$$\alpha=\frac{2\pi p}{z}=\frac{360^\circ\times2}{36}=20^\circ$$

每相首端应相差 $6\left(\text{即}\frac{120^\circ}{20^\circ}\right)$槽。如U相首端在第1槽，则V、W相首端应分别在第7槽和第13槽。

3）假定电流方向。将展开图的36个槽分为4个极（$2p=4$），即N、S、N、S。将电流方向标在每一个极相带的绕组边上，如图2-11所示。

4）连接端部接线。如图2-11所示，将U相首端连接在1号线槽上层，第1个线圈的另一个有效边则在8号线槽的下层。因为每极每相槽数为3，所以U相应占有1、2、3号槽的面槽及8、9、10号槽的下层。依此类推，可画出U相绕组的连接展开图。为了分清上层和下层有效边，习惯上将上层有效边画成实线，下层有效边画成虚线。

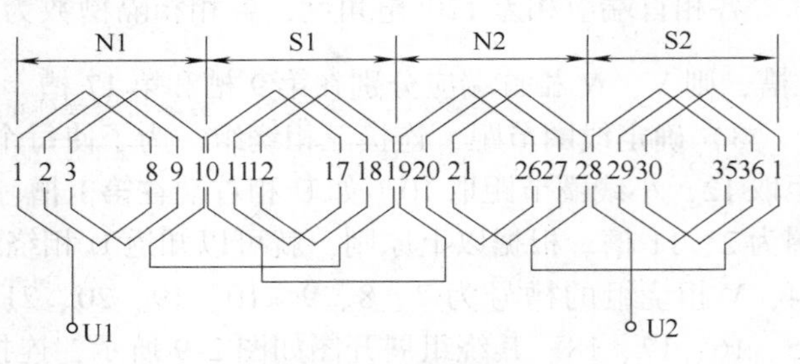

图2-11 三相双层整数槽叠绕组展开图（U相）

由于各相首端互差120°电角度，所以V1、W1相首端分别在第7槽和第13槽，尾端（V2、W2）分别在第34槽和第4槽。

U相连接方式如图2-12所示（有两种不同方式）。

并联支路数最大等于 $2p$，即支路数 a 最大可能等于每相的极组组数，但 $2p$ 必须是 a 的整倍数。

由于展开图的绘制比较麻烦，实际工作中往往使用端部接线图，如图2-13所示。

端部接线图的作图方法如下：

1）按极相组总数将定子圆周等分，本例中有 $2pm$（即 $2\times2\times3=12$）个极相组。

2）根据60°相带分配原则，按顺序给极相组编号。U相绕组由1、4、7、10号极相组构成，V相由3、6、9、12号极相组构成，W相由2、5、8、11号极相组构成。

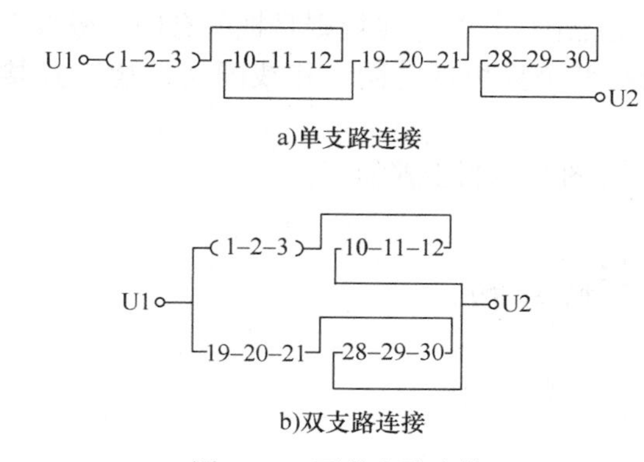

图2-12　两种支路连接

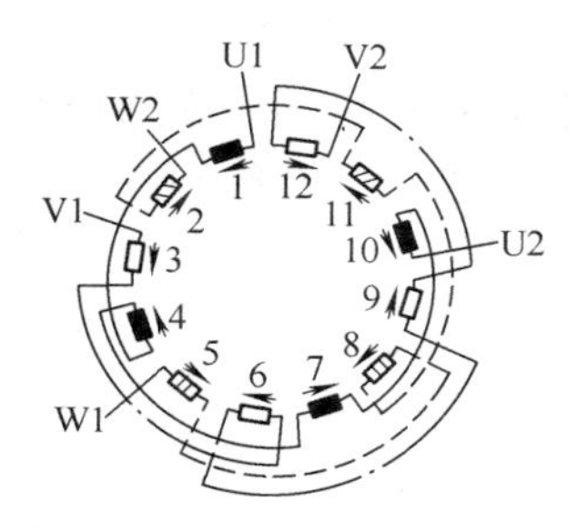

图2-13　定子绕组端部接线图

3）三相绕组首端（或尾端）之间应相差120°电角度。若U相首端为1号极相组的头，则V、W相首端应分别为3、5号极相组的头。

4）根据各极相组之间采用"反串联"连接方式的规则，连接各极相组。相邻极相组电流的方向相反，用箭头表示。再按电流方向将各极相组引出线连接起来，就构成了三相绕组端部接线图。

2. 三相分数槽双层叠绕组

在有些容量较大或多速异步电动机中，定子绕组每极每相槽数q不为整数而为分数，称之为分数槽绕组。这种绕组在排列上必然是某些磁极下线圈多一些，某些磁极下线圈少一些。这样就形成了不均匀组。对于分数槽绕组，不能按照前面介绍的关于整数槽绕组的规律来排列和连接。这种绕组的分布及连接应符合以下基本要求：

1）三相绕组必须含有相同的线圈数。

2）各相首端和尾端应互差120°电角度。

3）线圈多的极相组和线圈少的极相组应布置在对称位置，使电磁力矩平衡，以减少电动机的磁性振动。

例如，一台三相6极27槽异步电动机，其绕组安排如下：

每极每相槽数 $q=\dfrac{z}{2pm}=\dfrac{27}{6\times3}$槽$=1\dfrac{1}{2}$槽

每相线圈数 $=\dfrac{z}{m}=\dfrac{27}{3}=9$

每个极相组中含有$\dfrac{9}{6}\left(\text{即}1\dfrac{1}{2}\right)$个线圈，因此只能使其中三个极相组各用两个线圈，另外三个极相组各安设一个线圈。同时为了使电磁力矩平衡，应使线圈多的极相组和线圈少的极相组对称分布。于是，就可以得出表2-41所示的分配方法。

表2-41　线圈分配方法

S	N	S	N	S	N
UVW	UVW	UVW	UVW	UVW	UVW
121	212	121	212	121	212

3. 三相双层波绕组

多极电动机或导线截面积较大的电动机，为了节约极间连接线的铜材，常采用波绕组。波绕组从展开图来看有些像波浪，所以叫做波绕组。它的连接规则是把所有同一极性下属于同一相的线圈按一定规律连接起来，然后再将两个异极性的同一相线圈“反串”连接，就成为一相的全部绕组。

例如，一台三相4极24槽异步电动机展开图的绘制步骤如下：

1）求出每极槽数τ和每极每相槽数q：

$$\tau=\frac{z}{2p}=\frac{24}{4}\text{槽}=6\text{ 槽}$$

$$q=\frac{z}{2pm}=\frac{24}{4\times 3}\text{槽}=2\text{ 槽}$$

确定节距：取$y=\frac{5}{6}\tau=\left(\frac{5}{6}\times 6\right)\text{槽}=5\text{ 槽}$

2）求出每槽电角度α：

$$\alpha=\frac{2\pi p}{z}=\frac{360^\circ\times 2}{24}=30^\circ$$

即各相首端及尾端应相隔$\frac{120^\circ}{30^\circ}$（即4）槽。

3）用表标明各极相组的分配，见表2-42。

表2-42 各极相组分配

磁极	N1			S1			N2			S2		
极相组	U	W	V	U	W	V	U	W	V	U	W	V
槽号	1、2	3、4	5、6	7、8	9、10	11、12	13、14	15、16	17、18	19、20	21、22	23、24

4）由表2-42可知，N1下U相极相组包含1、2号槽，按节距$y=5$，将U相两个线圈连接起来，如图2-14所示。也就是说，将第一个线圈（1—6）与N2下第二个线圈（13—18）连接起来。这两个线圈上层边（或下层边）之间相隔12槽，这个距离叫做线圈的合成节距，用符号Y_1表示，$Y_1=2\tau$。在整数槽绕组中，合成节距Y_1应加长一槽（或缩短一槽）。因为，如果始终保持2τ节距的话，则（13—18）线圈就和1号槽连接而形成一个闭合回路。因此，本例中采用$(2\tau+1)$的综合节距，使（13—18）线圈和2号槽连接。按这一原则，将N1、N2下的U相线圈全部连接起来就成为以下顺序：

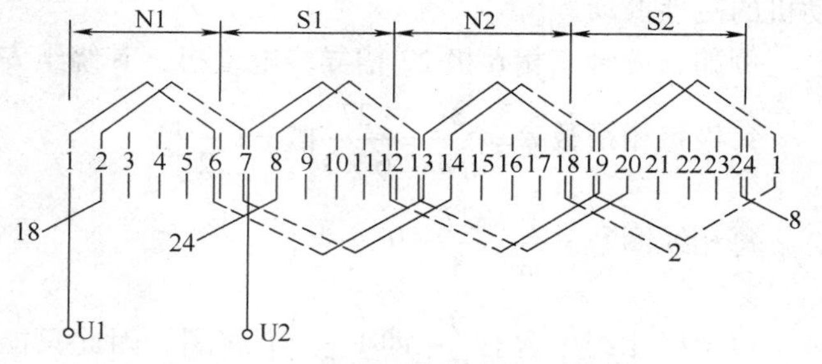

图2-14 双层波绕组U相展开图

u_1—(1—6)→(13—18)→(2—7)→(14—19)→x_1

括号内代表一个线圈，前一个数字代表上层有效边的槽号，后一个数字代表下层边所在的槽号。用同样方法，就可以写出S极下U相线圈的连接顺序：

u_2—(7—12)→(19—24)→(8—13)→(20—1)→x_2

再运用“反串”原则将 N 极与 S 极下的 U 相线圈连接起来，就构成了 U 相全部绕组，即

U1—u_1(1—6) → (13—18) → (2—7) → (14—19)x_1 →
U2—u_2(7—12) ← (19—24) ← (8—13) ← (20—1)x_2

同理可得 V、W 相全部绕组的连接顺序：

V1—v_1(5—10) → (17—22) → (6—11) → (18—23)y_1
V2—v_2(11—16) ← (23—4) ← (12—17) ← (24—5)y_2

W1—w_1(9—14) → (21—2) → (10—15) → (22—3)z_1
W2—w_2(15—20) ← (3—8) ← (16—21) ← (4—9)z_2

波绕组在绕线型异步电动机转子上应用较广泛。它也可做成分数槽绕组。它的连接规则和分数槽叠绕组类似。

六、异步电动机改变极数绕组重绕的计算

改变极数绕组重绕要求，改极前、后电动机极数不能相差过大，例如不宜将 6 极电动机改成 2 极，否则改后定子轭部磁通密度会显著增加；同样理由，也不宜将 4 极电动机改为 10 极。

改极计算公式如下：

1）改极后，定子、转子槽数 z_1 和 z_2 的配合应满足以下要求

$$z_1-z_2\neq\pm2p,\ z_1-z_2\neq1\pm2p,\ z_1-z_2\neq2\pm4p$$

式中，p 为极对数。

否则，电动机可能发生强噪声，甚至不能转动。

笼型异步电动机改极的经验数据见表 2-43。

表 2-43　笼型异步电动机改极的经验数据

改极 ＼ 技术指标变化范围	每相串联匝数	导线截面积	功率	节距/极距
2 改为 4	$W_4=(1.4\sim1.5)W_2$	$q_4=(0.75\sim0.8)q_2$	$P_4=(0.55\sim0.6)P_2$	0.9
4 改为 2	$W_2=(0.7\sim0.75)W_4$	$q_2=(1.2\sim1.27)q_4$	$P_2=(1.3\sim1.4)P_4$	0.8
4 改为 6	$W_6=(1.3\sim1.4)W_4$	$q_6=0.8q_4$	$P_6=0.7P_4$	0.85
6 改为 4	$W_4=(0.75\sim0.85)W_6$	$q_4=(1.15\sim1.2)q_6$	$P_4=(1.25\sim1.3)P_6$	0.8
6 改为 8	$W_8=(1.25\sim1.3)W_6$	$q_8=0.9q_6$	$P_8=0.8P_6$	0.85
8 改为 6	$W_6=(0.8\sim0.95)W_8$	$q_6=(1.1\sim1.15)q_8$	$P_6=(1.2\sim1.25)P_8$	0.8

2）线圈节距。

$$y'=\frac{p}{p'}y$$

式中，y、y'分别为改极前、后线圈节距（槽）；p、p'分别为改极前、后电动机的极对数。

3）每槽导线数 N'。

① 极数改少时，每槽导线数应按定子轭部磁通密度的条件计算

$$N'=\frac{1.44K_eU_x\times10^2}{z_1h_elB_{c1}k_{dp}}$$

式中，K_e 为降压系数；U_x 为定子绕组相电压（V）；z_1 为定子铁心槽数；h_e 为定子铁心轭高

(cm)；l 为定子铁心长度（cm）；B_{c1} 为铁心轭部磁通密度（T），不应超过 1.7T；k_{dp} 为绕组系数，$k_{dp}=k_{d1}k_{p1}$，见表2-28 和表2-29。

② 极数改多时，每槽导线数为

$$N'=0.95\frac{p'}{p}N$$

式中，N 为改极前每槽导线数（根/槽）。

4）导线直径 d'。

$$d'=d\sqrt{\frac{N}{N'}}$$

式中，d 为改极前绕组导线直径（mm）。

5）电动机功率估算。

$$P_e'=\left(\frac{d'}{d}\right)^2P_e \text{ 或 } P_e'=\frac{q'}{q}P_e$$

式中，P_e、P_e' 分别为改极前、后电动机的功率（kW）。

【例 2-2】 有一台 10kW 6 极笼型三相异步电动机，额定电压 U_e 为 380V，额定电流 I_e 为 21.5A，Y联结，现欲改为 4 极，试求新绕组数据。

解： 拆除绕组时记录以下数据：定子槽数 z_1 为 36，转子槽数 z_2 为 44，每槽导线数 N 为 26，导线采用 QZ 型漆包线，直径 d 为 1.56mm，两根并绕，线圈节距 y 为 5，绕组一路△联结，双层迭绕，定子铁心内径 D_1 为 21cm，长度 l 为 10.5cm，轭高 h_e 为 2.5cm。

(1) 定、转子槽数的配合

因为 $z_1-z_2=36-44=-8\begin{cases}\neq 2p=4\\ \neq 1\pm 2p=1\pm 4\\ \neq \pm 2\pm 4p=\pm 2\pm 8\end{cases}$

所以可以由 6 极改为 4 极。

(2) 新绕组计算

线圈节距 $y'=\frac{p}{p'}y=\frac{3}{2}\times 5$ 槽 $=7.5$ 槽，可取 8 槽

每极每相槽数 $q=\frac{z}{2pm}=\frac{36}{2\times 2\times 3}$槽 $=3$ 槽

极距 $\tau=\frac{z}{2p}=\frac{36}{4}$槽 $=9$ 槽

查表 2-28 和表 2-29 得分布系数 $k_{d1}=0.96$，短距系数 $k_{p1}=0.985$。

绕组系数 $k_{dp}=k_{d1}k_{p1}=0.96\times 0.985=0.945$

(3) 每槽导线数

因为是改少极数，所以应按轭部磁通密度 B_e 计算。

选择压系数 $k_e=0.94$，$B_{c1}=1.60\text{T}$，原电动机相电压 $U_x=U_1/\sqrt{3}=380\text{V}/\sqrt{3}=220\text{V}$

每槽导线数为

$$N'=\frac{1.44k_eU_x\times 10^2}{zh_elB_{c1}k_{dp}}=\frac{1.44\times 0.94\times 220\times 10^2}{36\times 2.5\times 10.5\times 1.60\times 0.945}\text{根/槽}$$

$$=20.8\text{ 根/槽，取 20 根/槽}$$

（4）新绕组导线直径

$$d' = d\sqrt{\frac{N}{N'}} = 1.56\sqrt{\frac{26}{20}}\text{mm} = 1.78\text{mm}$$

查线规表，选用标称直径 ϕ1.81 的 QZ 型高强度漆包圆铜线（截面积为 2.57mm^2）。

（5）改极后电动机功率

$$P_e' = P_e\left(\frac{d'}{d}\right)^2 = 10\times\left(\frac{1.81}{1.56}\right)^2\text{kW} = 13.5\text{kW}$$

电动机改为 4 极后，绕组形式不变，即仍采用双层选绕一路星形联结。

七、电动机重绕圆导线代换计算

1. 保持导线截面积不变的代换

（1）用 2 根直径相同的导线 d'代替原来的一根导线 d。

$$d' = 0.71d$$

（2）用 3 根直径相同的导线 d'代替原来的一根导线 d。

$$d' = 0.58d$$

代用的导线数不可超过 3 根，否则不满足槽满率要求，嵌不下线。

2. 改变绕组接线方式

（1）△联结绕组改成Y联结绕组

导线直径　$d_Y = 1.32d_\triangle$

线圈匝数　$W_Y = 0.58W_\triangle$

（2）Y联结绕组改成△联结绕组

导线直径　$d_\triangle = 0.76d_Y$

线圈匝数　$W_\triangle = 1.73W_Y$

式中，d_Y、$d_\triangle$分别为Y联结和△联结的导线直径（mm）；W_Y、$W_\triangle$分别为Y联结和△联结的线圈匝数（匝）。

【例 2-3】　有一台 5.5kW 三相异步电动机，已知原导线直径为 1.25mm，每槽 42 匝，链式绕组，重绕时无此导线，欲用 2 根导线并联代换，试求代换导线。

解：代换导线直径为

$$d' = 0.71d = 0.71\times1.25\text{mm} = 0.887\text{mm}$$

取标称直径为 0.9mm，即用 2 根 0.9mm 导线代替原来的一根 1.25mm 导线，其他参数不变，如绕组形式（链式）、跨距（1～6）、并联路数（1）等均不变。

【例 2-4】　有一台 22kW 三相异步电动机，已知绕组为△联结，并绕根数 n 为 2，并联支路数 a 为 2，每联线圈为 14 匝，双层绕组，导线直径 d 为 1.2mm（QZ 型漆包线），要求 a 和 n 保持不变的条件下，只改变绕组联结，试计算代用导线。

解：绕组由△联结改为Y联结时，有

$d_Y = 1.32d_\triangle = (1.32\times1.2)\text{mm} = 1.58\text{mm}$，取标称导线 ϕ1.56mm。

$W_Y = 0.58W_\triangle = (0.58\times14)$匝 $= 8.12$ 匝，选 8 匝

有了绕组导线直径和线圈匝数两个参数，就可方便地改变电动机绕组的接法。

八、铜、铝导线的代换

在绕制电动机线圈时，由于选材等原因，可能碰到以铜代铝或以铝代铜的情况。这时需进行换算后才可代换。

1. 以铜代铝

导线代用的原则是保持电动机绕组铜损不变。在保持绕组匝数和节距不变的情况下，铜导线与铝导线的换算公式如下：

$$d_{Cu}=d_{Al}\sqrt{\frac{\rho_{Cu}}{\rho_{Al}}}$$

式中，d_{Cu}、d_{Al}分别为裸铜线和裸铝线的直径（mm）；ρ_{Cu}、ρ_{Al}分别为铜导线和铝导线的电阻率（$\Omega \cdot mm^2/m$）（对于A、E、B级绝缘，$\rho_{Cu}=0.0219$，对于F、H级绝缘，$\rho_{Cu}=0.0245$；对于A、E、B级绝缘，$\rho_{Al}=0.0346$，对于F、H级绝缘，$\rho_{Al}=0.0392$）。

若以A、E、B级绝缘电阻率代入上式，则

$$d_{Cu}\approx 0.79d_{Al}$$

若以F、H级绝缘电阻率代入上式，则

$$d_{Cu}\approx 0.79d_{Al}$$

因此，不论何种绝缘，取$d_{Cu}\approx 0.8d_{Al}$即可。由于铜导线比铝导线直径细0.8倍，代用后将引起槽满率下降。为了保证槽满率不变，在改用铜导线时，可直接按铝导线绝缘外径选用，这时绕组电阻将降低，即$R_{Cu}=0.63R_{Al}$。绕组铜耗降低40%左右，电动机效率可提高2%～4%。

2. 以铝代铜

可以用聚酯漆包圆铝导线代替双纱包圆铜导线或单纱漆包圆铜导线，以节约铜材。

QZL型聚酯漆包圆铝导线属于B级绝缘，只要把槽绝缘改用E级、B级或F级绝缘材料，就能使A级绝缘等级提高到E级、B级或F级绝缘水平。若原电动机为A级绝缘，提高到B级绝缘时，铝导线直径只要比原来铜导线直径大1.1倍即可。而槽绝缘也可由原来厚度为0.6mm降至0.27mm左右。通常能在不降低电动机功率的情况下直接改为铝导线。必要时重新校验一次槽满率。

九、改变线圈导线的并联根数以适应导线截面积要求的计算

电动机绕组重绕时有时会碰到原绕组导线太粗、无货的情况，这时可以采用改变线圈导线的并绕根数的方法以选择替代的导线。

当电动机绕组选用的导线太粗时，可用几根导线并绕代替。5号机座以下的电动机，单根导线的直径最好不超过1.25mm；对于6～9号机座的电动机，最好不超过1.68mm。代用后要求并绕的几根导线的总截面积应等于或接近于原导线的截面积。

$$q'=q/n'$$

式中，q'为改用并绕后每根导线的截面积（mm^2）；q为原来导线的截面积（mm^2）；n'为改用导线的并绕根数。

导线直径可查线规表或按下式换算：

$$d=1.13\sqrt{q'}$$

线圈并绕的导线，应采用相同直径的导线。

用并联导线代替单根导线时须注意，并联根数一般不超过 3～4 根。过多的并绕根数，会造成嵌线困难。因此，必要时要新校验槽满率。对于高强度聚酯漆包圆铜线，如 QZ 型或 QQ 型，槽满率应控制在 75%左右；铝导线或单纱漆包圆铜线，可控制在 75%～80%；对于油性漆包线，如 Q 型或氧化膜铝线，可控制在 65%～70%。若达不到上述要求，可采用增加绕组的并联支路数来减少线圈的并绕根数。

十、改变绕组并联支路数以适应导线截面积要求的计算

异步电动机改变绕组并联支路数以适应导线截面积要求时，可按以下方法选择导线。

1）绕组改变并联支路后的导线截面积为

$$q' = \frac{qa}{a'} \qquad d' = \sqrt{\frac{da}{a'}}$$

式中，q 为绕组原来的导线截面积（mm^2）；a 为绕组原来的并联支路数；a'为绕组改变后的并联支路数；d 为绕组原来的导线直径（mm）。

2）绕组改变并联支路后，为保持每相的串联匝数不变，需增加每槽导线数。改变前后电动机的每槽导线数的关系如下：

$$\frac{N}{a} = \frac{N'}{a'}$$

每槽导线数为

$$N' = \frac{Na'}{a} \text{（根/槽）}$$

式中，N、N'分别为绕组改变前、后的每槽导线数；a、a'分别为绕组改变前、后的并联支路数。

3）改变并联支路数后还应满足 zp/a 为整数，否则并联支路数不能成立。

在改变 a 时，要考虑电动机极数和绕组型式的限制。电动机允许最大并联支路数见表 2-44。

表 2-44　各种绕组允许最大并联支路数

绕组型式			允许最大并联支路数（a_{max}）
层数	端部连接方式	绕组排列方式	
单层	同心式	60°相带整数槽	$2p$（q 为偶数）p（q 为奇数）
	同心链式	60°相带整数槽	$2p$（q 为偶数）p（q 为奇数）
	等节距元件链式	60°相带整数槽	$2p$（q 为偶数）p（q 为奇数）
	交叉链式	60°相带整数槽	$2p$（q 为偶数）p（q 为奇数）
双层	叠绕	60°相带整数槽	
		分数槽绕组	$2p/p'$（p'为分数 q 约净后的分母）
		散布绕组	$2p$
		△-Y混合绕组	$2p$（q 为偶数）p（q 为奇数）
单双层	波绕	分数槽绕组	$2p/p'$（p'为分数 q 约净后的分母）
		60°相带整数槽绕组	$2p$
	同心式	60°相带整数槽绕组	$2p$（一相带单层槽数为偶数） p（一相带单层槽数为奇数）

注：表中 p 为极对数，q 为每根每相槽数。

【例2-5】 有一台6极电动机，绕组为一路星形双层叠绕，导线截面积q为$5.9mm^2$，每槽导线数N为16，试选择导线。

解：查线规表得最接近的标称导线截面积是$5.43mm^2$和$6.29mm^2$，直径分别是2.63mm和2.83mm。

由于线径过粗，嵌线困难，若改选$\phi 1.12mm$的导线，则需用6根并绕，并绕根数太多，不可取。现拟改为三路并联，以满足极数与并联支路数关系的条件。

$$2p/a'=6/3\text{（整数）}$$

绕组导线截面积q'为

$$q'=\frac{qa}{a'}=\frac{5.9\times 1}{3}mm^2=1.966mm^2$$

可选用标准线规$\phi 1.12mm$两根并绕，截面积为

$$q=(2\times 0.985)mm^2=1.97mm^2$$

改变后的每槽导线数N'为

$$N'=\frac{Na'}{a}=\frac{16\times 3}{1}\text{根/槽}=48\text{ 根/槽}$$

采用双层叠绕，每个绕组为24匝，电动机绕组的接线方式不变。

十一、三相空壳电动机绕组重绕计算之一

1. 参数计算

先记录下定子铁心内径D_1、铁心长度l、定子槽数z、齿宽b_t、铁心轭高h_c等数据。

（1）估算电动机极对数为

$$p=(0.34\sim 0.4)\frac{zb_t}{2h_c}\quad\text{或}\quad p=0.25\frac{D_1}{h_c}$$

（2）查表：在电动机产品的技术数据表中，查出一个形式相同、极数相同、定子内径、铁心长度等尽可能与空壳电动机铁心尺寸接近的电动机作参考，并查出其每个线圈匝数、导线直径和额定功率、绕组形式、接法、节距等。

设参考电动机的定子铁心内径为D_1'、铁心长度为l'、定子槽数为z'、每个线圈匝数为W'、导线直径为d'和额定功率为P'；空壳电动机的上述数据分别为D_1、l、z、W、d和P。

（3）计算每个线圈的匝数为

$$W=\frac{D_1'l'z'}{D_1lz}W'$$

（4）导线直径的选择为

$$d=\sqrt{\frac{D_1'W'z}{D_1Wz}}d'$$

（5）电动机功率估算为

$$P=\frac{d^2}{d'^2}P'$$

用此法计算出的电动机绕组数据，如接法、并联路数、绕组形式、并绕根数、节距等，应与参考电动机接近。

2. 电动机功率的估算

测量出定子铁心内径D_1和铁心长度l，根据D_1、l和极数$2p$，再对照Y、JO_2、JO或J

等系列电动机的相应极数的定子铁心尺寸（一般电工手册中均有），便可得到所估计的功率。当然，也可按下列公式估算功率：

对于 2 极电动机　$P=\frac{D_1^3 l\times 0.28}{1000}$

对于 4 极电动机　$P=\frac{D_1^3 l\times 0.14}{1000}$

对于 6 极电动机　$P=\frac{D_1^3 l\times 0.08}{1000}$

对于 8 极电动机　$P=\frac{D_1^3 l\times 0.058}{1000}$

式中 D_1 和 l 的单位均为 cm。

3. 电动机工作电流的计算

$$I_1=\frac{P}{\sqrt{3}U_1\eta\cos\varphi}\times 10^3$$

式中，I_1 为电动机线电流（A）；P 为电动机功率（kW）；U_1 为电源线电压（V）；$\cos\varphi$ 为电动机功率因数；η 为电动机效率。

$\cos\varphi$ 及 η 可取由电动机性能数据表查得的相近功率电动机的相应参数值作为参考。

4. 绕组的计算

（1）选定绕组型式　参照同类型电动机，确定绕组型式，计算出绕组的各项参数。

一般 10kW 以上的电动机采用双层绕组，10kW 及以下的电动机采用单层绕组。在单层绕组中，当每极每相槽数 $q=2$ 时，采用单层链式绕组；当 $q=3$ 时，采用单层交叉绕组；当 $q=4$ 时，采用单层三平面同心绕组或单层链式同心绕组。

（2）确定每槽的有效导线数

$$N_n=\frac{90U_x tp}{B_\delta D_1^3 l},\quad t=\frac{\pi D_1}{z}$$

式中，N_n 为每槽的有效导线数（根/槽），对于双层绕组，N_n 为偶数；U_x 为电动机相电压（V）；t 为定子槽距（cm）；B_δ 为气隙磁通密度（T），可参照表 2-26 选取（对于旧式电动机，应取表中略小的数值）。

（3）导线截面积的选择

$$S_1=\frac{I_x}{jan}$$

式中，S_1 为导线截面积（mm^2）；I_x 为电动机相电流（A），采用星形联结时 $I_x=I_1$；采用三角形联结时 $I_x=I_1/\sqrt{3}$；j 为电流密度（A/mm^2），见表 2-32；a 为并联支路数，见表 2-45；或按 $2p/a$ 必须是整数来选择；n 为并绕根数，一般不超过 3～4 根。

表 2-45　三相绕组并联支路数

极数	2	4	6	8	10	12
并联支路数	1、2	1、2、4	1、2、3、6	1、2、4、8	1、2、5、10	1、2、3、4、6、12

然后根据 S_1 查标称线规表，确定绝缘导线外径 d。

须指出，若为旧式电动机，表2-32中所列定子电流密度数值应酌情降低10%～15%。

（4）每槽实际导线数 $N = aN_n$

（5）校验槽满率

$$F_k = \frac{nNd^2}{S_{ux}},\quad S_{ux} = S_s - S_i$$

式中，F_k 为槽满率（%）；S_{ux} 为槽有效面积，即槽内导线总面积（mm^2）；S_s 为槽面积（mm^2）；S_i 为槽绝缘所占面积（mm^2）。

槽满率应控制在0.60～0.75范围内。对于小型异步电动机，$F_k = 0.75 \sim 0.80$。若槽满率过大，会使嵌线困难，容易损伤绝缘。为降低槽满率，可适当减小槽楔厚度，或适当提高电流密度 j，使线径细一些。

【例2-6】 有一台空壳电动机，无铭牌，JO型外壳。量得其定子内径 D_1 为112mm，铁心长度 l 为73.5mm，轭高 h 为18mm，齿宽 b 为8mm，槽数 Z 为24。现要嵌线使用，试求绕组数据。

解：（1）估算电动机极对数为

$$p = (0.35 \sim 0.4)\frac{Zb}{2h} = (0.35 \sim 0.4) \times \frac{24 \times 8}{2 \times 18} = 1.86 \sim 2.13$$

也可用下式估算为

$$p = 0.25\frac{D_1}{h} = 0.25 \times \frac{112}{18} = 1.55$$

因此，取 $p = 2$。

（2）查表。根据以上已知资料，找到型式相同、极数相同、铁心尺寸接近的一台JO41-4型电动机。其数据为：$D_1' = 110\text{mm}$，$l' = 80\text{mm}$，$Z' = 36$ 槽，单层绕组，每个线圈匝数 $W' = 52$，1路Y接，节距 $\tau = 1 \sim 8$，导线直径 $d' = 1.0\text{mm}$。

（3）计算每个线圈的匝数

$$W = \frac{D_1'l'Z'}{D_1 lZ}W' = \left(\frac{110 \times 80 \times 36}{112 \times 73.5 \times 24} \times 52\right)\text{匝} = 83\text{ 匝}$$

（4）导线直径的选择

$$d = \sqrt{\frac{D_1'W_1'Z'}{D_1 W_1 Z}}d' = \left(\sqrt{\frac{110 \times 52 \times 36}{112 \times 83 \times 24}} \times 1.0\right)\text{mm} = 0.96\text{mm}$$

采用 $\phi1.0\text{mm}$ 的漆包线。

（5）电动机功率估算 $P = \dfrac{d^2}{d'^2}p' = \left(\dfrac{1.0^2}{1.0^2} \times 1.5\right)\text{kW} = 1.5\text{kW}$

其中，$P' = \dfrac{D_1'^3 l' \times 0.14}{1000} = \dfrac{11^2 \times 8 \times 0.14}{1000}\text{kW} \approx 1.5\text{kW}$

根据以上数据得，电动机功率为1.5kW，绕组漆包线直径为 $\phi1.0\text{mm}$，单层绕组，4极，每个线圈匝数为83匝，1路Y联结，节距为1～6。

【例2-7】 有一台国产三相异步电动机，测得定子铁心数据如下：铁心内径 D_1 为245mm、外径 D 为368mm、长度 l 为175mm、定子槽数 z 为48。定子槽形尺寸如图2-15所示。试配最适当绕组（B级绝缘）。

解： 由图2-15查得 $R=5.5\text{mm}$、$b_0=3.2\text{mm}$、$b_{t1}=6\text{mm}$、$b_s=8\text{mm}$、$h_{s1}=1\text{mm}$、$h_{s2}=21\text{mm}$、$h_c=27.5\text{mm}$。设绝缘厚度 $C_i=0.22\text{mm}$，槽楔厚度 h 为3mm。

（1）确定极对数为

$$p=(0.35\sim0.4)\frac{zb_{t1}}{2h_c}=(0.35\sim0.4)\times\frac{48\times6}{2\times27.5}=1.8\sim2.1(\text{取 }p=2)$$

（2）电动机功率的估算为

$$D_1^2l=24.5^2\times17.5\text{cm}^2=1.05\times10^4\text{cm}^2$$

查图2-16，功率约36kW，取标准功率 $P=30\text{kW}$。

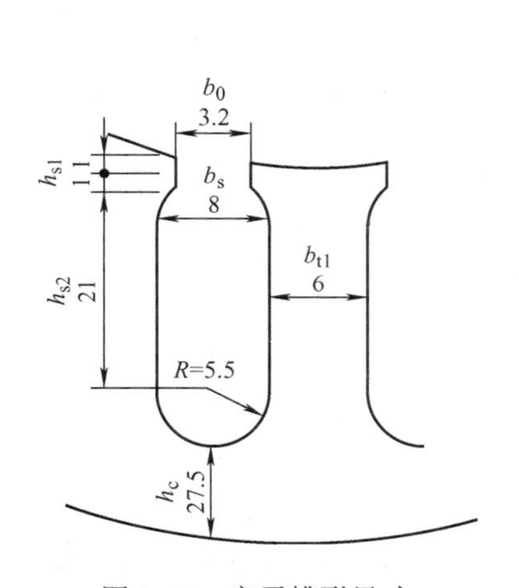

图2-15　定子槽形尺寸

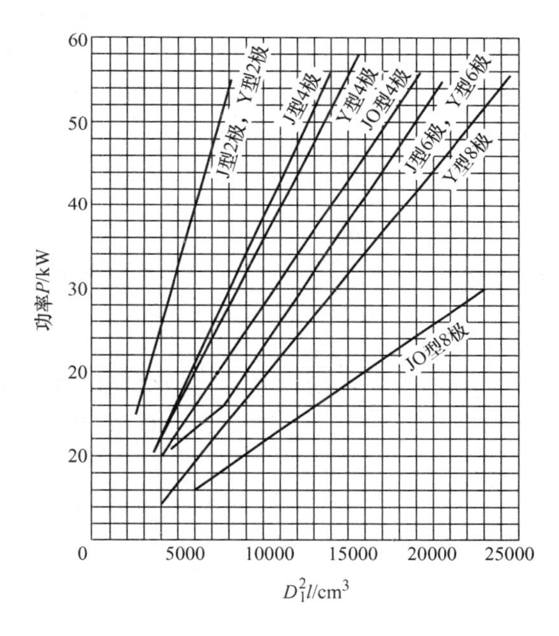

图2-16　国产系列三相异步电动机 D_1^2l 与功率的关系曲线（近似）

先求出 D_1^2l 的数值，然后查下图估算出电动机的功率，再选定所接近的标准功率。D_1—定子铁心内径（cm）；l—铁心长度（cm）

（3）设 $\cos\varphi=0.87$、$\eta=0.92$，则电动机工作电流为

$$I_1=\frac{P\times10^3}{\sqrt{3}U_1\eta\cos\varphi}=\frac{30\times10^3}{\sqrt{3}\times380\times0.87\times0.92}\text{A}$$
$$=56.9\text{A}$$

（4）绕组计算

① 采用双层叠绕绕组。

② 求每槽有效导线数 N_n。

设电动机为△联结，$U_x=U_1=380\text{V}$

定子槽距 $t=\frac{\pi D_1}{z}=\frac{\pi\times24.5}{48}\text{cm}=1.6\text{cm}$

查表2-26，取气隙磁通密度 $B_\delta=0.7\text{T}$，则

$$N_n=\frac{90U_x tp}{B_\delta D_1^2 l}=\frac{90\times380\times1.6\times2}{0.7\times1.05\times10^4}\text{根/槽}\approx14.9\text{ 根/槽}$$

由于是双层绕组，故取 $N_n=15$ 根/槽。

③ 导线截面积的选择：取电流密度 $j=6\text{A/mm}^2$，并联支路数 $a=2$，导线并绕根数 $n=2$。

$$I_x=I_1/\sqrt{3}=56.9/\sqrt{3}\text{A}\approx32.9\text{A}$$

$$q_1=\frac{I_x}{jan}=\frac{32.9}{6\times2\times2}\text{mm}^2=1.37\text{mm}^2$$

查线规表得标准直径 $d_1=1.35\text{mm}$，外径 $d=1.46\text{mm}$。

(5) 校验槽满率

$$\text{槽面积 } S_s=\frac{2R+b_0}{2}(h_{s1}+h_{s2}-h)+\frac{\pi R^2}{2}=\left[\frac{2\times5.5+3.2}{2}\times(1+21-3)+\frac{\pi\times5.5^2}{2}\right]\text{mm}^2=182.4\text{mm}^2$$

$$\text{绝缘占面积 } S_i=C_i[2(h_{s1}+h_{s2})+\pi R+2R+b_s]=0.22\times(2\times22+\pi\times5.5+2\times5.5+8)\text{mm}^2=17.7\text{mm}^2$$

槽内导线总面积 $S_{wx}=S_s-S_i=(182.4-17.7)\text{mm}^2=164.7\text{mm}^2$

每槽实际导线数 $N=aN_n=2\times15=30$ 根/槽

槽满率为

$$F_k=\frac{Nnd^2}{S_{wx}}=\frac{30\times2\times1.46^2}{164.7}=0.78$$

符合槽满率一般在0.60~0.75的范围。

该电动机绕组采用双层叠绕，用直径为1.5mm的漆包线双根并绕，支路数为2，每只绕组为28匝。

十二、三相空壳电动机绕组重绕计算之二

对10kW以下的小功率电动机，可按以下简化方法计算，计算误差也不算大。

(1) 估算电动机极对数

计算公式同前。

(2) 计算每槽有效导线数

① 当绕组为Y联结，额定线电压为380V时

$$N_n=5.5\times10^{10}\frac{a}{n_1 z S_{Fe}}$$

② 当绕组为△联结，额定线电压为380V时

$$N_n=9.55\times10^{10}\frac{a}{n_1 z S_{Fe}}$$

式中，a 为并联支路数；n_1 为电动机同步转速（r/min）；z 为定子槽数；S_{Fe} 为定子铁心内圆周的表面积（mm^2），$S_{Fe}=\pi D_1 l$。

（3）电动机功率估算

$$P_e = KD_1^2 l n_1$$

式中符号同前。系数 K，见表2-46。

表2-46 估算系数 K

极数		2	4	6	8
K	防护式	28×10^{-5}	14×10^{-5}	8×10^{-5}	5.4×10^{-5}
	封闭式	16.8×10^{-5}	8.4×10^{-5}	4.8×10^{-5}	3.24×10^{-5}

（4）确定电动机额定电流

见表2-47。

表2-47 额定电流与电动机功率的简单关系（Y联结）

极数 $2p$	功率 P_e/kW			
	0.6~2.8	2.8~10	10~28	28~75
	线电流（额定电流）/A			
2	$2.2P_e$	$2.05P_e$	$1.85P_e$	$1.83P_e$
4	$2.4P_e$	$2.1P_e$	$1.93P_e$	$1.86P_e$
6	$2.6P_e$	$2.2P_e$	$2P_e$	$1.9P_e$
8		$2.25P_e$	$2.1P_e$	$2P_e$

注：Y联结时，线电流即为相电流；△联结时，相电流（绕组中的电流）为线电流的 $1/\sqrt{3}$ 倍。

（5）导线直径的选择

Y联结：
$$d = 1.13\sqrt{\frac{I_e}{j}}$$

△联结：
$$d = 1.13\sqrt{\frac{I_e}{1.73j}}$$

式中，d 为导线直径（mm）；j 为电流密度（A/mm²）。

十三、单速电动机改为双速电动机绕组重线计算之一

已知原单速电动机的绕组数据，便可按表2-48简捷地计算出所需双速电动机的绕组数据。

表2-48 单速电动机改为双速电动机的计算

参数 \ 计算公式 \ 联结方式	2极1路Y改 4极△/2极YY	4极1路Y改 8极△/4极YY	4极1路Y改 4极△/2极YY
绕组节距1~X	X=（槽数÷4）+1	X=（槽数÷8）+1	X=（槽数÷4）+1
每槽导线数/根	原每槽导线数×$2\sqrt{3}$	原每槽导线数×$2\sqrt{3}$	原每槽导线数×$\sqrt{3}$
导线直径/mm	$\sqrt{\frac{原每槽导线数}{改后每槽导线数}}$×原导线直径		
输出功率/kW	4极△=原2极功率×50% 2极YY=原2极功率×60%	8极△=原4极功率×50% 4极YY=原4极功率×60%	4极△=原4极功率×100% 2极YY=原4极功率×120%

【例2-8】 有一台Y系列电动机，已知额定功率P_e为4kW，4极，Y联结，定子槽数Z为36，每槽导线根数N_1为46，单层交叉绕，导线直径d_1为1.06mm，并联支路数a为1，欲改成2/4极双速电动机，试计算改绕参数。

解：根据4极1路Y联结改为4极△/2极YY联结，查表2-48，得改后电动机有关参数为

绕组节距 $\tau' = \frac{Z}{4}+1 = \left(\frac{36}{4}+1\right)$槽$=10$槽，即1～10

每槽导线数 $N_1' = N_1\sqrt{3} = 46\sqrt{3}$根$\approx 80$根（取偶数）

导线直径 $d_1' = d_1\sqrt{\frac{N_1}{N_1'}} = \left(1.06\times\sqrt{\frac{46}{80}}\right)\text{mm}\approx 0.80\text{mm}$

选标准线规为ϕ0.80mm的漆包线。

输出功率 $P_4 = P_e\times 100\% = (4\times 100\%)\text{kW} = 4\text{kW}$[4极(△)时]

$P_2 = P_e\times 120\% = (4\times 120\%)\text{kW} = 4.8\text{kW}$[2极(YY)时]

十四、单速电动机改为双速电动机绕组重线计算之二

改绕前，先记录下单速电动机的有关数据：额定电压U_e、额定功率P_e、额定频率f_e、额定电流I_e、额定转速n_e、定子槽数z、定子每槽导线数N_1、导线直径d_1、转子槽数z_2、绕组接法、节距y、并联支路数a_1、并绕根数n、绕组型（双层或单层）等。如无上述数据，则应按单速电动机重绕计算求得。

（1）选择单绕组变极调速方案 若要求近似恒转矩，则选择数少时绕组系数k_{dp}较高，极数多时k_{dp}较低的方案；若要求近似恒功率，则应选择两个极下绕组系数k_{dp}均较高的方案。

（2）选择绕组联结方式 恒转矩宜采用YY/Y联结；转矩随转速下降而减小的宜采用△△/Y联结；恒功率宜采用YY/△联结、YY/YY联结。

（3）确定绕组节距 一般多速电动机均采用双层绕组，绕组节距在多极数时用全距或接近全距。

（4）每槽导线数的计算

1）以双速电动机中与有一极数单速电动机相同为基准，选择每槽导线数如下：

$$N_1' = \frac{U_1' k_{dp} a_1'}{U_1 k_{dp}' a_1} N_1$$

2）根据两个极下气隙磁通密度比选择每槽导线数如下：

$$\frac{B_{\delta \mathrm{II}}}{B_{\delta \mathrm{I}}} = \frac{U_{\mathrm{II}} p_{\mathrm{II}} W_{\mathrm{I}} k_{dp\mathrm{I}}}{U_{\mathrm{I}} p_{\mathrm{I}} W_{\mathrm{II}} k_{dp\mathrm{II}}}$$

式中，B_δ为气隙磁通密度（T）；p为极对数；W为每相串联匝数。

其中下角Ⅰ为少极数时的量，Ⅱ为多极数时的量。

$$\frac{B_{\delta \mathrm{II}}}{B_{\delta \mathrm{I}}}\begin{cases} =1，取N_1为多速电动机的每槽导线数 \\ <1，N_1要适当增加 \\ >1，N_1要适当减少 \end{cases}$$

（5）导线直径的选择

$$d_1' = \sqrt{\frac{N_1}{N_1'}}d_1$$

（6）功率估算

1）与原单速电动机极数相同时的功率：

$$P_1' = \frac{U_1'a_1'd_1'^2}{U_1a_1d_1^2}P_1$$

式中，P_1'、U_1'、a_1'、d_1'分别为改绕后多速电动机与原单速电动机极数相同时的功率、相电压、并联支路数和导线直径。

2）两种极数下的功率比：

$$\frac{P_{\text{II}}}{P_{\text{I}}} = K\frac{U_{\text{II}}a_{\text{II}}}{U_{\text{I}}a_{\text{I}}}$$

3）三种极数下的功率比：

$$\frac{P_{\text{III}}}{P_{\text{II}}} = K\frac{U_{\text{III}}a_{\text{III}}}{U_{\text{II}}a_{\text{II}}}$$

$$\frac{P_{\text{II}}}{P_{\text{I}}} = K\frac{U_{\text{II}}a_{\text{II}}}{U_{\text{I}}a_{\text{I}}}$$

式中，K为功率降低系数（因低速时通风散热效果较差等所致），可取0.7～0.9。

【例2-9】 有一台三相单速电动机，已知额定功率P_e为30kW，4极，相电压U_1为380V，并联支路数α_1为2，绕组系数k_{dp}为0.946，导线直径d_1为$2\times\phi1.56$mm，每槽导线数N_1为30，2△双层绕组。欲改绕成4/6极双速电动机，双速电动机的技术参数为：YY/Y联结，双层绕组，节距y为6；6极时U_6为220V，a_6为1，k_{dp6}为0.644；4极时U_4为220V，a_4为2，k_{dp4}为0.831。试求改绕参数。

解：（1）每槽导线数的计算

$$N_1' = \frac{U_4k_{dp}a_4}{U_1k_{dp4}'a_1}N_1 = \left(\frac{220\times0.946\times2}{380\times0.831\times2}\times30\right)\text{根} = 19.77\text{根}$$

取$N_1'=20$根，每个绕组为10匝。

（2）导线直径的选择

$$d_1' = \sqrt{\frac{N_1}{N_1'}}d_1 = \left(\sqrt{\frac{30}{20}}\times1.56\right)\text{mm} = 1.91\text{mm}$$

即$d_1'=2\times\phi1.91$mm。为嵌线容易，按等截面积原则换算，选用标准线规$4\times\phi1.35$mm漆包线。

（3）功率估算

4极时，$P_4 = \dfrac{U_4a_4d_4^2}{U_1a_1d_1^2}P_e = \left(\dfrac{220\times2\times1.91^2}{380\times2\times1.56^2}\times30\right)\text{kW} = 26\text{kW}$

6极时，取功率降低系数$K=0.8$，则

$$P_6 = K\frac{U_6a_6}{U_4a_4}P_4 = \left(0.8\times\frac{220\times1}{220\times2}\times26\right)\text{kW} = 10.4\text{kW}$$

(4) 双速电动机数据

$P=26/10.4\mathrm{kW}$，$U_e=380\mathrm{V}$，YY/Y联结，$2p=4/6$，双层绕组，$y=1\sim7$，每个绕组10匝，选用导线$4\times\phi1.35\mathrm{mm}$漆包线。

十五、三相异步电动机改变接线方式改压的计算

电动机可以由低压改为高压（500V以上）使用，也可以由高压改为低压使用。对于前者，因受槽形及绝缘的限制，电动机的功率会大大降低，所以一般不宜改压。对于后者，因槽绝缘可以减薄，可采用较大截面积的导线，故电动机出力可有所提高。

当需要改变电动机的使用电压时，可改变接线（改变绕组每相串联线圈匝数）以满足电源电压要求。为了使电动机在改接前后的温升和各部磁通密度保持不变，导线电流密度和线圈每匝所承受的电压应不变动。具体计算步骤如下：

1）计算改压前后的电压比$U_j\%$为

$$U_j\%=\frac{U'}{U}\times100$$

式中，U、U'分别为改压前、后电动机的使用电压（V）。

2）查明电动机绕组是星形联结还是三角形联结，以及绕组的并联支路数a。

3）从表2-49中找出与计算出的电压比$U_j\%$最接近的$U\%$，便可根据其他已知条件查出所要改变电压后应有的接法。

表2-49 三相绕组改变联结的电压比（原来绕组电压为100%）

原绕组联结	电压比U% 绕组改接后联结							
	一路星形联结	二路星形联结	三路星形联结	四路星形联结	五路星形联结	六路星形联结	八路星形联结	十路星形联结
一路星形联结	100	50	33	25	20	16.6	12.5	10
二路星形联结	200	100	67	50	40	33	25	20
三路星形联结	300	150	100	75	60	50	38	30
四路星形联结	400	200	133	100	80	67	50	40
五路星形联结	500	250	167	125	100	83	63	50
六路星形联结	600	300	200	150	120	100	75	60
八路星形联结	800	400	267	200	160	133	100	80
十路星形联结	1000	500	333	250	200	167	125	100
一路三角形联结	173	87	58	43	35	29	21.6	17.3
二路三角形联结	346	173	115.5	87	69	58	43	35
三路三角形联结	519	260	173	130	104	87.0	65	52
四路三角形联结	693	346	231	173	138	115.5	87.5	69
五路三角形联结	866	433	289	217	173	144	108	87.5
六路三角形联结	1039	520	346	260	208	173	130	104
八路三角形联结	1385	693	462	346	277	231	173	139
十路三角形联结	1732	866	577	433	346	289	216	173

原绕组联结	电压比U% 绕组改接后联结							
	一路三角形联结	二路三角形联结	三路三角形联结	四路三角形联结	五路三角形联结	六路三角形联结	八路三角形联结	十路三角形联结
一路星形联结	58	29	19.2	14.4	11.5	9.6	7.2	5.8
二路星形联结	115.5	58	38.4	29	23	19	14.4	11.5
三路星形联结	173	86.4	58	43	35	29	21.7	17.3
四路星形联结	231	115.5	77	58	46	38.4	29	23

（续）

原绕组联结	电压比 $U\%$							
	绕组改接后联结							
	一路三角形联结	二路三角形联结	三路三角形联结	四路三角形联结	五路三角形联结	六路三角形联结	八路三角形联结	十路三角形联结
五路星形联结	289	144	96	72	58	48	36	29
六路星形联结	346	173	115.5	86.4	69	58	43	35
八路星形联结	462	231	154	115.5	92	77	58	46
十路星形联结	577	289	192	144	115.5	96	72	58
一路三角形联结	100	50	33.3	25	20	16.6	12.5	10
二路三角形联结	200	100	69	50	40	33	25	20
三路三角形联结	300	150	100	75	60	50	38	30
四路三角形联结	400	200	133	100	80	67	50	40
五路三角形联结	500	250	167	125	100	83	63	50
六路三角形联结	600	300	200	150	120	100	75	60
八路三角形联结	800	400	267	200	160	133	100	80
十路三角形联结	1000	500	333	250	200	167	125	100

4）改接后的绕组并联支路数 a' 与极数 $2p'$ 的关系应满足：$2p'/a'$ 为整数。

5）绕组改接后的电压变动不得超过 ±5%，即

$$\frac{U_j\% - U\%}{U\%} \leqslant \pm 5\%$$

改接后的电压误差未超过 ±5% 的范围，因此满足要求。

【例 2-10】 有一台 3kV、8 极、一路星形联结的三相异步电动机，现要改在 380V 电源上使用，应如何改变绕组接线？

解： 改接前后的电压比为

$$U_j\% = \frac{U'}{U} \times 100 = \frac{380}{3000} \times 100 \approx 12.7$$

由表 2-49 可知，“八路星形联结”项中的 $U\% = 12.5$ 最为接近，可决定改接成八路并联星形联结，即 $a = 8$。

校验：改接后的 a 与 $2p$ 的关系如下。

$$2p/a = 8/8 = 1(\text{整数})，满足要求。$$

又

$$\frac{U_j\% - U\%}{U\%} = \frac{12.7 - 12.5}{12.5} = 1.6\%$$

改接后的电压误差未超过 ±5% 的范围，因此满足要求。

十六、三相异步电动机绕组重绕改压的计算

如果无法改变接线或改接后绕组电压误差超过允许范围，则只得重绕绕组，以满足电源电压要求。

（1）重绕后绕组每槽导线数的计算如下：

$$N' = \frac{U_e' a' N}{U_e a}$$

式中，N、N' 分别为原绕组和新绕组的每槽导线数（根/槽）；U_e、U_e' 分别为原电源电压和重绕后的电源电压（V）；a、a' 分别为原绕组和新绕组的并联支路数。

（2）重绕后导线截面积的计算

$$q' = \frac{U_e n q}{U'_e n'}$$

式中，q、q'分别为原绕组和新绕组的导线截面积（mm^2）；n、n'分别为原绕组和新绕组的导线并绕根数。

【例2-11】 有一台380V、4极三相异步电动机，绕组为一路三角形联结，现改在220V电源上使用，试进行改压计算。

解： 1）改变接线方式改压计算。改压的电压比为

$$U_j\% = \frac{U}{U'} \times 100 = \frac{220}{380} \times 100 \approx 57.9$$

查表2-49得最近的电压比是 $U\% = 58$，改接后为三路星形联结。

校验：改接后的并联支路数 a 与 $2p$ 的关系如下：

$$2p/a = 4/3 \text{（非整数）}$$

故此种改接不能成立。再试选电压比 $U\% = 50$ 的二路三角形联结。

校验：$2p/a = 4/2 = 2$（整数），满足要求。

改接后的电压误差为

$$\frac{U_j\% - U\%}{U\%} = \frac{57.9 - 50}{50} = 15.8\%$$

已超过±5%的允许范围，故不能用改接方法来改压，而必须重绕绕组。

2）重绕绕组改压计算。拆除该电动机绕组时，先记录下列数据：

槽数 $Z = 36$，每槽导线数 $N = 34$，导线直径 $d = 1.12$mm，并绕根数 $n = 1$，双层叠绕，线圈节距 $y = 7$。

每槽导线数为

$$N' = \frac{U'a'}{Ua}N = \left(\frac{220 \times 1}{380 \times 1} \times 34\right)\text{根/槽} \approx 19.7\text{根/槽，取20根/槽。}$$

原绕组导线直径 $d = 1.12$mm，查线规表得标称截面积 $q = 0.985\text{mm}^2$。

新绕组导线截面积为

$$q' = \frac{Un}{U'n'}q = \left(\frac{380 \times 1}{220 \times 1} \times 0.985\right)\text{mm}^2 = 1.7\text{mm}^2$$

查线规表，可选取标称直径 $d_1 = 1.50$mm 的QZ型高强度漆包圆铜线（绝缘外径 $d = 1.58$mm）。

改压后，新绕组的型式、接法和线圈节距均可保持不变。

十七、三相异步电动机改频计算

改频计算通常有以下两类情况：

1）要求改频前后，电源电压、极数和转矩不变，而电动机输出功率允许变化。

2）要求改频前后，电源电压、极数和功率不变，而电动机的输出转矩允许变化。

以上两种情况的改频计算见表2-50。需要指出：

① 当频率过低或过高时，表2-50中的公式会有一定的误差。

② 增加频率，电动机转速也会增加，这就要考虑转子强度能否胜任，为此需校验转子线速度。

$$v=\frac{\pi D_2 n_1}{60}$$

式中，v 为转子线速度（m/s），对于笼型转子，$v \leqslant 60$m/s；对于绕线转子，$v \leqslant 40$m/s；D_2 为转子铁心外径（m）；n_1 为同步转速（r/min）。

表2-50 常用的两种改频计算

改频条件 \ 计算项目		每相串联匝数 W，每槽导线数 N	导线截面积 q/mm²	输出功率 P_2/kW，输出转矩 M/N·m	同步转速 n_1/(r/min)	电动机线电流 I_1/A
保持电源电压、极数和转矩不变	计算公式	$W'=\frac{f}{f'}W$ $N'=\frac{f}{f'}N$	$q'=\frac{f'}{f}q$	$P_2'=\frac{f'\cos\varphi'\eta'}{f\cos\varphi\eta}P_2$	$n_1'=\frac{f'}{f}n_1$	$I_1'=\frac{f'}{f}I_1$
	举例	60Hz改为50Hz时： $W'=1.2W$ $N'=1.2N$ 50Hz改为60Hz时： $W'=0.83W$ $N'=0.83N$	60Hz改为50Hz时： $q'=0.83q$ 50Hz改为60Hz时： $q'=1.2q$	60Hz改为50Hz时： $P_2'=0.83P_2$ 50Hz改为60Hz时： $P_2'=1.2P_2$ （设 $\cos\varphi$ 和 η 不变）	60Hz改为50Hz时： $n_1'=0.83n_1$ 50Hz改为60Hz时： $n_1'=1.2n_1$	60Hz改为50Hz时： $I_1'=0.83I_1$ 50Hz改为60Hz时： $I_1'=1.2I_1$
保持电源电压、极数和输出功率不变	计算公式	$W'=W\sqrt{\frac{f}{f'}}$ $N'=N\sqrt{\frac{f}{f'}}$	$q'=q\sqrt{\frac{f'}{f}}$	$M'=\frac{f}{f'}M$	$n_1'=\frac{f'}{f}n_1$	$I_1'=I_1$
	举例	60Hz改为50Hz时： $W'=1.095W$ $N'=1.095N$ 50Hz改为60Hz时： $W'=0.913W$ $N'=0.913N$	60Hz改为50Hz时： $q'=0.913q$ 50Hz改为60Hz时： $q'=1.095q$	60Hz改为50Hz时： $M'=1.2M$ 50Hz改为60Hz时： $M'=0.83M$	60Hz改为50Hz时： $n_1'=0.83n_1$ 50Hz改为60Hz时： $n_1'=1.2n_1$	$I_1'\approx I_1$

3）增加频率，转速提高，能增强电动机的通风冷却效果，因此允许电流密度增大10%～15%。

4）60Hz改为50Hz，或50Hz改为60Hz时，可保持原来定子绕组型式、并绕根数、并联支路数和接线方式不变。

十八、铸铝转子改为铜条转子的计算

当铸铝转子断裂时，可将转子槽内铸铝全部取出更换成铜条。

由于铜条的导电性能比铸铝好，铜条的电流密度可取得比铸铝高，因此铜条占转子槽内空间约2/3即可。如果将铜条把转子槽塞满，则会造成起动转矩小，而电流增大等现象。

具体计算如下：

（1）铜条电流计算

$$I_c = \frac{23.8 I_x W_1}{z_2}$$

式中，I_c 为铜条电流（A）；I_x 为电动机额定相电流（A）；W_1 为定子每相串联匝数；z_2 为转子槽数。

（2）铜条截面积计算

$$q_c = \frac{I_c}{j_2}$$

式中，q_c 为铜条截面积（mm^2）；j_2 为转子导体的电流密度（A/mm^2），一般可取5.5～7.5，封闭式电动机取较小值，开启式取较大值；铝条一般取3～4。

（3）转子端环电流计算

$$I_h = \frac{\pi z_2 I_c}{2p}$$

式中，I_h 为端环电流（A）；p 为电动机的极对数。

（4）端环截面积计算

$$q_h = \frac{I_h}{j_h}$$

式中，q_h 为端环截面积（mm^2）；j_h 为端环电流密度（A/mm^2），可取 j_h 小于（20%～35%）j 即可。

十九、三相异步电动机改为单相异步电动机绕组重绕的计算

将三相空壳异步电动机改绕成单相使用时，在转速不变的情况下，其容量约为原来的70%。

1. 计算方法一

（1）工作绕组串联匝数的计算　工作绕组（即主绕组）串联匝数过多，会使电动机空载电流减小，转矩降低；串联匝数过少，又会使电动机的空载电流增加，转矩增大，电动机易发热。工作绕组的串联匝数 W 可按下式计算：

$$W = \frac{U}{3f\tau LB} \times 10^4 \text{（匝）}$$

式中，U 为重绕后的使用电压，市电电压为220V；f 为电源频率，50Hz；τ 为电动机极距，$\tau = \pi d/(2p)$；d 为定子内径（cm）；p 为极对数；L 为铁心长度（cm）；B 为磁通密度，一般2极取0.25～0.45T，4极取0.35～0.55T。

（2）工作绕组导线截面积的计算

$$S = \frac{I}{j}$$

$$I = \frac{P \times 10^3}{U\cos\varphi}$$

式中，S 为导线截面积（mm^2）；I 为改绕后的电动机电流（A）；j 为电流密度，一般可取 $5 \sim 8A/mm^2$；P 为改绕后的电动机功率（kW）；U 为单相电源电压，市电电压为 220V；$\cos\varphi$ 为功率因数，可取 0.75。

（3）起动绕组串联匝数及导线截面积的选择　起动绕组，即副绕组。

1）对于起动后立即与电源断开的起动绕组，其在铁心上只占有 1/3 的槽数，串联匝数为工作绕组的 1/3，导线截面积与工作绕组导线相等。

2）对于起动后仍与电源连接的起动绕组，其在铁心上要占有与工作绕组相等的槽数，串联匝数为工作绕组的 1.5 倍，导线截面积为工作绕组的 2/3。

改绕后的电动机，如果起动转矩小（带负载起动吃力），可适当减少起动绕组的匝数；如果起动电流过大，可增加起动绕组的匝数或增加起动绕组电路中的电阻值。

2. 计算方法二

【例 2-12】　一台三相异步电动机，已知定子铁心内径 D_1 为 112mm，铁心长度 l 为 103.5mm，定子槽数 z 为 24，铁心轭高 h_c 为 15.5mm，定子槽面积 S_A 为 $125mm^2$。现欲改为用于 220V 电源的单相电容起动型电动机，试求绕组数据。

解：（1）估算电动机极对数为

$$p = 0.25\frac{D_1}{h_c} = 0.25 \times \frac{112}{15.5} = 1.8$$

可见此电动机的最少可能极对数为 2。

（2）主绕组和副绕组槽数的确定：由于采用电容分相起动，故主绕组的槽数占定子槽数的 2/3，即

$$z_g = \frac{2}{3}z = \frac{2}{3} \times 24\text{ 槽} = 16\text{ 槽}$$

副绕组的槽数应占定子槽数的 1/3，即

$$z_q = \frac{1}{3}z = \frac{1}{3} \times 24\text{ 槽} = 8\text{ 槽}$$

（3）每个极弧面积计算为

$$S_j = \frac{\pi D_1 l}{2p} = \frac{\pi \times 112 \times 103.5}{4}mm^2 = 9100mm^2$$

（4）主绕组计算　主绕组每相串联匝数

$$W_{xg} = \frac{30 \times 10^5}{S_j} = \frac{30 \times 10^5}{9100}\text{匝} \approx 330\text{ 匝}$$

主绕组的实际匝数应等于 3 倍 W_{xg}，即

$$W_1 = 3W_{xg} = 3 \times 330\text{ 匝} = 990\text{ 匝}$$

主绕组每槽导线数为

$$N_g = \frac{W_1}{z_g} = \frac{990}{16}\text{匝/槽} = 61.9\text{ 匝/槽，取 62 匝/槽，}$$

则主绕组实际匝数为 $W_1 = 62 \times 16\text{ 匝} = 992\text{ 匝}$

主绕组占槽面积为

$$S_g = kS_A = (0.35 \sim 0.45) S_A$$
$$= 0.4 \times 125\text{mm}^2 = 50\text{mm}^2 \qquad (\text{取 } k = 0.4)$$

槽满率 $F_k = 0.4$。

主绕组导线直径选择：每根导线所占面积为

$$q = \frac{S_g}{N_g} = \frac{50}{62}\text{mm}^2 = 0.806\text{mm}^2$$

可选用直径为 $d = 1.04\text{mm}$ 的漆包线。

(5) 副绕组计算　副绕组每槽导线数为

$$N_q = 2N_g = 2 \times 62 \text{ 匝/槽} = 124 \text{ 匝/槽}$$

副绕组导线截面可取主绕组的一半，即 $0.806/2\text{mm}^2 = 0.403\text{mm}^2$。

可选用直径为 $d = 0.69\text{mm}$ 的漆包线。

二十、采用电容裂相法将三相异步电动机改为单相使用的计算

不论绕组是Y联结还是△联结的三相异步电动机均可用并入电容的方法改接成单相使用，接线如图 2-17 所示。图中，C_g 为工作电容，C_q 为起动电容。

工作电容器的电容量按下式计算

$$C_g = \frac{1950 I_e}{U_e \cos\varphi}$$

式中，C_g 为工作电容器的电容量（μF）；I_e 为电动机的额定电流（A）；U_e 为电动机的额定电压（V）；$\cos\varphi$ 为电动机的功率因数，小功率电动机可取 0.7～0.8。

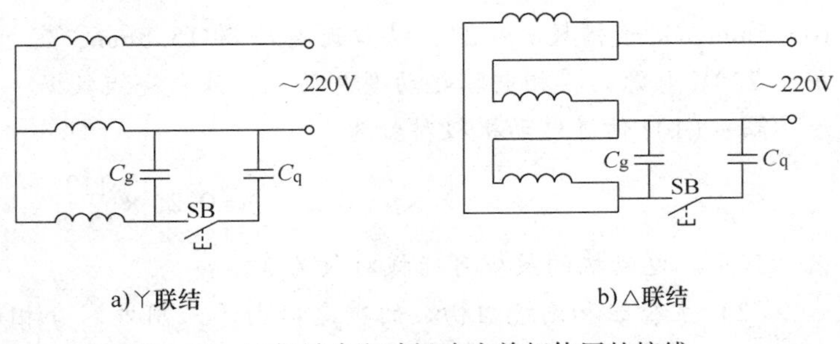

图 2-17　三相异步电动机改为单相使用的接线

选用接近所计算值的标准电容量的电容器。起动电容器的电容量 C_q 可根据电动机起动负载而定，一般为工作电容器电容量的 1～4 倍，即

$$C_q = (1 \sim 4) C_g$$

实际上 1kW 以下的电动机可以不加起动电容器，只要把工作电容器的电容量适当加大一些即可。一般以每 0.1kW 用工作电容器约 3.5～6.5μF，耐压不小于 450V。

电容器可选用 CBB22 型或 CJ41 型等。

使用此种电动机时应注意：当电动机起动后，转速达到额定值时，应立即切除起动电容，否则时间长了电动机会烧坏。经此法改用的电动机功率约为原来功率的 55%～90%，其具体功率大小与电动机本身的功率因数等有关。

【例 2-13】　一台额定功率为 600W、额定电压为 220/380V、额定电流为 2.8/1.6A、额定功率因数为 0.76 的三相异步电动机，原运行在 380V 三相电源（定子绕组为Y联结），欲用于单相 220V 电源运行，试求工作电容器和起动电容器电容量。

解： 可不改动绕组接线，也可将Y联结改成△联结。

如为Y联结，将 $U_e = 380\text{V}$、$I_e = 1.6\text{A}$、$\cos\varphi = 0.76$ 代入公式，则工作电容器电容量为

$$C_g = \frac{1950 I_e}{U_e \cos\varphi} = \frac{1950 \times 1.6}{380 \times 0.76}\mu\text{F} = 10.8\mu\text{F}\text{，实际可选择 } 12\mu\text{F}。$$

起动电容器电容量为

$$C_q=(1\sim4)C_g=[(1\sim4)\times10.8]\mu F=10.8\sim43.2\mu F$$

若该电动机起动负载不大，可取 $C_q=35\mu F$。

如为△联结，则将 $U_e=220V$、$I_e=2.8A$、$\cos\varphi=0.76$ 代入公式即可，所算得的 C_g、C_q 值与丫联结相同。

实测表明，该电动机单相运行的负载电流为 1.82A（丫联结时），折算输出功率为 $p=UI=220\times1.82W=400W$，相当于原电动机功率的67%。

二十一、利用 *L*、*C* 电路的接法将三相异步电动机改为单相使用的计算

【例 2-14】 一台额定电压为 380V、额定功率为 1.1kW、功率因数为 0.8 的三相电动机，欲用于单相380V 电源运行，试求 L、C 参数。

解： 电动机现在功率为

$$S=P/\cos\varphi=1100/0.8=1375VA$$

功率因数角为

$$\varphi=\varphi_3=\arccos0.8=36.87°$$

所需电感的电感量为

$$L=\frac{1.5U_e^2}{S\omega\sin(60°-\varphi)}=\frac{1.5\times380^2}{1375\times314\times\sin23.13°}H\approx1.277H$$

所需电容的电容量为

$$C=\frac{S\sin(60°-\varphi)}{1.5U_e^2\omega}=\frac{1375\sin(60°+36.87°)}{1.5\times380^2\times314}F\approx20\times10^{-6}F=20\mu F$$

由于自制电感较麻烦，可用 40W 荧光灯镇流器代替。因为 40W 荧光灯镇流器的工作电压为 165V，工作电流为 0.41A，由 $U=IX=I\omega L$，得 $L=\frac{U}{\omega I}=\frac{165}{314\times0.41}\approx1.282H$。该电感量与所需的电感量接近，为了能在 380V 电压下运行，可将三只镇流器串联成一组，再将三组镇流器并联即可。电容器可用 10μF、500V 洗衣机电容器。为了降低电容器的工作电压，使电容器可靠运行，可将两只电容器串联成一组，再将四组电容器并联即可，电容量为 20μF。

【例 2-15】 上例中的电动机若用于220V 单相电源，试求 L、C 参数。

解： 所需电感的电感量为

$$L=\frac{1.5U_e^2}{S\omega\sin(60°-\varphi)}=\frac{1.5\times220^2}{1375\times314\times\sin23.13°}H\approx0.428H$$

所需电容的电容量为

$$C=\frac{S\sin(60°+\varphi)}{1.5U_e^2\omega}=\frac{1375\sin(60°+36.87°)}{1.5\times220^2\times314}F\approx59.7\mu F$$

【例 2-16】 一台 Y100L-2 三相电动机，额定功率为 3kW，额定电流为 6.4A、额定功率因数为 0.87、额定电压为 380V，欲用于单相220V 电源运行，试求 L、C 参数。

解： 将原电动机定子绕组改成△联结，使用 $U_e=220V$ 电源时，满载时的线电流为

$$I=\sqrt{3}I_e=\sqrt{3}\times6.4A=11.1A$$

$$\varphi=\varphi_e=\arccos0.87=29.54°$$

所需电感的电感量为

$$L=\frac{\sqrt{3}U_e}{2\omega I\sin(60°-\varphi)}=\frac{\sqrt{3}\times 220}{2\times 314\times 11.1\times\sin(60°-29.54°)}\text{H}$$
$$=0.108\text{H}=108\text{mH}$$

所需电容器的电容量为

$$C=\frac{2I\sin(60°+\varphi)}{\sqrt{3}\omega U_e}=\frac{2\times 11.1\times\sin(60°+29.54°)}{\sqrt{3}\times 314\times 220}\text{F}$$
$$=186\times 10^{-6}\text{F}=186\mu\text{F}$$

二十二、采用其他方法将三相异步电动机改为单相使用

1. 绕组为Y联结的电动机

可将任意两相绕组串联起来，然后在一相绕组串入一电阻 R，按图2-18a所示的方法连接。起动时，按下起动按钮SB，待电动机达到额定转速时，断开按钮SB，这时电动机便可带负载运行了。

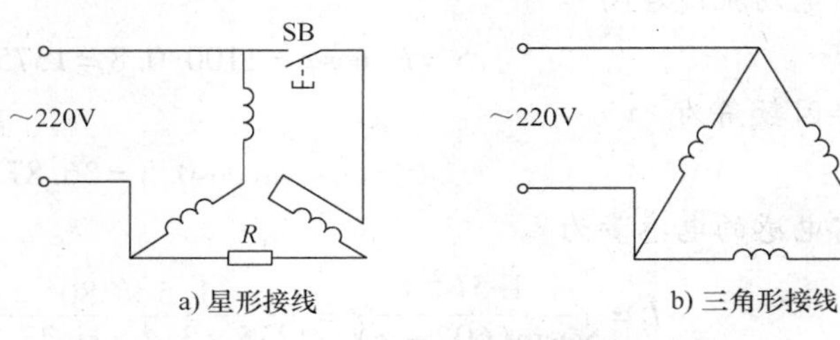

图2-18 另外两种改单相运行的接线法

电阻 R 的选择应能承受电动机起动时所需电流。若需要较大一点的转矩，可将定子绕组长期串入一只5～10倍于定子绕组值的电阻。如果此电阻值太小，则会使电动机的电流增加，同时发出“嗡嗡”的声响。

2. 绕组为△联结的电动机

可按图2-18b所示的方法接线。起动时，反复开闭开关S，待电动机达到额定转速时，断开开关S，电动机便可带负载运行了。采用这种方法，电动机的起动转矩较小。

第三节 三相异步电动机的铁心绕组数据

一、YR系列三相异步电动机的绕组数据

YR系列（IP23）绕线转子异步电动机的绕组数据见表2-51；YR系列（IP44）绕线转子异步电动机的绕组数据见表2-52。

表2-51 YR系列（IP23）绕线转子异步电动机绕组的技术数据

功率/kW	定子						转子						
	槽数	每槽线数	线规 $N—\phi$	跨距 $1—y$	并联路数	平均半匝长/mm	槽数	每槽线数	线规 $N—\phi$ 或 $N—a\times b$	跨距 $1—Y$	并联路数	平均半匝长/mm	相电阻/Ω
(a) 4极													
7.5	48	34	1—1.50	1—11	1	283	36	18	3—1.12	1—9	1	245	0.389
11	48	50	2—0.85	1—11	2	313	36	14	4—1.12	1—9	1	275	0.255
15	48	38	2—1.00	1—11	2	348	36	10	3—1.30 1—1.40	1—9	1	310	0.146
18.5	48	40	2—1.12	1—11	2	354	36	8	1—1.8×5	1—9	1	373	0.088
22	48	34	1—1.18 1—1.25	1—11	2	374	36	8	1—1.8×5	1—9	1	393	0.093

（续）

功率/kW	定子						转子						
	槽数	每槽线数	线规 $N—\phi$	跨距 $1—y$	并联路数	平均半匝长/mm	槽数	每槽线数	线规 $N—\phi$ 或 $N—a\times b$	跨距 $1—Y$	并联路数	平均半匝长/mm	相电阻/Ω
(a) 4极													
30	48	62	2—0.95	1—11	4	383	36	8	1—2×5.6	1—9	1	410	0.076
37	48	50	2—1.00	1—11	4	418	36	8	1—2×5.6	1—9	1	436	0.083
45	48	24	1—1.12 3—1.18	1—12	2	440	36	6	2—1.8×4.5	1—9	1	439	0.043
55	48	40	1—1.25 1—1.30	1—12	4	470	36	6	2—1.8×4.5	1—9	1	469	0.046
75	60	14	2—1.25 3—1.30	1—14	2	489	48	6	2—1.6×4.5	1—12	1	504	0.075
90	60	12	4—1.25 2—1.30	1—14	2	519	48	6	2—1.6×4.5	1—12	1	534	0.0795
110	60	24	4—1.25	1—14	4	533	48	4	2—2.24×6.3	1—12	1	557	0.028
132	60	40	4—1.40	1—14	4	573	48	4	2—2.24×6.3	1—12	1	597	0.0304
(b) 6极													
5.5	54	36	2—0.95	1—9	1	256	36	24	1—1.18、1—1.25	1—6	1	217	0.584
7.5	54	58	1—1.06	1—9	2	276	36	18	3—1.12	1—6	1	237	0.376
11	54	46	1—1.40	1—9	2	300	36	8	1—1.8×4	1—6	1	325	0.097
15	54	36	2—1.06	1—9	2	330	36	8	1—1.8×4	1—6	1	355	0.106
18.5	54	36	2—1.18	1—9	2	326	36	8	1—1.8×5	1—6	1	346	0.0821
22	54	30	1—1.30 1—1.40	1—9	2	356	36	8	1—1.8×5	1—6	1	376	0.0892
30	72	38	2—1.12	1—12	3	368	54	6	2—1.6×4.5	1—9	1	390	0.065
37	72	30	1—1.18 1—1.25	1—12	3	398	54	6	2—1.6×4.5	1—9	1	420	0.0704
45	72	28	2—1.06	1—12	3	408	54	6	2—1.8×4.5	1—9	1	428	0.064
55	72	24	4—1.00	1—12	3	438	54	6	2—1.8×4.5	1—9	1	458	0.068
75	72	22	3—1.40	1—12	3	448	54	6	2—2×5	1—9	1	474	0.057
90	72	18	3—1.50	1—12	3	503	54	6	2—2×5	1—9	1	529	0.0633
(c) 8极													
4①	48	54	1—1.25	1—6	1	221	36	30	1—1.06、1—1.12	1—5	1	201	0.839
5.5①	48	43	1—1.40	1—6	1	241	36	22	2—1.25	1—5	1	221	0.515
7.5①	48	70	2—0.90	1—6	2	261	36	8	1—1.8×4	1—5	1	307	0.092
11①	44	54	2—1.00	1—6	2	291	36	8	1—1.8×4	1—5	1	337	0.10
15①	48	50	2—0.95	1—6	2	282	36	8	1—1.8×5	1—5	1	326	0.0773
18.5①	48	43	2—1.30	1—6	2	312	36	8	1—1.8×5	1—5	1	356	0.084
22	72	62	1—1.25	1—9	4	321	48	6	2—1.6×4.5	1—6	1	352	0.0523
30	72	50	1—1.40	1—9	4	351	48	6	2—1.6×4.5	1—6	1	382	0.0605
37	72	46	1—1.06	1—9	4	355	48	6	2—1.8×4.5	1—6	1	385	0.051

（续）

功率/kW	定子						转子						
	槽数	每槽线数	线规 N—φ	跨距 1—y	并联路数	平均半匝长/mm	槽数	每槽线数	线规 N—φ 或 N—a×b	跨距 1—Y	并联路数	平均半匝长/mm	相电阻/Ω
（c）8 极													
45	72	38	1—1.18 1—1.25	1—9	4	385	48	6	2—1.8×4.5	1—6	1	415	0.055
55	72	36	1—1.30 1—1.40	1—9	4	390	48	6	2—2×5	1—6	1	426	0.045
75	72	28	1—1.50 1—1.60	1—9	4	445	48	6	2—2×5	1—6	1	481	0.0511

① 规格系调整设计数据，尚待鉴定。

表 2-52 YR 系列（IP44）绕线转子异步电动机绕组数据

功率/kW	定子						转子							备注
	槽数	每槽线数	线规 N—φ	跨距 1—y	并联路数	平均半匝长/mm	槽数	每槽线数	线规 N—φ 或 N—a×b	跨距 1—Y	并联路数	平均半匝长/mm	相电阻/Ω	
（a）4 极														
4	36	102	1—0.8	1—9	2	280	24	28	3—1.06	1—6	1	237	0.435	
5.5	36	74	1—0.95	1—9	2	320	24	24	2—1.12、1—1.18	1—6	1	297	0.376	
7.5	36	74	1—1.12	1—9	2	321	24	44	2—1.00、1—1.06	1—6	2	262	0.204	转子圆线
11	36	52	2—0.95	1—9	2	376	24	34	3—1.18	1—6	2	317	0.143	
15	48	32	2—1.06	1—11	2	403	36	18	3—1.30	1—9	2	369	0.109	
18.5	48	64	1—1.18	1—11	4	395	36	16	4—1.40	1—9	2	355	0.0601	
							36	8	1—2×5.6	1—9	1	412	0.078	转子扁线
22	48	54	1—1.30	1—11	4	425	36	16	4—1.40	1—9	2	385	0.0652	转子圆线
							36	8	1—2.24×5.6	1—9	1	442	0.0837	转子扁线
30	48	22	3—1.25	1—11	2	458	36	16	6—1.25	1—9	2	416	0.0588	转子圆线
							36	8	1—1.25×5.6	1—9	1	477	0.0735	转子扁线
37	48	40	2—1.25	1—12	4	506	36	12	8—1.40	1—9	2	437	0.0277	转子圆线
							36	6	2—2×5.6	1—9	1	501	0.0356	转子扁线
45	48	34	3—1.12	1—12	4	546	36	12	8—1.40	1—9	2	477	0.0303	转子圆线
							36	6	2—2×5.6	1—9	1	541	0.0384	转子扁线
55	60	26	2—1.50	1—14	4	544	48	12	7—1.40	1—12	2	499	0.0482	转子圆线
							48	6	2—2×5	1—12	1	562	0.0598	转子扁线
75	60	18	1—1.40 2—1.50	1—14	4	644	48	12	7—1.40	1—12	4	599	0.0145	转子圆线
							48	6	2—2×5	1—12	2	662	0.0176	转子扁线
（b）6 极														
3	48	46	1—1.00	1—8	1	248	36	20	3—1.00	1—6	1	223	0.493	
4	48	70	1—0.80	1—8	2	288	36	34	2—0.95	1—6	2	263	0.411	转子圆线
5.5	48	60	1—1.00	1—8	2	278	36	34	2—1.06	1—6	2	245	0.307	
7.5	48	50	1—1.18	1—8	2	323	36	28	2—1.18	1—6	2	290	0.242	

（续）

功率/kW	定子						转子							备注
	槽数	每槽线数	线规 N—ϕ	跨距 1—y	并联路数	平均半匝长/mm	槽数	每槽线数	线规 N—ϕ 或 N—a×b	跨距 1—Y	并联路数	平均半匝长/mm	相电阻/Ω	
（b）6极														
11	54	38	1—1.25	1—9	2	366	36	28	4—1.00	1—6	2	329	0.191	
15	54	34	1—1.06 1—1.12	1—9	2	365	36	16	2—1.18 4—1.25	1—6	2	325	0.0476	转子圆线
							36	8	1—2.24×5.6	1—6	1	288	0.0671	转子扁线
18.5	54	36	1—1.18 1—1.25	1—9	2	351	36	16	8—1.25	1—6	2	325	0.0323	转子圆线
							36	8	1—2.8×6.3	1—6	1	371	0.0451	转子扁线
22	54	30	1—1.30 1—1.40	1—9	2	381	36	16	8—1.25	1—6	2	335	0.0355	转子圆线
							36	8	1—2.8×6.3	1—6	1	401	0.0487	转子扁线
30	72	18	3—1.12 1—1.18	1—12	2	453	48	12	7—1.40	1—8	2	407	0.0394	转子圆线
							48	6	2—2.24×5	1—8	1	476	0.046	转子扁线
37	72	16	3—1.40	1—12	2	483	48	12	3—1.40 5—1.30		2	437	0.041	转子圆线
							48	6	2—2.24×5	1—8	1	506	0.049	转子扁线
45	72	14	3—1.40 1—1.50	1—12	2	493	48	12	3—1.30 6—1.40	1—8	2	448	0.0353	转子圆线
							48	6	2—2.5×5.6	1—8	1	514	0.040	转子扁线
55	72	12	3—1.50 1—1.60	1—12	2	533	48	12	9—1.40	1—8	2	499	0.038	转子圆线
							48	6	2—2.5×5.6	1—8	1	554	0.040	转子扁线
（c）8级														
4	48	92	1—0.9	1—6	2	247	36	42	2—0.95	1—5	2	230	0.443	
5.5	48	70	1—1.0	1—6	2	292	36	34	2—1.06	1—5	2	275	0.345	
7.5	54	28	1—1.06 1—1.12	1—7	1	310	36	34	1—1.25 1—1.30	1—5	2	287	0.249	转子圆线
11	54	44	2—0.95	1—7	2	332	36	16	2—1.18 4—1.25	1—5	2	313	0.046	
							36	8	1—2.2×5.6	1—5	1	373	0.064	转子扁线
15	54	40	2—1.12	1—7	2	344	36	16	8—1.25	1—5	2	314	0.0333	转子圆线
							36	8	1—2.8×6.3	1—5	1	381	0.0463	转子扁线
18.5	54	32	2—1.30	1—7	2	389	36	16	8—1.25	1—5	2	359	0.0381	转子圆线
							36	8	1—2.8×6.3	1—5	1	426	0.0518	转子扁线
22	72	48	1—1.40	1—9	4	406	48	12	7—1.40	1—6	2	370	0.0358	转子圆线
							48	6	2—2.24×5	1—6	1	443	0.043	转子扁线
30	72	74	1—1.12	1—9	8	456	48	12	7—1.40	1—6	2	430	0.041	转子圆线
							48	6	2—2.24×5	1—6	1	493	0.047	转子扁线
37	72	36	3—1.00	1—9	4	440	48	12	9—1.40	1—6	2	414	0.031	转子圆线
							48	6	2—2.5×5.6	1—6	1	476	0.037	转子扁线
45	72	28	2—1.40	1—9	4	530	48	12	3—1.30 6—1.40	1—6	2	494	0.039	转子圆线
							48	6	2—2.5×5.6	1—6	1	566	0.044	转子扁线

二、YD 系列三相异步电动机的铁心、绕组数据

YD 系列变极多速三相异步电动机的铁心、绕组数据见表 2-53。

表 2-53　YD 系列变极多速三相异步电动机铁心、绕组数据

型号	极数	额定功率/kW	联结方式	定子外径/mm	定子内径/mm	定子长度/mm	定转子槽数	绕组型式	节距	每槽线数	线规根数	线规/mm
YD801-4/2	4	0.45	△	120	75	65	24/22	双层叠式	1-8 或 1-7	260	1	0.38
	2	0.55	2Y									
YD8024/2	4	0.55	△	120	75	80			1-8 或 1-7	210	1	0.42
	2	0.75	2Y									
YD90S-4/2	4	0.85	△	130	80	90			1-7	166	1	0.47
	2	1.1	2Y									
YD90L-4/2	4	1.3	△	130	80	120				128	1	0.56
	2	1.8	2Y									
YD100L1-4/2	4	2.0	△	155	98	105	36/32		1-11	80	1	0.71
	2	2.4	2Y									
YD100L2-4/2	4	2.4	△	155	98	135				68	1	0.77
	2	3.0	2Y									
YD112M-4/2	4	3.3	△	175	110	135				56	1	0.95
	2	4.0	2Y									
YD132S-4/2	4	4.5	△	210	186	115				58	1	1.18
	2	5.5	2Y									
YD132M-4/2	4	6.5	△	210	136	160				44	2	0.95
	2	8.0	2Y									
YD160M-4/2	4	9	△	260	170	155	36/26		1-10	36	1	1.18
	2	11	2Y								1	1.12
YD100L-4/2	4	11	△	260	170	195				30	1	1.30
	2	14	2Y								1	1.25
YD180M-4/2	4	15	△	290	187	190	48/44		1-13	20	3	1.25
	2	18.5	2Y									
YD180L-4/2	4	18.5	△	290	187	220				18	4	1.12
	2	22	2Y									
YD90S-6/4	6	0.65	△	130	86	100	36/33		1-7/1-8	152/146	1	0.45/
	4	0.85	2Y								1	0.45
YD90L-6/4	6	0.85	△	130	86	120				126/116	1	0.50/
	4	1.1	2Y								1	0.53
YD100L1-6/4	6	1.3	△	155	98	115	36/32		1-7	100	1	0.63
	4	1.8	2Y									
YD160L2-6/4	6	1.5	△	155	98	135				86	1	0.69
	4	2.2	2Y									

（续）

型　号	极数	额定功率/kW	联结方式	定子外径/mm	定子内径/mm	定子长度/mm	定转子槽数	绕组型式	节距	每槽线数	线规根数	线规/mm
YD112M-6/4	6	2.2	△	175	120	135	36/33	双层叠式	1-7/1-8	76/76	1	0.80/
	4	2.8	2Y								1	0.80
YD132S-6/4	6	3.0	△	210	148	125				68/66	1	1.0/
	4	4.0	2Y								1	0.95
YD132M-6/4	6	4.0	△	210	148	180				52/48	2	0.75/
	4	5.5	2Y								2	0.8
YD160M-6/4	6	6.5	△	260	180	145	36/33			48/46	1 1	1.06/ 1.0
	4	8	2Y								1 1	1.0/ 1.06
YD160L-6/4	6	9	△	260	180	195				36/34	2	1.18/
	4	11	2Y								2	1.18
YD180M-6/4	6	11	△	290	205	200	36/32			32/30	1 1	1.25/ 1.30
	4	14	2Y								3 1	0.95 0.90
YD180L-6/4	6	13	△	290	205	230				28/26	3 1	0.95/ 1.0
	4	16	2Y								2 1	1.18 1.12
YD90L-8/4	8	0.45	△	130	86	120	36/33		1-6	172	1	0.42
	4	0.75	2Y									
YD100L-8/4	8	0.85	△	155	106	135				114	1	0.56
	4	1.5	2Y									
YD112M-8/4	8	1.5	△	175	120	135				94	1	0.71
	4	2.4	2Y									
YD132S-8/4	8	2.2	△	210	148	125				84	1	0.85
	4	3.3	2Y									
YD132M-8/4	8	3.0	△	210	148	180				60	1	0.67
	4	4.5	2Y								1	0.71
YD160M-8/4	8	5.0	△	260	180	145				54	1	1.40
	4	7.5	2Y									
YD160L-8/4	8	7	△	260	180	195				40	2	1.12
	4	11	2Y									

（续）

型号	极数	额定功率/kW	联结方式	定子外径/mm	定子内径/mm	定子长度/mm	定转子槽数	绕组型式	节距	每槽线数	线规根数	线规/mm
YD180L-8/4	8	11	△	290	205	260	54/58	双层叠式	1-8	22	2	1.30
	4	17	2Y									
YD90S-8/6	8	0.35	△	130	86	100	36/33		1-6	208	1	0.40
	6	0.45	2Y									
YD90L-8/6	8	0.45	△	130	86	120				170	1	0.45
	6	0.65	2Y									
YD100L-8/6	8	0.75	△	155	106	135				116	1	0.53
	6	1.1	2Y									
YD112M-8/6	8	1.3	△	175	120	135				98	1	0.67
	6	1.8	2Y									
YD132S-8/6	8	1.8	△	210	148	110			1-5	494	1 1	0.53 0.56
	6	2.4	2Y									
YD132M-8/6	8	2.6	△	210	148	180				62	1 1	0.67 0.71
	6	3.7	2Y									
YD160M-8/6	8	4.5	△	260	180	145				56	2	0.95
	6	6	2Y									
YD160L-8/6	8	6	△	260	180	195				42	3	0.9
	6	8	2Y									
YD180M-8/6	8	7.5	△	290	205	200	36/32			36	2 1	1.0 0.95
	6	10	2Y									
YD180L-8/6	8	9	△	290	205	230				32	1 1	1.30 1.25
	6	12	2Y									
YD160M-12/6	12	2.6	△	260	180	145	36/33		1-4	74	1 1	0.80 0.85
	6	5	2Y									
YD160L-12/6	12	3.7	△	260	180	205				52	1	1.40
	6	7	2Y									
YD180L-12/6	12	5.5	△	290	205	230	54/58		1-6	32	1 1	1.06 1.12
	6	10	2Y									
YD100L-6/4/2	6	0.75	Y	155	98	135	36/32	单层链式		54	1	0.53
	4	1.3	△					双层叠式	1-10	68		
	2	1.8	2Y									
YD112M-6/4/2	6	1.1	Y	175	110	135		单层链式	1-6	45	1	0.67
	4	2.0	△					双层叠式	1-10	62	1	0.60
	2	2.4	2Y									

（续）

型号	极数	额定功率/kW	联结方式	定子			定转子槽数	绕组型式	节距	每槽线数	线规	
				外径/mm	内径/mm	长度/mm					根数	/mm
YD132S-6/4/2	6	1.8	Y	210	136	115	36/32	单层链式	1-6	45	1	0.83
	4	2.6	△					双层叠式	1-10	64	1	0.80
	2	3.0	2Y									
YD132M1-6/4/2	6	2.2	Y	210	136	140		单层链式	1-6	37	1	0.90
	4	3.3	△					双层叠式	1-10	56	1	0.85
	2	4.0	2Y									
YD132M2-6/4/2	6	2.6	Y	210	136	180		单层链式	1-6	30	2	0.75
	4	4.0	△					双层叠式	1-10	44	1	0.90
	2	5.0	2Y									
YD160M-6/4/2	6	3.7	Y	260	170	155		单层链式	1-6	27	2	0.90
	4	5.0	△					双层叠式	1-10	40	2	0.75
	2	6.0	2Y									
YD160L-6/4/2	6	4.5	Y	260	170	195	36/26	单层链式	1-6	22	3	0.80
	4	7	△					双层叠式	1-10	32	1	1.18
	2	9	2Y									
YD112M-8/4/2	8	0.65	Y	175	110	135	36/32		1-5	68	1	0.53
	4	2.0	△						1-10	62	1	0.60
	2	2.4	2Y									
YD132S-8/4/2	8	1.0	Y	210	136	115			1-5	62	1	0.75
	4	2.0	△						1-10	64	1	0.75
	2	3.0	2Y									
YD132M-8/4/2	8	1.3	Y	210	136	160			1-5	48	1	0.85
	4	3.7	△						1-10	48	1	0.85
	2	4.5	2Y									
YD160M-8/4/2	8	2.2	Y	200	170	155	36/26		1-5	36	2	0.71
	4	5.0	△						1-10	40	2	0.75
	2	6.0	2Y									
YD160L-8/4/2	8	2.8	Y	260	170	195		双层叠式	1-5	30	1	1.18
	4	7.0	△						1-10	32		
	2	9.0	2Y									
YD112M-8/6/4	8	0.85	△	175	120	135	36/33	双层叠式	1-6	100	1	0.53
	6	1.0	Y					单层链式		46	1	0.56
	4	1.5	2Y					双层叠式		100	1	0.53

（续）

型号	极数	额定功率/kW	联结方式	定子外径/mm	定子内径/mm	定子长度/mm	定转子槽数	绕组型式	节距	每槽线数	线规 根数	线规 /mm
YD132S-8/6/4	8	1.1	△	210	148	120		双层叠式		98	1	0.60
	6	1.5	Y					单层链式		41	1	0.71
	4	1.8	2Y					双层叠式		98	1	0.60
YD132M1-8/6/4	8	1.5	△	210	148	160		双层叠式		78	1	0.67
	6	2.0	Y					单层链式		32	1	0.85
	4	2.2	2Y					双层叠式		78	1	0.67
YD132M2-8/6/4	8	1.8	△	210	148	180		双层叠式		66	1	0.71
	6	2.6	Y				36/33	单层链式	1-6	27	1	0.90
	4	3.0	2Y					双层叠式		66	1	0.71
YD160M-8/6/4	8	3.3	△	260	180	145		双层叠式		58	2	0.75
	6	4.0	Y					单层链式		25	2	0.75
	4	5.5	2Y					双层叠式		58	2	0.75
YD160L-8/6/4	8	4.5	△	260	180	195		双层叠式		44	2	0.85
	6	0.60	Y					单层链式		18	3	0.80
	4	7.5	2Y					双层叠式		44	2	0.85
YD180L-8/6/4	8	7	△	290	205	260	54/50		1-8	22	2	1.0
	6	9	Y						1-9	10	2	1.12
	4	12	2Y						1-8	22	2	1.0
YD180L-12/8/6/4	12	3.3	△	290	205	260		双层叠式	1-6	36	2	0.75
	8	5.0	△						1-8	24	1 1	0.80 0.75
	6	6.5	2Y						1-6	36	2	0.75
	4	9.0	2Y						1-8	24	1 1	0.80 0.75

第四节 三相异步电动机绕组展开图范例

一、2 极 12 槽单层链式绕组展开图

2 极 12 槽三相异步电动机单层链式绕组展开图如图 2-19 所示。

1. 绕组数据

总线圈数：$Q=\frac{Z}{2}=\frac{12}{2}=6$。

极相组数：$q=\frac{Z}{2pm}=\frac{12}{2\times 3}=2$。

每组线圈数：$s=\dfrac{Q}{2pm}=\dfrac{6}{6}=1$。

绕组极距：$\tau=\dfrac{Z}{2p}=\dfrac{12}{2}=6$。

由于单层绕组每槽只能嵌一个线圈，而每组线圈所占的槽之间需保留 4 个空槽，以嵌入另两相绕组，所以绕组节距需比极距小 1，$y=5$，即 1 ~6。

2. 嵌线顺序

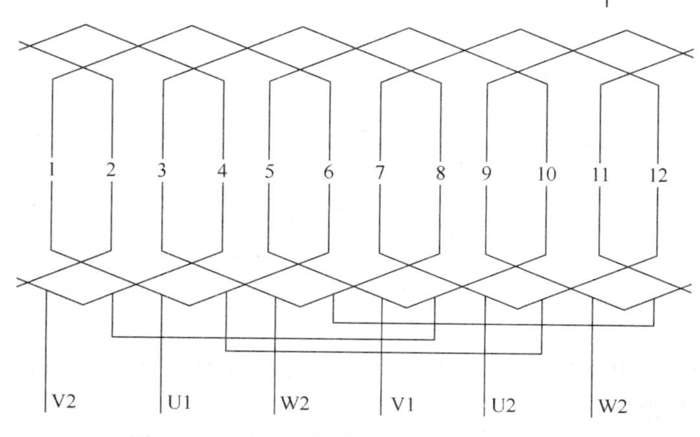

图 2-19　2 极 12 槽单层链式绕组展开图

有两种嵌线方法，具体嵌线顺序分别见表 2-54 和表 2-55。表 2-54 中所示的方法每嵌好一槽便向后退，空出一槽再嵌一槽，依此类推。表 2-55 中所示的方法每嵌好一相再嵌另一相。

表 2-54　2 极 12 槽三相异步电动机绕组嵌线顺序（一）

顺　序		1	2	3	4	5	6	7	8	9	10	11	12
槽号	外档	1	11	9		7		15		3			
	内档				2		12		10		8	6	4

表 2-55　2 极 12 槽三相异步电动机绕组嵌线顺序（二）

顺序	1	2	3	4	5	6	7	8	9	10	11	12
槽号	1	6	7	12	5	10	11	4	3	8	9	2

二、2 极 24 槽双层叠绕式绕组展开图

2 极 24 槽三相异步电动机双层叠绕式绕组展开图如图 2-20 所示。

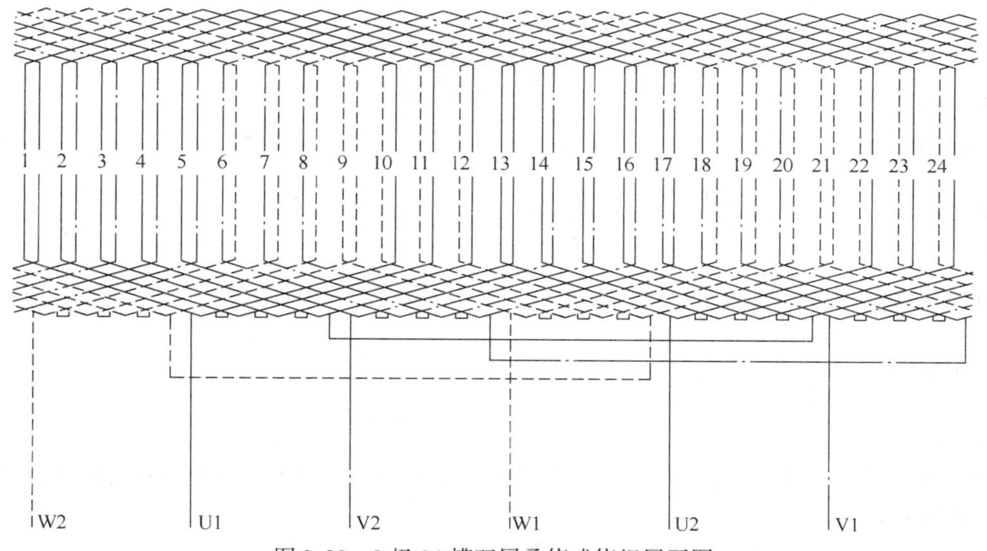

图 2-20　2 极 24 槽双层叠绕式绕组展开图

绕组数据如下：

总线圈数：$Q=Z=24$。

极相槽数：$q=\frac{Z}{2pm}=\frac{24}{2\times3}=4$。

每相线圈数：$s=\frac{Q}{2pm}=\frac{24}{6}=4$。

极距距：$\tau=\frac{Z}{2p}=\frac{24}{2}=12$。

由于双层叠绕式绕组每组有4个线圈，所以要尽可能采用短节距，以使节距比极距小3，节距 $y=9$，即1～10。

嵌线时，每嵌好一槽便向后退再嵌另一槽，依此类推。

三、2极36槽双层叠绕式绕组展开图

2极36槽三相异步电动机双层叠绕式绕组展开图如图2-21所示。

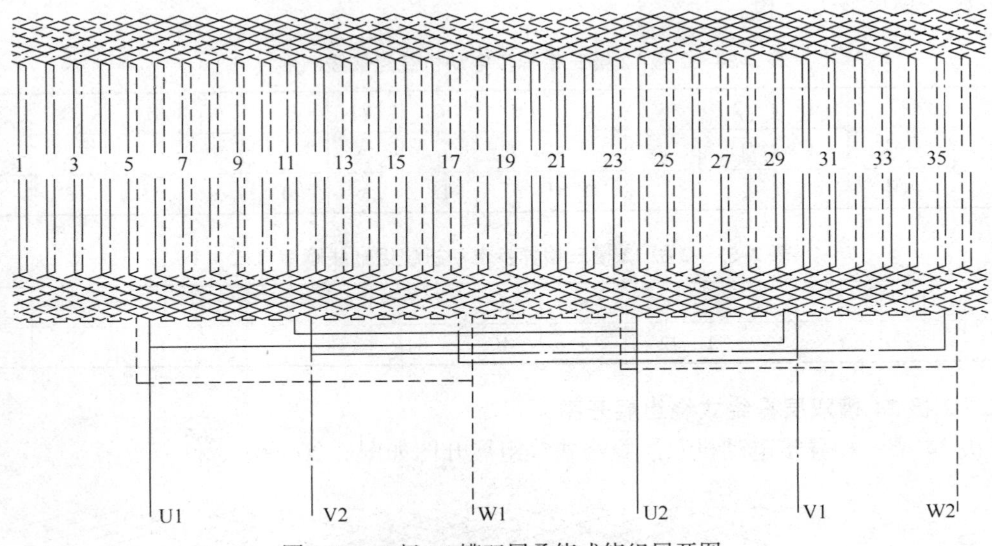

图2-21 2极36槽双层叠绕式绕组展开图

绕组数据：

总线圈数：$Q=Z=36$。

极相槽数：$q=\frac{Z}{2pm}=\frac{36}{2\times3}=6$。

每相线圈数：$s=\frac{Q}{2pm}=\frac{36}{6}=6$。

绕组极距：$\tau=\frac{Z}{2p}=\frac{36}{2}=18$。

并联路数：$a=2$。

由于双层叠绕式绕组每组有6个线圈，因而节距需比极距小，可以小3、4、5或6，若为5，则节距 $y=10$，即1～11。

嵌线时，每嵌好一槽便向后退，依次逐槽嵌线。

四、4 极 12 槽单层链式绕组展开图

4 极 12 槽三相异步电动机单层链式绕组展开图如图 2-22 所示。

1. 绕组数据

总线圈数：$Q=\frac{Z}{2}=\frac{12}{2}=6$。

极相槽数：$q=\frac{Z}{2pm}=\frac{12}{4\times3}=1$。

每相线圈数：$s=\frac{Q}{pm}=\frac{6}{2\times3}=1$。

绕组极距：$\tau=\frac{Z}{2p}=\frac{12}{4}=3$。

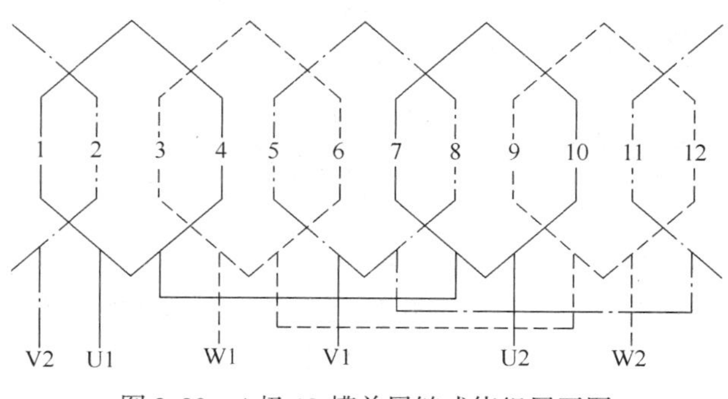

图 2-22　4 极 12 槽单层链式绕组展开图

由于绕组每相线圈所占的槽之间需保留两个空槽，以嵌入另两组绕组，所以绕组节距等于极距，$y=\tau=3$，即 1～4。

2. 嵌线顺序

有两种嵌线方法，具体嵌线顺序见表 2-56 和表 2-57。表 2-56 中所示方法每嵌好一槽便向后退，空出一槽再嵌一槽，依此类推。表 2-57 中所示方法每嵌好一个线圈再嵌另一个线圈。

表 2-56　4 极 12 槽三相异步电动机单层链式绕组嵌线顺序（一）

顺　序		1	2	3	4	5	6	7	8	9	10	11	12
槽号	外档	1	11		9		7		5		3		
	内档			2		12		10		8		6	4

表 2-57　4 极 12 槽三相异步电动机单层链式绕组嵌线顺序（二）

顺　序		1	2	3	4	5	6	7	8	9	10	11	12
槽号	外档	1	4	9	12	5	8						
	内档							3	6	11	2	7	10

五、4 极 12 槽双层叠绕式绕组展开图

4 极 12 槽三相异步电动机双层叠绕式绕组展开图如图 2-23 所示。

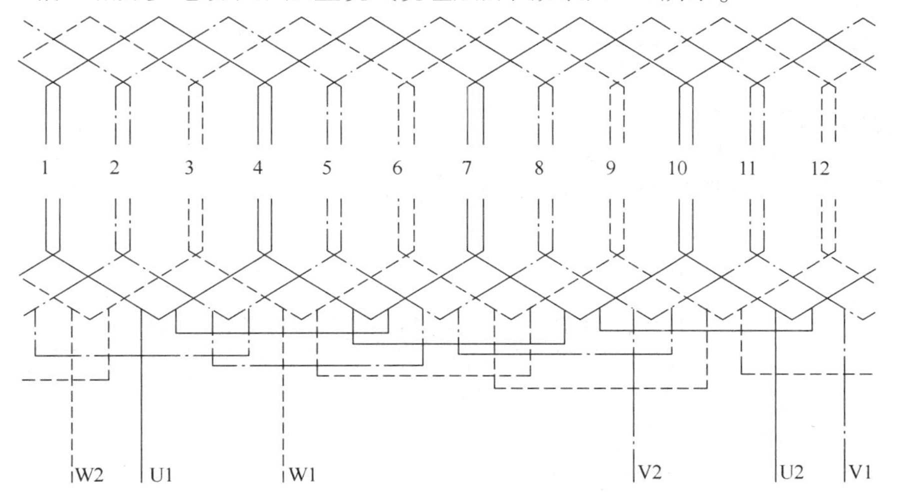

图 2-23　4 极 12 槽双层叠绕式绕组展开图

绕组数据：

总线圈数：$Q=Z=12$。

极相槽数：$q=\dfrac{Z}{2pm}=\dfrac{12}{4\times3}=1$。

每组线圈数：$s=\dfrac{Q}{2pm}=\dfrac{12}{4\times3}=1$。

绕组极距：$\tau=\dfrac{Z}{2p}=\dfrac{12}{4}=3$。

双层绕组与单层链式绕组相同，绕组节距等于极距，$y=\tau=3$，即1~4。

六、4极24槽单层链式绕组展开图

4极24槽三相异步电动机单层链式绕组展开图如图2-24所示。

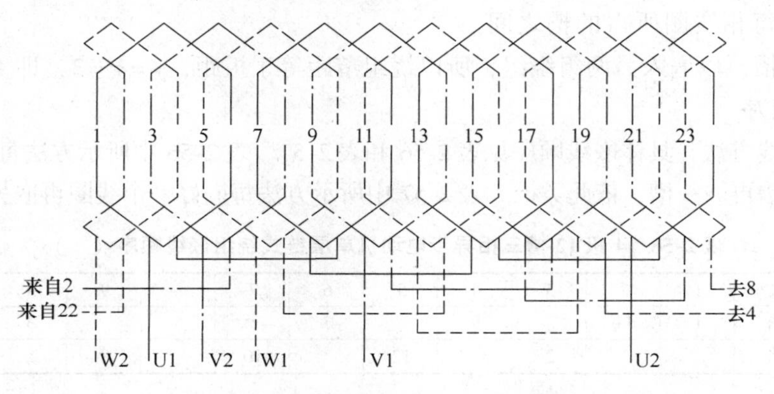

图2-24 4极24槽单层链式绕组展开图

1. 绕组数据

总线圈数：$Q=\dfrac{Z}{2}=\dfrac{24}{2}=12$。

极相槽数：$q=\dfrac{Z}{2pm}=\dfrac{24}{4\times3}=2$。

每组线圈数：$s=\dfrac{Q}{2pm}=\dfrac{12}{4\times3}=1$。

绕组极距$\tau=\dfrac{Z}{2p}=\dfrac{24}{4}=6$。

由于绕组每相线圈所占的槽之间需保留4个空槽，以嵌入另两相绕组，所以绕组节距需比极距小1，$y=5$，即1~6。

2. 嵌线顺序（见表2-58）

表2-58 4极24槽三相异步电动机单层链式绕组嵌线顺序

顺序		1	2	3	4	5	6	7	8	9	10	11	12	13	14	15	16	17	18	19	20	21	22	23	24
槽号	外档	1	23	21		19		17		15		13		11		9		7		5		3			
	内档				2		24		22		20		18		16		14		12		10		8	6	4

七、4 极 24 槽双层叠绕式绕组展开图

4 极 24 槽三相异步电动机双层叠绕式绕组展开图如图 2-25 所示。

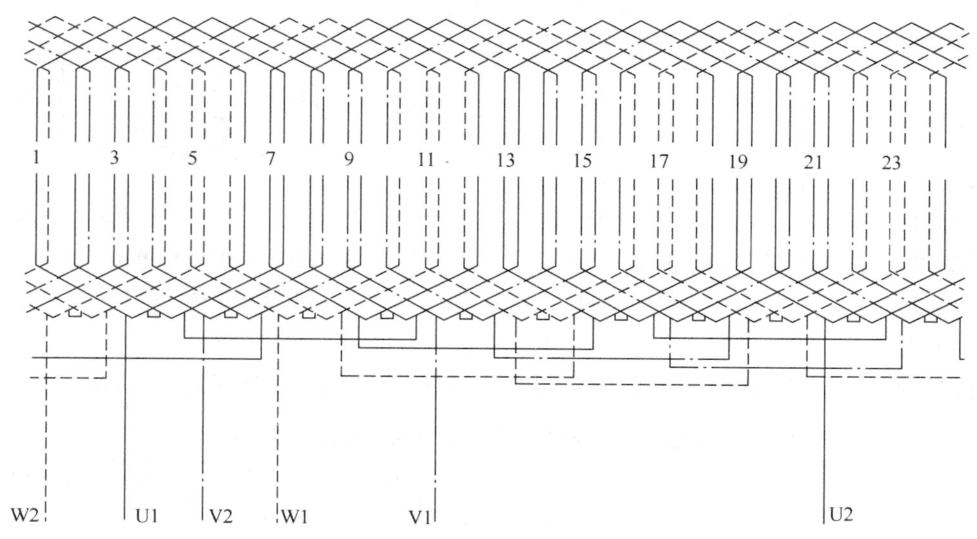

图 2-25　4 极 24 槽双层叠绕式绕组展开图

1. 绕组数据

总线圈数：$Q=Z=24$。

极相槽数：$Q=\dfrac{Z}{2pm}=\dfrac{24}{4\times3}=2$。

每相线圈数：$s=\dfrac{Q}{2pm}=\dfrac{24}{4\times3}=2$。

绕相极距：$\tau=\dfrac{z}{2p}=\dfrac{24}{4}=6$。

双层叠绕式绕组每组有两个线圈，因此绕组节距需比极距小 1，$y=5$，即 1 ~6。

2. 嵌线顺序

每嵌好一槽便向后退，依次逐槽嵌线。嵌线顺序见表 2-59。

表 2-59　4 极 24 槽三相异步电动机双层叠绕式绕组嵌线顺序

顺序		1	2	3	4	5	6	7	8	9	10	11	12	13	14	15	16	17	18	19	20	21	22	23	24
槽号	外档	1	24	23	22	21	20		19		18		17		16		15		14		13		12		11
	内档							1		24		23		22		21		20		19		18		17	
顺序		25	26	27	28	29	30	31	32	33	34	35	36	37	38	39	40	41	42	43	44	45	46	47	48
槽号	外档		10		9		8		7		6		5		4		3		2						
	内档	16		15		14		13		12		11		10		9		8		7	6	5	4	3	2

八、4 极 24 槽单层同心式绕组展开图

4 极 24 槽三相异步电动机单层同心式绕组展开图如图 2-26 所示。

1. 绕组数据

总线圈数：$Q=\dfrac{Z}{2}=\dfrac{24}{2}=12$。

极相槽数：$Q=\dfrac{Z}{2pm}=\dfrac{24}{4\times3}=2$。

每相线圈数：$s=\dfrac{Q}{pm}=\dfrac{12}{2\times3}=2$。

绕组极距：$\tau=\dfrac{Z}{2p}=\dfrac{24}{4}=6$。

由于同心式绕组每组线圈所占的槽之间需保留4个空槽，以嵌入另两相绕组，所以绕组节距需比极距小1或大1，$y=1\sim8$、$2\sim7$。

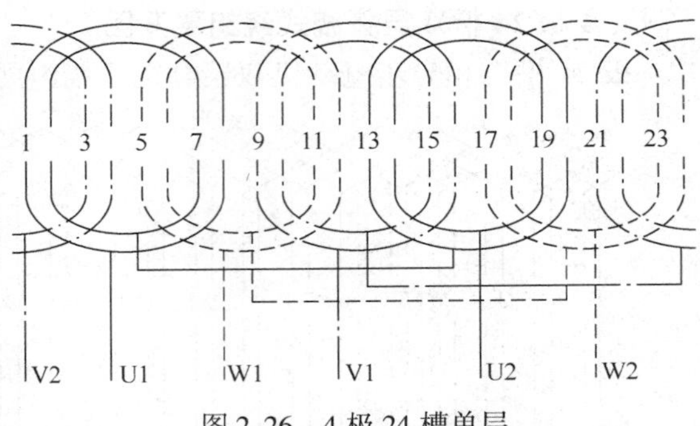

图2-26 4极24槽单层同心式绕组展开图

2. 嵌线顺序

每嵌好两槽便向后退，空出两槽再嵌两槽，依此类推。嵌线顺序见表2-60。

表2-60 4极24槽三相异步电动机单层同心式绕组嵌线顺序

顺序		1	2	3	4	5	6	7	8	9	10	11	12	13	14	15	16	17	18	19	20	21	22	23	24
槽号	外档	1	24	21		20		17		16		13		12		9		8		5		4			
	内档				2		3		22		23		18		19		14		15		10		11	6	7

九、6极36槽单层链式绕组展开图

6极36槽三相异步电动机单层链式绕组展开图如图2-27所示。

绕组数据如下：

总线圈数：$Q=\dfrac{Z}{2}=\dfrac{36}{2}=18$。

极相槽数：$q=\dfrac{Z}{2pm}=\dfrac{36}{6\times3}=2$。

每组线圈数：$s=\dfrac{Q}{2pm}=\dfrac{18}{6\times3}=1$。

绕组极距：$\tau=\dfrac{Z}{2p}=\dfrac{36}{6}=6$。

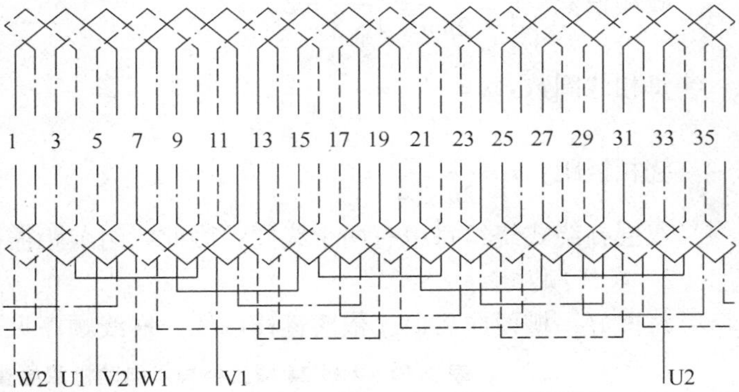

图2-27 6极36槽单层链式绕组展开图

由于单层链式绕组每组线圈所占的槽之间需保留4个空槽，以嵌入另两相绕组，所以绕组节距需比极距小1，$y=5$，即$1\sim6$。

嵌线时，每嵌好一槽便向后退，空出一槽再嵌一槽，依此类推。

十、6极36槽双层叠绕式绕组展开图

6极36槽三相异步电动机双层叠绕式绕组展开图如图2-28所示。

绕组数据如下：

总线圈数：$Q=Z=36$。

极相槽数：$q=\dfrac{Z}{2pm}=\dfrac{36}{6\times3}=2$。

每相线圈数：$s=\dfrac{Q}{2pm}=\dfrac{36}{6\times3}=2$。

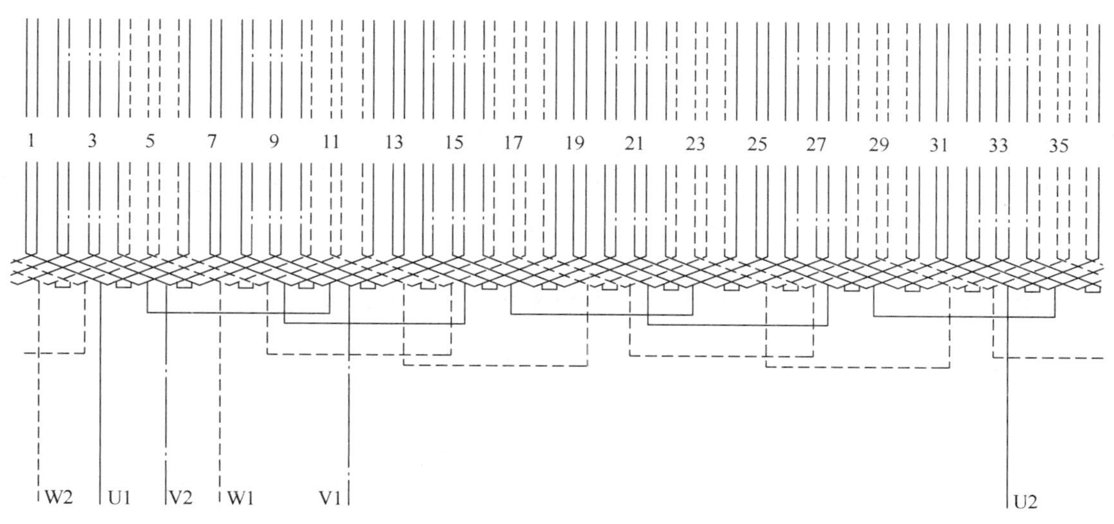

图 2-28 6 极 36 槽双层叠绕式绕组展开图

绕组极距：$\tau=\frac{Z}{2p}=\frac{36}{6}=6$。

由于双层叠绕式绕组每组有两个线圈，所以绕组节距需比极距小 1，$y=5$，即 1～6。嵌线时，每嵌好一槽便向后退，依次逐槽嵌线。

十一、8 极 48 槽单层链式绕组展开图

8 极 48 槽三相异步电动机单层链式绕组展开图如图 2-29 所示。

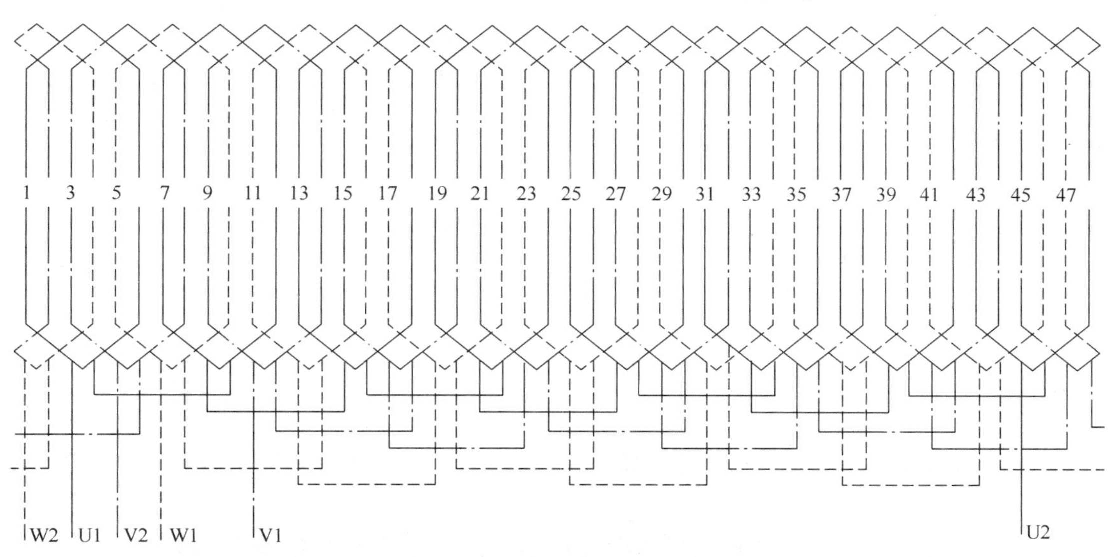

图 2-29 8 极 48 槽单层链式绕组展开图

绕组数据如下：

总线圈数：$Q=\frac{Z}{2}=\frac{48}{2}=24$。

极相槽数：$q=\frac{Z}{2pm}=\frac{48}{8\times 3}=2$。

每组线圈数：$s=\frac{Q}{2pm}=\frac{24}{8\times 2}=1.5$。

绕组极距：$\tau=\frac{Z}{2p}=\frac{48}{8}=6$。

由于单层链式绕组每槽只能嵌一个线圈，而每组线圈所占的槽之间需保留4个空槽，以嵌入另两相绕组，所以绕组节距需比极距小1，$y=5$，即1~6。

十二、8极48槽双层叠绕式绕组展开图

8极48槽三相异步电动机双层叠绕式绕组展开图如图2-30所示。

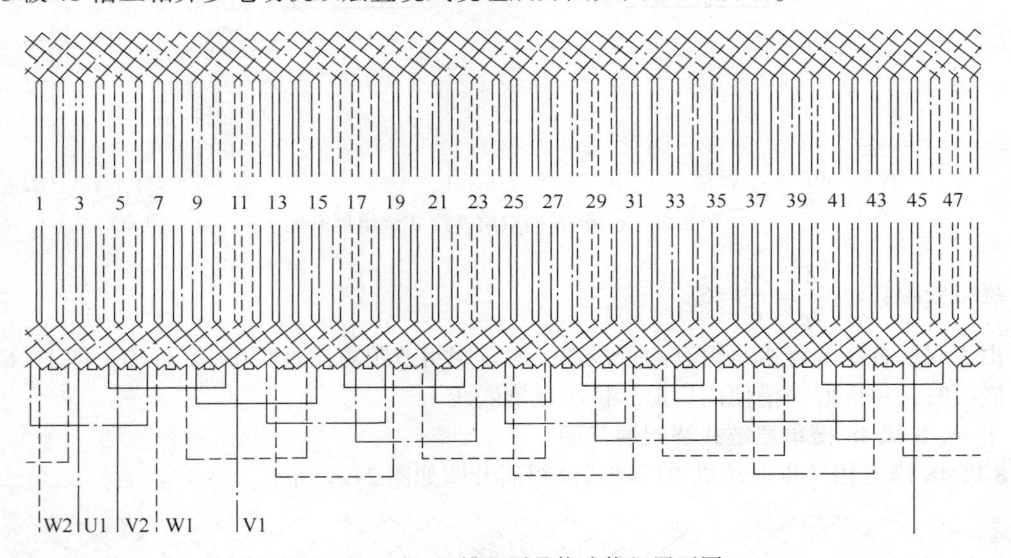

图2-30 8极48槽双层叠绕式绕组展开图

绕组数据如下：

总线圈数：$Q=Z=48$。

极相槽数：$q=\frac{Z}{2pm}=\frac{48}{8\times 3}=2$。

每组线圈数：$s=\frac{Q}{2pm}=\frac{48}{8\times 3}=2$。

绕组极距：$\tau=\frac{Z}{2p}=\frac{48}{8}=6$。

由于双层叠绕式绕组每组有两个线圈，所以绕组节距需比极距小1，$y=5$，即1~6。

第五节 电动机修理的准备工作及旧绕组的拆除

一、修理工具和仪器

修理电动机的工具，除了普通电工工具，如电工钳、尖嘴钳、扳手、螺钉旋具、电工刀、电烙铁、剥线钳、试电笔和榔头等外，还有清槽片、手术剪、錾子、划线板、压线板、打板、刮线刀、划针，以及拉拔器、碰焊机、短路侦察器和绕线机等专用工具，如图2-31~图2-33所示。

（1）清槽片 清槽片由断锯条制成，前端磨成尖头或钩状，尾部用布或塑料带包扎作把柄。清槽片用来清除铁心槽内的绝缘物、锈斑等杂物，也可用来修齐换向器云母片。

（2）手术剪 手术剪以弯剪为好，用它来裁剪电动机所需的绝缘材料。

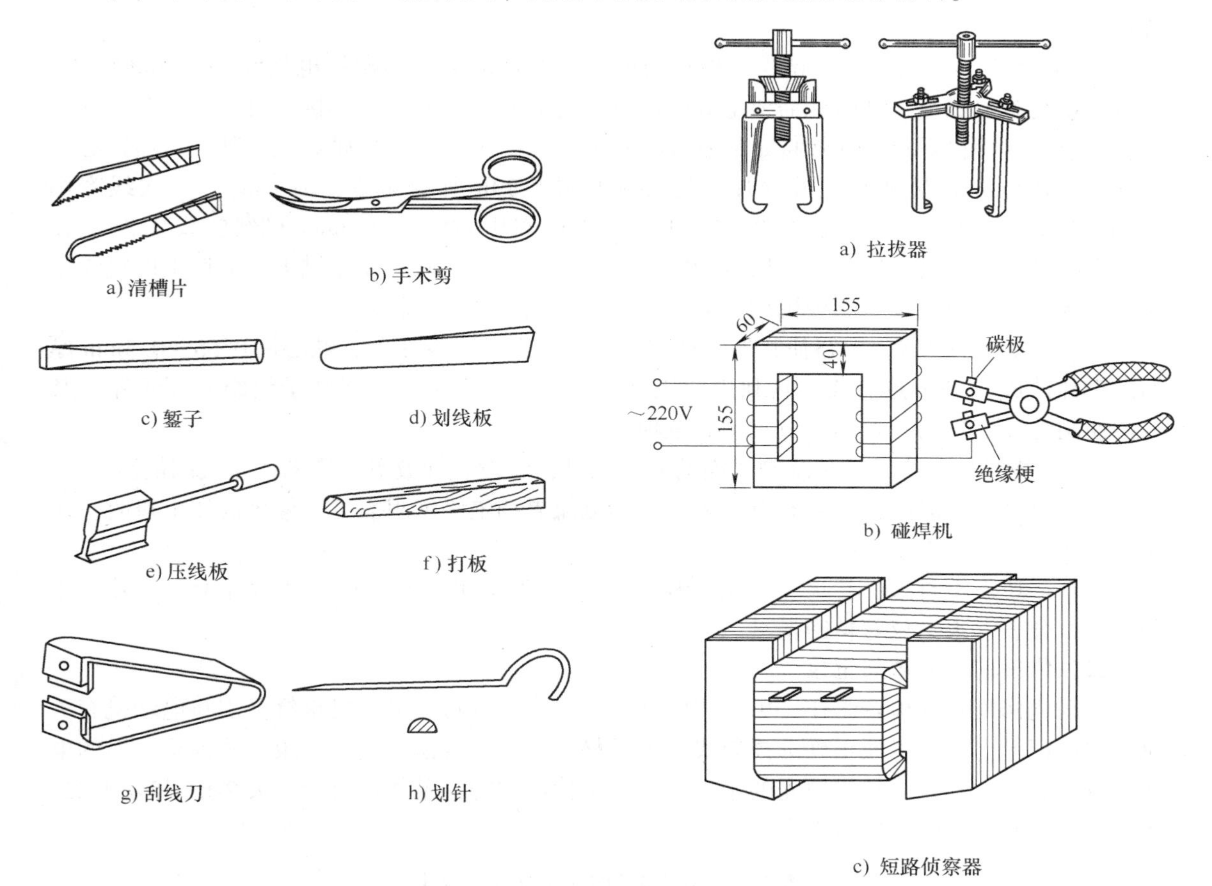

图 2-31 修理电动机的专用工具（一）

图 2-32 修理电动机的专用工具（二）

（3）錾子 錾子由工具钢锻打淬火而成，用于拆装电动机或錾削东西。

（4）划线板 划线板由硬质竹板、层压塑料板或不锈钢片制成，用来嵌线。划线板一般长约 15 ~ 20cm，宽约 10 ~ 15mm，厚约 3mm。也可根据电动机铁心槽口的大小随意制作。

（5）压线板 压线钳由黄铜或低碳钢制成，用来将嵌在槽内的蓬松的导线紧压在一起，以便使竹楔能顺利地打入槽内。它的大小可根据槽形来确定，可配备几种不同规格。

（6）打板 打板用硬质的木料做成。它的大小可根据定子绕组来确定。打板用来整定绕组形状。使用时用力要适当，以免将绕组绝缘层损坏。

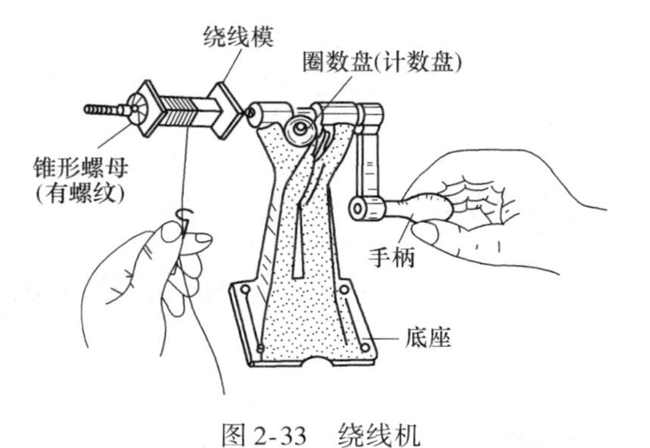

图 2-33 绕线机

（7）刮线刀 刮线刀用来刮去导线焊接头上绝缘层，用它刮绝缘层不易伤及导线。刮线刀的两个刀片可利用一般卷笔刀上的刀片，并用螺钉固定。

（8）划针　划针用不锈钢磨制而成，表面必须光滑。划针一般长 20～25cm，宽约 3～4mm，厚约 1～2mm。划针是在线圈导线嵌好后作卷包绝缘纸用。

（9）拉拔器　拉拔器由中碳钢锻打或球墨铸铁浇铸而成，用来拆卸电动机的带轮、靠背轮与轴承。

（10）碰焊机　当绕组的导线线径较粗或并绕根数较多时，利用电烙铁锡焊比较困难，焊接质量也难以保证，这时就需要电焊变压器或特制碰焊机来进行焊接。对于线径较细的导线，也可用碰焊机焊接。如焊接 ϕ1.5mm 左右的导线，可自制简易碰焊机。其变压器铁心采用 0.35～0.5mm 冷轧或热轧硅钢片，其尺寸如图 2-29b 所示（单位为 mm）。一次线圈用 ϕ0.9～1.0mm QZ 高强度漆包线绕 660 匝，二次线圈用 ϕ2.5～3.0mm 双丝包线绕 36＋12 匝，中间抽头。每绕一层，垫一层绝缘纸，外层用纱带包扎好并浸漆烘干。夹钳上的绝缘梗用耐高温层压塑料制作。碳极可用干电池里的碳棒或电机电刷改制。

（11）短路侦察器　短路侦察器的结构主要是一个开口变压器，铁心用 0.35～0.5mm 厚的硅钢片冲成 H 或 n 形叠成。它利用变压器原理来检查定子绕组或转子绕组匝间短路，其具体使用方法参见第一章第六节二项和三项。

（12）绕线机　绕线机是绕制线圈的专用工具，装设有计数盘，用来记录线圈的匝数。

修理电动机所需的仪器还有万用表、钳形电流表和绝缘电阻表等。修理高压电机时，还需要交流耐压试验设备等。

另外，还需钢直尺、卷尺、塞尺、90°角尺、内外卡钳等普通量具和游标卡尺、外径千分尺、百分表、水平仪等精密量具。

二、修理前的检查与记录

电动机修理前的检查工作，可参照电动机解体大修进行。电动机重绕前需将电动机有关原始数据记录下来，以便正确选择导线和绝缘材料、制作线模、连接绕组，确保重绕后的电动机技术性能达到该电动机原先的水平。电动机检修重绕记录数据可参考表 2-61 和表 2-62。使用这些表时，可灵活增减内容。

表 2-61　异步电动机检修重绕记录卡

1. 铭牌数据

编号____型式____功率____转速____

电压____电流____频率____接法____

转子电压____转子电流____功率因数____绝缘等级____

2. 试验数据

空载：平均电压____平均电流____输入功率____

负载：平均电压____平均电流____输入功率____

定子每相电阻____转子每相电阻____室温____

负载时温升：定子绕组____转子绕组____测量时室温____

3. 铁心数据

定子外径____定子内径____定子有效长度____

转子外径____空气隙____定、转子槽数____

通风槽数____通风槽宽____定子轭高____

4. 定子绕组

导线规格____每槽线数____线圈匝数____并绕根数____

每极相槽数____节距____绕组型式____并联支路数____

（续）

5. 转子绕组
导线规格____每槽线数____线圈匝数____并绕根数____
每极相槽数____节距____绕组型式____并联支路数____
6. 绝缘材料
槽绝缘____绕组绝缘____外覆绝缘____
7. 槽形和线圈尺寸（绘图并标明尺寸）
8. 修理重绕摘要
修理者：　　　　　　　　修理日期：

表 2-62　通用电动机检修重绕记录卡

1. 铭牌数据
编号____型式____功率____转速____
电压____电流____功率因数____绝缘等级
2. 定转子数据
磁极铁心尺寸____转子铁心外径____转子铁心长度____
定、转子槽数____换向片数____焊线偏移方向与片数____
3. 定子绕组
导线规格____线圈数____线圈匝数____
4. 转子绕组
导线规格____线圈数____每槽线圈或元件边数____
线圈匝数____绕组型式____节距：y_k ____ y_1 ____ y_2 ____
扎线规格____扎线层匝数____扎线宽度____
5. 绝缘材料
槽绝缘____绕组绝缘____外覆绝缘____
6. 槽形和线圈尺寸（绘图并标明尺寸）
7. 修理重绕摘要
修理者：　　　　　　　　修理日期：

1. 判别极数

1）有铭牌时，可用下式计算：

$$p = 60f/n$$

式中，p 为极对数；f 为电源频率（Hz）；n 为电动机同步转速（r/min）。

2）无铭牌时，可用以下两式估算：

公式一：
$$p = 0.28D/h_c$$

式中，D 为定子铁心内径（mm）；h_c 为定子轭高（mm）。

公式二：
$$p = \frac{\pi D}{2\tau}$$

式中，τ 为极距（mm）；D 为同前。

2. 判别绕组型式

绕组型式有显极式和庶极式之分。它的判别有以下几种方法：

1）根据跨接线的连接方式来判别：若相邻两线圈（组）的跨接线是“尾接尾”、“头接头”的，则属于显极式；如为“尾接头”的，则属于庶极式。

2）根据线圈组（极相组）数来估算：显极式绕组的极相组数为 $2pm$，庶极式绕组的极相组数为（2pm）/2，其中 m 为相数。

3）凡极相组数（线圈组数）为奇数的绕组，必定是庶极式；为偶数的绕组，则必定是显极式。

3. 判别绕组并绕根数

只要把两组线圈间的跨接线剪断，数一下里面导线的根数即可，导线的根数即为并绕根数。

4. 判别绕组并联支路数

将连接引出线的端线剪断，数一下端线里导线的根数，再除以并绕根数，即为并联支路数。

5. 判别绕组节距

绕组节距有等节距与不等节距之分，较易察看，可在线圈拆去一半时核对一遍。

6. 测量导线直径和线圈长度

测量导线直径时，应将导线绝缘层烧去，用纱布勒一下，再用千分尺测量。测量线圈长度时，要选其中最短的几根，求出平均值，并保留一根样品供制作线模时参考。

三、用热拆法、冷拆法和溶剂法拆除旧绕组

1. 拆除旧绕组的基本要求

拆除旧绕组有热拆法、冷拆法和溶剂法三种。一般采用加热拆除法，先使绕组受热均匀软化，然后逐个拆除线圈。加热温度应严格控制在160℃左右，最高温度不超过180℃，否则硅钢片会严重氧化，导致修复后的电动机铁心的涡流损耗和磁滞损耗增加，出力减小。火烧法由于火力太猛，不宜采用。

拆除时应防止损伤定子齿形和定、转子铁心受损伤及出现划痕、毛刺，因为这会造成铁心损耗增加。

拆除时，应记录好线圈匝数、导线线径和接法，画出绕组接线图，保存好槽里绝缘、相间绝缘等，以供修复时参用。

2. 热拆法

热拆法有电流法、烘箱法和喷灯法等，另外还可以利用工业余热（如锻造炉、盐浴炉、箱式炉等停炉的余热）来加热电动机绕组。

（1）电流法　可采用二相380V调压器或单相行灯变压器的二次输出电流作为加热电源。在电动机定子绕组中通入低电压短路电流（约为电动机额定电流的1.5～2倍）。加热温度用水银温度计监视，若温度超过180℃，可将三相绕组从并联改为串联接线，使电流减小、温度降低。

另外，也可以用以下几种方法加热：

1）对于380V三角形联结的小型电动机，可改成星形联结，间断通入380V电源加热。

2）用三相调压器通入约50%的额定电压，间断通电加热。

3）将三相绕组接成开口三角形联结，用220V电压间断通电加热。

4）如电源容量不足，可用降压变压器、交流或直流弧焊机对一组或一个线圈加热，逐步取出。

通电加热时，如果定子绕组短路电流过大，当温度超过极限200℃时，可将三相绕组从并联改为串联接线，使电流减小，温度降低；相反，可使电流增大，温度升高。

通电加热法也可用于拆除转子铜条。先将导线（铜条）拗直，剥掉两端绝缘物，用电源次级的钳子钳住导线两端，然后进行加热。例如，转子截面积为 $43mm^2$，用 10kW 的电源，通入转子铜条的电流约为 1000A，加热时间约为 50s。

通电加热时通入电流较大，能很快把绝缘层软化至冒烟，容易把旧绕组拆出。但若绕组有短路或断路之处，则不能用此方法。该方法适用于中小型电动机。

（2）烘箱法和喷灯法　关键是掌握加热温度。烘箱法可用水银温度计监视，而乙炔、喷灯法只能凭经验估计，并注意电动机四周加热要均匀。喷灯的火不可太猛，时间不可过长。

热拆法还可利用电弧炉、盐浴炉、锻造炉、箱式炉等停炉的余热，以节约能源。由于温度很高，为防止烧坏铁心，可间接加热，使绕组受热软化，拆除线圈。

3. 冷拆法

（1）手工硬拆法　该方法的目的是保持导线原状，再生利用。先锯破槽楔并取出，然后用手工钳夹住铜线，自线槽中一匝或几匝依次拔出，完整无损。但此法拆线困难，效率低，一般不常采用。

（2）锯割冷拆法　适用于绕线式转子铁心绕组及电容吊扇定子绕组的拆除。在靠近铁心端部，用锯弓锯或角磨机切去轴端伸出部分半边绕组，然后将铜棒或圆钢（尺寸与线槽大小相仿，棒长为线槽长度的 2 倍）对准绕组线束，用锤子锤击，将一个个剩余的固化成型的线圈连同槽楔向另一端带出槽外。

（3）錾截冷拆法　用一把錾子将绕组一端铲掉，切口应与槽口齐平。錾时要注意，应在端部伸出绕组与机壳之间垫好小块弧形金属薄板，以防錾子滑动时錾伤机壳。然后在绕组的另一端用铁皮剪刀剪开，再用一根粗细合适的铜棒将槽中的漆包线冲出，最后清槽。如果铜棒合适且操作正确，每个槽中的导线可一起冲出，工作效率高。但此法适用于容量为 7.5kW 以上的电动机，对于小型电动机或微型电动机，使用錾子不便操作。

錾截冷拆法适用于槽满率较低、绕组固化成型不紧、线槽较短的电动机。其缺点是槽壁不光滑，易产生毛刺，个别槽口齿状变形。

4. 溶剂溶解法

1）对于小型电动机，可将其放在装有甲苯的容器内，泡浸 24h 左右，待绝缘层软化后取出，即可拆除旧绕组。

2）用丙酮、酒精和苯按 5∶4∶11 的质量比配制成混合液，然后把电动机浸入溶剂中，待绝缘层软化后，即可拆除旧绕组。

3）如果只有少数电动机，用溶剂浸泡不经济，可改用溶剂刷浸法。溶剂由丙酮、甲苯和石蜡按 10∶9∶1 的质量比配制成。将石蜡加热溶化后，移开热源，然后加入甲苯，再加入丙酮。搅拌均匀后，把电动机立放在有盖的铁盘内，用毛刷蘸溶液刷在绕组两边端部和槽口，然后加盖以防止溶剂挥发太快。待 1～2h 后，即可拆除旧绕组。

4）采用工业烧碱（氢氧化钠）溶液（每 1kg 氢氧化钠加 10kg 水配制而成）作为腐蚀剂。这种溶液的腐蚀能力较强，不但能腐蚀绝缘材料，还能腐蚀槽楔。但氢氧化钠对铝有腐蚀作用，因此该方法不能用于有铝壳或铝线的电动机。采用该方法时，须先将铝质铭牌取下。

注意溶剂有毒，作业时须注意通风良好，并注意防火。

绕组拆完后，应将槽内残留的绝缘物等清除干净。若铁心的硅钢片歪斜，可用钳子修平；槽口有毛刺的，可用锉刀锉平。

5. 火烧法拆除旧绕组的缺点

火烧法就是将电动机立放，用木柴放于定子内腔中燃烧，使绝缘层软化烧焦，然后冷却后拆除旧绕组。这是一种贪图方便的错误做法。它有以下一些缺点：

1）电动机经过火烧，某些部位会变形，失去正常的机械配合。

2）严重破坏了定子硅钢片间的绝缘，从而使涡流增大、铁损增加、温度升高、输出功率下降。

3）火烧后的定子铁心面积有所减小，导磁性能下降，气隙磁通密度 B_δ 也随之下降，并因此会导致以下一些性能指标变差：

① 电动机温度升高。气隙磁通密度 B_δ 下降，磁通 ϕ_1 也下降（$B_\delta \propto \phi_1$），感应电动势 E_1 也下降（E_1 与外施电压 U 的相位相反），定子绕组电流 I_1 将增大。I_1 增大，定子铜损就增加（三相绕组的总铜损为 $3I_1^2R_1$，R_1 为定子每相绕组的电阻），故使电动机的温度升高。

另外，B_δ 下降，转子为了保持一定的转矩以平衡阻力矩，转子电流 I_2 势必要增加，因此转子铜损也增大，使电动机的温度升高。

② 电动机的效率（η）下降。$\eta = P_2/P_1 = P_2/(P_2 + \Sigma P)$，其中 P_2 为输出功率，P_1 为输入功率，ΣP 为电动机总损耗。由于输出功率 P_2 下降，效率 η 也随之下降。

③ 起动转矩（M_q）大大减小。起动转矩是气隙磁通密度 B_δ 与转子电流 I_{2q} 相互作用产生的，B_δ 越小，I_{2q} 也越小。因此，起动转矩 M_q 随气隙磁通密度 B_δ 的二次方而减小。

④ 最大转矩（M_{max}）大大减小。一般电动机转差率 s 在 0.08 ~ 0.2 之间时出现最大转矩，它也随气隙磁通密度 B_δ 的二次方而减小。气隙磁通密度 B_δ 下降对电动机性能的影响见表 2-63。

表 2-63 气隙磁通密度 B_δ 下降对电动机性能的影响（%）

B_δ 降低率	起动转矩及最大转矩	转差率	满载转速	满载效率	功率因数	满载电流	起动电流	温升
比额定值低 10%	−19	+23	−2	−2	+1	+11	−10	+7℃

注：−为降低，+为增大。

用火烧法拆除旧绕组，将造成电动机性能无法弥补的缺陷，所以不能采用。

第六节 线圈的绕制与嵌线工艺

一、绕线模板的制作及线圈的绕制

1. 绕线模的制作

线圈重绕能否顺利进行，绕线模的制作是关键。在绕制电动机线圈前，应根据旧线圈的形状和尺寸或根据需更动的节距来制作绕线模。绕线模如果尺寸太短，嵌线时就发生困难，甚至嵌不下去；如果尺寸太长，绕组电阻和端部漏抗将增大，影响电气性能，而且浪费铜线，线圈还易碰触端盖，造成短路事故。因此，绕线模的尺寸需做得比较正确。

绕线模最好根据拆下来的一只较完整的旧线圈来制作。如果每相有两种不同尺寸的线圈，要照旧线圈做两块不同尺寸的模心。如果遇到空壳无铭牌的电动机，一般可用一根漆包线在选定了槽节距的槽中间，用手捏出一个线模样板，即可以此制作线模。

绕线模可制成六角形或圆弧形式样。其模心结构形状如图 2-34 所示。

如果极相组是由几个线圈连接在一起组成的，则需要做几个一样的模子。对于同心式线圈，应用同样形状而大小不等的几个线模叠装起来，如图 2-34 所示。

模心做成后，在其轴心处倾斜地锯开，半块固定在上夹板上，半块固定在下夹板下，如图 2-35 所示。这样，绕成的线圈容易脱模。

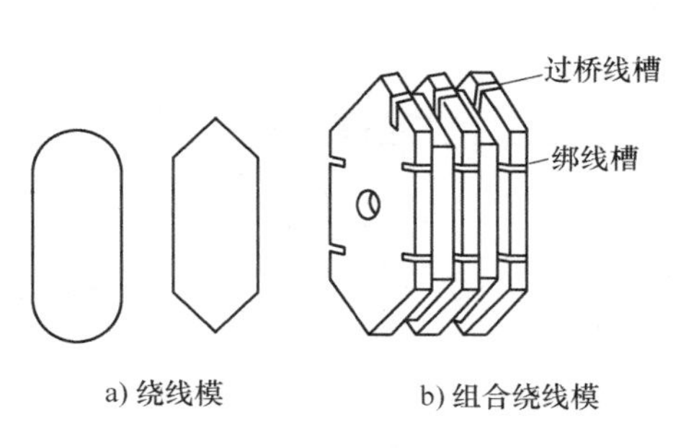

图 2-34　绕线模的形式

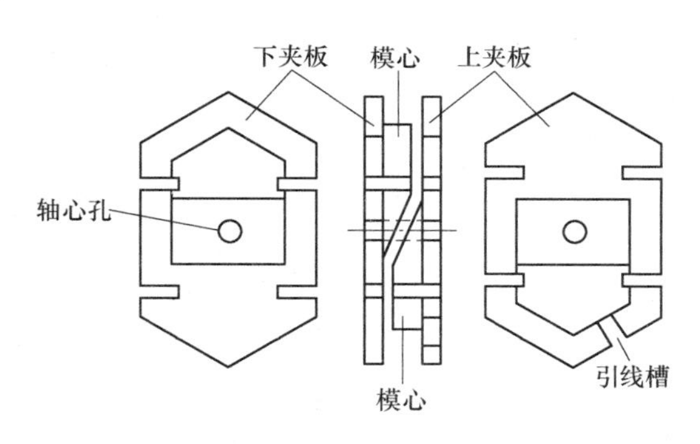

图 2-35　绕线模的结构

绕线模一般用干燥的硬木制作，这样不易翘曲变形。为了节省材料和加快检修速度，可以使用万能绕线模（又称活络绕线模），这种绕线模使用起来很方便，只需根据所需的尺寸调节模上的 6 个圆柱轮的位置即可。

万能绕线模有市场上出售的，也可自制。其总装图如图 2-36 所示，各部件制作如图 2-37 所示。

绕线模底板采用胶木或铝板制作，1 件；绕线模支架用中碳钢制作，6 件；大垫圈和小垫圈用胶木或铝板制作，前者 24 件，后者 18 件。

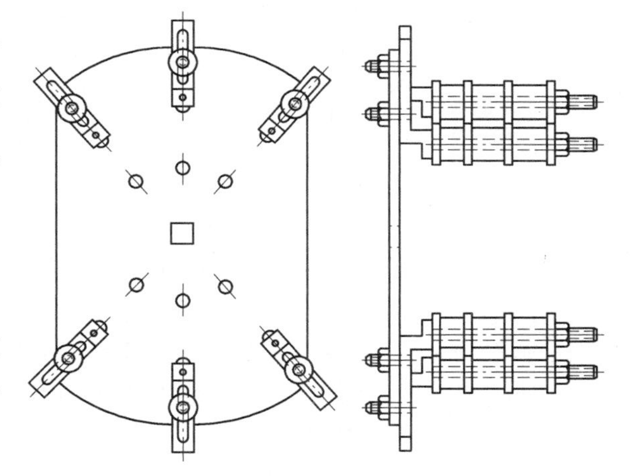

图 2-36　万能绕线模总装图

2. 线圈的绕制

先确定好导线的规格，并将绑扎布带放入绕线模板的绑线槽内，以备绕好线圈后绑扎用。将导线放在线盘架上，并通过导线夹拉直。导线夹的夹板之间垫有厚羊毛毡，以保护导线绝缘。然后开始绕线（同心式绕组从小圈绕起）。绕线时要拉紧导线，使线匝排列整齐，并注意导线的绝缘情况。若发现绝缘不良处，应作绝缘处理或剪去不用，但断头要留在端部，焊接好后套上漆管。线圈引出线要留在端部，以便连接。线圈绕完后要仔细核对匝数，确认正确无误后在每个线圈的 4 个转角处扎紧线圈，然后将线圈卸下来。如果每组线圈是连绕的，线圈之间的连接线必须扎在端线引出方向的同一边。每组线圈的首端与尾端要留适当长度的裕量，一般可取线圈周长的 40%，而且首、尾端要留在同一方向。绕圈的头尾分别做好记号。对于 4.5kW 以上的电动机，每绕制好一只线圈后，应在头尾两端套上漆管，以免嵌入后不易套上。

绕制线圈时还应注意以下事项：

1）正确选择好导线。如果导线截面积过小，绕组的电阻值增大 5% 以上，就要影响电动机的电气性能。

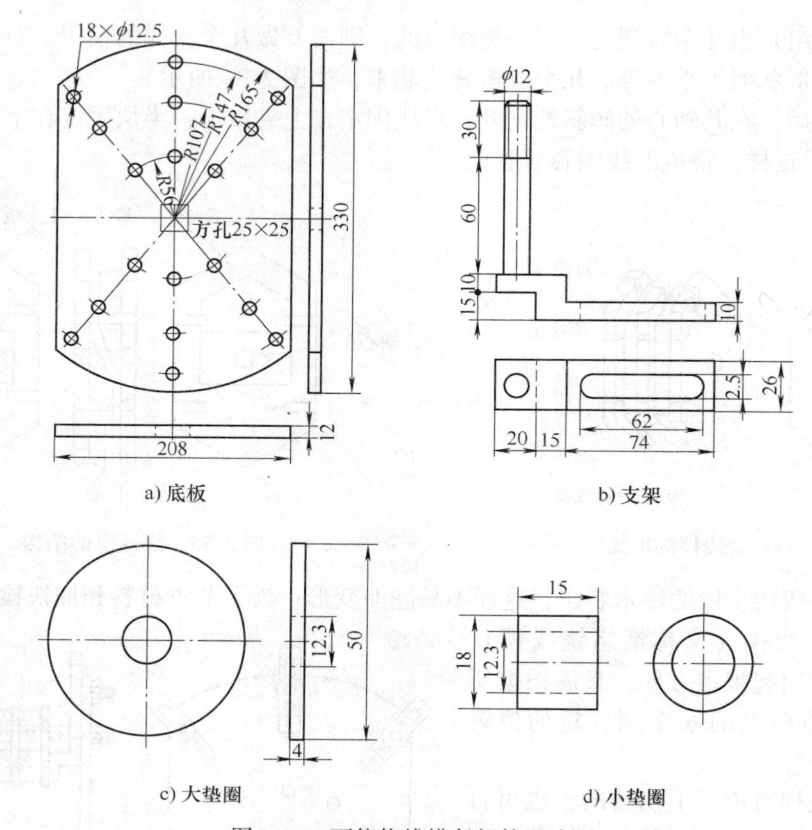

a) 底板 b) 支架

c) 大垫圈 d) 小垫圈

图 2-37 万能绕线模各部件尺寸图

2）对于一般电动机，使用单根导线时，线径不应超过 φ1.68mm。导线太粗时，嵌线困难，槽空间利用率不高；导线也不宜过细（几根并联），否则，机械强度太差，易发生断路和损伤导线。同时，若并联路数太多，会引起匝间电压升高，容易发生短路现象。

3）每个极相组的线圈尽可能连续绕制，以减少接头和避免线圈接反。

4）绕制线圈的匝数切不能有差错，特别是大、中型电动机更不能错，因为线圈匝数直接影响电动机三相电流的平衡和电动机的性能。

二、嵌线工艺

嵌线前应先清理铁心，清除槽内的杂物。如发现铁心或槽内有毛刺，一定要锉平除掉，否则会损伤导线绝缘层。铁心清理干净后，才可在槽内放置绝缘，准备嵌线。

槽绝缘根据电动机的耐热等级而定，有 A、E、B、F、H 等 5 个等级。YX3 系列及 J、JO、J_2、JO_2 系列电动机槽绝缘规范见表 2-34 和表 2-35。

槽绝缘结构如图 2-38 所示。两侧槽口部分的绝缘可分三种情况（见图 2-38）：不再另外加强；反折加强，但不伸入槽口；反折，并伸入槽口。槽绝缘伸出铁心的长度为 7.5～15mm，电动机容量越大，伸出部分越长，见表 2-64。

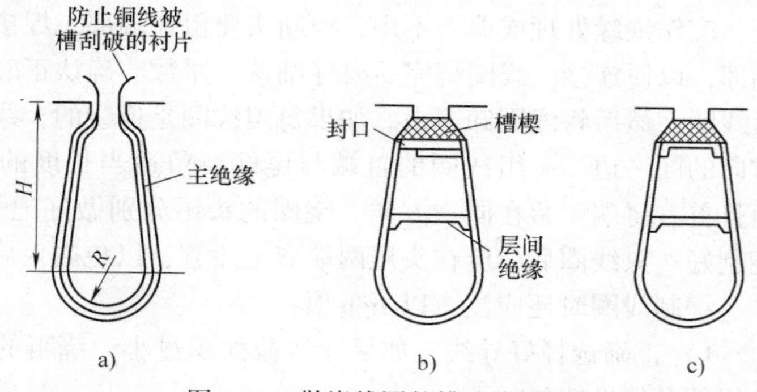

图 2-38 散嵌线圈的槽绝缘结构

表 2-64 异步电动机槽绝缘伸出铁心的长度

机座号（中心高）/mm	伸出铁心的长度/mm
63 ~ 71	5
80 ~ 112	7
132 ~ 160	10
180 ~ 250	12
280 ~ 315	15

主绝缘放置在槽口下，不宜高出槽口，否则会使嵌线困难；主绝缘也不能放置得过低，应能包住导线。

主绝缘的宽度可按下式估算（见图 2-38a）：主绝缘宽度≈$\pi R+2H$。

嵌线时，先将线圈两个边扭一下，将线圈捏扁，然后把线圈从引槽纸的槽口处拉入槽内。若一次拉入有困难，可用划线板分批地、一根一根地嵌入槽内。嵌线时注意，不要使槽绝缘偏到一侧，以免露出铁心损伤导线。对于双层绕组，当下层线圈嵌入槽中后，用压线板压实，并放入层间绝缘，完全盖住下层导线。上层线圈嵌入槽内后，用压线板压实，剪掉露出槽口的引槽纸，再用划线板将槽绝缘折拢，完全盖住上层导线，然后插入槽楔，封闭槽口。

每嵌完一个极相组，要随时垫上相间绝缘，一直塞到与槽绝缘相连，并压住层间垫条。线圈出槽口处的绝缘方式如图 2-39 所示。全部线圈嵌完后，用橡皮锤子或垫着竹板用锤子将端部敲打成喇叭口，使转子能顺利地放入。注意敲打时不要损伤导线，也不能离机壳太近，以免造成接地故障（见图 2-40）。

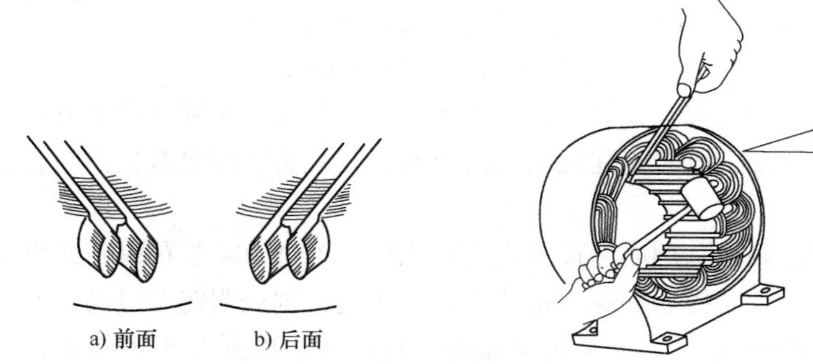

图 2-39 线圈出槽口处的绝缘方式

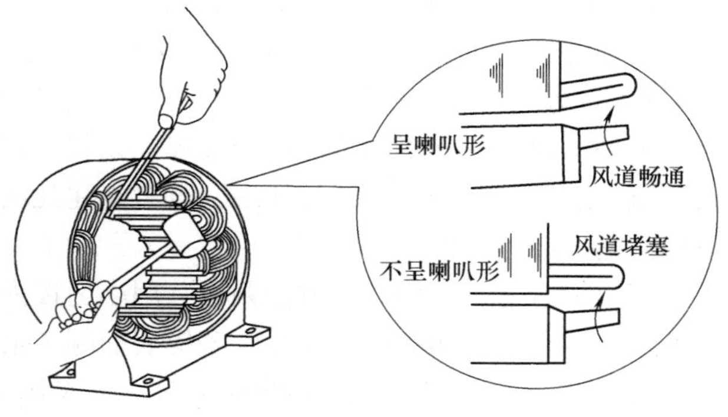

图 2-40 端部形成

对于端部较长的绕组，要将绕组端部绑扎在端箍上固定。定子绕组端部的长度、每端所需端箍数和绑扎道数见表 2-65。

表 2-65 定子绕组端箍数和绑扎道数

绕组端部长度/mm	每端端箍数	每端绑扎道数	
		面层	底层
≤120	0	0	0
121 ~ 150	1	0	0
151 ~ 180	1	1	0
181 ~ 300	1	1	1
301 ~ 350	2	2	2
>350	3	3	3

三、绕组的连接与接线

1. 绕组的连接

先把各个线圈连接成极相组，再把各极相组连接成相绕组，最后接引出线。

（1）极相组的连接　每极每相所分配到的槽数，就是一个极相组所占有的槽数。在这些槽内，线圈中电流的方向必须相同。按此原则便可进行连接。如果一个极相组内的线圈是连续绕制的，则不用接头。

（2）相绕组的连接　将同一相的极相组彼此连接。原则是：同极性正串连接（头与尾连接），异极性反串连接（头与头或尾与尾连接）。

（3）并联支路的连接　各支路内串联的线圈必须均衡，每一支路内的连接均应符合连接原则。图 2-41 所示为并联支路连接示例。

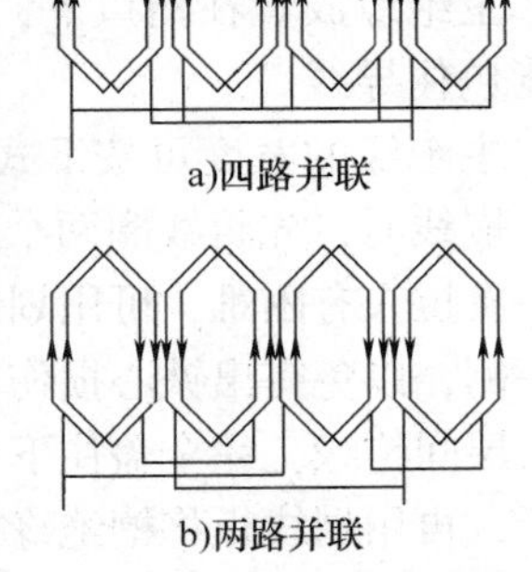

a)四路并联

b)两路并联

图 2-41　一相绕组的并联接法

2. 绕组 6 个线端的确定

绕组 6 个线端的首尾确定方法，请见本节四项。根据要求，把绕组连成星形联结或三角形联结。

3. 引出线的焊接

（1）锡焊　先将被焊线头上的绝缘漆去掉，将裸头用小刀刮干净，涂上松香酒精液或氯化锌溶液等焊剂，然后用电烙铁进行焊接。焊接时要注意以下几点：

1）电烙铁功率要选择适当，以免虚焊；

2）焊接时不要让焊剂或焊锡落在绕组上，以免损伤导线绝缘；

3）焊好后必须把残留的焊剂等擦除干净，以免日后接头受腐蚀。

另外，也常用浇锡的方法进行锡焊。尤其当焊接线头数量较多时，这种方法更方便，焊接质量也更高。对于较大的接线头，可多浇注几次。浇锡时，在线头下面要有接锡勺，以免熔锡溅落在绕组上烫坏绝缘层。

锡温要合适，可用以下方法判别：用小勺拨去表面氧化层，若过 10s 左右锡表面由银白色变成金黄色，说明锡温正合适。若锡表面颜色很快变成蓝紫色，则表明锡温过高。

（2）电弧焊　当绕组的导线较细时，可采用电弧焊进行焊接。电弧焊不需焊剂，方便快捷。

焊接前先将电源二次电流调节在所需的范围（如 8 ~ 16V，300A）内，然后将接在电源二次的碳棒（炭精片）轻触线头，利用碳棒与线头间产生的电弧，迅速将线头牢固地熔化在一起。

（3）铜铝焊　由于铝极易氧化，很难焊牢，因此对于电动机的铝引出线应采用铜铝焊。铜铝焊有锌铅焊和氧气焊等方法。

1）锌铅焊。焊料成分为铅 5%，锌 95%；焊剂为松香酒精溶液（松香、无水酒精各 50%）。焊接方法与锡焊相同。

2）氧气焊。先将铜引线的连接部分搪上锡，然后把刮干净的铝线缠绕在铜线上，并使铝线略高出铜线，在焊接部位敷上一层铝焊粉，接着就可用气焊（中性火焰）熔化铝线，使铝熔合在铜线的顶端，形成一个球形焊点。

绕组引出线线端的绑扎方法如图 2-42 所示。

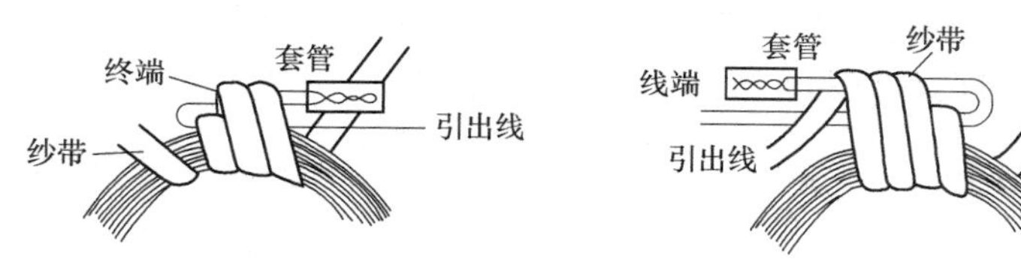

图 2-42　绕组引出线线端的绑扎方法

4. 引出线的选择

线圈连接好后通常留下 6 个线头，分别标着 U1、V1、W1（首端）和 U2、V2、W2（尾端），它们将通过引出线接到接线盒中相应的接线板上，对额定电压为 380V/50Hz 的三相异步电动机，绕组引出线的选择见表 2-66。

表 2-66　电动机绕组引出线的选择

电动机功率/kW	引出线截面积/mm^2	电动机功率/kW	引出线截面积/mm^2
1.1 以下	1	30～45	16
2.2～4	1.5	55	25
5.5～7.5	2.5	75～90	35
11	4	110	50
15～18.5	6	132	70
22	10		

四、绕组头尾的判定及接线错误的检查

在新换绕组工作中，检修人员因粗心大意往往会将绕组出线接错或嵌反。这时会使电动机三相电流严重不平衡、噪声大、振动厉害、发热严重、转速降低、有时无法起动，若不及时停机，甚至还将烧毁电动机。

绕组接线错误与嵌反大致有以下几种情况：几只线圈嵌反或头尾接错，极相组接反，某相绕组接反，多路并联绕组支路接错，星形、三角形联结错误等。

1. 绕组头尾接错的判别

电动机 6 个引出线头的正确接线如图 2-43 所示。在检查错误接线时可对照检查。接线的检查方法很多，现介绍最常用的两种方法。

1）用万用表判别。如图 2-44a 所示，先把 36V 交流电通入其中一相，用万用表电压挡测出其余两相的电压，记下有无读数，然后换接成图 2-44b 所示接法，再记下有无读数。最后根据下述情况判别：若两次均无读数，表示绕组头尾端正确；若两次都有读数，表示两次中没有接电源的那一相绕组头尾端反接；若两次中有一次有读数，而另一次无读数，表示无读数那一次接电源的那一相绕组头尾端反接。

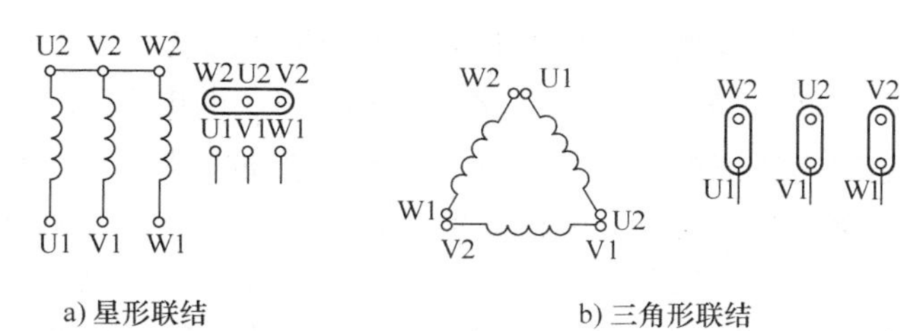

a) 星形联结　　b) 三角形联结

图 2-43　星形及三角形正确联结

2）干电池判别法。如图 2-45a 所示，在合上开关 SA 的瞬间，电压表（毫伏表或万用表毫安挡）指针应正向（即大于零的一边）摆动，否则应将两表笔调换，使指针正向摆动。

这时，干电池的“+”极与表头的“-”极为同名端。同理，把表接到另一未测相绕组，如图2-45b所示。经过两次试验，便可找出三相绕组的头尾端。

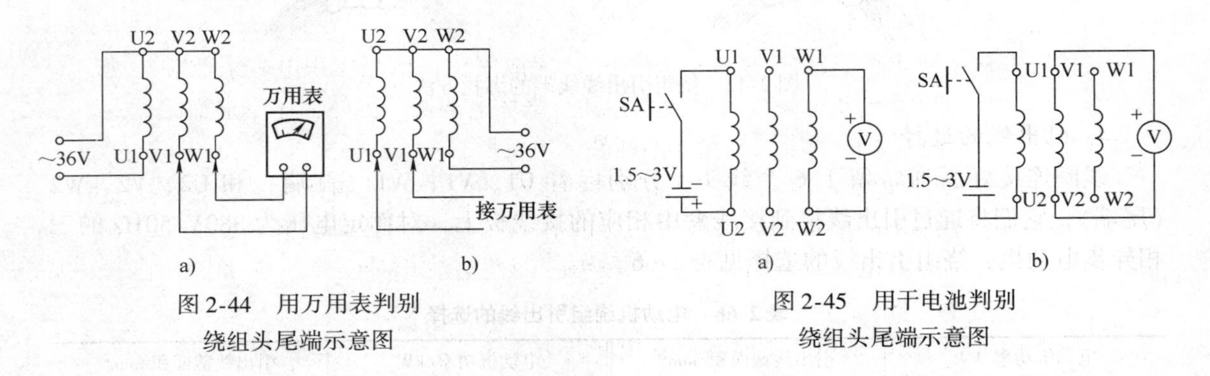

图2-44 用万用表判别绕组头尾端示意图

图2-45 用干电池判别绕组头尾端示意图

2. 其他接线错误及线圈嵌反的检查

1）滚珠检查法。取出电动机转子，将一粒钢珠放在定子铁心内圆面上，定子通入低压三相交流电，如滚珠沿定子内圆周表面旋转滚动，说明定子绕组接线正确；如滚珠不动，则说明绕组接线有误。用此法只能判断是否接错，而不能确定故障点。

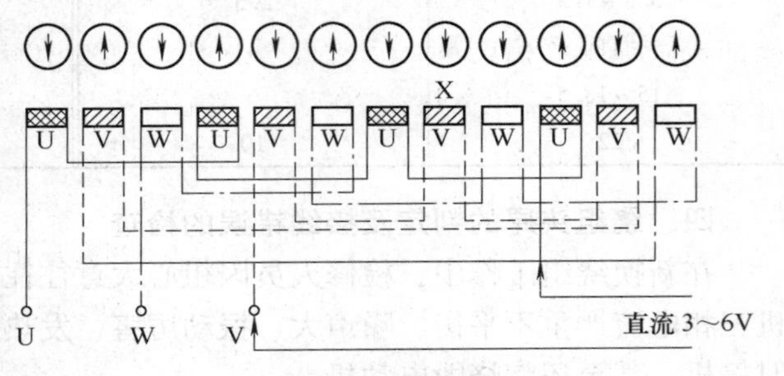

图2-46 用指南针检查绕组接线

2）指南针检查法。将3～6V直流电通入绕组的一相，使指南针沿定子铁心内圆周表面向一个方向移动，逐槽检查，如图2-46所示。当指南针经过绕组各极相组时，如指针的方向有规则地交替变化，表示接线正确；如经过相邻的极相组时指针的指向不变，则表示极相组接错。如果一个极相组中个别线圈嵌反，则在这个极相组范围内指针的指向会交替变化，这时可把嵌反的线圈找出来，再把嵌反的线圈连接线或过桥线的线头反接过来即可。

五、采用磁性槽泥改造旧电动机的工艺

磁性槽泥又称磁性胶，是一种用于旧电动机（如JO_2、JO_3等）改造的新型节能材料。它具有良好的可塑性，将它抹压在电动机槽口上，固化后即成为电动机的磁性槽楔。一般使用该材料后能使电动机效率提高1.5%～2.5%，温升平均可下降6～10℃，而且能减小电动机的噪声和振动。投资几元钱，可获得节电0.6%～1%的收益。1kg磁性槽泥可改造50kW容量电动机。磁性槽泥在上海长青电热设备厂有售。CC-3型和CC-4型磁性槽泥节电效果显著，CC-4型为耐高温磁性槽泥。

采用磁性槽泥改造旧电动机时需注意以下事项：

1）一定要按工艺规程要求施工。施工时切忌损伤绝缘，槽泥不允许落入绕组中。为此，可在电动机定子绕组两端部贴上粘胶纸加以保护。对于原对接的槽楔，接缝处应用绝缘物堵死，否则抹压槽泥后槽泥会通过缝隙渗入到绕组中，造成绝缘破坏而短路。槽泥抹压应平整、结实。

2）正确调配和使用磁性槽泥。磁性槽泥的主要成分是树脂和高导磁铁粉。槽泥在与固化剂调和时，一般不允许添加溶剂，即使调和困难，也只能略微加一点儿，否则会严重影响粘结强度。抹压槽泥后，必须用干净抹布蘸少许无水乙醇，轻轻地将散落在定子内的槽泥擦掉，切不可用饱蘸溶剂的抹布来擦拭。

对槽泥有以下要求：槽泥应在25℃条件下8h完成固化；槽泥体积电阻系数应在规定范围内，否则会产生涡流，使电动机温升增大，甚至烧坏电动机。另外，还要求槽泥具有较好的热稳定性，在180℃条件下槽泥能保证不断裂、不变形。

3）利用磁性槽泥改造旧电动机，节能效果的大小还与电动机本身的参数（槽数、槽口大小、气隙等）有关。一般来说，同系列电动机中4、6极节电效果较好，2极较差；铁心长、槽数多的电动机节电效果较好，反之则较差。磁性槽泥相对磁导率越高，则节电效果越好。

4）对于旧式铝线电动机，不能套用常规工艺方案施工，否则节电效果极差。正确的方法是，增加抹压槽泥的厚度（大于2mm）。这样做虽对起动转矩有所影响，但影响很小，只下降约6%。

5）用磁性槽泥改造耗能电动机时，电动机的起动性能和过载性能会降低，不能满足对电动机要求很严格的场合。为此可采用增加电动机的气隙长度（把转子铁心直径适当车小0.04～0.16mm）和在热态200℃时涂漆的方法加以补偿，确保电动机的起动性能基本稳定，效率进一步提高。

一般异步电动机的功率不大于30kW时，转子铁心直径车削量为0.04mm，40～55kW时为0.06mm，75kW时为0.11mm，165kW时为0.16mm。

经车削的转子铁心受高温作用后，电动机空载损耗较大，这时可在热态200℃时，用1052硅有机清漆涂刷在铁心外圆表面和裂开的缝隙中，并保温半小时，则电动机的性能改善显著。

第七节　交流电动机的浸漆工艺与干燥处理

电动机绕组重绕修复后，必须经过绝缘处理，即浸漆与干燥。其目的是提高绝缘层的耐热性与导热性，利于散热；改善电动机绝缘层的电气性能；提高电动机绝缘层的耐潮性和化学稳定性；提高绕组的机械强度；延长电动机寿命。

干燥的目的是挥发漆中的溶剂和水分，使绕组表面形成坚固的漆膜。烘干过程中，每隔1h应测量一次绕组对地（外壳）的绝缘电阻，直到阻值趋于稳定，再保持3h后停止。这时的绝缘电阻应不低于5MΩ，否则需继续烘干。

绕线型转子在浸漆烘干时应立放，以防止漆流向一边影响转子的平衡。

一、浸漆工艺

电动机绕组浸漆处理的方法和步骤如下。

1. 选好浸渍漆

应根据被浸渍的电动机绝缘耐热等级和是否要求耐油等条件，选择相应的绝缘漆（浸渍漆和表面覆盖漆等）。电动机绕组的浸渍漆和表面覆盖漆，详见本章第一节表2-10～表2-12。

过去常用的1032绝缘漆，是B级绝缘的有溶剂绝缘漆。这种绝缘漆的干燥时间很长

(约22h)。现在多被1038绝缘漆所替代，其电动机绝缘处理时间仅为1032的一半，因而可大大缩短烘干时间。

对于F级电动机，常选用9115、9105等有溶剂绝缘漆。由于这种绝缘漆含有溶剂，所以必须浸两遍漆。

1040、1042绝缘漆可用于B级和F级电动机。由于这种绝缘漆是少溶剂的，所以浸一遍即可，很适用于应急修理使用。

H30-9和S-1039为少溶剂环氧浸渍绝缘漆，浸一遍即可。这种绝缘漆在140℃温度下漆膜固化时间为5h（而1032绝缘漆在120℃温度下为16h）。

WSK为少溶剂环氧浸渍绝缘漆，其漆膜固化时间比H30-9和S-1039还要短，烘干电机所需时间比H30-9和S-1039约缩短一半，比1032绝缘漆约缩短4倍。

2. 选择适当的浸漆方法

电动机浸漆的主要方法有沉浸、滴浸、滚浸、浇漆和真空压力浸等5种。它们的工艺要求及适用范围见表2-67。

表2-67 电机绕组常用浸漆方法

名称	工艺要求	一般适用范围
滴浸	对绕组加热并使之旋转，滴在绕组端部的漆在重力、毛细管和离心力作用下，均匀地渗入绕组内部及槽中 可使用如下配方浸漆：6101号环氧聚酯50%（重量比）和桐油顺丁烯二酸酐50%	中、小型电动机
沉浸	绕组加热排潮后，将整个定子沉入漆液内，利用漆液压力和毛细管作用，使漆达到渗透和填充的目的。若沉浸时施加0.3~0.5MPa的压力，浸漆效果更好 采用有溶剂漆时，最少浸两次；采用无溶剂漆时，浸1~2次；用于高湿场合的电动机，浸3~4次	中、小型电动机
浇漆	先浇一端绕组，再将电动机反过来，浇另一端绕组，直至浇透、浇匀为止	大、中型电动机，适用于单台浸漆处理，效率低
滚浸	用绝缘漆浸没部分绕组，滚动铁心，使绝缘漆渗透和填充到绕组端部和槽内。通常滚动3~5次	大、中型电动机，尤其适合转子或电枢绕组的浸漆处理
真空压力浸	在密封容器中，排除绕组内层中的空气、潮气和挥发物，浸漆后在液面上加20~70kPa压力	要求质量高的中、小型电动机，采用整体浸漆工艺的高压电动机

3. 浸漆工艺

(1) 预烘　预烘的目的是驱除绕组中的潮气，另外加热后的绕组也便于浸漆。一般电动机预烘的升温速度为20~30℃/h，这样有利于潮气散发。

预烘温度应控制在100~120℃。温度过高，容易造成绝缘老化，影响电动机的寿命。预烘时间为6~8h，预烘时，每隔1h用绝缘电阻表测量一次绕组对地的绝缘电阻。当绝缘电阻达到规定范围且阻值稳定后，才可进行浸漆处理。

(2) 浸漆　当预烘电动机的绕组冷却到60~70℃时，才可进行浸漆处理。绕组温度过高，漆不易浸透；温度过低，绕组易吸入潮气。浸漆时要求漆面没过被浸部分100mm以上，一次浸漆时间不少于15min，直到不冒气泡为止。注意漆内不得有杂物混入，周围不得有烟火，不可将电动机引出线浸上漆，应拧上螺栓以免漆液封堵螺孔，给安装造成困难。

浸漆完毕，须将电动机搁放在漆槽或漆桶上静置30min左右，滴干余漆。然后进行烘干处理。有时需对绕组进行两次浸漆（湿热带电动机要浸3~4次）。第一次浸漆时，漆的黏度要低一些，一般在20℃时黏度为18~22s；第二次浸漆时，黏度要大一些，一般在20℃时为30~32s。采用1038绝缘漆时，当烘干时间达到工艺规程规定，并且绝缘电阻稳定2~3h不变即认为烘干终了。几种绝缘漆烘干时间的实例见表2-68。

表2-68 三相异步电动机浸烘时间比较

绝缘漆种类和浸渍次数		1032绝缘漆（浸二次）	1038绝缘漆（浸二次）	H30-9或S-1039绝缘漆（浸一次）	WSK少溶剂快干胶
第一次浸漆烘干/h	70~120℃	4	3	3	1
	130℃	4	3	3	4
第二次浸漆烘干/h	70~120℃	4	3	—	—
	130℃	10	4	—	—
烘干所需总时间/h	—	22	13	11	5
电动机温升/K	—	55~56	54~55	50~22	54
电动机试验	—	合格	合格	合格	合格

采用1040绝缘漆的电动机浸漆工艺见表2-69。

表2-69 1040绝缘漆浸漆工艺

序号	工　序	工作温度/℃	时　间	备　注
1	预热	140	2h	绝缘电阻500MΩ
2	浸漆	50	20~30min	可浇浸
3	滴漆	室温	30min	
4	烘干	80	1h	定子300MΩ转子400MΩ
		140	7h	

二、电动机不需干燥可投入运行的条件

电动机不需干燥可投入运行的条件如下：

1）电动机在运输和保管期间绕组未明显受潮。常温下低压电动机绕组的绝缘电阻不低于0.5MΩ；高压电动机的绝缘电阻不低于1MΩ/kV；转子绕组的绝缘电阻不低于0.5MΩ。

2）温度为15~30℃时，用绝缘电阻表所测的60s和15s的绝缘电阻的比值叫做吸收比。当$R_{60}/R_{15}\geqslant1.2$时，电动机不需干燥便可投入运行。

3）对于开始运转时有可能在低于额定电压下运行一段时间，而在静止状态下干燥有困难的电动机，当其绝缘电阻不低于0.2MΩ时，可先投入运行，在运行中进行干燥。

具备上述条件之一者，可不需干燥就投入运行。

干燥方法有定子铁心涡流干燥法、电动机外壳涡流干燥法、循环热风干燥法、电流干燥法和远红外干燥法等。

三、烘干电动机的注意事项

为了保证电动机的烘干质量，达到规定的绝缘电阻要求，烘干电动机应注意以下事项：

1）首先应根据电动机的绝缘情况、功率大小、烘干条件等正确选择烘干方法。

2）烘干处理时，既要做好保温，又要有通风孔，以排除水分。

3）进行通电烘干时，为了安全，电动机外壳应做好保护接地（接零）或采用遮栏防护。测量绝缘电阻时应切断电源后再进行。

4）烘干温度和烘干时间要符合工艺要求。

5）在烘干过程中，应定期测量绕组温度和绕组对外壳的绝缘电阻，并做好记录。开始时每15min记录一次，以后每小时记录一次。为此，可在电动机里埋设温度计、温度指示器，或通过电阻来确定温度。

通常，在烘干开始阶段，绝缘电阻会下降，以后又开始回升，当绝缘电阻值大于规定值（5MΩ）并稳定2～3h以上不变时，即可结束烘干处理。

四、定子铁心涡流干燥法

定子铁心涡流干燥法亦称定子铁损干燥法。此法是将电动机转子取出（因为定、转子之间的空隙太小，无法穿绕导线），在定子铁心中穿绕橡皮绝缘导线，然后通入单相交流电，利用交变磁通在定子铁心里产生的磁带和涡流损耗使电动机发热到必需的温度进行干燥。为了进行监视，需接入电压表和电流表，并装设温度计。

该方法适宜干燥较大型的电动机，优点是耗电量较小，较经济。定子尺寸和烘干接线如图2-47所示。

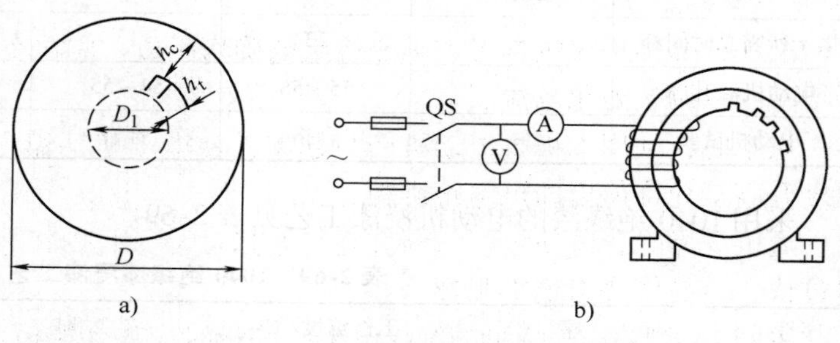

图2-47 定子尺寸及烘干接线图

定子铁心涡流干燥法的计算步骤如下：

1. 定子铁心尺寸的计算

轭高

$$h_c = \frac{D - D_1}{2} - h_t$$

铁轭有效截面积

$$S_c = K_{Fe} l h_c$$

铁轭中心直径

$$D_{cp} = D - h_c$$

式中，D 为定子铁心外径（cm）；D_1 为定子铁心内径（cm）；h_t 为定子槽深（cm）；l 为定子铁心长度（cm）；K_{Fe} 为铁心压装系数，一般为0.92～0.95，硅钢片不涂漆时取较大值，漆绝缘钢片取0.95，用纸绝缘的铁心可取0.9。

2. 励磁绕组匝数的计算

当电源频率 $f=50\text{Hz}$ 时，

$$W = \frac{45U}{BS_c}$$

式中，W 为励磁绕组匝数（匝）；U 为励磁绕组电源电压（V）；B 为定子铁心磁通密度（T），一般取0.60～1.00。

3. 磁化电流和导线截面积的选择

$$I = AW/W,\ q = I/j,\ AW = \pi D_{cp} aw$$

式中，I 为磁化电流（A）；q 为导线截面积（mm^2）；AW 为磁化安匝（At）；j 为导线电流密度（A/mm^2）；aw 为定子铁心单位长度所需安匝数（At/cm），可参考表 2-70 选用。

表 2-70　定子铁心单位长度所需安匝数

磁通密度 B /T	aw/(At/cm)	
	合金钢	电动机硅钢片
0.50	0.66～0.85	1.5
0.60	1～1.2	2.2
0.70	1.3～1.45	2.75
0.80	1.7～2	3.7
1.00	2.15～2.8	4.3～5.6

因为穿绕在铁心内孔部分的导线温度比绕在外壳表面的导线温度高，所以导线的允许负荷电流应比正常时降低 30%～50%。一般铜导线的电流密度 j 取 1～2.3A/mm^2。

线圈中流过的电流的大小，约为该电动机额定电流的 20%～50%，励磁功率为 $P=UI\times 10^{-3}$（kVA）。

上述计算结果仅供参考。励磁绕组的确切匝数，应在实际烘燥时视电动机的温升情况适当增减，以调节磁化电流。

烘干时，须用木板将电动机密封起来，使电动机的温度维持在 80～90℃，待绕组绝缘温度升高至允许值后即可停止烘燥。

通电干燥时，应使温度逐渐升高，尤其对大、中型电动机来说更是如此；否则，温度升得过快，容易使绕组绝缘胀裂。

每隔 1h 测量一次绕组的绝缘电阻，测量时应先切断电源。在电动机干燥过程中，绝缘电阻先是减小到某一最低值，然后再逐渐增大。绝缘电阻增大后，如持续 6～8h 不变，即可认为绝缘合格，干燥完毕。

【例 2-17】 有一台电动机，定子铁心外径 D 为 85cm，内径 D_1 为 60.5cm，铁心长度 l 为 31cm，槽深 h_t 为 6.2cm，现采用铁损法进行干燥，试计算励磁绕组的数值。

解：（1）定子尺寸的计算

轭高
$$h_c=\frac{D-D_1}{2}-h_t=\left(\frac{85-60.5}{2}-6.2\right)\text{cm}=6.05\text{cm}$$

铁轭有效截面积　$S_c=0.93lh_c=(0.93\times31\times6.05)\text{cm}\approx174\text{cm}$

铁轭中心直径　$D_{cp}=D-h_c=(85-6.05)\text{cm}\approx79\text{cm}$

（2）励磁绕组匝数的计算

采用单相 220V、50Hz 电源，磁通密度 B 取 0.9T，则绕组匝数为

$$W=\frac{45U}{BS_c}=\frac{45\times220}{0.9\times174}\text{匝}=63.2\text{ 匝，取 }64\text{ 匝}$$

（3）磁化电流和导线的选择

查表 2-70，选 $aw=4\text{At/cm}$，则有

磁化安匝　$AW=\pi D_{cp}aw=(\pi\times79\times4)\text{At}\approx993\text{At}$

磁化电流　$I_1=AW/W=(993/64)\text{A}\approx15.5\text{A}$

取 $j=1.5\text{A/mm}^2$，则铜导线截面积为

$$q=I_1/j=(15.5/1.5)\text{mm}^2\approx10.3\text{mm}^2$$

可选用 $\phi 2.63$ 的绝缘导线两根并绕（实际截面积为 10.86mm^2），或用 $\phi 2.10$ 的绝缘导线三根并绕（实际截面积为 10.38mm^2）。

五、电动机外壳涡流干燥法

电动机外壳涡流干燥法是将励磁绕组直接绕在定子机壳上，在电动机机壳内形成涡流而产生热量，从而实现干燥，其接线如图 2-48 所示。该方法适用于中等容量的电动机。

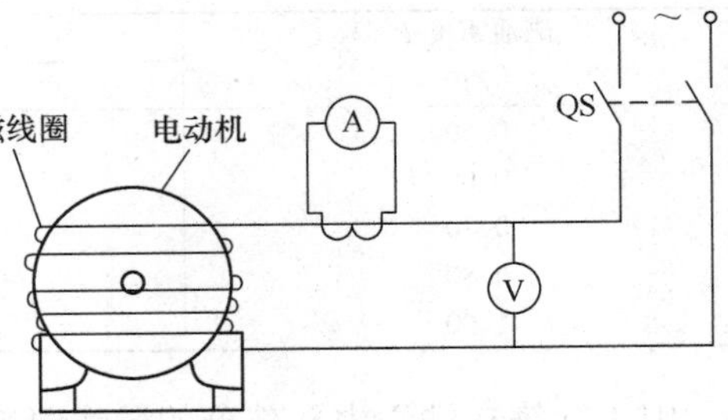

图 2-48 外壳涡流干燥法接线图

可利用交流电焊机作为励磁电源。由于焊接变压器可以调节电流，所以采用此种变压器作为电源十分合适。该方法的计算公式如下：

干燥电动机所需功率：$P = \lambda F(t_1 - t_0)$

单位面积上的功率损耗：$\Delta P = P/F_1$

励磁绕组的匝数： $W = UK/l$

励磁电流： $I = P \times 10^3/(U\cos\varphi)$

导线截面积： $q = I/j$

式中，P 为干燥电动机所需功率（kW）；λ 为导热系数 W/(m·K)，对于未经预热的电动机，取 12W/(m·K)；对于已预热的电动机，取 5W/(m·K)；F 为机壳外表散热面积（m^2）；t_1 为机壳的热态温度，可取 90℃；t_0 为环境温度（℃）；F_1 为机壳表面上被励磁绕组覆盖的面积（m^2）；U 为外加电源电压（V）；K 为变量，取决于 ΔP，见表 2-71；l 为电动机周长（m）；$\cos\varphi$ 为功率因数，一般取 0.5～0.7；I 为励磁电流（A）；j 为电流密度（A/mm^2），铜导线取 4.5，铝导线取 3。

表 2-71 变量 K 与 ΔP 的关系

ΔP /(kW/m²)	K	ΔP /(kW/m²)	K	ΔP /(kW/m²)	K	ΔP /(kW/m²)	K
0.1	4.21	1	1.85	1.8	1.49	2.8	1.27
0.3	2.76	1.2	1.72	2	1.44	3	1.24
0.5	2.3	1.4	1.63	2.2	1.39	3.25	1.2
0.7	2.06	1.5	1.6	2.4	1.35	3.5	1.18
0.9	1.9	1.6	1.55	2.6	1.31	4	1.12

励磁绕组的匝数可参考表 2-72 选择。

表 2-72 外壳涡流干燥法励磁绕组数据

电动机数据			励磁绕组数据		
电压/V	功率/kW	转速/(r/min)	电压/V	匝数	电流/A
500	40	960	25	8	120
6000	260	730	65	2×15	2×34
6000	500	1000	65	16	90
6000	1400	990	220	12	118
6000	1565	3000	25	6	200
6000	2500	1000	65	26	114

励磁绕组可以水平绕，也可以垂直绕，但绕线方向要一致。水平绕时，绕组的大部分应

绕在机壳的下半部，使加热均匀。用此法干燥时，会出现局部过热的情况，所以在通电后10min左右必须找出最热部位。为此，可放置3个温度计，其中两个放在电动机里面（一个在上面，一个在下面），另外一个放在温度最高的地方。外壳最高温度不要超过100℃，内部温度应为60～80℃。缓慢升温，在4～8h内均匀升高到所需温度。

【例2-18】 现用一台65V的电焊变压器作为电源对电动机进行涡流干燥，已知电动机外壳散热面积F为$8m^2$，励磁绕组覆盖面积F_1为$4.8m^2$，环境温度t_0为10℃，电动机周长l为4.2m，试计算励磁绕组数值。

解：(1) 因电动机未经预热，λ取12W/(m·K)，则干燥电动机所需功率为

$$P=\lambda F(t_1-t_0)=[12\times8\times(90-10)]\text{W}=7680\text{W}=7.68\text{kW}$$

(2)单位功率损耗为

$$\Delta P=P/F_1=7.68/4.8\text{kW/m}^2=1.6\text{kW/m}^2$$

(3)励磁绕组的匝数为

由表2-71可知，当$\Delta P=1.6$时，$K=1.55$，所以

$$W=UK/l=65\times1.55/4.2\text{匝}\approx24\text{匝}$$

(4)励磁电流为

$$I=\frac{P}{U\cos\varphi}=\frac{7680}{65\times0.7}\text{A}\approx168.8(\text{A})$$

(5)导线截面积为

$$q=I/j=168.8/3\text{mm}^2\approx56.3\text{mm}^2$$

可选用截面积为$70mm^2$或$50mm^2$的铝芯导线作为励磁绕组。

六、循环热风干燥法

循环热风干燥法一般用电炉或蒸汽蛇形管等来加热。以电炉加热为例，电炉所需功率为

$$P=0.0167C_pQ(t_1-t_0)$$

式中，P为电炉所需功率（kW）；C_p为空气的定压比热［kJ/(m^3·K)］，这里取1.3；Q为每分钟通过烘房的热风量（m^3/min），$Q=1.5q$；q为烘房容积（m^3）；t_1为进口热风温度（℃）；t_0为周围空气温度（℃）。

若近似计算，对于功率小于500kW的电动机，电炉的功率可取电动机功率的3.5%；对于500～1000kW的电动机，可取1.5%～3%。实际上，采用20～30kW鼓风机送进热空气，对所有的大电动机都适用。

注意：进风口热风温度要逐步上升，最高温度不应超过95℃。

七、电流干燥法

用交流电干燥电动机的方法简单，适用于小容量电动机。但如果采用交流电焊机等作为电源，则能干燥大、中容量的电动机。交流电干燥法不适用于被水浸淹的电动机。

1. 干燥方法

一般将两台交流电焊机的二次绕组串联起来作为干燥电源，也可用直流电焊机。将此电源通入电动机的绕组，利用电动机的铜损来加热。接线方法通常有如图2-49所示的几种方法，每相绕组分配的最大电流均不宜超过额定电流的50%～70%。若采用直流电源，则每相绕组的最大电流可为额定电流的60%～80%。一般情况下，电流的大小应以通电3～4h能使定子绕组的温度达到80～90℃为宜。尤其是受潮严重的电动机，先慢慢将其加热至50～60℃并保温3～4h以利于驱除潮气，然后加热到规定的温度进行干燥。

绕线转子采用电流干燥法时，应将外加电阻全部接入电路，来调节所需要的干燥电流。

对于定子有6个出线头的电动机，应将三相绕组串联或并联。若为大、中型电动机，因其绕组阻抗小，宜将三相绕组串联；若为小型电动机，因其绕组阻抗较大，一般需将绕组接成三角形。然后在两个连接点间通入单相交流电，通过改变接在定子电路中的可变电阻的阻值或经调压器调压，使绕组中流过的电流为电动机额定电流的50%～70%，使电动机发热，从而进行干燥。开始时电流控制为电动机额定电流的20%～30%。

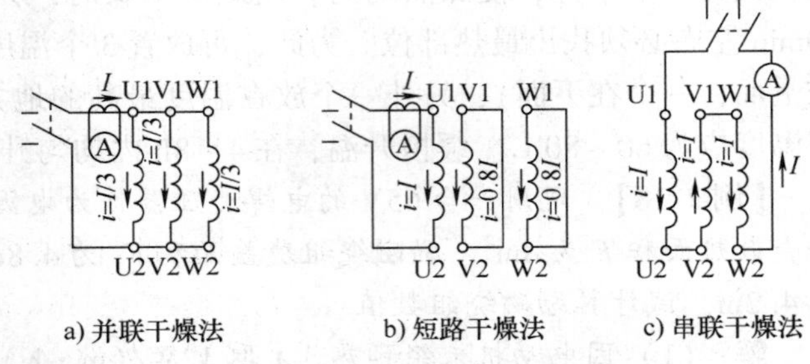

a) 并联干燥法 b) 短路干燥法 c) 串联干燥法

图2-49 电流干燥法接线图

如果电动机定子只有3个出线头，可直接将单相交流电接到任意两个出线头上（这时绕组中有一组无电流通过，发热不均匀），待加热一段时间后，再将电源接到另外的出线头上。约在1h内将3个绕组出线头都轮流接过，从而使定子各相绕组都能均匀烘干。干燥持续时间为数小时，可视电动机绕组受潮程度而定。

利用交流电焊机干燥电动机的方法如下：定子绕组采用开口三角形联结，并与电焊机的次级线圈相连。进行干燥前，将电焊机二次输出调到最小值，然后启动电焊机，这时绕组两端即有30V以下的电压。取Ⅰ挡或Ⅱ挡及进线电压380V或220V进行粗调，再由电焊机电流调节手柄进行细调。在调节时注意观察钳形电流表读数。一般在电动机绕组上施加的低电压为电动机额定电压的7%～15%，并控制绕组中的电流为绕组额定电流的50%～70%为宜。

2. 计算公式

1）电焊机容量的计算。电焊机容量根据电动机功率的大小，可按其所需二次电压和电流按下式估算：

$$S=UI=\frac{(0.07\sim0.15)U_e\times(0.5\sim0.7)I_e}{1000}$$

式中，S为电焊机容量（kVA）；U，I分别为电焊机二次电压（V）和电流（A）；U_e，I_e分别为电动机额定电压（V）和额定电流（A）。

2）电动机绕组上施加电压为 $U_2=(0.07\sim0.15)U_e$

3）绕组中的电流为 $I_2=(0.5\sim0.7)I_e$

【例2-19】 试用电流干燥法干燥一台功率为180kW、额定电压为380V、额定电流为358A受潮的电动机。

解： 电焊机容量为

$$S=\frac{0.08\times380\times0.5\times358}{1000}\text{kVA}=5.4\text{kVA}$$

可选用一台BX1-330交流电焊机作低压电源（二次空载电压为60～70V，工作电压为30V，电源调节范围为50～450A）。

加热电流控制在170A左右。一般经过10～20h干燥后，绝缘电阻可达15MΩ以上，吸收比大于1.3。

八、远红外干燥法

采用远红外干燥法，烘干效果明显，与同等容积的热风炉电耗相比，可节电 30% ~ 40%。远红外线辐射具有穿透能力强的特点，因此适宜较厚物体的干燥。由于绕组表面十分肮脏、粗糙，采用远红外加热炉干燥，能达到满意的效果。

1. 远红外干燥原理

远红外线是波长在 3 ~ 1000μm 范围内的红外线。绝大多数被加热干燥的高分子材料、有机材料等对于波长在 3 ~ 25μm（尤其是在 3 ~ 16μm）的范围内的光都有较强的吸收能力。远红外线加热是一种辐射加热方式。当远红外线（电磁波）射到物体表面时，一部分在物体表面被反射，其余部分就射入物体内部。而射入物体的远红外线中的一部分透过物体，余下部分被物体吸收，产生激烈的分子和原子共振现象，并转变为热能，使物体温度升高。

2. 远红外炉（箱）的制作

远红外炉（箱）的尺寸由被干燥的电动机的大小和一次干燥的台数决定。炉体可以用耐火砖砌成，外面四周包有石棉等保温材料。电炉丝及远红外电热板布置在烘房（箱）四壁，发热元件外面用铁板挡住（远红外电热板因电热丝穿在辐射板内，所以不必遮挡），以防火星落入绝缘漆中。炉（箱）体上部开有两个小孔，一孔用于安装感温探头；另一孔带盖，打开此盖可放出低温干燥时的湿气，关闭此孔可进行后期高温干燥。铁皮箱四周包缠有隔热保温材料。

电炉丝总功率可按下式计算：

$$P = 0.0167 C_p Q (t_1 - t_0)$$

式中，P 为电炉丝总功率（kW）；C_p 为空气的定压比热（$kJ/m^3 \cdot K$），取 $1.3kJ/m^3 \cdot K$；Q 为每分钟通过烘房（箱）的热风量（m^3），$Q = 1.5q$；q 为烘房（箱）的容积（m^3）；t_1 为房（箱）内的温度（℃）；t_0 为周围空气的温度（℃）。

注意，烘房（箱）内的温度要逐步上升，并应根据漆浸、干燥的工艺要求调节温度，最高温度不应超过 125℃。

3. 远红外辐射元件的选用

远红外辐射元件的品种较多，常用的有碳化硅板或棒、SHQ 乳白石英管等。这些元件均可用于电动机干燥炉。元件的电压有 220V 的，也有 110V 的。如果是 110V，则需两根串联使用。若采用三相电源，电热丝宜采用Y_0联结，而不宜采用Y联结。因为，一旦有一相电热丝烧断，加于每相电热丝上的电压就不等，从而造成发热不均匀，且会进一步使一部分承受高于 220V 电压的电热丝加速老化、烧断。

碳化硅板（或棒）发热面积大、升温均匀，但热惯性大、升温慢，节电效果不如 SHQ 乳白石英馆。

SHQ 乳白石英加热器是采用了经特殊工艺加工的乳白石英管、配用电阻合金材料作为发热丝的远红外辐射加热器。通电后，电热丝发射的近红外光和可见光的 95% 被乳白石英管所阻挡、吸收，使管壁温度升高，产生纯硅氧键的分子振动，辐射远红外线。SHQ 乳白石英加热器具有不用涂料、辐射稳定、热惯性小、升温快、寿命长等优点。其主要技术参数如下：

1）额定电压：380V、220V 和 110V。

2）元件长度：300 ~ 3000mm。

3）元件外径：10～20mm。

4）热响应速度：3～5min。

5）表面温度：低温型为380～460℃，中温型为500～580℃。

6）光谱范围：2.5～6μm（有较高辐射强度）。

若采用碳化硅棒，可选用直径为35mm、长度为900mm等的，每根电压为110V，需两根串联。

4. 辐射元件照射距离的确定

发热体的温度越高，加热效率就越高，但必须注意被加热物是否能获得良好的匹配辐射。同样，在不影响辐射能量分布均匀及干燥质量的情况下，辐射元件与被加热物之间的距离越近，效率越高。但距离过近时，会产生热量分布不均匀的问题。

根据实际经验，干燥电动机时热元件温度以400～600℃为宜。而辐射元件到被加热物的距离 h 与辐射元件相互之间的距离 l 的比值 h/l 取0.6较好。照射距离的参考值一般在150mm以上，但最远不超过400mm。

5. 干燥温度和时间控制

请见本章其他部分有关内容。

6. 远红外干燥炉（箱）温度自动控制线路

当烘房容积为2m×1.6m×1.5m时，电热器可用5kW电热丝，或用21只红外线灯泡，每只250W。测温元件用WTQ-288型、0～200℃电接点压力式温度计。采用XCT-101、XCT-111、XCT-121型等温度仪更好，其温控精度为±0.5℃。

烘房温度控制线路如图2-50所示。

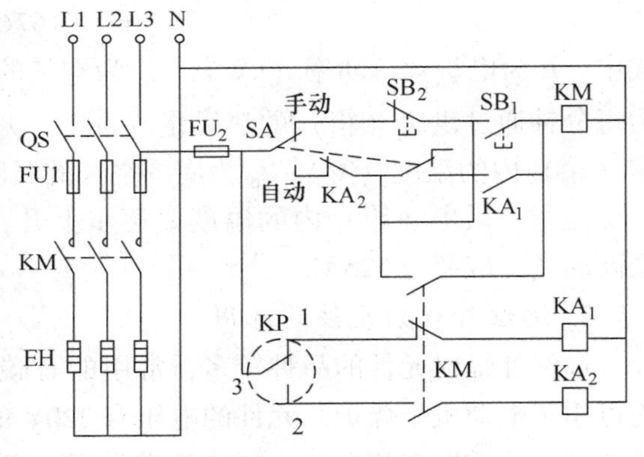

图2-50 烘房温度控制线路

工作原理：合上电源开关QS，将转换开关SA打到自动位置。若温度在下限温度以下，电接点压力式温度计KP的下限接点1、3闭合，接触器KM得电吸合并自锁，电热器EH开始加热。当温度达到上限设定值时，KP的上限接点2、3闭合，中间继电器KA_2得电吸合，其常闭触头断开，接触器KM失电释放，停止加热。KM常开辅助触头断开，防止了温度计KP在上限临界值时引起KA_2频繁动作；而常闭辅助触头闭合，为温度下降到下限值时KM再次吸合做好准备。

当温度达到下限值时，KP下限触头接通，KA_1、KM相继吸合，电热器EH再次加热。同时KM常闭辅助触头断开，防止KP在下限临界值时引起KA_1频繁动作；而常开辅助触头闭合，为温度上升到上限值时KM再次释放做好准备。

当要手动控制时，将转换开关SA打到手动位置，用合闸按钮SB_1和停止按钮SB_2操作即可。

烘房需设一大小为8cm×8cm的观察孔，并装上玻璃，观察孔离地约1m。烘房顶上开一孔，装直径为6cm的钢管并引至户外，用以排除潮气。

通常，在干燥开始阶段，绝缘电阻会下降，以后又开始回升，当绝缘电阻值大于规定值并稳定3h以上不变时，即可结束干燥处理。

九、煤炉或红外线灯泡干燥法

对于小容量电动机（如5kW以下），也可用煤炉或红外线灯泡烘干。

1. 煤炉干燥法

干燥时，把电动机定子架起，在电动机下端用煤炉加热（如果浸漆后焙烘，在煤炉上要放一块铁板，以防漆滴入炉内引起燃烧，等到漆膜形成后再把铁板拿开）。电动机的上端要覆盖旧麻袋，如图2-51所示。为了使绕组加热均匀，在焙烘到一半时间时要把电动机翻过来再烘。

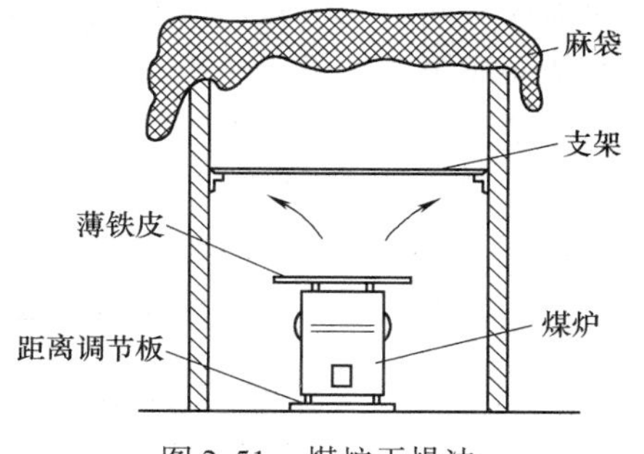

图2-51　煤炉干燥法

烘干时要注意控制温度，切勿过高，以免使绝缘层受损。E级、B级绝缘的电动机不要超过120℃，F级绝缘的电动机不要超过150℃。改变电动机与煤炉的距离，可以调节烘干的温度。在烘干过程中，要注意防火。

2. 红外线灯泡干燥法

用100~500W的大功率灯泡（最好用红外线灯泡）悬空吊在电动机定子中进行干燥。注意灯泡不可贴住绕组，以免烘坏绕组的绝缘。如果定子内腔较大，可多放几只灯泡。同时，电动机外壳下端四周要垫木块，使绕组不致受压。为了减少热量损失，还要在上下端加盖木板。改变灯泡容量或数量，可以改变干燥温度。

也可在烘箱内进行干燥，烘箱可由木材或铁板制作，内壁衬为石棉板。灯泡的位置应在定子中心偏下处或定子两侧，离绕组不要太近，并应装设温度计以监视箱内温度，如图2-52所示。

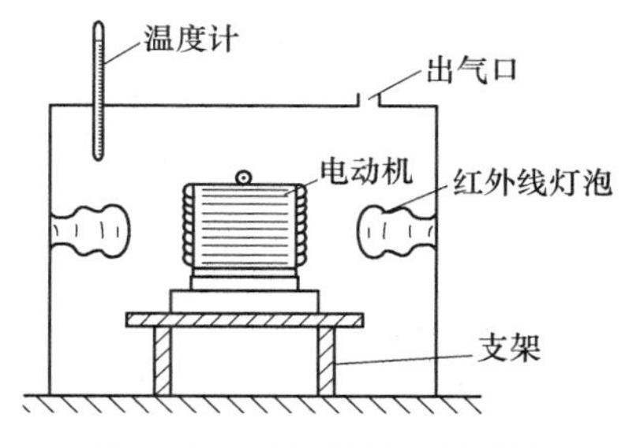

图2-52　红外线灯泡干燥法

十、严重受潮或被水淹的电动机的干燥处理

严重受潮的电动机绝缘电阻很低，甚至为零；被水淹的电动机绝缘电阻为零。这些电动机虽经一定的烘烤、浸漆等处理（处理工艺不当），其绝缘电阻仍不会增加多少，以致误判为绕组出现短路、接地等故障，拆除大修，造成不应有的损失。

判断电动机是受潮还是绕组接地，可按以下方法进行：由于潮湿对电动机的绝缘性能影响极大，所以电动机受潮后绝缘电阻将显著降低。绝缘电阻低不等于接地，若用500V或1000V绝缘电阻表测量绕组对地的绝缘电阻为零，应再用万用表欧姆挡测量。如果也为零，则可以认为是绕组短路；如果用万用表欧姆挡测得不为零，则可以认为是绕组受潮。

要使严重受潮或被水淹的电动机恢复良好的绝缘性能，必须按工艺要求进行干燥（必要时还要浸漆）处理。

1. 采用红外线灯泡干燥严重受潮的电动机

严重受潮的小型电动机可采用红外线灯泡进行干燥，具体的做法是：利用屋内墙角再砌两面小砖墙，上面覆盖薄铁皮，做成简易烘箱。将电动机转子抽出后，把定子和转子都放入烘箱内，在定子内部和四周安置红外线灯泡或500~1000W白炽灯泡。灯泡的总功率按烘箱每立方米容积3~4kW选用，灯泡尽可能安装在被烘件的下方并直射绕组。红外线灯泡对烘干内部效果较好。烘箱内的温度可通过调整顶部排气面积或改变灯泡功率来调节。

应注意，烘箱的温度应逐步升高，在温度达60℃后，以10℃/8h的速度增温为宜，以防止因温度急剧升高而产生膨胀以及因内部水分蒸发过快而破坏绕组绝缘。其他注意事项同前。

如果驱潮温度过低或时间太短就急于浸漆，则绝缘电阻不会增加多少。即使有所增加，但因潮气被绝缘漆包在里层，当电动机工作时，在电压的作用下容易产生电离作用而使绝缘加速损坏。同时绕组发出的热量不易散发出来，影响电动机的散热效果，使电动机温升增高，从而缩短电动机的使用寿命。

电动机预烘后是否需要进行浸漆处理，应根据实际情况而定。电动机干燥、浸漆处理工艺见表2-67～表2-69。

2. 采用远红外干燥法干燥严重受潮或被水淹的电动机

远红外干燥法的具体做法请见本节八项。其干燥处理工艺见表2-73。

表2-73 严重受潮或被水淹的电动机的驱潮、干燥、浸漆工艺

序号	工艺过程	绝缘等级	温度/℃	时间	绝缘电阻/MΩ	备注
1	排水	E、B	60～70	8～30h		排水必须彻底
		F	80～90			
2	驱潮	E、B	100～110	每8h温度升5℃，直到绝缘电阻达到一定稳定值并不再增加（差值小于10%）为止	稳定	驱潮必须彻底
		F	120～130			
3	浸漆	E、B	60～70	大于15min		漆的黏度为20～25s
		F	80～90			
4	滴干		室温			
5	干燥	E、B	125～135	12h	>2	
		F	140～150			

注：采用不同的绝缘漆，干燥时间也不同，可参见表2-68、表2-69。

对于被水淹的电动机的干燥处理过程如下：

1）清除杂物：解体电动机，用清水冲洗定、转子，除去脏物、油污，并用溶剂（切不可用香蕉水）擦除油污，然后用布将定、转子及绕组擦拭干净。

2）排水与驱潮。

① 排水：将冲洗干净后的电动机定子竖放，使水分因重力作用而自然聚集下滴。同时进行低温预热，让少量存水蒸发。排水温度见表2-73。排水时间视电动机浸水时间等而定，浸水时间越长，功率越大，绝缘等级越低，则排水时间越长，一般需8～30h。

② 驱潮：排水过程结束后，即可进行驱潮处理。驱潮需采用多级升温法，即加热温度逐级上升，一般每8h升高5℃。温度从60℃起逐渐升高，最高温度应低于电动机允许温度15～20℃。

3）进行整形与浸漆处理。在干燥过程结束后，趁热对电动机绕组的局部进行整形或绑扎，恢复电动机原有的几何尺寸，以便于装配。另外，是否需作浸漆处理应根据实际情况而定。若需作浸漆处理，浸漆或滴漆后还必须再进行干燥处理，以提高电动机绝缘材料的耐潮性、散热性和机械强度。干燥处理工艺见表2-73。

4）清洗或更换轴承，加润滑脂。电动机装复后，进行通电试车。

3. 利用新型保护剂处理严重受潮或被水淹的电动机

详见本节十二项。

十一、采用远红外烘干器快速干燥被水淹的电动机

为了尽快使被水浸泡的电动机投入运行，可以采用远红外烘干器对解体电动机进行快速干燥。利用远红外烘干器干燥电动机，热量能均匀地深入电动机内部，热效率高。另外，温度可以自动控制，且控制温度准确，温度调整方便，可大大减少烘干过程中值班人员的劳动强度。

1. 远红外温控烘干器的组成

烘干器由保温桶、碳化硅棒（或板等）、感温探头和温控仪4部分组成。其主要技术参数如下：

1）温控范围：20～200℃；

2）温度控制准确度：±0.5℃；

3）探头测温准确度：±0.5℃；

4）工作电源：交流220V。

2. 保温桶的制作

用铁皮制成一个桶径略大于被烘干电动机外形尺寸的带盖保温桶。桶盖上开两个小孔，一孔用于安装感温探头；另一孔带盖，打开此盖可放出桶内湿气，关闭此盖可进行高温烘干。

3. 碳化硅棒的选择

可选用两根直径为35mm、长度为90mm的碳化硅棒，需串联使用。每根上的电压为110V。也可以选用其他远红外加热元件，如碳化硅板、氧化镁管、SHQ乳白石英元件、石英碘钨灯等。采用的加热元件不同，保温桶的外形、尺寸也需做适当调整。

4. 温度控制仪的选择

可选用电接点压力式温度计，如WTQ-288型、0～200℃；也可选用温度调节仪，如XCT-121型等。

5. 烘干温度和时间控制

根据电动机受水浸泡时间的不同，制定不同的烘干温度和时间。对于长时间浸泡在污水中的电动机，及使用年限较久、绝缘层老化严重的电动机，可按以下步骤和方法进行烘干：

1）用清水冲洗电动机内、外的污泥。

2）低温预烘干：温度控制在50～70℃，烘干时间为8～14h。此时应打开保温桶放气孔的孔盖，排去湿气。

3）高温烘干：温度控制在80～100℃，具体温度应视绕组的绝缘等级而定。

在高温烘干时应关闭放气孔的孔盖，维持时间6～8h。在此期间，每隔1h用500V绝缘电阻表测定一次电动机定子绕组对地的绝缘电阻值。待绝缘电阻值达到5MΩ以上且稳定不变时，即可停止干燥。

待电动机自然冷却后，便可组装并投入运行。

十二、HS-25清洗剂和HS-123绝缘保护剂及其使用

电动机经长期运行，其内部及绕组上容易积尘和堆积油垢，在环境条件较差的场合使用

容易受潮，这都会大大降低电动机的绝缘强度。为此，需对电动机进行定期维修保养和绝缘恢复处理。使用 HS-25 清洗剂和 HS-123 绝缘保护剂可在现场进行快速保养和处理，大大提高工作效率，效果也很好。特别是在检修量大或急需恢复使用的情况下，其优点尤为突出。

1. HS-25 电气设备清洗剂的特点

HS-25 电气设备清洗剂主要用于电气设备油垢等的清洗，其主要特点如下：

1）它是一种无色透明的液体，不含四氯化碳、苯类化合物、三氯乙烯等毒性物质，对人体无害，不污染环境，不易燃烧，使用安全。

2）去污力强。对金属表面、绕组绝缘覆盖层不产生有害的腐蚀作用。凡清洗之处即显露本色，对金属表面还有防锈功能。

3）对电气设备的电气性能无损害，清洗完后充分挥发，不留残迹。清洗过的变压器、电动机不需烘干处理，在空气中放置数小时后绝缘性能自然恢复。

4）具有良好的绝缘性能，耐压达 25kV 以上。

5）清洗时也可不用完全拆卸设备，连手摸不到的部位也能清洗干净。

2. HS-123 电气设备绝缘保护剂的特点

1）它是一种淡褐色的透明液体，密度为 $0.95g/cm^3$，不易燃烧，耐电压在 25kV 以上。

2）能在电气设备所有内部表面形成一层不干性的保护膜。

3）能驱除电气设备内部的水分和潮气，提高绝缘层强度；能防止电气设备受潮气及腐蚀性气体的侵蚀，保护绝缘层。

4）对电气设备无不良影响，对绝缘材料、金属、塑料等均无害。

5）保护膜所具有的润滑性还可提高设备的工作效率。

3. 使用方法

1）将受潮的电动机两侧端盖打开，抽出转子，将定子两端的 4 只螺栓拧上，供电动机定子竖立时支撑用。把定子竖立放置。此时电动机的绝缘电阻为零或很低。

2）用专用喷枪接上 0.4～0.6MPa 干燥的压缩空气（对于小型电动机尚可用皮老虎等），对准电动机绕组等要清洗的部位喷射，将电动机内部及绕组表面的积尘、油垢清除掉。

3）将喷枪吸管插入盛 HS-25 清洗剂的桶中，稍作调节，即连续对定子内部、绕组两端及接线盒内电动机引线等需清洗的部位反复喷射多次（对于小型电动机尚可用塑料喷壶喷洒），然后将定子上下颠倒一次，继续喷射，将电动机内部及绕组表面的积尘、油垢清除掉。

4）清洗干净后，用干燥的压缩空气吹干（对于小型电动机尚可用皮老虎或电吹风进行吹风干燥）。

5）20min 后，取一定量的 HS-123 绝缘保护剂，用喷枪（对于小型电动机尚可用塑料喷壶）按上述方法对定子绕组及接线盒内电动机引线等部位反复喷涂多次。

6）此时电动机定子内部会有不少水分与该溶剂混合析出（呈小水珠状）。待 30min 后，可测量电动机的绝缘电阻，如由零提高到 2MΩ，再待 1～2h 后，绝缘电阻已逐步升至 5MΩ 以上。

7）如绝缘电阻无大的变化，则可将电动机转子和端盖分别装配好。送电试机前再测量一次绝缘电阻。

8）如果要保养轴承，则先将轴承清洗干净，再重新注入润滑脂即可。清洗轴承时要注意，在其下部垫上厚纸，以防止污液流入电动机绕组。

用以上方法还可处理严重受潮或被水淹的电动机。

第八节　三相异步电动机修复后的试验

一、电动机修理后容易出现的故障及处理

电动机修理后容易出现的故障及处理方法见表2-74。

表2-74　电动机修理后容易出现的故障及处理方法

故障现象	可能原因	处理方法
装上端盖后绝缘电阻降低	故障发生在两端部： （1）漆包线漆膜局部破损 （2）绕组端部伸出较长	（1）查出破损处，涂上绝缘漆 （2）对绕组端部稍作整形，必要时可在绕组端部外侧容易与端盖内侧接触处垫一层青壳纸等绝缘层
定子绕组槽内有接地点	一般多发生在槽口 （1）槽绝缘在槽口垫偏、损坏 （2）在槽口因下线、划线不慎，将漆包线放到槽绝缘纸的下面 （3）打入槽楔时将槽绝缘纸挤破	将定子绕组接线解开，分别测量各相对地的绝缘电阻，从而找出接地相。然后用一台单相调压器将电压加在接地相绕组一端和地（机壳）之间，从零开始升压。当槽内开始冒烟时，即关断电源，冒烟处就是接地点。再把接地槽的槽楔小心去除，将电动机放入烘箱内加热，烘软绕组，并把槽内线匝取出，检查并处理好绝缘。再重新放入槽内，打入槽楔，局部浸漆，烘干
定子绕组匝间短路	（1）漆包线质量差 （2）嵌线、划线时过分用力，损伤导线绝缘 （3）槽满率太高，下线困难 （4）下线时漆包线未理顺，交叠一起，受挤压而损伤绝缘	不分解电动机，用单相调压器向其中一相通入低压电，从零开始升压。同时用钳形表测量电流，使电流增大到电动机额定电流的1/3左右。这时停止升压，用万用表分别测量其他两相感应电压，如某一相有匝间短路现象，它的感应电压就较低。然后调换一相通电，再测。根据两次测得的感应电压是否相同，可判断出是否有匝间短路现象 定子匝间短路时，一般需要换绕组 如有条件，可使用匝间耐冲击电压仪检测
空载电流大	（1）采用火烧法拆除旧绕组 （2）将星形联结错接成三角形联结 （3）绕组内部接线有误，如将串联绕组并联 （4）装配不良，尤其是轴承未装好或缺油、少油，或轴承损坏而未更换 （5）绕组线径取得偏小 （6）线圈匝数不足 （7）绕组内部极性接错 （8）定、转子铁心未对齐 （9）绕组内部有短路、断线或接地故障	（1）不宜采用火烧法拆除旧绕组 （2）改正接线 （3）纠正内部绕组接线 （4）正确装配，正确加润滑脂，更换损坏的轴承 （5）选用规定的线径重绕 （6）按规定匝数重绕 （7）核对绕组极性 （8）打开端盖检查，并予以调整 （9）查出故障点，处理绝缘。若无法恢复，则应更换绕组
铝线电动机绕组局部损伤	如JO_3系列洗衣机用等铝线电动机在拆卸或装配时，若不小心，很容易将绕组碰伤、碰断一根或多根	如只是擦破一点绝缘层，可涂绝缘漆，并用灯泡或电热吹风机烘干。如已碰断或伤及导线，可用下法修理： （1）用灯泡或电热吹风机等局部加热碰坏处，使绝缘漆软化，然后用竹片挑开碰坏的导线，在其中间接一根粗细相同的铝线，除去氧化层后绞合 （2）在连接导线下方垫一石棉板，用气焊焊接接头，速度要快 （3）用热水清洗焊接部位，以防铝焊剂腐蚀接头，再用灯泡或电热吹风机烘干 （4）在焊接部位上涂绝缘漆，并用灯泡或电热吹风机烘干 （5）用1~2层黄漆绸包扎接头，捆扎整形，再涂绝缘漆，然后烘干即可

大修后的电动机和绕组重绕后的电动机，均应进行试验，合格后方可投入运行。试验项目应根据具体情况酌情而定。试验项目、标准及试验方法如下所述。

二、测量绝缘电阻

也就是测量三相绕组之间和绕组对地的绝缘电阻。测量绝缘电阻的目的是判别电动机的绝缘水平，以判断电动机绕组是否受潮或损坏。

低压电动机用500V或1000V绝缘电阻表测量，高压电动机用2000V或2500V绝缘电阻表测量。绝缘电阻的要求见第一章第五节三项。

1. 用绝缘电阻表测量

测量电动机绝缘电阻的接线如图2-53所示。绝缘电阻表的“L”接线柱接在电动机接线端子上，“E”接线柱接在电动机外壳上。注意，接线夹子不要夹在有漆表面，而应夹在裸铁上。测试前，必须先切断电源。具体测试方法如下。

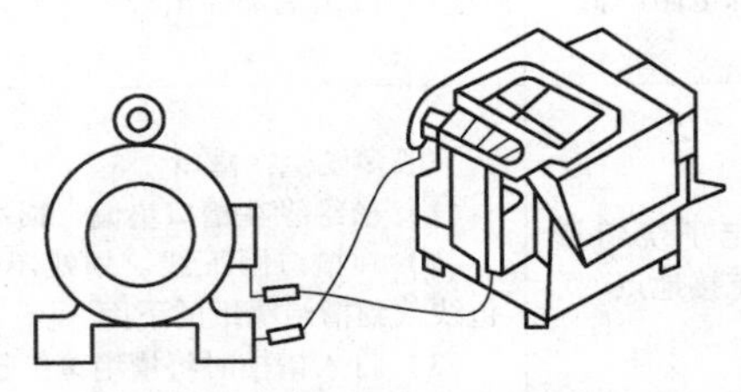

图2-53 测量电动机绝缘电阻的接线

1）绝缘电阻表应平放稳妥，测量前断开接线，先摇动手柄，看指针是否在“∞”处；再将接在“L”和“E”上的引线短路，慢慢地摇动手柄，看指针是否指在“0”处。

2）引线应有良好的绝缘性能，两根引线不允许绞合在一起，以免影响测量准确度。同样，引线也不可与电动机外壳或地面接触。

3）测量时，摇动手柄由慢逐渐加快，直至约120r/min，待指针稳定后读数。如果指针摆到“0”位，说明电动机有短路故障，应立即停止摇动手柄，以免绝缘电阻表因过流发热而烧坏。

2. 用万用表测量电动机绝缘电阻的方法

用万用表的高阻挡测量电动机的绝缘电阻是不准确的，会产生误判断。但在没有绝缘电阻表时，可以用以下应急的方法（电压-电流法），用万用表测量绝缘电阻。测量示意图如图2-54所示。

图中二极管VD_1、VD_2（均为1N4007型）及电容C_1、C_2（均为0.47μF/630V）组成倍压整流电路，在C_2上得到约600V的直流高压（满足测量电压为工作电压一倍的要求）。R_1为限流电阻。先用万用表直流电压挡测得C_2上的电压U，再转换为直流电流挡测得回路电流I。测量时应注意加强万用表外壳与工作台之间的绝缘，电流挡必须由大至小逐挡变换，以防损坏仪表。

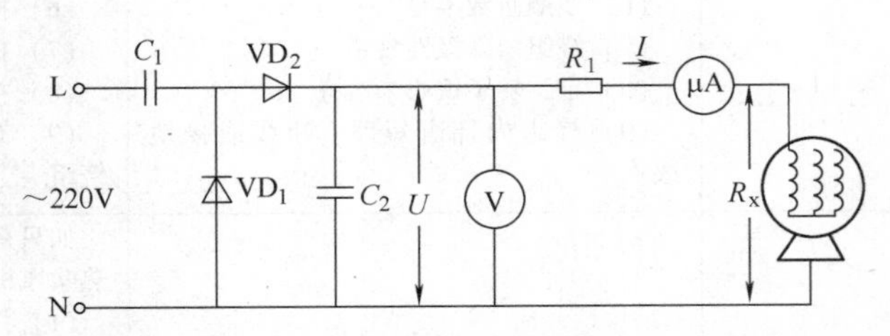

图2-54 用电压-电流法测量电动机绝缘电阻的示意图

被测绝缘电阻为

$$R_x = \frac{U}{I} - R_1$$

式中，R_x 为所测电动机的绝缘电阻（MΩ）；R_1 为限流电阻的阻值（MΩ）；I 为直流电流（μA）；U 为直流电压（V）。

例如，$R_1=0.1\text{M}\Omega$，$U=605\text{V}$，$I=43.5\mu\text{A}$，则 $R_x=(605/43.5-0.1)\text{M}\Omega\approx13.8\text{M}\Omega$。

上述测量方法所测结果与绝缘电阻表相对比误差在 ±10% 以内，能满足应急使用的要求。

三、测量直流电阻

也就是测量每相绕组的直流电阻，一般用电桥测量。不大于 1Ω 的电阻需用双臂电桥测量，大于 1Ω 的电阻可用单臂电桥测量。要求绕组的实际温度与周围环境温度差不应超过 3℃。各相直流电阻之间的差别一般不得超过 ±3%，即

$$\frac{R_{\max}-R_{\min}}{R_{cp}}<3\%$$

式中，$R_{\max}$ 为最大一相绕组的直流电阻；$R_{\min}$ 为最小一相绕组的直流电阻；R_{cp} 为三相绕组的平均直流电阻，$R_{cp}=(R_U+R_V+R_W)/3$，R_U、R_V、R_W 分别为 U、V、W 相的直流电阻。

对于 100kW 以上的电动机或高压电动机，各相直流电阻之间的差别不应超过 ±2%。中性点未引出的电动机可测量线间直流电阻，其相互差别不应超过 1%。

测得的转子回路变阻器电阻值，应与制造厂出厂值比较，其误差不应超过 ±5%。

任意温度 t 下测得的定子每相绕组的直流电阻换算到 95℃时的直流电阻，可由下列公式计算：

铜绕组
$$R_{95\text{Cu}}=\frac{234.5+95}{234.5+t}R_t=K_tR_t$$

铝绕组
$$R_{95\text{Al}}=\frac{225+95}{225+t}R_t=K_tR_t$$

式中，t 为测试时定子绕组的温度（℃）；R_t 为 t℃时定子绕组的直流电阻（Ω）；K_t 为换算系数。

以上公式是对于 E、B 级绝缘的电动机而言。对于 F、H 级绝缘的，则应换算到 115℃，只要将以上公式中的 95 改成 115 即可。

四、交流耐压试验

交流耐压试验只有在绝缘电阻及吸收比合格的情况下才允许进行，以免在绕组受潮的情况下做耐压试验时使绝缘层击穿。

试验时应从不超过试验电压全值的一半处开始，逐渐升高到试验电压全值。这一过程所需的时间应不少于 10s。然后维持试验电压全值 1min，再在降至试验电压全值的一半以下时切断电源。

1. 交接时定子绕组的交流耐压试验标准（见表 2-75）

表 2-75 交接时定子绕组的交流耐压试验标准

额定电压/kV	0.4 及以下	0.5	2	3	6	10
试验电压/kV	1	1.5	4	5	10	16

2. 大修后或定子绕组重绕后的交流耐压试验标准（见表2-76）

表2-76 大修后或定子绕组重绕后的交流耐压试验标准

试验对象	试验电压/kV
新嵌线后未浸漆	$2U+2$
总装后	$2U+1$
旧绕组	$2U+0.5$
大修或局部更换绕组后	$U+0.5$（低压电动机） $1.3U$（高压电动机）

注：U 为电动机额定电压（kV）。

3. 绕线型转子的交流耐压试验标准（见表2-77）

表2-77 绕线型转子的交流耐压试验标准

绕线型转子绕组	不可逆的	可逆的
交接时	$1.5U_k$	$3U_k$
大修后未更换绕组或局部更换绕组	不小于1kV	不小于2kV
更换全部绕组后	$2U_k+1$	$4U_k+1$

注：U_k 为转子开路电压（kV）。

五、空载试验

空载试验是指电动机不带负载在三相平衡的额定电压下试运行1h。在做空载试验时，应观察电动机的运转情况，监听有无异常声响，检查电动机是否过热，轴承温度是否正常，并测量三相电流和转速。三相电流的不平衡度应不超过±10%。

如果三相电流的不平衡度超过±10%或空载电流过大，则可能是由绕组接线错误、短路、铁心损伤、定子与转子间的空隙超过要求值、轴承中润滑脂过多等引起的。

电动机空载电流的大小与其容量和极数有关。相对而言，容量大、极数少（转速高）的电动机，其空载电流与额定电流的百分比值就小。

异步电动机空载电流与额定电流百分比的参考值见表2-78。2～100kW电动机的空载电流为额定电流的20%～70%。电动机容量越小，极数越多（转速越低），则空载电流与额定电流的比值越大。经过大修的电动机（如更换绕组后），空载电流要偏大。表2-78中数值仅供参考，空载电流最好用实测法确定。

表2-78 异步电动机空载电流与额定电流的比值

容量/kW 极数	0.125以下	0.125～0.5	0.5～2	2～10	10～50	50～100	100以上
2	95%～70%	70%～45%	45%～40%	40%～35%	35%～30%	30%～25%	40%～25%
4	96%～80%	80%～65%	65%～45%	65%～40%	40%～35%	35%～30%	
6	98%～85%	85%～70%	70%～50%	70%～45%	45%～40%	40%～35%	
8	98%～90%	90%～75%	75%～50%	75%～50%	50%～45%	45%～37%	

六、短时升高电压试验

把电源电压提高到额定电压的130%，使电动机空载运行3min，检验匝间有无击穿及短路现象，以判断匝间绝缘情况。

对于绕线转子电动机，应使转子绕组开路，在转子静止不动时进行试验。对于多速电动机，应对各种转速分别进行试验；若为单绕组双速电动机，可只对最大转速接线方式进行试验。对于需要进行超速试验的电动机，短时升高电压试验必须在超速试验之后进行。

试验中若发现三相电流不平衡、冒烟，有焦臭味，听到击穿声，就可能是匝间已击穿、短路。

七、堵转试验

将转子卡住不转，将三相电源电压加在电动机的定子绕组上，并经调压器从零值逐渐升高电压，使定子绕组内的电流达到额定值。这时施加的电压称为堵转电压。小型 380V 电动机的堵转电压值可参考表 2-79；不同额定电压的电动机的堵转电压值可参考表 2-80。

表 2-79 小容量 380V 电动机的堵转电压（参考值）

电动机容量/kW	0.6～1.0	1.0～7.5	7.5～13
堵转电压/V	90	75～85	75

表 2-80 不同额定电压的电动机的堵转电压（参考值）

电机额定电压/V	220	380	660	3000	6000
堵转电压 U'_d/V	70	110	170	850	1600

试验时读取对应堵转电压 U'_d的堵转电流 I'_d，并按下式换算成额定电压时的堵转电流 I_d：$I_d = I'_d U_e / U'_d$。

如果测得的堵转电压过高，则说明定子绕组匝数可能过多；若堵转电压过低，则说明定子绕组匝数可能较少。这两种情况对电动机的运行都不利，堵转电压只有在规定范围内，电动机的工作性能才能正常。

如果三相堵转电流不平衡，可慢慢地转动转子，若三相电流的大小轮流变化，则可能是由转子断条引起的。三相堵转电流的不平衡也可能是由定子绕组短路或接线错误引起的。

八、超速试验

超速试验的目的是检查电动机安装质量，以及检验转子各部分承受离心力的机械强度和轴承在超速时的机械强度。

试验时用其他原动力拖动被测电动机或将高频率的电压通入被测电动机，使其转速提高到额定转速的 120%，试验 2min，应无有害变形。

对于多速电动机，应对最大额定转速进行试验。

九、绕线转子电动机开路电压试验

开路电压试验的目的是检验转子绕组的匝数是否正确，以及转子绕组有无匝间短路现象或接线错误。

试验时让转子静止不动，转子三相绕组开路，在定子绕组上施加三相额定电压，测量转子绕组接线桩头之间的电压。任一相的开路电压与三相的平均值之差应不超过三相平均值的 ±2%；三相平均开路电压与铭牌值之差应不超过铭牌值的 ±3%。

如果转子绕组三相中有一相电压较低，则表明在这相绕组里有短路或接线错误的现象。

十、温升试验

温升试验的目的是检验电动机绝缘的耐热性能以及电动机的工作性能。

电动机在额定工作状态下连续运行时，按 0.5h 或 1h 的时间间隔，记录电动机进风口、出风口及铁心表面处温度计的读数。若出风口或铁心表面处温度计的读数在最后2~3个时间间隔中的变化量小于1K/h，即认为电动机达到稳定发热。此时切断电源，并使电动机迅速停转，立即测量定子铁心、转子铁心、定子绕组、转子绕组及其他各部分的温度。测量方法有温度计法、电阻法和埋置检温计法。测量绕组温度时常用电阻法，其温升为

$$\Delta\theta = \frac{R_2 - R_1}{R_1}(K + \theta_1) + \theta_1 - \theta_2$$

式中，$\Delta\theta$ 为温升（K）；R_1 为实际冷却状态下绕组的电阻（Ω）；R_2 为发热状态下绕组的电阻（Ω）；θ_1 为实际冷却状态下绕组的温度（℃）；θ_2 为发热稳定时的环境温度（℃）；K 为系数，铜绕组为234.5，铝绕组为225。

绕组温度较高的部位一般为电枢槽部层间、电枢端部层间、鼻端内侧、定子绕组与铁心之间及冷却空气较难达到的其他部位。

当环境温度在40℃以下、海拔在1000m以下时，异步电动机各部分的允许温升限度见表1-66。

第三章　单相及特殊电动机的维修

第一节　单相异步电动机的基本知识与维修

一、单相异步电动机的型号

单相异步电动机早期的产品有 JZ、JY、JX、YL 系列，20 世纪 70 年代开发生产出 BO、CO、DO 系列，后又被节能型新产品 BO2、CO2、DO2 系列取代。

单相异步电动机的型号含义如下：

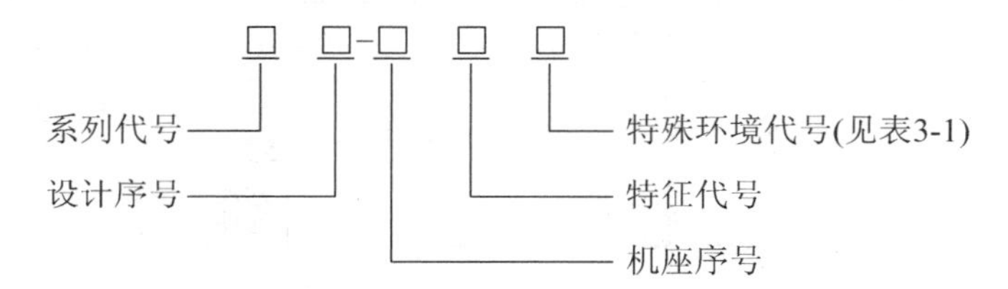

系列代号：BO 的“B”代表小功率单相电阻起动异步电动机，“O”代表封闭式；CO 的“C”代表小功率单相电容起动异步电动机；DO 的“D”代表小功率单相电容运转异步电动机。

设计序号：“2”代表第二次设计，未注明者为第一次设计。

特征代号：为两位数字或一位字母一位数字，第一位代表铁心长度代号（“S”为短长度，“M”为中长度，“L”为长长度)，第二位代表磁极数。

机座代号：为两位数字，表示轴中心高度（mm)。

表 3-1　特殊环境代号

汉字代号	拼音字母	汉字代号	拼音字母
热带用	T	高原用	G
湿热带用	TH	船（海）用	H
干热带用	A	化工用	F

二、单相异步电动机的接线

1. 单相绕组的联结标志及电动机接线

单相绕组的联结标志如图 3-1 所示。

主绕组又称工作绕组，副绕组又称起动绕组。

单相异步电动机的接线如图 3-2 所示。图中 S 为离心开关，当电动机转速升到额定转速的 75% 时，触头断开。

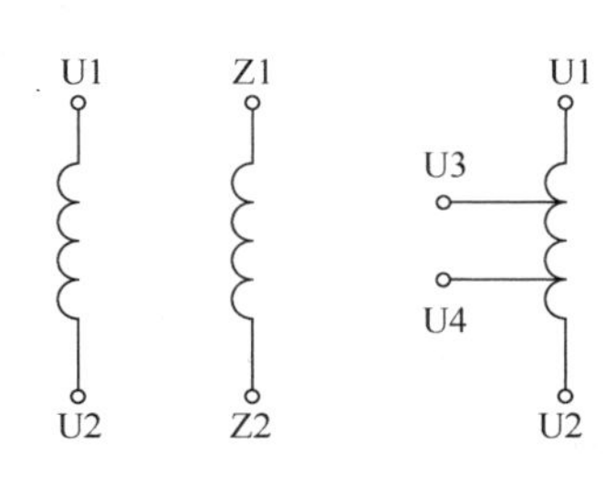

a) 主绕组　b) 副绕组　c) 有分接头的绕组

图 3-1　单相绕组联结标志

采用电阻起动式，即根据主、副绕组线径与匝数不同，利用两者电阻、电抗的不同，进行电阻分相起动，如 JZ、BO、BO2 系列电动机采用此方式。

采用电容起动式，即起动时电容器接入副绕组，起动后再切除电容器，如 JY、CO、CO2 系列电动机采用此方式。

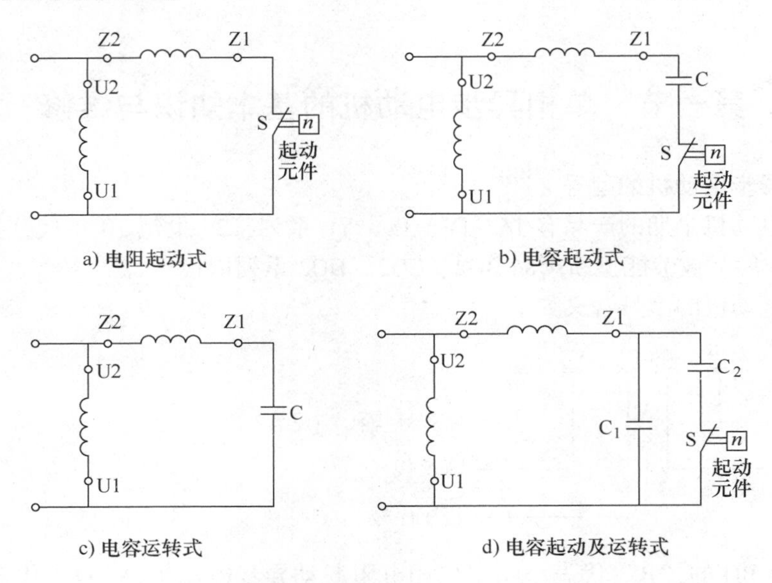

图 3-2 单相异步电动机接线图

采用电容运转式，即副绕组进行特殊设计（主、副绕组同线径、同匝数各占相同槽数），使电容器在起动和运行时一直接在绕组上，如 JX、DO、DO2 系列电动机采用此方式。

采用电容起动及运转式，即利用起动电容器起动，另一只电容器运行，起动完毕，切除起动电容器，如 YL 系列电动机采用此方式。

2. 不同起动方式电动机的性能特点

1）电阻起动式：具有中等起动转矩，转矩倍数在 1.1 ~ 1.6 之间，起动电流倍数大（6 ~ 9 倍），可逆转。

2）电容起动式：起动转矩倍数大（2.5 ~ 2.8 倍），中等起动电流倍数（4.5 ~ 6.5 倍），可逆转。

3）电容运转式：起动转矩只有 0.35 ~ 0.6 倍，振动及噪声小，可调速，可逆转。

4）电容起动及运转式：起动转矩倍数大（ >1.8 倍），可调速，可逆转。

3. 离心开关

离心开关安装在电动机端盖里。离心开关通常有 U 形夹片式和指形触头式两种，如图 3-3 所示。

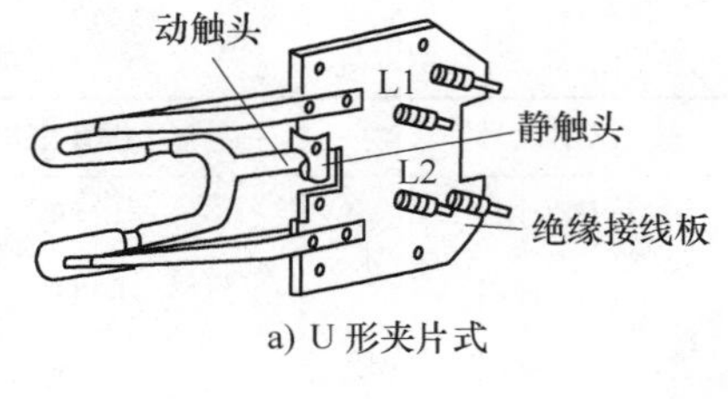

a) U 形夹片式

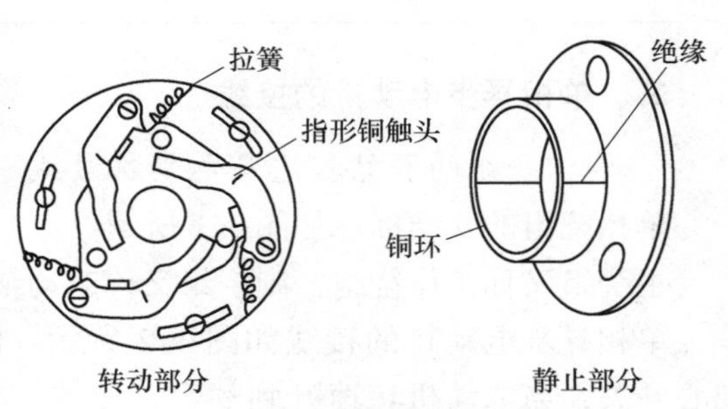

b) 指形触头式

图 3-3 离心开关

三、BO2 系列单相电阻起动电动机的技术数据及铁心、绕组数据（见表 3-2）

表 3-2　BO2 系列单相电阻起动电动机技术数据及铁心、绕组数据（220V、50Hz）

型号	功率/W	电流/A	极数	定子铁心/mm				槽数		主绕组			副绕组		
				外径	内径	长度	气隙	定子	转子	线径 φ/mm	匝数	半匝长	线径 φ/mm	匝数	半匝长
BO2-6312	90	1.09	2	96	50	43	0.25	24	18	1-0.45	436	132	0.33	192	132
BO2-6322	120	1.33		96	50	54				1-0.50	357	141	0.35	182	140
BO2-7112	180	1.89		110	58	50				1-0.56	297	148.2	0.38	167	148.5
BO2-7122	250	2.40		110	58	62				1-0.63	235	160.2	0.40	156	160.6
BO2-8012	370	3.36		128	67	58				1-0.71	206	170.4	0.45	133	171.3
BO2-6314	60	1.23	4	96	58	45			30	1-0.42	315	97.3	0.31	127	93.5
BO2-6424	90	1.64		96	58	54				1-0.45	270	166.3	0.35	117	103
BO2-7114	120	1.88		110	67	50				1-0.53	224	109.4	0.33	124	109.4
BO2-7124	180	2.49		110	67	62				1-0.60	183	121.4	0.35	102	121.4
BO2-8014	250	3.11		128	77	58				1-0.71	158	126.4	0.40	104	126.4
BO2-8024	370	4.24		128	77	75				1-0.85	124	143.9	0.47	89	113.4

四、CO2 系列单相电容起动电动机的技术数据及铁心、绕组数据（见表 3-3）

表 3-3　CO2 系列单相电容起动电动机技术数据及铁心、绕组数据（220V、50Hz）

型号	功率/W	电流/A	转速/(r/min)	效率(%)	功率因数	定子铁心/mm				槽比 Z_1/Z_2	主绕组			副绕组			绕组型式	电容器容量/μF	堵转电流/A
						外径	内径	长度	气隙		线径 φ/mm	匝数	平均半匝长/mm	线径 φ/mm	匝数	平均半匝长/mm			
CO2 7112	180	1.89	2800	60	0.72	110	58	50	0.25	24/18	0.56	297	118.2	0.38	247	158.3	主辅绕组均为正弦绕组	75	12
CO2 7122	250	2.4		64	0.74			62			0.63	235	160.2	0.47	207	170.3		75	15
CO2 8012	370	3.36		65	0.77	128	67	58			0.71	206	170.4	0.53	206	180		100	21
CO2 8022	550	4.65		68	0.79			75			0.85	159	187.6	0.56	154	192		150	29
CO2 9012	750	5.94		70	0.82	145	77	70	0.3		1.0	147	198.2	0.63	133	211.2		200	37
CO2 7114	120	1.88	1400	50	0.58	110	67	50	0.25	24/36	0.53	224	110.4	0.35	145	120.2		75	9
CO2 7124	180	2.49		53	0.62			62			0.60	183	121.4	0.38	124	132.2		75	12
CO2 8014	250	3.11		58	0.63	128	77	58			0.71	158	126.4	0.47	133	139		100	15
CO2 8024	370	4.24		62	0.64			75			0.85	124	143.4	0.50	134	155.8		100	21
CO2 9014	550	5.57		65	0.69	145	87	70		36/42	0.95	127	149.6	0.60	108	157.2		150	29
CO2 9024	750	6.77		69	0.73			90			1.06	96	185	0.63	120	177		150	37

注：表中主、副绕组均为 1 根导线绕制。

五、DO2 系列单相电容运转电动机的技术数据及铁心、绕组数据（见表 3-4）

表 3-4 DO2 系列单相电容运转电动机技术数据及铁心、绕组数据（220V、50Hz）

型号	功率/W	电流/A	转速/(r/min)	效率(%)	功率因数	堵转电流/A	$\frac{M_g}{M_e}$	$\frac{M_{max}}{M_e}$	定子铁心/mm				槽比 Z_1/Z_2	主绕组			副绕组			电容器/(μF/V)	Z/F
									外径	内径	长度	气隙		线径 ϕ/mm	匝数	平均半匝长/mm	线径 ϕ/mm	匝数	平均半匝长/mm		
DO2 4512	10	0.20	2800	28	0.80	0.8	0.6	1.8	71	38	45	0.2	12/18	0.18	868	106	0.16	971	103	1/630	3/3
DO2 4522	16	0.26		35		1.0								0.20	750		0.19	796	103		
DO2 5012	25	0.33		40	0.85	1.5			80	44				0.25	519	125.7	0.23	819	125.7	2/630	3/3
DO2 5022	40	0.42		42	0.90	2.0	0.5							0.25	489		0.25	698	125.7		
DO2 5612	60	0.57		53		2.5			90	48	50	0.25	24/18	0.28	454	131.6	0.31	527	131.6	4/630	6/6
DO2 5622	90	0.81		56		3.2								0.33	363		0.31	467	131.6		
DO2 6312	120	0.91		63	0.95	5.0	0.35		96	50	45			0.40	415	132	0.31	593	131.6		6/6
DO2 6322	180	1.29		67		7.0					54			0.47	320	140.7	0.33	427	140.7	6/630	
DO2 4514	6	0.20	1400	17	0.80	0.5	1.0		71	38	45	0.20	12/18	0.18	700	83.3	0.16	675	83.3	1/630	2/1
DO2 4524	10	0.26		24		0.8	0.6							0.20	600		0.16	620	83.3		
DO2 5014	16	0.28		33					80	44				0.21	560	85.4	0.21	455	85.4	2/630	2/1
DO2 5024	25	0.33		38	0.82	1.0	0.5					0.25		0.25	433	85.4	0.21	435	85.4		
DO2 5614	40	0.49		45		1.5			90	54	50		24/18	0.28	356	98.7	0.23	508	98.7		3/3
DO2 5624	60	0.64		50	0.85	2.0								0.31	345		0.28	339	98.7	4/630	
DO2 6314	90	0.94		51		2.5	0.35		96	58	45			0.35	302	93.7	0.31	374	93.7		3/3
DO2 6324	120	1.17		55		3.2					54		24/30	0.40	259	106.3	0.31	365	106.3		
DO2 7112	180	1.58	2800	59	0.88	5.0			110	67	50			0.42	206	109.4	0.32	330	109.4	6/630	6/6
DO2 7114	250	2.04	1400	62	0.90	7.0					62			0.47	165	121.4	0.42	268	121.4	8/430	3/3

注：1. M_g 为堵转转矩；M_e 为额定转矩；M_{max} 为最大转矩。

2. Z 为每极下主绕组数；F 为每极下副绕组数。

六、YL 系列单相电容起动电动机的技术数据（见表 3-5）

表 3-5 YL 系列单相电容起动电动机技术数据

型 号	额定功率/W	转速/(r/min)	额定电流/A	效率/(%)	功率因数	堵转转矩/额定转矩
YL7112	370	2800	2.73	67	0.92	1.8
YL7122	550	2800	3.88	70	0.92	1.8
YL7114	250	1400	1.99	62	0.92	1.8
YL7124	370	1400	2.81	65	0.92	1.8
YL8012	750	2800	5.15	72	0.92	1.8
YL8022	1100	2800	7.02	75	0.95	1.8
YL8032	1500	2800	9.44	76	0.95	1.7
YL8014	550	1400	4.00	68	0.92	1.7
YL8024	750	1400	5.22	71	0.92	1.8
YL8034	1100	1400	7.21	73	0.95	1.7
YL90S2	1500	2800	9.44	76	0.95	1.7
YL90L2	2200	2800	13.67	77	0.95	1.7
YL90S4	1100	1400	7.21	73	0.95	1.7
YL90L4	1500	1400	9.57	75	0.95	1.7
YL90S6	750	930	5.13	70	0.95	1.7
YL90L6	1100	930	7.31	72	0.95	1.7
YL100L1-2	3000	2800	18.17	79	0.95	1.7
YL100L1-4	2200	1400	13.85	76	0.95	1.7
YL100L2-4	3000	1400	18.64	77	0.95	1.7
YL100L1-6	1100	950	7.31	72	0.95	1.7
YL100L2-6	1500	950	9.83	73	0.95	1.7

七、JY 新系列单相电容起动电动机铁心、绕组数据（见表 3-6）

表 3-6 JY 新系列单相电容起动电动机铁心、绕组数据

型号	功率/W	极数	电压/V	电流/A	定子铁心/mm				槽比 Z_1/Z_2	线径 φ/mm		电容器/(μF/V)
					外径	内径	长度	气隙		主绕组	副绕组	
JY 7122	550	2		5.0	120	62	80	0.25	24/18	0.86	0.55	
JY 7112	250	2		2.5	120	62	48	0.25		0.62	0.47	
JY 7124	250	4	220	3.5	120	71	62	0.2		0.72	0.47	100/220
JY 7114	180	4		2.5	120	71	48	0.2	24/22	0.64	0.41	
JY 7134	370	4		5.0	120	71	80	0.2		0.83	0.49	

八、JZ新系列单相电阻起动电动机铁心、绕组数据（见表3-7）

表3-7 JZ新系列单相电阻起动电动机铁心、绕组数据

型号	功率/W	极数	电压/V	电流/A	定子铁心/mm				槽比 Z_1/Z_2	线径 ϕ/mm	
					外径	内径	长度	气隙		主绕组	副绕组
JZ 7122	370	2	220	4.0	120	62	62	0.25	24/18	0.72	0.44
JZ 7112	250	2		3.0	120	621	48	0.25		0.62	0.38
JZ 7134	370	4		4.5	120	71	80	0.2	24/22	0.83	0.44
JZ 7124	250	4		3.5	120	71	62	0.2		0.72	0.41
JZ 7114	180	4		2.5	120	71	48	0.2	24/18	0.64	0.38
JZ 6322	180	2		2.0	102	52	56	0.25		0.59	0.38
JZ 6312	120	2		2.0	102	52	48	0.25	24/22	0.53	0.35
JZ 6324	120	4		2.0	102	58	56	0.2		0.57	0.33
JZ 6314	120	4		2.0	102	58	48	0.2	24/18	0.53	0.31
JZ 5622	90	2		1.2	90	48	48	0.25		0.47	0.35
JZ 5612	60	2		1.0	90	48	40	0.25	24/22	0.41	0.31
JZ 5624	60	4		1.5	90	52	48	0.2		0.41	0.29
JZ 5614	40	4		1.0	90	52	40	0.2		0.38	0.27

九、罩极式单相电动机绕组重绕计算

在重绕失去铭牌的罩极式电动机时，可先记下定子内径 D_1、铁心长度 l、铁心轭高 h_c，以及磁极宽度 b 等参数（见图3-4）。

（1）电动机功率的估算　电动机输入功率和输出功率可按下式公式估算：

$$P_{sr}=\frac{a_j D_1^2 l B_\delta A n_1}{5.5\times10^4}$$

$$P=P_{sr}\eta\cos\varphi，\eta\cos\varphi=0.46\sim0.55$$

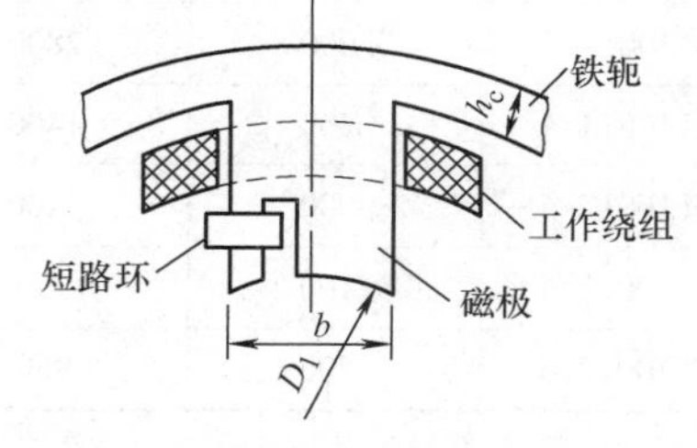

图3-4　罩极式电动机定子部分尺寸

式中，P_{sr} 为电动机输入功率（W）；a_j 为极弧系数，取0.6～0.8；D_1，l 分别为定子铁心内径和长度（cm）；B_δ 为气隙磁通密度（T），一般如台扇等小功率电动机取0.18～0.35T；吊扇等较大电动机取0.38～0.80T；A 为线负载（A/cm），取60～130A/cm；n_1 为同步转速（r/min）。

（2）电动机电流计算

$$I=\frac{P_{sr}}{K_e U_e}$$

式中，I 为电动机电流（A）；K_e 为降压系数，取0.8～0.9；U_e 为电动机额定电压（V）。

（3）每极有效磁通计算

$$\Phi=a_j\tau l B_\delta\times10^{-4}$$

式中，Φ 为有效磁通（Wb）；τ 为极距（cm）。

（4）主绕组每极匝数估算

$$W_1=\frac{K_eU_e}{4.44f\Phi\times 2p}$$

式中，W_1 为主绕组每极匝数（匝）；$2p$ 为极数；f 为电源频率（Hz）。

（5）定子轭部磁通密度校验

$$B_{c1}=\frac{\delta\Phi\times 10^4}{1.86lh_c}$$

式中，B_{c1} 为定子轭部磁通密度（T）；δ 为主绕组漏磁系数，取 1.1～1.16；h_c 为定子轭高（cm）。

校验：用上式求得的轭部磁通密度不应超过 0.80～1.00T，如超过允许值时，应降低 B_δ 重新计算。

（6）磁极铁心磁通密度校验

$$B_{t1}=\frac{\delta\Phi\times 10^4}{0.93bl}$$

式中，B_{t1} 为磁极铁心磁通密度（T）；b 为磁极宽度（cm），见图 3-4。

校验：用上式求得的磁极铁心磁通密度应小于 0.80～1.00T，如超过允许值时，应降低 B_δ 重新计算。

（7）导线截面积的选择

$$q_1=I/j$$

式中，q_1 为导线截面积（mm^2）；j 为导线电流密度（A/mm^2），取 3～5A/mm^2。

导线直径可查线规表或按下式求得：

$$d=1.13\sqrt{q_1}$$

从而确定标称导线。

（8）校验槽满率 F_k

校验方法同第二章第二节十一“三相空壳电动机绕组重绕计算之一”中的例 2-7。

【例 3-1】 有一台空壳电扇罩极式电动机，已知定子铁心内径 D_1 为 6.4cm，铁心长度 l 为 3.8cm，磁极宽度 b 为 3.4cm，铁心轭高 h_c 为 0.8cm，极对数 p 为 2。试求绕组重绕数据。

解： 1）电动机输入功率的估算。选 $\alpha_j=0.67$，$B_\delta=0.3T$，$A=80A/cm$，则输入功率为

$$P_{sr}=\frac{\alpha_jD_1^2lB_\delta An_1}{5.5\times 10^4}=\frac{0.67\times 6.4^2\times 3.8\times 0.3\times 80\times 1500}{5.5\times 10^4}W=68.26W$$

2）电动机电流计算。选 $K_e=0.9$，$U_e=220V$，则

$$I=\frac{P_{sr}}{K_eU_e}=\frac{68.26}{0.9\times 220}A=0.344A$$

3）每极有效磁通计算。极距为

$$\tau=\frac{\pi D_1}{2p}=\frac{\pi\times 6.4}{2\times 2}cm=5.02cm$$

每根有效磁通为

$$\Phi=\alpha_j\tau lB_\delta\times 10^{-4}=0.67\times 5.02\times 3.8\times 0.3\times 10^{-4}Wb=0.00038343Wb$$

4）主绕组每极匝数计算。

$$W_1=\frac{K_eU_e}{4.44f\Phi\times 2p}=\frac{0.9\times 220}{4.44\times 50\times 0.00038343\times 4}匝\approx 580\ 匝$$

5）定子轭部磁通密度校验。选 $\delta=1.13$，则

$$B_{c1}=\frac{\delta\Phi\times10^4}{1.86lh_c}=\frac{1.13\times0.00038343\times10^4}{1.86\times3.8\times0.8}\text{T}=0.7663\text{T}$$

小于0.8T，满足要求。

6）磁极铁心磁通密度校验。

$$B_{t1}=\frac{\delta\Phi\times10^4}{0.93bl}=\frac{1.13\times0.00038343\times10^4}{0.93\times3.4\times3.8}\text{T}=0.361\text{T}$$

小于0.8T，在允许范围内。

7）导线截面积的选择。取导线电流密度 $j=3.5\text{A/mm}^2$，则

$$q_1=\frac{1}{j}=\frac{0.344}{3.5}\text{mm}^2=0.098\text{mm}^2$$

导线直径为

$$d=1.13\sqrt{q_1}=1.13\times\sqrt{0.098}\text{mm}=0.354\text{mm}$$

可选QZ型的标准直径 $\phi0.38\text{mm}$ 漆包线。

十、单相电容电动机起动电容量的计算

在检修交流220V单相电容电动机时，会遇到绕组重绕或改绕后线径变更，以及电容器损坏而电容量不清楚等情况，此时可以用以下方法简易估算电容量：

$$C=8I_{qe},\ I_{qe}=jq$$

式中，C 为电容器的容量（μF）；I_{qe} 为起动绕组的额定电流（A）；j 为起动绕组导线电流密度，一般可取5～7A/mm²；q 为起动绕组导线截面积（mm²）。

【例3-2】 有一台1400mm吊扇，已知起动绕组采用 $\phi0.21\text{mm}$ 的导线，试估算电容器的容量。

解：起动绕组导线截面积为

$$q=\frac{\pi}{4}d^2=\left(\frac{\pi}{4}\times0.21^2\right)\text{mm}^2\approx0.0346\text{mm}^2$$

取电流密度 $j=7\text{A/mm}^2$，则有

$$I_{qe}=jq=(7\times0.0346)\text{A}\approx0.242\text{A}$$

因此，电容器的容量为

$$C=8I_{qe}=(8\times0.242)\mu\text{F}=1.936\mu\text{F}$$

通过实际调试，最后确定为2μF。

实践表明，估算值与实际调试值基本一致。

十一、单相电容运转电动机能耗制动电路

当需要单相电容运转电动机实现快速停机时，可采用图3-5所示的电路。

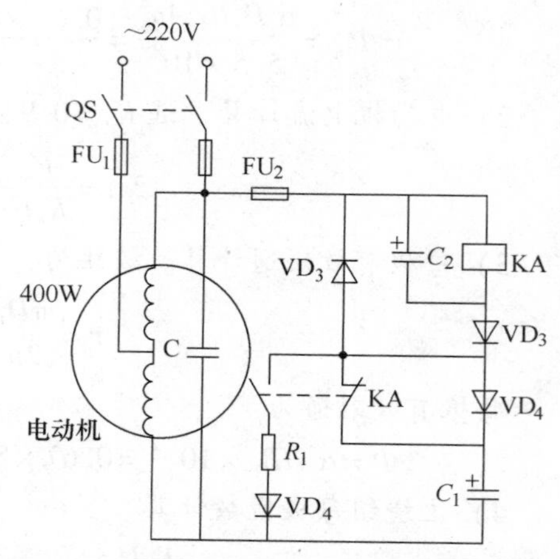

图3-5 单相电容运转电动机能耗制动电路

1. 工作原理

合上电源开关QS，电动机接入220V交流电源运行。电动机移相电容 C 的两端有一交流电压。该电压经继电器KA的线圈、二极管 VD_1 整流后，向电容 C_1 充电。在初充电瞬间，流经KA线圈的充电

电流较大，KA 吸合并自锁，其常闭触头断开，使二极管 VD_2 串入充电回路。

停机时，切断电源开关 QS，电动机脱离交流电源做惯性旋转，同时继电器 KA 失电释放，其常开触头闭合，电容 C_1 通过二极管 VD_3 直接跨接在电动机定子绕组上，形成放电回路。放电电流产生的磁场阻止了转子的旋转，达到制动的目的。KA 失电释放后，其串联在续流二极管中的常开触头断开，以防止电容 C_1 的放电电流流过二极管 VD_4 而造成部分能量损失。

2. 元件选择（见表 3-8）

表 3-8　电气元件表

序　号	名　称	代　号	型号规格	数　量
1	刀开关	QS	HK1-10/2	1
2	熔断器	FU_1	RL1-15/5A	2
3	熔断器	FU_2	RL1-15/2A	1
4	继电器	KA	JZX-22F，600Ω	1
5	二极管	$VD_1 \sim VD_4$	1N4007	4
6	电解电容器	C_1	CD11，47μF、400V	1
7	电解电容器	C_2	CD11，220μF、50V	1

3. 调试

主要是正确选择继电器 KA 和电容 C_1 的容量。

继电器 KA 可选用线圈阻值约为 500Ω 的小型直流继电器，线圈阻值太大、太小都不合适。如电动机起动/停止操作频繁，可选用中型直流继电器，以便能承受较大的充电电流。

电容 C_1 的容量选择很重要，容量过小，制动作用小；容量太大时，不但不经济，而且对于频繁起动/停止的电动机还会造成电动机过热。具体数值可由试验决定。一般情况下，30～50W 的单相电动机可用 47μF、500V 的电解电容器。

十二、单相电容运转电动机起动转矩的计算

单相电容运转电动机起动转矩，对于容量小于 1kW 的电动机，采用全压直接测试；容量大于 1kW 的电动机，可采用降压间接测试。但用降压测试法时，计算起动转矩较麻烦。下面介绍一个简单的经验公式，计算结果准确可靠。

$$M_2 = M_1\left[\left(\frac{U_2}{U_1}\right)^2 + \left(\frac{U_2}{U_1} - 1\right)^2\right]$$

式中，M_2 为电压 U_2 下的计算起动转矩（N·m）；M_1 为电压 U_1 下的实测起动转矩（N·m）。

例如，对 YCS902 型 1.5kW 电容运转电动机，实测与计算的起动转矩见表 3-9。

表 3-9　实测与计算起动转矩比较

电压 U/V		50	70	75	100	140	220
起动转矩 M_1/N·m		0.42	0.98	1.13	2.06	4.43	
起动转矩 M_2/N·m	U_1 = 50V		0.89	1.05	2.10	4.65	12.99
	U_1 = 70V			1.13	2.18	4.90	14.17
	U_1 = 75V				2.14	4.78	13.93
	U_1 = 100V					4.38	12.94
	U_1 = 140V						13.38

表3-9中各计算值计算过程举例如下：

由50V实测值 $M_1=0.42\text{N}\cdot\text{m}$，计算70V下起动转矩 M_2，以 $U_1=50\text{V}$、$U_2=70\text{V}$、$M_1=0.42\text{N}\cdot\text{m}$ 代入公式，则有

$$M_2=M_1\left[\left(\frac{U_2}{U_1}\right)^2+\left(\frac{U_2}{U_1}-1\right)^2\right]$$

$$=0.42\times\left[\left(\frac{70}{50}\right)^2+\left(\frac{70}{50}-1\right)^2\right]\text{N}\cdot\text{m}=0.89\text{N}\cdot\text{m}$$

所计算的70V下的起动转矩0.89N·m，与70V下实测起动转矩0.98N·m，仅差0.09N·m。

十三、单相异步电动机的日常检查和维护（见表3-10）

表3-10 单相异步电动机的日常检查和维护

检查部位	检查维护内容及方法
外观及机件	检查端盖、外壳有无破损；转轴有无变形和损坏；接线盒是否牢固；电源引线是否完好；紧固螺钉有无松动，各部件是否齐全；电源开关是否良好
轴承	用手摇动和推动转子，检查上、下有无松动，前后游隙是否正常；转动转子看是否灵活；必要时拆下轴承外盖，检查润滑脂（油）是否缺少、变色、硬化，轴承有无磨损
振动和噪声	检查电动机运行中有无异常振动和过大的噪声和杂声，若异常，应查明是电动机本身内部原因还是如基础螺栓松动等引起
转速	检查电动机转速是否正常，有无转速变慢或时快时慢的现象；检查皮带松紧度是否合适
发热情况	用手触及电动机外壳，用手感温法（见表1-68）判断电动机温度是否正常
绕组对地绝缘电阻	用500V绝缘电阻表摇测绕组对地（外壳）的绝缘电阻，如绝缘电阻小于0.5MΩ，应查明原因加以排除。若受潮，则应做干燥处理
电容器	若发现电动机起动困难、转速慢，可将电容器一端焊下，用万用表100Ω或1kΩ挡测量，以判断电容器有无击穿、开路、漏电或容量减小

十四、单相异步电动机的常见故障及处理（见表3-11）

表3-11 单相异步电动机的常见故障及处理方法

序号	故障现象	可能原因	处理方法
1	电动机不能起动	（1）电源未接通 （2）引线开路 （3）主绕组或副绕组开路 （4）离心开关触头合不上 （5）罩极绕组接触不良 （6）电容器损坏 （7）轴承紧力太大或有偏心情况 （8）定、转子相互摩擦 （9）负载过重	（1）检查电源及其回路 （2）接好引线 （3）用表计测量，若为引线头断线，则可重新焊接；若为磁极处断线，则需重绕绕组 （4）拆开修理离心开关 （5）重新焊接 （6）更换同规格的电容器 （7）重新调整轴承 （8）检查安装质量（如端盖是否在安装中造成偏心），检查轴承是否磨损太大 （9）减轻负载
2	空载时能起动，或在外力帮助下能起动，但起动迟缓，且转向不定	（1）副绕组开路 （2）离心开关触头合不上 （3）电容器损坏	（1）检修副绕组 （2）拆开修理离心开关 （3）更换同规格的电容器

（续）

序号	故障现象	可能原因	处理方法
3	通电后熔丝熔断，电动机不动	（1）绕组短路或接地 （2）引出线接地 （3）电容器短路	（1）检修或重绕绕组 （2）检修引出线 （3）更换同规格的电容器
4	电动机过热	（1）主绕组短路或接地 （2）定、转子气隙中有杂物 （3）轴承缺油或损坏 （4）绕组极性接反 （5）轴承与转轴紧力太大 （6）机械部分不灵活 （7）主、副绕组相互接错 （8）起动后离心开关触头断不开，使起动绕组长期运行而发热，甚至烧毁	（1）检修或重绕绕组 （2）清除杂物 （3）加油或更换轴承 （4）改正接线 （5）用绞刀适当绞松轴承内孔 （6）检查机械部分 （7）检查并改正主、副绕组接线 （8）拆开检修离心开关
5	转速降低	（1）主绕组短路 （2）轴承磨损或缺油，造成阻力转矩加大 （3）电源电压太低 （4）电容器损坏 （5）主绕组内有几极反接或绕组接错 （6）起动后离心开关触头断不开	（1）重绕主绕组 （2）更换轴承或加油 （3）检查电源电压 （4）更换同规格的电容器 （5）改正主绕组接线 （6）拆开检修离心开关
6	电动机振动加大	（1）和被连接的机械负载之间中心未校好 （2）各处螺钉未拧紧 （3）有严重的匝间短路现象 （4）转轴弯曲	（1）重新校中心 （2）拧紧螺钉 （3）用万用表分别测量每个绕组的直流电阻，找出有匝间短路现象的绕组，并重绕绕组 （4）更换转轴
7	电动机噪声太大	（1）绕组短路或接地 （2）轴承损坏 （3）轴向间隙太大 （4）有杂物侵入电动机内 （5）离心开关损坏	（1）检修或重绕绕组 （2）更换轴承 （3）调整轴向间隙 （4）清除杂物 （5）检修或更换离心开关
8	电动机外壳带电	绝缘损坏	更换损坏绕组，若引线绝缘层破损，则包扎绝缘带

十五、防止离心开关触头烧毛的方法

离心开关触头烧毛的原因有两个：一是电动机起动过程中，起动绕组退出运行时，分断电流产生的弧光烧伤触头；二是电动机停止运行时，起动电容所储电能放电，电流产生的弧光烧伤触头。

对于电容起动及运转的单相异步电动机，其接线如图 3-6a 所示。这种接线，虽然改善了电动机运行性能，使起动绕组辅助运行，消除了起动后的分断电弧，但电容储能放电电弧不能消除。为此，可采用图 3-6b 接线。这样既可以让起动绕组辅助工作，又能消除电动机起动时的分断电弧和起动电容的放电电弧，达到改善运行性能，保护离心开关触头的双重效果。

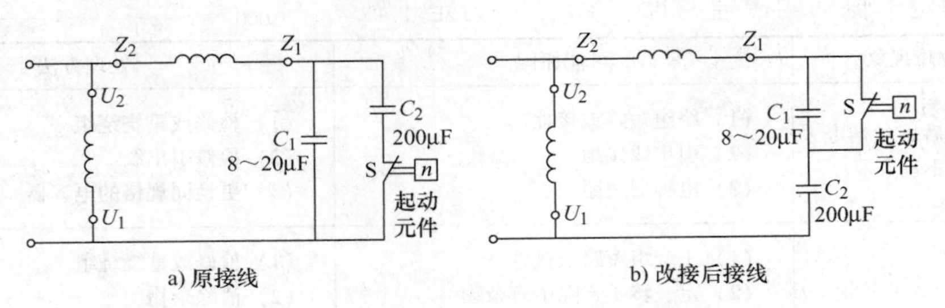

图 3-6 单相电容式电动机改接前后接线

具体改接方法很简单。修理电容起动式单相异步电动机时（接线见图 3-6），也可参照上述方法改加电容（即在离心开关两端并接一只 8 ~ 20μF 的电容器），同样可起到改善电动机运行性能和保护离心开关触头的效果。

第二节 单相异步电动机绕组重绕及绕组展开图范例

一、单相异步电动机绕组重绕计算

1. 无铭牌电动机主绕组的计算

记录下列定子铁心的尺寸（mm）：铁心外径 D、铁心内径 D_1、铁心长度 l（指铁心净长度，下同）、槽数 z、齿宽 b_t 以及铁心轭高 h_c 等。

1）确定电动机的额定电压和极对数。单相电动机的电源一般均为交流 220V，最小极对数 p 可按下式估算（取整数）：

$$p=(0.35\sim0.4)\frac{zb_t}{zh_c}\text{或 } p=0.25\frac{D_1}{h_c}$$

也可先任意假定极对数，然后在计算中加以校验。

2）确定电动机的功率。可参考相近铁心尺寸的电动机功率，初选一个值进行试算，然后在安排绕组时进行校验。

3）确定电动机的绕组型式，并计算主绕组（工作绕组）匝数。对于工作电压为 220V 的主绕组，每相串联匝数为

$$W_{xg}=\frac{30\times10^5}{S_i}$$

式中，S_i 为每个极弧的面积（mm^2）。

也可按以下方法计算：先按下式算出每个极弧（极距）的面积 S_i 为

$$S_i=\frac{\pi D_1 l}{2p}$$

式中，l 为铁心净长度（mm），即量得的铁心长度减去通风槽长度，约为量得的铁心长度的 90%。

根据 S_i 查图 3-7 得 W_1。由于极对数 p 是假设的，故查得的 W_1 值能否满足要求，尚待进行磁路验算。

4）计算磁通密度。在电源电压为 220V、频率为 50Hz 时，定子轭部的磁通密度为

$$B_{c1}=\frac{10^6}{2S_{c1}W_1},\qquad S_{c1}=b_c l k_{fe}$$

式中，B_{c1}为定子轭部的磁通密度（T）；S_{c1}为定子轭部截面积（mm^2）；b_c为铁心轭高（mm）；k_{fe}为铁心压装系数，对于0.5mm厚的硅钢片，取0.93。

齿部的磁通密度（经验公式）为

$$B_{t1}=\frac{1.57\times10^6}{S_{t1}W_1},\qquad S_{t1}=\frac{z}{2p}lb_tk_{fe}$$

式中，B_{t1}为齿部的磁通密度（T）；S_{t1}为每极齿的总面积（mm^2）；b_t为齿宽（mm）。

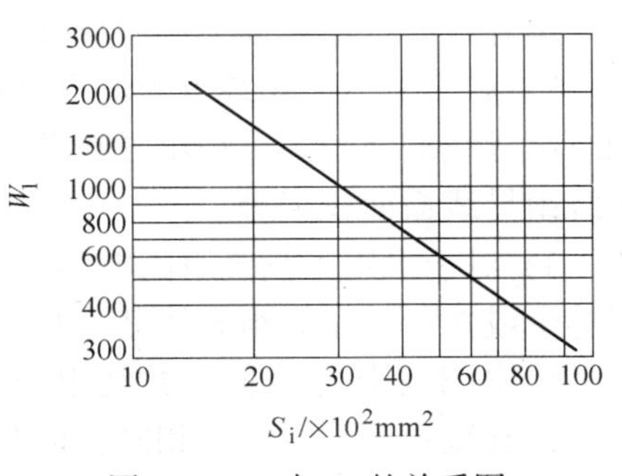

图3-7　W_1与S_i的关系图

由上面计算得到的B_{c1}和B_{t1}值，如超出表3-12给出的范围，说明原假定的极数不对，应重新选择极数，重复上述计算。如果B_{c1}、B_{t1}值超出表中范围不大，则说明所选匝数W_1不完全合适，可另选匝数W_1'，按下式重新校验磁通密度：

$$B_{c1}'=B_{c1}\frac{W_1}{W_1'}$$

表3-12　小功率单相异步电动机磁通密度取值

定子铁心	磁通密度允许值/T	
	$2p=2$	$2p=4$、6
定子轭部B_{c1}	1.10～1.40	1.00～1.30
定子齿部B_{t1}	1.30～1.70	1.30～1.70

2. 有铭牌电动机主绕组匝数的计算

若电动机有铭牌，则额定功率、额定电压和极数等均已知。

1）主绕组串联总匝数可按下式计算：

$$W_1=\frac{K_eU_e}{4.44f\Phi k_{dp}}$$

式中，W_1为主绕组串联总匝数（匝）；K_e为降压系数，一般取0.92左右；U_e为电动机额定电压（V）；Φ为每极气隙磁通（Wb）；k_{dp}为绕组系数，集中绕组取1，单、双层整距分布绕组取0.9，正弦绕组取0.78左右。

单相电动机有其自身特点，一些参数的选取也和三相异步电动机有所不同。

2）磁通的估算可按下式进行：

$$\Phi=\alpha_jB_\delta S_j\times10^{-2}=\alpha_j\tau lB_\delta\times10^{-2}$$

式中，Φ为磁通（Wb）；α_j为有效极弧系数，它是定、转子间气隙中磁通密度的平均值与最大值之比，为0.66～0.73，一般估算时可取0.67；B_δ为气隙磁通密度（T），对于1kW以下的单相异步电动机，2极时取0.35～0.68，4极时取0.50～0.78，功率较小的电动机取较小值；S_j为每个极弧面积（mm^2），$S_j=\tau l$；τ为极距（mm），$\tau=\pi D_1/(2p)$；l为定子铁心长度（mm）。

3. 副绕组匝数的计算

单相异步电动机的副绕组，有的只作起动用，在电动机起动后不参加运行；有的在起动后与主绕组一起参加长期运行。因而副绕组匝数的计算比较复杂，一般可根据主绕组匝数W_1和不同绕组的分配形式来估算副绕组的匝数W_2。

1）对于采用正弦绕组的电阻分相电动机，如JZ、BO型等，可取$W_2=(0.5\sim0.6)W_1$。

副绕组导线的截面积为主绕组导线截面积的1/4～1/3。

2）对于采用正弦绕组的电容分相电动机，如JY、CO型等，可取$W_2=(0.5\sim0.7)W_1$。副绕组导线截面积为主绕组导线截面积的0.5～1倍。若槽面积足够大，系数可取1，即与主绕组导线截面积相等。

3）对于采用正弦绕组的电容电动机，如JX、DO型等，可取$W_2=W_1$。副绕组导线截面积等于或接近于主绕组导线截面积。

4）对于采用单层同心式绕组的分相电动机，副绕组约占用定子槽数的1/3。若无特殊要求，其匝数可与主绕组相同，但其截面积为主绕组的1/2或更小。

4. 导线截面积的选择

在已知电动机功率的情况下，主绕组导线的截面积可用下式计算：

$$q_1=\frac{P_e\times10^3}{U_e\eta J\cos\varphi}=\frac{I_e}{J}$$

式中，q_1为导线截面积（mm^2）；P_e为电动机额定功率（kW）；I_e、U_e分别为电动机的额定电流和额定电压（A、V）；$\cos\varphi$为电动机的功率因数，对于电容电动机，因串联电容的副绕组长期运行，功率因数较高，可取0.9～0.95；η为电动机效率，取0.5左右；J为电流密度（A/mm^2），铜导线取4.5～5.5A/mm^2，若线槽较空，可适当将导线加粗。

5. 绕组型式

电容起动型和电容运行电动机都采用分布绕组。一般工作绕组占用总槽数的2/3，副绕组占1/3。绕组型式有以下几种：

（1）单层同心式绕组　这是一种经常采用的绕组型式。对于分相电动机，主绕组分布在总槽数2/3的槽中，副绕组分布在总槽数1/3的槽中，如图3-8所示。

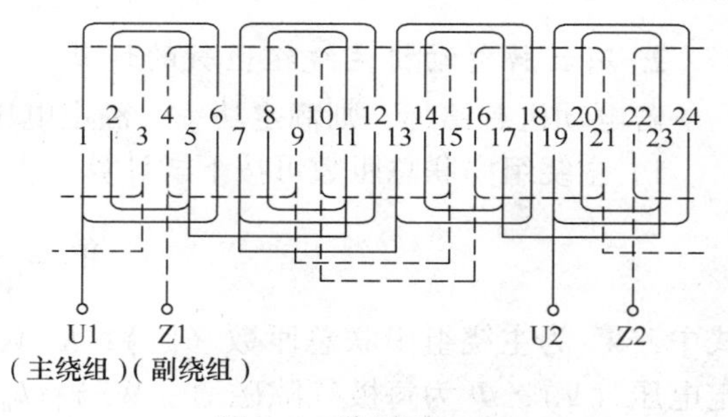

图3-8　单层同心式绕组的展开图

对于电容运行电动机，由于副绕组在起动后不切断电源，所以副绕组与主绕组所占的槽数基本相等。

单层绕组一般采用整距线组。

（2）双层绕组　为了有效地消除主绕组、副绕组中三次及高次谐波的影响，可采用双层绕组，一般采用缩短1/3极距的短距绕组。对于小型电动机，因定子内径小，不易嵌线，所以很少采用双层绕组。

（3）正弦绕组　这种绕组可使磁动势分布接近于正弦规律，有利于消除或削弱各种谐波的影响，改善和提高电动机的性能，因此被广泛地用在单相交流异步电动机中。

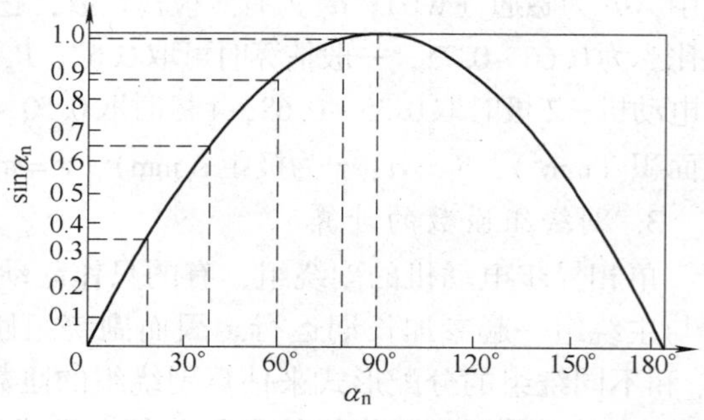

图3-9　正弦曲线

下面介绍一种简便的曲线计算法。该方法是把正弦函数值的计算转换在函数的几何图形上（正弦曲线），如图3-9所示。此曲线表示了每个极下的正弦磁动势。横坐标代表各线圈节距y_n的一半的电角度α_n，纵坐标代表各电角度所对应的正弦函数值 $\sin\alpha_n$。这样，只需查正弦函数曲线，就能计算各线槽的线圈匝数。

正弦绕组每极下匝数分配应把每极匝数看作百分之百，然后按各线圈节距一半的正弦值来计算各线圈匝数应占每极匝数的百分比，最后得到各线圈的匝数。

【例 3-3】 有一台两极 18 槽单相异步电动机，每极主绕组匝数为 W_1，试求各线槽的线圈匝数。

解： 极距 $\tau = z/(2p) = 18/2$ 槽 $= 9$ 槽

每极所占的电角度 $\alpha = 360°/z = 360°/18 = 20°$

如图 3-10 所示，主绕组两线圈组的轴线分别在 5、14 槽中，在每个极下各线槽线圈节距 y_n 的一半所占的电角度 $\alpha_n = (y_n/2)\alpha$。

因此，线圈 4 ~6 槽电角度 $\alpha_1 = (y_1/2)\alpha = (2/2)\times 20° = 20°$，线圈 3 ~7 槽电角度 $\alpha_2 = (y_2/2)\alpha = (4/2)\times 20° = 40°$。同样可得到线圈 2 ~8 槽电角度 $\alpha_3 = 60°$，线圈 1 ~9 槽电角度 $\alpha_4 = 80°$。

根据图 3-9 所示的正弦曲线，分别查得各线圈所对应的正弦函数值 $\sin\alpha_n$：线圈 4 ~6 槽为 0.34，线圈 3 ~7 槽为 0.64，线圈 2 ~8 槽为 0.87，线圈 1 ~9槽为 0.98。每极下主绕组线圈正弦值之和为

$$0.34 + 0.64 + 0.87 + 0.98 = 2.83$$

各线槽匝数占每极匝数的百分比为

线圈 4 ~6 槽 $\dfrac{0.34}{2.83} \approx 12\%$

线圈 3 ~7 槽 $\dfrac{0.64}{2.83} \approx 22.6\%$

线圈 2 ~8 槽 $\dfrac{0.87}{2.83} \approx 30.7\%$

线圈 1 ~9 槽 $\dfrac{0.98}{2.83} \approx 34.6\%$

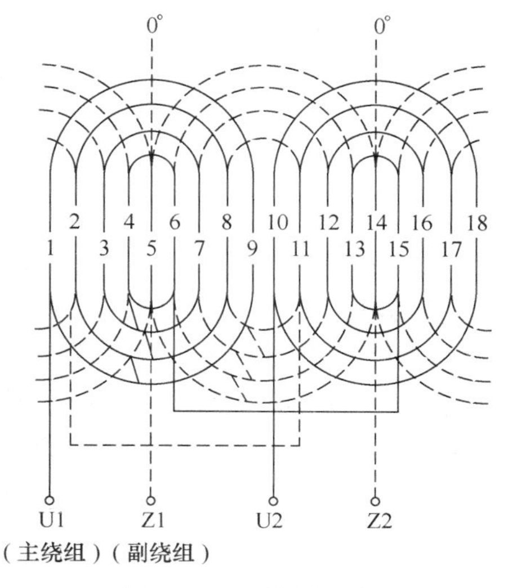

图 3-10 18 槽同心式正弦绕组的展开图

因此，各线圈匝数分别为 12% W_1、22.6% W_1、30.7% W_1 和 34.6% W_1。

用同样的方法也可算出副绕组在每极下匝数的分配情况（见图 3-10 中虚线所示）。由于主绕组的轴线在第 5 槽中，副绕组的轴线应与主绕组的轴线相隔 90°电角度，即相当于隔 4、5 槽在 9、10 槽处。

二、单相异步电动机的改压计算

当需要改变单相异步电动机的使用电压时，可改变主绕组和副绕组的匝数和线径，并配以适当的电容器以满足电源电压的要求。

改变电压后必须使线圈的电流和每匝电压尽可能保持原来的数值，这样才能使电动机的损耗和各部分的磁通密度保持不变，并使电动机的运行性能基本不变。具体计算步骤如下：

1）改压后绕组的匝数为

$$N' = \frac{U'}{U}N$$

式中，N、N'分别为改压前、后原绕组和新绕组的匝数；U、U'分别为改压前、后电动机的使用电压（V）。

2）电动机的每槽导线数为

$$Z' = \frac{N'}{N}Z = \frac{U'}{U}Z$$

式中，Z、Z'分别为改压前、后电动机的每槽导线数（根/槽）。

3）导线的截面积和直径为

$$q' = \frac{Z}{Z'}q = \frac{U}{U'}q$$

$$d' = \sqrt{\frac{U}{U'}}d$$

式中，q、q'分别为改压前、后原绕组和新绕组导线截面积（mm^2）；d、d'分别为改压前、后原绕组和新绕组导线线径（mm）。

主绕组（工作绕组）和副绕组（起动绕组）的计算方法相同。

4）电容器容量为

$$C' = \left(\frac{U}{U'}\right)^2 C$$

式中，C、C'分别为改压前、后电容器容量（μF）。

【例3-4】 有一台功率为90W、4极，电压为220V的电容运转单相异步电动机，已知主绕组匝数N_1为302匝，导线直径d_1为0.35mm；副绕组匝数N_2为374匝，导线直径d_2为0.31mm；电容器容量C为4μF。试求该电动机用于110V交流电源时的绕组参数。

解： 1）改压后主、副绕组的匝数分别为

$$N_1' = \frac{U'}{U}N = \left(\frac{110}{220} \times 302\right)\text{匝} = 151\ \text{匝}$$

$$N_2 = \frac{U'}{U}N_2 = \left(\frac{110}{220} \times 374\right)\text{匝} = 187\ \text{匝}$$

2）主绕组、副绕组导线直径分别为

$$d_1' = \sqrt{\frac{U}{U'}}d_1 = \left(\sqrt{\frac{220}{110}} \times 0.35\right)\text{mm} = 0.495\text{mm}$$

$$d_2' = \sqrt{\frac{U}{U'}}d_2 = \left(\sqrt{\frac{220}{110}} \times 0.31\right)\text{mm} = 0.438\text{mm}$$

取$d_1' = 0.50$mm，$d_2' = 0.44$mm。

3）改压后电容器容量为

$$C' = \left(\frac{U}{U'}\right)^2 C = \left[\left(\frac{220}{110}\right)^2 \times 4\right]\mu\text{F} = 16\mu\text{F}$$

由于电动机的电压降低一半，电容器的耐压值也可以降低，如采用400V。

三、BO2 系列单相电阻起动电动机绕组排列图

BO2 系列单相电阻起动电动机铁心、绕组的技术数据见表 3-2；其正弦绕组排列图见表 3-13，其中数字表示各槽内导线的匝数。由于采用同心式正弦绕组（简称正弦绕组），定子铁心槽内导线匝数按正弦规律变化，所以同一极下同一相绕组各槽内的导线匝数不等，从而使定子与转子的气隙磁通按正弦规律分布。

表 3-13　BO2 系列单相电阻起动电动机正弦绕组排列图

型　号	正弦绕组排列图		Z/F
	主绕组槽节距与匝数	副绕组槽节距与匝数	
BO2 6312 90W 220V $2p=2$ $Z_1=24$	113 106 91 69 43 14 1 2 3 4 5 6　7 8 9 10 11 12	7 8 9 10 11 12　13 14 15 16 17 18 6 19 30 40 47 50	6/6
BO2 6324 120W 220V $2p=4$ $Z_1=24$	93 86 74 57 35 12 1 2 3 4 5 6　7 8 9 10 11 12	7 8 9 10 11 12　13 14 15 16 17 18 6 18 29 38 44 47	6/6
BO2 6314 60W 220V $2p=4$ $Z_1=24$	84 147 84 1 2 3　4　5 6 7	4 5 6　7　8 9 10 34 59 34	3/3
BO2 6324 90W 220V $2p=4$ $Z_1=24$	72 16 72 1 2 3　4　5 6 7	4 5 6　7　8 9 10 31 55 31	3/3
BO2 7112 180W 220V $2p=2$ $Z_1=24$	77 73 61 47 29 10 1 2 3 4 5 6　7 8 9 10 11 12	7 8 9 10 11 12　13 14 15 16 17 18 5 16 27 35 41 43	6/6
BO2 7122 250W 220V $2p=2$ $Z_1=24$	62 58 47 37 23 8 1 2 3 4 5 6　7 8 9 10 11 12	7 8 9 10 11 12　13 14 15 16 17 18 5 15 25 32 38 41	6/6

（续）

型　号	正弦绕组排列图		Z/F
	主绕组槽节距与匝数	副绕组槽节距与匝数	
BO2 7114 120W 220V $2p=4$ $Z_1=24$	60 104 60 1 2 3 4 5 6 7	4 5 6 7 8 9 10 33 58 33	3/3
BO2 7124 180W 220V $2p=4$ $Z_1=24$	48 85 48 1 2 3 4 5 6 7	4 5 6 7 8 9 10 27 48 27	3/3
BO2 8012 370W 220V $2p=2$ $Z_1=24$	53 50 43 33 20 7 1 2 3 4 5 6 7 8 9 10 11 12	7 8 9 10 11 12 13 14 15 16 17 18 4 13 22 28 33 36	6/6
BO2 8014 250W 220V $2p=4$ $Z_1=24$	42 72 42 1 2 3 4 5 6 7	4 5 6 7 8 9 10 28 48 28	3/3
BO2 8024 370W 220V $2p=4$ $Z_1=24$	32 58 32 1 2 3 4 5 6 7	4 5 6 7 8 9 10 24 41 24	3/3

四、CO2 系列单相电容起动电动机绕组排列图

CO2 系列单相电容起动电动机铁心、绕组的技术数据见表 3-3；其正弦绕组排列图见表 3-14。

表 3-14　CO2 系列单相电容起动电动机正弦绕组排列图

型　号	正弦绕组排列图		Z/F
	主绕组槽节距与匝数	副绕组槽节距与匝数	
CO2 7112 180W 220V $2p=2$ $Z_1=24$	77 73 61 47 29 10 1 2 3 4 5 6 7 8 9 10 11 12	7 8 9 10 11 12 13 14 15 16 17 18 45 59 69 74	6/4

（续）

型 号	正弦绕组排列图 主绕组槽节距与匝数	正弦绕组排列图 副绕组槽节距与匝数	Z/F
CO2 7122 250W 220V $2p=2$ $Z_1=24$	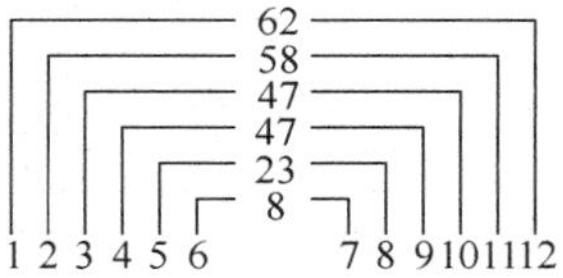 1 2 3 4 5 6 7 8 9 10 11 12 62, 58, 47, 47, 23, 8	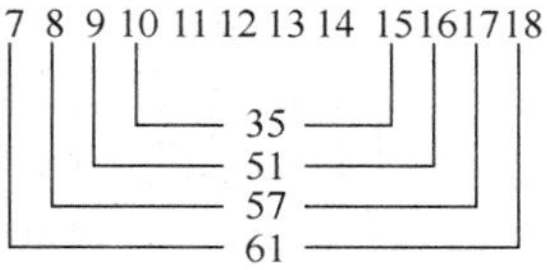 7 8 9 10 11 12 13 14 15 16 17 18 35, 51, 57, 61	5/4
CO2 7114 120W 220V $2p=4$ $Z_1=24$	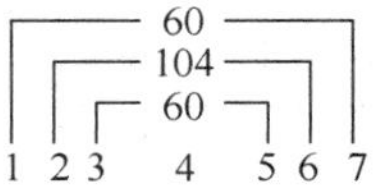 1 2 3 4 5 6 7 60, 104, 60	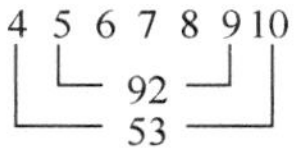 4 5 6 7 8 9 10 92, 53	3/2
CO2 7124 180W 220V $2p=4$ $Z_1=24$	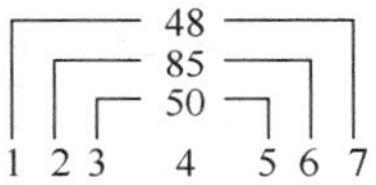 1 2 3 4 5 6 7 48, 85, 50	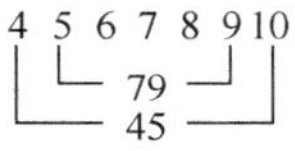 4 5 6 7 8 9 10 79, 45	3/2
CO2 8012 370W 220V $2p=2$ $Z_1=24$	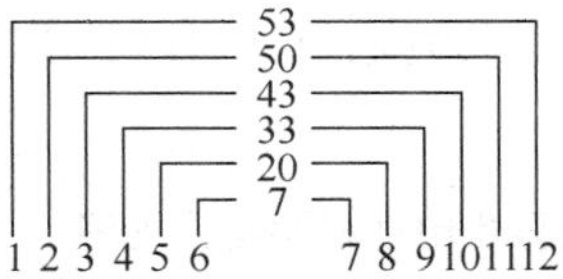 1 2 3 4 5 6 7 8 9 10 11 12 53, 50, 43, 33, 20, 7	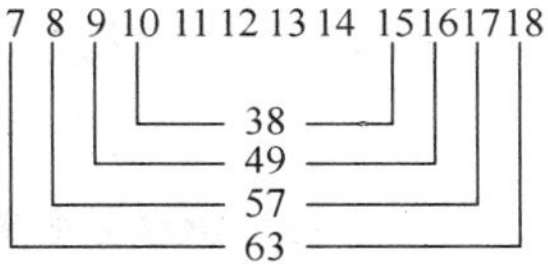 7 8 9 10 11 12 13 14 15 16 17 18 38, 49, 57, 63	6/4
CO2 8022 550W 220V $2p=2$ $Z_1=24$	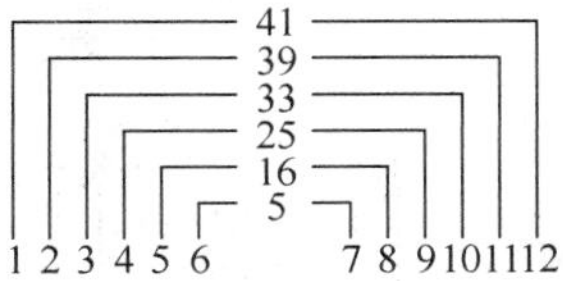 1 2 3 4 5 6 7 8 9 10 11 12 41, 39, 33, 25, 16, 5	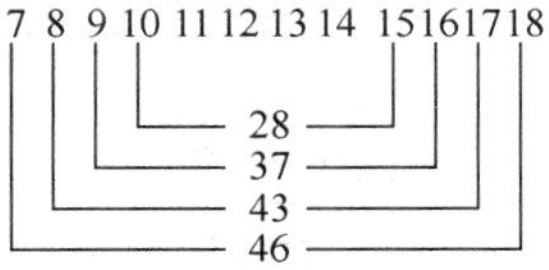 7 8 9 10 11 12 13 14 15 16 17 18 28, 37, 43, 46	6/4
CO2 8014 250W 220V $2p=4$ $Z_1=24$	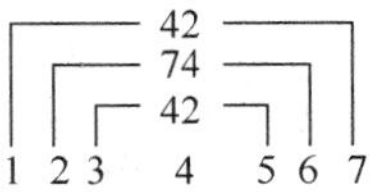 1 2 3 4 5 6 7 42, 74, 42	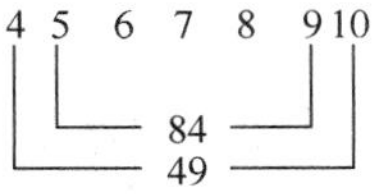 4 5 6 7 8 9 10 84, 49	3/2
CO2 8024 370W 220V $2p=4$ $Z_1=24$	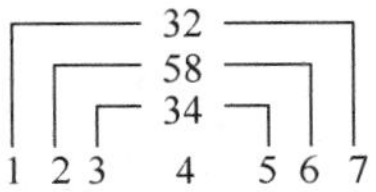 1 2 3 4 5 6 7 32, 58, 34	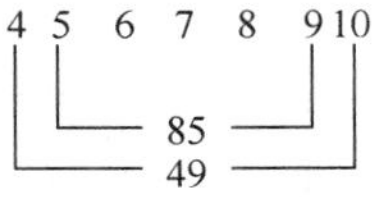 4 5 6 7 8 9 10 85, 49	3/2

（续）

型号	正弦绕组排列图		Z/F
	主绕组槽节距与匝数	副绕组槽节距与匝数	
CO2 9012 750W 220V $2p=2$ $Z_1=24$	38 30 31 23 14 5 1 2 3 4 5 6 7 8 9 10 11 12	7 8 9 10 11 12 13 14 15 16 17 18 24 32 31 40	6/4
CO2 9014 550W 220V $2p=4$ $Z_1=36$	44 39 29 15 1 2 3 4 5 6 7 8 9	5 6 7 8 9 10 11 12 13 14 38 46 24	4/3
CO2 9024 750W 220V $2p=4$ $Z_1=36$	34 29 22 11 1 2 3 4 5 6 7 8 9	5 6 7 8 9 10 11 12 13 14 42 51 27	4/3

五、DO2 系列单相电容运转电动机绕组排列图

DO2 系列单相电容运转电动机铁心、绕组的技术数据见表 3-4；其正弦绕组排列图见表 3-15。

表 3-15 DO2 系列单相电容运转异步电动机绕组排列图

型号	正弦绕组排列图		Z/F
	主绕组槽节距与匝数	副绕组槽节距与匝数	
DO2 4512 10W 220V $2p=2$ $Z_1=12$	399 292 107 1 2 3 4 5 6	4 5 6 7 8 9 101 278 379	3/3
DO2 4522 16W 220V $2p=2$ $Z_1=12$	328 240 88 1 2 3 4 5 6 7	4 5 6 7 8 9 131 358 489	3/3
DO2 6314 90W 220V $2p=4$ $Z_1=24$	81 140 81 1 2 3 4 5 6 7	4 5 6 7 8 9 10 100 174 100	3/3

（续）

型　　号	正弦绕组排列图		Z/F
	主绕组槽节距与匝数	副绕组槽节距与匝数	
DO2 6324 120W 220V $2p=4$ $Z_1=24$	69 121 69 1 2 3 4 5 6 7	4 5 6 7 8 9 10 98 169 98	3/3
DO2 7112 180W 220V $2p=2$ $Z_1=24$	70 67 55 42 27 10 1 2 3 4 5 6 7 8 9 10 11 12	7 8 9 10 11 12 13 14 15 16 17 18 13 40 59 76 93 101	6/6
DO2 7114 250W 220V $2p=4$ $Z_1=24$	55 95 55 1 2 3 4 5 6 7	4 5 6 7 8 9 10 85 155 85	3/3
DO2 4514 6W 220V $2p=4$ $Z_1=12$	349 350 1 2 3 4	3 4 5 620	2/1
DO2 4524 10W 220V $2p=4$ $Z_1=12$	299 300 1 2 3 4	3 4 5 675	2/1
DO2 5012 25W 220V $2p=2$ $Z_1=12$	139 241 139 1 2 3 4 5 6 7	4 5 6 7 8 9 10 187 324 187	3/3
DO2 5022 40W 220V $2p=2$ $Z_1=12$	131 227 131 1 2 3 4 5 6 7	4 5 6 7 8 9 10 219 381 219	3/3

（续）

型　号	正弦绕组排列图		Z/F
	主绕组槽节距与匝数	副绕组槽节距与匝数	
DO2 5014 16W 220V $2p=4$ $Z_1=12$	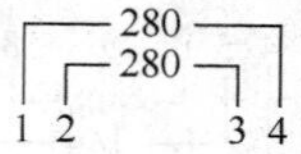 280 280 1 2 3 4	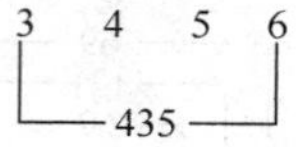 3 4 5 6 435	2/1
DO2 5024 25W 220V $2p=4$ $Z_1=12$	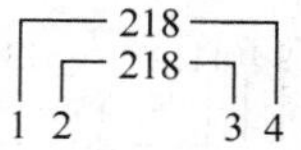 218 218 1 2 3 4	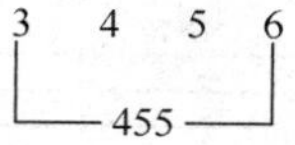 3 4 5 6 455	2/1
DO2 5612 60W 220V $2p=2$ $Z_1=24$	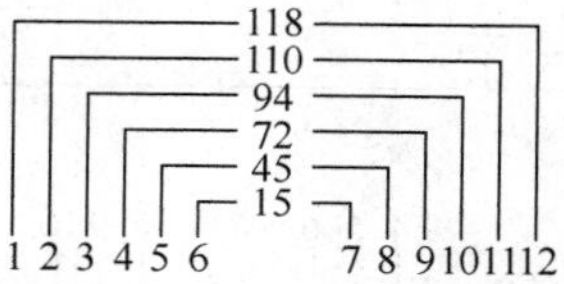 118 110 94 72 45 15 1 2 3 4 5 6 7 8 9 10 11 12	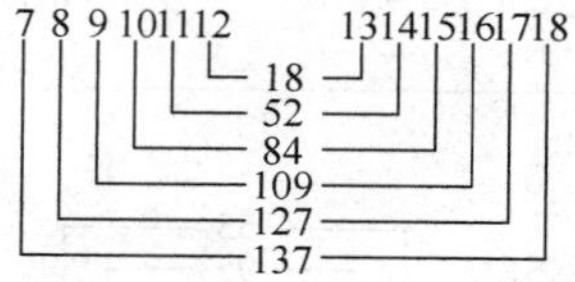 7 8 9 10 11 12 13 14 15 16 17 18 18 52 84 109 127 137	6/6
DO2 5622 90W 220V $2p=2$ $Z_1=24$	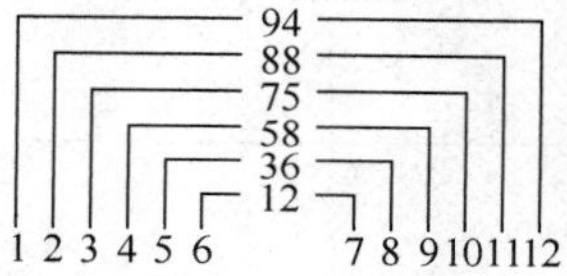 94 88 75 58 36 12 1 2 3 4 5 6 7 8 9 10 11 12	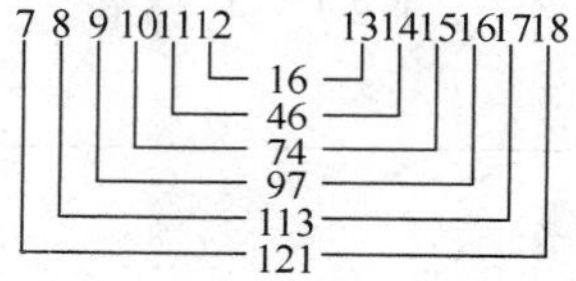 7 8 9 10 11 12 13 14 15 16 17 18 16 46 74 97 113 121	6/6
DO2 5614 40W 220V $2p=4$ $Z_1=24$	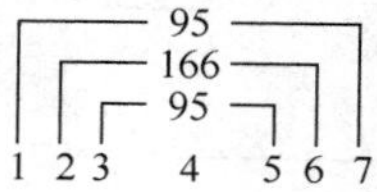 95 166 95 1 2 3 4 5 6 7	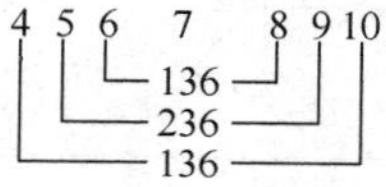 4 5 6 7 8 9 10 136 236 136	3/3
DO2 5624 60W 220V $2p=4$ $Z_1=24$	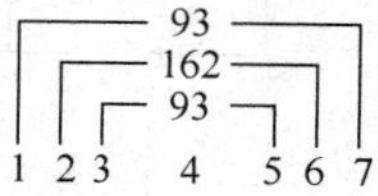 93 162 93 1 2 3 4 5 6 7	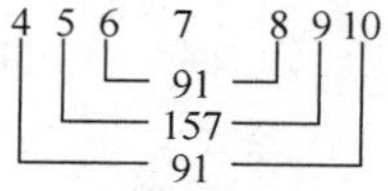 4 5 6 7 8 9 10 91 157 91	3/3
DO2 6312 120W 220V $2p=2$ $Z_1=24$	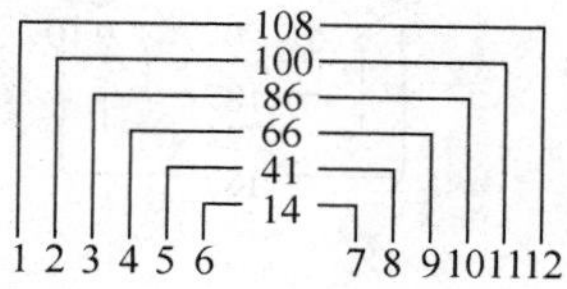 108 100 86 66 41 14 1 2 3 4 5 6 7 8 9 10 11 12	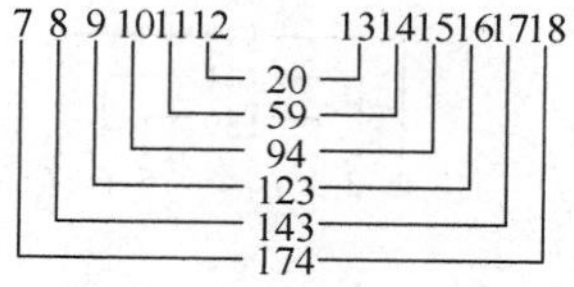 7 8 9 10 11 12 13 14 15 16 17 18 20 59 94 123 143 174	6/6
DO2 6322 180W 220V $2p=2$ $Z_1=24$	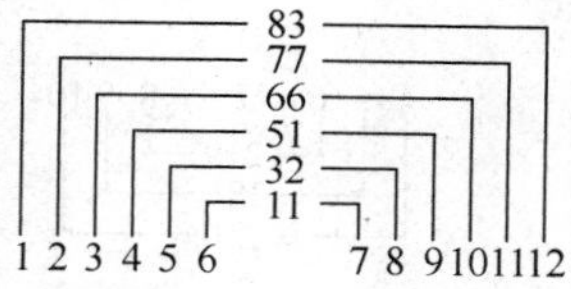 83 77 66 51 32 11 1 2 3 4 5 6 7 8 9 10 11 12	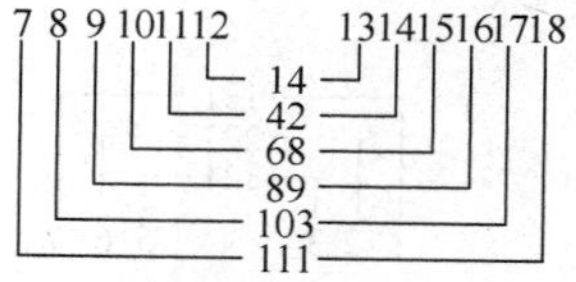 7 8 9 10 11 12 13 14 15 16 17 18 14 42 68 89 103 111	6/2

六、JY 新系列单相电容起动电动机正弦绕组排列图（见表 3-16）

表 3-16 JY 新系列单相电容起动电动机正弦绕组排列图

型 号	正弦绕组排列图		Z/F
	主绕组槽节距与匝数	副绕组槽节距与匝数	
JY 7122 550W 220V $2p=2$ $Z_1=24$	41 38 33 25 16 1 2 3 4 5 6 7 8 9 10 11 12	7 8 9 10 11 12 13 14 15 16 17 18 19 31 40 46 50	5/5
JY 7112 250W 220V $2p=2$ $Z_1=24$	70 65 56 43 27 1 2 3 4 5 6 7 8 9 10 11 12	7 8 9 10 11 12 13 14 15 16 17 18 20 31 41 48 51	5/5
JY 7124 250W 220V $2p=4$ $Z_1=24$	45 77 45 1 2 3 4 5 6 7	4 5 6 7 8 9 10 40 69 40	3/3
JY 7114 180W 220V $2p=4$ $Z_1=24$	56 97 56 1 2 3 4 5 6 7	4 5 6 7 8 9 10 34 60 34	3/3
JY 7134 370W 220V $2p=4$ $Z_1=24$	34 58 34 1 2 3 4 5 6 7	4 5 6 7 8 9 10 36 62 36	3/3

七、JZ 新系列单相电阻起动电动机正弦绕组排列图（见表 3-17）

表 3-17 JZ 新系列单相电阻起动电动机正弦绕组排列图

型 号	正弦绕组排列图		Z/F
	主绕组槽节距与匝数	副绕组槽节距与匝数	
JZ 7122 370W 220V $2p=2$ $Z_1=24$	55 51 44 34 21 7 1 2 3 4 5 6 7 8 9 10 11 12	7 8 9 10 11 12 13 14 15 16 17 18 4 12 20 26 30 32	6/6

（续）

型号	正弦绕组排列图 主绕组槽节距与匝数	正弦绕组排列图 副绕组槽节距与匝数	Z/F
JZ 7112 250W 220V $2p=2$ $Z_1=24$	1 2 3 4 5 6 7 8 9 10 11 12 68 63 54 41 26 8	7 8 9 10 11 12 13 14 15 16 17 18 5 16 23 33 39 41	6/6
JZ 7134 370W 220V $2p=4$ $Z_1=24$	1 2 3 4 5 6 7 34 58 34	4 5 6 7 8 9 10 19 33 19	3/3
JZ 7124 250W 220V $2p=4$ $Z_1=24$	1 2 3 4 5 6 7 44 77 44	4 5 6 7 8 9 10 25 45 25	3/3
JZ 7114 180W 220V $2p=4$ $Z_1=24$	1 2 3 4 5 6 7 56 97 56	4 5 6 7 8 9 10 24 41 24	3/3
JZ 6322 180W 220V $2p=2$ $Z_1=24$	1 2 3 4 5 6 7 8 9 10 11 12 91 85 73 56 35 12	7 8 9 10 11 12 13 14 15 16 17 18 6 17 28 36 42 45	6/6
JZ 6312 120W 220V $2p=2$ $Z_1=24$	1 2 3 4 5 6 7 8 9 10 11 12 106 98 84 64 41 14	7 8 9 10 11 12 13 14 15 16 17 18 7 20 32 42 49 53	6/6
JZ 6324 120W 220V $2p=4$ $Z_1=24$	1 2 3 4 5 6 66 116 66	4 5 6 7 8 9 10 29 51 29	3/3

（续）

型号	正弦绕组排列图		Z/F
	主绕组槽节距与匝数	副绕组槽节距与匝数	
JZ 6314 90W 220V $2p=4$ $Z_1=24$	1 2 3 4 5 6 77 131 77	4 5 6 7 8 9 10 34 60 34	3/3
JZ 5622 90W 220V $2p=2$ $Z_1=24$	1 2 3 4 5 6 7 8 9 10 11 12 123 114 90 75 47 16	7 8 9 10 11 12 13 14 15 16 17 18 6 18 28 37 43 47	6/6
JZ 5612 60W 220V $2p=2$ $Z_1=24$	1 2 3 4 5 6 7 8 9 10 11 12 144 135 116 89 59 19	7 8 9 10 11 12 13 14 15 16 17 18 8 23 36 48 55 59	6/6
JZ 5624 60W 220V $2p=4$ $Z_1=24$	1 2 3 4 5 6 86 149 86	4 5 6 7 8 9 10 34 59 34	3/3
JZ 5614 40W 220V $2p=4$ $Z_1=24$	1 2 3 4 5 6 100 174 100	4 5 6 7 8 9 10 40 70 40	3/3

第三节 电动工具和电风扇的维修与绕组重绕

一、手电钻的常见故障及处理

单相电钻的驱动电机为交直流两用串励电动机。电钻的故障主要表现为驱动电动机、手揿式开关、减速机构等故障。单相电钻的常见故障及处理方法见表3-18。

表3-18 单相电钻的常见故障及处理方法

序号	故障现象	可能原因	处理方法
1	电钻不能起动	（1）电源无电或电源回路断线 （2）开关接触不良或损坏 （3）电刷接触不到换向器 （4）电枢被卡住 （5）绕组有短路、断路等故障	（1）检查电源电压及电源回路 （2）检修开关或更换开关 （3）调整电刷或更换过短的电刷 （4）找出原因并修复 （5）找出故障原因，修复或重绕绕组

（续）

序号	故障现象	可能原因	处理方法
2	电枢旋转，但钻轴不转	（1）齿轮轴或半月键折断 （2）齿轮松动或损坏	（1）更换新品 （2）紧固齿轮或更换齿轮
3	通电后转速不正常	（1）电压过低 （2）绕组有短路、断路或接地等故障 （3）电刷与换向器接触不良 （4）开关接触不良	（1）检查电源电压 （2）找出故障原因，修复或重绕绕组 （3）调整电刷或更换过短的电刷 （4）检修开关
4	通电后熔丝立即熔断	（1）电源引线短路 （2）开关接地 （3）电刷架接地 （4）电枢被卡死 （5）绕组短路 （6）电源电压过高	（1）拆开检查并处理好短路点 （2）拆开检查并处理好接地故障 （3）拆开检查并处理好接地故障 （4）找出卡住原因并修复 （5）找出短路处，并修复或重绕绕组 （6）检查电源电压
5	火花大	（1）电刷与换向器位置不正，接触不良 （2）电刷太硬或尺寸不对 （3）刷架松动或移位 （4）换向器表面有油污或表面不平 （5）轴承严重磨损或损坏 （6）绕组有短路或接地故障	（1）调整好电刷位置，使电刷与换向器接触良好 （2）更换合适的电刷 （3）调整并固定好刷架 （4）清洁或用细砂布磨平换向器 （5）更换轴承 （6）找出故障原因，并修复或重绕绕组
6	电机外壳过热	（1）电钻额定电压与使用电压不一致 （2）轴承装配不良或损坏 （3）定、转子相擦 （4）负载过重 （5）电刷压力过大 （6）换向器短路或接地 （7）绕组有短路或接地故障 （8）电动机受潮	（1）检查电压 （2）装配好轴承或更换轴承 （3）找出原因并修复 （4）减轻负载，正确使用 （5）调整好电刷压力 （6）拆开细查，消除故障 （7）找出故障原因，并修复或重绕绕组 （8）进行烘燥处理
7	漏电	（1）没有接地（接零）线或接地（接零）不良 （2）电源引线与外壳碰连 （3）开关接线与外壳碰连 （4）电刷架与外壳连通 （5）电动机绕组绝缘损坏、老化或与外壳碰连 （6）电钻严重受潮	（1）加装接地（接零）线，连接要可靠 （2）拆开检修，处理好碰连处 （3）检修开关 （4）拆开检修，处理好碰连处 （5）检修绕组绝缘或重绕绕组，处理好碰连处 （6）进行烘燥处理

二、冲击电钻的常见故障及处理

冲击电钻是一种同时具备钻孔和锤击功能的电动机具，它可以同时作为手电钻和小型电锤使用。冲击电钻的常见故障及处理方法见表3-19。

表3-19 冲击电钻的常见故障及处理方法

序号	故障现象	故障原因	处理方法
1	电源接通后电动机不运转	（1）电源断了 （2）接头松脱 （3）开关接触不良或不动作 （4）电刷与换向器表面不接触	（1）接通电源 （2）检修所有接头 （3）修理或更换开关 （4）调整电刷弹簧弹力及位置使其接触良好，电刷磨损严重应更换
2	接电后电钻有异常声响并且不旋转或转得很慢	（1）开关触头烧坏 （2）机械部分卡住 （3）操作时推力过大，使电钻超负载 （4）当遇到金属材料或坚硬物件时钻头被咬住	（1）修理或更换开关 （2）检修机械部分 （3）减轻推进压力 （4）停止推进，用手反转夹头倒出
3	电动机转而钻轴不转	（1）主轴上的键折断 （2）中间齿轮折断或与齿轮配合松动 （3）转子转轴前端齿部折断或磨损	（1）换用新键 （2）调换中间齿轴（齿轮） （3）调换转子
4	变速箱壳体过热	（1）箱内缺润滑脂或润滑脂变脏 （2）齿轮啮合过紧或有杂物落入内部	（1）添加或更换润滑脂 （2）调整齿轮间隙或清除杂物
5	电动机外壳过热	（1）负载过大 （2）钻头太钝或角度选择不当 （3）绕组受潮或定子与转子相碰 （4）电源电压下降 （5）装配不合理	（1）减少进给量 （2）修磨或更换钻头 （3）干燥绕组或重新装配以使其正常 （4）检修调整 （5）重新装配
6	换向器上产生环火或较大火花	（1）转子短路 （2）电刷与换向器接触不良 （3）换向器表面跳动	（1）检修转子 （2）调整电刷弹簧压力及位置使其接触良好 （3）清除换向器表面污垢并将其磨光
7	冲击性能减退或冲击时声响不正常	（1）冲击机构失灵 （2）动静齿盘磨损	（1）拆检变速箱体，检查并调整冲击机构或更换零件 （2）调换静动齿盘
8	漏电	同表3-18第7项	同表3-18第7项

三、电锤的常见故障及处理

电锤作为钻孔工具之一，其功能与冲击电钻相似，但具有以下特点：功率大，加工能力强，钻孔直径通常在12~50mm，可选择不同工具头进行多种作业，操作简便，成孔准确度高。另外，电锤一般具有过载保护装置（离合器），它可在机具超负载或钻头被卡时自动打滑，而不致使电动机烧毁。电锤的常见故障及处理方法见表3-20。

表 3-20 电锤的常见故障及处理方法

序号	故障现象	故障原因	处理方法
1	电源接通但电动机不转	(1) 插座接触不良 (2) 开关断开，电缆芯线折断，电路不通 (3) 定子绕组烧毁 (4) 绕组接地（短路）	(1) 检修或更换插座 (2) 寻找断开处，检查电源通、断情况 (3) 检修定子 (4) 排除短路故障
2	电动机起动后转速低	(1) 电动机匝间短路或断线 (2) 电源电压过低 (3) 电刷压力过小	(1) 寻找短路及断线部位修好 (2) 通知电工检修调整 (3) 调整电刷压力
3	电动机过热	(1) 电源电压过低 (2) 定子、转子发生扫膛 (3) 风扇口受阻，气流不通 (4) 负载过大，工作时间过长	(1) 检修调整 (2) 拆检，看是否有脏物或转轴弯曲 (3) 排除气流故障 (4) 停机自然冷却
4	工作头只旋转不冲击	(1) 用力过大 (2) 零件装配不当 (3) 活塞环磨损 (4) 钻杆太长或缸内有异物	(1) 减轻压力 (2) 重新装配 (3) 更换活塞环 (4) 检查修理，清除异物
5	工作头只冲击不旋转	(1) 刀夹座与六方刀杆磨损变圆 (2) 刀杆受摩擦阻力过大 (3) 混凝土内有钢筋 (4) 离合器过松	(1) 检修并更换 (2) 拆检修理 (3) 重新选位再钻 (4) 调紧离合器
6	运转时出现环火或过大火花	(1) 换向器绝缘层有积灰，片间短路 (2) 定子和转子有脏物 (3) 电刷接触不良 (4) 转子绕组短路	(1) 拆下转子，清除云母槽灰尘 (2) 拆开，去掉灰尘及脏物 (3) 调整压力或更换电刷 (4) 更换转子
7	电锤前端刀夹座处过热	(1) 轴承缺油或油质不良 (2) 工具头在钻孔时歪斜 (3) 活塞缸破裂 (4) 活塞缸运动不灵活 (5) 轴承磨损过大	(1) 加油或换油 (2) 注意操作方法 (3) 更换活塞缸 (4) 拆开检查，清除脏物，调整装配 (5) 更换轴承

四、电动工具用单相串励电动机的技术数据及铁心、绕组数据（见表 3-21）

五、单相电钻用单相串励电动机的技术数据及铁心、绕组数据（见表 3-22）

六、电钻绕组重绕计算

对于无铭牌的电钻（定、转子匝数均未知）绕组重绕时，可按以下步骤计算：

(1) 电动机额定电流 I_e 参照同类型规格电钻估计额定电流。

表 3-21 电动工具用单相串励电动机技术数据及铁心、绕组数据（220V、50Hz）

电动工具型号及名称	功率/W		电流/A	负载时转速/(r/min)	定子绕组		转子绕组		铁心/mm			风扇数据			换向器		备注
	输入	输出			每极匝数	线规 ϕ_1/ϕ_2 /mm	每元件匝数	线规 ϕ_1/ϕ_2 /mm	长度	外径	气隙	形式	外径/mm	叶片数	外径/mm	片数	
J1Z-6K 电钻	160	90	0.78	10000	310	0.33/0.28	46	0.25/0.21	38	56	0.35	离心式	48	16	22.4	27	名称栏内名称右上角带“*”者为普通型，其余均为双重绝缘电动工具
J1Z-6 电钻	230	120	1.1	13000	248	0.38/0.33	36	0.28/0.23									
J1SS-8 攻丝机	230	120	1.1	13000	248	0.38/0.33	36	0.28/0.23									
J1Z-6 电钻	185	92	5.6	10000	40	2～0.63/ 2～0.56	36	0.63/0.56									
J1JZ-1.5 电剪刀	250	140	1.2	14000	247	0.38/0.33	36	0.28/0.23					51	9			
P1L-6 螺钉旋具	250	140	1.2	14000	247	0.38/0.33	36	0.28/0.23									
J1QZ 曲线锯	250	140	1.2	14000	247	0.38/0.33	36	0.28/0.23									
S1M2-100 角向磨光机	370	220	1.7	14000	175	0.47/0.41	25	0.34/0.29	55								
Z1J2 电剪刀	280	160	1.4	15000	240	0.41/0.35	31	0.30/0.25	38			轴流式	59	10			
J1QZ-3 曲线锯	250	140	1.1	14000	247	0.38/0.33	36	0.28/0.23				离心式	48	12			
S1J-25 电磨	250	140	1.1	14000	247	0.38/0.33	36	0.28/0.23						16			
P1B-12 电扳手	140	80	0.8	8000	315	0.34/0.29	53	0.23/0.19									
P1L-5 螺钉旋具	140	80	0.8	8000	315	0.34/0.29	53	0.23/0.19					51	9			
S1M2-100 磨光机	380	230	1.78	14300	175	0.47/0.41	25	0.34/0.29	55								
J1Z-6 电钻	240	140	1.1	14000	247	0.38/0.33	36	0.28/0.23	38			轴流式	62	10			
JIZ-6 电钻*	240	140	1.1	14000	247	0.38/0.33	36	0.28/0.23				离心式	48	16			
J1J-1.6 电剪刀	240	140	1.1	14000	247	0.38/0.33	36	0.28/0.23									
J1S-8 攻丝机	240	140	1.1	14000	247	0.38/0.33	36	0.28/0.23									
P1B-12 电扳手	140	80	0.79	8000	315	0.34/0.29	53	0.23/0.19									
J1Z-6 电钻	250	140	1.1	14000	247	0.38/0.33	36	0.28/0.23					51 50	9 12			
J1Z-6 电钻*	220	130	1.1	13500	255	0.37/0.31	38	0.28/0.23	34				58 48	16 16			

（续）

电动工具型号及名称	功率/W		电流/A	负载时转速/(r/min)	定子绕组		转子绕组		铁心/mm			风扇数据			换向器		备注
	输入	输出			每极匝数	线规 ϕ_1/ϕ_2 /mm	每元件匝数	线规 ϕ_1/ϕ_2 /mm	长度	外径	气隙	形式	外径/mm	叶片数	外径/mm	片数	
J1Z-6 电钻	210	120	1.1	12000	265	0.36/0.31	42	0.28/0.23	34	62	0.4	离心式	55	10	22.4	27	名称栏内名称右上角带"*"者为普通型，其余均为双重绝缘电动工具
J1ZC-16 冲击钻	334	184	1.6	12600	216	0.48/0.42	32	0.32/0.27	38				50	16			
J1Z-10 电钻	334	184	1.6	12600		0.48/0.42	32	0.32/0.27	38								
J1Z-10 电钻*	320	210	1.6	12600	210	0.47/0.41	32	0.34/0.29	41				57	9			
J1Z-10 电钻*	334	220	1.6	13040	204	0.47/0.41	32	0.34/0.29	36				55				
J1Z-13 电钻	430	275	2.1	12100	185	0.56/0.5	20	0.39/0.3	44	71	0.45		60	15	26	33	
J1Z-13 电钻	430	275	2.1	12100	185	0.55/0.49	20	0.39/0.3					64				
Z1JH-20 冲击钻	430	275	2.1	12100	185	0.55/0.49	20	0.39/0.3									
J1FH-100 往复锯	430	275	2.1	12100	185	0.55/0.49	20	0.39/0.3									
P1B-16 电扳手	305	195	1.51	8500	212	0.47/0.41	27	0.34/0.21						9			
J1JP-8 电剪刀	430	275	2.1	12100	185	0.55/0.49	20	0.38/0.33						15			
J1Q-8 曲线锯	430	275	2.1	12100	185	0.55/0.49	20	0.38/0.33									
J1HP-25 电冲剪	430	275	2.1	12100	185	0.55/0.49	20	0.38/0.33									
M1B-90/2 电刨	485	310	2.4	13000	152	0.63/0.57	19	0.48/0.41	38	80	0.5		72	9			
Z1C-26 电锤*	520	360	2.5	13300	160	0.63/0.57	18	0.47/0.41	42		0.45	轴流式	82	8	30	33	
P1B-20 电扳手	550	350	2.4	8900	173	0.62/0.57	24	0.44/0.3			0.5	离心式	74	9	26.5		
Z1C-38 电锤*	780	375	2.7	14500	115	0.63/0.57	14	0.53/0.47			0.45	轴流式	82	8	30		
P1BD-60 定扭矩扳手	630	450	3.2	11000	148	0.6/0.59	16	0.50/0.44	48		0.55	离心式	74	9	26.5		
M1B-80/2 电刨	630	450	3.2	11300	144	0.66/0.59	17	0.50/0.44			0.5	轴流式	78	10	26.5		
P1B-24 电扳手*	700	600	4.1	11000	130	0.5/0.44	16	0.53/0.47	60		0.55	离心式	74	9	26.5		
J1Z-19、29 电钻	830	470	4.1	9900	134	2~0.56/2~0.5	13	0.56/0.5	52	90	0.6		81	13	33	38	

表 3-22 单相电钻用单相串励电动机的技术数据及铁心、绕组数据（220V、2p = 2）

钻头规格/mm	功率/W	电流/A	转速（电动机/轧头）/(r/min)	负载率(%)	定子												转子					换向片数	电刷	
					外径/mm	内径/mm	长度/mm	气隙/mm	导线牌号线径/mm	每极匝数	线圈尺寸/mm 外宽	外长	内宽	内长	厚度	内圆角	槽数	导线牌号线径/mm	每槽导线数	元件匝数	绕组节距		牌号	尺寸/(mm×mm)
	80.3	0.9	12000/870	40	61.4 60.4	35.4	34	0.3	Qϕ0.38	244	45.5	52	35.5	42	6	3							DS-74B	6.5×4.3
6	80.3	0.9	12000/870	40	60.8	35.3	34	0.35	QZϕ0.31	256	46	55	31	41	6		9	QZϕ0.23	252	42	1~5	27	DS-8	6×4.3
	80.3	0.9	13000/940	40	61.7 60.6	35.4	34	0.4	Qϕ0.31	262	48	54	36	42	6								DS-83	6.5×4.3
10	130	1.2	10800/540	40	73	41	40	0.35	QZϕ0.38	198	58	61	43	46	7		12	QZϕ0.27	156	26	1~6	36		12×5
	140	1.4	11500/570	40	75	42.7	37	0.35	QZϕ0.41	170	48.5	55	36.5	43	6		13	QZϕ0.29	144	24	1~7	39		4×8
13	180	1.9	9750/390	40	84.5	46.3	45	0.4	Qϕ0.51	180	63	74	43	54	8	4		QZϕ0.38	132	22				
	185	1.8	10000/400	40	85	46.3	45	0.35	QZϕ0.51	150	60	70	44	52	8	4	12		138	23	1~6	36	DS-8	12×5
13	185	1.8	10000/400	40	85	46.3	45	0.35	QZϕ0.51	150	60	70	44	53	8			QZϕ0.35	138	23				
	185	1.95	10000/400	40	84.7	46.3	45	0.425	Qϕ0.51/ϕ0.56	164	63	74	43	54	8	4							DS-14	
19	330	3.0	9000/268	40	95	54	48	0.45	Qϕ0.72	120	70	74	58	58	8	6	15	QZϕ0.51	84	14		45	DS-74B	15.5×5
	440	3.6	9000/330	60	102	58.7	46	0.5	QZϕ0.77/ϕ0.83	100	76	72	59	55	8.5			QZϕ0.41	72	12			DS-8	16×5
13	204	2.2	8500/442	60	95	50.9	41	0.3	QZϕ0.51	140	51	56			9		13	QZϕ0.35	120	20	1~7	39	DS-8 DS-14	12×5
16	240	2.5	8500/333	60	95	50.9	46	0.3	QZϕ0.62	140	51	62			9			QZϕ0.41	102	17				

注：转子绕组形式均为双层叠绕。

（2）转子总导线根数

$$N_{2Z}=\frac{2p\pi D_2A}{I_e}$$

式中，D_2 为转子铁心外径（cm）；A 为线负载，按电钻大小选择，一般为95～120A/cm，功率大者取较大值；p 为极对数，一般单相串励电钻的电动机均为2极。

（3）转子元件匝数

$$W_2=\frac{N_{2Z}}{2K}$$

式中，K 为换向片数。

（4）转子每槽导线数

$$N_2=N_{2Z}/Z_2$$

式中，Z_2 为转子槽数。

导线并绕数为 $n=K/Z_2$

（5）转子导线截面积

$$q_2=\frac{I_e}{2pj}$$

式中，j 为转子导线电流密度（A/mm^2），一般可取8～10。

（6）转子槽节距

单数槽为 $$y=1\sim\frac{Z_2+1}{2p}$$

双数槽为 $$y=1\sim\frac{Z_2}{2p}$$

（7）定子每极匝数

$$\frac{W_1}{2p}=(0.2\sim0.3)\frac{N_{2Z}}{2}$$

（8）定子导线截面积

$$q_1\approx 2q_2$$

【例3-5】 有一无铭牌单相串励电钻为2极电动机，已知转子铁心外径 D_2 为4.65cm，长度 l 为4.8cm，转子槽数 Z_2 为14，换向片数 K 为42，试求重绕参数。

解： 1）额定电流 I_e：根据已知参数，查产品目录知，该电钻接近13mm规格，220V，额定电流为1.8A，估计 $I_e=1.8A$。

2）线负载 A 取105A/mm²，则转子总导线数为

$$N_{2Z}=\frac{2p\pi D_2A}{I_e}=\frac{2\times1\times\pi\times4.65\times105}{1.8}\text{根}=1703\text{根}$$

3）转子元件匝数为

$$W_2=\frac{N_{2Z}}{2K}=\frac{1703}{2\times42}\text{匝}=20.3\text{匝}$$

取整数20匝，这时 N_{2Z} 相应调整为1678根。

4）转子每槽导线数为

$$N_2=N_{2Z}/Z_2=1678/14\text{根}=119.8\text{根，取120根。}$$

导线并绕数 $n=K/Z_2=42/14$ 根 $=3$ 根

5）电流密度 j 取 $9A/mm^2$，则转子导线截面积为

$$q_2=\frac{I_e}{2pj}=\frac{1.8}{2\times1\times9}mm^2=0.10mm^2$$

查线规表，得标称直径 $d_1=0.35mm$ 或 $0.38mm$ 的高强度漆包线（绝缘导线外径分别为 $d=0.41mm$ 和 $0.44mm$）。

6）转子槽节距为

$Z_2=14$ 为双数槽，$y=1\sim\frac{Z_2}{2p}=1\sim\frac{14}{2}=1\sim7$

7）定子每极匝数为

$\frac{W_1}{2p}=(0.2\sim0.3)\frac{1678}{2}$ 匝/根 ≈210 匝/极，系数取 0.25

8）定子导线截面积为

$$q_1\approx2q_2=(2\times0.10)\ mm^2=0.20mm^2$$

查线规表，得标称直径 $d_1=0.51mm$（截面积 $0.204mm^2$）的高强度漆包线（绝缘导线外径 $d=0.58mm$）。

七、电动工具浸漆工艺

对于旋转速度很高的电钻等电动工具电动机，为增加绝缘强度，确保使用安全，建议采用表 3-23 所示的浸烘工艺。

表 3-23 电动工具用单相串励电动机电枢热固性浸烘工艺

工序		时间	工艺操作参数及要求
预烘（白坯）		4h	先在 90℃下烘 2h，升温至 120℃下烘 2h
第一次浸烘	浸漆	大于 20min 以达到浸透不冒气泡为止	1. 把 634 漆加热至 110℃左右 2. 把邻苯二甲酸酐加热至 130℃左右，然后加入 634 漆中，加以搅拌均匀使用 3. 浸前工件温度为 70±10℃
	滴漆	约 30min	以滴干余漆为止
	烘干	4~6h	先在 90℃下烘 2h，升温至 140℃烘 2~4h
第二次浸烘	浸漆	约 15min 浸透不冒气	浸漆操作及要求同第一次浸漆三点做法
	滴漆	约 30min	以滴干余漆为原则
	烘干	4~6h	先在 90℃下烘 2h，升温至 140℃下烘 4h 以上
	绝缘电阻（冷态）		用 500V 绝缘电阻表测量应大于 100MΩ
浸烘方式	浸漆	本工艺为采用沉浸法	
	烘干	采用带恒温控制的电热烘箱	

注：本工艺是选用热固性浸渍漆，其牌号为环氧 634#或 644#。

八、电动工具的试验

电动工具电动机绕组重绕后，应进行试验，合格后方可投入使用。试验项目根据具体情况酌情而定。试验项目有：绝缘电阻测量和交流耐压试验。其具体要求见表 3-24～表 3-26。

表 3-24 电动工具用单相串励电动机绝缘电阻

序号	需测试的绝缘部位	绝缘电阻值/MΩ
1	带电绝缘与机体之间：（1）基本绝缘（Ⅰ类） （2）加强绝缘（Ⅱ类）	2 7
2	带电部件和仅用基本绝缘与带电部件隔离的Ⅱ级工具金属件间	2
3	仅用基本绝缘与带电部件隔离的Ⅱ级工具金属件和机体之间	5
4	Ⅲ类电动工具带电零件与机体之间	1

表 3-25 电动工具用单相串励电动机绝缘耐压试验电压

类别	电动机电压/V	试验电压/V	时间/min	合格标准
Ⅲ类	50 以下（42、24）	500	1	无击穿
Ⅰ类	110、220	1250	1	无击穿
Ⅱ类	仅有附加绝缘 双重绝缘	1250 3700	1	无击穿

表 3-26 电动工具用串励电动机双重绝缘结构的试验电压值

序号	被试绝缘部位及工况	试验电压值/V
1	开关在断开位置时，各触头之间	1500
2	带电部件与其他不可触及的金属部件之间	1500
3	内接线中的导体与工作绝缘外表面上贴附的金属箔之间	1500
4	不可触及的金属部件与机体之间	2500
5	机壳与绝缘护罩内表面上贴附的金属箔之间	2500
6	机壳与电源线或电缆进线口处的线卡、保护套以及类似装在内部的接线或电缆上的金属箔之间	2500
7	带电部件与机壳之间	4000

九、电风扇的常见故障及处理

电风扇主要有台扇、落地扇和吊扇等。电风扇电动机通常使用的是罩极式和电容运转式交流电动机。电风扇的常见故障及处理方法见表 3-27。

表 3-27 电风扇的常见故障及处理方法

序号	故障现象	可能原因	处理方法
1	电扇不能起动	（1）电源无电或电源回路断线 （2）调速器接头松脱或触片接触不上 （3）电容器损坏 （4）绕组断线 （5）轴承太紧、扎死 （6）定、转子相擦	（1）检查电源电压及电源回路 （2）焊好接头或修好触片 （3）更换同规格的电容器 （4）重绕绕组 （5）调整或更换轴承 （6）调整定、转子间隙
2	电扇起动困难，发热严重	（1）轴承缺油 （2）轴承与转轴配合过紧 （3）绕组接线错误 （4）摇头不灵活 （5）台扇前、后盖风道阻塞 （6）绕组短路 （7）转子断条或端环缩孔开裂 （8）质量差，电动机空载电流大	（1）加润滑油（脂） （2）用活络绞刀适当绞松轴承孔 （3）纠正接线 （4）检修摇头机构 （5）清除风道中的杂物 （6）重绕绕组 （7）修补或更换转子 （8）无法修理，更换新的且符合要求的电动机

（续）

序号	故障现象	可能原因	处理方法
3	转速低	（1）接线错误 （2）电容器容量减小、老化 （3）电源电压过低 （4）绕组短路 （5）轴承损坏或缺油 （6）吊扇轴承内润滑脂过多 （7）吊扇转子下沉	（1）纠正接线 （2）更换同规格的电容器 （3）检查电源电压 （4）重绕绕组 （5）更换轴承或加润滑油 （6）拆开，将润滑脂减至轴承空间的2/3 （7）使其恢复原位
4	运转时有杂声	（1）轴承松动或破损 （2）轴前后伸缩过大 （3）轴承缺油 （4）定子与转子平面不齐 （5）风叶变形或松动 （6）电动机铁片松动 （7）质量差，安装粗糙，电磁噪声大	（1）更换轴承 （2）适当垫纸柏垫圈 （3）加润滑油（脂） （4）对齐定、转子平面 （5）校正风叶或拧紧固定螺钉 （6）拧紧铁片，夹紧螺钉 （7）无法修理，也可拆开重新装配试试
5	运转时振动、摇晃	（1）风叶变形、不平衡 （2）轴伸头弯曲 （3）风叶套筒与转轴公差大 （4）吊扇挂钩太大或挂钩固定不牢固 （5）悬挂装置的紧固螺钉未拧紧 （6）风叶安装位置有偏移或螺钉松动 （7）每片风叶重量不等 （8）房间太小，气流干扰	（1）校正风叶 （2）校直或调换转轴 （3）镶套筒或调换风叶 （4）处理挂钩 （5）拧紧紧固螺钉 （6）调整风叶位置，紧固螺钉 （7）无法修理，也可在风叶上增加平衡物试试 （8）风叶大小应与房间相配
6	定时器失灵	（1）定时器接头松脱 （2）指示座开关损坏	（1）重新焊牢 （2）修理或更换开关
7	电风扇调速失灵	（1）调速器内接头松脱或触片接触不良 （2）调速绕组短路或损坏	（1）焊好接头或修好触片 （2）重绕绕组或更换
8	台扇摇头失灵	（1）连杆开口锁脱落或断掉 （2）齿轮磨损，失去传动能力 （3）连杆横担损坏 （4）摇头传动部分不灵活，润滑脂硬化 （5）离合器弹簧断裂 （6）离合器下面的滚珠脱落 （7）软轴钢丝未调整好或夹紧螺钉松脱	（1）重配开口锁 （2）更换齿轮 （3）调换连杆横担 （4）擦洗，加润滑脂 （5）更换弹簧 （6）重新装上滚珠 （7）重新调整并拧紧、夹紧螺钉
9	电风扇冒火花	（1）绕组受潮 （2）导线绝缘损伤碰线 （3）绕组碰壳 （4）主、副绕组间绝缘损坏	（1）进行烘燥处理 （2）用绝缘胶带包缠好 （3）进行绝缘处理或重绕绕组 （4）重绕绕组
10	漏电	（1）没有接地（接零）线或接地（接零）不良 （2）电源引线与外壳碰连 （3）开关触头碰及外壳 （4）电容器外壳碰及电风扇外壳 （5）调速器铁心带电并碰及外壳 （6）定时器内部带电 （7）电风扇严重受潮 （8）绝缘层损坏、老化或绕组烧坏	（1）加装接地（接零）线，连接要可靠 （2）拆开检修，处理好碰连处 （3）调整开关位置，并固定牢固 （4）用绝缘胶带把电容器包起来，只留一面出线 （5）用胶木垫圈或绝缘螺栓，使铁心与外壳绝缘 （6）拆开检查内部有无金属物把电源引线与外壳连通 （7）进行干燥处理 （8）进行绝缘处理或重绕绕组

十、常用电风扇电动机的技术数据及铁心、绕组数据（见表3-28）

表3-28 国产常用电风扇电动机技术数据及铁心、绕组数据

类别	序号	规格/mm	极数	输入功率/W	转速/(r/min)	定子 外径/mm	定子 内径/mm	定子 长度/mm	定子 槽数	定转子间气隙/mm	转子 外径/mm	转子 内径/mm	转子 槽数
台扇	1	200	2	28	2300	φ60	φ30	25	4	0.35	φ29.3	φ10	13
	2	200	2	28	2350	φ59	φ28	32	4		φ27.3	φ9	15
	3	230	2	30	2400	φ70	φ32	32	4		φ31.3	φ9	13
	4	300	4	55	1200	φ88	φ44.7	32	8		φ44	—	17
	5	400	4	75	1150	φ95.7/φ108	φ51	32	8		φ95/φ107.3	—	22
	6	250	4	25	1300	φ88	φ44.7	20	8		φ44	φ12	17
	7	250	4	24	1320	φ88	φ44.7	22	8		φ44	φ12	17
	8	300	4	40	1300	φ88	φ44.7	26	8		φ44	φ12	17
	9	300	4	44	1280	φ78	φ44.5	24	16		φ43.8	φ12	22
	10	350	4	54	1285	φ88	φ44.7	26	8		φ44	φ12	17
	11	350	4	52	1280	φ88	φ48.3	20	16		φ47.6	φ13	22
	12	400	4	60	1250	φ88.4	φ49	32	16		φ48.3	φ14	22
	13	400	4	65	1230	φ88	φ44.7	32	8		φ44	φ12	17
落地扇	1	350	4	52	1280	φ88	φ44.7	30	16	0.35	φ44	φ13	22
	2	350	4	55	1300	φ88.4	φ49	28	8		φ48.3	φ12	17
	3	400	4	60	1250	φ88.5	φ49	35	16		φ48.3	φ13.5	22
	4	400	4	62	1200	φ88	φ44.7	35	8		φ41	φ13	17
壁扇	1	300	4	44	1280	φ86	φ44.5	26.5	16	0.35	φ43.8	φ11	22
	2	350	4	55	1300	φ86	φ44.5	28	16		φ43.8	φ14	22
	3	400	4	60	1230	φ92	φ50	28	8		φ49.3	φ14	26
座扇或座地扇	1	300	4	48	1320	φ88	φ49	26	16	0.35	φ48.3	φ12	22
	2	350	4	54	1300	φ88	φ49	25	16		φ48.3	φ12	22
	3	400	4	60	1250	φ88	φ49	34	16		φ48.3	φ12	22
	4	400	4	65	1290	φ88.5	φ46.7	32	16		φ46	φ13	22
吊扇	1	900	14	45	380	φ118	φ20	23	28	0.25	φ145	φ118.5	45
	2	900	14	50	370	φ122.25	φ44	25	28		φ148	φ122.7	47
	3	1050	14	58	360	φ118	φ20	23	28		φ145	φ118.5	47
	4	1050	16	56	370	φ132	φ22	24	32		φ160	φ132.5	57
	5	1200	18	70	300	φ134.75	φ70.5	26	36		φ162	φ135.2	48
	6	1200	16	72	320	φ132	φ22	24	32	0.30	φ160	φ132.5	57
	7	1400	18	80	280	φ134.75	φ70.5	25	36	0.25	φ162	φ135.2	48
	8	1400	18	85	290	φ137	φ63.5	28	36	0.25	φ164.5	φ137.5	52

台扇	1	ϕ0.17	1270×2	1×5	1×2	—	—	—	40×30×5	—	—
	2	ϕ0.19	(800+500)×2	1×5	1×2	—	—	抽头	42×32×5	—	—
	3	ϕ0.21	1100+(850+200)	1×5	1×2	—	—	抽头	42×32×6	—	—
	4	ϕ0.27	510×4	1.5×7	1×4	—	—	电抗器	40×27×6	—	—
	5	ϕ0.47	450×4	1.5×7	1×4	—	—	电抗器	40×31×10	—	—
	6	ϕ0.17	935×4	ϕ0.16	1020×4	1	500	电抗器	34×35×4.5	1-3	双层链式
	7	ϕ0.17	850×4	ϕ0.15	1020×2+(500+300)×2	1	500	抽头	36×35×4.5	1-3	双层链式L型
	8	ϕ0.17	630×4	ϕ0.19	620×4	1.5	400	电抗器	34×41×4.5	1-3	双层链式
	9	ϕ0.17	800×4	ϕ0.15	(500+500)×4	1	400	抽头	34×35×7	1-4	单层链式
	10	ϕ0.21	566×4	ϕ0.17	663×4	1.5	400	电抗器	34×38×4.5	1-3	双层链式
	11	ϕ0.21	720×4	ϕ0.17	(480+480)×4	1.2	400	抽头	34×32×7	1-4	单层链式
	12	ϕ0.21	550×4	ϕ0.19	(350+350)×4	1.2	400	抽头	35×40×7	1-4	单层链式LⅡ型
	13	ϕ0.23	570×4	ϕ0.17	890×4	1.2	400	电抗器	35×40×4.5	1-3	双层链式
落地扇	1	ϕ0.23	600×4	ϕ0.17	(420+420)×4	1	400	抽头	40×35×7	1-4	单层链式
	2	ϕ0.21	700×4	ϕ0.19	(550+300)×4	1	400	抽头	34×40×8	1-3	双层链式
	3	ϕ0.23	570×4	ϕ0.19	720×4	1.2	400	电抗器	39×44×8	1-4	单层链式
	4	ϕ0.23	520×4	ϕ0.17	1000×2+560×2	1.5	400	抽头	34×35×4.5	1-3	双层链式
壁扇	1	ϕ0.17	800×4	ϕ0.19	650×2+(420+200)×2	1	400	抽头	34×36×7	1-4	单层链式
	2	ϕ0.19	760×4	ϕ0.19	(480+480)×4	1.2	400	抽头	39×37×8	1-4	单层链式
	3	ϕ0.23	775×4	ϕ0.20	(320+480)×4	1.5	400	抽头	34×40×7	1-3	双层链式
座扇或座地扇	1	ϕ0.19	760×3+(750+110)	ϕ0.19	(480+480)×4	1.2	400	抽头	35×40×7	1-4	单层链式
	2	ϕ0.21	720×4	ϕ0.17	930×4	1.2	400	电抗器	36×44×8	1-4	单层链式
	3	ϕ0.23	570×4	ϕ0.19	720×4	1	400	电抗器	42×44×8	1-4	单层链式
	4	ϕ0.21	600×4	ϕ0.17	850×2+(700+160)×2	1.2	400	抽头	41×42×8	1-4	单层链式
吊扇	1	ϕ0.23	382×14	ϕ0.19	430×14	1	400	电抗器	40×24×8	1-3	双层链式
	2	ϕ0.19	600×7	ϕ0.17	660×7	1.2	400	电抗器	38×26×6	1-3	单层链式
	3	ϕ0.21	650×7	ϕ0.19	870×7	1.2	400	电抗器	37×25.5×7	1-3	单层链式
	4	ϕ0.25	620×8	ϕ0.23	715×8	1	400	电抗器	42×26×8	1-3	单层链式
	5	ϕ0.27	280×18	ϕ0.25	328×18	2	400	电抗器	43×21.5×11	1-3	双层链式
	6	ϕ0.28	530×8	ϕ0.23	780×8	2	400	电抗器	42×21×7	1-3	单层链式
	7	ϕ0.27	253×18	ϕ0.25	335×18	2	400	电抗器	40×21.5×11	1-3	双层链式
	8	ϕ0.29	236×18	ϕ0.25	323×18	2.4	400	电抗器	26×21.5×9	1-3	双层链式

十一、电风扇绕组重绕

电风扇绕组重绕时，应事先测量出绕组线径、每匝长度等参数，并参照相同或类似的产品（见表3-28）选择导线及确定匝数等参数。如果为空壳电动机，则应根据铁心尺寸，参照表3-28选择绕组各参数。下面介绍电风扇电动机的绕组展开图和嵌线方法。

1. 绕组展开图

以8槽和16槽电容式台扇为例，其定子绕组展开图如图3-11b、c所示。其主绕组（工作绕组）与副绕组（起动绕组）的线圈数相同，均为4匝（抽头调速电机例外）。

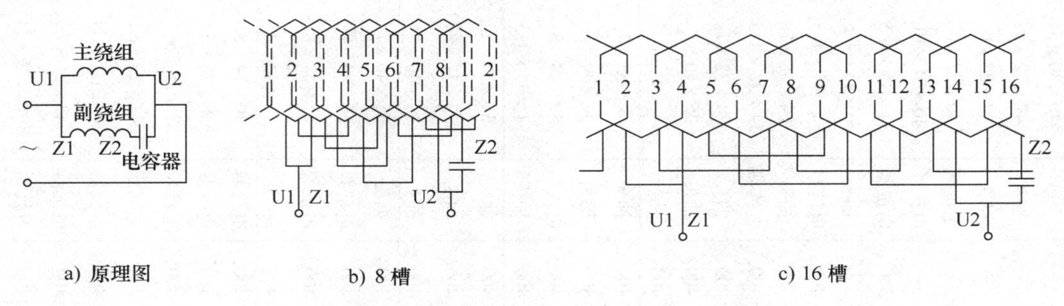

图3-11 绕组嵌线展开图

2. 绕组的嵌线

嵌线方法如图3-12所示。现以8槽定子绕组为例，先在第1槽内嵌入主绕组的一只线圈边，再在第2槽内嵌入副绕组的一只线圈边，接着在第3槽内嵌入第二只主绕组的一只线圈边，然后将第一只主绕组的另一线圈边也嵌入第3槽内，再将第二只副绕组的线圈边嵌入第4槽内。依此方法嵌完。当然，也可以将主绕组的4只线圈依次嵌入1、3、5、7各槽内，然后嵌副绕组。

十二、吊扇的接线

在安装或检修吊扇时会涉及吊扇的接线。吊扇接线错误，有可能出现吊扇旋转方向不对、旋转速度太慢、停转，甚至烧毁电动机等故障。吊扇的正确接线如图3-13所示。

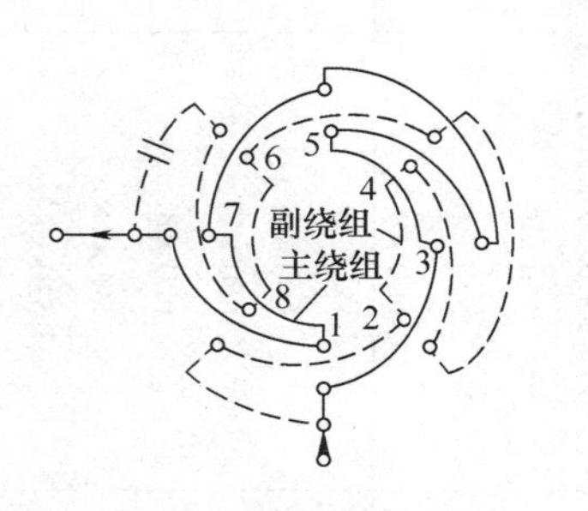

图3-12 绕组的嵌线

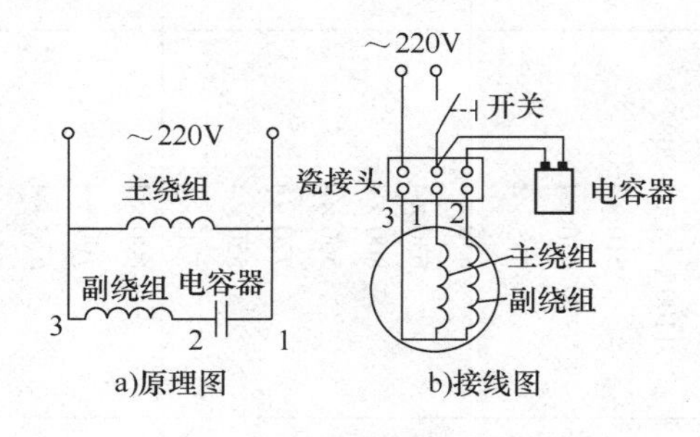

图3-13 吊扇的正确接线

如果吊扇是新买的，则只要严格按照使用说明书上的接线图（见图3-13b）接线即可。图中1、2、3各引出线的颜色分别为红、黄、白或红、绿、黑等。不同牌号的吊扇，引出线的颜色可能不同。

如果说明书遗失或不能根据引出线的颜色来判断各端头，可用试探法确定，即将任一出线看作3，将电容器接在另两条引出线上，再分别设两条引出线中的任一条引出线为1，并将电源线接于其上，然后接通电源。于是共有 6 种接法，如图 3-14 所示。这样经过 1～3 次试接便可确定正确的接线。例如，若接好线通电后电动机不转，这时只有图 3-14d 和图 3-14f 两种可能。当改接电源线（看作 3 的引出线及其上的电源线不变）时，必然出现图 3-14c 或图 3-14e 所指出的现象，便可根据图确定各引出线，然后按图接线即可。

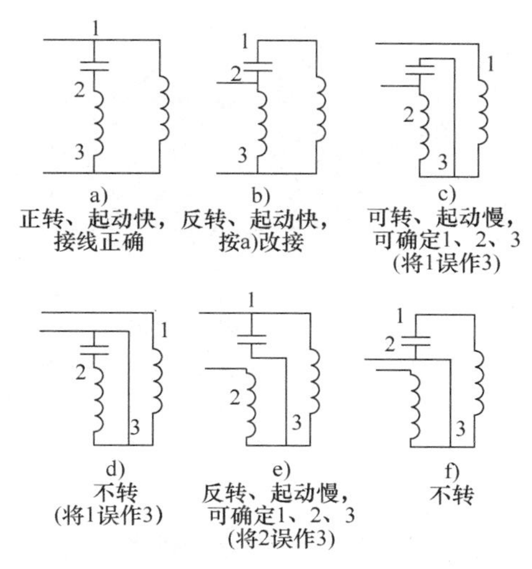

图 3-14　各种可能的接线情况

采用试探法时应注意：当发现接线不对时，应立即断电改接，不允许长时间通电，否则有可能使电动机过热，损害其绝缘，甚至烧毁电动机。此外，每调换一次接线，都应将电容器短路放电，以免接线时被电容上所储存的电荷电击。此法只有在电动机和电容器完好的条件下才有效。

第四节　电磁调速电动机的维修

一、电磁调速电动机的型号与结构

电磁调速电动机，也称电磁调速离合器、转差电动机。这种电动机具有恒转矩及平滑的无级调速等特点，其起动转矩大、结构简单、维护方便，广泛应用于恒转矩无级调速的场合，尤其对于风机、水泵等负载机械，应用后节电效果明显。

1. 电磁调速电动机的型号

电磁调速电动机新产品有 YCT、YDCT、YCTT 系列，老产品 JZT 系列、JZTT 系列等。

YCT 系列是统一设计的产品，由 Y 系列（IP44）三相异步电动机传动。

YDCT 系列换极式电磁调速电动机是 YCT 系列的派生产品。它用 YD 系列 4/6 极双速三相异步电动机作传动电动机，与专用的 JZT6、JZT7 型控制器配套，当转速在 700～800r/min 以上或以下时，自动将传动电动机切换成 4 极或 6 极方式运行，从而提高了中低速运行时的效率，扩大调速范围。

YCTT 系列电磁调速电动机采用整体结构。它的传动电动机为 4/6 极双速电动机，与离合器在同一机座内。

2. 电磁调速电动机的结构

电磁调速电动机由笼型异步电动机、电磁转差离合器和测速发电机等部分组成，其结构有组合式和整体式两种，分别如图 3-15 和图 3-16 所示。电磁调速电动机外壳防护等级为 IP21。

转差离合器的主要部件如下：

1）电枢：也称外转子，为圆筒形铸钢材料结构，它与原动机输出轴硬连接。为了便于散热，电枢上带有风叶、散热筋。

2）磁极：也称内转子，为爪形结构，若干对爪形磁极放在中间的隔磁环用铆钉铆牢，它与输出轴硬连接。

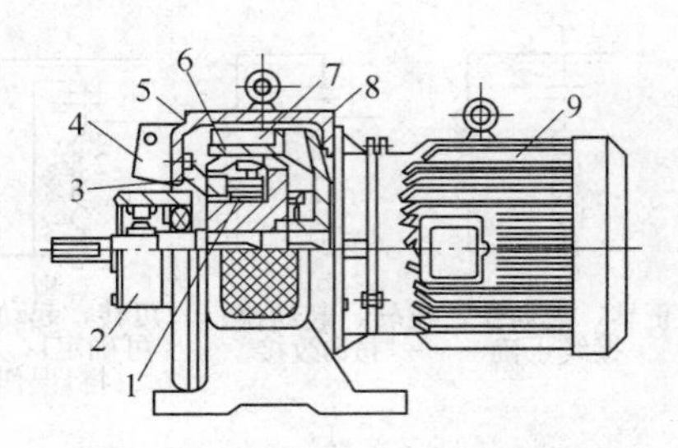

图3-15 组合式结构电磁调速电动机

1—励磁绕组 2—测速发电机 3—托架 4—出线盒 5—端盖 6—磁极 7—电枢 8—机座 9—拖动电动机

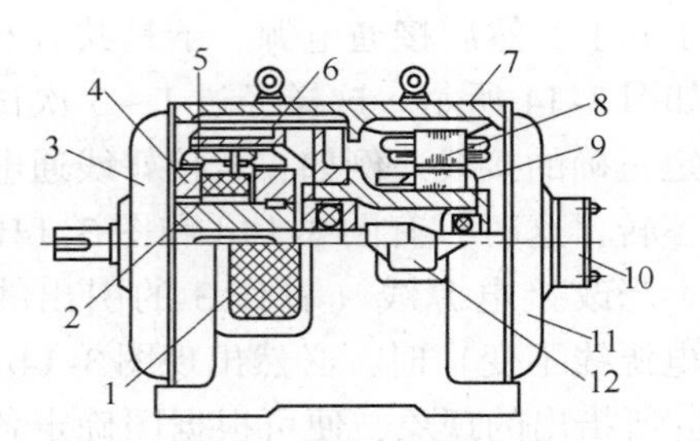

图3-16 整体式结构电磁调速电动机

1—出风口 2—励磁绕组 3—前端盖 4—托架 5—磁极 6—电枢 7—机座 8—拖动电动机定子 9—拖动电动机转子 10—测速发电机 11—后端盖 12—出线盒

3）托架：圆环形结构，固定于端盖上，支持励磁绕组，并作为磁路的一部分。

我国生产的电磁调速电动机，所用的测速发电机主要为三相中频同步永磁式交流测速发电机、脉冲式测速发电机和他励式直流测速发电机。

二、电磁调速电动机的工作原理

当三相异步电动机（原动机）通电旋转时，其电枢（外转子，与原动机硬性连接）随之旋转。另外，固定在磁导体上的励磁线圈中的电流（受控制装置控制）产生的磁力线通过机座→气隙→电枢→气隙→磁极→气隙→导磁体→机座，形成一个闭合回路，并在气隙中产生主磁场（见图3-17）。

在这个主磁场中，只要电枢和磁极存在相对运动，电枢各点的磁通就处于不断的重复变化中，即电枢切割磁场时，电枢中就感应出电势并产生涡流。由于电枢反应的结果，磁极便被拉动而旋转起来，其转速取决于励磁电流的大小。当负荷力矩一定时，励磁电流越大，磁极转速也越大。因此，只要改变励磁线圈中的电流，即调节磁场的强弱，就可改变磁极输出轴转速，达到工作机械的调速目的。

带速度负反馈的电磁调速电动机调速系统框图如图3-18所示。

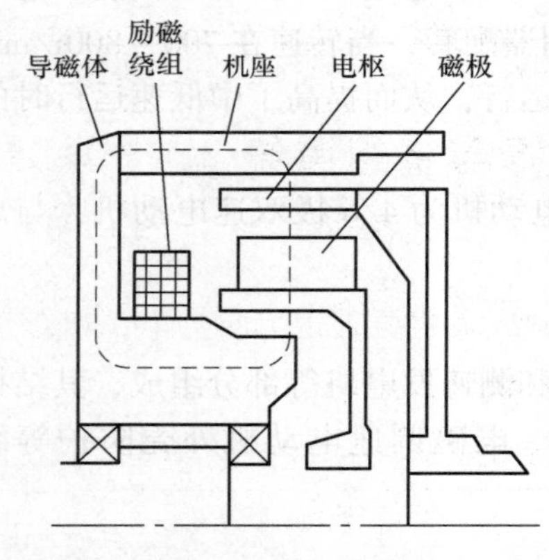

图3-17 电磁调速离合器结构示意图

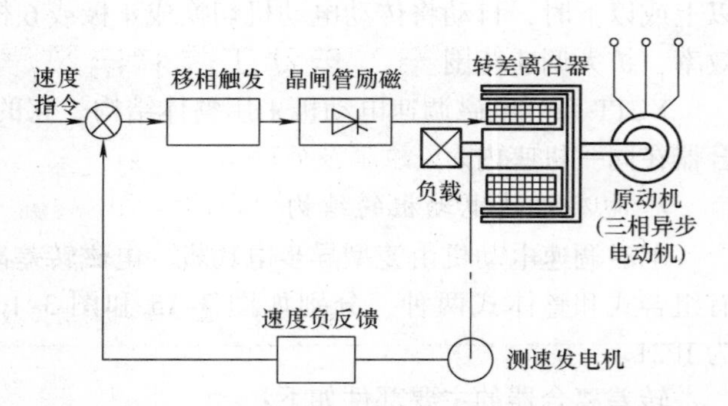

图3-18 带速度负反馈的电磁调速电动机调速系统框图

三、电磁调速电动机基本计算公式

1. 机械特性

电磁调速电动机的机械特性可近似地用以下经验公式表示

$$n_2 = n_1 - K\frac{M_2}{9.81I_1^4}$$

式中，n_2 为转差离合器输出轴转速（r/min）；n_1 为原动机转速（r/min）；M_2 为转差离合器输出轴转矩（N·m）；I_1 为转差离合器励磁电流（A）；K 为与转差离合器类型有关的系数。

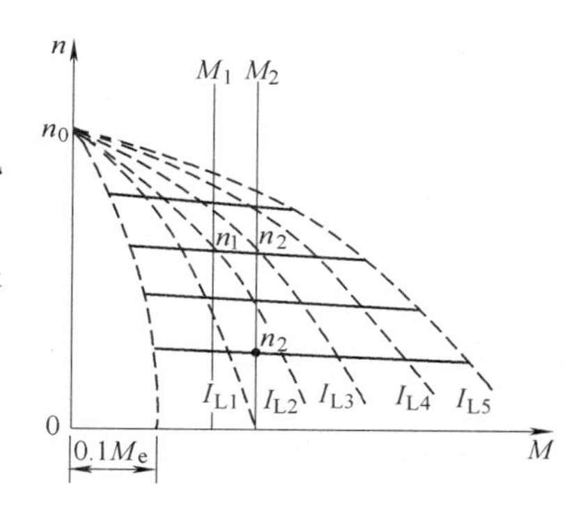

图 3-19 人工机械特性
（$I_{L1} < I_{L2} < I_{L3} < I_{L4} < I_{L5}$）

电磁调速电动机的人工机械特性如图 3-19 所示。图中虚线为自然机械特性，随着负载转矩的增大，转速急剧下降，故机械特性很软。这样的机械特征不能直接应用于要求速度比较稳定的工作机械上。为此，在这种系统中一般都引入速度负反馈，从而使机械特性变硬，如图 3-15 中实线所示。

由于摩擦转矩和剩磁转矩的存在，故在负载转矩小于 10% 额定转矩时，控制特性明显变坏，有时甚至失控。

2. 转差离合器的输入功率

转差离合器的输入功率等于原动机（笼型异步电动机）输出功率，即

$$P_1 = \frac{M_1 n_1}{9555}$$

式中，P_1 为转差离合器输入功率（kW）；M_1 为原动机输出转矩（N·m）；n_1 为原动机输出转速（r/min）。

3. 转差离合器的轴输出功率

转差离合器的轴输出功率为

$$P_2 = \frac{M_2 n_2}{9555}$$

式中，P_2 为转差离合器轴输出功率（kW）；M_2 为转差离合器输出转矩（N·m）；n_2 为转差离合器输出轴转速（r/min）。

4. 转差率

$$s = \frac{n_1 - n_2}{n_1}$$

5. 恒转矩负载下电磁调速电动机的传递效率和损耗

因为是恒转矩负载，$M = M_1 = M_2 =$ 常量，所以转差离合器的效率为

$$\eta = \frac{P_2}{P_1} = \frac{M_2 n_2}{M_1 n_1} = \frac{n_2}{n_1} = 1 - s$$

通常，在高速时传递效率为 80% ~85%。

在恒转矩负载下，其效率正比于输出转速。当转速下降时，输出功率成比例下降，而输入功率保持不变，此时损耗功率 ΔP 与转差损耗成比例增加，即

$$\Delta P = P_1 - P_2 = P_1 s$$

6. 通风机型负载下电磁调速电动机的效率和损耗

通风型负载转矩与转速的二次方成正比，功率与转速的三次方成正比，即

$$P_2/P_1=(n_2/n_1)^3=(1-s)^3$$

$$P_2=P_1(1-s)^3$$

原动机二次输入功率 $P_m=P_1(1-s)^2$

原动机二次损耗 $\Delta P=P_1 s(1-s)^2$

原动机一次输入功率 $P_{sr}=\frac{P_1}{\eta}(1-s)^2$

原动机二次回路效率 $\eta_2=1-s$

原动机一次回路效率 η_1

若设 $\eta_1=1$，则 $P_{sr}=P_1(1-s)^2$

【例3-6】 一台YDCT160-4/6C型电磁调速电动机，已知标称功率为2.8/2.2kW，传动电动机型号为YD112M-6/4。在恒转矩负载下运行，当原动机转速由1440r/min（4极）减少到940r/min（6极）运行时，试求节电效果。设转差离合器的输出轴转速为850r/min，原动机一次回路效率为1。

解： 当原动机转速为1440r/min时，有

转差率 $s=(n_1-n_2)/n_1=(1440-850)/1440=0.41$

效率 $\eta=P_1/P_1=n_2/n_1=1-s=1-0.41=0.59$

由于原动机一次回路效率为1，所以 P_1 等于原动机输入功率 P_{sr}，即 $P_1=P_{sr}$，故电磁调速电动机的损耗功率为

$$\Delta P=P_1-P_2=P_1 s=P_{sr}s=0.41P_{sr}$$

当原动机的输出转速降低到940r/min运行时，则这时的转差率和效率分别为

$$s'=(n_1'-n_2)/n_1'=(940-850)/940=0.096$$

$$\eta'=1-s'=1-0.096=0.904$$

原动机6极运行时的功率为4极运行功率为2.2/2.8=0.79，故有

$$\Delta P'=0.79P_{sr}s'=0.79\times0.096P_{sr}=0.075P_{sr}$$

因此，从4极转换为6极运行，可节约电力

$$\Delta P-\Delta P'=(0.41-0.075)P_{sr}=0.335P_{sr}$$

即节电33.5%。

该节电数值在各速度段都是相同的，即4极、6极转换后，在各种速度段运行下，具有相同的节电效果。

四、电磁调速电动机的技术数据

电磁调速电动机的额定电压为380V、额定频率为50Hz。YCT系列电磁调速电动机的技术数据见表3-29；YDCT系列电磁调速电动机的技术数据见表3-30；YCTT系列电磁调速电动机的技术数据见表3-31。

表 3-29 YCT 系列电磁调速电动机技术数据

型号	标称功率/kW	额定转矩/N·m	调速范围/(r/min)	传动电动机型号	质量/kg
YCT112—4A	0.55	3.6	1250～125	Y801—4	55
YCT112—4B	0.75	4.9		Y802—4	55
YCT132—4A	1.1	7.1		Y90S—4	85
YCT132—4B	1.5	9.7		Y90L—4	85
YCT160—4A	2.2	14.1		Y100L1—4	120
YCT160—4B	3.0	19.2		Y100L2—4	120
YCT180—4A	4.0	25.2		Y112M—4	160
YCT200—4A	5.5	35.1		Y132S—4	205
YCT200—4B	7.5	47.7		Y132M—4	205
YCT225—4A	11	69.1		Y160M—4	350
YCT225—4B	15	94.3		Y160L—4	350
YCT250—4A	18.5	116	1320～132	Y180M—4	620
YCT250—4B	22	137		Y180L—4	620
YCT280—4A	30	189		Y200L—4	900
YCT315—4A	37	232		Y225S—4	1250
YCT315—4B	45	282		Y225M—4	1250
YCT355—4A	55	344	1320～440	Y250M—4	1510
YCT355—4B	75	469		Y280S—4	1700
YCT355—4C	90	564	1320～600	Y280M—4	1700
YCT132—6A	0.75	7.5	760～76	Y90S—6	85
YCT132—6B	1.1	11		Y90L—6	85
YCT160—6A	1.5	14.5		Y100L—6	120
YCT180—6A	2.2	21		Y112M—6	160
YCT200—6A	3.0	28.6		Y132S—6	205
YCT200—6B1	4.0	38.2		Y132M1—6	205
YCT200—6B2	5.5	52.6		Y132M2—6	205
YCT225—6A	7.5	70.9		Y160M—6	350
YCT225—6B	11	104		Y160L—6	350
YCT250—6B	15	142	820～8.2	Y180L—6	620
YCT280—6A	18.5	175		Y200L1—6	900
YCT280—6B	22	208		Y200L2—6	900
YCT315—6B	30	281		Y225M—6	1250
YCT355—6A	37	346	820～270	Y250M—6	1510
YCT355—6B	45	421	820～370	Y280S—6	1700
YCT355—6C	55	515		Y280M—6	1700
YCT200—8A	2.2	28.4	520～52	Y132S—8	205
YCT200—8B	3.0	38.8		Y132M—8	205
YCT225—8A1	4.0	51		Y160M1—8	350
YCT225—8A2	5.5	70.1		Y160M2—8	350
YCT225—8B	7.5	95.5		Y160L—8	350
YCT250—8B	11	138	580～58	Y180L—8	620
YCT280—8B	15	189		Y200L—8	900
YCT315—8A	18.5	232		Y225S—8	1250
YCT315—8B	22	276		Y225M—8	1250
YCT355—8A	30	377	580～195	Y250M—8	1510
YCT355—8B	37	458	580～265	Y280S—8	1700
YCT355—8C	45	558		Y280M—8	1700

注：表中标称功率即为传动电动机的功率。

表 3-30 YDCT 系列电磁调速电动机技术数据

型号	标称功率 /kW	额定转矩 /N·m	调速范围 /(r/min)	传动电动机型号	质量 /kg
YDCT132—4/6A	0.85/0.65	5.4	1250~700~100	YD90S—6/4	83
YDCT132—4/6B	1.1/0.85	7.1		YD90L—6/4	85
YDCT160—4/6A	1.8/1.3	11.4		YD100L1—6/4	120
YDCT160—4/6B	2.2/1.5	13.8		YD100L2—6/4	123
YDCT160—4/6C	2.8/2.2	17.7		YD112M—6/4	125
YDCT180—4/6A	4/3	25.2		YD132S—6/4	160
YDCT200—4/6A	5.5/4	35		YD132M—6/4	231
YDCT200—4/6B	8/6.5	50.3		YD160M—6/4	233
YDCT225—4/6A	11/9	69.1		YD160L—6/4	348
YDCT225—4/6B	14/11	87.4		YD180M—6/4	370
YDCT225—4/6C	16/13	99.8		YD180L—6/4	451
YDCT250—4/6A	22/18.5	138.2	1320~700~100	YD200L—6/4	507
YDCT280—4/6A	28/22	174.7		YD225S—6/4	
YDCT280—4/6B	32/26	199.7		YD225M—6/4	
YDCT315—4/6A	42/32	263		YD250M—6/4	
YDCT355—4/6A	55/42	344.4	1320~700~280	YD280S—6/4	
YDCT355—4/6B	72/55	450.9		YD280M—6/4	

表 3-31 YCTT 系列调速电动机技术数据

型号	额定转矩 /N·m	调速范围 /(r/min)	传动电动机功率 /kW	型号	额定转矩 /N·m	调速范围 /(r/min)	传动电动机功率 /kW
YCTT160A—4/6	14.1	1200~60	2.2/1.5	YCTT225B—4/6	137	1320~60	22/15
YCTT160B—4/6	19.2		3/2	YCTT250—4/6	189	1320~330	30/20
YCTT160C—4/6	25.2		4/2.7	YCTT280A—4/6	232	1320~440	37/24.7
YCTT180A—4/6	35.1		5.5/3.7	YCTT280B—4/6	282		45/30
YCTT180B—4/6	47.7		7.5/5	YCTT280C—4/6	344		55/36.7
YCTT200A—4/6	69		11/7.5	YCTT315A—4/6	469		75/50
YCTT200B—4/6	94		15/10	YCTT315B—4/6	564		90/60
YCTT225A—4/6	116	1320~60	18.5/12.3	YCTT315C—4/6	683		110/73.3

五、电磁调速电动机的日常检查与维护

电磁调速电动机中的 Y 系列异步电动机的日常检查与维护参见第一章第五节。其他重点检查与维护的内容还包括：

1）检查周围环境有无杂物堆积，电动机的通风冷却系统是否良好。定期清洁外壳及通风冷却系统，清除积尘。

2）检查过电压保护的压敏电阻和阻容保护元器件是否良好。对击毁或烧坏的元器件及时更换，以确保设备的安全运行。

3）定期保养调速控制器，检查电路板各元器件有无变色、烧焦、接触不良及劣化等现象。检查并插紧电路板插脚。定期测试电路板是否良好。

4）运行中注意观察调节电位器时，电动机转速有无突变现象。若有，说明电位器接触不良，应予以更换。

5）检查测速发电机的灵敏度。测速负反馈应反应灵敏，但不能引起电流（电压）振荡，否则应适当降低其灵敏度。

6）检查离合器工作是否正常，定期清扫离合器部位的灰尘。

7）电动机未转动前，不可将励磁绕组通入励磁电流，以防熔断器熔体熔断。

8）调节调速电位器时要缓慢进行，逐渐增加或减小励磁电流，防止电动机转速突变，冲击负载机械。

9）电动机停机时，要把调速旋钮调到零位，再停止拖动原动机。欲使负载机械迅速停止时，要先停原动机，再将调速旋钮调到零位。

10）为了防止起动时电动机快速转动（即调速电位器阻值不在零值），可通过微动开关与调速电位器联动，只有当调速电位器阻值为零时，微动开关断开，切断控制回路。当阻值刚大于零时，微动开关闭合，接通控制回路，才允许起动调速。

11）尽量缩短低速运行时间，正反转运行不可过于频繁，以免绕组发热损坏。

六、电磁调速电动机的控制线路

电磁调速电动机的控制线路（即控制离合器励磁绕组的直流电压），一般采用带续流二极管的半波晶闸管整流电流。它包括以下环节：

1）测速负反馈环节：测速发电机与负载同轴相连，它将转速变为三相交流电压，经三相桥式整流和电容滤波后输出负反馈直流信号。通过调节速度负反馈电位器，可以调节反馈器。采用速度负反馈的目的是增加电机机械特性的硬度，使电动机转速不因负载的变动而改变。

2）给定电压环节：由桥式整流阻容 π 形滤波电路和稳压管输出一稳定的直流电压作为给定电压。调节主令电位器，可以改变给定电压的大小，从而实现电机调速。

3）比较和放大环节：给定电压与反馈信号比较（相减）后输入晶体管放大，经放大了的控制信号输入触发器（输入前经正、反向限幅）。

4）移相和触发环节：采用同步电压为锯齿波的单只晶体管或同步电压为梯形波的单结晶体管的触发电路。

调节主令电位器，若增大给定电压，则输入触发的控制电压就增加，因而触发器输出脉冲前移，晶闸管移相角 α 减小，离合器的励磁电压增加，转速上升；反之，若降低给定电压，转速就下降。

ZLK-1 型电磁调速电动机晶闸管控制装置线路如图 3-20 所示，它由主电路和控制电路组成。

工作原理：主电路（供给励磁绕组）采用单相半控整流电路（由晶闸管 V 等组成）。图中，VD_1 为续流二极管，它为励磁绕组提供放电回路，使励磁电流连续；硒堆 FV（有的采用 MY31 型压敏电阻）作交流侧过电压保护；R_1、C_1 为晶闸管阻容保护元件；熔断器 FU 作短路保护。

触发电路为晶体管触发器，由三极管 VT_1、电容 C_2、电阻 R_3、脉冲变压器 TM 等组成。

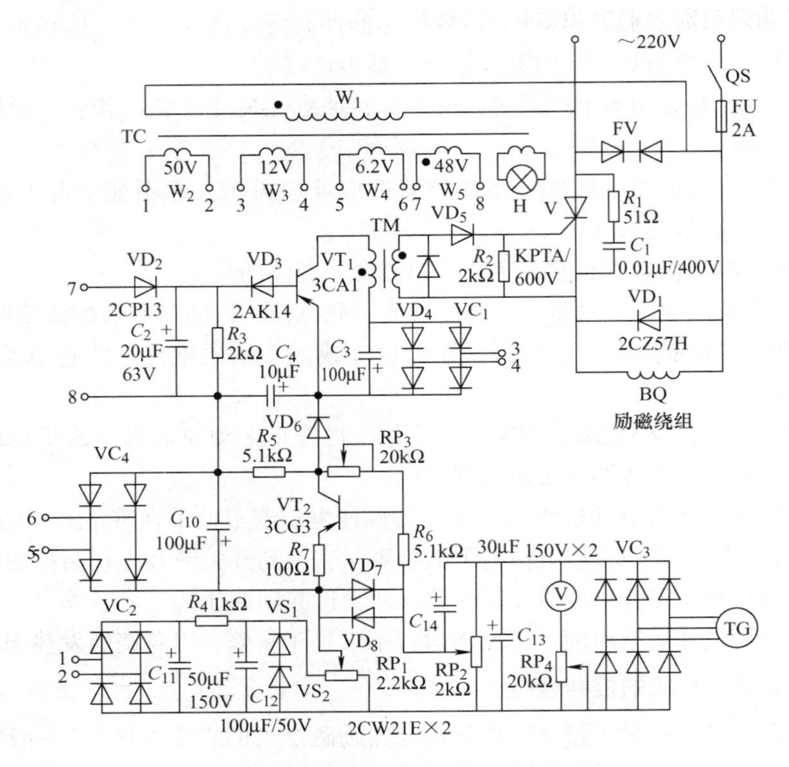

图 3-20 ZLK-1 型电磁调速电动机晶闸管控制装置线路

由变压器TC 的二次绕组 W_3 取出的12V 交流电压经整流桥 VC_1 整流、电容 C_3 滤波后为三极管 VT_1 提供工作电压。同步电压由 TC 的二次绕组 W_2 的输出电压经整流桥 VC_2 整流，电容 C_{11}、C_{12}，电阻 R_4 滤波，以及稳压管 VS_1、VS_2 稳压后，在电位器 RP_1 上取得。速度负反馈电压由测速发电机 TG 输出和交流电经三相桥式整流电路 VC_3、电容 C_{13}滤波后加在电位器 RP_2 上取得。三极管 VT_2 为信号放大器。

图中，VD_7、VD_8 为钳位二极管，用以防止过高的正、负极性电压加在 VT_2 的基极-发射极上而造成损坏。

给定电压（由电位器 RP_3 调节）与反馈信号比较后输入三极管放大器 VT_2 的基极，并在电阻 R_5 上得到负的控制电压，它与同步锯齿波电压叠加后加到三极管 VT_1 的基极。负的控制电压 U_k 与正的同步电压 U_c 比较，在同步电源的负半周，电容 C_2 向 R_3 放电，当 $|U_c|<|U_k|$ 时（见图 3-21 中 U_k 与 U_c 曲线的交点 M 以右），VT_1 基极电位变负而开始导通，有触发脉冲使晶闸管导通。图中各点波形如图 3-21 所示。

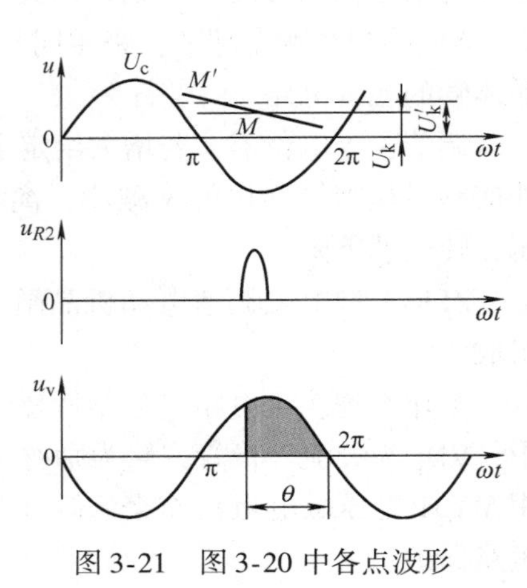

图 3-21 图 3-20 中各点波形

改变移相控制电压 U_k 的大小（调节 RP_3），也就改变了晶闸管的导通角，从而使电动机转速相应改变。调节 RP_3 可改变速度负反馈电压的大小。

七、电磁调速电动机的常见故障及处理

1. 电磁调速电动机的常见故障及处理方法（见表3-32）

表3-32 电磁调速电动机的常见故障及处理方法

序号	故障现象	可能原因	处理方法
1	速度振荡，不能调速，噪声大	（1）装配不良，内、外转子同心度不够 （2）转轴弯曲 （3）电子调速控制系统故障	（1）重新装配，使内、外转子的同心度配合好 （2）调整或更换转轴 （3）检修、调整电子调速控制系统
2	内、外转子有扫膛现象	（1）装配不良 （2）转轴强度不够	（1）重新装配 （2）更换成强度较高的转轴，如用65号碳钢代替原有的45号钢，或在电动机轴端套上一根加粗的轴套，并相应更换轴承和凸缘
3	速度振荡，或在某一速度范围内振荡	（1）速度负反馈量过大，即RP_2调得过大 （2）电子调速控制系统故障	（1）适当调小速度负反馈量，即将RP_2调小 （2）检修、调整电子调速控制系统
4	速度时稳时不稳或摆动	（1）测速发电机联轴器连接不良 （2）主令电位器RP_1或速度负反馈电位器RP_2接触不良 （3）电路中有元件虚焊或接触不良现象 （4）离合器励磁线圈两引出线接反，使极性反导致转速出现摆动	（1）拆开联轴器修理 （2）检修或更换电位器 （3）找出虚焊点或接触不良处，重新焊接或连接 （4）将两引出线头对调后连接好
5	晶闸管失控（电动机调速失控）	（1）同步电压相位错误 （2）触发器故障	（1）改变同步变压器TC4.8V绕组的极性，或脉冲变压器TM的极性 （2）检修或更换触发器
6	速度达不到最高转速（额定转速）	（1）主令电位器RP_1有毛病 （2）速度负反馈量过大 （3）续流二极管VD_1损坏、开路	（1）检修或更换主令电位器RP_1 （2）调小速度负反馈量，即将RP_2调大 （3）更换续流二极管VD_1
7	速度过高（主令电位器调到最大值时转速超过额定转速）	速度负反馈量过大小，这时机械特性的硬度会降低	调大速度负反馈量，即将RP_2调小，使主令电位器RP_1调到最大值时，转速达到额定转速
8	速度调不到零或调不低	（1）放大器工作点不当，晶体管VT_3集电极电流过大 （2）空载运行 （3）主令电位器RP_1故障	（1）调整放大器工作点（增加放大器的偏置电阻R_3） （2）调试时离合器必须加一定负载（大于10%额定负载），否则转速调不低 （3）更换主令电位器RP_1
9	测速电压下降，表现为速度过高，调节RP_2不能将速度降下来	（1）测速发电机转子磁环有故障，如破裂等 （2）整流桥中有二极管烧坏或断线 （3）测速发电机滤波电容器C13严重漏电	（1）检出破裂处，并补焊好，严重破裂的则更换磁环 （2）检查整流桥，更换损坏的二极管，接好线路 （3）更换电容器C3

2. 测速发电机和励磁绕组的修理

测速发电机和励磁绕组是较易损坏的部件，尤其当使用环境较恶劣且维护不当时，更容易损坏。绕组损坏重绕修理前，应做好原始记录。绕制工艺与异步电动机绕组重绕类似，但要注意以下几点：

1）导线一般采用QZ型高强度漆包线。

2）导线很细，绕制时拉力不可过大，否则会使绕组电阻增大，影响测速发电机的性能。

3）测速发电机绕组引出线采用φ0.28mm塑料铜芯软线。

4）浸漆使用1038号绝缘漆，要浸均匀、浸透。

5）励磁绕组对地绝缘层要用厚0.05mm、宽15mm的聚酯薄膜半叠包缠两层，再用0.15mm×20mm玻璃漆布半叠包缠一层。外层用0.12mm×15mm玻璃丝带半叠包缠一层。引出线用φ0.5mm丁腈橡胶线。

6）励磁绕组绕好后，用1038号绝缘漆浸漆一次，烘干后要求绝缘电阻不小于1MΩ。

八、电磁调速电动机检修后的检验

电磁调速电动机检修后或解体大修后，装配完毕以后需要进行质量检验，合格后方可投入运行。装配过程中要注意以下问题：

1）装配励磁绕组时，如果绕组与托架之间有间隙，可用绝缘纸片塞入间隙内，使之紧固。

2）在接线盒内接绕组引出线时，应注意引出线的标志：$T_1^{(+)}$、$T_2^{(-)}$。

3）对于脉冲测速发电机，要测量两极靴中心线间的距离，它应符合要求（一般为18.4mm），还要测量装配气隙。要使极靴两脚对准齿轮。

装配质量检查包括以下内容：

1）电动机振动（双倍振幅）不大于0.15mm。

2）电动机轴中心线对底脚平面的不平行度不超过0.1:100。

3）电动机输出端轴伸径向偏摆不大于表3-33内的规定。

表3-33 电动机输出端轴伸径向偏摆允许值

型　号	JZT1	JZT2、JZT3	JZT4～JZT8	JZT9、JZT10
最大允许偏摆/mm	0.03	0.04	0.05	0.06

4）各绕组热态绝缘电阻不低于0.38MΩ。

5）电动机底脚支承面的不平度（以轴向长度计算）不超过0.04:100。

6）电动机应转动灵活，无内部相擦现象。

7）轴承运转正常，无杂音、无漏油现象。

8）各部分的零件齐全。

第五节 三相换向器电动机的维修

一、三相换向器电动机的型号与结构

三相换向器电动机，也称三相整流子电动机，是一种特殊的三相异步电动机。该电动机可在较宽范围内平滑地调速，调速范围为1:3，甚至更宽，其输出功率与转速成正比，具有

恒转矩特性。全压起动时的最大起动电流为额定电流的 2 ~ 3 倍，起动转矩为额定转矩的 1.4 倍以上。电动机设有补偿装置，在任何转速与负载下均有较高的功率因数（最低转速时达 0.6，最高转速时达 0.98）。电动机的功率为 3 ~ 160kW。调速方式可采用手动操作，也可用伺服电动机远距离操作。电动机可在任一方向运转，但不宜频繁地正反方向运转。

三相换向器电动机有 JZS2 系列和 YHT2 系列，YHT2 系列是 JZS2 系列的改型产品。电动机外壳防护等级为 IP21 ~ IP23，故不宜用于多尘埃、粉末、腐蚀性气体及严重潮湿的场所。这种电动机一般带有鼓风机进行通风冷却。

三相换向器电动机的结构如图 3-22 所示，其原理图如图 3-23 所示。

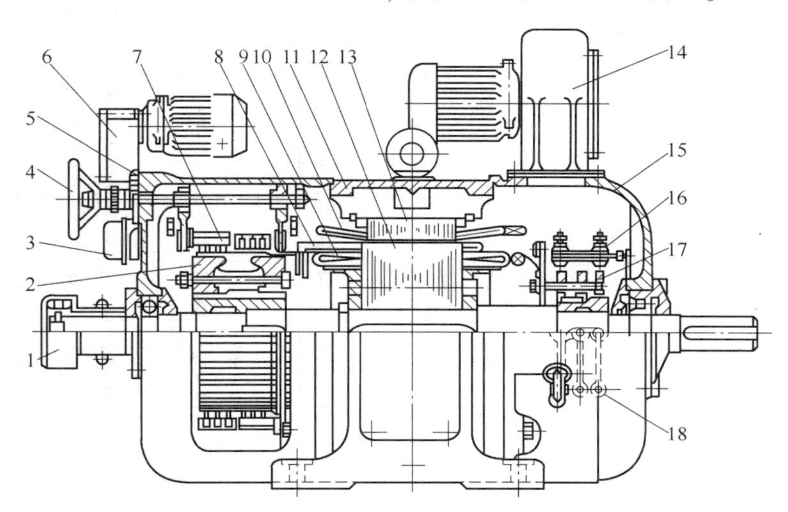

图 3-22　三相换向器电动机结构示意图

1—测速发电机及整流装置　2—换向器　3—限位器　4—移刷机构手轮　5—后端盖　6—遥控装置　7—换向器刷握和电刷　8—调节绕组　9—初级绕组　10—定子绕组　11—机座　12—转子铁心　13—定子铁心　14—鼓风机　15—前端盖　16—集电环刷握和电刷　17—集电环　18—电源引出线

嵌在定子槽中的定子绕组为副绕组，也叫次级绕组。转子槽内嵌有 2 ~ 3 套绕组，一套为主绕组，它与集电环（俗称滑环）连接，接通电源；另一套为调节绕组，它与换向器相连接。在大、中型电动机中还有均压线。有的在槽顶上还嵌有一套放电绕组，用来改善换向。

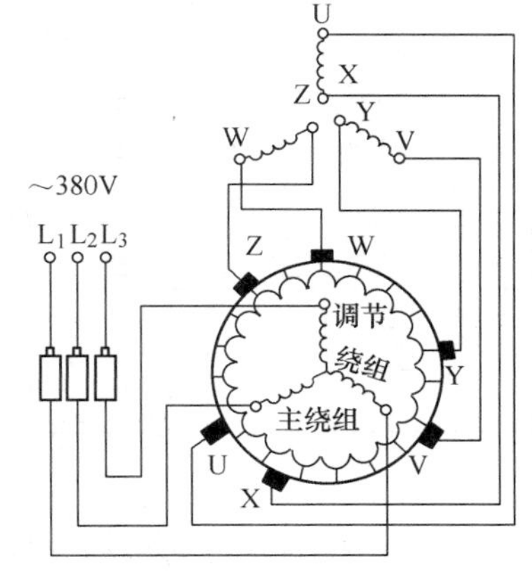

图 3-23　三相换向器电动机原理图

电动机可以通过移刷机构改变同相首尾之间的夹角来调节电动机的转速和功率因数。移刷机构可以利用手轮手动调节，也可以利用遥控机调节。

二、三相换向器电动机的技术数据

三相换向器电动机的额定电压为 380V、额定频率为 50Hz。JZS2 系列三相换向器电动机的技术数据见表 3-34；YHT2 系列三相换向器电动机的技术数据见表 3-35。

表 3-34 JZS2 系列三相换向器电动机技术数据

电动机型号	额定功率/kW	转速范围/(r/min)		$\frac{I_g}{I_N}$ (低速≤)	$\frac{M_g}{M_{N(max)}}$ (低速≥)	$\frac{M_{max}}{M_N}$(≥)		额定电流/A	效率(%)	功率因数	轴承		质量/kg	备注
		速比1:3	速比>1:3			低速时	高速时				前	后		
JZS2-51-1	3/1	1400~470		3	1.5	1.5	2.2	7.2~5.6	70~55	0.92~0.5	308	306	230	—
JZS2-51-2	4/0		2650~0	1.5	—	—	2.2	9.9	65	0.94			275	附0.12kW风机
JZS2-52-1	5/1.67			3	1.5	1.5	2.2	11.1~8	74~60	0.92~0.53		308	260	—
JZS2-52-2	7/1.7	1410~470	2200~500	3	1.5	1.5	2.2	16~9.4	70~50	0.95~0.55			300	—
JZS2-52-3	7.5/0		2600~0	1.5	—	—	2.2	17.1	70	0.95			300	附0.12kW风机
JSZ2-61-1	10/3.3	1410~470	2200~500	3	1.5	1.5	2.2	20.9~15.2	77~62	0.94~0.53	310	309	350	附0.12kW风机
JSZ2-61-2	12/3			3	1.5	1.5	2.2	27~18.4	75~45	0.90~0.55			380	
JSZ2-61-3	15/5	1410~470	2400~400	3	1.5	1.5	2.2	31~23.1	77~63	0.92~0.52			400	
JSZ2-62-1	24/4			3	1.5	1.5	2.2	49~33.4	78~52	0.96~0.35			450	
JZS2-7-1	17/0		1800~0	1.5	—	—	2.2	35	78	0.95	2312	310	450	附0.12kW风机
JZS2-7-2	22/7.3	1410~470		3	1.5	1.5	2.2	41~29.7	84~70	0.97~0.53			500	
JZS2-8-1	30/10	1410~470	1600~160	3	1.5	1.5	2.2	56~41.5	83~70	0.97~0.52	2316	313	750	附0.37kW风机
JZS2-8-2	40/4	1410~47		3	1.5	1.5	2.2	79~36	80~42	0.96~0.4			840	
JZS2-8-3	40/13.3			3	1.5	1.5	2.2	74~52	85~72	0.97~0.54			840	
JZS2-9-1	55/18.3	1050~350	1200~120	3	1.3	1.3	2	108~65	80~65	0.96~0.66	2317	314	1120	附1.1kW风机
JZS2-9-2	60/6			3	1.3	1.3	2	119~56	78~36	0.98~0.45			1300	
JZS2-9-3	75/25	1050~350		3	1.3	1.3	2	142~82	81~70	0.99~0.66			1300	
JZS2-10-1	100/33.3	1050~350	1200~200	3	1.3	1.3	2	194~111	81~65	0.96~0.7	2320	317	1650	附1.1kW风机
JZS2-10-2	100/16.7	1050~350		3	1.3	1.3	2	196~92	79~50	0.98~0.55			1700	
JZS2-10-3	125/41.7			3	1.3	1.3	2	240~126	81~70	0.97~0.72			1700	
JZS2-11-1	160/53.3	1050~350	—	3	1.1	1.1	1.4	288~156	85~75	0.99~0.69			2000	

表 3-35　YHT2 系列三相换向器电动机技术数据

型　号	额定功率/kW	额定转速范围/(r/min)	满载时			起动电流/最大额定电流（低速时）	起动转矩/额定转矩（低速时）	最大转矩/额定转矩		质量/kg	鼓风机功率/kW
			电流/A	效率(%)	功率因数			低速时	高速时		
YHT2—160—6A YHT2—160—6B YHT2—160—6C	3.7/1.23 5.5/1.83 7.5/2.5	1381～460	9.4～7.8 13.5～10 17.7～13.7	67～46 69～48 70～49	0.9～0.5 0.92～0.55 0.92～0.55	3.0	2.2	2.2	2.4	280	0.18
YHT2—180—6A YHT2—180—6B	11/3.67 15/5	1380～460	23～19 30～24	75～52 76～53	0.95～0.55 0.98～0.58	3.0	2.2	2.2	2.4	330	0.18
YHT2—200—6A YHT2—200—6B	18.5/6.2 22/7.3	1380～460	35～26 42～28	79～59 80～61	0.99～0.60 0.99～0.61	3.0	2.2	2.2	2.4	430	0.18
YHT2—225—6A YHT2—225—6B	30/10 37/12.3	1380～460	57～45 70～57	81～60 80～60	0.97～0.49 0.99～0.52	3.0	2.0	2.0	2.2	560	0.37
YHT2—250—6A YHT2—250—6B	45/15 55/18.3	1380～460	82～67 99～80	83～64 84～64	0.99～0.52 0.99～0.53	3.0	2.0	2.0	2.2	750	0.75
YHT2—250—6C YHT2—250—6D	40/4 55/5.5	1600～160	75～41 103～54	80～42 81～41	0.95～0.35 0.95～0.35	3.0	2.0	2.0	2.2	750	0.75
YHT2—280—8A YHT2—280—8B	55/18.3 75/25	1020～340	107～88 138～112	82～60 83～60	0.96～0.50 0.97～0.50	2.8	1.8	1.8	2.0	1080	1.1
* YHT2—315—8A * YHT2—315—8B	90/30 110/36.7	1020～340				2.8	1.8	1.8	2.0		

注:1. 额定功率栏斜线前后数据分别对应最高及最低转速下的功率。

2. ＊机座号 315 电动机需试制。

三、三相换向器电动机的日常检查与维护

三相换向器电动机的日常检查与维护与三相笼型异步电动机、三相绕线转子异步电动机的日常检查与维护类同。三相换向器电动机结构比较复杂，调速机构的调整必须正确，在日常检查与维护中应重点注意以下事项：

1）使用场合必须符合产品说明书的要求，防止在多尘、污垢和有腐蚀性介质的环境中使用。

2）加强维护和保养，经常巡视检查，观察换向器、集电环及电刷运行情况，一旦发现火花异常，立即查明原因，及时处理，以免烧坏换向器集电环，造成严重后果。一般每周要调整一次电刷，及时更换磨损严重的电刷，调整电刷压力（换向器上刷压为20~30kPa，各刷压大小一致；集电环上的刷压为15~20kPa）。

3）更换电刷时，需使用制造厂规定的产品，否则有可能使电刷火花增大，损伤换向器或集电环。通常可按表3-36进行选择。

表3-36 电刷牌号及技术参数

电刷牌号	应用部位	电阻系数/[(Ω·mm^2)/m]	硬度压入值/MPa	对电刷电压降/V	磨损系数≤mm	50h磨损量/≤mm	电流密度/(A/cm^2)	圆周速度/(m/s)	单位压力/MPa
DS—74B2	换向器	60~90	1.8~3.5	2.3~3.5	0.25	0.2	12	50	0.02~0.04
TS—64	集电环	0.05~0.15	0.6~1.8	0.1~0.3	0.2	0.7	20	20	0.01~0.02

4）对于严重烧损的换向器，应车削换向器表面。车削时要求车刀轴向走刀量为0.1~0.3mm，车刀要尖利，切削深度为0.1~0.4mm，线速度为30~50m/min。

5）视环境及运行情况，每半月至一月需停车检查电动机内部情况，用皮老虎，最好用0.2MPa压缩空气吹风清扫，除去灰尘、污垢。

6）每半年检查一次轴承润滑脂。对于变质的润滑脂应及时更换，及时加注润滑脂，以保持轴承的良好润滑。

7）检查冷却风机是否正常，及时清除灰尘、污垢。

8）检查调速机构及限位开关是否灵活、可靠，清除灰尘、油垢。检查并拧紧螺钉及接线螺钉。

9）检查控制线路接线是否可靠，元器件是否良好，有无虚焊和虚接现象。

10）平时要注意观察电动机主电流是否正常，电动机有无过载和过速运行。若过载，应减轻负载；若负载正常而主电流异常，则应停机检查和调整。

11）电动机起动时，开始电刷位置应处于最低转速处（可通过控制线路中的限位开关实现），然后慢慢升速。手轮调节的时间不能太快，从低速向高速转动的时间不少于15s，否则，会引起电刷冒火。

12）每次检修时，要认真校验一次空载电流-转速曲线。不符合要求时，要查明原因及时调整。调整方法见本节五项。

四、三相换向器电动机的常见故障及处理方法（见表3-37）

表3-37 三相换向器电动机的常见故障及处理方法

序号	故障现象	可能原因	处理方法
1	电动机不能起动	（1）电源无电或断线 （2）电源电压过低或三相电压严重不平衡 （3）集电环和电刷间接触不良 （4）定子绕组和电刷引线部分松脱 （5）换向器上电刷未放下或未与换向器接触 （6）负载过重 （7）手轮未打到最低速位置，凸轮未接触到限位开关	（1）检查电源电压和电源回路 （2）检查电源电压，检查接头有无松动、氧化现象，以及供电线路导线是否过细、过长 （3）检查集电环和电刷，使两者接触良好 （4）检查并修复 （5）放下电刷，并使两者接触良好 （6）减轻负载，或更换更大容量的电动机 （7）将手轮调节到使凸轮接触到限位开关的位置，使其触头闭合，这样才能低速起动
2	电动机过热	（1）电源电压不稳定 （2）过载运行 （3）环境温度过高 （4）两块电刷转盘的相对位置未调整好 （5）冷却风机旋转方向不对 （6）进风口金属丝网积尘垢，风道堵塞 （7）电动机起动过于频繁 （8）换向器上的部分电刷磨损严重、过短，或电刷补卡在刷架内 （9）换向器冒火严重 （10）轴承损坏或定、转子相摩擦	（1）检查电源及电源回路接触情况 （2）用钳形表检查电刷引线上的二次电流，若超过铭牌规定值，则需降低负载 （3）检查周围环境温度 （4）在空载状态下调整电刷转盘，使电动机符合规定的电流-转速曲线 （5）对调两个接线头，纠正旋转方向 （6）清除尘垢，清除风道中的杂物 （7）减少起动次数，一般在额定负载下，每小时起动次数不超过两次 （8）检查电刷和刷架，更换过短的电刷，调整好电刷的压力 （9）按第4条“换向器冒火严重”处理 （10）检查轴承温度，听声音，若轴承损坏，应更换轴承；拆开检查定、转子间隙，重新装配
3	集电环表面损伤、跳火或集电环呈椭圆状	参见表1-88第2条中的（1）~（3）项	参见表1-88第2条中的（1）~（3）项
4	换向器冒火严重	（1）平时维护不到位，换向器表面粗糙，造成恶性循环，加重火花 （2）~（5）参见表1-88第4条中的（2）~（5）项 （6）换向片两侧有毛刺 （7）过载运行 （8）两块电刷转盘的相对位置未调整好 （9）换向器中有的云母片高出换向片	（1）加强维护，发现问题后及时处理 （2）~（5）参见表1-88第4条中的（2）~（5）项 （6）检查并消除毛刺 （7）按本表第2条②项处理 （8）按本表第2条④项处理 （9）检查并修整高出的云母片，使其低于换向片

（续）

序号	故障现象	可能原因	处理方法
4	换向器冒火严重	（10）换向器的云母槽内被电刷粉末或导电金属粉末侵入 （11）电刷质量差 （12）电刷鞭子松动 （13）换向器表面偏心 （14）电刷架未固定牢固，或支杆变形 （15）电动机振动大 （16）空气中有腐蚀性介质 （17）调节绕组和换向器竖片间脱焊	（10）清除电刷粉末及金属粉末 （11）更换成符合规定的电刷 （12）紧固鞭子固定螺钉 （13）用千分表检查换向器表面的偏心度，要求不超过0.05mm （14）拧紧电刷架螺栓，校正变形的支杆 （15）紧固底脚螺钉，校验动平衡 （16）改善使用环境，加强维护 （17）检查并焊接好
5	换向器过热	（1）电动机过载 （2）电刷压力过大 （3）换向器上的火花过大 （4）电刷型号不对 （5）通往换向器的风道被污垢、杂物堵塞 （6）换向片间短路 （7）两块电刷转盘的相对位置未调整好	（1）检查二次回路中的负载电流，减轻负载或更换更大容量的电动机 （2）调整电刷弹簧压力 （3）查看火花，按本表第4条处理 （4）更换成规定型号的电刷 （5）检查并清除污垢、杂物 （6）清理换向器槽 （7）按本表第2条（4）项处理
6	电动机不能调速	（1）检查后定子前后装反 （2）检修后内、外两块电刷转盘装错 （3）两块电刷转盘上的限位铁位置未装对 （4）两块电刷转盘的相对位置未调整好 （5）检修后将定子绕组和电刷引线间的连接弄错 （6）电刷转盘和端盖间配合过紧或生锈	（1）检查并纠正过来 （2）按检修前所作标记检查，并改正，重新调试 （3）拆掉限位铁，让电动机在空载状态下运行，调整电刷转盘，使电动机符合规定的电流-转速曲线，并以此确定好限位铁的位置 （4）按本表第2条（4）项处理 （5）这时在部分电刷下会严重冒火，按检修前所作标记检查，并改正，重新调试 （6）重新调整，清除铁锈，并加少量润滑脂
7	电动机的调速范围窄	（1）同本表第6条（3）项 （2）同本表第2条（4）项	（1）按本表第6条（3）项处理 （2）按本表第2条（4）项处理
8	绝缘电阻太低	（1）环境潮湿或空气中有腐蚀性介质 （2）集电环、换向器等导电部分积有大量灰尘 （3）集电环的绝缘垫圈、电刷支架、接线板等绝缘不良或被电刷粉末、金属粉末覆盖 （4）电刷辫子、支架连接结与转盘碰连 （5）电动机受潮或绝缘老化、损伤	（1）检查环境，改善使用环境，同时对电动机进行清洁及烘干处理 （2）用压缩空气或吸尘器清除灰尘 （3）用压缩空气或吸尘器清除导电粉末 （4）检查并消除碰连线 （5）进行清洁、烘干处理或大修，重绕绕组

（续）

序号	故障现象	可能原因	处理方法
9	绝缘击穿	（1）绝缘严重受潮 （2）使用环境恶劣，维护不力 （3）电动机经常过载运行，加速绝缘老化和损坏 （4）遭受雷击	（1）检查击穿部位并修复，不能修复时，重绕绕组 （2）改善使用环境，加强维护 （3）防止过载运行，重绕绕组 （4）检查并加强防雷措施
10	自动调速控制失灵	（1）行程开关失灵或损坏 （2）控制回路有故障	（1）检查行程开关动作情况，若已损坏，应更换 （2）检修控制回路
11	电动机振动大	（1）~（6）见表1-82第8条中的（1）~（6）项	（1）~（6）见表1-82第8条中的（1）~（6）项
12	轴承发热	（1）~（3）见表1-82第15条中的（1）~（3）项	（1）~（3）见表1-82第15条中的（1）~（3）项
13	定、转子铁心相擦	（1）转子轴弯曲 （2）定子铁心位移 （3）转子铁心位移 （4）装配不良，如前、后端盖和机座的配合过松，引起转子下坠	（1）在车床上检查转子轴的弯曲情况及转子上各部分的偏心情况，并加以纠正，如果轴弯曲是由皮带张力过紧引起的，应调整皮带张力 （2）在车床上检查定子铁心内腔的偏心程度，然后作调整处理 （3）在车床上检查转子铁心外径的偏心程度，然后作调整处理 （4）重新装配

五、三相换向器电动机的控制线路

JZS-7型三相换向器电动机的控制线路如图3-24所示。图中，M_1为主电动机；M_2为附属主电动机上的鼓风机，供冷却主电动机用；M_3为附属主电动机上的摇控电动机（即伺服电动机）；TG为交流测速发电机，用以测量转速，即由它发出的电压（随电动机转速而变），经二极管全波整流、电阻分压，使转速表显示相应的转速。

在电动机调速机构内装有低速限位开关SQ_2和高速限位开关SQ_1。SQ_2保证电动机只能在最低速度下起动，SQ_1保证电动机转速不能超过最高转速，达到安全运行的目的。

工作原理：合上电源开关QS，按下起动按钮SB_1，接触器KM_1得电吸合并自锁，主电动机M_1以最低转速起动运行，鼓风机M_2也同时工作。如需升速，有两种方法：一是可按下继续加速按钮SB_5不放，接触器KM_3得电吸合，伺服电动机M_3带动电刷顺转，达到所需转速时（可观察转速表），松开SB_5，M_3停止运行，M_1便在某高转速下运行；二是可按连续加速按钮SB_4，KM_3吸合并自锁，待转速达到所需转速时，按下加减速停止按钮SB_7，KM_3失电释放，电动机M_3停转。同样，若要降速，可使用断续减速按钮SB_3或连续减速按钮SB_2，接触器KM_2吸合，伺服电动机M_3逆转，使主电机M_1的转速下降。

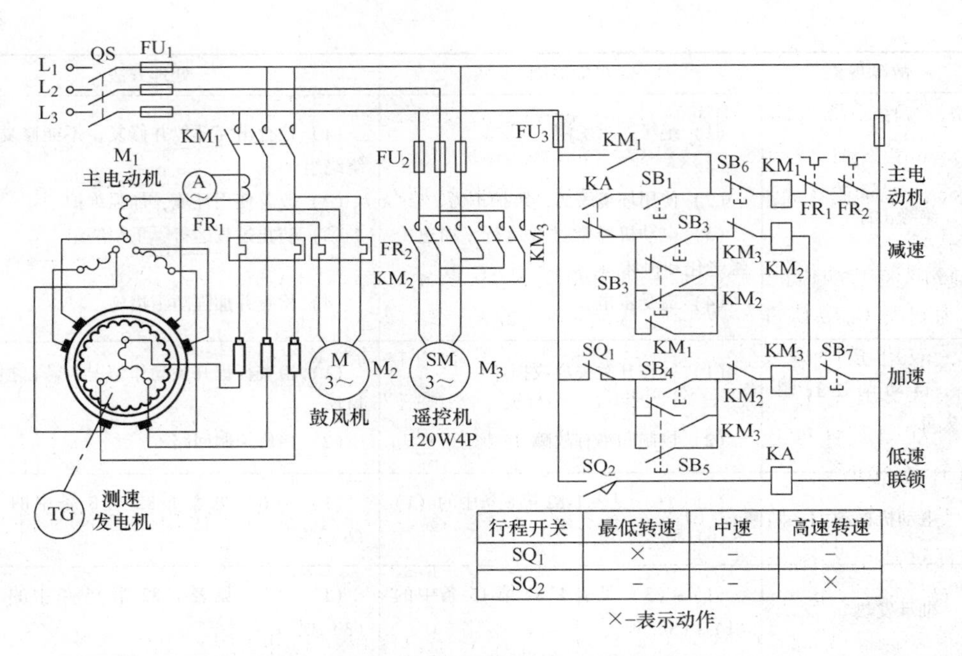

行程开关	最低转速	中速	高速转速
SQ_1	×	–	–
SQ_2	–	–	×

图 3-24 JZS-7 型三相换向器电动机控制线路

主电动机在运转过程中若需停转，可按下停止按钮 SB_6，接触器 KM_1 失电释放，切断主电动机 M_1 的电源，M_1 停转。同时 KM_1 常闭辅助触点闭合，接触器 KM_2 得电吸合，伺服电动机 M_3 逆转，带动电刷旋转至最低速位置。这时低速限位开关 SQ_2 闭合，中间继电器 KA 得电吸合，其常闭触点断开，KM_2 失电释放，M_3 停转，这样就保证了主电动机始终在最低速度下起动，以避免高速起动时电流过大，产生不允许的火花而损坏电动机。

六、三相换向器电动机的运行调试

三相换向器电动机调速机构结构图如图 3-25 所示。

1. 调整电刷转盘的相对位置

三相换向器电动机运行调试的关键工作是调整电刷转盘的相对位置。因为电刷转盘相对位置的正确与否，直接影响电动机工作特性的好坏、带负载能力的强弱以及换向器上火花的大小。调整的实质是要使电动机的空载运行特性符合生产厂家提供的空载电流-转速曲线。例如 JZS 型 40/13. 5kW、1450/450r/min 的换向器电动机的空载电流-转速曲线如图 3-26 所示。

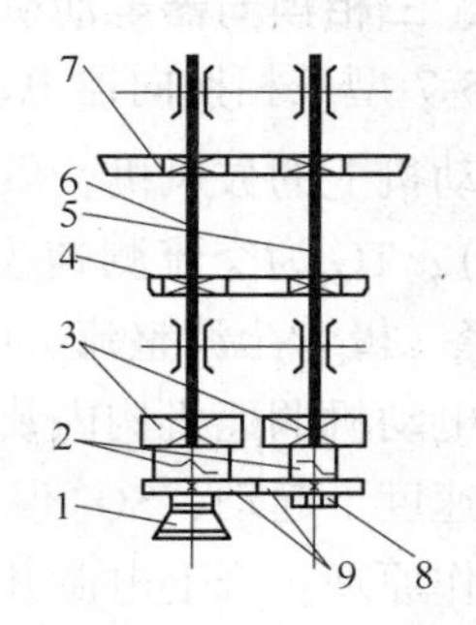

图 3-25 三相换向器电动机调速机构结构

1—手轮 2—离合器 3—传动齿轮 4—转轮 5—传动轴 6—手轮轴 7—转盘 8—紧固螺母 9—差动齿轮

调试方法如下：断开遥控装置，用手动方式调试，将电刷转盘上的高、低速限位铁拆去，电动机不带任何负载，主、副绕组分别接上钳形电流表，用以观察主绕组电流和副绕组电流的变化，并加以记录。送上 380V 三相交流电源，起动电动机，使其慢慢地运转起来，然后接以下方法调试（以 JZS 型 40/13. 5kW、1450/450r/min 电动机为例）：

1）用手调节调速手轮，使电动机升速，同时观察副绕组电流 I_2。只要 I_2 不超过 85A，就可将它调到最高速度［一般取最高额定转速加上 70～90r/min，此机为 1450+(70～90)=1520～1540r/min］，可用转速表测量。

2）如果升速时，I_2 大于 85A，则将调速机构的紧固螺母松开，拉出差动齿轮，用手移动电刷转盘，使其向升速或减速方向转一个角度，让 I_2 减小到不大于 85A。然后将差动齿轮复位，继续调节调速手轮，使电动机升速。如此反复调试，直到电动机转速为 1520～1540r/min，I_2 不大于 85A 为止。

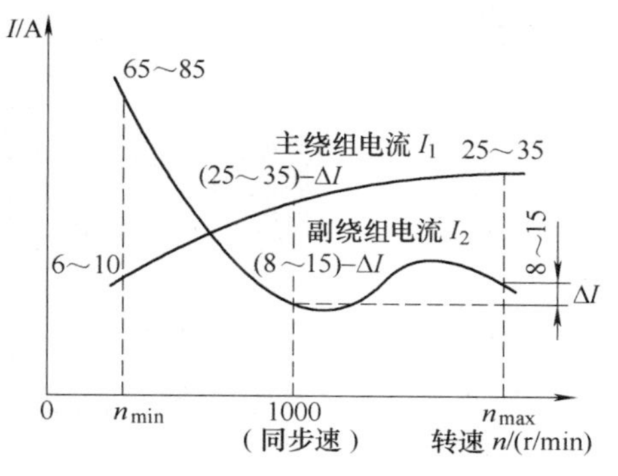

图 3-26 空载电流-转速曲线

3）当转速为 1520～1540r/min 时，拉出差动齿轮，调节调速手轮，使 I_2 降低到最小值，然后将差动齿轮复位，测量转速，再在最高转速（1520～1540r/min）下，把 I_2 再次调到最小值。这时的 I_2 也许不是 8～15A，可能更小一些。

4）调节调速手轮，让电动机降速至最低速［一般取最低额定转速加 40～100r/min，此机为 450+(40～100)=490～550r/min］，再看看 I_2 有多大。

5）如果 I_2 不大于 85A，则调节调速手轮，让电动机升速，并在最高转速（1520～1540r/min）下观察主绕组的电流 I_1。如果 I_1 稍大于同步转速（此机为 1000r/min）下的电流（此机为 25～35A），则调试基本完毕。

6）如果在最低转速（490～550r/min）下的副绕组电流 I_2 大于 65～85A，则在该转速下拉出差动齿轮，用手移动电刷转盘，使得它向减速方向转过 1～2 个齿牙，使 I_2 降下来（不大于 65～85A）。然后将差动齿轮复位，调节调速手轮，再看一下在最高和最低转速下的主绕组电流 I_1。

7）如果在最高转速下的 I_1 小于电动机在同步转速下的主绕组电流 $I_{1同步}$，则需要在最高转速下拉出差动齿轮，用手移动电刷转盘，使得它向升速方向移过 1～2 个齿牙，使最高转速下的 I_1 稍大于同步转速时的 $I_{1同步}$。

如果移动一只电刷转盘还不能达到要求，可用同样的方法移动另一只电刷转盘来调试。如此反复调试，直到符合图 3-26 所示曲线为止。然后安装好定位铁，使电动机空载运行 2h 左右，再次复核空载-转速曲线，因为由于电刷接触不良往往会使空载特性发生变化。

2. *改变电动机旋转方向*

对于没有功率因数补偿的换向器电动机，可以在任意方向运行。对于有功率因数补偿的换向器电动机，只能按规定方向长期运行，否则电动机会过热，运行特性变坏。如果要作长期反向运行，应进行如下处理：将两只电刷转盘的差动齿轮的位置对调，并换接任意两根电源线，然后重新按上面所介绍的方法校核空载电流-转速曲线，使它与生产厂家提供的空载电流-转速曲线相符。当然，要是反转运行的时间不长（一般不超过 1h），则仅换接任意两根电源线即可。

七、三相换向器电动机转子绕组重绕工艺

转子铁心内的主绕组嵌在槽的底层，调节绕组嵌在上层，每个线圈都接到换向器上。大、中型电动机还有放电绕组，嵌在调节绕组上方。当转子绕组发生故障、需改换绕组时，修理难度较大。但只要掌握修理要领，用户也能自行修理。

JZS2 系列三相换向器电动机转子绕组布置及联结如图 3-27 所示。

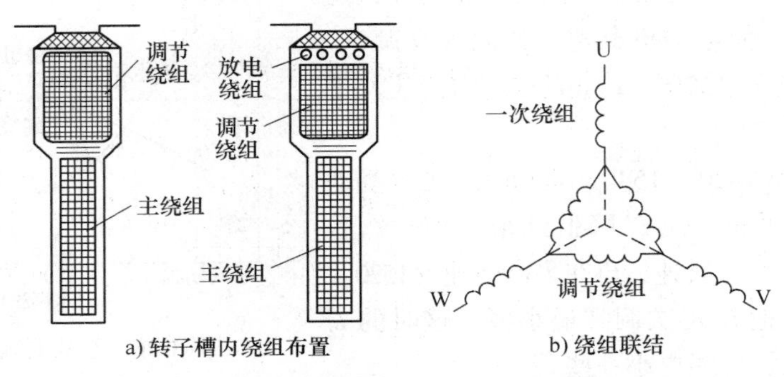

图 3-27 JZS2 系列电动机转子绕组布置及联结

1. 绕组故障的判断

首先用观察法检查。卸去电动机后盖，查看绕组与整流片连接处及绕组端部等部位有无电击、灼伤、熔锡、绝缘烧焦以及变色等痕迹。如果用观察法检查不出来，则可按以下方法检查：先断开电动机副绕组（定子绕组），将三相交流电经过调压器变成三相低压电（为 80～120V）后通入电动机转子绕组。如果测得的三相绕组电流平衡，则表明转子良好；若不平衡，则表明转子有故障。对于调节绕组，可以通过测量整流片片间的电压来判断。如果测得相邻两整流片片间的电压均相等，则表明调节绕组良好；若不相等，则表明调节绕组有短路等故障。

2. 绕组的拆除

当故障不很严重时，可参照第一章第六节二项所述内容，用加强绝缘的方法处理。若无法修补，则只能更换绕组。拆除绕组前，应先查清主绕组和调节绕组的接线方式并记录。拆除时先用喷灯或气焊火焰将调节绕组（处于上层）和整流片间的焊锡熔化，并迅速将调节绕组的接头拉出。加热温度要适当，速度要快，以免损伤周围的绝缘。然后取出槽楔，拆下绕组线圈。拆时不要使线圈变形。接着拆除主绕组。

3. 绕组的重绕与嵌线

主绕组的重绕方法与三相异步电动机的相同。调节绕组如果烧损不严重，可以经修补和绝缘处理后重新使用；如果少数几只烧损严重而无法修复，则只好重绕。

嵌线时按原先的记录进行。主绕组在槽的下层，调节绕组在上层。若有放电绕组，则放电绕组在顶层。嵌线工艺与三相异步电动机的相同。全部绕组嵌完后，绕组端部用橡皮槌或木榔头拍打整齐，外露两端绕组需牢固绑扎。

4. 焊接

焊接前将绕组接头处理干净，搪上锡，以防虚焊。然后将线头放入和换向器端部竖片相连的并头套内，用 300～500W 电烙铁进行焊接。焊接时要防止焊锡落入相邻的并头套内造成短路。焊好后需将残余焊剂清除干净，以免日后造成腐蚀。

5. 浸漆与干燥

浸漆与干燥的工艺参见第二章第七节。需要注意的是，应将转子立着放置，以免浸漆偏向一侧而影响转子运转时的动平衡。

八、三相换向器电动机二次绕组、调节绕组和放电绕组数据

JZS2 系列换向器电动机二次绕组数据见表 3-38；调节绕组数据见表 3-39；放电绕组数据见表 3-40。

表 3-38 JZS2 系列三相换向器电动机二次绕组数据

型号	功率 /kW	调速范围 /(r/min)	极数	槽数	线圈数	每组圈数	每圈匝数	并联路数	节距	联结方式	线规 n-d /mm	用线 /kg
JZS2-51-1	3～1	1410～470	6	36	36	2	21	1	1～6	Y	2-1.3	9.4
JZS2-51-2	4～0	2600～0	4	36	36	3	30	2	1～8		1.08 (1.06)	4.8
JZS2-52-1	5～1.67	1410～470	6	36	36	2	15	1	1～6		3-1.2 (3-1.16)	9.5
JZS2-52-2	7～1.7	2200～550	4	36	36	3	22	1	1～8	Y串联	1-1.4	7.1
JZS2-52-3	7.5～0	2650～0	4	36	36	3	22	2	1～8		1-1.4	7.1
JZS2-61-1	10～3.3	1410～470	6	36	36	2	41	3	1～6		1-1.45	13
JZS2-61-2	12～3	2200～550	4	36	36	3	20	2	1～8		2.1-4	14
JZS2-61-3	15～5	1410～470	6	36	36	2	29	3	1～6		2-1.2 (1.16)	14.5
JZS2-62-1	24～4	2400～400	4	36	36	3 2.3	11	2	1～8		3-1.5	16.3
JZS2-71-1	17～0	1800～0	6	45	45	2.3	20	3	1～7		3-1.25	21.2
JZS2-71-2	22～7.3	1410～470	6	45	45	2.3 2.3	20	3	1～7		3-1.25	21.2
JZS2-8-1	30～10	1410～470	6	54	54	3	10	3	1～9		3-1.3	17
JZS2-8-2	40～4	1600～160	6	54	54	3	10	3	1～9		3-1.45	21
JZS2-8-3	40～13.3	1410～470	6	54	54	3	10	3	1～9		3-1.45	21
JZS2-9-1	55～18.3	1050～350	8	48	48	2	16	4	1～6		4-1.3	30.6
JZS2-9-2	60～6	1200～120	8	48	48	2	14	4	1～6		4-1.45	38
JZS2-9-3	75～25	1050～350	8	48	48	2	14	4	1～6		3-1.5 (3-1.56)	30.9 22.3
JZS2-10-1	100～33.3	1050～350	8	72	72	3	9	4	1～9		6-1.45	59
JZS2-10-2	100～16.7	1200～200	8	72	72	3	9	4	1～9		6-1.45	59
JZS2-10-3	125～41.7	1050～350	8	72	72	3	9	4	1～9		4-1.45 4-1.5	38 40
JZS2-11-1	100～53.3	1050～350	8	72	72	3	9	4	1～9		8-1.5	76

表 3-39 JZS2 系列三相换向器电动机调节绕组数据

型号	换向片数	换向片节距	绕组型式	线圈数	每槽根数	节距	线规 $a \times b$/mm	用线/kg
JZS2-51-1	107	1~36	双波	108 D=1		1~7	2.26×3.28 (2.24×3.53)	4.85
JZS2-51-2	108	1~2	单叠	108	3	1~10	1.81×2.83	4.1
JZS2-52-1	107	1~36	双波	108 D=1		1~7	2.26×3.28 (2.24×3.53)	5.7
JZS2-52-2	108			108		1~10	1.81×2.83 (1.8×2.8)	43
JZS2-52-3	108					1~10		43
JZS2-61-1	144	1~2	单叠	144		1~6	1.95×3.8	7.5
JZS2-61-2					4	1~9	(2×3.75)	9
JZS2-61-3						1~6		8.2
JZS2-62-1		1~3	双叠			1~10(3根) 1~11(1根)	1.95×3.05 (2×3)	8.3
JZS2-71-1	180		单叠	180	4	1~5	1.95×4.4 (2×4.5)	11.9
JZS2-71-2						1~5		11.9
JZS2-8-1		1~2					1.35×4.4 (1.32×4.5)	12
JZS2-8-2	216			216	4	1~10(3根) 1~11(1根)		14
JZS2-8-3							1.56×4.4 (1.6×4.5)	14
JZS2-9-1								16
JZS2-9-2	246			240		1~7(4根) 1~8(1根)	1.95×4.4	20.5
JZS2-9-3			双叠				(2×4.5)	20.8
JZS2-10-1							1.35×4.4 (1.32×4.5)	22.5
		1~3			5			
JZS2-10-2	360			360		1~10(4根) 1~11(1根)	1.56×4.4	25
JZS2-10-3							(1.6×4.5)	25
JZS2-11-1							1.95×4.4 (2×4.5)	32

注：线规栏中扁铜排均为双玻璃丝扁铜线。

表 3-40 JZS2 系列三相换向器电动机放电绕组数据

型号	Y_k	绕组型式	线圈数	每极槽数	线规 n-ϕ/mm	节距	用线/kg	说明
JZS2-62-1			72	2	1-1.68 (1-1.70)	1~4	0.6	
JZS2-8-1		单层叠式			1-1.56			JZS2-51~JZS2-61 及 JZS2-71 各规格转子槽内无放电绕组
JZS2-8-2	1~2		108	2	单玻浸漆圆铜线	1~4	1.5	

（续）

型号	Y_k	绕组型式	线圈数	每极槽数	线规 n-ϕ/mm	节距	用线/kg	说明
JZS2-8-3	1～2	单层叠式	108	2	1-1.56 单玻浸漆圆铜线	1～4	1.5	JZS2-51～JZS2-61及JZS2-71各规格转子槽内无放电绕组
JZS2-9-1			240	5		1～3	4	
JZS2-9-2								
JZS2-9-3								
JZS2-10-1			360	5	1-1.68（1-1.70）单玻浸漆圆铜线	1～4	6.5	
JZS2-10-2								
JZS2-10-3								
JZS2-10-4								

第六节 锥形转子异步电动机和防爆电动机的维修

一、锥形转子异步电动机的结构

锥形转子异步电动机，也称锥形转子制动三相异步电动机，简称锥形电动机。锥形电动机有ZD、ZD1、ZDM1、ZDY1、JZZ、JZZS、ZDD、YHZ1、YHZY1、YHZS1、YFZX、YREZ、YFZR等系列。它具有制动频度高、制动力矩恒定等优点，广泛应用于起重运输机械和建筑机械等设备上。锥形电动机定子、转子铁心呈锥体状，其结构如图3-28所示。

由于锥形电动机的定子内表面和转子外表面呈锥体状，所以当定子绕组通入三相交流电时，转子便受电磁力，该电磁力分为轴向吸力和径向吸力。因为转子能够轴向移动，所以在轴向吸力的作用下，锥形转子被吸入定子锥形内腔中，由于轴向吸力对机构中蝶形弹簧的缓冲限位作用，使压缩弹簧释放制动，保持锥形定、转子有一定空气隙，电动机（转子）在定子三相交流电所产生的旋转磁场作用下正常运行。一旦定子三相电源断开，轴向吸力消失，蝶形弹簧处于伸张状态，其张力产生制动，使电动机（转子）迅速制动刹车。而径向吸力在转子圆周上大小相等，方向相反，相互平衡抵消。

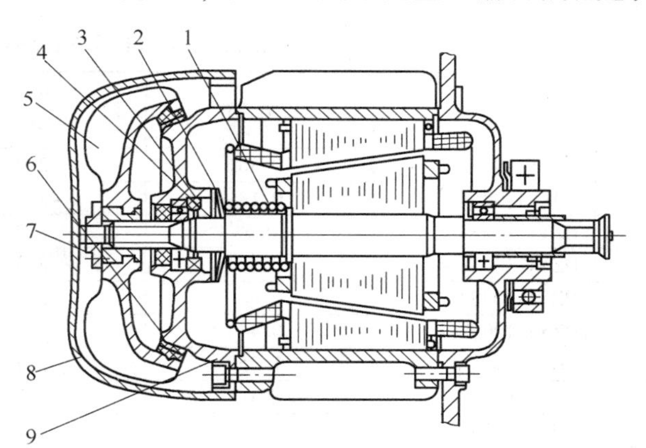

图3-28 锥形转子异步电动机结构
1—制动弹簧 2—缓冲碟形弹簧 3—支承圈 4—推力轴承 5—风扇制动轮 6—锥形制动环 7—调整螺母 8—风罩 9—后端盖

二、常用锥形转子异步电动机的铁心、绕组数据

ZD1、ZDM1及ZDY1系列锥形电动机的铁心、绕组数据见表3-41；YHZ1、YHZY1及YHZS1系列锥形电动机的技术数据见表3-42；ZD、ZDY系列锥形电动机的铁心、绕组数据见表3-43。

表 3-41 ZD1、ZDM1 及 ZDY1 系列锥形电动机的铁心、绕组数据

型号	功率/kW	定子铁心/mm				槽比 Z_1/Z_2	定子绕组数据					
		外径	内径		长度		形式	线规/mm	匝数	节距	联结	用线/kg
			大端	小端								
ZD111-4 ZDM111-4 ZDY111-4	0.2	120	73.5	66.5	40	24/22	单层链式	1-φ0.38	210	1~6	1Y	0.55
ZD112-4 ZDM112-4 ZDY112-4	0.4	120	73.5	64.75	60	24/22		1-φ0.47	140	1~6	1Y	0.65
ZD121-4 ZDM121-4 ZDY121-4	0.8	167	105.75	90.25	62	24/22		1-φ0.67	96	1~6	1Y	1.31
ZD122-4	1.5	167	110.5	85.5	100	24/22		1-φ0.86	60	1~6	1Y	1.65
ZD131-4	3.0	210	138.75	117.25	86	36/30	双叠	1-φ1.16	16	1~9		2.7
ZD132-4	4.5	210	177.2	149.2	112		单层交叉	1-φ1.35	25	2（1~9） 1（1~8）		3.2
ZD141-4	7.5	245	171.88	138.12	135	48/30	双叠	2-φ1.25	9	1~8	2Y	6.1
ZD151-4	15	280	233.33	192.075	165			2-φ1.18	10	1~10		6.2

表 3-42 YHZ1、YHZY1 及 YHZS1 系列锥形电动机技术数据

型号	功率/kW	$\frac{M_{max}}{M_N}$	$\frac{M_g}{M_N}$	堵转电流/A
YHZY1-90S-2	0.36	2.0	2.0	5
YHZY1-90S-4	0.18	2.0	2.0	3
YHZY1-100S1-2	0.5	2.2	2.2	7.5
YHZY1-100S1-4	0.28	2.0	2.0	3.5
YHZY1-100S2-2	0.68	2.2	2.2	10
YHZY1-100S2-4	0.44	2.2	2.2	6
YHZ1-100S-2	1.25	2.5	2.5	20
YHZ1-112S-2	2.0	2.7	2.7	30
YHZ1-125S-2	3.1	2.7	2.7	45
YHZ1-140S-2	5.0	2.7	2.7	7.5
YHZ1-160S-2	7.8	3.0	3.0	110
YHZ1-200S-2	12.0	3.0	3.0	190
YHZ1-200L-4	24.0	3.0	3.0	320
YHZY1-90M-2/8	0.6/0.15	2.2/1.8	2.2/1.8	8/3
YHZY1-100M-2/8	0.88/0.21	2.2/1.8	2.2/1.8	12/3
YHZY1-100L-2/8	1.45/0.32	2.5/2.0	2.5/2.0	20/6
YHZ1-100M-2/12	1.25/0.21	2.5/2.0	2.5/2.0	20/4
YHZ1-112M-2/12	2.0/0.33	2.7/2.0	2.7/2.0	30/8
YHZ1-125M-2/12	3.1/0.52	2.7/2.0	2.7/2.0	45/10
YHZ1-140M-2/12	5.0/0.83	2.7/2.0	2.7/2.0	75/15
YHZ1-160M-2/12	7.8/1.3	3.0/2.0	3.0/2.0	110/25
YHZ1-200M-2/12	12.0/2.0	3.0/2.0	3.0/2.0	190/30
YHZS1-24/2-4/2	24.0/2.0	3.0/2.7	3.0/2.7	320/30

表 3-43 ZD、ZDY 系列锥形电动机铁心、绕组数据(380V、50Hz)

型号	输出功率/kW	铁心/mm					槽比 Z_1/Z_2	定子绕组数据							定子线模					
		定子外径	定子内圆中径	转子内径	铁心长度	气隙		形式	线规 n-d /mm	匝数	节距	联结	槽满率	线重/kg	A_1	A_2	L	r_1	r_2	b
ZD11-4	0.2	120	70	25	40	0.25	24/22	单层	1-ϕ0.38	215	1~6	1Y	0.72	0.74	51	45	94	27	24	6
ZD12-4	0.4	120	70	25	60	0.25	24/22	单层	1-ϕ0.47	145	1~6	1Y	0.71	0.87	53	43	115	27	24	6
ZDY21-4 ZD21-4	0.8	167	98	30	62	0.35	24/22	单层	1-ϕ0.67	96	1~6	1Y	0.74	1.35	73	64	130	39	34	6.4
ZD22-4	1.5	167	98	30	100	0.35	24/22	单层	1-ϕ0.85	60	1~6	1Y	0.73	1.67	76	61	168	40.5	32.5	6
ZD31-4	3.0	210	128	40	86	0.45	36/22	单层	1-ϕ1.18	34	2(1~9) 1(1~8)	1Y	0.74	2.9	100 87	90 77.5	170	45 54	40 49	5.5
ZD32-4	4.5	210	128	40	112	0.45	36/30	单层	2-ϕ0.95	26	2(1~9) 1(1~8)	1Y	0.73	3.2	103 91	85 75	194	51.5 62.5	40 48.5	7
ZD41-4	7.5	245	155	50	130	0.5	36/30	双层叠式	2-ϕ1.15	10	1~8	1Y	0.76	4.62	118	96	220	73 90	53 64	7
ZD51-4	15	280	175	65	165	0.5	36/30	双层叠式	2-ϕ1.12	14	1~8	2Y	0.76	6.3	124	95	268	64	48	7.5

三、锥形转子异步电动机的日常检查与维护

锥形转子异步电动机的日常检查与维护可参见三相异步电动机的日常检查与维护。另外，还要重点检查、维护以下内容：

1）定期检查轴承情况，因为锥形电动机的轴承经常遭受冲击力，较一般电动机容易损坏。

2）由于锥形电动机使用环境通常较差，因此应加强清扫灰尘、除垢。若发生漏电现象，应测量绕组绝缘，绝缘电阻应不小于0.5MΩ。对受潮的电动机应作干燥处理。电动机的绝缘等级为F级。

3）检查蝶形弹簧的压力。若压力不足应调整。对老化的弹簧应及时更换。如果无新弹簧，可采取临时措施，即在弹簧下部加入适当厚度的垫圈，以增加弹簧压力。

4）检查制动部分有无卡阻现象，及时清除油垢，调整制动间隙，保养好各制动部件。制动力矩和弹簧的工作压力应符合表3-44的规定。

5）检查减振装置是否正常。

6）使用锥形电动机要注意两点：

① 不可将卧式电动机改为立式使用，以免锥形转子运转不可靠；

② 电动机与负载机械连接不可采用刚性连接。

表3-44 锥形转子异步电动机弹簧工作压力和制动力矩

电动机功率/kW	制动弹簧工作压力/N	制动力矩/N·m	电动机功率/kW	制动弹簧工作压力/N	制动力矩/N·m
0.2	42.2	2	3	460.9	42.2
0.4	110.8	4.9	4.5	681.6	62.8
0.8	153	10.8	7.5	882.6	98.1
1.5	273.8	19.6	13	1034.6	184.4

四、锥形转子异步电动机的常见故障及处理方法（见表3-45）

表3-45 锥形转子异步电动机的常见故障及处理方法

序号	故障现象	可能原因	处理方法
1	空载电流不平衡	（1）电源三相电压不平衡 （2）定子绕组有断路或短路故障 （3）定子绕组有一相接反 （4）重绕时三相绕组匝数不对	（1）检查并调整电源电压 （2）查明后修复 （3）查明后纠正 （4）查找原始记录，重新按规定匝数重绕
2	电动机起动困难	（1）制动环与制动接触面严重锈蚀 （2）电源电压过低，使启动转矩过小 （3）电源线太细，线路过长 （4）定转子铁心相擦 （5）弹簧压力太大，磁铁拉力克服不了弹簧压力	（1）清除锈蚀或更换刹车盘 （2）检查并调整电源电压 （3）增大导线截面积，缩短导线长度，就近接取电源。此类行车不宜用角钢滑触线传输电源 （4）调整垫片使气隙 （5）调整或更换弹簧

（续）

序号	故障现象	可能原因	处理方法
3	电动机过热	（1）制动环与制动接触面之间调整间隙太小，产生相擦 （2）定、转子间气隙过大，使转子感应电动势、感应电流减小，造成电磁转矩下降，带负荷能力下降 （3）定、转子铁心相擦 （4）定子绕组匝数减少	（1）调整间隙 （2）调整好气隙（2～7.5mm间隙） （3）按本表第2条（4）项处理 （4）按规定匝数重绕
4	电动机带负载时转速下降	（1）电动机负载过大 （2）转子裂纹、断条或端环裂开 （3）电动机定、转子间气隙过小 （4）定子在机座内轴向窜动，造成定、转子间气隙过小 （5）电源电压过低，使转矩变小 （6）绕组匝数过多 （7）用不匹配的定子、转子组装而成的电动机，其同心度、锥度不符合要求，即使勉强能用，也会使带负荷时转速下降，甚至起动困难	（1）减轻负载 （2）用断路探测器等方法找出故障并修理好 （3）调整好气隙，正常情况下定子、转子间有2～7.5mm的间隙 （4）查明原因，防止窜动 （5）检查并调整电源电压 （6）按规定匝数重绕 （7）杜绝电动机定子、转子互换情况，即使同一厂家生产的同型电动机也不宜互换
5	电动机负载能力差，温升快	（1）电源电压偏低。尽管此类电动机的过载能力较强，但长期欠电压运行，特别重载起动运行时，定子电流会超过额定值，使绕组过热 （2）定、转子间空气隙过大	（1）检查并调整电源电压 （2）调整好气隙（2～7.5mm间隙）
6	定子绕组烧毁	（1）电动机过度频繁起动、制动，如每天起动、制动数百次，在大电流的不断冲击下，极易损坏绝缘层 （2）工作环境恶劣，周围有粉尘及腐蚀性气体 （3）电动机定、转子铁心相擦等，使温升过高	（1）应控制操作次数，并避免连续长时间运行 （2）改善使用环境，加强维护保养 （3）查明原因，消除电动机温升过高现象
7	制动效果变差	（1）制动环松动或环面太脏 （2）制动环与锥面接触不良 （3）制动环长期使用磨损严重 （4）弹簧压力过小	（1）紧固制动环或清洁环面 （2）重新调整使两者能良好接触 （3）及时处理磨损面或更换制动环 （4）调整或更换弹簧
8	电动机轴承磨损	（1）工作环境粉尘过多 （2）维护保养不力	（1）改善环境条件 （2）定期清扫电动机，加强维护保养，保证轴承的正常润滑

五、防爆电动机的分类及结构

防爆电动机是防爆型交流三相异步电动机的简称。防爆电动机是用于含有可燃气体和易燃液体的危险场所的电动机。它与普通三相异步电动机的结构基本相似，主要在结构强度、隔爆性能、防异物和水浸入等方面作了加强，并提高了绕组的绝缘等级，增强了耐压强度，提高绝缘材料的温升极限，提高导线连接的可靠性，从而延长电动机的使用寿命，有效地避免或减少了产生事故火花、电弧及危险温度的机会。有些类型的防爆电动机也允许其内部产生弧光、火花，但由于采取了隔离措施，其内部产生的弧光、火花不会冲出外部与外部易燃易爆物质接触，因而是安全的。

防爆电动机分为工厂用和煤矿用防爆电动机两大类，使用较多的有隔爆型电动机和增安型电动机。

所谓隔爆型电动机是指当电动机内部发生爆炸时，由于采取了隔爆面等隔爆措施，不会引起外界爆炸性混合物的爆炸。隔爆型电动机的代号为 d。

所谓增安型电动机是指在正常条件下，不会产生点燃爆炸性混合物的火花、电弧或危险温度，并采取措施提高安全程度，在允许的过载情况下也不会出现火花。增安型电动机的代号为 e。

国产防爆电动机分类见表 3-46。隔爆型电动机的典型结构如图 3-29 所示。

表 3-46　国产防爆电动机分类

- 国产防爆电动机分类
  - 隔爆型
    - 交流三相异步
      - YB2 系列——隔爆型三相异步电动机(0.75～90kW)
      - JBO 系列——中型低压隔爆三相异步电动机(75～250kW)
      - 1 JB、2 JB 系列——隔爆型三相异步电动机(5.5～100kW)
      - BJQO 2 系列——隔爆型三相异步电动机(4～100kW)
      - JBS、1 JBS 系列——隔爆型三相异步电动机
      - JBR、JBRO 系列——隔爆型绕线转子三相异步电动机(30～250kW)
      - K、KO 系列——隔爆型三相异步电动机(4～100kW)
    - 交流单相异步
      - DB 型——隔爆型单相电容运转异步电动机
      - BCO 型——隔爆型单相异步电动机
    - 交流同步
      - TDKB 型——隔爆型交流三相同步电动机(200～1000kW)
    - 直流电机—BZO 2 型——隔爆型直流电流电动机
  - 增安型
    - 交流三相低压
      - YA 系列——增安型三相异步防爆电机
      - JAO 2 系列——增安型三相异步防爆电机(0.4～10kW)
    - 交流三相高压
      - YA 系列——增安型高压三相防爆电机
      - JAO 2 系列——增安型高压三相防爆电机
      - TAQW 系列——增安型高压三相同步防爆电机
  - 正压型——正压型三相异步防爆电动机(研制产品)
  - 无火花型——无火花型防爆电动机(研制阶段)

防爆、隔爆型电动机隔爆接合面一般有 8 处，即

1）机座与端盖止口接合面；

2）大盖与轴承内盖接触面；

3）机壳与接线盒座接触面；

4）接线盒座与接线盒接触面；

5）引线板与机座接触面；

6）转轴与轴承内盖接触面；

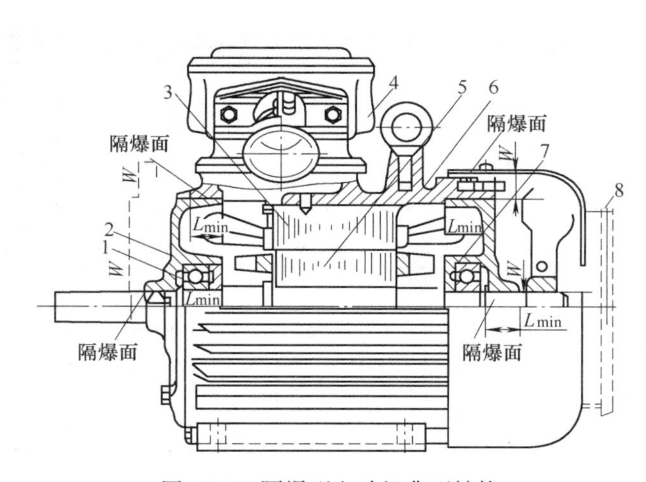

图 3-29　隔爆型电动机典型结构

1—轴承　2—端盖　3—定子　4—接线盒　5—转子　6—机座　7—轴承盖　8—风罩

7）接线螺杆与接线板接触面；

8）出线口处的胶皮压圈与接线盒接触面。

防爆电动机隔爆接合面配合是否严密，事关电动机使用中是否会发生爆炸事故，因此在装配、使用、维护中都必须认真做好保护接合面，保证接合面的严密性。

六、JBJ、JBI 2 及 DZB 系列等隔爆电动机的技术数据和铁心、绕组数据

JBJ、JBI 2 及 DZB 系列等隔爆电动机的技术数据见表 3-47，其铁心、绕组数据见表 3-48。

表 3-47　JBJ、JBI 2 及 DZB 系列等隔爆电动机技术数据

型　　号	额定功率 /kW	额定电压 /V	额定电流 /A	极数	转速 /(r/min)	效率 (%)	功率因数	$\frac{I_g}{I_e}$	$\frac{M_g}{M_e}$	$\frac{M_{max}}{M_e}$	转动惯量	质量 /kg
JBJ 4.2	4.2	380	9.4	4	1440	84	0.81	7.0	2.5	2.5	—	125
JBJ 11.4	11.4		23.7		1460	87	0.84				—	192
JBI 2-7.5-8	7.5	380/660	17.3/10	8	685	82	0.81	5	2.8	2.8	1.37	
JBI 2-10.5-8	10.5		23.5/13.6		685	82	0.83				1.77	
JBI 2-13-8	13		28.5/15.9		675	83	0.83				1.92	
DZB-13	13		30/17.2		690	84	0.85	4.5	2.4	2.6	—	270
DZB-15	15		33/19		700	85	0.83	4.4	2.0	2.2	—	280
DMB-50 S	50	660	62	4	1465	90	0.8	5.3	2.4	2.5		444
DMB-60	60/80		71/91		1475	92/93	0.81/0.83	6.0	2.5	2.7		1070
DM4B-100 S	100		119		1480	90	0.82	6.0	2.5	2.7		1125
JDM2B-150 S	150	660/1140	174/100		1475	91	0.83	6.5	2.5	2.7		1400
DMB-170 S	170		187/108		1465	93	0.86	5.25	2.0	2.0		1500
JDMB-200 S	200		230/134		1475	91	0.83	6.0	2.2	2.5		

表 3-48 JBJ、JBI 2 及 DZB 系列等隔爆电动机铁心、绕组数据

型 号	额定功率/kW	额定电压/V	定子铁心/mm				槽比 Z_1/Z_2	定子绕组数据					
			外径	内径	长度	气隙		绕组型式	线规 n-d_1/mm	匝数	节距	联结	用铜/kg
JBJ 4.2	4.2	380	245	145	125	0.4	36/42		1-φ1.3	29	1~8	2Y	7.2
JBJ 11.4	11.4		327	200	135	0.5	36/46		1-φ1.16	18	1~9		13.5
JBI 2-75-8	7.5	380/660	327	245	125	—	72/50		1-φ1.12	26	1~8	2△/2Y	
JBI 2-10.5-8	10.5				160				1-φ1.30	20			
JBI 2-13	13				175				1-φ1.04	35	1~9	4△/4Y	
DZB-13	13		368	260	160	—	72/—		3-φ1.16	8		△/Y	
DZB-15	15				180				3-φ1.30	8	1~8		
DMB-50 S	50	660	280	180	430	0.7	36/28	双层叠式	2-φ1.74	9	1~9	2△	20.5
DMB-60	60				480	0.8	48/40		2-φ1.56	10 11		4Y	20.5
DM4B-100 S	100		380	3.63	480	0.9	48/38		5-φ1.56	5		2Y	33
JDM2B-150 S	150	660/110			550	1.1	48/38		4-φ1.5	7	1~11	2△/2Y	37.5
DMB-170 S	170		413	270.5	510	1.0	48/40		8-φ1.25	7 8			48
JDMB-200 S	200		423	300	620	1.2	48/38		3-φ1.45	11		4Y/4△	47

七、BJQO 2 系列隔爆电动机的技术数据和铁心、绕组数据

BJQO 2 系列隔爆电动机的技术数据见表 3-49，其铁心、绕组数据见表 3-50。

表 3-49 BJQO 2 系列隔爆电动机技术数据

型 号	功率/kW	电压/V	频率/Hz	电流/A	同步转速/(r/min)	效率(%)	功率因数	$\frac{I_g}{I_e}$	$\frac{M_g}{M_e}$	$\frac{M_{max}}{M_e}$	质量/kg
BJQO 2-41-4	4			8.7/5		84	0.83				76
BJQO 2-42-4	5.5			11.7/6.8		85	0.84				91
BJQO 2-51-4	7.5			15.7/9		87	0.84				118
BJQO 2-52-4	10			20.5/11.8		87.5	0.85				138
BJQO 2-61-4	13			26.5/15.2		88	0.85				202
BJQO 2-62-4	17			33.7/19.5		89	0.86				220
BJQO 2-71-4	22	380/660	50	43/24.8	1500	89	0.87	6.5	2.0	2.0	290
BJQO 2-72-4	30			57.5/33.1		90	0.88				335
BJQO 2-82-4	40			75.4/43.5		90.5	0.89				520
BJQO 2-91-4	55			103/56.5		91	0.89				710
BJQO 2-92-4	75			—							
BJQO 2-93-4	100			—							

表 3-50 BJQO 2 系列电动机铁心、绕组数据（2p = 4）

型号	额定功率/kW	额定电压/V	定子铁心 外径/mm	内径/mm	长度/mm	气隙/mm	槽数 Z_1/Z_2	定子绕组数据 绕组型式	线规 n-ϕ/mm	匝数	节距	联结	用铜/kg
BJQO 2-41	4	380/660	210	136	100	0.35	36/30	单层交叉链式	1-1.0	52	2/1 ~9 1/1 ~8	△	3.6
BJQO 2-42	5.5				125				2-0.8	42			4.0
BJQO 2-51	7.5		245	162	120	0.4			2-1.0	58			6.3
BJQO 2-52	10				160				2-1.16	29			7.3
BJQO 2-61	13		280	182	155	0.55	36/46	双层叠式	2-1.45	14	1 ~9		14
BJQO 2-62	17				190				2-1.35 1-1.25	12			9.5 4.5
BJQO 2-71	22		327	210	175	0.7			1-1.35 1-1.45	21		2△	8.5 10
BJQO 2-72	30				235				1-1.25 2-1.35	16			6.5 15
BJQO 2-82	40		368	245	275	0.65	48/38		3-1.56	10	1 ~11		28.5
BJQO 2-91	55		423	280	260	1.0	60/50		3-1.25	17	1 ~13	4△	38
BJQO 2-92	75				340				3-1.45	13			44.5
BJQO 2-93	100				440				4-1.45	10			53

八、JBS 及 1 JBS 系列隔爆电动机的技术数据和铁心、绕组数据

JBS 及 1 JBS 系列隔爆电动机的技术数据见表 3-51，其铁心、绕组数据见表 3-52。

表 3-51 JBS 及 1 JBS 系列隔爆电动机技术数据

型号	功率/kW	电压/V	频率/Hz	电流/A	同步转速/(r/min)	效率(%)	功率因数	$\frac{I_g}{I_e}$	$\frac{M_g}{M_e}$	$\frac{M_{max}}{M_e}$	质量/kg
JBS-12-2	0.52	380	50	1.22	3000	76	0.85	5.7	1.5	2	36
JBS-21-2	1.0			2.15		79	0.86	6.5			50
JBS-22-2	1.6			3.25		81.5	0.87	7.7			59
JBS-31-2	2.7			5.5		84	0.88	7.5	1.4		88
JBS-32-2	4.2			8.0		85.5	0.88	7.5	1.5		106
JBS-33-2	5.5			10.2		86	0.89	8.8	1.5		118
JBS-12-4	0.52			1.37	1500	77	0.75	6.5	2.0	2	38
JBS-21-4	1.0			2.2		80	0.79	7.1	1.6		53
JBS-22-4	1.6			3.3		84	0.80	7.2	1.6		64
JBS-31-4	2.7			5.3		84.5	0.85	6.8	1.6		92
1 JBS-31-4	4.2			8.6		85	0.85	6.6	1.6		95
1 JBS-32-4	5.5			10.2		85.5	0.85	7.8	1.6		112
JBS-31-6	2.0			4.5	1000	81	0.73	8.4	1.6	2	90
1 JBS-31-6	2.7			6.2		83	0.73	8.0	1.6		94
1 JBS-32-6	3.8			8.3		84	0.82	7.2	1.4		111

表 3-52 JBS 及 1 JBS 系列隔爆电动机铁心、绕组数据

型号	功率/kW	电流/A	定子铁心/mm			槽数 Z_1/Z_2	定子绕组数据					
			外径	内径	长度		线组型式	线规 $n\text{-}d_1$/mm	匝数	节距	联结	用铜/kg
JBS 12-2	0.52	1.22	167	90	50	24/20	双层叠式	1-ϕ0.53	61	1~9	Y	1.68
JBS 21-2	1.0	2.23	195	105	60			1-ϕ0.72	43			2.1
JBS 22-2	1.6	3.42	195	105	90			1-ϕ0.90	30			2.5
JBS 31-2	2.7	5.53	245	145	70			2-ϕ0.96	26			5.5
JBS 32-2	4.2	8.45	245	145	115			2-ϕ1.16	19			6.6
JBS 33-2	5.5	10.9	245	145	145			2-ϕ1.35	15			7.4
JBS 12-4	0.52	1.37	167	100	65	24/30		1-ϕ0.64	56	1~6	Y	1.6
JBS 21-4	1.0	2.37	195	125	80			1-ϕ0.8	43			2.3
JBS 22-4	1.6	3.44	195	125	120			1-ϕ1.0	31			3.0
JBS 31-4	2.7	5.7	195	125	120			1-ϕ1.25	26			3.85
JBS 32-4	4.2	8.8	245	145	85	36/30		1-ϕ1.5	17	1~9		6.0
JBS 33-4	5.5	11.5	245	145	115			2-ϕ1.25	13			7.0
JBS-6	2.0	5.0			85			1-ϕ1.25	24			4.4
JBS-6	2.7	6.23	245	170	85	36/44		1-ϕ1.3	21	1~6	Y	4.1
JBS-6	3.8	8.7			115			1-ϕ1.35	17			4.5

九、防爆电动机的拆装

在拆装防爆电动机时，除遵守普通三相异步电动机的拆装工艺外，还应注意以下事项：

1）拆装时，切不可损伤、打裂端盖，否则会影响防爆性能。

2）拆卸时，要保护好所有防爆结合面，切不可乱堆放，不可损伤结合面。

3）安装时，防爆面必须非常清洁，绝不可有金属颗粒等杂物附着。

4）安装时，各螺栓、螺钉必须紧固，紧紧压平弹簧垫，使各结合面紧密接触。

5）接线端子、电缆芯线的紧固、接地（接零）保护等必须完整、可靠；铭牌完整。

6）电动机的进线装置有的采用压盘式，有的采用压紧螺母式，如图 3-30 所示。当采用橡胶电缆进线时，安装要求为：①橡胶垫内径与电缆外径之差不应大于 1mm；②电缆裸头之间及其与出线盒壁之间的最小距离不得小于 14mm；③电缆必须牢固地压紧在接线盒内，要求用力不能拉动电缆，密封必须良好；④密封用的橡胶垫圈需用邵氏硬度为 45~50 的橡胶制成，尺寸必须配合紧密。

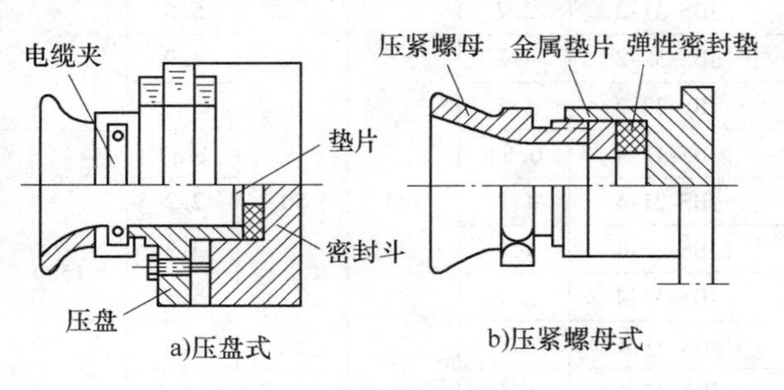

图 3-30 常用的进线装置

当采用铠装电缆进线时，进线装置如图 3-31 所示。它是利用橡胶垫圈紧压电缆外皮来保证隔爆性能的。电缆外皮必须可靠接地（接零）。当采用钢管布线时，其进线装置如图 3-32 所示。

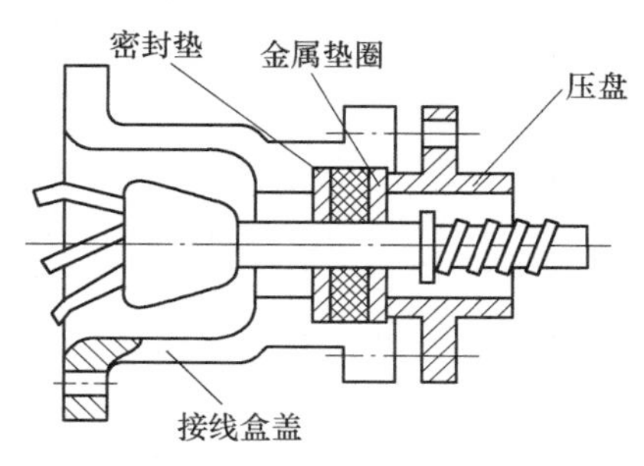

图 3-31 铠装电缆进线装置

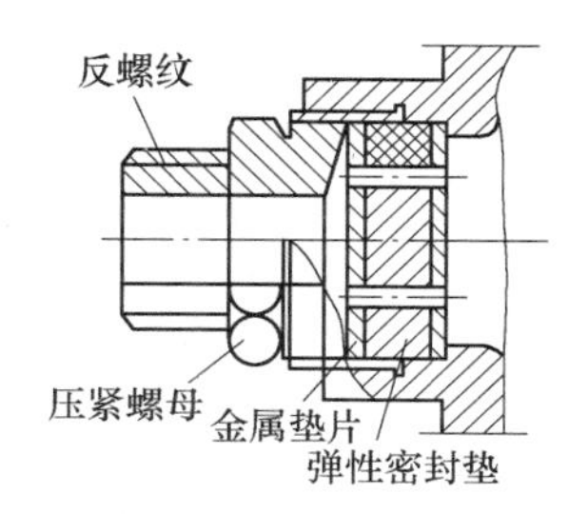

图 3-32 钢管布线进线装置

7）安装电动机时，要求底脚平面轴向倾斜度不大于 10°。电动机只允许用弹性联轴器或直齿轮与被拖动设备相连，且两传动轴中心高度应一致。用直齿轮传动时，其节圆直径不得小于轴伸直径的 3 倍。

十、防爆电动机的检修与保养

1. 注意事项

防爆电动机的检修、保养工作，除了要遵守普通三相异步电动机的检修、保养要求外，应注意以下事项：

1）严格按照上述的拆装工艺进行保养。

2）损坏的密封件必须及时更换。更换橡胶垫圈等部件时，必须严格采用规定产品。

3）防爆结合面的补焊要严格把好质量关，补焊表面不允许有气孔，补焊金属与原金属接合处不允许有缝隙。

4）凡经焊接、补焊或新加工的电动机外壳和部件，均需做水压试验，合格后方可使用。

5）连锁装置的闭锁机构动作应可靠、灵活；观察窗上的透明零件要透明完好，若要更换新零件，须做冲击试验。

6）修补或重绕绕组时，其绝缘性能要符合制造厂的要求。修复后应进行严格的试验，达到国家标准（对增安型电动机对地及匝间试验电压值应比国家标准提高 10%）。

7）防爆标志及接地符号应涂上明显的颜色；警告牌要完整。

8）结合保养工作，每年进行一次绝缘预防性耐压试验。不合格者，不能投入运行。

检修时注意以下工艺要求：

① 6kV 及以上电动机要加强绝缘，并涂半导体防电晕漆。

② 转子铜条与端环应采用硒焊、不许锡焊。

③ 绕组加强绝缘，选择耐压高的优质绝缘材料。

④ 加大爬电距离。

裸导体的电气间隙，220V 时不小于 6mm，380V 时不小于 8mm，660V 时不小于 10mm，3kV 时不小于 36mm，6kV 时不小于 60mm。裸导体沿绝缘表面的爬电距离应符合表 3-53 的规定。

表 3-53 最小爬电距离

额定电压/V	最小爬电距离/mm			
	a	b	c	d
36	4	4	4	4
60	6	6	6	6
127	6	7	8	10
220	6	8	10	12
380	8	10	12	15
660	12	16	20	25
1140	24	28	35	45
3000	45	60	75	90
6000	85	110	135	160
10000	125	150	180	240

注：a、b、c、d 为绝缘材料耐泄痕性分级。

2. 橡胶密封垫圈硬度及老化试验

引入防爆电动机中所用橡胶密封垫圈老化试验方法及硬度见表 3-54。

表 3-54 使用前橡胶密封材料或成品密封圈老化试验方法

工序	试验场所	试验温度/℃	试验时间/h	试测硬度（邵氏度）	装密封圈孔径 D_0 与密封圈外径 D 允差	
第1步	室内	室温		45～55	D/mm	D_0-D/mm
第2步	放入烘箱内加温	100±5	168	不测	$D\leqslant20$	1.0
第3步	工件放入室内空间	室温	24	不测	$20<D\leqslant60$	1.5
第4步	工件放入低温	-10±2	48	不测	$D>60$	2.0
第5步	暴露于室内	室温	24	不测		
第6步	试验后测硬度（邵氏度），其数值不得超过测试前20%（硬度变化）					

十一、防爆电动机的常见故障及处理方法

防爆电动机的常见故障及处理与三相异步电动机类似。另外，防爆面损伤及爆炸故障的原因及处理方法见表 3-55。

表 3-55 防爆电动机防爆面损伤及爆炸故障原因及处理方法

序号	故障现象	可能原因	处理方法
1	防爆面损伤、生锈	（1）装配不当，拆装和运输过程中将防爆面碰伤或划伤 （2）检修中没有用专用工具和按规程要求进行维修；任意敲打或撞击电动机外壳等部位，影响防爆面的严密配合，使有害气体侵入而腐蚀防爆面，引起锈蚀 （3）缺少日常维护致使紧固螺栓松脱，使防爆面在重载下运行、变形和受腐蚀	（1）严格遵守工艺规程装配、拆装。机械损伤大应修补或更换电动机 （2）严格按工艺要求进行维修，切实保护好防爆面。对于锈迹锈斑，应仔细除锈，并在接触面上涂一层很薄的干净机油，最好在防爆面上涂一层防锈油 （3）做好防爆电动机的日常检查和维护工作

（续）

序号	故障现象	可能原因	处理方法
2	爆炸	（1）防爆面损伤、生锈 （2）选型不当 （3）选用非防爆型起动器、控制器及照明灯具等 （4）违反操作规程，任意过载 （5）维护不及时，电动机积尘、受潮、防爆螺栓松动等 （6）维护不当，紧固螺栓过紧 （7）橡皮密封圈损坏 （8）电动机绕组接线错误或短路 （9）绕组绝缘老化、匝间短路 （10）电动机定、转子相擦或单相运行使电动机过热而烧毁 （11）轴承损坏或缺润滑脂 （12）安装场所不符合防爆要求，如有明火等	（1）按本表第1条处理 （2）按要求选换电动机 （3）按防爆要求选换起动器、控制器及照明灯具等 （4）按正确规程操作，避免过载 （5）加强维护保养，及时发现问题加以处理 （6）紧固件不宜拧得过紧，但也不能过松 （7）更换密封圈并正确紧固 （8）改正接线，更换绕组 （9）选用优质同规格导线重绕线圈 （10）消除定子、转子相擦现象；完善保护装置，防止电动机断相运行 （11）更换轴承，正确安装，加入适量的润滑脂 （12）消除现场危险因素，更换或大修电动机

第七节 电机扩大机的维修

电机扩大机，又称功率放大机，原理上属直流发电机类型。它有三个基本功能：①旋转式功率扩大元件，即将弱电转化为强电；②控制电机；③特殊的直流发电机，是可控的直流电源。

电机扩大机需要另一台交流电动机（原动机）拖动，通过调速电路实现对大型直流发电机的控制。即通过电机扩大机调整大型直流发电机的励磁，从而控制大型直流发电机输出电压的大小，达到被控制的直流电动机出力大小，以改变拖动机械运动速度的目的。电机扩大机的功率放大系数，即额定负载时输出功率与控制系绕组额定输入功率之比通常为500～50000。

电机扩大机与晶闸管和晶体管放大器相比，具有过载能力大、输出电压平稳及性能稳定等特点，可在自动控制系统和军用设备电传动系统中，以及频繁调速的大型机械、大的传动机构与运动机构中作功率放大元件使用。

一、电机扩大机的型号与结构

国产ZKK系列电机扩大机的型号含义如下：

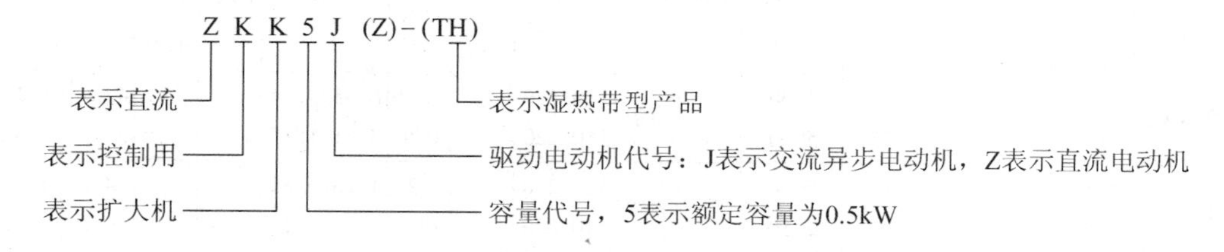

电机扩大机的控制绕组较多，为表示其参数的特点，可用绕组编号来区分，如：

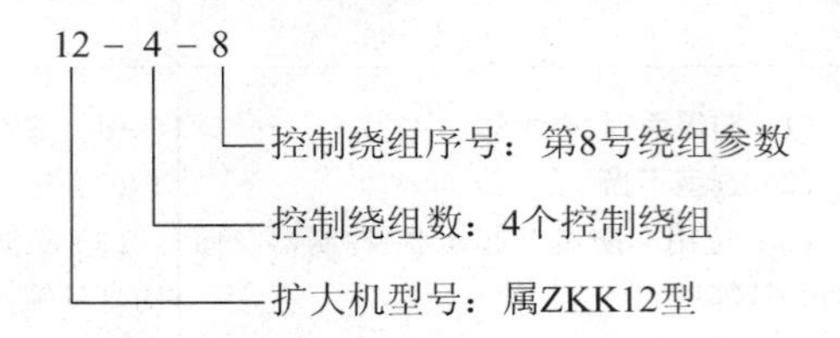

电机扩大机可分为交轴磁场电机扩大机、直轴磁场电机扩大机、自差式电机扩大机等。其中交轴磁场电机扩大机简称交磁扩大机，应用得最为普遍。

电机扩大机由定子和转子两大部分组成。其定子和转子的基本功能与直流电动机相同。电机扩大机的转子铁心槽内嵌有单叠绕组，换向器上安有两套位置互成90°的电刷，分别称为直轴电刷和交轴电刷。电机扩大机的定子铁心由硅钢片叠压而成。大槽内嵌有控制绕组、交流去磁绕组和部分补偿绕组；小槽内嵌有其余的补偿绕组；中槽内嵌有换向绕组，如图3-33所示。

电机扩大机的原理电路如图3-34所示。图中KOⅠ、KOⅡ为控制绕组，主要起控制作用；J为交轴助磁绕组，它和交轴电路串联；B_1、B_2为换向绕组，主要用于改善直轴电刷的换向性能；C_1、C_2为补偿绕组，使用时调节补偿量，使电机扩大机处于最佳工作状态。

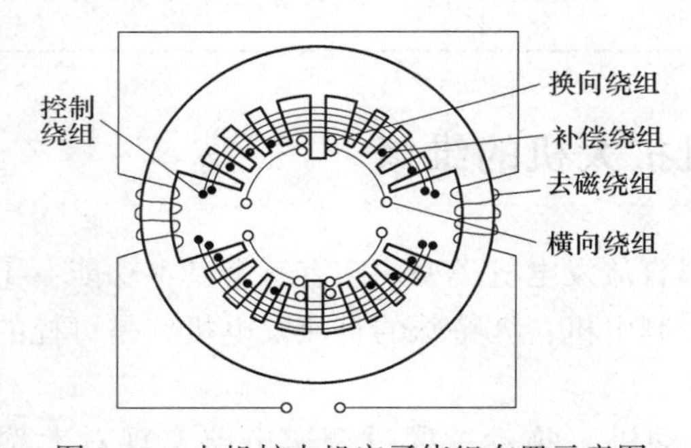

图3-33 电机扩大机定子绕组布置示意图

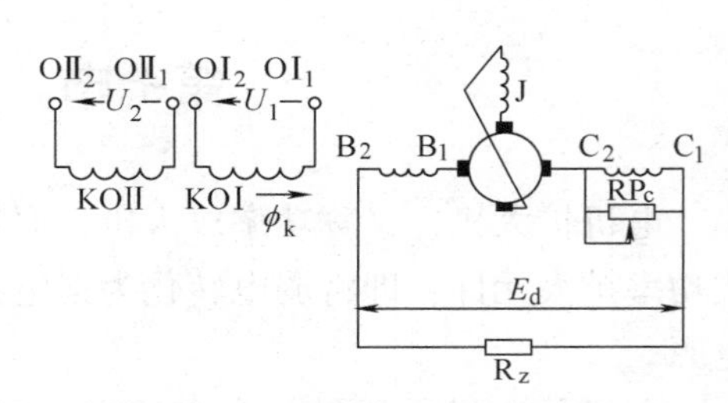

图3-34 电机扩大机原理电路

二、电机扩大机的技术数据和绕组数据

ZKK3～ZKK12系列电机扩大机的技术数据见表3-56。该系列电机扩大机为原动机与扩大机合为一体的同轴式结构；ZKK25～ZKK100系列电机扩大机的技术数据见表3-57。该系列电机扩大机为单独式结构。ZKK系列电机扩大机控制绕组的技术数据见表3-58。

表3-56 ZKK3～ZKK12系列电机扩大机技术数据

序号	电机型号	扩大机额定数据					内装转动电动机额定数据							机组效率(%)	控制绕组编号
		电压/V	功率/kW	电流/A	转速/(r/min)	交轴短路电流/A	电流种类	电压/V	联结方式	输入功率/kW	电流/A	功率因数	起动电流/额定电流		
1	ZKK3Z	115/60	0.3	2.6/5	5500		直流	110/220		0.71	6.45/3.24			42.0	3-2-1和3-2-2
2		115/60	0.15	1.3/25	5000			110/220		0.4	3.61/1.85			37.5	
3	ZKK5Z	115/60	0.7	6.1/11.7	5000		直流	110/220		1.29	11.3/5.85			54.5	5-2-1～5-2-3
4		115/60	0.35	3.40	2850			110/220		0.7	3.4/3.2			50.0	

（续）

序号	电机型号	扩大机额定数据					内装转动电动机额定数据							机组效率(%)	控制绕组编号
		电压/V	功率/kW	电流/A	转速/(r/min)	交轴短路电流/A	电流种类	电压/V	联结方式	输入功率/kW	电流/A	功率因数	起动电流/额定电流		
5	ZKK12Z	60	1.0	16.7	2850	6.7	直流	110/220		1.7	15.5/7.7			58.5	12-2-1～12-2-3
6		115	1.0	8.7	2850	4.0		110/220							
7	ZKK12Z	115	1.2	10.4	2850	4.2	直流	110		2.05	18.6			58.5	12-3-4～12-3-8
8		115	1.5	13.0	4000	5.2		110		2.4	21.8			62.5	
9	ZKK3J	60	0.2	3.33	2850		三相交流	127/220	△/Y	0.47	2.75/1.55	0.80	6.5	42.5	3-2-1和3-2-2
10		115	0.2	1.74	2850			220/380		0.47	1.55/0.92	0.80	6.5	42.5	
11	ZKK5J	60	0.5	8.3	2850		三相交流	127/220	△/Y	0.93	5.3/3.05 3.05/1.75	0.81	6.5	54.0	5-2-1～5-2-3
12		115	0.5	4.35	2850			220/380		1.18	4.2/2.24	0.80	6.5	42.4	
13	ZKK5J	85①	0.37	4.35	2850			220/380	△/Y	0.74	2.24/1.40	0.80	6.5	50.0	
14	ZKK12J	60	1.0	16.7	2900		三相交流	127/220	△/Y	1.65	9.1/5.3 5.3/3.05	0.82	6.5	60.0	12-3-1～12-3-3
15		115	1.2	10.4	2900			220/380		1.9	10.5/6.0 6.0/3.5	0.83	6.5	63.0	12-3-4～12-3-8

① 为具有交流去磁绕组。

表3-57 ZKK25～ZKK110系列电机扩大机技术数据

序号	电机型号	额定数据						控制绕组编号
		电压/V	功率/kW	电流/A	转速/(r/min)	交轴短路电流/A	效率(%)	
1	ZKK25	115	1.2	10.4	1420	3.2	68	25-2-1～25-2-4
2	ZKK25	230	1.2	5.2	1420	1.6	68	25-3-5
3	ZKK25	115	2.5	21.7	2900	6.5	74	25-4-6～25-4-13
4	ZKK25	230	2.5	10.9	2900	3.3	74	25-4-6～25-4-13
5	ZKK50	115	2.2	19.1	1420	5.7	77	50-2-1～50-2-3
6	ZKK50	230	2.2	9.6	1420	2.9	77	50-4-4～50-4-12
7	ZKK50	230	4.5	19.6	2920	5.9	80	50-4-13～50-4-17
8	ZKK70	115	3.5	30.4	1440	7.6	78	70-2-1～70-2-2
9	ZKK70	230	3.5	15.2	1440	3.8	78	70-4-3
10	ZKK70	230	7.0	30.4	2920	7.6	80	70-3-5～70-3-6
11	ZKK100	115	5.0	43.5	1440	10.9	81	100-2-1
12	ZKK100	230	5.0	21.7	1440	5.4	81	100-4-2～100-4-3
13	ZKK100	230	10.0	43.5	2920	10.9	81	100-4-4
14	ZKK110	230	11.0	47.8	1450	9.6	82	110-4-1～110-4-3

表 3-58 ZKK 系列电机扩大机控制绕组技术数据

型号	控制绕组编号	控制绕组个数	控制绕组主要数据				
			OⅠ				
			绕组匝数	20℃时电阻/Ω	阻圈比$\frac{N}{r}$	额定电流/mA	长期允许电流/mA
ZKK3J 及 ZKK3Z	3-2-1	2	2900	1000	2.9	20	110
	3-2-2	2	5200	3500	1.48	11	50
ZKK5J 及 ZKK5Z	5-2-1	2	3250	950	3.42	18.5	110
	5-2-2	2	5300	3000	1.77	11.5	70
	5-2-3	2	3400	3000	1.13	10	60
ZKK12J 及 ZKK12Z	12-2-1	2	2900	1030	2.82	22	190
	12-2-2	2	4600	2200	2.09	14	130
	12-2-3	2	4800	2600	1.84	13	117
	12-3-4	3	3000	1550	1.93	21	145
	12-3-5	3	2350	1340	1.75	27	135
	12-3-6	3	500	161	3.10	130	200
	12-3-7	3	900	151	5.8	70	350
	12-4-8	4	675	184	3.67	94	240
	12-4-9	2	1300	166	7.83	50	500
	12-4-10	2	3500	1500	2.33	19	160
	12-4-11	2	6000	4100	1.46	11	100
	12-4-12	2	650	100	6.50	100	430
ZKK25	25-2-1	2	3400	985	3.45	22	200
	25-2-2	2	4360	1500	2.90	17	155
	25-2-3	2	6600	3310	1.99	11.5	105
	25-2-4	2	8000	5000	1.60	9.5	85
	25-3-5	3	2600	1065	2.44	28.5	150
	25-4-6	4	500	37.2	13.4	145	720
	25-4-7	4	1300	340	3.82	56	225
	25-4-8	4	3200	1820	1.76	23	115
	25-4-9	4	400	21.7	18.4	180	950
	25-4-10	4	5000	2920	1.71	14.5	85
	25-4-11	4	1300	340	3.82	56	225
	25-4-12	4	3600	1835	1.96	20	100
	25-4-13	4	18	0.04	450	4000	20000
ZKK50	50-2-1	2	3420	1000	3.42	22	200
	50-2-2	2	3720	1500	2.48	19.5	175
	50-2-3	2	6600	3920	1.68	11.5	105
	50-4-4	4	380	24.8	15.3	190	950
	50-4-5	4	3200	2200	1.45	23	115
	50-4-6	4	5000	3540	1.41	14.5	85
	50-4-7	4	2800	1540	1.82	26	120
	50-4-8	4	1710	465	3.68	44	220
	50-4-9	4	2750	1500	1.83	27	120
	50-4-10	4	2750	1500	1.83	27	120
	50-4-11	4	1300	410	3.17	56	225
	50-4-12	4	380	24.8	15.3	190	950
ZKK70	70-2-1	2	3600	1000	3.6	22	200
	70-2-2	2	4000	1500	2.67	20	180
	70-4-3	4	3600	1950	1.85	22	120

（续）

型　　号	控制绕组编号	控制绕组个数	控制绕组主要数据				
			OⅠ				
			绕组匝数	20℃时电阻/Ω	阻圈比$\frac{N}{r}$	额定电流/mA	长期允许电流/mA
ZKK100	100-2-1	2	3200	1000	3.2	23	210
	100-4-2	4	230	8.16	28.2	320	1600
	100-4-3	4	230	8.16	28.2	320	1600
	100-4-4	4	230	8.16	28.2	320	1600
ZKK110	110-4-1	4	230	4.9	47	400	2000
	110-4-2	4	1700	317	5.37	54	270
	110-4-3	4	230	4.9	47	400	2000

型　　号	控制绕组编号	控制绕组个数	控制绕组主要数据				
			OⅡ				
			绕组匝数	20℃时电阻/Ω	阻圈比$\frac{N}{r}$	额定电流/mA	长期允许电流/mA
ZKK3J 及 ZKK3Z	3-2-1	2	2900	1000	2.9	20	110
	3-2-2	2	5200	3500	1.48	11	50
ZKK5J 及 ZKK5Z	5-2-1	2	3250	950	3.42	18.5	110
	5-2-2	2	5300	3000	1.77	11.5	70
	5-2-3	2	3400	3000	1.13	10	60
ZKK12J 及 ZKK12Z	12-2-1	2	2900	1030	2.82	22	190
	12-2-2	2	4600	2200	2.09	14	130
	12-2-3	2	4800	2600	1.84	13	117
	12-3-4	3	3000	1550	1.93	21	145
	12-3-5	3	2350	1340	1.75	27	135
	12-3-6	3	370	84	4.4	170	280
	12-3-7	3	900	155	5.8	70	350
	12-4-8	4	900	155	5.8	70	350
	12-4-9	2	1300	166	7.83	50	500
	12-4-10	2	3500	1500	2.33	19	160
	12-4-11	2	6000	4100	1.46	11	100
	12-4-12	4	250	21	11.90	260	820
ZKK25	25-2-1	2	3400	985	3.45	22	200
	25-2-2	2	4360	1500	2.90	17	155
	25-2-3	2	6600	3310	1.99	11.5	105
	25-2-4	2	8000	5000	1.60	9.5	85
	25-3-5	3	2600	1065	2.44	28.5	150
	25-4-6	4	330	18.5	17.8	220	1100
	25-4-7	4	330	18.5	17.8	220	1100
	25-4-8	4	330	18.5	17.8	220	1100
	25-4-9	4	2800	1500	1.87	26	120
	25-4-10	4	500	131	3.82	145	300
	25-4-11	4	330	18.5	17.8	220	1100
	25-4-12	4	3600	2165	1.66	20	100
	25-4-13	4	500	44.1	11.3	145	720

（续）

型号	控制绕组编号	控制绕组个数	控制绕组主要数据				
			OⅡ				
			绕组匝数	20℃时电阻/Ω	阻圈比$\frac{N}{r}$	额定电流/mA	长期允许电流/mA
ZKK50	50-2-1	2	3420	1000	3.42	22	200
	50-2-2	2	3720	1500	2.48	19.5	175
	50-2-3	2	6600	3920	1.68	11.5	105
	50-4-4	4	220	9.15	24	330	1650
	50-4-5	4	220	9.15	24	330	1650
	50-4-6	4	5000	3540	1.41	14.5	85
	50-4-7	4	2800	1770	1.58	26	120
	50-4-8	4	1710	535	3.20	44	220
	50-4-9	4	2300	1000	2.30	32	160
	50-4-10	4	1260	300	4.20	58	290
	50-4-11	4	330	21.6	15.3	220	1100
	50-4-12	4	15	0.04	37.5	4800	24000
ZKK70	70-2-1	2	3600	1000	3.6	22	220
	70-2-2	2	4000	1500	2.67	20	180
	70-4-3	4	2000	800	2.5	40	180
ZKK100	100-2-1	2	3200	1000	3.2	23	210
	100-4-2	4	460	37.2	12.4	160	800
	100-4-3	4	3000	2100	1.43	25	120
	100-4-4	4	460	37.2	12.4	160	800
ZKK110	110-4-1	4	460	22.4	20.6	200	1000
	110-4-2	4	1700	362	4.7	54	270
	110-4-3	4	230	5.6	41	400	2000

型号	控制绕组编号	控制绕组个数	控制绕组主要数据				
			OⅢ				
			绕组匝数	20℃时电阻/Ω	阻圈比$\frac{N}{r}$	额定电流/mA	长期允许电流/mA
ZKK3J 及 ZKK3Z	3-2-1	2	2600	1000	2.6	20	120
	3-2-2	2	4400	3500	1.26	12	58
ZKK5J 及 ZKK5Z	5-2-1	2	3250	1000	3.25	20	120
	5-2-2	2	5300	3000	1.77	12	70
	5-2-3	2	3500	3100	1.13	19	45
ZKK12J 及 ZKK12Z	12-2-1	2	2900	1030	2.82	22	190
	12-2-2	2	4600	2200	2.09	14	130
	12-2-3	2	4800	2600	1.85	13	120
	12-3-4	3	3000	1345	2.23	21	145
	12-3-5	3	460	34.2	13.4	140	820
	12-3-6	3	740	72	10.3	85	600
	12-3-7	3	1350	367	3.68	47	240
	12-4-8	4	650	184	3.67	94	240
	12-4-9	2	1300	166	7.83	50	500
	12-4-10	2	3500	1500	2.33	19	160
	12-4-11	2	6000	4100	1.46	11	100
	12-4-12	4	650	100	6.50	100	430

（续）

型号	控制绕组编号	控制绕组个数	控制绕组主要数据 OⅢ 绕组匝数	20℃时电阻/Ω	阻圈比$\frac{N}{r}$	额定电流/mA	长期允许电流/mA
ZKK25	25-2-1	2	3400	985	3.45	23	200
	25-2-2	2	4360	1500	2.91	18	160
	25-2-3	2	6600	3310	1.99	12	110
	25-2-4	2	8000	5000	1.60	10	90
	25-3-5	3	2600	950	2.74	28.5	200
	25-4-6	4	330	15.6	21.2	220	1100
	25-4-7	4	1300	340	3.82	56	225
	25-4-8	4	3200	1820	1.72	23	115
	25-4-9	4	400	21.7	18.4	180	950
	25-4-10	4	5000	2920	1.71	14.5	85
	25-4-11	4	330	15.6	21.2	220	1100
	25-4-12	4	3600	1835	1.96	20	100
	25-4-13	4	18	0.04	450	4000	20000
ZKK50	50-2-1	2	3420	1000	3.42	22	200
	50-2-2	2	3720	1500	2.48	21	180
	50-2-3	2	6600	3920	1.68	12	110
	50-4-4	4	220	7.95	27.7	330	1650
	50-4-5	4	3200	2200	1.45	23	115
	50-4-6	4	1000	4.16	24	730	2000
	50-4-7	4	2800	1540	1.82	26	120
	50-4-8	4	1710	465	3.68	44	220
	50-4-9	4	2750	1500	1.83	27	120
	50-4-10	4	2750	1500	1.83	27	120
	50-4-11	4	1300	410	3.17	56	225
	50-4-12	4	15	0.04	375	4800	24000
ZKK70	70-2-1	2	3600	1000	3.6	22	220
	70-2-2	2	4200	1500	2.8	19	190
	70-4-3	4	3600	1950	1.85	22	120
ZKK100	100-2-1	2	3200	1000	3.2	25	210
	100-4-2	4	230	8.16	28.2	320	1600
	100-4-3	4	230	8.16	28.2	320	1600
	100-4-4	4	460	32.6	14.1	160	800
ZKK110	110-4-1	4	460	196	23.5	200	1000
	110-4-2	4	1700	317	5.37	54	270
	110-4-3	4	230	4.9	47	400	2000

型号	控制绕组编号	控制绕组个数	控制绕组主要数据 OⅣ 绕组匝数	20℃时电阻/Ω	阻圈比$\frac{N}{r}$	额定电流/mA	长期允许电流/mA
ZKK3J 及 ZKK3Z	3-2-1	2	2600	1000	2.60	20	120
	3-2-2	2	4400	3500	1.26	12	58
ZKK5J 及 ZKK5Z	5-2-1	2	3250	1000	3.25	20	120
	5-2-2	2	5300	3000	1.77	12	70
	5-2-3	2	3500	3100	1.13	19	45

（续）

型号	控制绕组编号	控制绕组个数	控制绕组主要数据				
			OⅣ				
			绕组匝数	20℃时电阻/Ω	阻圈比$\frac{N}{r}$	额定电流/mA	长期允许电流/mA
ZKK12J及ZKK12Z	12-2-1	2	2900	1030	2.82	22	190
	12-2-2	2	4600	2200	2.09	14	130
	12-2-3	2	4800	2600	1.85	13	120
	12-3-4	3	3000	1550	1.94	22	145
	12-3-5	3	2350	1340	1.75	28	125
	12-3-6	3	500	161	3.10	130	190
	12-3-7	3	900	155	5.8	72	360
	12-4-8	4	900	155	5.8	72	360
	12-2-9	2	1300	166	7.83	50	500
	12-2-10	2	3500	1500	2.33	19	160
	12-2-11	2	6000	4100	1.46	11	100
	12-2-12	2	250	21	11.9	260	870
ZKK25	25-2-1	2	3400	985	3.45	23	200
	25-2-2	2	4360	1500	2.91	18	160
	25-2-3	2	6600	3310	1.99	12	110
	25-2-4	2	8000	5000	1.6	10	90
	25-3-5	3	2600	1065	2.44	29	150
	25-4-6	4	330	18.5	17.8	220	1100
	25-4-7	4	1300	402	3.23	56	225
	25-4-8	4	1200	792	1.52	61	120
	25-4-9	4	2800	1500	1.87	26	120
	25-4-10	4	1500	1000	1.50	49	115
	25-4-11	4	1300	340	3.82	58	225
	25-4-12	4	3600	1835	1.96	22	100
	25-4-13	4	500	44.1	11.3	150	720
ZKK50	50-2-1	2	3420	1000	3.42	22	200
	50-2-2	2	3720	1500	2.48	21	180
	50-2-3	2	6600	3920	1.68	12	110
	50-4-4	4	220	9.15	24	330	1650
	50-4-5	4	1200	930	129	64	120
	50-4-6	4	500	44.7	11.2	145	720
	50-4-7	4	2800	1770	1.58	26	120
	50-4-8	4	1710	535	3.2	44	220
	50-4-9	4	2300	1000	2.3	32	160
	50-4-10	4	400	30	13.3	180	900
	50-4-11	4	1300	470	277	56	225
	50-4-12	4	15	0.04	375	4800	24000
ZKK70	70-2-1	2	3600	1000	3.6	22	220
	70-2-2	2	4200	1500	2.8	19	190
	70-4-3	4	330	24	13.7	240	960
ZKK100	100-2-1	2	3200	1000	3.2	25	210
	100-4-2	4	460	37.2	12.4	160	800
	100-4-3	4	3000	2100	1.43	25	120
	100-4-4	4	460	37.2	12.4	160	800
ZKK110	110-4-1	4	460	22.4	20.6	200	1000
	110-4-2	4	1700	362	4.7	54	270
	110-4-3	4	460	22.4	20.6	200	1000

注：1. 电阻允许误差为+15%。

2. 额定电流允许误差为+10%。

三、电机扩大机的常见故障及处理方法（见表 3-59）

表 3-59 电机扩大机的常见故障及处理方法

序号	故障现象	可能原因	处理方法
1	空载电压很低或为零	（1）控制绕组开路或短路 （2）交轴助磁绕组内部接线错误 （3）交轴助磁绕组首尾接反 （4）如下图所示，半节距交轴助磁绕组在 2、4 象限中匝数少或有短路现象 （5）换向器片间或电枢绕组短路 （6）电枢绕组个别元件接头错误 （7）顺旋转方向移刷过多	（1）测量控制绕组电阻，处理开路或短路故障 （2）将该绕组两个端头 J_1 和 J_2 对换后，维持控制电流不变，其空载输出电压无变化，然后纠正内部接线 （3）将该绕组两个端头 J_1 和 J_2 对换后，维持控制电流不变，其空载输出电压增高 （4）给补偿绕组瞬时加上 3 ~ 6V 直流电压，交轴助磁绕组两端有明显的感应电动势产生，重绕助磁绕组 （5）用毫伏表测量片间电压，此时片间电压不均匀，处理片间短路故障或重绕绕组 （6）用感应法校不到中性位置，同时有个别换向片严重烧黑，纠正接线 （7）通过校电刷中性位置判断
2	空载电压高或自激	（1）如本表第 1 条(4)项中的图所示，半节距交轴助磁绕组在 1、3 象限中匝数少或有短路现象 （2）逆旋转方向移刷过多（特别是大容量的更为显著） （3）如下图所示，交、直轴引线相互接错（仅对有交轴助磁绕组的产品）	（1）同本表第 1 条(4)项 （2）通过校电刷中性位置判断 （3）将交、直轴引线相互对换即可
3	空载电压正常，负载电压过低	（1）补偿绕组内部并头错误 （2）补偿绕组首尾接反 （3）补偿绕组短路 （4）补偿调节电阻短路 （5）电枢绕组首尾接反	（1）将该绕组两端头对换后，负载电压仍过低，纠正内部接线 （2）将该绕组两个端头对换后，负载电压正常 （3）测量补偿绕组电阻，修复或重绕补偿绕组 （4）用万用表检查电阻值，更换补偿调节电阻 （5）将该绕组两个端头对换，加负载后电压正常
4	加负载后电压过高或自激	（1）一般在 $\beta_1 > 0.5$ 时交轴助磁绕组首尾接反 （2）补偿调节电阻开路	（1）同本表第 1 条(3)项判断方法 （2）用万用表检查，更换电阻

（续）

序号	故障现象	可能原因	处理方法
5	输出电压不稳定	（1）交流去磁绕组并头错误 （2）交流去磁电压加得过高 （3）交轴电刷接触不稳定，如动平衡不良，同轴度不高，换向器不圆或云母片凸出，电刷与刷架配合不当 （4）气隙变化，配合过松，如机座与端盖，特别是端盖轴承室与轴承外圈配合过松；轴承游隙过大	（1）给去磁绕组加上4V左右的交流电压，控制绕组应有明显的感应电动势，纠正接线 （2）用交流电压表检查去磁绕组端电压，降低所施加的电压 （3）通过检查电机振动情况和目测各部位来判断，针对各种原因进行处理 （4）重新装配，如系轴承问题，则更换轴承
6	火花大	（1）电刷接触不良（同本表第5条（3）项） （2）电枢元件与换向器升高片焊接不良 （3）换向极绕组内部并头错误 （4）换向极绕组首尾接反 （5）电枢绕组个别元器件并头错误 （6）如下图所示，交、直轴引线相互接错，同时电机发出尖叫声，且电压低	（1）同本表第5条（3）项 （2）目测升高片端面，针孔严重，重新焊接 （3）给补偿绕组瞬时加上3～6V直流电压，换向器绕组无感应电动势，纠正内部接线 （4）将该绕组两个端头对换后，火花显著改善，同时输出电压也有所增高 （5）同本表第1条（6）项 （6）将交、直轴引线相互对换即可
7	加去磁电压后，剩磁电压仍过大	（1）经常单方向过载使用 （2）运行中突然短路 （3）强行励磁使铁心过于饱和	（1）不许经常单方向过载使用 （2）找出短路原因，并消除 （3）按要求励磁

电机扩大机剩磁的消除方法如下：

1）剩磁电压过大时，可采用以下法削弱：使电机空载运行，在剩磁小的一方加$(1\sim2)I_{ke}$励磁电流（I_{ke}为控制绕组额定电流），然后切断电机电源，在转速逐渐降低的同时，再将励磁电流增加到$(3\sim5)I_{ke}$，直至电机完全停止转动，5～10s后再切除励磁。这样进行数次即可。

2）单方向剩磁严重时，若用上述方法无法矫正，则可按图3-35所示的方法进行去磁。切除扩大机与外界所有电的连接，并断开电表回路及与补偿绕组并联的补偿调节电阻，使扩大机空载运转，然后取一根截面积不小于6mm²的导线，将其一端接于交轴电刷上，在扩大机停转的同时，立即将另一端与直轴电刷相碰。此时电动机有尖叫声，且有火花出现（如无此现象，则改碰另一直轴电刷）。一般经过1～2次就可去掉单方向剩磁。

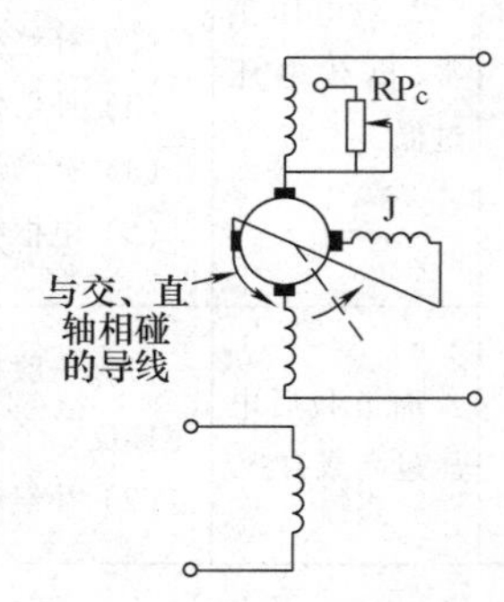

图3-35 去单方向剩磁示意图

四、电机扩大机的调整与试验

电机扩大机的调整与试验项目如下：

1）一般性检查。

2）测量各绕组对外壳及相互间的绝缘电阻。

3）测量各控制、换向极与补偿极绕组的直流电阻。

4）绕组极性测定。

5）电刷中性位置的调整。

6）检查电机旋转方向，研磨电刷。

7）空载特性及磁滞回线的测定。

8）补偿调整（负载特性或外特性）。如扩大机为恒定负载，则只做负载特性试验；如为非恒定负载，则做外特性试验。

9）温升试验。

此外，还有过载试验、负载电压摆动值的测定、超速试验和环境条件试验等。对于用户来说，主要试验项目为以上的1）~9）项。

试验方法及要求：对于一般性检查和绝缘电阻的测量，可参照直流电动机的有关规定进行；各控制绕组的直流电阻与生产厂家提供的资料相比，其误差不应超过±10%；扩大机的换向、补偿和控制绕组对电枢的极性测定可参见第一章第六节二项的方法判断。

1. 电刷的选择与调整

对于国产电机扩大机常选用D104及D308电化石墨炭刷。要求电刷与电刷握间的空隙尽量小，一般为0.1mm，但又要灵活；所有电刷压力要均匀，电化石墨炭刷的压力为15~30kPa，（本书第四章第二节八项有详细介绍）。同时对换向器表面的光洁度要求较高，电枢转速在3000r/min以下时，振幅应小于0.05mm。

2. 电刷中性位置的调整

电刷位置对电机扩大机的性能有明显的影响。调整方法除可参照直流电机同项试验外，还应注意以下事项：

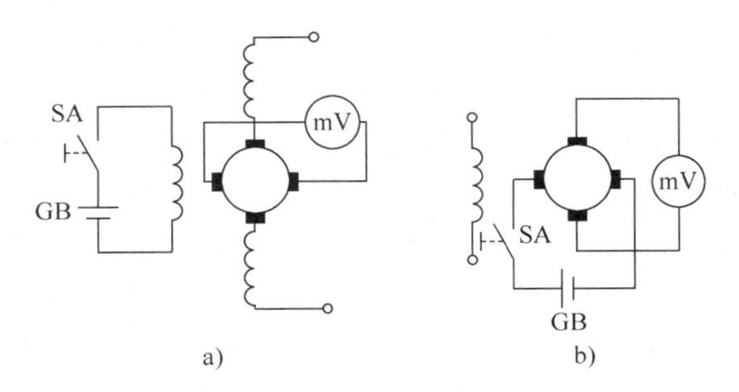

图3-36 检查电刷中性位置

1）电机扩大机在出厂时厂家对电刷的中性位置做了明显的标记，若需调整，应注意不要偏离标记过多。

2）如果短路刷与直轴刷是固定在一个刷架上的，调整时可按图3-36a所示方法接线。将零位在中间的毫伏表接在短路刷间，在任一控制绕组上加6~12V直流电压。合上或拉断开关SA，同时观察毫伏表的指针摆动情况。如果指针不动、摆动幅度极小或指针左右摆动角度近似，则说明电刷在中性位置。否则，应慢慢移动刷架，直到符合上述要求。

3）如果短路刷与直轴刷是分别固定在两个独立的刷架上的，则应分别调整两组电刷的中性位置。当调整短路刷的中性位置时，应拆去短路刷的连线，按图3-36a所示的方法接线；当调整直轴电刷的中性位置时，应按图3-36b所示的方法接线。

4）中性位置确定后，应将电刷顺电机旋转方向偏移1~3mm，并在调整好的位置上打上新标记。

3. 检查电机旋转方向，研磨电刷

用点动方式检查电机的旋转方向，它应与电机标志方向一致。空转电机4~8h，研磨电刷，使电刷与换向器的接触面达80%以上。

4. 空载特性与磁滞回线的测定

1）试验前，在基本控制绕组中接入直流电源，并对扩大机进行消磁，直到励磁电流与输出电压同时为零。

2）将电枢电压调到额定值，这时励磁安匝数应与规定的安匝数基本相符。否则，应检查电刷接触是否良好，或重新调整电刷位置。

3）测试空载特性和磁滞回线时，一般使扩大机的电压升至额定值的130%。

5. 负载特性与补偿调整

如果扩大机仅作为励磁机或副励磁工作，其负载为励磁绕组，可按负载特性的调整方法调节补偿量。试验接线如图3-37所示。

1）检查补偿调整电阻RP_c接触是否良好，以及是否有锈蚀现象，并加以处理，使其接触良好。

2）通电检查电机是否有自励现象。使扩大机空载运转，将电压升至额定值的50%，如情况正常，合上QS_2接通负载，此时若扩大机输出电压下降，则表示正常。打开QS_2，将电压升至额定值，然后合上QS_2，此时扩大机输出电压也应有所下降。如果情况不是如上所述，则表示有自励现象。这时应适当调整补偿电阻，然后再按上法检查，直到无自励现象。

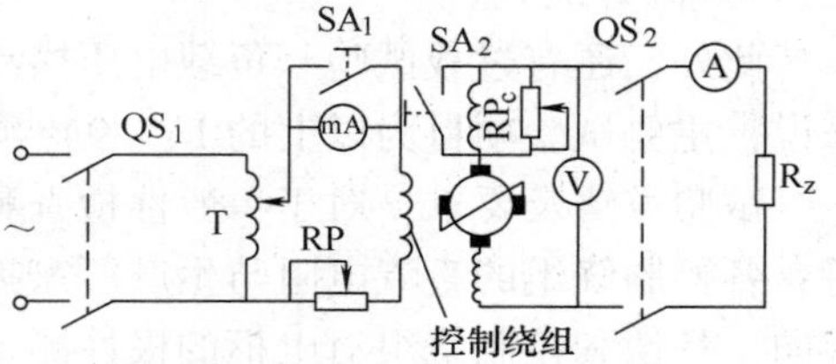

图3-37 扩大机特性试验接线

3）对扩大机进行消磁后，加上实际负荷。将RP置于较小值位置，然后逐步增加控制绕组电流，同时逐点记录下电流和对应的电压值，绘制出扩大机的负载特性曲线。然后稍增加RP的阻值，重新测取扩大机的负载特性曲线。如此经几次调整RP_c，直到所测负载特性曲线基本接近厂家提供的空载特性曲线为止，如图3-38所示。调整完毕后，将补偿调整电阻RP加上明显的标记。

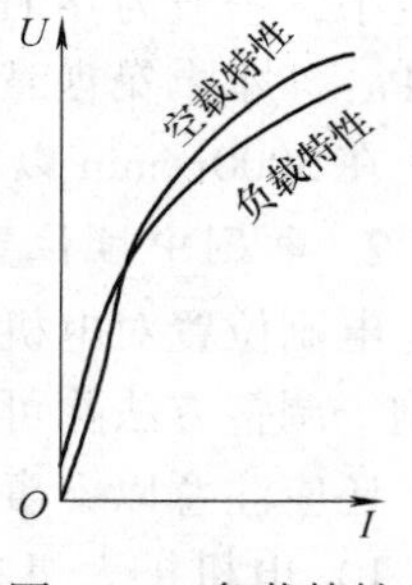

图3-38 负载特性

4）试验中若发生自励现象，应及时合上开关SA_2以消除补偿不良作用。同时，切除扩大机的原动机电源，使之停车。

5）在各种情况下，均不应在较大负载下切断电枢回路，而应将电流降至零后再切断QS_2及控制电源。否则，可能导致过电压或造成过大的剩磁，以致难以矫正过来。在调整和运行过程中，应避免短路、自励、过分强励及长期单一方向使用，以免造成过大的剩磁。扩大机在额定电压下，允许超载至$2.5I_e$历时3s及短时过电压至$1.75U_e$。试验电压一般可达$(1.3\sim1.4)U_e$，控制绕组允许短时超载8倍，长期允许5倍。

6. 外特性与补偿调整

若扩大机负载为非恒定性的，如作为直接供电给电动机的发电机或作为与另一电源串联的补助发电机，则应根据扩大机的外特性来调整补偿量。

试验接线同图3-37。

1）用电阻代替实际负载，并将负载电阻调到最大值。

2）起动扩大机，断开开关 QS_2，调节励磁，建立额定电压，然后合上 QS_2，带上负载。调节负载电阻 R_z，使负载电流逐渐增大，直到额定值为止。在调节过程中适当记录相对应的电枢电压和负载电流值，以便绘制外特性曲线。

3）调节负载电流时，可能会出现电压急剧上升的现象，这是由于补偿不当所致。这时应立即合上开关 SA_2，并切断扩大机的原动机电源，停止试验。待适当减小 RP_c 的阻值后，再重新开始上述试验，直到电机无自励现象为止。当输出电流为额定值时，电枢电压下降为额定值的 20% ~25% 为最佳。

4）在额定电压值的 25% 的情况下测取其外特性，试验时不应产生自励现象。这时可以认为补偿量合适，并将补偿调整电阻 RP_c 加上明显的标志。测取外特性时，电枢电流一般升至额定值，最高到 130% I_e 为止。

正确补偿时的外特性曲线见图 3-39 中的曲线 1 和 2。图中曲线 3 表示过补偿，应适当减小 RP_c 的阻值；曲线 4 表示欠补偿，应适当增大 RP_c 的阻值。

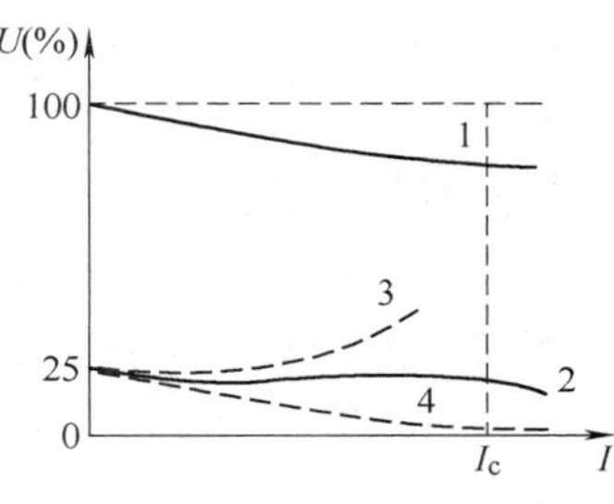

图 3-39　外特性曲线

5）最后，为确保扩大机不产生自励现象，还要利用扩大机的剩磁电压，将电枢短路，观察短路电流变化情况。短路电流应该瞬间升到最大值后立即下降，最大值不应小于（50% ~65%）I_e。

7. 温升试验

在保证扩大机额定输出的前提下，让各控制绕组尽量通以长期允许电流或接近长期允许电流。对 3 个（或 4 个）控制绕组中参数相同的两个可以反向串联通电。要求温升限值不超过厂家提供的数值。

第四章　直流电机的维修

第一节　直流电机的基本知识

直流电机分直流发电机和直流电动机两类，前者是将机械能（原动机带动）转变为电能，后者是将电能转变为机械能。发电机和电动机只是直流电机的两种运行方式而已，从原理上看，同一台直流电机既可作为发电机用，也可作为电动机用。

一、直流电机的型号与结构

1. 直流电机的型号

直流电机的型号含义如下：

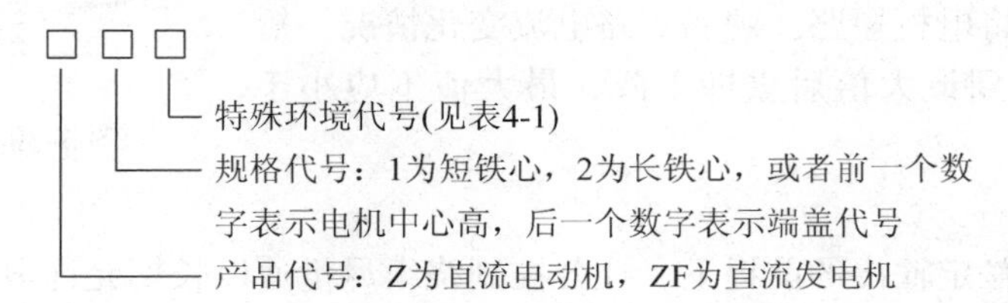

例如Z2-112，其中Z2表示第二次改型设计的直流电动机，11为机座号，2代表2号铁心。再如Z4-160-31，Z4表示第四次改型设计的直流电动机，160表示机座中心高为160mm，3表示3号铁心长度，1表示1号端盖结构。

表4-1　特殊环境代号

特殊环境条件	代　号	特殊环境条件	代　号
高原用	G	热带用	T
海船用	H	湿热带用	TH
户外用	W	干热带用	TA
化工防腐用	F		

2. 直流电机的结构

直流电机的结构如图4-1所示。它主要由定子、转子和其他部件组成。定子部分包括机座、主磁极和换向极，转子部分包括电枢铁心、电枢绕组和换向器，其他部件包括电刷装置、端盖、轴承和风扇等。

（1）机座　机座由铸钢或钢板焊成，起支撑和保护作用，同时又是磁路的一部分（即磁轭部分）。

（2）主磁极　主磁极由铁心和励磁绕组组成，其作用是产生磁通。主磁极的结构如图4-2所示。主磁极铁心通常用1～1.5mm厚的薄钢板冲制叠装而成。励磁绕组由铜线或铝线绕制而成，牢固地套装在铁心上。励磁绕组通入直流电后，便会产生主磁通。

（3）换向极　换向极又称附加极或中间极。换向极由铁心和换向绕组组成，其作用是改善换向。换向极的结构如图4-3所示。铁心大多用整块钢加工而成，大型直流电机也有用

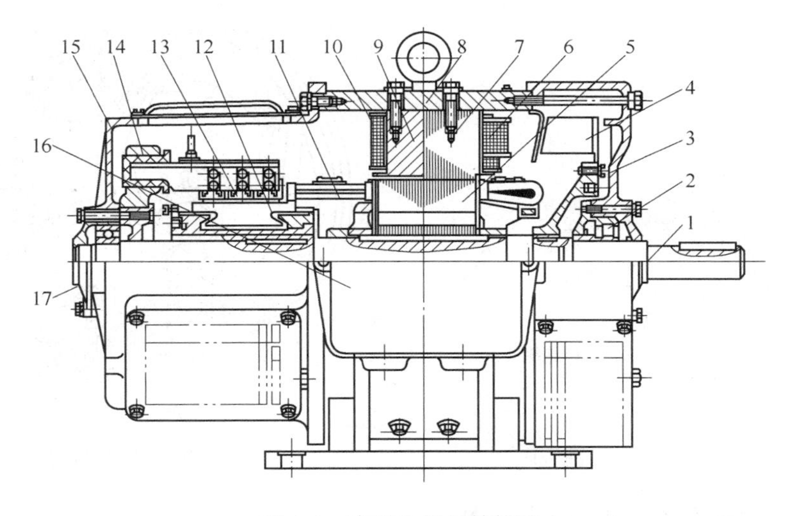

图 4-1 直流电机的结构图

1—轴 2—轴承 3—后端盖 4—风扇 5—电枢铁心 6—主极绕组 7—主极铁心 8—机座 9—换向极铁心 10—换向极绕组 11—电枢绕组 12—换向器 13—电刷 14—刷架 15—前端盖 16—出线盒 17—轴承盖

薄钢片叠成的。换向绕组和电枢绕组串联，一般用圆铜线或扁铜线绕制而成。换向极安装在相邻两主磁极之间的几何中心性线上。

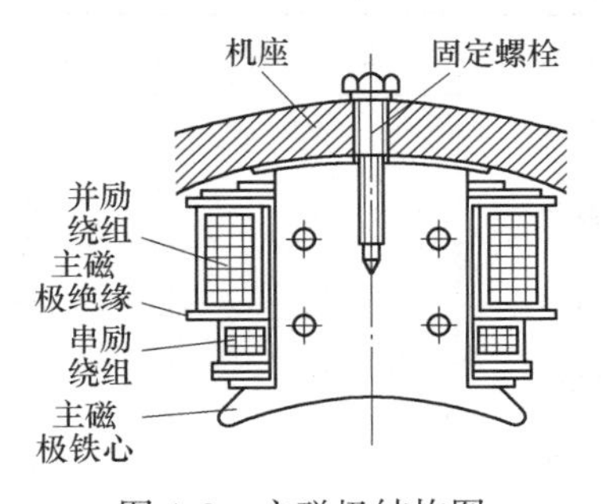

图 4-2 主磁极结构图

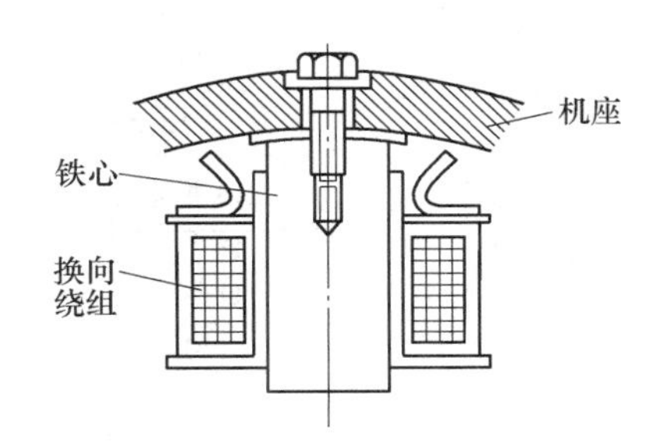

图 4-3 换向极结构图

（4）电枢铁心　电枢铁心由相互绝缘的 0.5mm 厚的硅钢片叠压而成，以减少电枢铁耗。它既是电枢绕组的支撑部分，又是磁路的组成部分。整个铁心固定在转轴上。

（5）电枢绕组　电枢绕组嵌在电枢铁心槽内，绕组的两端接在相应的换向片上，绕组端部用环氧酚醛无纬玻璃丝带或钢丝扎紧。电枢绕组的作用是产生感应电动势并通过电流，使电机实现能量交换。

（6）换向器　换向器是由许多带有鸠尾形截面的铜片（换向片）叠成的圆筒构成的，相邻两换向片间以云母绝缘，圆筒两端有 V 形压圈。每一换向片上开一小槽或接一升高片，以便焊接电枢绕组的线端。换向器的结构如图 4-4 所示。目前，小型直流电机已广泛采用酚醛玻璃纤维塑料压制的换向器来代替 V 形压圈结构。

（7）电刷装置　电刷装置由电刷、刷握、刷杆和刷杆座等组成。换向器通过电刷装置与外电路相连，使电流流入或流出电枢绕组。电刷装置的结构如图 4-5 所示。

（8）端盖　一般由铸铁铸成，作为转子的支撑和供安装轴承用。

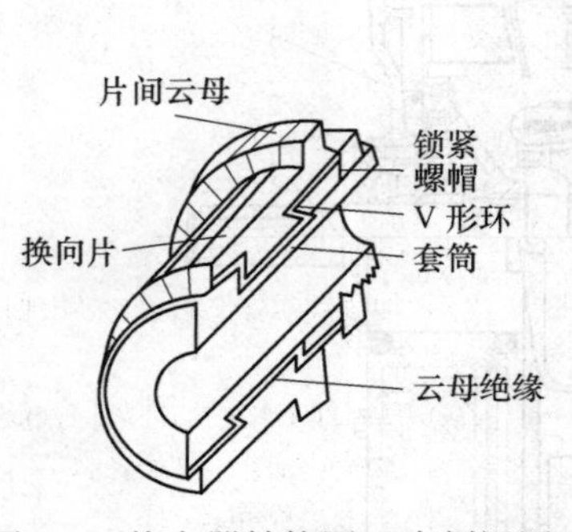

图 4-4 换向器结构图（半剖视图）

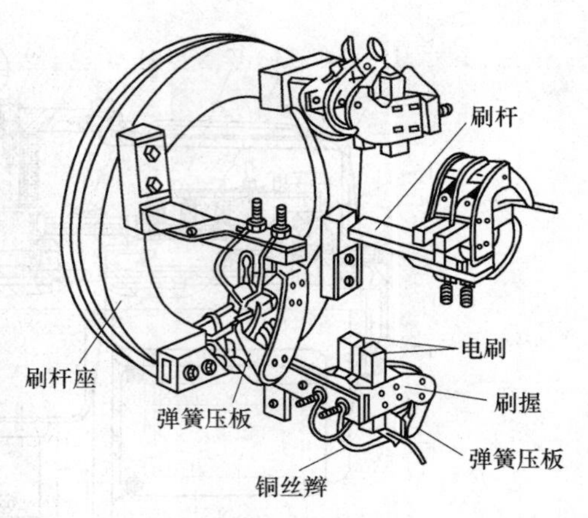

图 4-5 电刷装置结构图

二、直流电机的励磁方式和运行特性

直流电机的励磁方式有他励式和自励式两类，自励式又可分为并励式、串励式和复励式 3 种。复励式又可分积复励式（串励绕组和并励绕组产生的磁通方向相同）和差复励式（串励绕组和并励绕组产生的磁通方向相反）。以上各类电机的励磁方式如图 4-6 所示。

图中，R_m 为磁场变阻器。直流电机的接线端标志见表 4-2。

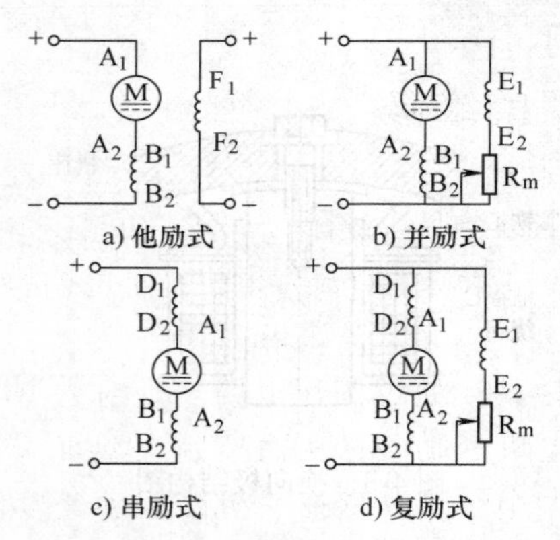

图 4-6 直流电机的励磁方式

表 4-2 直流电机的接线端标志

绕组名称	始 端	末 端
电枢绕组	A_1	A_2
换向绕组	B_1	B_2
并励绕组	E_1	E_2
串励绕组	D_1	D_2
他励绕组	F_1	F_2
补偿绕组	C_1	C_2

直流发电机的主要运行特性见表 4-3，直流电动机的主要运行特性见表 4-4，直流电动机不同调速方法的主要特点、性能和适用范围见表 4-5。

表 4-3 直流发电机的主要运行特性

特性名称	特性类别	他 励	并 励	复 励
		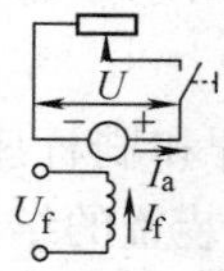 U I_a U_f I_f	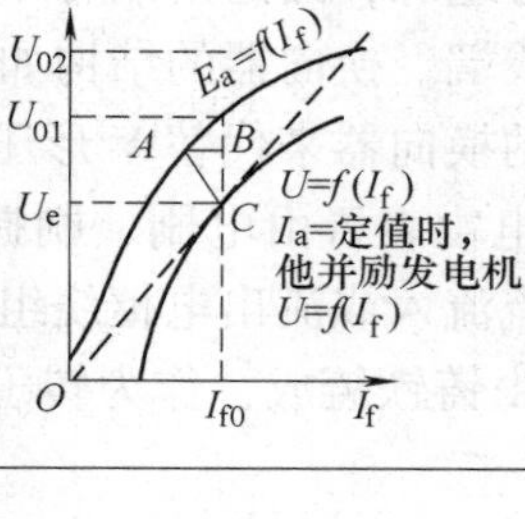 U_{02} U_{01} U_e $E_a=f(I_f)$ A B C $U=f(I_f)$ I_a=定值时，他并励发电机 $U=f(I_f)$ O I_{f0} I_f	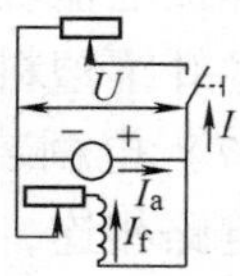 U I I_a I_f

(续)

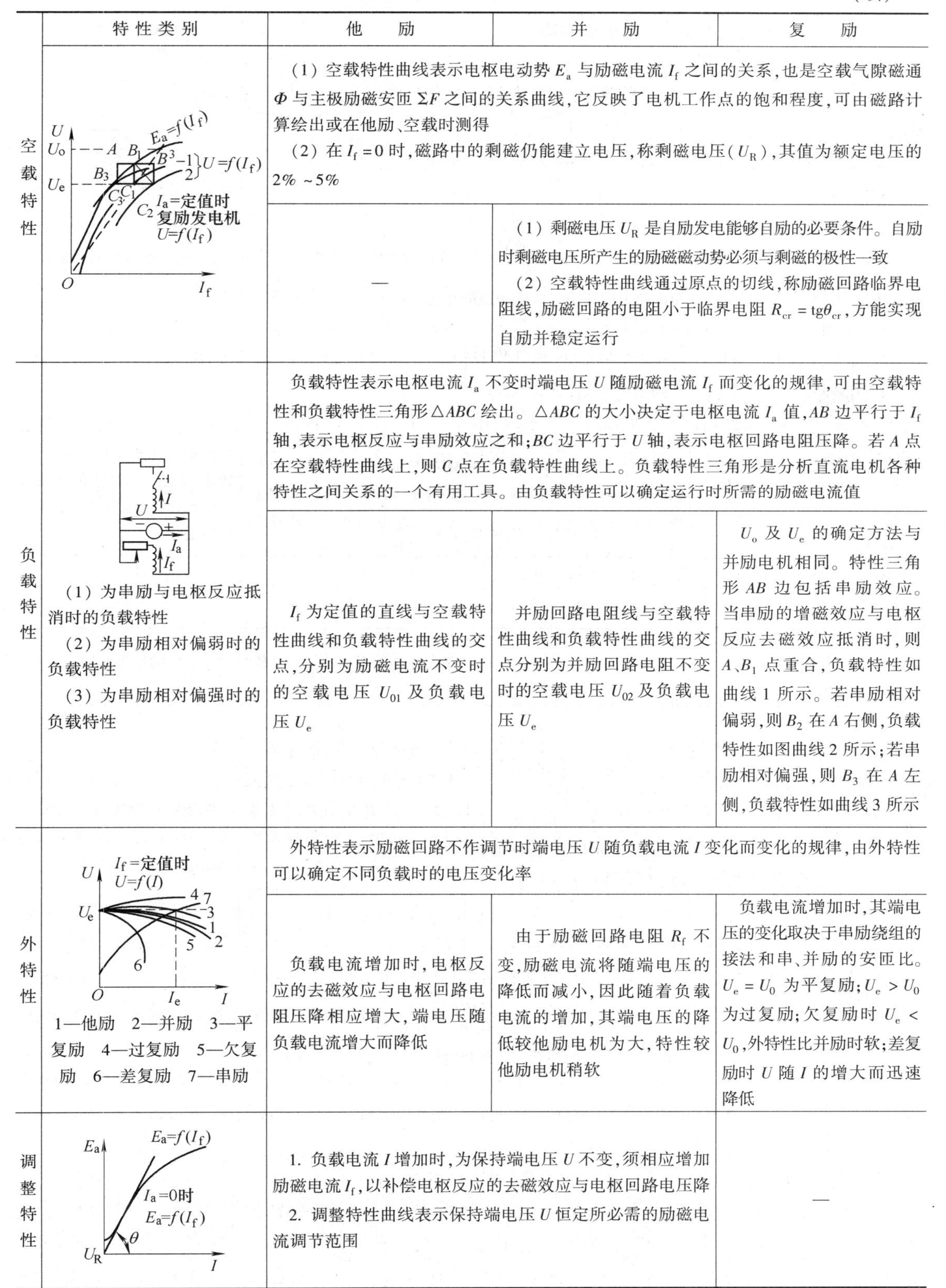

	特性类别	他励	并励	复励
空载特性	I_a=定值时 复励发电机 $U=f(I_f)$	(1) 空载特性曲线表示电枢电动势 E_a 与励磁电流 I_f 之间的关系，也是空载气隙磁通 Φ 与主极励磁安匝 ΣF 之间的关系曲线，它反映了电机工作点的饱和程度，可由磁路计算绘出或在他励、空载时测得 (2) 在 $I_f=0$ 时，磁路中的剩磁仍能建立电压，称剩磁电压（U_R），其值为额定电压的 2% ~5%		
		—	(1) 剩磁电压 U_R 是自励发电能够自励的必要条件。自励时剩磁电压所产生的励磁磁动势必须与剩磁的极性一致 (2) 空载特性曲线通过原点的切线，称励磁回路临界电阻线，励磁回路的电阻小于临界电阻 $R_{cr}=\mathrm{tg}\theta_{cr}$，方能实现自励并稳定运行	
负载特性	(1) 为串励与电枢反应抵消时的负载特性 (2) 为串励相对偏弱时的负载特性 (3) 为串励相对偏强时的负载特性	负载特性表示电枢电流 I_a 不变时端电压 U 随励磁电流 I_f 而变化的规律，可由空载特性和负载特性三角形△*ABC* 绘出。△*ABC* 的大小决定于电枢电流 I_a 值，*AB* 边平行于 I_f 轴，表示电枢反应与串励效应之和；*BC* 边平行于 *U* 轴，表示电枢回路电阻压降。若 *A* 点在空载特性曲线上，则 *C* 点在负载特性曲线上。负载特性三角形是分析直流电机各种特性之间关系的一个有用工具。由负载特性可以确定运行时所需的励磁电流值		
		I_f 为定值的直线与空载特性曲线和负载特性曲线的交点，分别为励磁电流不变时的空载电压 U_{01} 及负载电压 U_e	并励回路电阻线与空载特性曲线和负载特性曲线的交点分别为并励回路电阻不变时的空载电压 U_{02} 及负载电压 U_e	U_o 及 U_e 的确定方法与并励电机相同。特性三角形 *AB* 边包括串励效应。当串励的增磁效应与电枢反应去磁效应抵消时，则 *A*、B_1 点重合，负载特性如曲线 1 所示。若串励相对偏弱，则 B_2 在 *A* 右侧，负载特性如图曲线 2 所示；若串励相对偏强，则 B_3 在 *A* 左侧，负载特性如曲线 3 所示
外特性	I_f=定值时 $U=f(I)$ 1—他励 2—并励 3—平复励 4—过复励 5—欠复励 6—差复励 7—串励	外特性表示励磁回路不作调节时端电压 *U* 随负载电流 *I* 变化而变化的规律，由外特性可以确定不同负载时的电压变化率		
		负载电流增加时，电枢反应的去磁效应与电枢回路电阻压降相应增大，端电压随负载电流增大而降低	由于励磁回路电阻 R_f 不变，励磁电流将随端电压的降低而减小，因此随着负载电流的增加，其端电压的降低较他励电机为大，特性较他励电机稍软	负载电流增加时，其端电压的变化取决于串励绕组的接法和串、并励的安匝比。$U_e=U_0$ 为平复励；$U_e>U_0$ 为过复励；欠复励时 $U_e<U_0$，外特性比并励时软；差复励时 *U* 随 *I* 的增大而迅速降低
调整特性	$E_a=f(I_f)$ I_a=0时 $E_a=f(I_f)$	1. 负载电流 *I* 增加时，为保持端电压 *U* 不变，须相应增加励磁电流 I_f，以补偿电枢反应的去磁效应与电枢回路电压降 2. 调整特性曲线表示保持端电压 *U* 恒定所必需的励磁电流调节范围		—

表 4-4　直流电动机的主要运行特性

<table>
<tr><td rowspan="2">特性名称</td><td rowspan="2">特性类别</td><td>他励、并励</td><td>串　励</td><td>复　励</td></tr>
<tr><td>+ − I_a U_f I_f 他励　I_a I I_f 并励</td><td> 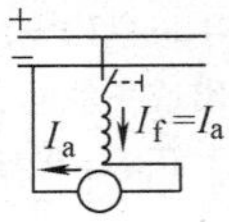+ − I_a $I_f=I_a$</td><td> 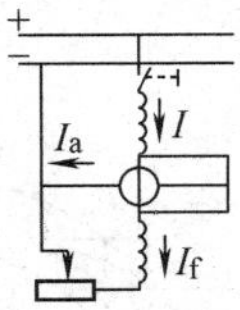+ − I_a I I_f</td></tr>
<tr><td rowspan="2">转速特性</td><td rowspan="2"> 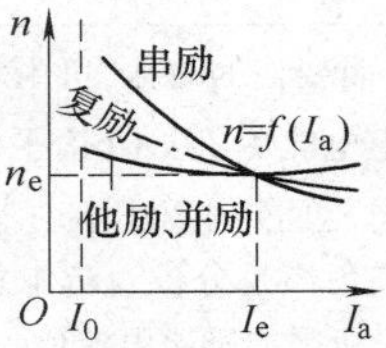n 串励 复励 $n=f(I_a)$ n_e 他励、并励 O I_0 I_e I_a</td><td colspan="3">转速 $n=\frac{U-(I_aR_a+\Delta U_b)}{C_e\Phi}$。当 U 为常数,电枢电流 I_a 变化时,影响转速特性的因素是电枢回路电阻压降与气隙磁通的变化</td></tr>
<tr><td>I_f 为定值,气隙磁通 Φ 只受电枢反应的影响。I_a 增大时,电枢回路电阻电压降使转速趋于下降,电枢反应去磁效应使转速趋于上升,因而转速变化较小,故有硬转速特性。通常电枢回路电阻电压降影响较大,转速曲线略为下倾。过载时,电枢反应影响增大,转速曲线上翘</td><td>$I_f=I_a$,气隙磁通 Φ 主要取决于负载电流的大小,转速随负载的增加而迅速下降,具有软的转速特性。轻载时,励磁电流很小,转速很高。因此,不允许空载运行</td><td>通常采用积复励接法,使运行稳定。并励绕组决定空载转速;串励绕组使它的转速特性较软,其转速特性介于并励与串励之间</td></tr>
<tr><td rowspan="2">转矩特性</td><td rowspan="2">T_2 串励 复励 $T_2=f(I_a)$ 他励、并励 T_e O I_0 I_e I_a</td><td colspan="3">输出转矩 $T_2=G_T\Phi I_a-T_0$。空载时,$I_a=I_0=\frac{T_0}{C_T\Phi}$。负载时,$T_2$ 随 I_a 的增大而增大,并与 Φ 随 I_a 变化的情况有关</td></tr>
<tr><td>I_f 为定值,轻载时,转矩特性基本上是通过空载电流 I_0 点的直线;过载时,电枢反应的去磁作用增强,特性曲线偏离直线,略为向下弯曲,如左图</td><td>磁通随电流的增大而增大,电枢电流较小而磁路未饱和时,转矩按负载电流的平方关系增大;电枢电流增大时,由于磁路逐渐饱和,加之电枢反应的影响,转矩增大的速度相对变慢</td><td>转矩特性取决于并励安匝与串励安匝之比,介于并励与串励电动机转矩特性之间</td></tr>
<tr><td>机械特性</td><td>η $\eta=f(I_a)$ η_e O I_0 I_e I_a</td><td colspan="3">从转速-转矩公式 $n=\frac{U-\Delta U_b}{C_e\Phi}-\frac{R_a}{C_eC_T\Phi^2}T_{em}$ 可见,机械特性曲线具有与转速特性曲线相似的形状。电枢回路串入外接电阻后,其外特性变软</td></tr>
<tr><td>效率特性</td><td> 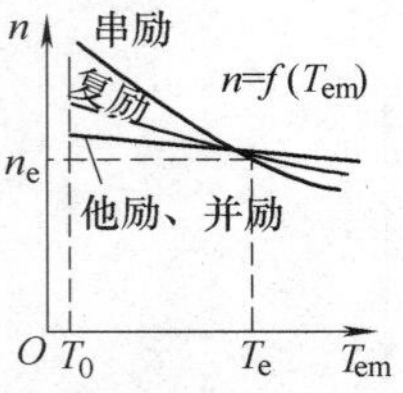n 串励 复励 $n=f(T_{em})$ n_e 他励、并励 O T_0 T_e T_{em}</td><td colspan="3">效率 $\eta=\frac{P_2}{P_1}=1-\frac{\Sigma p}{p_2+\Sigma p}$。总损耗 Σp 主要包括铜耗、铁耗和机械损耗等。空载时,$P_2=0$,电枢电流为空载电流 I_0,输入功率全部供给空载损耗,$\eta=0$;负载时,当铜耗接近铁耗与机械损耗之和时,效率最高。对于经常工作于轻载状态下的电动机,一般应使铜耗大于铁耗与机械损耗之和;对于经常过载的电动机,则应尽量减小铜耗</td></tr>
</table>

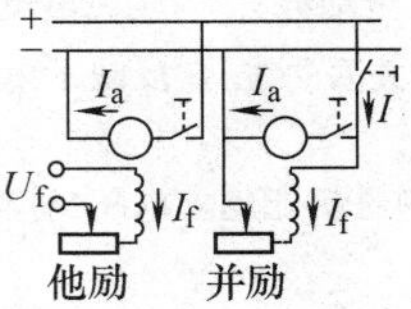

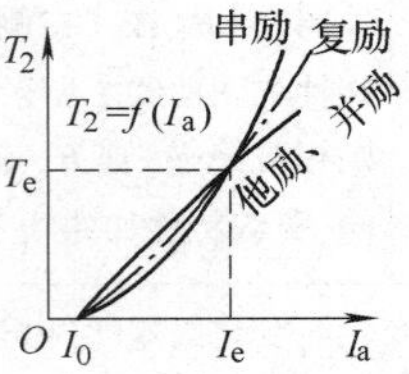

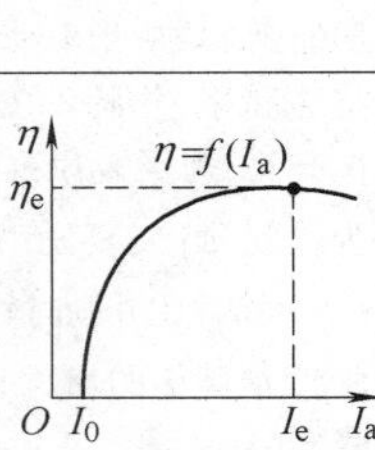

表 4-5　直流电动机不同调速方法的主要特点、性能和适用范围

调速方法	调节励磁电流	调节电枢端电压	调压电枢回路电阻
线路图	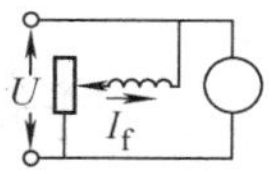 U I_f	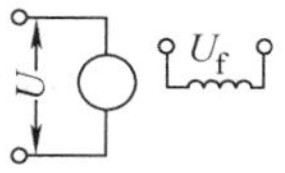 U U_f	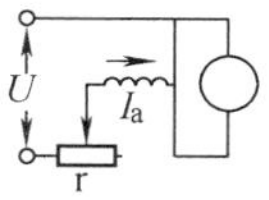 U I_a r
特性曲线	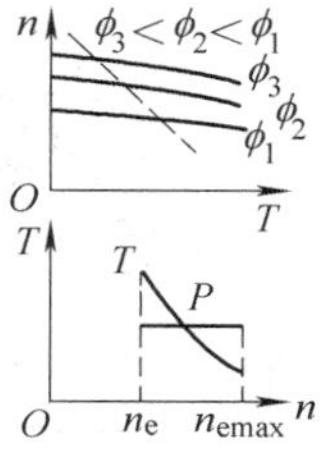 n $\phi_3<\phi_2<\phi_1$ ϕ_3 ϕ_2 ϕ_1 O T T P O n_e n_{emax} n	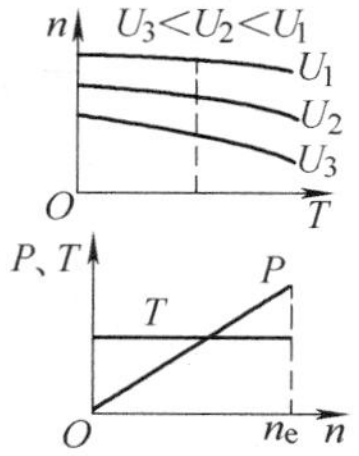 n $U_3<U_2<U_1$ U_1 U_2 U_3 O T P、T T P O n_e n	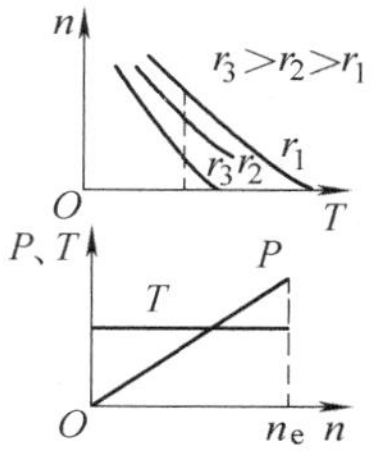 n $r_3>r_2>r_1$ r_3 r_2 r_1 O T P、T T P O n_e n
主要特点	（1）U 为常值，转速 n 随励磁电流 I_f 和磁通 Φ 的减小而升高 （2）转速越高，换向越困难，电枢反应和换向元件中电流的去磁效应对电动机运行稳定性的影响越大。最高转速受机械因素、换向和运行稳定性的限制 （3）电枢电流保持额定值不变时，T 与 Φ 成正比，n 与 Φ 成反比，输入、输出功率及效率基本不变	（1）Φ 为常值，转速 n 随电枢端电压 U 的降低而降低 （2）低速时，机械特性曲线的斜率不变，稳定性好。由发电机组供电时，最低转速受发电机剩磁的限制 （3）电枢电流保持额定值不变时，T 保持不变，n 与 U 成正比，输入、输出功率随 U 和 n 的降低而减小，效率基本不变	（1）U 为常值，转速 n 随电枢回路电阻 r 的增大而降低 （2）转速越低，机械特性越软。采用此法调速时，调速变阻器可作起动变阻器用 （3）电枢电流保持额定值不变时，T 保持不变，可作恒转矩调速，但低速时，输出功率随 n 的降低而减小，而输入功率不变，效率将随 n 的降低而降低，经济性很差
适用范围	适用于额定转速以上的恒功率调速	适用于额定转速以下的恒转矩调速	只适用于额定转速以下，不需经常调速，且机械特性要求较软的调速

三、直流电机接线图

1. 直流电机接线图

典型的直流电机接线图见表 4-6。

表 4-6　直流电机的接线图

励磁方式	不带换向器	带换向器	带换向器及补偿绕组
永磁	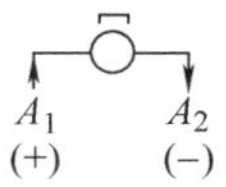 A_1 (+) A_2 (−)	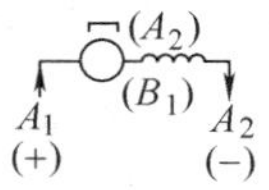 (A_2) (B_1) A_1 (+) A_2 (−)	
他励	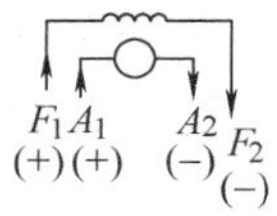 F_1 A_1 (+)(+) A_2 (−) F_2 (−)	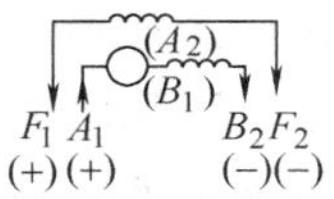 (A_2) (B_1) F_1 A_1 (+)(+) B_2 F_2 (−)(−)	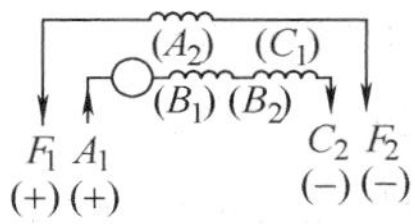 (A_2) (C_1) (B_1) (B_2) F_1 A_1 (+)(+) C_2 F_2 (−)(−)

（续）

励磁方式			不带换向器	带换向器	带换向器及补偿绕组
并励			(E_1) (E_2) (A_1) (A_2) A_1 (+) A_2 (−)	E_1 E_2 (A_1) (A_2) (B_1) B_2 A_1 (+) B_2 (−)	(E_1) (E_2) (A_1) (A_2) (B_2) (B_1) C_1 (C_2) A_1 (+) C_2 (−)
复励	平复励	长复励	(A_2) (D_1) E_1 (+) A_1 (+) D_2 (−) E_2 (−)	(A_2) (B_2) (B_1) (D_1) E_1 (+) A_1 (+) D_2 (−) E_2 (−)	C_2 (A_2) (B_2) (B_1) (C_1) (D_1) E_1 (+) A_1 (+) D_2 (−) E_2 (−)
复励	平复励	短复励	(A_2) (D_1) E_1 (+) A_1 (+) D_2 (−) E_2 (−)	(A_2) (B_2) (B_1) (D_1) E_1 (+) A_1 (+) D_2 (−) E_2 (−)	(A_2) (B_2) (C_2) (B_1) (C_1) (D_1) E_1 (+) A_1 (+) D_2 (−) E_2 (−)
串励			(A_2) (D_1) A_1 (+) D_2 (−)	(A_2) (B_2) (B_1) (D_1) A_1 (+) (D_2) (−)	

2. 直流电动机转向的改变方法

可以采用以下两种方法来改变直流电动机的转向：

1）改变电枢两端电压极性，以改变电枢电流的方向。

2）改变励磁绕组的极性，以改变主磁场的方向。

例如，对于他励式直流电动机，设图4-7a为正转接线，则图4-7b或图4-7c为反转接线。

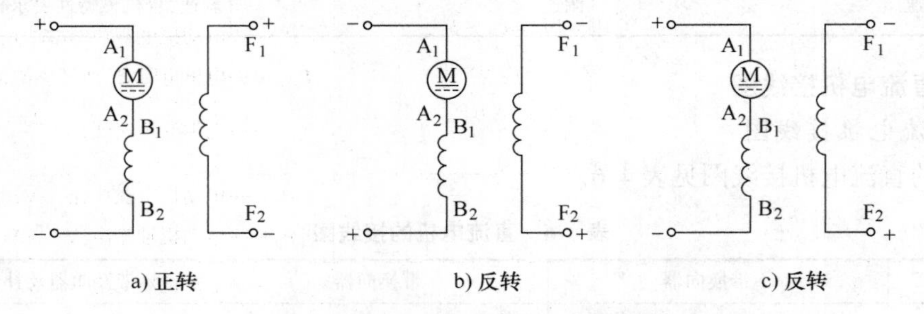

图4-7 直流电动机正转和反转接线

如果同时使用上述两种方法，则不能达到反转的目的。

必须指出，由于直流电动机的励磁绕组匝数较多，电感很大，把励磁绕组从电源上断开将产生较大的自感电动势，使开关或接触器产生很大的火花，影响它们的寿命和使用安全，同时过大的自感电动势还可能击穿励磁绕组的绝缘层。因此，要求频繁反向的直流电动机应采用改变电枢两端电压极性的方法来实现反转。

四、直流电动机基本计算公式（见表4-7）

表4-7 直流电动机基本计算公式

序号	参数	计算公式	说明
1	电枢电动势	$E_a = C_e \Phi n$ $C_e = \frac{pN}{60a}$	E_a——电枢电动势，又称反电动势（V） C_e——电动势常数或称电机结构常数 p——电动机极对数 N——绕组导体数 a——绕组支路数 Φ——每极磁通（Wb） n——电枢转速（r/min）
2	他励电动机转速	$n = \frac{U}{C_e \Phi} - \frac{R_a M}{C_e C_m \Phi^2}$ $C_m = \frac{pN}{2\pi a} = 9.55C_e$	n——转速（r/min） U——电枢端电压（V） R_a——电枢电阻（Ω） M——转矩（N·m） C_m——转矩常数 其他符号意义同前
3	他励电动机转矩	$M = 9.55C_e \Phi I_a$	I_a——电枢电流（A）
4	串励电动机转速	$n = \frac{U - I_a(R_a + R_s)}{C_e \Phi}$	U——电源电压（V） R_s——串励绕组电阻（Ω） 其他符号意义同前
5	串励电动机转矩	$M = C_m \Phi I_a$	式中符号意义同前
6	电枢电阻	$R_a = \frac{U_e I_e - P_e \times 10^3}{2I_e^2}$	R_a——电枢电阻（Ω） U_e——电动机额定电压（V） I_e——电动机额定电流（电枢电流）（A） P_e——电动机额定功率（kW）
7	输入功率	$P_1 = UI_a = P_m + P_{Cua}$ $P_m = E_a I_a = \omega M$ $P_{Cua} = I_a^2 R_a$	P_1——电动机输入功率（kW） P_m——电动机电磁功率（kW） P_{Cua}——电枢电阻 R_a 所产生的铜耗（kW） ω——电枢的角速度，$\omega = \frac{2\pi n}{60}$（rad/s）
8	电磁功率	$P_m = P_0 + P_2$	P_0——电动机空载损耗（kW） P_2——电动机轴输出功率（kW）
9	额定功率	$P_e = \frac{M_e n_e}{9555}$	P_e——电动机额定功率（kW） M_e——电动机额定转矩（kW） n_e——电动机额定转速（r/min）
10	电动机效率	$\eta = \frac{P_2}{P_1} \times 100\%$	式中符号意义同前
11	过载系数	$\lambda = \frac{I_{max}}{I_e}$	I_{max}——电动机允许的瞬时过载电流最大值（A） I_e——电动机额定电流（A）

(续)

序号	参数	计算公式	说明
12	电刷接触损耗	$P_{Cub}=I_a^2R_b\times10^{-3}$ 或 $P_{Cub}=2\Delta UI_a\times10^{-3}$	P_{Cub}——电刷接触损耗(kW) R_b——电刷接触电阻(Ω) $2\Delta U$——一对正负电刷的接触电压降(对于碳-石墨及电化石墨电刷，取2V，对于金属石墨电刷，取0.6V)(V)
13	励磁回路铜耗	$P_{Cul}=U_1I_1\times10^{-3}$	P_{Cul}——励磁回路铜耗(kW) U_1——励磁回路端电压(V) I_1——励磁电流(A)
14	铁耗与机械损耗	$P_{Fe}+P_j=P_0+(I_a^2R_a-2\Delta UI_a)\times10^{-3}$	P_{Fe}——铁耗(kW) P_j——机械损耗(kW) 其他符号意义同前

【例4-1】 一台2Z-91型55kW他励直流电动机，额定电压为220V，额定电流为284A，额定转速为1500r/min。该电机负载为恒转矩负载，采用电枢回路串电阻的方法调速，如果将转速调至500r/min，试求在电枢回路中所串电阻阻值。

解：该直流电动机的电枢绕组电阻为

$$R_a=\frac{U_eI_e-P_e}{2I_e^2}=\frac{220\times284-55000}{2\times284^2}\Omega=0.046\Omega$$

电动机在额定电压、额定电流和额定转速下运行，忽略电刷压降时，电枢电动势为

$$E_a=U_e-I_eR_a=(220-284\times0.046)\text{V}=206.94\text{V}$$

电动机在转速为500r/min下运行的电枢电势为

$$E_a'=\frac{n}{n_e}E_a=\frac{500}{1500}\times206.94\text{V}=68.98\text{V}$$

因此电枢回路所串电阻为

$$R_f=\frac{U_e-E_a'}{I_a}-R_a=\left(\frac{220-68.98}{284}-0.046\right)\Omega=0.49\Omega$$

五、Z2系列直流电动机的技术数据

Z2系列直流电动机是目前使用最为广泛的直流电动机，其技术数据见表4-8。

表4-8 Z2系列直流电动机技术数据

Z2系列电动机(110V,3000r/min)

序号	型号	额定功率/kW	额定电压/V	额定转速/(r/min)	额定电流/A	效率(%)	最高转速/(r/min)	最大励磁功率/W
1	Z2-11	0.8	110	3000	9.82	74	3000	52
2	Z2-12	1.1			13	75.5		63
3	Z2-21	1.5			17.5	77		61
4	Z2-22	2.2			24.5	79		77
5	Z2-31	3			33.2	78.5		80
6	Z2-32	4			43.8	80		98
7	Z2-41	5.5			61	81.5		97
8	Z2-42	7.5			81.6	82		120

（续）

序号	型　号	额定功率/kW	额定电压/V	额定转速/(r/min)	额定电流/A	效率(%)	最高转速/(r/min)	最大励磁功率/W
Z2 系列电动机(110V,1500r/min)								
9	Z2-11	0.4	110	1500	5.47	66.5	3000	39
10	Z2-12	0.6			7.74	70.5		60
11	Z2-21	0.8			9.96	73		65
12	Z2-22	1.1			13.15	76		88
13	Z2-31	1.5			17.6	77.5		103
14	Z2-32	2.2			25	80		131
15	Z2-41	3			34.3	79.5		116
16	Z2-42	4			44.8	81		170
17	Z2-51	5.5			61	82	2400	154
18	Z2-52	7.5			82.2	83		242
19	Z2-61	10			108.2	84		160
20	Z2-62	13			140	84.5		146
21	Z2-71	17			155	85.5	2250	400
22	Z2-72	22			232.6	86		370
23	Z2-81	30			315.5	86.5		450
Z2 系列电动机(110V,1000r/min)								
24	Z2-21	0.4	110	1000	5.59	65	2000	60
25	Z2-22	0.6			7.69	71		64
26	Z2-31	0.8			10.02	72.5		88
27	Z2-32	1.1			13.32	75		83
28	Z2-41	1.5			18.05	75.5		123
29	Z2-42	2.2			25.8	77.5		172
30	Z2-51	3			34.5	79		125
31	Z2-52	4			45.2	80.5		230
32	Z2-61	5.5			61.3	81.5		190
33	Z2-62	7.5			82.6	82		325
34	Z2-71	10			111.5	82.5		300
35	Z2-72	13			142.3	83		430
36	Z2-81	17			185	83.5		460
37	Z2-82	22			238	84		460
38	Z2-91	30			319	85.5		570
39	Z2-92	40			423	86		650
40	Z2-31	0.6			7.9	69		90
41	Z2-32	0.8			10.02	72.5		83
42	Z2-41	1.1		750	14.18	70.5	1500	121
43	Z2-42	1.5			18.8	72.5		174
44	Z2-51	2.2			26.15	76.5		148
45	Z2-52	3			35.2	77.5		172
46	Z2-61	4			46.6	78		176
47	Z2-62	5.5			62.9	79.5		197
48	Z2-71	7.5			85.2	80		310
49	Z2-72	10			112.1	81		340
50	Z2-81	13			145	81.5		460
51	Z2-82	17			187.2	82.5		500
52	Z2-91	22			239.5	83.5		580
53	Z2-92	30			323	84.5		620
54	Z2-101	40			425	85.5		820

（续）

序号	型　号	额定功率/kW	额定电压/V	额定转速/(r/min)	额定电流/A	效率(%)	最高转速/(r/min)	最大励磁功率/W
Z2系列电动机(110V,600r/min)								
55	Z2-91	17	110	600	193	80	1200	560
56	Z2-92	22			242.5	82.5		610
57	Z2-101	30			324.4	84		640
58	Z2-102	40			431	84.5		930
Z2系列电动机(220V,3000r/min)								
59	Z2-11	0.8	220	3000	4.85	75	3000	52
60	Z2-12	1.1			6.41	76.5		62
61	Z2-21	1.5			8.64	78		62
62	Z2-22	2.2			12.2	80		77
63	Z2-31	3			16.52	79.5		83
64	Z2-32	4			21.65	81		94
65	Z2-41	5.5			30.3	82.0		108
66	Z2-42	7.5			40.3	82.5		141
67	Z2-51	10			53.5	83		222
68	Z2-52	13			68.7	83.5		365
69	Z2-61	17			88.9	84		247
70	Z2-62	22			113.7	85		232
71	Z2-71	30			155	85.5		410
72	Z2-72	40			205.6	86.5		500
Z2系列电动机(220V,1500r/min)								
73	Z2-11	0.4	220	1500	2.715	67	3000	43
74	Z2-12	0.6			3.84	71		62
75	Z2-21	0.8			4.94	73.5		68
76	Z2-22	1.1			6.53	76.5		101
77	Z2-31	1.5			8.68	78.5		94
78	Z2-32	2.2			12.34	81		105
79	Z2-41	3			17	80		134
80	Z2-42	4			22.3	81.5	2400	170
81	Z2-51	5.5			30.3	82.5		165
82	Z2-52	7.5			40.8	83.5		260
83	Z2-61	10			53.8	84.5		260
84	Z2-62	13			68.7	85	2250	264
85	Z2-71	17			90	86		430
86	Z2-72	22			115.4	86.5		370
87	Z2-81	30			156.9	87	2000	540
88	Z2-82	40			208	87.5		770
89	Z2-91	55			284	88	1800	770
90	Z2-92	75			385	88.5		870
91	Z2-101	100			511	89.5	1500	1070
92	Z2-102	125			635	89.5		940
93	Z2-111	160			810	90		1300
94	Z2-112	200			1010	90		1620

（续）

序号	型 号	额定功率/kW	额定电压/V	额定转速/(r/min)	额定电流/A	效率(%)	最高转速/(r/min)	最大励磁功率/W
Z2 系列电动机(220V,1000r/min)								
95	Z2-21	0.4	220	1000	2.755	66	2000	67
96	Z2-22	0.6			3.875	71.5		70
97	Z2-31	0.8			4.94	73.5		88
98	Z2-32	1.1			6.58	76		100
99	Z2-41	1.5			8.9	76.5		130
100	Z2-42	2.2			12.73	78.5		160
101	Z2-51	3			17.2	79.5		165
102	Z2-52	4			22.3	81.5		230
103	Z2-61	5.5			30.3	82.5		283
104	Z2-62	7.5			41.3	82.5		193
105	Z2-71	10			54.8	83		370
106	Z2-72	13			70.7	83.5		420
107	Z2-81	17			92	84		510
108	Z2-82	22			118.2	84.5		500
109	Z2-91	30			158.5	86		540
110	Z2-92	40			210	86.5		620
111	Z2-101	55			285.5	87.5	1500	670
112	Z2-102	75			385	88.5		820
113	Z2-111	100			511	89		1150
114	Z2-112	125			635	89.5		1380
Z2 系列电动机(220V,750r/min)								
115	Z2-31	0.6	220	750	3.9	70	1500	85
116	Z2-32	0.8			4.94	73.5		81
117	Z2-41	1.1			6.99	71.5		122
118	Z2-42	1.5			9.28	73.5		180
119	Z2-51	2.2			13	77		162
120	Z2-52	3			17.5	78.5		176
121	Z2-61	4			23	79		190
122	Z2-62	5.5			31.25	80		293
123	Z2-71	7.5			42.1	81		350
124	Z2-72	10			55.8	81.5		440
125	Z2-81	13			72.1	82		480
126	Z2-82	17			93.2	83		560
127	Z2-91	22			119	84		590
128	Z2-92	30			160	85		770
129	Z2-101	40			212	86		900
130	Z2-102	55			289	86.5		920
131	Z2-111	75			387	88		1000
Z2 系列电动机(220V,600r/min)								
132	Z2-91	17	220	600	95.5	81	1200	570
133	Z2-92	12			119.7	83.5		650
134	Z2-101	30			161.5	84.5		810
135	Z2-102	40			214	85		1020
136	Z2-111	55			289	86.5		980

（续）

Z2 系列发电机(115V,2850r/min)								
序号	型　号	额定功率/kW	额定电压/V	额定转速/(r/min)	额定电流/A	效率(%)	最大励磁功率/W	原动机型号
137	Z2-21	1.1			9.57	76	45	JO2-21-2
138	Z2-22	1.7			14.8	79.5	58	JO2-22-2
139	Z2-31	2.4			20.85	81	83	JO2-31-2
140	Z2-32	3.2	115	2850	27.8	82.5	125	JO2-32-2
141	Z2-41	4.2			36.5	79.5	140	JO2-41-2
142	Z2-42	6			52.2	82	147	JO2-42-2
143	Z2-51	8.5			74	83.5	163	JO2-51-2
Z2 系列发动机(115V,1450r/min)								
144	Z2-22	0.8			6.95	74	46	JO2-21-4
145	Z2-31	1.1			9.56	75.5	63	JO2-22-4
146	Z2-32	1.7			14	78	94	JO2-31-4
147	Z2-41	2.4			20.9	76.5	115	JO2-32-4
148	Z2-42	3.2			27.8	79	131	JO2-41-4
149	Z2-51	4.2			36.5	80	156	JO2-42-4
150	Z2-52	6			52.2	82	172	JO2-51-4
151	Z2-61	8.5	115	1450	74	83	222	JO2-52-4
152	Z2-62	11			95.6	85	198	JO2-61-4
153	Z2-71	14			121.7	85	380	JO2-62-4
154	Z2-72	19			165.1	85.5	500	JO2-71-4
155	Z2-81	26			226	86	530	JO2-72-4
156	Z2-82	35			304	86.5	520	JO2-81-4
157	Z2-91	48			418	87	670	JO2-82-4

六、Z4 系列直流电动机的技术数据

Z4 系列直流电动机适用于整流电源供电，能承受脉冲电流与负载电流急剧变化的工况。当用三相全控桥式整流电源时，可不需外接平波电抗器而长期工作。Z4 系列直流电动机的额定功率为 1.5～220kW，额定电压有 160V 和 440V 两种。其技术数据见表 4-9。

表 4-9　Z4 系列直流电动机技术数据

型　号	额定功率/kW	额定电流/V	额定电压/A	额定转速/最高转速/(r/min)	励磁功率/W	电枢回路电阻(20℃)/Ω	电感/mH	磁场电感/H	外接电感/mH	效率(%)	转动惯量/kg·m²	质量/kg	通风电机功率/kW
	2.2	160	18	1500/3000	315	1.22	11.5	18	12	67.6			
	1.5	160	13.5	1000/2000	315	2.26	22	18	15	59.2			
Z4-100-1	4	440	11	3000/3600	315	3.0	27	18		80.1	0.044	60	0.04
	2.2	440	7	1500/3000	315	10.0	90	18		70.6			
	1.5	440	5	1000/2000	315	18	170	18		63.2			
	5.5	440	15	3000/3600	320	2	20	20		81.1			
	3	440	9.5	1500/3000	320	6.4	64	35		72.9			
Z4-112/2-1	2.2	440	8	1000/2000	320	11.6	110	15		63.6	0.076	74	0.06
	3	160	26.5	1500/3000	320	8.5	16	14	20	65.8			
	2.2	160	19.5	1000/2000	320	16.5	8.5	14	20	62.1			

（续）

型号	额定功率/kW	额定电流/V	额定电压/A	额定转速/最高转速/(r/min)	励磁功率/W	电枢回路电阻(20℃)/Ω	电感/mH	磁场电感/H	外接电感/mH	效率(%)	转动惯量/kg·m²	质量/kg	通风电机功率/kW
Z4-112/2-2	7.5	440	20	3000/3600	350	1.6	15	14		83.5	0.093	82	0.06
	4	440	11.5	1500/3000	350	4.7	45	45		76			
	3	440	9.5	1000/2000	350	8	85	14		67.3			
	4	160	30.5	1500/3000	350	6.8	6	14	8	72.8			
	3	160	25.5	1000/2000	350	11	11	14	16	66.8			
Z4-112/4-1	5.5	160	43	1500/3000	500	0.41	4	7	6.5	73.4	0.128	84	0.06
	4	160	34	1000/2000	500	0.76	8	7	4.5	65.4			
	11	440	29	3000/4000	500	1.0	10	7		83.4			
	5.5	440	15.5	1500/3000	500	3.0	30.5	7		76.7			
	4	440	12.5	1000/2000	500	6.0	63	7		68.8			
Z-112/4-2	5.5	160	43.6	1000/2000	570	0.46	5.5	6	6	70	0.156	92	0.06
	15	440	38.6	3000/4000	570	0.6	7.5	6		85.5			
	7.5	440	21	1500/3000	570	2.2	25	8		78.7			
	5.5	440	16.2	1000/2000	570	4.0	46	6		72			
Z4-132-1	18.5	440	47.5	3000/3600	650	0.43	6	10		85.4	0.32	123	0.18
	11	440	30	1500/3000	650	1.37	20	10		80.8			
	7.5	440	21.5	1000/2000	650	2.69	39	10		74.5			
Z4-132-2	22	440	55.5	3000/3600	730	0.24	4.5	11		88.2	0.4	142	0.18
	15	440	39.5	1500/3000	730	0.85	15	11		83.3			
	11	440	31	1000/2000	730	1.7	29	11		77.6			
Z4-132-3	30	440	75	3000/3600	800	0.175	3	8		88.6	0.48	162	0.18
	18.5	440	48	1500/3000	800	0.59	10.5	8		84.7			
	15	440	41	1000/2000	800	1.07	20.5	8		80.5			
Z4-160-11	37	440	93.4	3000/3600	78	0.1838	3.1	12		88.86	0.64	202	0.37
	22	440	58.1	1500/3000		0.5999	10.4	7.7		83.59			
Z4-160-21	45	440	112.5	3000/3500	830	0.1309	2.7	13.6		89.94	0.76	224	0.37
	18.5	440	50.3	1000/2000		0.8695	17.7	8		79.57			
Z4-160-31	55	440	136.3	3000/3500	930	0.0904	2	8.2		90.4	0.88	250	0.37
	30	440	76.4	1500/3000		0.3055	7.1	6.4		86.6			
	22	440	58.7	1000/2000		0.6759	15.2	8.2		82.4			
Z4-180-11	37	440	95	1500/3000	1050	0.2634	4.9	7.67		86.51	1.52	280	1.1
	18.5	440	51.2	750/1900		0.912	16.2	6.36		78.06			
	15	440	43.8	600/2000		1.405	22.7	7.85		74.06			
22	75	440	185	3000/3400	1200	0.064	1.2	6.67		90.67	1.72	310	1.1
21	45	440	115	1500/2800		0.217	4.7	6.3		86.97			
Z4-180/21	30	440	79	1000/2000		0.423	9.2	7.96		83.73			
21	22	440	60.3	7500/1400		0.766	16.3	7.76		79.7			
21	18.5	440	52	600/1600		0.973	19.9	6.96		76.8			
Z4-180-31	37	440	97.5	1000/2000	1430	0.346	6.8	6.34		83.58	1.92	340	1.1
	22	440	62.1	600/1250		0.87	18.3	6.18		76.63			

（续）

型　号	额定功率/kW	额定电流/V	额定电压/A	额定转速/最高转速/(r/min)	励磁功率/W	电枢回路电阻(20℃)/Ω	电感/mH	磁场电感/H	外接电感/mH	效率(%)	转动惯量/kg·m²	质量/kg	通风电机功率/kW
42	90	440	221	3000/3200		0.0504	0.82	8.16		91.33			
Z4-180-41	55	440	140	1500/3000	1670	0.142	2.7	6.01		87.06	2.2	370	1.1
41	30	440	80.6	750/2250		0.495	11.3	5.61		81.13			
12	110	440	270	3000/5000		0.0373	0.78	7.91		91.64			
Z-200-11	45	440	117	1000/2000	1100	0.2672	7.9	7.07		85.46	3.68	445	1.1
11	37	440	97.8	750/7000		0.354	9.9	8.12		83.54			
11	22	440	61.6	500/1350		0.839	23.3	12		78.64			
Z4-200-21	75	440	188	1500/3000	1200	0.094	2.6	9.84		89.6	4.2	490	1.1
	30	440	82.1	600/1000		0.563	15.3	9.3		80.42			
Z4-200-32	132	440	352	3000/3200	1300	0.0318	0.74	7.79		92.37	4.8	540	1.1
31	90	440	225	1500/2800		0.0754	1.9	9.01		89.78			
31	55	440	140	1000/2000		0.1731	4.5	8.7		87.09			
Z4-200-31	45	440	118	750/1400	1300	0.295	8.0	8.53		84.14	4.8	540	1.1
31	37	440	99.5	600/1600		0.403	11.4	18.67		81.96			
31	30	440	82.7	500/750		0.575	16.5	8.44		79.46			
	110	440	275	1500/3000		0.065	1.9	6.15		89.44			
	75	440	194	1000/2000		0.1511	4.6	11.3		86.51			
Z4-225-11	55	440	145	750/1600	2080	0.239	8.1	5.9		84.02	5	650	3.0
	45	440	122	600/1800		0.362	11.3	5.93		80.76			
	37	440	102	500/1600		0.472	14.1	6.24		78.81			
Z4-225-21	55	440	147	600/1200	2320	0.2622	8.9	5.66		82.39	5.6	700	3.0
	45	440	125	500/1400		0.397	12.8	5.49		78.94			
	132	440	326	1500/2400		0.0436	1.4	7.22		90.66			
Z4-225-31	90	440	227	1000/2000	2520	0.096	3.2	5.27		88	6.2	780	3.0
	75	440	195	750/2250		0.1534	4.8	5.56		85.09			
Z4-250-12	160	440	399	1500/2100	2420	0.0392	0.83	11		89.93	8.8	850	3.0
11	110	440	280	1000/2000		0.0866	2.3	5.7		88.09			
	185	440	459	1500/2000		0.0325	0.86	5.73		90.5			
Z4-250-21	90	440	227	750/2230	2680	0.1287	3.6	5.63		86.27	10	930	3.0
	75	440	197	600/2000		0.1708	4.0	6.13		84.08			
	55	440	147	500/1000		0.2556	5.8	6.08		82.24			
	200	440	492	1500/2400		0.0274	0.82	7.22		91.48			
Z4-259-31	132	440	334	1000/2000	2820	0.0698	2.1	8.86		88.34	11.2	1030	3.0
	110	440	282	750/1900		0.0957	2.6	5.66		86.85			
41	220	440	540	1500/2400		0.0235	0.69	6.74		91.68			
Z4-250-42	160	440	401	1000/1000	2980	0.0484	1.4	6.93		89.42	12.8	1140	3.0
41	90	440	234	600/2000		0.138	4.4	4.65		85.03			
42	75	440	199	500/1900		0.181	4.8	7.13		83.47			
Z4-280-11	250	440	615	1500/1800	3000	0.0214	0.651	6.26		91.61	16.4	1180	4.0

（续）

型 号	额定功率/kW	额定电流/V	额定电压/A	额定转速/最高转速/(r/min)	励磁功率/W	电枢回路电阻(20℃)/Ω	电感/mH	磁场电感/H	外接电感/mH	效率(%)	转动惯量/kg·m²	质量/kg	通风电机功率/kW
22	280	440	684	1500/1800	3300	0. 01673	10. 56	5. 82		92. 14	18. 4	1300	4. 0
Z4-280-21	200	440	198	1000/2000		0. 0375	1. 2	5. 87		90. 13			
21	132	440	332	750/1600		0. 0649	2. 2	5. 77		88. 59			
21	110	440	282	600/1500		0. 0968	2. 9	6. 0		86. 56			
32	315	440	767	1500/1800	3600	0. 0149	0. 56	6. 88		92. 55	21. 2	1450	4. 0
31	220	440	544	1000/1000		0. 0308	1. 0	5. 54		90. 63			
Z4-280-32	160	440	401	750/1700		0. 052	1. 9	5. 53		89. 11			
31	132	440	338	600/1200		0. 0829	2. 4	5. 81		86. 83			
31	90	440	234	500/1800		0. 1366	5. 0	6. 61		85. 37			
Z4-280-42	355	440	864	1500/1800	4000	0. 0138	0. 5	6. 48		92. 62	24	1600	4. 0
42	250	440	616	1000/1800	4000	0. 0249	0. 9	5. 21		91. 05	24	1600	4. 0
Z4-280-41	185	440	463	750/1900		0. 0438	1. 6	5. 14		89. 36			
41	110	440	282	500/1200		0. 0976	3. 5	9. 0		86. 93			
12	280	440	687	1000/1600	3850	0. 02244	0. 33	5. 07		91. 56	21. 2	1770	5. 5
12	200	440	501	750/1900		0. 0436	0. 6	4. 97		89. 36			
Z4-315-11	160	440	409	600/1900		0. 0692	0. 96	7. 53		87. 44			
11	132	440	342	500/1600		0. 0971	1. 7	7. 01		86. 28			
11	110	440	292	400/1200		0. 1370	2. 1	9. 92		84. 29			
22	315	440	773	1000/1600	4200	0. 01876	0. 25	5. 51		91. 5	24	1960	5. 5
Z4-315-22	250	440	623	750/1600		0. 03370	0. 54	5. 11		89. 57			
21	185	440	466	600/1500		0. 0518	0. 83	5. 13		88. 47			
21	160	440	413	500/1500		0. 0758	1. 1	5. 18		85. 98			
32	355	440	866	1000/1600	4650	0. 01492	0. 22	6. 81		92. 25	27. 2	2170	5. 5
Z4-315-32	280	440	700	750/1600		0. 0314	0. 59	5. 86		89. 79			
32	200	440	501	600/1500		0. 0454	0. 68	6. 45		89. 35			
31	132	440	343	400/1200		0. 0981	1. 5	6. 37		85. 25			
42	400	440	972	1000/1600	5200	0. 0130	0. 24	7. 88		92. 68	30. 8	2400	5. 5
42	315	440	779	750/1600		0. 0241	0. 48	4. 74		90. 73			
Z4-315-42	250	440	628	600/1600		0. 0369	0. 63	4. 98		89. 03			
41	185	440	468	500/1500		0. 055	0. 9	7. 58		88. 34			
41	160	440	416	400/1200		0. 0809	1. 3	5. 03		85. 28			
12	450	440	1093	1000/1500	4400	0. 0122	0. 26	7. 3		92. 84	42	2770	5. 5
12	355	440	874	750/1500		0. 02065	0. 43	5. 29		91. 21			
Z4-355-11	280	440	695	600/1600		0. 02905	0. 66	5. 29		90. 18			
11	200	440	507	500/1500		0. 05361	1. 1	18. 6		88. 89			
12	185	440	497	400/1200		0. 0683	1. 1	5. 71		5. 85			
22	400	440	982	750/1600	4800	0. 01699	0. 32	6. 78		91. 69	46	3050	5. 5
Z4-355-22	315	440	782	500/1500		0. 02635	0. 59	6. 41		90. 45			
22	250	440	626	500/1600		0. 03733	0. 91	8. 84		89. 46			
21	200	440	512	400/1200		0. 0586	1. 2	9. 27		87. 54			

（续）

型　号	额定功率 /kW	额定电流 /V	额定电压 /A	额定转速/最高转速 /(r/min)	励磁功率 /W	电枢回路电阻 (20℃) /Ω	电感 /mH	磁场电感 /H	外接电感 /mH	效率 (%)	转动惯量 /kg·m²	质量 /kg	通风电机功率 /kW
32	450	440	1098	750/1600	5200	0.01330	0.28	4.62		92.06	52	3370	5.5
32	355	440	875	600/1600		0.02068	0.5	4.84		90.96			
Z4-355- 32	315	440	787	500/1500		0.02886	0.65	4.5		89.53			
31	220	440	556	500/1200		0.04666	0.96	8.26		88.36			
42	400	440	982	600/1600	5700	0.01712	0.37	4.35		91.21	60	3720	5.5
Z4-355-42	355	440	890	500/1600		0.02626	0.56	4.23		89.15			
42	250	440	627	400/1200		0.03774	0.85	5.59		88.82			

注：1. 本表所列为上海南洋电机厂的数据，各厂数据除额定功率、额定电压外，其余数据部分略有不同。

2. 通风电动机额定电压为三相380V。

第二节　直流电机的日常维护与定期保养

一、直流电机投入运行前的检查

直流电机投入运行前要进行以下检查：

1）清除电机外部的污垢、杂物，用压缩空气或吸尘器除尽电机内部的灰尘和电刷粉末。对换向器、电刷装置、绕组、铁心及连接线等都要认真进行清洁。

2）拆除与电机连接的一切接线，用绝缘电阻表测量绕组对机壳的绝缘电阻。若绝缘电阻值低于0.5MΩ（500V以下的低压电机）或1MΩ（500V以上的高压电机），则应经干燥处理后再投入运行。

3）检查换向器表面是否光洁，若有损伤及火花烧伤的痕迹，则应对换向器进行修理。即使看来似乎不太严重的伤痕也要认真修理，使表面平整光洁。否则，运行时将会产生不正常的火花，进一步加剧换向器的损伤程度。如此恶性循环，很快会使电机无法正常运行，使换向器不能再修理，造成很大的损失。

4）检查电刷装置安装得是否牢固，有无变形，位置是否正确，电刷的型号、规格和尺寸是否合适，电刷压簧的压力是否适当，电刷与换向器的接触面是否良好，以及电刷铜辫子是否都离开与外壳相连的金属部件。

5）检查电刷与刷握的配合是否适当。电刷与刷握配合过松和过紧都容易引起火花，并加速电刷的磨损。电刷与刷握的允许间隙见表4-10。

表4-10　电刷与刷握的允许间隙　（单位：mm）

间隙范围	轴　向	集电环旋转方向	
		宽度为5~16mm	宽度在16mm以上
最小间隙	0.2	0.1~0.3	0.15~0.4
最大间隙	0.5	0.3~0.6	0.4~1.0

刷握与换向器或集电环（绕线转子或集电环型电机）之间的距离要保持2~4mm。

6）检查电刷的引线是否完整，与电刷的连接是否牢固。当引线中折断的股数超过总股数的 1/3 时，应更换引线。电刷引线的规格见表 4-11。

表 4-11　电刷引线的规格

最大电流/A	导线截面积/mm^2	最大直径/mm	绞接方式、铜线股数及每股直径/mm	最大电流/A	导线截面积/mm^2	最大直径/mm	绞接方式、铜线股数及每股直径/mm
6	0.3	1.0	7×22×ϕ0.05	24	2.5	2.5	12×26×ϕ0.10
8	0.5	1.4	12×22×ϕ0.05	30	4	4.0	7×42×ϕ0.13
10	0.75	1.5	7×20×ϕ0.08	38	6	5.4	7×62×ϕ0.13
13	1.0	1.7	7×30×ϕ0.08	50	10	6.7	12×62×ϕ0.13
17	1.5	2.3	7×42×ϕ0.08				

7）检查电机的接线是否正确，连接是否牢固，以及保护接地（接零）是否良好。

8）检查电机轴承是否缺油，转动是否灵活。

9）检查电机底脚螺钉是否紧固，机座是否已稳固在基础上。

10）检查周围环境是否清洁，有无杂物。

11）对于调速用的直流电动机，还应检查调速装置（如晶闸管整流装置）的情况，将励磁变阻器调到适当的位置，主令电位器调到最低转速的位置。

12）检查与电机相关的所有仪表和保护装置，以及它们的连接是否正确、良好；检查保护装置的动作整定值是否正确。

二、直流电机的试车

直流电机投入运行前的检查处理工作完成后，已具备运行条件，便可进行试车工作。

1. 发电机的试车

(1) 起动

1）将磁场变阻器调节到开断装置。

2）发电机暂不带负载，让原动机将发电机驱动到额定转速。

3）调节磁场变阻器，使电压逐渐上升至一定值。

4）合上负载开关，并逐渐增加负载，或调节磁场变阻器，使负载增加到额定值。

5）调整端电压至额定值。

(2) 停车

1）逐渐减少发电机的负载，同时调节磁场变阻器到开断位置。

2）切断负载开关。

3）停止原动机。

2. 电动机的试车

(1) 起动　直流电动机的起动方式有 4 种：直接起动法、电枢回路串联电阻起动法、减压起动法和调速法。

直接起动法的起动电流大，最大冲击电流可达额定值的 15 ~ 20 倍，因此对电网及电机本身的冲击较大，通常只用于起动电流为额定电流 6 ~ 8 倍、功率不大于 4kW 的直流电动机。电枢回路串联电阻起动法，起动过程中能耗大，不适用于经常起动的大、中型电动机。减压起动法和调速法，能耗小，起动平滑，用于需经常起动的各类直流电动机。

起动步骤如下：

1）第一次起动电动机时不要带负载。

2）如为调速电动机，应将主令电位器（即速度控制器）调节到最低转速位置。

3）接通电动机的电枢和励磁电源，并调节主令电位器，使电动机逐渐升速，直到额定转速。

4）电动机空载运行正常后，再带上负载，重复上述程序。

（2）停车

1）如为调速电动机，应先将转速降到最低。

2）若有必要，移去负载（串励电机除外）。

3）切断电枢电源，然后切断励磁电源，使起动控制装置恢复到原来状态。

（3）注意事项　直流电动机在试车时应注意以下事项：

1）应保证电动机空转时间不少于1h。因为电刷通过长时间研磨可以保证其与换向器有良好的接触，这对今后正常运行有很大的好处。

2）在这1h以上的试运行期间，应观察电流表和电压表的指示是否正常，检查电机有无异常振动、发热、漏油和噪声等情况。同时在电动机的额定转速下，观察电刷下的火花情况。电动机振动所允许的双振幅值见表4-12；电刷的火花等级及允许的火花见表1-89。

表4-12　直流电动机振动标准

电动机转速/(r/min)	允许双振幅/mm	电动机转速/(r/min)	允许双振幅/mm
500	0.20	1500	0.08
600	0.16	2000	0.07
750	0.12	2500	0.06
1000	0.10	3000	0.05

3）停机后，应全面检查定子、电枢和轴承等部位的状况与发热情况。

4）对于直流调速电动机，在试车期间要严密监视励磁电压、电枢电压、电流和整流桥三相电流的情况，观察是否有振荡、不平衡等现象，必要时用示波器观察电枢电压的波形。若发现有异常现象，应先调整好晶闸管整流装置后再试车。

三、直流电机的日常检查与维护

直流电机在运行过程中，应按运行规程的要求检查电机的工作状况。除监视反映电机运行状况的各指示仪表外，还应着重对换向器、电刷装置、电刷、轴承、绕组绝缘和通风系统等部位进行检查和维护，并根据电机的运行时间和环境条件确定检查周期和大、小修周期。对于刚投入运行的电机，应每天巡视几次，一般经过1~2周的运行后，才可转入正常的巡视检查。直流电机日常维护的主要内容如下：

1）检查火花等级：电刷和换向器之间产生的火花不影响电机的正常运行，是无妨的。如果火花大于某一规定限度，就会烧坏换向器，使电机无法正常运行，必须及时采取措施加以纠正。电刷下火花的等级见表1-89。

2）检查换向器表面状况：换向器表面应无机械损伤和电火花烧伤痕迹。表面若不光洁、有凹凸条痕等情况（这时火花也大），应及时修理。如果伤痕较轻，可将0号砂布（切忌使用金刚砂布）固定在木质支架上在旋转着的换向器上进行研磨（注意：正常的换向器表面有一层坚硬的深褐色薄膜，它对制止火花是有利的，不应磨掉）；如果伤痕严重或换向器外圆不是正圆形，应拆下电机转子，上车床车光，要求换向器表面粗糙度达到$\overset{1.6}{\bigtriangledown}$ ~ $\overset{0.8}{\bigtriangledown}$。车完后用刻槽锯片或拉槽工具将片间云母下刻0.5~1.5mm（见表4-13和图4-8），并清除换向器表面、凹槽中的杂物，将换向器清洁光亮。若用医疗牙科用的动力车头，制成手握笔式砂轮磨槽小工具，代替人工锯片刻槽，则刻槽质量和效率将显著提高。换向器外圆允许不圆度见表4-14。

表4-13　换向器云母下刻深度

换向器直径/mm	云母下刻深度/mm
<50	0.5
50~150	0.8
151~300	1.2
>300	1.5

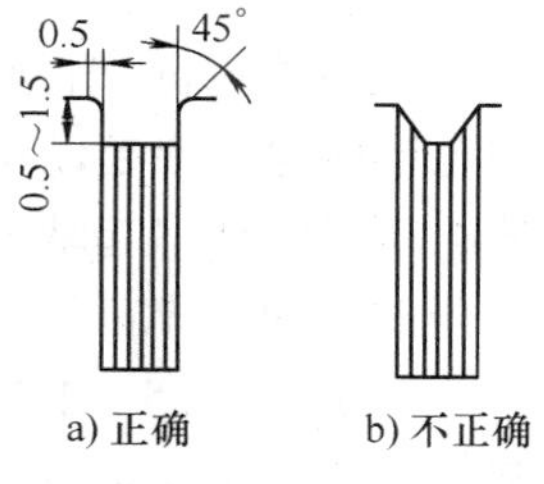

a) 正确　　b) 不正确

图4-8　换向器刻槽要求

表4-14　换向器外圆允许不圆度

换向器线速度/(m/s)	冷态偏摆/mm	热态偏摆/mm
>40	0.03	0.05
15~40	0.04	0.06
<15	0.05	0.10

3）检查电刷尺寸、刷架压力和电刷在刷握中转动是否灵活。

① 对于过短的电刷，应及时更换。新更换上的电刷需要用细砂布粗磨工作面，研磨时砂布应顺电机旋转方向移动，详见第一章第五节十一项。

② 调整电刷压力。电刷压力不宜过高或过低，否则会加速电刷的磨损及损伤换向器表面，详见第一章第五节十一项。

③ 电刷在刷握内应有0.15mm左右的间隙。

4）定期清洁电刷架、支架、换向器槽内等部位，将电刷粉末和污垢清除。

5）检查电刷中性位置。如果检查后发现电刷合适、电刷压力正常、换向器也良好，但火花仍然大，这时就应考虑电刷中性位置是否合适。

确定中性线位置的方法有以下几种：

① 感应法。当电枢静止时，将零位在中间的毫伏表接到相邻两组电刷上，在励磁绕组上通过开关SA接入1.5~12V直流电源（见图4-9）。交替开合开关SA，观察毫伏表指针摆动情况。如果指针来回摆动，则表明电刷位置不对。这时向左或向右移动刷架（注意，移动范围离生产厂家标定的中性线位置标志不会太大），直到开关开合时毫伏表指针几乎不动为止。此时电刷的位置就是中性线位置。

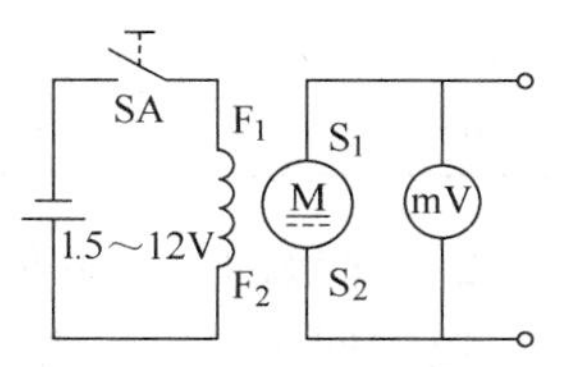

图4-9　用感应法确定中性线位置

② 动静法。在电枢绕组和换向极绕组中通以适当的电流（励磁绕组不通电），如果电枢不动，则表明电刷位置是在中性线上。

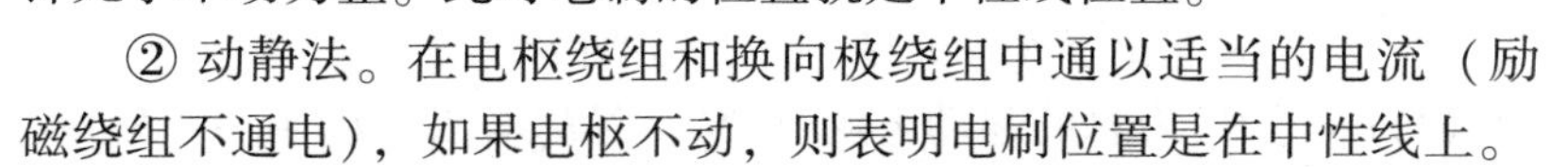

6）测量电机绕组对地的绝缘电阻。绝缘电阻应不小于0.5MΩ，否则应进行干燥处理。

7）定期检查定子、轴承等部位的温度。

8）检查轴承振动和声响。如果振动大、有异常声响，可参照第一章第五节八项异步电动机有关轴承故障进行处理。定期加补或更换轴承油。

9）定期检查电机引出线头是否有过热情况。

10）检查电机的通风情况和周围是否有杂物堆放，妨碍电机的通风散热。

11）检查电机与传动装置的耦合情况。

12）带有测速发电机的，还应检查测速发电机及其耦合情况。

13）励磁电压不能过低，否则易引起电动机发热，带负载能力变差。

四、直流电动机电枢串起动电阻起动的计算

他励直流电动机电枢串起动电阻起动线路如图4-10所示。

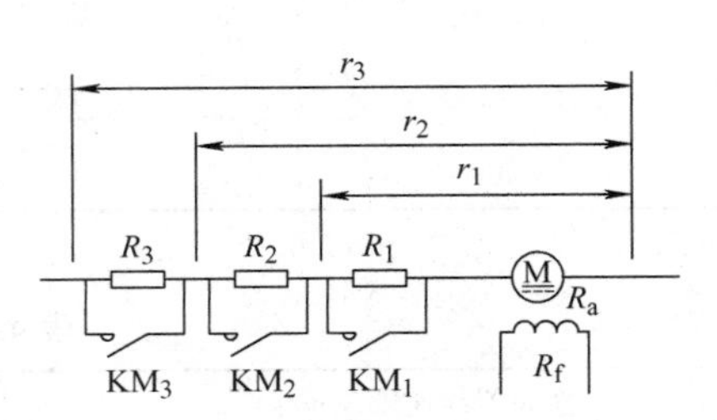

图4-10 他励直流电动机电枢串电阻起动线路

（1）起动电流计算

$$I_q = (1.5 \sim 2.5) I_e$$

式中，I_q 为起动电流（A）；I_e 为电枢额定电流（A）。

（2）起动转矩计算

$$M_q = (1.5 \sim 2.5) M_e$$

式中，M_q 为电动机起动转矩（N·m）；M_e 为电动机额定转矩（N·m）。

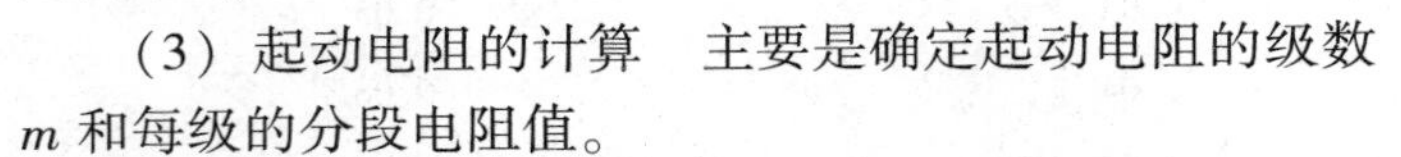

（3）起动电阻的计算 主要是确定起动电阻的级数 m 和每级的分段电阻值。

1）起动电阻级数的选择，见表4-15。

表4-15 直流电动机电枢串起动电阻级数 m 的选择

容量/kW	手动控制时			继电-接触器控制时				
				并励式			串励式	复励式
	并励式	串励式	复励式	满载	半负载	通风机或离心泵		
0.75～2.5	2	2	1	1	1	1	1	1
3.5～7.5	4	4	4	2	1	2	2	2
10～20	4	4	4	3	2	2	2	2
22～35	4	4	4	4	2	3	2	3
35～55	7	7	7	4	3	3	2	3
60～90	7	7	7	5	3	4	3	4
100～200	9	9	9	6	4	4	3	4
200～375	9	9	9	7	4	5	3	4

2）每级的分段电阻计算（见图4-10）：

电枢回路总电阻为

$$r_m = \sum R_q + R_a = U/I_q$$

式中，r_m 为电枢回路总电阻（Ω）；$\sum R_q$ 为总的起动电阻（Ω）；$\sum R_q = R_1 + R_2 + \cdots + R_m$。

第一级起动电阻（Ω）为

$$R_1 = r_1 - R_a$$

$$r_1 = \beta R_a$$

式中，β 为电流比例系数，$\beta=\sqrt[m]{\dfrac{r_m}{R_a}}$。

第二级起动电阻（Ω）为

$$R_2=r_2-r_1$$
$$r_2=\beta r_1$$

第三级起动电阻（Ω）为

$$R_3=r_3-r_2$$
$$r_3=\beta r_2$$

第 m 级起动电阻（Ω）为

$$R_m=r_m-r_{m-1}$$
$$r_m=\beta r_{m-1}$$

（4）起动时间的计算

1）各级起动时间为

$$t_{qn}=\tau_{mn}\ln\frac{I_q-I_\infty}{I_m-I_\infty}$$

式中，t_{qn}为各级起动时间（s）；I_q 为起动过程中最大电流，取 $I_q=(1.5\sim2.5)I_0$；I_∞ 为稳定电流，即起动结束正常运行的电流（A），可取 $I_\infty=I_e$；I_m 为起动电阻切换时的电流（A），各级电阻切换时的电流都取相同值，可取 $I_m=(1.1\sim1.2)I_e$；τ_{mn}为电力拖动系统的机电时间常数。

$$\tau_{mn}=\frac{GD^2R_n}{375K_eK_T\Phi^2}$$

式中，GD^2 为机械惯性矩（$N\cdot m^2$）；R_n 为各级起动时电枢回路总电阻（Ω），$R_n=\sum R'_q+R_a$；K_e，K_T 分别为电机结构常数，取 $K_e=1.03K_T$ 或 $K_e\Phi=1.05K_T\Phi=\dfrac{U_e-I_eR_a}{n_e}$；$\Phi$ 为磁场的磁通（Wb）；U_e，I_e 分别为电枢额定电压（V）和额定电流（A）；n_e 为电动机额定转速（r/min）；$\sum R'_q$为各级起动时电枢回路启动电阻之和（Ω）。

2）总的起动时间为

$$t_q=\sum_{n=1}^{m}t_{qn}+(3\sim4)\tau'_m$$

式中，m 为起动电阻级数；τ'_m为当 $R=R_a$ 时，算出的时间常数，s。

一般认为起动电阻切换到末级，由末级到达稳定转速 n_e 的时间 $t=(3\sim4)\tau'_m$。

【例 4-2】 一台 20kW 他励直流电动机，已知额定电压 U_e 为 220V，额定电枢电流 I_e 为 100A，电枢绕组电阻 R_a 为 0.2Ω，额定转速 n_e 为 800r/min，采用继电-接触器控制起动电阻切换，满载起动，机械惯性矩为 $39N\cdot m^2$，试计算起动电阻和起动时间。

解： 参见图 4-10。

1）起动电阻计算：由表 4-15 查得起动电阻级数 $m=3$。

取起动电流 $I_q=2I_e=2\times100A=200A$

$$r_3=\frac{U_e}{I_q}=\frac{220}{200}\Omega=1.1\Omega$$

电流比例系数为

$$\beta=\sqrt[3]{\frac{r_3}{R_a}}=\sqrt[3]{\frac{1.1}{0.2}}=1.765$$

第一级起动电阻为

$$r_1=\beta R_a=1.765\times0.2\Omega=0.353\Omega$$
$$R_1=r_1-R_a=(0.353-0.2)\Omega=0.153\Omega$$

第二级起动电阻为

$$r_2=\beta r_1=1.765\times0.353\Omega=0.623\Omega$$
$$R_2=r_2-r_1=(0.623-0.353)\Omega=0.27\Omega$$

第三级起动电阻为

$$r_3=\beta r_2=1.765\times0.623\Omega=1.1\Omega$$
$$R_3=r_3-r_2=(1.1-0.623)\Omega=0.477\Omega$$

2）起动时间计算

① 各级起动时间计算：

$$K_e\Phi=\frac{U_e-I_eR_a}{n_e}=\frac{220-100\times0.2}{800}=0.25$$

$$K_T\Phi=\frac{K_e\Phi}{1.03}=\frac{0.25}{1.03}=0.243$$

第一级起动时间常数为

$$\tau_{m1}=\frac{GD^2(R_1+R_2+R_3+R_a)}{375K_eK_T\Phi^2}=\frac{39\times(0.153+0.27+0.477+0.2)}{375\times0.25\times0.243}\text{s}=1.88\text{s}$$

第一级起动时间为

$$t_{q1}=\tau_{m1}\ln\frac{I_q-I_\infty}{I_m-I_\infty}=1.88\ln\frac{2\times100-100}{1.2\times100-100}\text{s}=1.88\times1.61\text{s}=3.03\text{s}$$

式中，取 $I_\infty=I_e$，$I_q=2I_e$，$I_m=1.2I_e$。

第二级起动常数为

$$\tau_{m2}=\frac{GD^2(R_1+R_2+R_a)}{375K_eK_T\Phi^2}=\frac{39\times(0.153+0.27+0.2)}{375\times0.25\times0.243}\text{s}=1.07\text{s}$$

第二级起动时间为

$$t_{q2}=1.07\times1.61\text{s}=1.72\text{s}$$

第三级起动常数为

$$\tau_{m3}=\frac{GD^2(R_1+R_a)}{375K_eK_T\Phi^2}=\frac{39\times(0.153+0.2)}{375\times0.25\times0.243}\text{s}=0.6\text{s}$$

第三级起动时间为

$$t_{q3}=0.6\times1.61\text{s}=0.97\text{s}$$

② 总起动时间计算：

时间常数为

$$\tau'_m=\frac{GD^2R_a}{375K_eK_T\Phi^2}=\frac{39\times0.2}{375\times0.25\times0.243^2}\text{s}=0.34\text{s}$$

总的起动时间为

$$t_q=t_{q1}+t_{q2}+t_{q3}+(3\sim4)\tau'_m$$
$$=(3.03+1.72+0.97+4\times0.34)\text{s}=7.08\text{s}$$

式中，系数取4。

五、直流电动机反接制动计算

1. 工作原理

直流电动机反接制动线路如图4-11所示，其制动机械特性如图4-12所示。在直流电动机运转时，励磁不变，突然将电枢电源反接，由于反接后的电源电压极性和电动机的反电势性相同，在电枢回路中产生较大的反向制动电流 I_z，从而使电动机迅速制动停转。在图4-11中，当反接制动时，正转接触器触点 KM_1 打开，反接制动接触器触点 KM_3 打开，反转接触器触点 KM_2 闭合。制动到转速接近零时，应立即切断电源，否则有自动反向起动的可能。

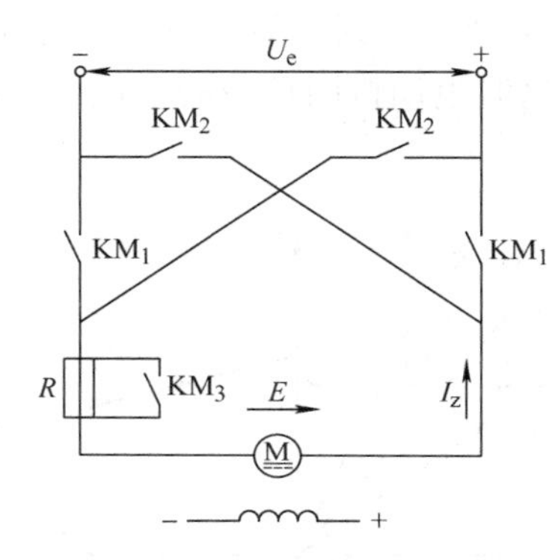

图4-11　直流电动机反接制动线路

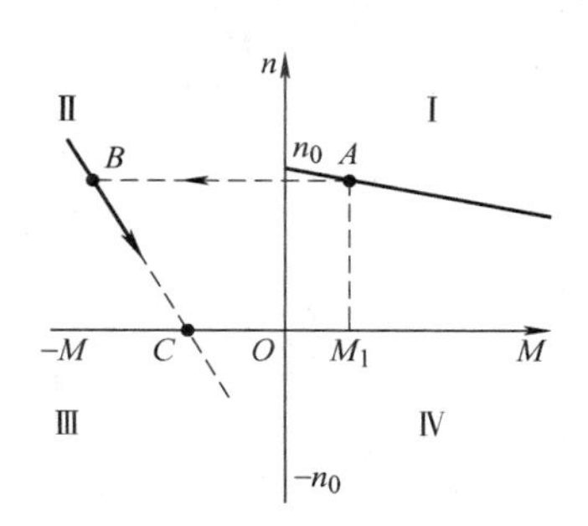

图4-12　直流电动机反接制动机械特性

反接制动适用于经常正反转的机械，如轧钢车间辊道及其辅助机械。一般串励电动机多采用反接制动。

2. 反接制动电阻的计算

1）公式一：

$$R_f = \frac{2U_e}{I_{zmax}} - (R_a + R_q)$$

式中，R_f 为反接制电阻（Ω）；I_{zmax} 为允许最大的反接制动电流，取决于电动机允许的电流过载倍数，一般取 $I_{zmax} = (2 \sim 2.5)I_e$（A）；$R_q$ 为起动电阻（Ω）；U_e 为电动机电枢额定电压（V）；I_e 为电动机额定电流（A）；R_a 为电动机电枢电阻（Ω），可用伏安法等测出，也可用经验公式 $R_a = \frac{U_e I_e - P_e}{2I_e^2}$ 计算；P_e 为电动机额定功率（W）。

电阻器的额定电流，以 $(2 \sim 3)I_e$ 来确定。

2）公式二：

$$R_f = \frac{U_e}{I_e} - R_a$$

式中符号同前。

3. 反接继电器的整定

反接继电器KV，当反接制动开始时，将电阻 R_f 接入电路；而当制动到电动机转速接近于零时，将电阻 R_f 短接，如图4-13所示。继电器KV线圈的连接点A，由电阻 R_x 值来决定。

$$R_x = \frac{1}{2}R = \frac{1}{2}(R_q + R_f)$$

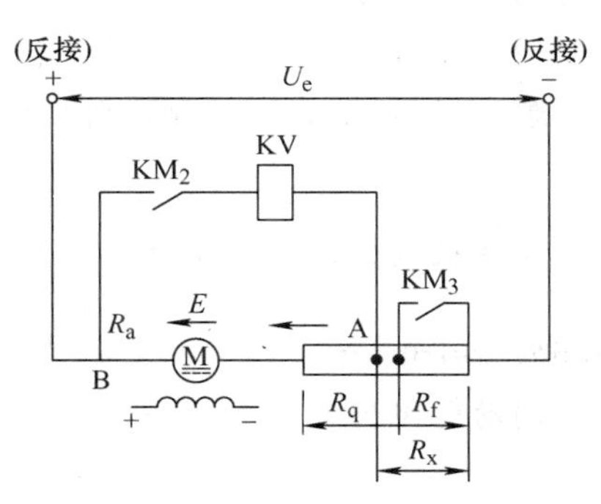

图4-13　反接继电器整定线路

上式表示 KV 继电器连接点 A，在总电阻 R 值的一半处。KV 继电器的吸上电压，一般整定在 $(0.4\sim0.45)U_e$。

六、直流并励电动机能耗制动计算

直流电动机能耗制动，就是电动机电枢从电源上断开后，并联一个电阻（称制动电阻）到电枢上，励磁绕组仍然接在电源。由于电动机的惯性而旋转使它成为发电机，将电能输送给制动电阻上，以热能形式消耗，从而使电动机迅速停止运转。制动电阻越小，制动越迅速。

1. 工作原理

直流并励（即他励）电动机能耗制动线路如图 4-14 所示，其制动机械特性如图 4-15 所示。将电动机电枢从电源断开后，并联制动电阻 R_z，这时电动机因负载的惯性而继续运转，成为一台向 R_z 供电的发电机而制动。

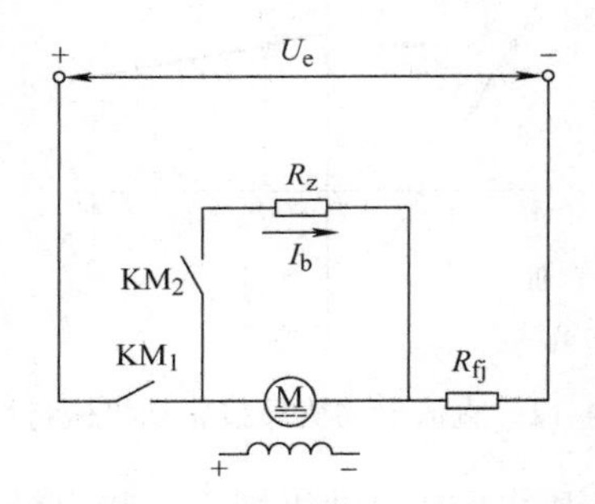

图 4-14 直流电动机能耗制动线路

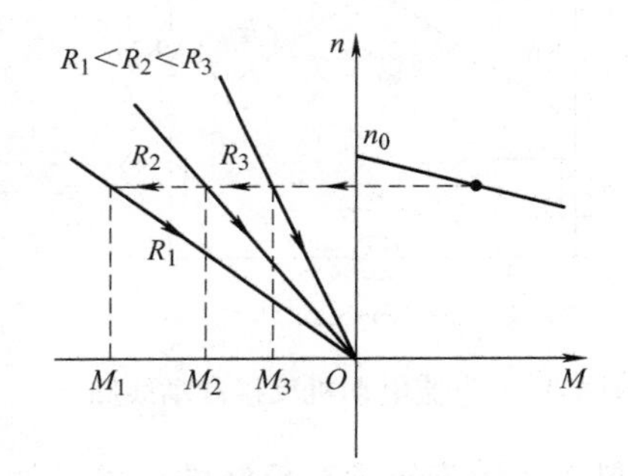

图 4-15 直流电动机能耗制动机械特性

2. 制动电阻的计算

1）公式一：

$$R_z=\frac{E}{I_{zmax}}-R_a$$

式中，R_z 为制动电阻（Ω）；E 为制动开始时电动机的反电势，稍低于额定电压 U_e（V）；I_{zmax} 为电动机最大制动电流，一般取 $I_{zmax}=(2\sim2.5)I_e$（A）；R_a 为电动机电枢电阻（Ω）；I_e 为电动机额定电流（A）。

2）公式二：

$$R_z=\frac{U_e}{2I_e}-R_a$$

【例 4-3】 有一台直流并励电动机，已知额定功率 P_e 为 10kW，额定电压 U_e 为 220V，额定电流 I_e 为 53.4A，电枢电阻 R_a 为 0.12Ω，采用电枢并电阻能耗制动（见图 4-14），试求制动电阻 R_z。

解： 1）按公式一：制动时电动机的反电势为

$$E\approx U_e=220V$$

电动机最大制动电流为

$$I_{zmax}=2.2\times53.4\text{A}=117.5\text{A}$$

制动电阻为

$$R_z=\left(\frac{220}{117.5}-0.12\right)\Omega=1.75\Omega$$

2）按公式二：

$$R_z=\left(\frac{220}{2\times53.4}-0.12\right)\Omega=1.94\Omega$$

可取 $R_z=1.8\Omega$，可选用 ZB_2-1.8Ω 片形电阻，其 10s 短时电流可达 60A。

七、直流串励电动机能耗制动计算

串励式直流电动机能耗制动时，应将其接线改成并励式电动机形式，即将电枢与串励绕组断开，在串励绕组中通入恒定的励磁电流，并将电枢接到制动电阻上。

串励式直流电动机在能耗制动时，其串励绕组中一般通以额定励磁电流，为此，需在串励绕组中附加电阻 R_f。其计算如下：

$$R_f=\frac{U_c}{I_{ce}}-(R_c+R_q)$$

式中，R_f 为附加电阻（Ω）；U_c 为串励绕组励磁电压（V）；I_{ce}为串励绕组额定电流（A）；R_c 为串励绕组电阻（Ω）；R_q 为起动电阻（Ω）。

制动电阻按下式计算：

$$R_z=\frac{E_{max}}{I_{zmax}}-R_{\Sigma}$$

式中，R_z 为制动电阻（Ω）；I_{zmax}为最大制动电流（A），一般取 $I_{zmax}=(2\sim2.5)I_e$；R_{Σ} 为电枢电阻、补偿绕组电阻和电刷电阻之和（Ω）；E_{max}为串励电动机制动时的反电势（V），由于制动时，串励绕组通以额定励磁电流，故 $E_{max}=E_e\frac{n_{max}}{n_e}\approx U_e\frac{n_{max}}{n_e}$；$n_{max}$为串励电动机制动时的初瞬转速（r/min），其大小与静止转矩有关，可由机械特性曲线求得；n_e 为电动机额定转速（r/min）。

八、电刷的选配

1. 选用电刷时的注意事项

电刷磨损到一定程度时，应及时更换。更换电刷时应注意新换上的电刷与仍留用的电刷（电机厂家要求的电刷）应属于同一牌号，否则将由于换向器上不同牌号电刷的特性不同而引起电刷电流分配不均，造成火花及电刷过热。电刷牌号的选择原则是，根据电刷的电流密度、集电环（滑环）或换向器（整流子）的圆周速度和电机类型、特性及运行条件来决定。

2. 我国电刷的种类

1）天然石墨电刷：S3、S4、S5、S6B、S6M、S7、S26、S201、S251、S253、S255、S270 等；

2）电化石墨电刷：D104、D172、D172N/M、D202、D213、D214、D215、D252、D280、D308、D308L、D309、D374、D374B、D374D、D374N、D374F、D374S、D374L、D376、D376N、D376Y、D464F、D479 等；

3）金属石墨电刷：J101、J102、J103、J105、J113、J151、J164、J201、J203、J204、J205、J206、J213、J220、J252、J260、J265 等；

4）上海摩根碳刷：CM9T、NCC634、T900、T563、EG251、E101、E46F3、CH17、MG50、E49X、LFC554、EG8098、EG367J、EG319P、J164、D374N、NCC634、EG8098；以及发电机用 BG412、BG469、BG400、C8386、CG651、CG665 等。

3. 电刷的型号

电刷的型号含义如下：

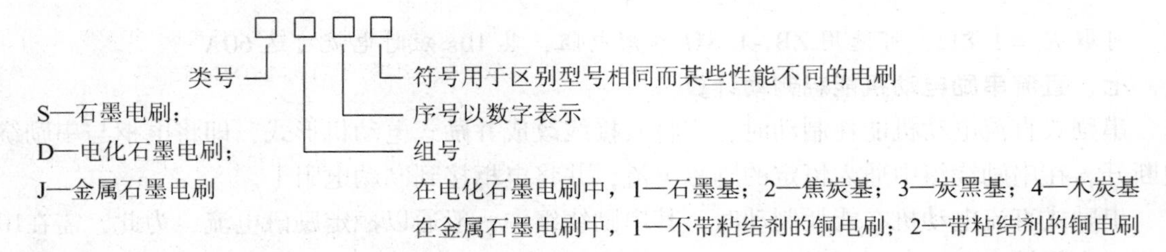

4. 常用电刷的基本特征及主要用途（见表4-16）

表4-16 常用电刷的基本特征及主要用途

类别	型号	基本特征	主要用途
石墨电刷	S-3	硬度较低，润滑性较好	换向正常、负荷均匀、电压为80~120V的直流电机
	S-4	以天然石墨为基体、树脂为粘结剂的高阻石墨电刷，硬度和摩擦系数较小	换向困难的电机，如交流换向器电动机、高速微型直流电动机
电化石墨电刷	S-6	多孔、软质的石墨电刷，硬度低	汽轮发电机的集电环，电压为80~230V的直流电机
	D104	硬度低，润滑性好，换向性能好	一般用于0.4~200kW直流电机、充电用直流发电机、轧钢用直流发电机、汽轮发电机、绕线转子异步电动机集电环、电焊直流发电机等
	D172	润滑性好，摩擦系数小，换向性能好	大型汽轮发电机的集电环，励磁机、水轮发电机的集电环，换向正常的直流电机
	D202	硬度和机械强度较高，润滑性好，耐冲击振动	电力机车用牵引电动机、电压为120~400V的直流发电机
	D207	硬度和机械强度较高，润滑性好，换向性能好	大型轧钢直流电动机、矿用直流电动机
	D213	硬度和机械强度较D214高	汽车、拖拉机的发电机，具有机械振动的牵引电动机
	D214 D215	硬度和机械强度较高，润滑、换向性能好	汽轮发电机的励磁机；换向困难、电压在200V以上的带有冲击性负荷的直流电机，如牵引电动机、轧钢电动机
	D252	硬度中等，换向性能好	换向困难、电压为120~440V的直流电机，牵引电动机，汽轮发电机的励磁机
	D308 D309	质地硬，电阻系数较大，换向性能好	换向困难的直流牵引电动机、角速度较高的小型直流电机以及电机扩大机
	D373		电力机车用直流牵引电动机
	D374	多孔，电阻系数高，换向性能好	换向困难的高速直流电机、牵引电动机、汽轮发电机的励磁机、轧钢电动机
	D479		换向困难的直流电机

（续）

类别	型号	基本特征	主要用途
金属石墨电刷	J101 J102 J164	含铜量高，电阻系数小，允许电流密度大	低电压、大电流直流发电机，如电解、电镀、充电用直流发电机；绕线转子异步电动机的集电环
	J104 J104A		低电压、大电流直流发电机，汽车、拖拉机用发电机
	J201	中等含铜量，电阻系数较含铜量高的电刷大，允许电流密度较大	电压在60V以下的低电压、大电流直流发电机，如汽车发电机；直流电焊机；绕线转子异步电动机的集电环
	J204		电压在40V以下的低电机、大电流直流电机，汽车辅助电动机，绕线转子异步电动机的集电环
	J205		电压在60V以下的直流发电机，汽车、拖拉机用直流起动电动机，绕线转子异步电动机的集电环
	J206		电压为25～80V的小型直流电机
	J203 J220	含铜量低，与高、中含铜量电刷相比，电阻系数较大，允许电流密度较小	电压在80V以下的大电流充电发电机，小型牵引电动机，绕线转子异步电动机的集电环

5. 常用电刷的技术性能及工作条件（见表4-17）

表4-17　常用电刷的技术性能及工作条件

类别	型号	电阻率①/(×10⁶Ω·m)	硬度		一对电刷接触电压降③/V	摩擦系数不大于	额定电流密度/(A/cm²)	最大圆周速度/(m/s)	使用时允许的单位压力/kPa
			肖氏	洛氏②					
石墨电刷	S-3	14		22	1.9	0.25	11	25	20～25
	S-4	100		20	4.5	0.15	12	40	20～25
	S-6	20		3.9	2.6	0.28	12	70	22～24
电化石墨电刷	D104	11		6	2.5	0.20	12	40	15～20
	D172	13	25		2.9	0.25	12	70	15～20
	D202	25		31	2.6	0.23	10	45	20～25
	D207	27	45		2.0	0.25	10	40	20～39
	D213	31		30	3.0	0.25	10	40	20～39
	D214	29	50		2.5	0.25	10	40	20～39
	D215	30	40		2.9	0.25	10	40	20～39
	D252	13		17	2.6	0.23	15	45	20～25
	D308	40	43		2.4	0.25	10	40	20～39
	D309	38	45		2.9	0.25	10	40	20～39
	D373	52	50		2.5	0.20	15	50	31～34
	D374	57		35	3.8	0.25	12	50	20～39
	D479	25		16	2.1	0.25	12	40	20～39
金属石墨电刷	J101	0.09		11	0.2	0.20	20	20	18～23
	J102	0.22		9	0.5	0.20	20	20	18～23
	J104	0.25		12	0.4	0.25	20	20	18～23
	J164	0.10		8	0.2	0.20	20	20	18～23

（续）

类别	型号	电阻率① /（$\times 10^6 \Omega \cdot m$）	硬度		一对电刷接触电压降③/V	摩擦系数不大于	额定电流密度/（A/cm^2）	最大圆周速度/（m/s）	使用时允许的单位压力/kPa
			肖氏	洛氏②					
金属石墨电刷	J201	3.5		28	1.5	0.25	15	25	15～20
	J203	8		18	1.9	0.25	12	20	15～20
	J204	0.75		25	1.1	0.20	15	20	20～25
	J205	6		18	2.0	0.25	15	35	15～20
	J206	3.5		20	1.5	0.20	15	25	15～20
	J220	8		16	1.4	0.26	12	20	15～20

① 电阻率的数值为平均值。

② 洛氏硬度是用直径为7.94mm的钢球压入测定。对中等硬度的试样，载荷60，预压10；对于较软的试样，载荷30，预压10。

③ 为额定电流密度下的值，表内数值为平均值。

6. 电刷的常规尺寸（见表4-18）

表4-18 电刷的常规尺寸 （单位：mm）

t \ a / r	5	6.5	8	10	12.5	16	20	25	32	40
4	10 16 20	10 16 20	16 20	16 20						
4.5	8 12.5 20	12.5 16 20	12.5 16 20	16 20	16 20					
5		10 12.5 16	12.5 16 20	16 20	20	20 25	25			
5.5		12.5 16	12.5 16 20	16 20	16 20 25	20 25	25			
6.5	16		20 25	20 25	20 25 32	20 25 32	25 32	32 40	40	
8	16 20	20		20 25 32	20 25 32	25 32	25 32 40	32 40 50	40 50	
10	16 20	16 20 25	20 25 32		25 32 40	25 32 40	25 32 40	25 32 40 50	40 50 60	50 60

（续）

a / r / t	6.5	8	10	12.5	16	20	25	32	40	50
12.5	20 25	25 32	25 32		25 32 40	32 40 50	32 40 50	40 50 60	50 60 80	60 80
16	20 25	25 32	32 40	32 40		32 40 50	32 40 50	40 50 60	40 50 60	60 80
20		25 32	25 32 40	32 40 50	32 40 50		32 40 50 60	40 50 60	40 50 60	60 80
25		32 40	32 40	32 40	32 40 50 60	32 40 50 60		40 50 60	40 50 60	60 80 100
32			40 50 60	40 50 60	40 50 60	40 50 60	40 50 60 80 100		50 60 80 100	60 80 100
40				40 50 60	40 50 60	40 50 60	50 60 80	50 60 80 100		80 100 125

7. 各种电机用电刷牌号的选择（见表4-19）

表4-19 各种电机用电刷牌号的选择

电机的类型	电刷的工作条件		可采用的电刷	
	电流密度 /(A/cm²)	圆周速度 /(m/s)	正常的	代用的
直流电动机				
1. 一般工业用电动机				
（1）30kw以下，电压约110V，有正常换向及恒定的负载	10以下	15以下	S-3	DS-14
（2）50kW左右，其他同上	10以下	20以下	DS-52 DS-14	S-3
（3）100kW左右，电压120~220V，换向稍有困难，负载不定	10以下	20~25	DS-14 DS-75B	DS-52 DS-72
2. 升降机、起重机、水泵等使用的电动机				
（1）小容量，电压500V以下，换向稍有困难	10以下	15以下	DS-14	DS-51
（2）中等容量，电压500V以下，换向困难	10以下	30以下	DS-52 DS-14	DS-74
（3）大容量，电压500V以下，换向很困难	12以下	50以下	DS-51	DS-79
3. 轧钢机的辅助机械用电动机				
（1）冲击式负荷，机械性振动	10以下	30~40	DS-74	DS-52
（2）高电压，换向很困难	12以下	60以下	DS-74	DS-79
4. 轧钢机驱动用电动机				
初轧机、板坯机、钢轨钢梁轧机等的可反向和不可反向的电动机	10以下	30~40	DS-8 DS-14	DS-74
	12以下	60以下	DS-51 DS-79	DS-74
5. 其他直流电动机（伺服电动机）				
（1）电动工具及其他类似用途的小型电动机，电压110~220V	10以下	15以下	DS-8	DS-52
（2）汽车起动电动机，电压18~24V			TSQ-17	T-1
（3）汽车起动电动机，电压6~12V			TSQA	TS-51 TS-64
6. 小型快速电动机				
（1）电压50V以上	10以下	10以下	DS-52	DS-51
（2）电压20~50V	15以下	4以下	TSQ-17	T-3
（3）电压20V以下	10以下	2以下	TSQ-17	TS-4
直流发电机				
1. 直流发电机、单枢变流机的换向器				
（1）小容量（20~30kW），电压110~220V	9以下	15以下	DS-52	DS-14
（2）中等容量和大容量，电压同上，负载均匀，换向正常	10以下	20~25	S-3	DS-52
（3）容量同上，电压110~440V，负载有冲击，换向稍困难	12以下	60以下	DS-51 DS-74	DS-L4 DS-8

（续）

电机的类型	电刷的工作条件		可采用的电刷	
	电流密度/(A/cm²)	圆周速度/(m/s)	正常的	代用的
直流发电机				
2. 同步发电机用励磁机				
(1) 小容量的	8以下	15以下	DS-52	DS-4
(2) 负载较高的	10以下	20~25	S-3	DS-4 DS-14
(3) 快速的	12以下	60以下	DS-79	DS-74
3. 电焊发电机			DS-4 S-3	D6~8 DS-14
4. 低电压发电机（电镀、电解和充电用）				
(1) 电压80V以下	12以下	20以下	S-4 DS-14	S-3 T-3
(2) 电压40V以下	15以下	20以下	TSQ-17	T-3
(3) 电压12V以下	25以下	20以下	TS-51 TS-64	TS-2
带有换向器的异步电动机				
1. 一切容量的三相电动机				
(1) 电刷厚度正常	12以下	60以下	DS-51	DS-74
(2) 电刷较薄	10以下	30~40	DS-74	DS-51
2. 小容量单相电动机	10以下	20以下	DS-52	DS-14
交流电动机和发电机（集电环）				
1. 一切容量的异步电动机和单枢变流机的集电环				
(1) 电刷的电流密度较高的	12以下	60以下	DS-51	DS-74
(2) 圆周速度较高的	10以下	30~40	S-74	S-51
(3) 电刷的电流密度正常的	10以下	20以下	DS-52	DS-14
2. 一切容量和电压的同步发电机的励磁环				
(1) 低圆周速度的	8以下	15以下	S-3	S-4
(2) 中等圆周速度的	10~12	25以下	DS-72	S-4
(3) 高圆周速度的	12以下	75以下	DS-72	DS-79

8. 选用电刷时的注意事项

1）接触电压降必须合适。接触电压降大的电刷适用于电压高、换向困难的直流电机；接触电压降小的电刷适用于电压低、电流大的直流电机，也适用于绕线转子交流异步电动机及换向器电动机。

2）在确定额定电流密度时须考虑裕量。电刷的电流密度不能超过额定值，否则电刷会过热，并极易引起火花。在计算电刷的电流密度时，电刷的接触面积只能按实际面积的80%考虑。

3）最大圆周速度必须合适。当电机换向器或集电环的转动速度超过电刷规定的最大圆周速度时，接触电压将急剧增加，致使电刷运行不稳定，并容易引起火花，加速电刷的磨损。

九、直流电动机常用的保护方法

直流电动机常用的保护方法有短路保护、过载保护、欠励磁保护以及过电压保护等。较大功率的电动机还设有超速保护。各类保护的作用和保护要求及方法见表4-20。

表4-20 直流电动机常用的保护要求及方法

保护类别	作用	保护要求及方法
短路保护	用以在母线或电动机内部发生短路时快速切断电路，以防设备受到损伤	（1）可采用熔断器或具有瞬时动作脱扣器的断路器进行短路保护 （2）也可采用过电流继电器作用到接触器而切断电路的保护方式 （3）功率较大或采用晶闸管变流装置供电的电动机应采用快速断路器作为短路保护
过载保护	用以防止电动机超过允许的过载而受到损伤	（1）功率在1kW以上的电动机应设过载保护，7.5kW以上的电动机最好采用内装热元件的过载保护 （2）过载保护可采用带热脱扣器的断路器或通过过电流继电器作用到接触器而切断电路
失磁保护（欠励磁保护）	用以防止电动机励磁电流过小而导致电动机超速等故障	除串励电动机外，每台直流电动机都应装设欠励磁保护装置，一般采用高返回系数的电流继电器，其动作值通常整定为电动机额定励磁电流（不需要弱磁调速时）或最小励磁工作电流（需要弱磁调速时）的80%～85%。也常采用磁场失电压继电器作失电压保护
过电压保护	用以防止电动机电枢电压超过允许值而造成换向器片间击穿等故障	采用电压继电器作为过电压保护，其动作值一般整定在电动机电枢额定电压的110%～115%
超速保护	用以防止电动机超过允许的转速而损坏	较大功率的电动机或运转中有可能超速的电动机均应装设超速保护，超速保护一般采用离心式速度继电器，其动作值通常整定在电动机最高工作转速的110%～115%

十、直流电动机失磁及过电流保护计算

直流电动机失磁及过电流保护线路如图4-16所示。

1. 励磁失磁保护及整定

为了防止直流电动机失去励磁而造成“飞车”，并引起电枢回路过电流危及晶闸管元件和直流电动机，励磁回路接线必须十分可靠，不宜用熔丝作励磁回路的保护，而应采用失磁保护线路。失电压继电器KV_1即起失磁保护作用。当励磁失磁时，KV_1失电释放，其串接在控制回路的常开触点断开，切断控制回路，迫使主电路跳闸，电动机停转。

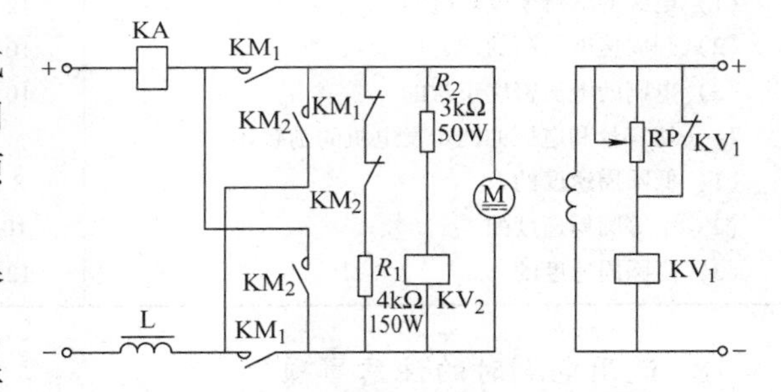

图4-16 直流电动机失磁、过电流保护线路

KM_1—正转接触器触点 KM_2—反转接触器触点

当要求弱磁保护时，可在电压继电器KV_1线圈回路串接一个电位器RP，调节RP即可改变失电压继电器的释放电压，以达到何种弱磁程度它才释放。如有必要，可在RP上并联一副常闭触点KV_1，以保证起动时失电压继电器可靠吸合，接通励磁电压后，此触点断开。

失磁保护也常采用欠电流继电器，它串联在励磁回路中。要求欠电流继电器的额定电流应大于电动机的额定励磁电流，电流整定值I_{zd}按电动机的最小励磁电流I_{lmin}整定：

$$I_{zd}=(0.8\sim0.85)I_{lmin}$$

欠电流继电器的额定电流应等于或大于电动机的额定励磁电流。

2. 过电流保护及整定

图4-16中的过电流继电器KA_1和电压继电器KV_2是作过电流保护用的。

KA作电动机过载及短路保护用，其常闭触点接在控制回路。当电动机过载或短路时，流过KA线圈中的电流一旦超过整定值，它便马上吸合，其常闭触点断开，切断控制回路，电动机停转。

除将直流过流继电器接在输出端外，也可将灵敏的过电流继电器经电流互感器接在交流输入端。过电流继电器一般可按电动机额定电流的1.1~1.2倍来整定。

电压继电器KV_2是为防止电动机高速反转时造成过电流而设的（如果电动机不需要正反转运行，则可不必设此电压继电器），当电动机电枢电压未降低时，闭锁正反转接触器KM_1、KM_2的控制回路，KM_1，KM_2均断开时接触制动电阻R_1，使电动机迅速停转。

十一、直流电动机晶闸管调速装置工作原理及调试

直流电动机晶闸管调速电路有单相桥式整流电路、单相半控桥式整流电路、三相半控桥式整流电路和三相全控桥式整流电路等。前两种整流电路适用于13kW及以下直流电动机的调速，后两种整流电路适用于13kW以上及对调速准确度要求较高的直流电动机。

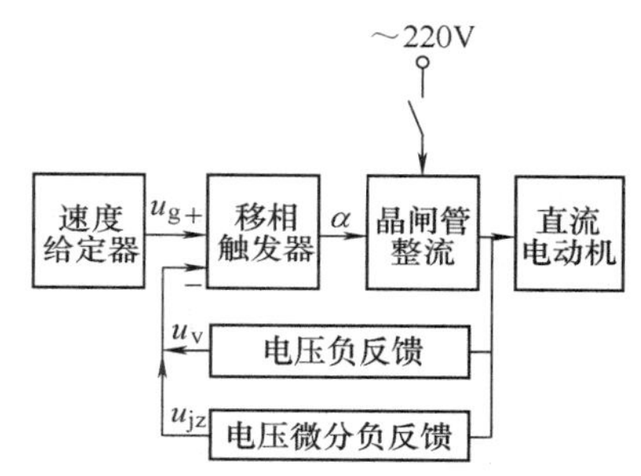

图4-17 KZD-T型单相晶闸管整流装置系统框图

1. KZD-T型单相晶闸管整流装置的工作原理

（1）KZD-T型单相晶闸管整流装置电路 其系统框图如图4-17所示，其线路图如图4-18所示。

工作原理：主电路采用单相桥式整流电路（二极管VD_1~VD_4组成），然后用晶闸管V进行调压调速。由于直流电动机的电枢旋转时产生反电动势，只有当整流器的输出电压大于反电动势时，晶闸管才能导通。因而通过电动机的电流是断续的。这样，晶闸管的导通角小，电流峰值很大，晶闸管易发热。为此在主电路中串接了电抗器L，利用电抗器的自感电动势，使晶闸管的导通时间延长，降低电流峰值，并减小电流的脉动程度，改善直流电动机的运行条件。对于小容量直流电动机，电抗器可以不用。

触发电路采用由单结晶体管VT_1、晶体管VT_2（作可变电阻用）等组成的张弛振荡器。晶体管VT_3作信号放大用。主令电压从电位器RP_5给出，电压负反馈电压从并联在电枢两端的电阻R_3和电位器RP_1上取得。电压微分负反馈（为提高系统的动态稳定性）由R_3、RP_2和电容C_3组成。当电枢电压突变时，由RP_2上取出的反馈电压也骤变，因而对C_3充电，产生的电流经放大器的输入端，压低了输出电压的变化。主令电压和负反馈电压相比较所得的差值电压加到晶体管VT_3的基极进行放大，并控制晶体管VT_2的导通程度，以改变张弛振荡器的频率，改变晶闸管的导通角，从而改变电枢电压的大小，达到调节电动机转速的目的。

VD_{14}~VD_{16}为放大器输入端的钳位二极管，以保护晶体管VT_3不被损坏。电容C_5用来对输入脉动电压滤波及吸收输入信号的突变，可使调速过程比较平稳。

同步电压由交流电经整流桥VD_{10}~VD_{13}整流，电阻R_{11}限流，稳压管VS_1、VS_2削波得到。R_2、C_2为晶闸管V的换相过电压保护电路；快速熔断器FU_1、FU_2和熔断器FU_3作短路保护。VD_5为续流二极管。电动机励磁绕组BQ的励磁电压，由交流电经整流桥VD_6~VD_9整流提供。调节瓷盘变阻器RP_7，可改变励磁电流。

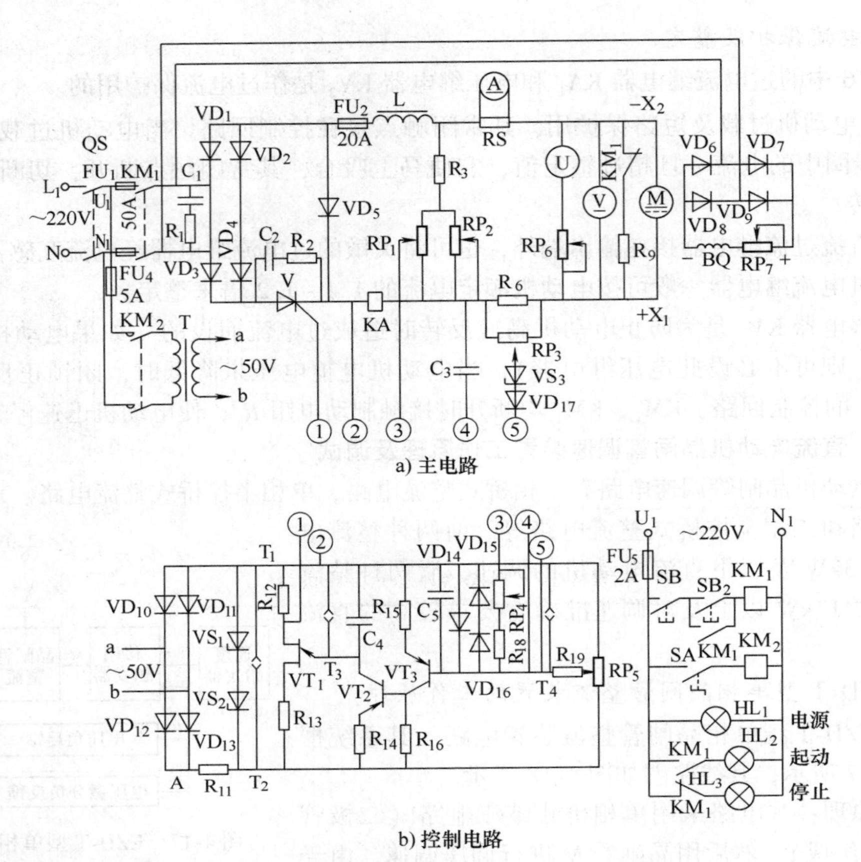

图 4-18 KZD-T 型单相晶闸管整流装置线路

(2) 电气元器件材料（见表 4-21）

表 4-21 电气元器件材料表

序号	代号	名称	型号规格	数量
1	$VD_1 \sim VD_4$、VD_5	整流二极管	2CZ50A/600V	5
2	$VD_6 \sim VD_9$	整流二极管	2CZ3A/600V	4
3	V	晶闸管	3CT50A/600V	1
4	$VD_{10} \sim VD_{13}$	二极管	2CZ52C	4
5	VS_1、VS_2	稳压管	2CW109	2
6	VS_3	稳压管	2CW102	1
7	VT_1	单结晶体管	BT33F	1
8	VT_2	晶体管	3CG3C 蓝点	1
9	VT_3	晶体管	3DG6 蓝点	1
10	$VD_{14} \sim VD_{16}$、VD_{17}	二极管	2CZ52C	4
11	R_1	线绕电阻	RX1—25W 10Ω	1
12	R_2	金属膜电阻	RJ—1W 56Ω	1
13	R_3	线绕电阻	RX1—15W 5.1kΩ	1
14	RP_1、RP_2	电位器	WX3—11 2k 10W	2
15	RP_3	电位器	WX3—11 680Ω 3W	1
16	RP_4	电位器	WX3—11 20kΩ 3W	1
17	RP_5	电位器	3W 5.1kΩ	1

（续）

序号	代号	名称	型号规格	数量
18	R_6	电阻	150W 0.35Ω	1
19	RP_6	电位器	WX3—11 10kΩ 3W	1
20	RP_7	瓷盘变阻器	RC—200W 500Ω	1
21	R_9	线绕电阻	RX1—160W 14Ω	1
22	R_{11}	金属膜电阻	RJ—2W 1kΩ	1
23	R_{12}	金属膜电阻	RJ—1/4W 51Ω	1
24	R_{13}	金属膜电阻	RJ—1/4W 360Ω	1
25	R_{14}	金属膜电阻	RJ—1/4W 1kΩ	1
26	R_{15}	金属膜电阻	RJ—1/2W 680Ω	1
27	R_{16}	金属膜电阻	RJ—1/2W 5.1kΩ	1
28	R_{18}	金属膜电阻	RJ—1W 24kΩ	1
29	R_{19}	金属膜电阻	RJ—1/4W 5.6kΩ	1
30	C_1	金属化纸介电容	CZJX 5μF 800V	1
31	C_2	油浸电容	0.25μF 1000V	1
32	C_3	金属化纸介电容	CZJX 4μF 400V	1
33	C_4	金属化纸介电容	CZJX 0.33μF 160V	1
34	C_5	电解电容	CD11 22μF 16V	1

2. 直流电动机调速装置的调试

以图4-18所示线路为例，系统的调试步骤和方法如下：

1）暂不接直流电动机，在整流装置输出端接一假负荷电阻（如100W、220V灯泡）。

2）接通控制电路电源（暂不接主电路），用示波器观察稳压管VS两端有无连续的梯形波。尚可用万用表测量，应约有24V的直流电压。

3）用示波器观察电容 C_4 的两端有无锯齿波。调节主令电位器 RP_5，锯齿波的数目应均匀地变化。在正常情况下，应能调到最少只出半个锯齿波，最多可出6~8个锯齿波，且连续均匀地变化。如果调至最多个锯齿波后，继续调节 RP_5，锯齿波突然消失，则说明 R_{14} 的阻值太小，应增大其阻值，使 RP_5 调到最大时锯齿波不会消失。

4）同时接通主电路和控制电路电源，观察有无输出电压和输出电流，并用示波器观察输出端的电压波形是否正常。调节主令电位器 RP_5，检查波形变化是否符合要求（见图4-19），输出电压能否从零至最大值均匀地调节，有无振荡现象。

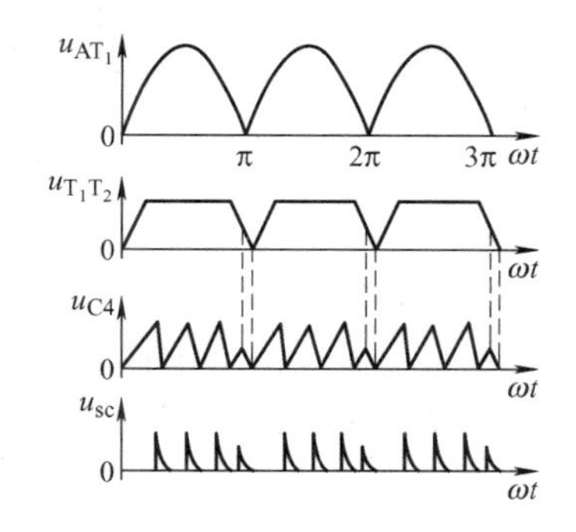

图4-19 单结晶体管触发器的各点波形

5）调节电压负反馈电位器 RP_2，输出电压应能变化。

6）以上试验正常后，撤掉假负荷电阻，接入直流电动机，作正式调试，调试方法同前。在调节负反馈量时（直流电动机带上负载）必须注意：当负反馈量过大时，输出电压可能会发生振荡，这时应适当减小负反馈量。即使不发生振荡，也不能将电压负反馈量调得过大，否则会使电枢电压达不到额定值。

另外，需改变电动机的励磁电压（调节瓷盘变阻器 RP_7），看电动机转速是否能相应地发生变化。同时要观察电动机运行状况，有无异常声响、过热或电刷火花过大等情况，检查整流装置柜内的晶闸管、整流管及其他电气电子元器件是否有过热或其他异常情况。

7）输出电压最大值一般不应超过直流电动机额定电压的5%。逐渐增大主令电压（调节 RP_5），同时观察输出电压：并适时调节负反馈量（调节 BP_1），使 RP_5 达到极限时，输出电压符合规定要求。

8）过电流继电器KA的动作值一般可按电动机额定电流的1.1~1.2倍来整定。

9）调试结束，装置已达到生产工艺的技术要求时，便可将各调节电位器锁定，以免运行时松动，而改变装置的技术性能。

十二、直流电动机晶闸管调速装置的故障处理

KZD-T型单相晶闸管整流装置的常见故障及处理方法见表4-22。

表4-22 KZD-T型单相晶闸管整流装置的常见故障及处理方法

序号	故障现象	可能原因	处理方法
1	测试孔 T_1 与 T_2 间无梯形波	（1）控制电源无电压 （2）二极管 VD_{10} ~ VD_{13} 多只损坏 （3）电阻 R_{11} 烧坏 （4）稳压管 VS_1、VS_2 开路	（1）检查熔丝 FU_3，检查变压器 T_1 的一、二次侧有无电压 （2）用万用表测量二极管的正、反向电阻，找出损坏的管子，加以更换 （3）更换 R_{11} （4）这时波形为交流全波整流波，应检查稳压管及焊点
2	测试孔 T_1 与 T_2 间的梯形波断续出现	二极管 VD_{10} ~ VD_{13} 中有一只或两只损坏	用万用表找出损坏的管子，加以更换
3	测试孔 T_1 与 T_3 间没有锯齿波	（1）RP_5 调得太小 （2）电容 C_5，二极管 VD_{14} 或 VD_{15}、VD_{16} 短路 （3）晶体管 VT_2 或 VT_3 开路 （4）电阻 R_{14} 或 R_{16} 短路 （5）电容 C_4 损坏 （6）电阻 R_{12} 或 R_{13} 开路 （7）单结晶体管 VT_1 损坏	（1）调节 RP_5 即可判知 （2）用万用表查出后更换 （3）检查开路原因，若是晶体管损坏，则予以更换 （4）更换 R_{14} 或 R_{16} （5）更换 C_4 （6）检查开路原因，若是电阻烧断，则予以更换 （7）更换 VT_1
4	测试孔 T_1 与 T_3 间的锯齿波呈畸形	电容 C_4 漏电	更换 C_4
5	调节 RP_5，锯齿波变化不均匀	（1）电位器 RP_5 接触不良 （2）电容 C_4 漏电	（1）检修或更换 RP_5 （2）更换 C_4
6	测试孔 T_1 与 T_4 间没有直流电压	（1）电位器 RP_5 调得太小 （2）同本表第3条(2)项 （3）控制电源无电压 （4）电阻 R_{19} 烧坏 （5）电位器 RP_5 的滑点接触不到	（1）调节 RP_5 即可判知 （2）按本表第3条(2)项处理 （3）检查控制电源 （4）更换 R_{19} （5）调节 RP_5 即可判知。拆开检修或更换

（续）

序　号	故障现象	可能原因	处理方法
7	测试孔 T_1 与 T_4 间的直流电压不正常	（1）二极管 VD_{15}、VD_{16} 开路 （2）同本表第3条(2)项 （3）同本表第6条(4)、(5)项	（1）检查开路原因，若是二极管损坏，则予以更换 （2）按本表第3条(2)项处理 （3）按本表第6条(4)、(5)项处理
8	调节 RP_5，电动机不能调速或速度不均匀	（1）控制电路（包括控制电源、触发电路、输入回路）有毛病 （2）晶闸管V击穿短路 （3）电压负反馈量太大，引起振荡	（1）检查控制电路，排除故障 （2）更换晶闸管 （3）调节电位器 RP_1，减小电阻值便可判知
9	控制电路及电源正常，而主电路无输出	主电路部分（如熔丝 FU_1、二极管 VD_1 ~ VD_4、晶闸管V及连接线等）有故障	检查主电路部分的元器件和接线
10	二极管 VD_1 ~ VD_4 及晶闸管V发热	（1）散热片与元件之间接触不良 （2）负载较重，且晶闸管导通角太小，造成电路中电流有效值太大 （3）负载过重	（1）拧紧散热片，使两者接触紧密 （2）使用时，不可长时间在太小的导通角下（低速下）运行 （3）检查电动机传动系统和机械设备，加强润滑，使负载正常
11	主电路输出电压波形不正常	（1）二极管 VD_1 ~ VD_4 中有一、两只损坏 （2）同本表第8条(3)项	（1）这时输出电压波形断续出现。用万用表查出损坏的二极管，并更换 （2）按本表第8条(3)项处理
12	熔丝 FU_1 烧断	（1）负载过重 （2）负载侧有短路故障 （3）二极管 VD_1 ~ VD_4 中有两只短路 （4）二极管 VD_5 短路	（1）减轻负载 （2）查出短路点，予以消除 （3）更换二极管 （4）更换 VD_5
13	电动机飞车	（1）励磁回路无电压 （2）二极管 VD_6 ~ VD_9 中有多只烧坏 （3）瓷盘变阻器 RP_7 开路 （4）励磁绕组烧断	（1）检查励磁回路 （2）更换二极管 （3）检查开路原因，若是 RP_5 烧断，则予以更换 （4）检查电动机励磁绕组
14	断电后电动机需过一会儿才停下来	（1）二极管 VD_5 开路 （2）接触器 KM_1 的常闭触头接触不良 （3）电阻 R_9 开路	（1）检查开路原因，若是 VD_5 损坏，则予以更换 （2）检查常闭触头 KM_1 并修复 （3）检查开路原因，若是 R_9 损坏，则予以更换

十三、直流电机的小修、中修和大修

1. 直流电机的小修项目

1）用吹风机等清除换向器上的炭粉、污垢，清除电机内部及绕组上的灰尘、污垢。

2）清理换向器表面，必要时用钢锯片下刻出母沟。此工作要小心进行，不可划伤换向器表面。

3）检查及更换电刷，调整电刷压力。

4）测量各绕组的绝缘电阻。

5）清洁出线盒，检查和包扎引出线。

6）清洗轴承，加润滑脂。

7）修理绕组表面局部绝缘损坏的地方。

8）紧固所有紧固件。

2. 直流电机的中修项目

1）包括全部的小修项目。

2）解体电机，清洁绕组，并进行干燥、喷漆处理。

3）修补局部损坏的绕组绝缘。严重损坏者，需更换。

4）检查并加固槽楔及绝缘垫片。

5）加固绑扎线。

6）清洗轴承，更换滚动轴承；刮研滑动轴承的新瓦面等。

7）打磨换向器，必要时进行车削和抛光处理。

8）更换全部电刷和刷架。

9）更换有缺陷的机械零部件。

10）进行绝缘电阻、直流电阻、片间电阻、耐压等试验。

3. 直流电机的大修项目

1）包含全部的中修项目。

2）解体电机，进行清洗、浸渍和干燥处理。

3）更换全部绕组，并进行浸渍绝缘处理。

4）车削换向器或转轴刷镀处理，换向器大修。

5）更换全部电刷和刷架，调整电刷装置。

6）对滑动轴承需重新铸瓦、刮瓦面。

7）安装和调整轴承座及电机机座。

8）做转子动平衡试验。

9）加固槽楔及绝缘垫片，用环氧树脂胶密封。

10）做 $1.3U_e$ 的超压试验等。

11）调整电刷中性线，做无火花区试验。

12）测极距及各部气隙。

13）用大电流（10A 以上）测片间电阻等。

第三节　直流电机的故障及处理

一、直流电机的常见故障及处理

直流电机运行中的常见故障及处理方法见表4-23。

表4-23　直流电机的常见故障及处理方法

序　　号	故障现象	可能原因	处理方法
1	电刷火花过大	（1）电刷与换向器接触不良 （2）电刷压力不当 （3）电刷在刷握内有卡阻现象 （4）电刷位置不在中性线上 （5）电刷牌号不对，电刷过短 （6）电刷位置不均衡，引起电刷电流分配不均匀 （7）换向器表面有污垢，不光洁，有沟纹，不圆 （8）刷握松动或未装正 （9）换向片间云母凸出 （10）电机振动，底座松动 （11）电机过载 （12）转子动平衡未校好 （13）检修时将换向极接反 （14）换向极绕组短路 （15）电枢过热，使绕组线头与换向器脱焊 （16）晶闸管整流装置输出的电压波形不对称 （17）转速变化过快（如操作太快）	（1）研磨电刷接触面，先在轻载下运行，然后再加负载 （2）校正电刷压力为15～25kPa （3）略微磨小电刷或更换电刷，使电刷上下移动自如 （4）调整刷杆座至正确位置，或按感应法校正中性线位置 （5）更换成生产厂家要求的电刷，更换过短的电刷 （6）调整刷架位置，做到等分 （7）清洁换向器表面，上车床车圆换向器 （8）紧固或校正刷握位置 （9）用专用工具刻槽、倒角，再研磨 （10）紧固底座螺钉 （11）减轻负载 （12）重校转子动平衡 （13）在换向极绕组两端通12V直流电压，用指南针判断换向极极性，纠正接线 （14）消除短路故障 （15）用毫伏表检查换向片间的电压是否平衡，如两片间电压特别高，则该处可能脱焊，应重新焊接 （16）用示波器检查波形，并调整好波形 （17）检查电流的最大值和转速变化速度，应正确操作
2	电刷碎裂、颤动或刷辫脱落	（1）换向器表面粗糙 （2）换向片间云母凸出 （3）刷握与换向器间的距离过大 （4）电刷型号或尺寸不对	（1）同本表第1条（7）项 （2）同本表第1条（9）项 （3）调整两者间距离至1.5～3mm （4）更换成合适型号和尺寸的电刷
3	电刷磨损不均匀	电刷与刷握之间的间隙过小	清理刷握，更换电刷

（续）

序号	故障现象	可能原因	处理方法
4	发电机电压不能建立	（1）剩磁消失 （2）电刷过短，接触不良 （3）刷架位置不对 （4）并励绕组出线接反 （5）并励绕组电路断开 （6）并励绕组短路 （7）并励绕组与换向绕组、串励绕组相碰短路 （8）励磁电路中电阻过大 （9）旋转方向错误 （10）转速太低 （11）并励磁极极性不对 （12）电路中有两点接地，造成短路 （13）电枢绕组短路或换向器片间短路	（1）用直流电通入并励绕组，重新产生剩磁 （2）更换新电刷 （3）移动刷架座，调整刷架中性位置 （4）调换并励绕组两出线头 （5）用万用表或绝缘电阻表测量，拆开修理 （6）用电桥测量直流电阻，并排除短路点或重绕绕组 （7）用万用表或绝缘电阻表测量，并排除相碰点 （8）应检查变阻器，使它短路后再试 （9）改变电机转向 （10）提高转速或调换原动机 （11）用直流电通入并励绕组，用指南针判断其极性，纠正接线 （12）用万用表或绝缘电阻表检查，排除短路点 （13）用电压降法检查，并排除短路故障或重绕绕组
5	发电机空载电压过低	（1）原动机转速低 （2）传动带过松 （3）刷架位置不当 （4）他励绕组接错 （5）串励绕组和并励绕组相互接错 （6）复励电机串励接反 （7）主极原有垫片未垫	（1）用测速表检查，提高原动机转速或更换原动机 （2）用测速表测量原动机和发电机的转速是否相差过大，应调紧传动带或更换其他类型传动带 （3）调整刷架座位置，选择电压最高处 （4）在他励电压和电流正常的情况下，可能极性顺序接错，可用指南针测量，纠正接线 （5）在小电机中有时会出现此种情况，应拆开重新接线 （6）调换串励出线 （7）拆开测量主极内径，垫衬原有厚度的垫片
6	发电机加负载后，电压显著下降	（1）换向极绕组接反 （2）电刷位置不在中性线上 （3）主磁极与换向极安装顺序不对 （4）同本表第5条(6)项	（1）将换向极绕组接线对调 （2）调整刷杆座位置，使火花情况好转 （3）绕组输入12V直流电源，用指南针判别极性，纠正接线 （4）同本表第5条(6)项
7	电动机不能起动	（1）无直流电源 （2）机械负载过重或有卡阻现象 （3）起动电流太小 （4）电刷与换向器接触不良 （5）励磁回路断路	（1）检查熔断器、起动器、线路是否良好 （2）减轻机械负载，或消除卡阻现象 （3）检查所用起动器是否匹配 （4）换出原因，加以消除 （5）检查变阻器或磁场绕组是否断路

（续）

序　号	故障现象	可能原因	处理方法
8	电动机转速不正常	（1）电动机转速过高，电刷火花严重 （2）电刷不在正常位置 （3）电刷及磁场绕组短路 （4）串励电动机负载太轻或空载运转，这时转速异常升高 （5）串励绕组接反 （6）励磁回路电阻过大	（1）检查磁场绕组与起动器连接线是否良好，有无接线错误，内部有无断路现象 （2）调整刷杆座，使电刷在正常中性线位置 （3）找出短路点并排除，或重绕绕组 （4）增加负载 （5）纠正接线 （6）检查磁场变阻器及励磁绕组电阻
9	直流电动机转速过高（这时应及时切断电源，以防飞车）	（1）并励回路电阻过大或断路 （2）并励或串励绕组匝间短路 （3）并励绕组极性接错 （4）复励电机的串励绕组极性接错（积复励接成差复励） （5）串励电机负载过轻 （6）主磁极气隙过大	（1）测量励磁回路电阻值，恢复正常电阻值 （2）找出故障点并进行修复，或重绕绕组 （3）用指南针测量极性顺序，并重新接线 （4）检查并纠正串励绕组极性 （5）增加负载 （6）按规定用铁垫片调整气隙
10	电枢冒烟	（1）长期过载运行 （2）换向器或电枢短路 （3）发电机外部负载短路 （4）电动机端电压太低 （5）定子、转子相摩擦 （6）起动太频繁	（1）减轻负载 （2）检查换向器及电枢有无短路现象，是否有金属引起短路 （3）消除外部短路故障 （4）提高电动机输入电压 （5）检查并消除摩擦 （6）减少起动次数
11	磁场绕组过热	（1）绕组内部短路 （2）发电机转速太低 （3）发电机端电压长期超过额定值	（1）分别测量每极绕组的直流电阻，电阻值太低的绕组有短路现象，应重绕绕组 （2）提高转速到额定值 （3）恢复端电压至额定值
12	电机过热	（1）过载运行 （2）通风不良 （3）晶闸管整流装置输出电压波形不正常 （4）电压不符合要求 （5）环境温度过高	（1）检查电枢电流，减轻负载 （2）清扫通风管道，检查风机旋转方向是否正确，消除通风系统漏风，清理或更换过滤器，检查冷却水压力、水量是否正常 （3）用示波器检查，并调整输出电压波形 （4）检查电枢电压、励磁电压，并进行调整，应达到铭牌上的要求 （5）检查环境温度和进、出风口温度，改善环境和通风条件

（续）

序　号	故障现象	可能原因	处理方法
13	电机振动大	（1）轴弯曲 （2）基础不坚固 （3）轴承损坏 （4）定子、转子气隙不均匀 （5）电机转轴与被传动轴不同心 （6）电枢不平衡	（1）用千分表检查，矫正转轴 （2）检查基础，重新安装电机 （3）检查并调换轴承 （4）测量气隙，调整气隙 （5）用量规检查，重新安装调整 （6）对电枢进行单独旋转，调整动平衡
14	电机噪声大	（1）振动大 （2）电枢被堵住 （3）联轴器有毛病 （4）漏气 （5）电源波形不对 （6）安装松动 （7）轴承有毛病	（1）同本表第13条 （2）检查绕组和风扇等，清除夹入物 （3）调换有毛病的部件 （4）轻载运行，重新安装鼓风机和通风管 （5）用示波器检查，并调整晶闸管整流装置 （6）检查全部螺栓，拧紧螺栓 （7）检查润滑油及轴承间隙，加润滑油或更换轴承
15	轴承发热	（1）过载 （2）轴承缺油或加油过满	（1）检查并调整皮带张力或轴向推力 （2）加补润滑脂，以加至轴承空间的2/3左右为宜
16	绝缘电阻低	（1）电机受潮 （2）环境恶劣，空气中有腐蚀性、导电性介质存在 （3）电刷架、换向器槽内等部位有电刷粉末或导电杂质侵入，电机脏污	（1）作干燥处理 （2）改善环境条件，加强维护 （3）定时清扫电机
17	机壳漏电	（1）电机绝缘电阻低 （2）出线头、接线板绝缘层损坏，接地 （3）接地（接零）线断裂或连接不良	（1）同本表第16条 （2）做绝缘处理或更换接线板 （3）更换接地（接零）线，连接牢固

直流电动机在运行时，应避免下列现象出现：

（1）失速　失速是指电机转速突然增大到超过允许的转速范围。这时不但电枢电流很大，而且会使换向器局部发热，影响换向器的同心度，使火花加大。同时电机转子承受的离心力增大，有可能损坏电机。因此，对于没有安装防止失速装置的电机，必须要防止失速产生。一般满载时的失速时间不应超过几秒钟。

（2）短路　直流电动机接通电源而转子因意外被堵死，就称为电动机短路。无补偿直流电动机的短路电流将达到额定电流的10倍，有补偿直流电动机的短路电流将达到额定电流的20倍。因此，必须避免意外的短路。

（3）磁场迅速变化　自励电动机削弱磁场强度时，尤其是负载很重或惯性很大时，磁场不可变化得太快，否则会在电枢中产生很大的冲击电流，使换向器产生强烈的火花。

（4）电压迅速变化　如果电压变化很快，会使电枢产生很大的冲击电流。

（5）通风不良　电动机满载运行时，如果他冷式电动机的鼓风机停机了，电动机也必须在几分钟内停机（除非还有内风扇），否则会使电动机过热，甚至烧毁。自冷电动机不能在低于所规定的最小连续速度下连续运行。

二、电枢绕组故障的处理

直流电机电枢（转子）绕组的常见故障有绕组开路、匝间或线圈之间短路、接地（碰壳）以及检修后绕组接错等。

1. 电枢绕组开路

电枢绕组若只有一点开路，由于电枢至少有两个并联支路，所以电动机也能运行，只是在重载时电枢电流增大，并引起绕组过热或电刷火花增大。

检查电枢绕组开路的方法通常是测量换向片间电压降。将6～12V的直流电源接到换向片上对称的两点上，用直流电压表来确定开路点，如图4-20所示。图中“×”表示开路点。从7号至12号，再至1号，依次测量两相邻换向片间的电压。结果测量到只有10号与11号片间有电压，其余片间均无电压，便可确定断路点在第10号元件（线圈）上。然后再从1号至7号依次测量另一侧两相换向片间的电压。如果在1号片至7号片之间有两处开路，测得两相邻片间也均无电压。这时应将电压表的一端接在1号片上，测量7号和6号片。若有电压指示，则说明7号、6号片未开路。测得5号片上无电压，说明5号片有开路。将5号片和6号片用导线临时短路，再继续往下测。测得4号片上有电压，说明4号元件良好。测得3号片上无电压，则说明3号元件开路。

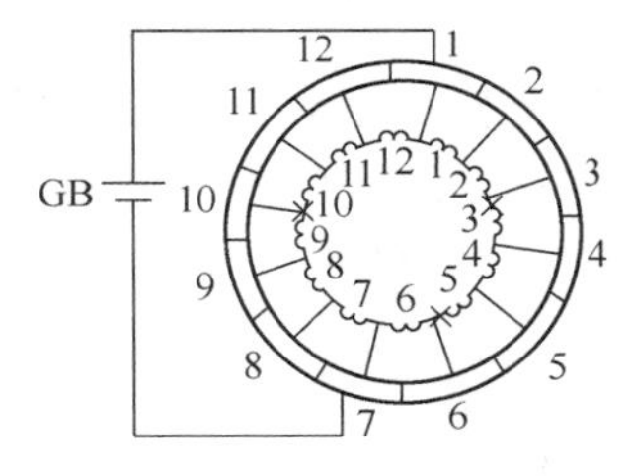

图4-20　电枢绕组故障检查

另外，还可以用短路侦察器法检查，即将电枢置于短路侦察器上，将电压表两引线接至任意两相邻的换向片上，逐次移动引线。当电压表无读数时，即说明接至该两相邻换向片的元件开路。

处理电枢绕组开路故障的方法是：先查出绕组开路的元件（线圈），如果开路的原因是换向片和线圈的连接线松脱，则重新进行焊接；如果是线圈内部断线，最好拆除重绕。在应急处理时，也可将开路线圈从换向片上拆下，用绝缘胶带包扎线端，然后用绝缘导线在被拆下的线圈换向片上重新跨接。单叠绕组和单波绕组的跳接方法分别如图4-21和图4-22所示。其中图4-22b所示的跳接方法比较好，因为这样跳接后可以使开路线圈以外的线圈中都有电流通过，使电机仍然处于较好的工作状态。

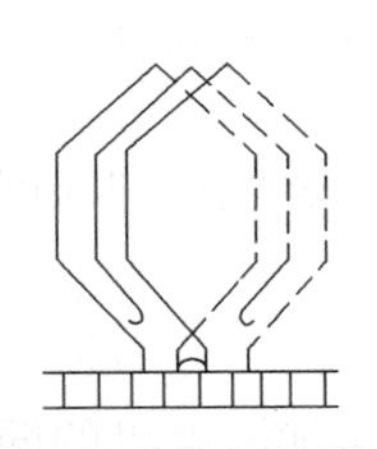
图4-21　单叠绕组的跳接方法

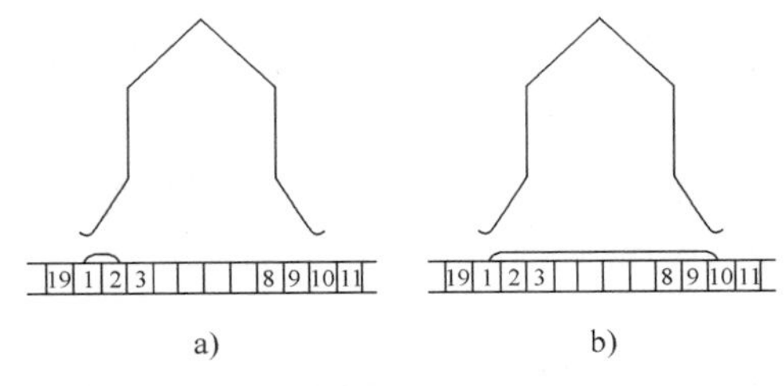

图4-22　单波绕组的跳接方法

2. 电枢绕组短路

电枢绕组短路故障有的发生在匝间，有的发生在两线圈之间。发生短路故障后，电枢会发热，电刷火花将增大，换向器易被烧伤。线圈短路处的发热较其他处厉害。

电枢绕组短路故障的检查方法与电枢绕组开路故障的检查方法类似。参见图4-20，用电压表测量换向器各相邻两换向片间的电压，正常时这些电压应近似相等。如果某两片间无电压，则说明该两片间的元件完全短路，故障的最大可能是两换向片连通了。如果两片间的电压低，则说明该两片间的元件部分短路。

处理方法：先查出电枢绕组中短路的线圈，然后可按电枢绕组开路时所采用的跳接方法进行处理。如果是由于电机受潮而引起局部短路，则可拆开作绝缘处理并进行干燥。如果无法进行局部修理，则只好重绕绕组。

3. *电枢绕组对地短路*

电枢绕组对地短路在多数情况下是由于槽绝缘及绕组绝缘损坏，导体与铁心相碰所致。如果电机的机壳不接地（接零），那么在电枢绕组上仅有一处接地时，不至于影响电机的运行；若有两处及两处以上接地，就会造成短路故障，影响电机的正常运行。

电枢绕组对地短路故障的检查方法比较简单，可通过用万用表或绝缘电阻表测量电枢绕组与铁心之间的绝缘电阻来判断。若要查出哪一个元件接地，可按图4-20所示方法接线，再取一只电压表，使其一端与铁心相连，另一端所接的导线去分别与各换向片相碰，同时观察电压表读数。如果电压读数逐次减小，说明测试中在逐渐接近接地的元件。例如，当测到3号片和4号片时，电压都很低且相等，这说明3号元件匝数一半接地；若4号片电压为零，3号片电压在其换向片中最低，则接地点在3号片与4号片相接的一端。

还有一种简单的检查方法，即在绕组与铁心之间通以额定电压，直接观察，凡有打火或冒烟的地方，就是绕组对地短路的故障点。

处理方法是：先查出绕组对地短路的故障点，如果故障点很明显，只要在故障处插入绝缘垫片，做好绝缘处理即可；如果故障点看不见，或无法做局部绝缘处理，则需重绕绕组。另外，还可以将短路损伤而无法修复的线圈废去不用，将接地线圈的各根引线从两块换向片上焊下，并将引线包扎好，然后在该两换向片间接入跳接线，将它们短接。

三、定子绕组故障的处理

直流电机定子绕组包括主磁极励磁绕组和换向极绕组，有的电机还有补偿绕组等。定子绕组的常见故障有绕组开路、匝间短路、绝缘电阻过低以及检修后绕组接错等。

1. *定子绕组开路*

如果仅是励磁绕组开路，则没有励磁电流，电机在加有电枢电压时会飞车，这时若不及时停机，将会造成严重的后果。如果是换向绕组或补偿绕组开路，则电枢中没有电流，电机将停止运行。

定子绕组开路故障的检查方法很简单，可用万用表或绝缘电阻表分级、分段对各个绕组线圈进行检查。

处理方法：如果断点明显，只需将断线重新焊接起来并作绝缘处理即可；如果断点看不见，无法作局部修理，则只好重绕绕组。

2. *励磁绕组匝间短路*

励磁绕组出现匝间短路故障时，会使电刷火花增大，甚至加剧电机的振动。

励磁绕组匝间短路故障的检查方法有交流压降法和直流压降法两种，如图4-23所示。交流电压降法是将220V交流电源经过调压器电降压或将220V电源经灯泡降压后加到励磁绕组两出线端上，然后用交流电压表逐次测量每个磁极励磁绕组上的电压。如果测得某一磁极绕组的电压值比其余磁极绕组的电压值小，则说明该磁极绕组存在匝间短路故障。

直流电压降法与交流电压降法相同，只不过是将110V直流电源加到励磁绕组两出线端上而已。如果励磁绕组中只有少数几匝短路，则用直流电测量很难判断，宜改用交流电降压法。因为交流电磁感应会使故障点严重发热，故很容易检查出来。

处理方法：如果绕组匝间短路点明显，短路匝数又不多，则可作局部修理；否则，只好重绕绕组。

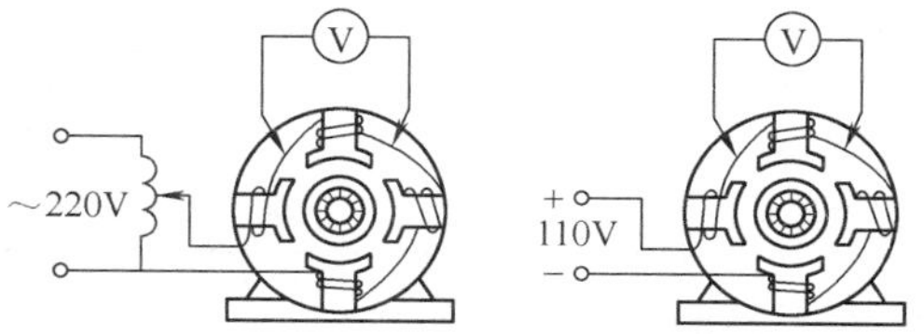

a) 交流电压降法　　b) 直流电压降法

图 4-23　励磁绕组匝间短路故障的检查方法

3. 定子绕组对地短路

定子绕组严重受潮、绝缘层损伤、导线碰及铁心等都会引起对地短路故障。严重受潮的电机投入运行，会造成绝缘层进一步恶化而损坏电机。如果定子绕组只有一点接地，电机尚能运行（也是不允许的）；如果定子绕组有两点接地，则可能会引起短路故障而烧坏绕组。

定子绕组对地短路故障的检查方法如下：先用绝缘电阻表测量绕组的绝缘电阻，以判断是电机严重受潮还是绕组有对地短路故障（也可结合万用表检查）。如果证实是绕组接地，则打开励磁线圈（或换向线圈）之间的连接线，用绝缘电阻表或万用表逐个检查，直至查出是哪个线圈发生故障。最后，为了找到确切的短路点，可以将 220V 电源串一只灯泡（降压用）后去接通故障线圈的两出线端。如果发现某处有放电声、电火花或冒烟，则短路点就在此处。

处理方法：如果对地短路是由电机严重受潮引起的，则只要经过干燥处理（必要时作浸漆处理）就可恢复正常；如果对地短路是由绝缘层损坏所致，则应作局部绝缘处理。导线损伤较严重者，还需焊接（补强）损伤的导线。当无法作局部绝缘处理时，只好重绕绕组。

4. 换向绕组和补偿绕组短路

当换向绕组及补偿绕组有短路点时，电机电刷火花增大，绕组短路处会出现放电现象，短路处会发热、灼伤。

由于换向绕组和补偿绕组的电阻较小，通常用电桥测量各个极绕组的电阻值。正常时，各极绕组电阻值相互的差别不大于 5%。测得阻值小的绕组，便是故障绕组。

处理方法：局部处理或重绕绕组。局部补焊时，先将烧损部位用锉刀修整成较整齐的缺口形状，再取同样厚薄的扁铜线并制成与缺口一样的形状，嵌入缺口内，采用银铜焊将两者焊接牢固，然后用锉刀和砂布修理平整，包缠好绝缘。如果导线烧伤严重，作局部补焊困难时，可切断烧伤部分的导线，重新对接上一段同规格的铜线即可。注意，两导线应成 45°斜角对接。如果无法作局部处理，则只好重绕绕组。

5. 励磁绕组个别线圈极性弄错

励磁绕组个别线圈极性弄错时，将出现电动机起动困难、力矩减小、轻负载的转速上升、发电机输出电压过低等现象。

极性弄错的检查方法是，在励磁绕组中通入直流电，用指南针进行检查。正常时，各个磁极的 N、S 极是按顺序循环排列的。

6. 换向绕组和补偿绕组极性弄错

换向绕组及补偿绕组极性弄错时，电机电刷火花异常强烈。检查方法也是用指南针来判断，当各磁极顺着直流电机旋转方向排列时，其相应的磁极极性应符合表 4-24 中所给出的排列顺序。

表 4-24 主磁极、换向极的极性排列顺序（顺转向）

磁极排列	主磁极	换向极	主磁极	换向极	主磁极	换向极	主磁极	换向极
直流电动机	N	N′	S	S′	N	N′	S	S′
直流发电机	N	S′	S	N′	N	S′	S	N′

四、换向器故障的处理

换向器的常见故障有片间短路、接地、换向器表面不平或烧伤等。由于电枢绕组是接在换向片上的，所以换向器的片间短路、接地故障所表现出的现象和检查方法，都与电枢绕组的相同。

1. 换向器片间短路

换向器的结构如图 4-4 所示。按电枢绕组检查的相同方法找出两片短路处后，为确定短路发生在电枢绕组中还是换向片之间，应先观察换向片间有无熔锡、灼伤现象，以及有无电刷粉末等。若有，应用锯片或拉槽工具将熔锡等除去，用吸尘器将电刷粉末清除干净，再检查一下有无短路现象。若短路故障消除，再用云母粉末加以绝缘漆填补孔洞，使其硬化干燥；若仍有短路现象，则故障很可能发生在电枢绕组中。如果经检查发现电枢绕组中无短路故障，则需将换向器解体后进行检修。

拆卸换向器时，先在换向器上围一层 0.5～1mm 厚的弹性纸作为衬垫绝缘，并用直径为 1.2～2mm 的钢丝缠绕一圈（缠紧）。标记好压环与换向片间的相对位置，然后拧松螺帽，取下 V 形压环（端环）。将套筒与另一个 V 形压环取下后，便可检查换向片间、V 形槽表面及 V 形云母环等，并进行修理。

2. 对地短路

按检查电枢绕组的相同方法找出换向器一片或几片接地处后，为确定是绕组接地还是换向片接地，可将接在故障片上的绕组接头焊脱开，再检查该片与铁心是否接通。若接地，说明该换向片对地短路。这时一般都可以看到该处的云母片大都已烧毁。

处理方法：松开换向器上的紧固螺母，取下端环，把已烧毁通地的云母片刮去，换上新的云母片，并加以修理，再装好即可。对于击穿烧伤引起的接地短路故障，只要将烧伤处的污物清除干净，然后用云母粉末和虫胶干漆填补烧伤处，再用 0.25mm 厚的可塑云母板覆贴 1～2 层，加热压入即可。

3. 换向器表面不平或烧伤

换向器表面不平或烧伤时，电刷火花将增大，将严重地影响电机的正常运行，必须及时停机修理。

处理方法：前面已作介绍。对于因装配不良或过分受热引起的换向片凹凸不平，修理时应松开端环，将凹凸不平的换向片校平，然后上紧端环，或上车床车圆。

五、直流电机的拆装

直流电机可按下列步骤进行拆卸：

1）拆除所有外部接线，记好各线端标志及电机接线方式，并做好标记。

2）打开换向器侧端盖的通风窗，从刷握中取出电刷，再拆下接到刷杆上的连接线，并做好标记。

3）拆下换向器侧端盖螺栓和轴承盖螺栓，取下轴承外盖，拆卸换向器侧的端盖。注意，在拆卸前应先在端盖与机座接合处做好标记，记好刷架位置，然后再取出刷架。

4）用厚纸或布将换向器包好，以保持换向器的清洁，防止碰伤。

5）拆下轴伸端的端盖螺栓，将连同端盖的电枢从定子内抽出或吊出。注意不要碰伤绕组。

6）若需要更换轴承，则将轴伸侧的轴承盖螺栓拆下，然后取下轴承外盖、端盖和轴承。

电机的装配顺序与拆卸时相反，按所做标记复位，校正电刷位置，最后恢复接线。

直流电机的拆装工作的具体做法和其他注意事项请参见第一章第五节十项三相异步电动机的拆装。

第四节　直流电机绕组重绕及展开图

一、直流电机常用电磁线和绝缘材料（见表4-25）

表4-25　直流电机常用电磁线及绝缘材料

名　　称	B级	F级	H级
电磁线	QZ—1,QZ—2聚酯漆包圆铜线 QZL—1,QZL—2聚酯漆包圆铝线 QZB聚酯漆包扁铜线 QZLB聚酯漆包扁铝线 SBECB双玻璃丝包扁铜线 SBELCB双玻璃丝包扁铝线 QZS—BCB单玻璃包聚酯漆包扁铜线	QZY—1，QZY—2聚酯亚胺漆包圆铜线 QZYB聚酯亚胺漆包扁铜线	QZY—1、QZY—2聚酰亚胺漆包圆铜线 QXY—1、QXY—2聚酰胺酰亚胺漆包圆铜线 QYB,QXYB聚酰胺酰亚胺漆包扁铜线 SBEG硅有机浸渍双玻璃丝包圆铜线 SBEGB硅有机浸渍双玻璃丝包扁铜线 QYSBGB单玻璃丝包聚酰亚胺漆包扁铜线
对地绝缘 匝间绝缘 槽绝缘	5438—1环氧玻璃粉云母带 6630聚酯薄膜聚酯纤维纸复合箔(简称DMD) 5131醇酸玻璃柔软云母板 2432醇酸玻璃漆布 6530聚酯薄膜玻璃漆布复合箔	6640聚酯薄膜耐高温合成纤维复合箔(简称NMN) 2440聚酯玻璃漆布	6650聚酰亚胺薄膜耐高温合成纤维纸复合箔(简称NHN) 5450有机硅玻璃云母带 5450—1有机硅玻璃粉云母带 5151有机硅玻璃柔软云母板 NHN耐高温合成纤维纸 6050聚酰亚胺薄膜
层间绝缘	5131DMD醇酸玻璃柔软云母板 6530聚酯薄膜玻璃漆布复合箔	NMN耐高温合成纤维纸	5151—1NHN耐高温合成纤维纸 5151—1有机硅玻璃柔软云母板
槽楔、垫条 出线板	3240环氧酚醛层压玻璃布板	3240环氧酚醛层压玻璃布板	3251有机硅层压玻璃布板 9330、上3255聚二苯醚层压玻璃布板 9335聚酰亚胺层压玻璃布板
浸渍漆	5152—2环氧聚酯酚醛无溶剂漆 1032三聚氰胺醇酸漆	319—2不饱和聚酯无溶剂漆 155聚酯浸渍漆	1053有机硅浸渍漆 931低温干燥有机硅漆
引接线	JBQ橡皮绝缘丁腈护套引接线	JHXG硅橡皮绝缘引接线	JHXG硅橡皮绝缘引接线
刷架装置 绝缘	酚醛定长玻璃纤维压塑料,聚酯料团	聚胺酰亚胺定长玻璃纤维压塑料	聚胺酰亚胺定长玻璃纤维压塑料
换向器片 间绝缘	5535—2虫胶换向器云母板 5536—1环氧换向器粉云母板	5560—2磷酸胺换向器金云母板	5560—2磷酸胺换向器金云母板

（续）

名　称	B 级	F 级	H 级
换向器 V 形绝缘环	5231 虫胶塑型云母板 聚酯薄膜环氧玻璃坯布	云 251 聚二苯醚衍生物塑型云母板	5250 硅有机塑型云母板
换向器用压塑料	酚醛定长玻璃纤维压塑料	聚胺酰亚胺定长玻璃纤维压塑料	聚胺酰亚胺定长玻璃纤维压塑料
绑扎带	2830 聚酯绑扎带	2840 环氧绑扎带	2850 聚胺-酰亚胺绑扎带

二、直流电机电枢绕组的基本概念及计算

直流电动机电枢绕组的型式和交流电动机双层叠绕组基本相同。直流电机的电枢绕组一般采用双层绕组，元件边分属上层与下层，因此在制造线圈时将端接部分扭弯一个角度，如图 4-24 所示。为了改善电机的性能，每个电枢槽的上、下层各放若干个绕组元件边。这时为了确切说明每一元件边所处的具体位置，引入“虚槽”的概念。设槽内每层有 u 个元件边，则把每一个实际的槽看作包含 u 个“虚槽”，每一个虚槽的上、下层各有一个元件边。如图 4-25b 所示，$u=2$，一个实槽包含两个虚槽。在一般情况下，实际槽数与虚槽数 z_u 的关系是 $z_u=uz$。所以电枢绕组的元件数 s 等于电枢单元槽（或虚槽）数 z_u，即

$$s=z_u=uz$$

式中，z 为电枢实际槽数；u 为每个槽内所含单元槽（或虚槽）数。

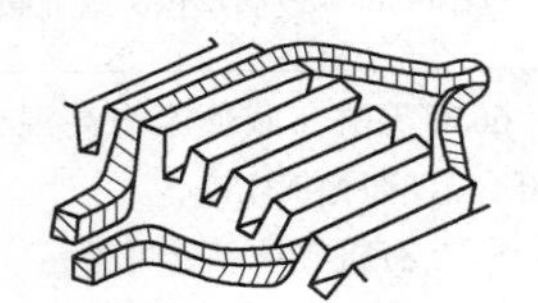

图 4-24　绕组在槽中的位置

a) 一个虚槽　b) 两个虚槽　c) 三个虚槽

图 4-25　绕组在槽内的排列

因为每个元件的两个有效边分别焊在两个换向片上，而每个换向片同时连接两个不同绕组的端部，所以绕组元件数 s 等于换向片数 k，即 $s=k$。

可见，在直流电机中绕组元件数、换向片数和电枢单元槽（或虚槽）数都相等。

电枢绕组的接线方式主要有单叠绕组、复叠绕组、单波绕组、复波绕组、单蛙绕组和复蛙绕组。单叠绕组和单波绕组是基本方式。

直流电机绕组基本参数如下：

1. 极距 τ

极距是指相邻两个主磁极中心线之间的距离，也可用两极中心线之间的槽数表示，即

$$\tau=\frac{z}{2p}$$

式中，z 为电枢总槽数；p 为主磁极对数。

2. 第一节距（后节距）y_1

第一节距是指元件两个有效边之间的距离，用单元槽数表示。为了使绕组获得最大的感应电动势，采用整节距，即 $y_1=\tau$。

用单元槽表示：$y_1=\dfrac{z_u}{2p}$

用长度表示：$y_1 = \frac{\pi D_a}{2p}$

式中，D_a 为电枢外径。

在整节距绕组中，$y_1 = \tau = \frac{z_u}{2p}$。但 z_u 通常不能被 $2p$ 整除，而 y_1 必须为整数，故

$$y_1 = \frac{z_u}{2p} \pm \varepsilon$$

即通过加或减一个小数来达到 y_1 为整数的目的。负号表示 $y_1 < \tau$，为短距绕组；正号表示 $y_1 > \tau$，为长距绕组。当 $\varepsilon = 0$ 时，$y_1 = \tau$，为整距绕组。一般情况下采用整距或短距绕组。整距绕组所产生的感应电动势最大；短距绕组能改善换向和节约端部材料。

3. 第二节距（前节距）y_2

第二节距是指串联的元件中第一个元件的下层边与第二个元件的上层边之间在电枢表面上的距离，也用虚槽数计算，如图 4-26 和图 4-27 所示。

4. 合成节距 y

合成节距是指两只相连接的元件对应边在电枢表面上的距离，用虚槽（单元槽）表示。合成节距表示每串联一个元件后，绕组在电枢表面上前进或后退了多个槽距，对于不同类型的绕组，合成节距也不同。

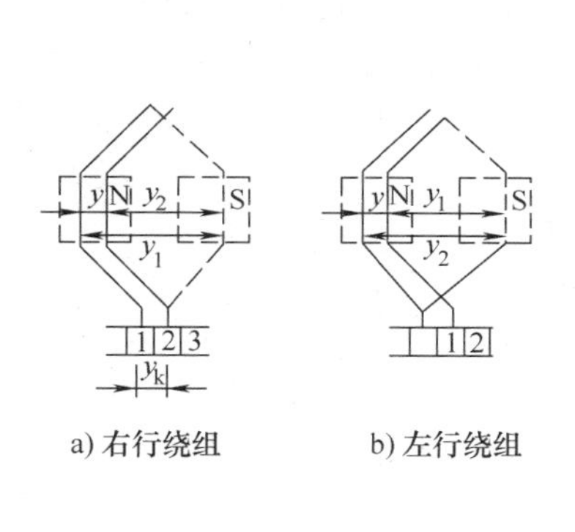

图 4-26 单叠绕组

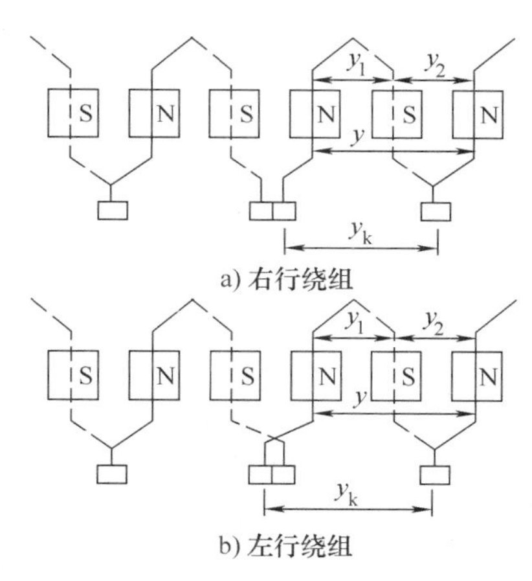

图 4-27 单波绕组

5. 换向器节距 y_k

换向器节距是指每一元件两个有效边端部所连接的两个换向片之间的距离，以换向片数表示。例如，图 4-26 中单叠绕组的 $y_k = \pm 1$，正号表示右行绕组，负号表示左行绕组。

由于绕组连接时，某一元件的下层有效边是和它所连接的另一元件的上层有效边连接到同一个换向片上的，所以用单元槽数表示的合成节距 y 与以换向片数表示的换向器节距 y_k 在数值上是相等的，即 $y = y_k$。

从图 4-26 和图 4-27 中可见，y_1、y_2 和 y 之间有以下关系：

叠绕组 $y_2 = y_1 - y$

波绕组 $y_2 = y - y_1$

对于单蛙绕组，如图 4-28 所示。图中，y_{1b} 为波绕组节距，y_{bd} 为叠绕组节距，k 为换向片数，p 为主磁极对数。

三、直流电机单叠绕组展开图及计算

单叠绕组的特点是元件的首端和尾端分别接在两个相邻的换向片上，第一只元件的尾端与第二只元件的首端接在同一换向片上，如图 4-26 所示。这种接法的特点是：

$$y = y_k = \pm 1$$

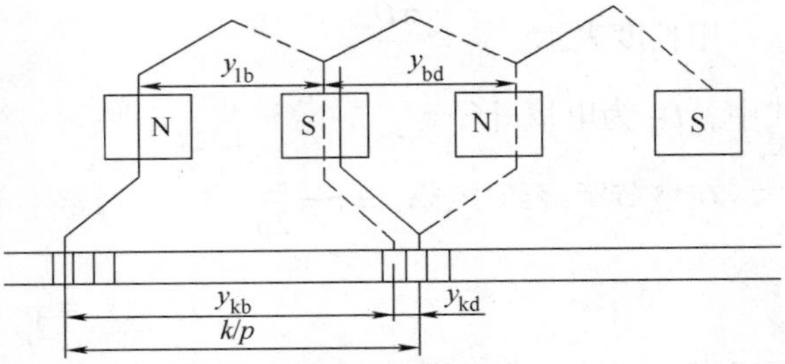

图 4-28 单蛙绕组

由于左行绕组端部有交叉，要多耗铜线，因此很少采用。一般均采用右行绕组，以节约铜线。

现以一台 4 极 16 槽（单元槽）直流电机单叠绕组为例，分析单叠绕组的连接方法和特点。

1. 绕组展开图的绘制和计算

具体步骤如下：

1）画出单元槽和换向片。将各单元槽依次编号，换向片等分画为 16 片。

2）计算节距。采用右行绕组，$y = y_k = 1$，$y_1 = \frac{z_u}{2p} \pm \varepsilon = \frac{16}{4} \pm 0 = 4$，$y_2 = y_1 - y = 4 - 1 = 3$。

3）连接各元件（采用右行绕组）。按 y_1 为 4 连接各元件的上层边和下层边，即第 1 号槽为上层边，用实线表示，第 5 号槽为下层边，用虚线表示。连成一个元件后，将其两个端头连接在 1、5 号槽对应位置的 1、2 号换向片上，并依次将换向片全部编号。再将 1 号元件的下层边（第 5 号槽）与 2 号元件的上层边（第 2 槽）连接起来（$y_2 = 3$），依此类推。将全部元件连接起来，最后的端头又回到 1 号换向片，构成了一个闭合回路，如图 4-29 所示。

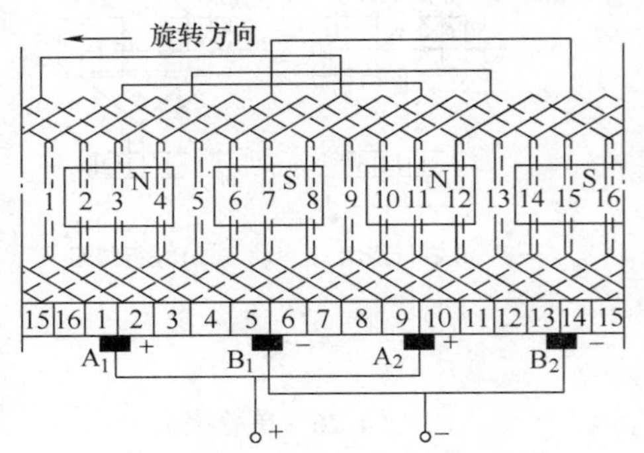

图 4-29 单叠绕组展开图

4）等分画出主磁极及电刷位置。主磁极在电机圆周上对称分布。一般情况下，磁极为极距的 70% 左右。习惯上展开图上的磁极在电枢上面，因此 N 极的磁力线方向为进入纸面，S 极则为从纸面流出。电刷位置应放在磁极几何中性线上的元件有效边所连接的换向片上。对于电刷的宽度，在展开图上只画出了一个换向片的宽度，而实际上电刷宽度一般为 2～3 个换向片的宽度之和。

5）假定旋转方向和主磁极极性。假定磁极按 N、S、N、S 顺序排列（见图 4-29），旋转方向为左，则在发电机运行时可确定电流从 B_1、B_2 流入，由 A_1、A_2 流出，因此 A_1、A_2 为正电刷，B_1、B_2 为负电刷。将同极性电刷并联后引向外电路的负载。

2. 并联支路数

根据同一极下的元件有效边电动势方向相同的原则，将同一极下相邻元件依次连接起来，形成一条支路。对于 $2p = 4$ 的直流电机，有 4 条并联支路。在图 4-29 中，2、3、4 号元件中感应电动势的方向相同，6、7、8 号元件感应电动势的方向相同，10、11、12 号元件和 14、15、16 号元件的感应电动势的方向也分别相同，而 1、5、9、13 号元件因处在磁场中性线上，没有感应电动势，并被电刷 A_1、B_1、A_2、B_2 短路。这样便可画出单叠绕组的并联支路，如图 4-30 所示。

单叠绕组支路数 $2a$ 和磁极数 $2p$ 相等，即 $2a=2p$，$a=p$。

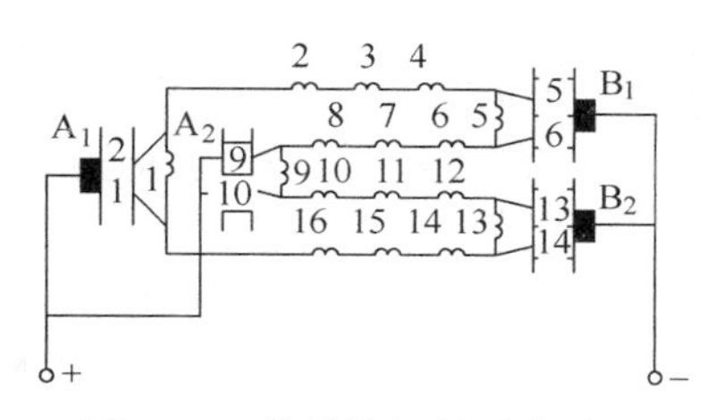

图 4-30　单叠绕组并联支路图

四、直流电机波绕组展开图及计算

单波绕组将元件两端连接到相隔较远的换向片上。它的合成节距 y 为两个极距。串联元件绕电枢一周后，要能回到与起始元件相邻的元件的边上，使第二周继续连接下去。为此，必须满足

$$y_k=\frac{k\pm1}{p}$$

式中，y_k 为换向器节距（槽）；k 为换向片数（片）；p 为极对数。

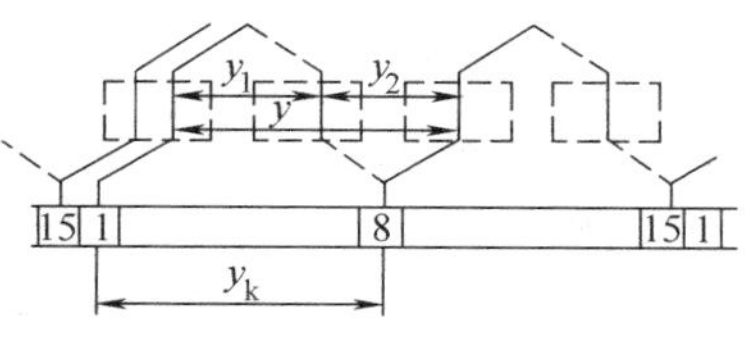

图 4-31　单波绕组原理图

一般情况下，为节约端部连接铜线，采用左行绕组（取负号）。单波绕组元件原理图如图 4-31 所示。

现以一台 4 极 15 槽直流电机单波绕组为例，分析单波绕组的连接方法和特点。

1. 绕组展开图的绘制和计算

1）计算换向器节距 y_k 和合成节距 y：

$$y_k=\frac{k-1}{p}=\frac{15-1}{2}=7\text{（采用左行绕组）}$$

$$y=y_k=7$$

2）计算第一节距 y_1 和第二节距 y_2（采用短距绕组）：

$$y_1=\frac{z_u}{2p}\pm\varepsilon=\frac{15}{4}-\frac{3}{4}=3\left(\text{取 }\varepsilon=-\frac{3}{4}\right)$$

$$y_2=y-y_1=7-3=4$$

3）根据 y_1、y_2 画出元件连接顺序，如图 4-32 所示。

4）绘制展开图。绘制步骤与单叠绕组一样，这里不再赘述。

根据求得的节距 y_1、y_2 和 y_k，若将第一个元件的上层边嵌入第 1 槽中，则下层边应在第 4（$1+y_1=1+3=4$）槽中，再接到第 8（$1+y_k=1+7=8$）号换向片上。第 2 个元件的上层边应与 8 号换向片连接，其上层边放入第 8（$4+y_2=8$）号槽内，2 号元件下层边放入 11（$8+y_1=8+3=11$）号槽内，其下层边和 15（$8+y_k=8+7=15$）号换向片连接。按此规律继续连接，最后 9 号元件的出线端刚好接到 1 号换向片上，构成一个闭合回路。连接示意图如图 4-33 所示。

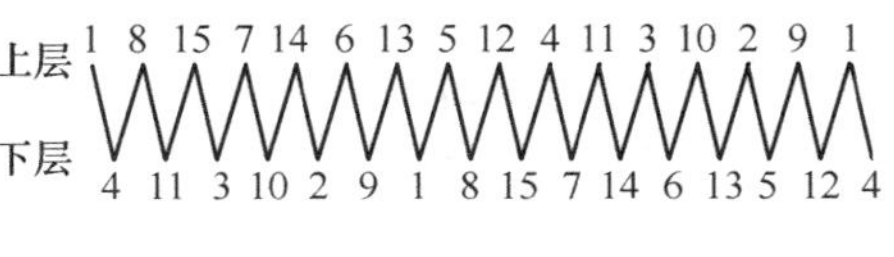

图 4-32　单波绕组元件连接顺序

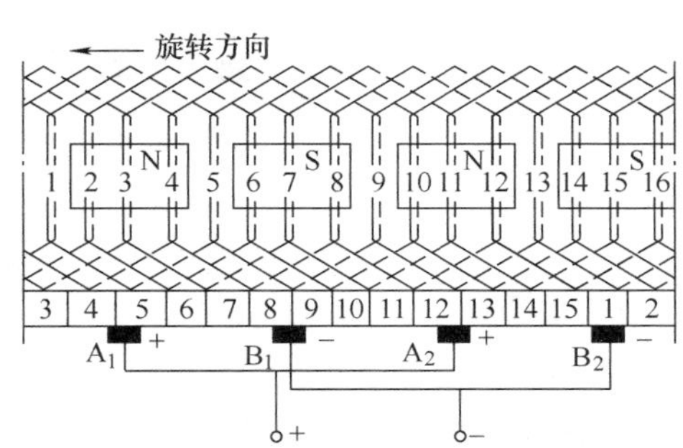

图 4-33　单波绕组展开图

2. 并联支路数和电刷位置

单波绕组的元件在内部连成一个闭合回路，对外部则形成一个并联回路。并联支路数与极对数无关，只有两条支路，因此支路对数 $a=1$。根据同一极下的元件有效边电动势方向相同的原则，由图 4-33 可以画出并联支路图，如图 4-34 所示。元件 5 被两个正电刷短路，元件 1 和 9 被两个负电刷短路。理论上单波绕组只有两条支路，只需一对电刷即可，但为了减少电刷的电流密度，一般设 $2p$ 组电刷。

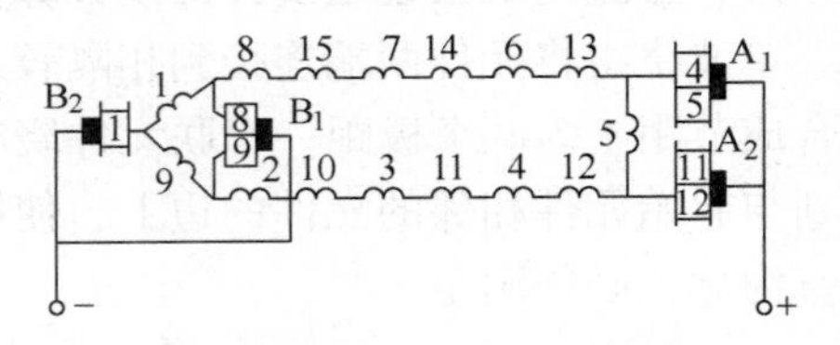

图 4-34 单波绕组并联支路图

电刷放置的位置和单叠绕组一样，即应放置在磁极中心线且元件端部对称的位置上。

五、不同电枢绕组展开图例

单叠绕组和复叠绕组展开图如图 4-35 所示；单波绕组和复波绕组展开图如图 4-36 所示；单蛙绕组和复蛙绕组展开图如图 4-37 所示。图中，Z 为转子槽数，K 为换向片数，S 为绕组元件数。

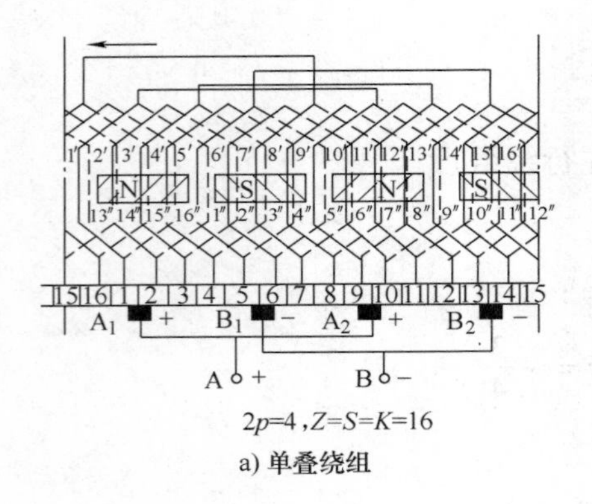

$2p=4, Z=S=K=16$

a) 单叠绕组

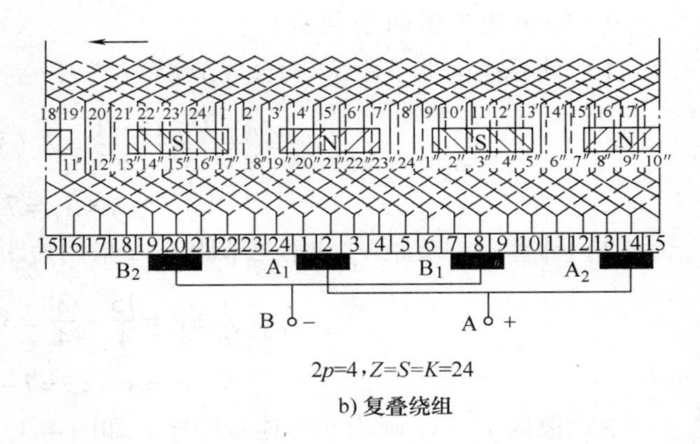

$2p=4, Z=S=K=24$

b) 复叠绕组

图 4-35 叠绕组展开图

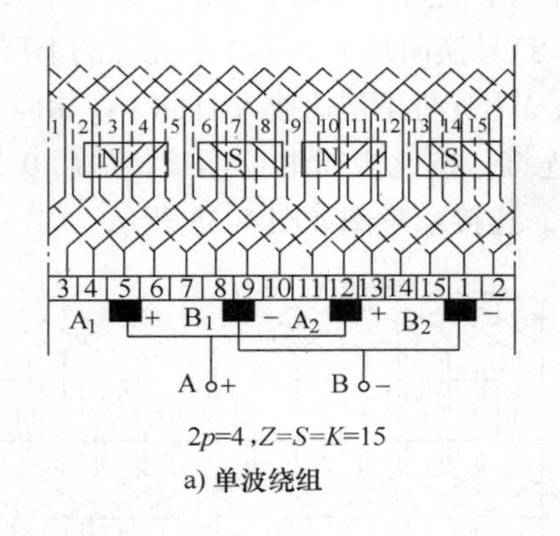

$2p=4, Z=S=K=15$

a) 单波绕组

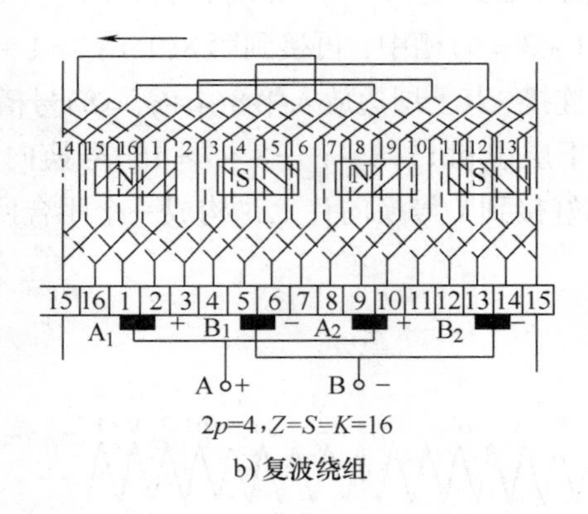

$2p=4, Z=S=K=16$

b) 复波绕组

图 4-36 波绕组展开图

直流电机电枢绕组类型、节距及联结见表 4-26。

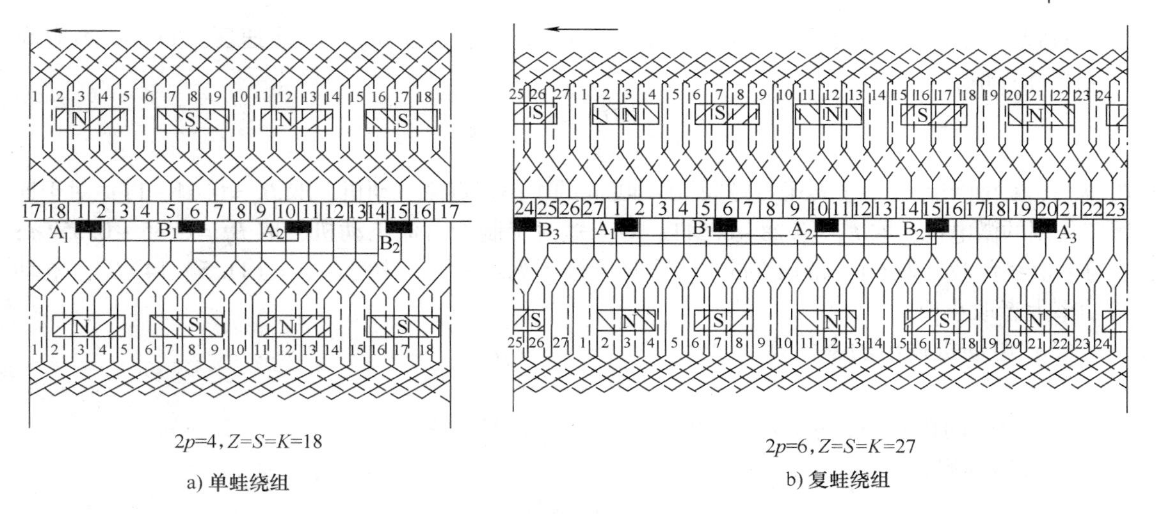

$2p=4, Z=S=K=18$

a) 单蛙绕组

$2p=6, Z=S=K=27$

b) 复蛙绕组

图 4-37 蛙绕组展开图

表 4-26 直流电机电枢绕组类型、节距及联结

绕组类型		主要参数 换向极距 $y_k=y$	第一节距 y_1	第二节距 y_2	合成节距 y	支路对数 a	绕组的节距及表示	绕组展开图
叠绕组	单叠绕组	$y_k=\pm1$	$y_1=\frac{Z_2}{2p}\mp\varepsilon$	$y_2=y_1\mp1$	1. $y=y_1-y_2$（开口前进式） 2. $y=y_2-y_1$（交叉后退式）	$a=p$	见图 4-26a（开口式）及见图 4-26b（交叉式）	见图 4-35a
	复叠绕组	$y_k=\pm m$	$y_1=\frac{Z_2}{2p}\mp\varepsilon$	$y_2=y\mp m$		$a=mp$		见图 4-35b
波绕组	单波绕组	$y_k=\frac{K\mp1}{p}$	$y_1=\frac{Z_2}{2p}\mp\varepsilon$	$y_2=y-y_1$	$y=y_1+y_2$	$a=1$	见图 4-27a（开口式）及见图 4-27b（交叉式）	见图 4-36a
	复波绕组	$y_k=\frac{K\mp d}{p}$	$y_1=\frac{Z_2}{2p}\mp\varepsilon$	$y_2=y-y_1$	$y=y_1+y_2$	$a=m$		见图 4-36b
蛙绕组	单蛙绕组	$y_k=y_{kb}+y_{kd}=1+\frac{K-m}{p}$	y_d（叠绕组）$=Z/2p-\varepsilon$（整数） y_b（波绕组）$=Z/2p+\varepsilon$（整数）		$y=y_b+y_d=Z/p$	$2a_b=2a_d$	见图 4-28	见图 4-37a
	复蛙绕组							见图 4-37b

注：表中 K 为换向器片数，p 为电机极对数，m 为场移。

六、直流电动机电枢绕组重绕计算

（1）电动机输入功率计算

$$P_{sr}=\frac{\alpha D_2^2 l_2 n B_\delta A}{6.1\times10^7}$$

式中，P_{sr}为电动机输入功率（kA · A）；α 为极弧系数，取 $\alpha=0.6\sim0.7$；D_2 为转子（电

枢）直径（cm）；l_2 为转子铁心长度（cm）；n 为转速（r/min），其线速度（m/s）不应高于下式计算值：

$$v=\frac{\pi D_2 n}{6000}<20\sim25$$

B_δ 为气隙磁通密度（对于转子直径为10～40cm的中小型直流电动机，取 $B_\delta=0.64\sim1\text{T}$；对于连续工作制的微电机，取 $B_\delta=0.28\sim0.34\text{T}$；对于短时工制的直流电动机，取 $B_\delta=0.35\sim0.55\text{T}$）；$A$ 为电枢线负载，取60～400A/cm，计算时可按下列经验公式初选：$A=(11.5\sim14)D_2$，电动机功率大者取小值。

（2）电动机输出功率估算

$$P_e=P_{sr}\eta$$

式中，η 为电动机效率，$\eta=0.85\sim0.98$，功率大者取大值。

（3）电枢电流计算

$$I=\frac{P_e\times10^3}{K_e U_e}$$

式中，I 为电枢电流（A）；K_e 为压降系数，对于中小型直流电动机，取 $K_e=0.85\sim0.95$，功率大者取大值；U_e 为电枢额定电压（V）。

（4）每极有效总磁通计算

$$\Phi=\alpha\tau l_1 B_\delta\times10^{-4}$$

式中，Φ 为每极有效总磁通（Wb）；τ 为极距（cm）；l_1 为定子主极长度（cm）。

（5）电枢绕组总有效导线根数计算

无铭牌时，可按下式计算：

$$N=\frac{60\alpha K_e U_e}{pn\Phi}$$

有铭牌时，可按下式计算：

$$N=\frac{6.28D_2Aa}{I_e}$$

式中，p 为磁极对数；α 为电枢绕组并联支路对数，由绕组形式而定（单叠绕，$a=p$；复叠绕组，$a=mp$；单波绕组，$a=m$）；m 为场移系数，即 m 个这样的绕组；n 为额定转速（r/min）；I_e 为额定电流（A）。

每槽有效导线根数为

$$N_n=\frac{N}{z_2}$$

式中，z_2 为电枢槽数。

（6）每枢绕组每线圈匝数计算

$$W_y=\frac{N}{2K}$$

式中，K 为换向片数。

对于电枢直径小于20cm的电动机，可采用分数匝线圈。

（7）线负载校验

$$A=\frac{NI}{6.28D_2a}$$

式中符号同前。

电枢实际的线负载应不超过初选值±10%，否则，应重新计算。

(8) 电枢绕组导线的选择

流过电枢绕组的支路电流为

$$i=\frac{I}{2a}$$

电枢绕组导线截面和直径为

$$q_2=\frac{i}{j},\ d_2=1.13\sqrt{q_2}$$

式中，j为电枢绕组电流密度，可取$j=4.5\sim7.5\mathrm{A/mm^2}$，当电枢直径大且转速高时可取大值，反之，取小值。

(9) 槽满率校验

$$F_{\mathrm{k}}=\frac{N_{\mathrm{n}}n_{\mathrm{t}}d_0^2}{A_{\mathrm{n}}}$$

式中，n_{t}为导线并绕根数；d_0为绝缘导线直径（mm）；A_{n}为转子槽的有效截面积（$\mathrm{mm^2}$）。

(10) 铁心导磁体磁通密度校验

电枢绕组实际有效总磁通

$$\Phi=\frac{60K_{\mathrm{e}}U_{\mathrm{e}}a}{pNn}$$

式中，N为电枢绕组实际有效导线根数。

1) 气隙磁通密度：

$$B_{\delta}=\frac{\Phi}{\alpha\tau l_2}\times10^4$$

2) 电枢齿部磁通密度：

$$B_{\mathrm{t}}=\frac{B_{\delta}t_2}{0.93b_{\mathrm{t}}}$$

式中，t_2为齿距（cm）。b_{t}为齿厚（cm）。

电枢齿部磁通密度，一般取$B_{\mathrm{t}}\geqslant1.80\sim1.96\mathrm{T}$，最高不应超过2.5T。

3) 电枢轭部磁通密度：

$$B_{\mathrm{c}}=\frac{\Phi}{1.86h_{\mathrm{c}}l_2}\times10^4$$

式中，h_{c}为扼高（cm）。

计算值不应超过$B_{\mathrm{c}}=1.3\sim1.5\mathrm{T}$。

第五节 绕组绕制工艺、浸漆与干燥处理

一、直流电机修理前的检查与记录

修理前的检查工作，包括绝缘电阻测量、外观检查（尤其要重点检查换向器、电刷架和电刷等的状况）、轴承状况检查，以及解体后对电机内部定、转子及绕组绝缘状态的检查，以确定检修的范围和内容。对于绕组重绕的电机，需要将电机的有关原始数据记录下来，以便正确选择导线和绝缘材料、制作线模、连接绕组，从而确保重绕后的电机技术性能达到该电机原先的水平。直流电机重绕记录数据时可参考表4-27。

表 4-27 直流电机检修重绕记录卡

1. 铭牌数据

编号________型式________功率________转速________

极数________电流________电压________型号________

励磁电流________励磁电压________温升________

2. 磁极铁心尺寸

主磁极________换向极________

3. 电枢铁心尺寸

铁心外径________铁心长度________铁心轭高________槽数________

通风槽数________通风槽宽________槽形尺寸________

4. 励磁绕组数据

导线规格：主磁极________换向极________补偿极________

线圈匝数：主磁极________换向极________补偿极________绕组型式________

5. 电枢绕组数据

绕组型式________换向片数________焊线偏移方向与片数________

导线规格________线圈数________每槽线圈或元件边数________

线圈匝数________

节距：y_k ________ y_1 ________ y_2 ________

扎线规格________扎线层匝数________扎线宽度________

6. 绝缘材料

磁极、槽绝缘________绕组绝缘________外覆绝缘________

7. 槽形和线圈尺寸(绘图并标明尺寸)

8. 修理重绕摘要

修理者：　　　　修理日期：

直流电机的极数，可根据主磁极、换向极与接线求出。直流电机的绕组型式较易判别。在检查直流电机电枢绕组的节距时，要注意分清第一、二节距 y_1、y_2 和合成节距 y，换向器节距 y_k，以及记录绕组的接线。其他注意事项可参见第二章中有关内容。

二、电枢绕组重绕工艺

1. 旧绕组的拆除

先将电枢槽楔打出，再将电枢接头用电烙铁从换向片上脱开，然后进行拆除旧绕组工作。拆除绕组一般采用加热法，如利用喷灯、煤气、乙炔气等将绕组加热，使其绝缘层软化，乘热拆除旧绕组。也可参照异步电动机绕组的拆除方法。拆除旧绕组时，一定要留一个完整的线圈样品，作为制作绕线模板的参考。

2. 绕线模板的制作和旧扁线翻新

根据拆下来的完整的线圈，便可制作绕线模板。具体制作方法参见第二章第六节一项中三相异步电动机绕线模板的制作方法。对于较大容量及低压大电流直流电机，电枢一般是用绝缘扁线绕制的，利用拆下的旧线重包绝缘层后仍可继续使用。绝缘扁线绕组的加工工艺如下：

1）拆除旧绕组时应保护绕组，不使它变形太大。

2）将拆下的旧绕组退火。退火时必须保护线头搪锡部分，因为锡经高热烧结氧化成合金后，就无法去除了。搪锡部分可以用湿布包起，绕组退火的温度不宜太高，一般烧到铜线表面呈暗红色，有水珠反光时，取出绕组立即放入冷水中即可。

3）退火后的绕组需整形、清理线头，然后用工业盐酸作焊剂，对两引线头重新搪锡。

4）绕组包缠绝缘。一般为半叠包一层。根据绝缘等级可采用白纱带、绸带或玻璃丝带等。绝缘包缠好后，表面再刷一层很薄的绝缘漆，阴干。如果采用新线绕制，下料的导线总长一般应超过实际长度的 15 ~ 20mm。弯制线鼻时注意不要将 U 形弯处的绝缘层损坏。

引线头的搪锡温度一般为 350 ~ 420℃，焊剂采用松香、酒精溶液。

5）电枢绕组的尺寸如图 4-38 和表 4-28 所示。

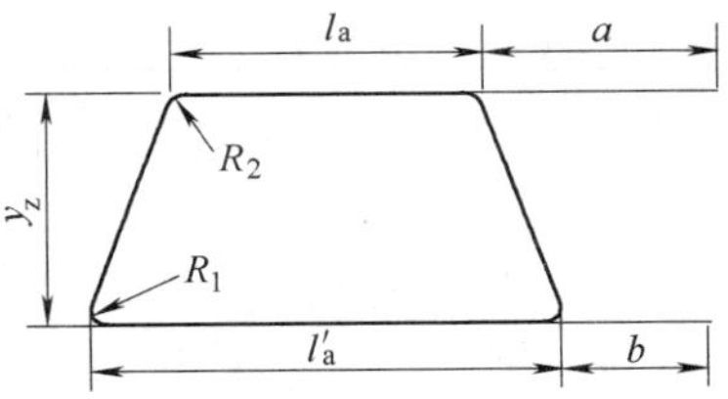

图 4-38　Z2 系列小型直流电动机电枢绕组的尺寸

表 4-28　Z2 系列小型直流电动机电枢绕组尺寸　（单位：mm）

机座号 \ 项目	y_z	l_a	l'_a	a	b	R_1	R_2
11	95	98	100	45	110	4	10
12	95	108	126	45	110	4	10
21	126	88	110	55	135	4	10
22	126	108	135	55	135	4	10
31	134	92	133	65	150	5	15
32	134	126	166	65	150	5	15
41	95	95	115	80	90	5	15
42	95	120	144	80	90	5	15
51	110	105	135	93	110	5	15
52	110	150	175	93	110	5	15
61	135	120	145	100	115	5	15
62	135	150	150	100	115	5	15

3. 绝缘材料的选择

电枢绕组的槽绝缘根据直流电机的耐热等级而定，一般为 B、F 和 H 级；电压等级，通常中小型电机为 500V 级，大型电机为 1000V 级。电压等级主要取决于对地绝缘要求。电枢绕组槽绝缘见表 4-29；电枢绕组端部支架与端部层间绝缘见表 4-30。

表 4-29　电枢绕组槽绝缘

绝缘适用范围		500V 梨形槽散嵌线圈	500V 梨形槽散嵌线圈
绝缘等级		B	F
槽内保护	槽楔	环氧酚醛玻璃布板 3240 号	环氧酚醛玻璃布板 3240 号
	槽绝缘	0.35mm DMD 一层	0.35mm NMN 一层
	匝间绝缘	聚酯漆包圆铜线	聚酯亚胺漆包圆铜线
	层间绝缘	0.35mm DMD 一层	0.35mm NMN 一层
端部	保护布带		聚酯亚胺漆包圆铜线
	匝间绝缘	聚酯漆包圆铜线	

（续）

绝缘适用范围		500V 矩形槽散嵌线圈	500V 矩形槽散嵌线圈
绝缘等级		B	H
槽部	槽绝缘	0.12mm 和 0.25mm DMD 各一层	0.4mm NHN 一层
	匝间绝缘	聚酯漆包扁铜线	聚酰胺亚胺漆包扁铜线
	层间绝缘	同槽绝缘	同槽绝缘
	槽底垫条	0.2mm 环氧酚醛玻璃布板 3240 号一层	0.2mm 二苯醚层压板一层
	绑扎带	环氧无纬玻璃丝带	集酰胺亚胺无纬玻璃丝带
	槽顶垫条	0.5mm 环氧酚醛玻璃布板 3240 号一层	0.5mm 二苯醚层压板一层
端部	匝间绝缘	聚酯漆包扁铜线	聚酰胺亚胺漆包扁铜线
绝缘适用范围		500V 两层式蛙绕组	1000V 两层式蛙绕组
绝缘等级		B	F
槽部	槽楔	环氧酚醛玻璃布板 3240 号	环氧酚醛玻璃布板 3240 号
	槽绝缘	0.2mm 聚酯薄膜玻璃漆布复合箔 6530 号一层	0.17mm NMN 一层
	匝间绝缘	双玻璃丝包扁铜线	单玻璃丝包聚酯亚胺漆包扁铜线
	层间绝缘	0.2mm 醇酸柔软云母板 5131 号一层	0.2mm 硅有机柔软云母板 5151 号一层
	保护布带	0.1mm 无碱玻璃丝带平绕一层	0.1mm 无碱玻璃丝带平绕一层
	对地绝缘	0.14mm B 级胶粉云母带 5438 号半叠绕两层	0.05mm 聚酰亚胺薄膜半叠绕三层
	槽顶垫条	0.2mm 环氧酚醛玻璃布板 3240 号一层	0.2mm 环氧酚醛玻璃布板 3240 号一层
端部	保护布带	0.1mm 无碱玻璃丝带半叠绕一层	0.1mm 无碱玻璃丝带半叠绕一层
	对地绝缘	0.14mm B 级胶粉云母带半叠绕一层	0.05mm 聚酰亚胺薄膜半叠绕两层
	匝间绝缘	双玻璃丝包扁铜线	单玻璃丝包聚酯亚胺漆包扁铜线
绝缘适用范围		500V 四层式蛙绕组	1000V 四层式蛙绕组
绝缘等级		B	F
槽部	槽楔	环氧酚醛层压玻璃布板 3240 号	环氧酚醛层压玻璃布板 3240 号
	匝间绝缘	0.1mm 醇酸玻璃云母带半叠绕一层	0.05mm 聚酰亚胺薄膜半叠绕一层
	槽绝缘	0.2mm 聚酯薄膜玻璃漆布复合箔 6530 号一层	0.17mm NMN 一层
	保护布带	0.1mm 无碱玻璃丝带	0.1mm 无碱玻璃丝带
	对地绝缘	0.14mm 醇酸玻璃云母带 5434 号半叠绕三层	0.05mm 聚酰亚胺薄膜半叠绕一层
	槽顶垫条	0.2mm 环氧酚醛玻璃布板 3240 号一层	0.2mm 环氧酚醛玻璃布板 3240 号一层
端部	保护布带	0.1mm 无碱玻璃丝带半叠绕一层	0.1mm 无碱玻璃丝带半叠绕一层
	对地绝缘	0.14mm 醇酸玻璃云母带 5454 号半叠绕一层	0.05mm 聚酰亚胺薄膜半叠绕两层
	匝间绝缘	0.1mm 醇酸玻璃云母带 5454 号半叠绕一层	0.05mm 聚酰亚胺薄膜半叠绕一层

表 4-30 电枢绕组端部支架与端部层间绝缘

绝缘与电压等级	500V B 级绝缘	500V H 级绝缘
端部固定方式	无纬带	无纬带
绑扎无纬带或扎钢丝绝缘	环氧无纬玻璃丝带	聚胺酰亚胺无纬玻璃丝带
层间绝缘	0.25mm DND 垫放两层	0.2mm NHN 垫放三层
支架绝缘形式	平包	平包
支架绝缘（由内至外）	（1）0.1mm 无碱玻璃丝布垫放一层，以聚酯纤维绳扎紧 （2）0.5mm 环氧酚醛玻璃布板一层 （3）0.25mm DND 两层 （4）用 0.5mm 环氧酚醛玻璃布板垫至所需高度 （5）0.1mm 无碱玻璃丝带扎紧	（1）0.1mm 无碱玻璃丝布垫放一层，以聚酰胺纤维绳扎紧 （2）0.5mm 硅有机玻璃布板一层 （3）0.2mm NHN 三层 （4）用 0.5mm 硅有机玻璃布板垫至所需高度 （5）用 0.1mm 无碱玻璃丝带扎紧
绝缘与电压等级	660V B 级绝缘	1000V F 级绝缘
端部固定方式	无纬带	扎钢丝
绑扎无纬带或扎钢丝绝缘	环氧无纬玻璃丝带	石棉纸每 10 匝垫放一层；1.0mm 二苯醚层压板一层；0.2mm 硅有机衬垫云母板两层；0.5mm 二苯醚层压板一层
支架绝缘形式	环包	环包
支架绝缘（由内至外）	（1）0.1mm 无碱玻璃丝带半叠绕一层 （2）0.17mm 聚酯薄膜半叠绕一层 （3）0.2mm 环氧酚醛玻璃布板垫放一层 （4）0.14mm 醇酸云母带半叠绕两层 （5）用 0.5mm 环氧酚醛玻璃布板垫放至所需高度 （6）0.1mm 无碱玻璃丝带半叠绕一层	（1）0.1mm 无碱玻璃丝带半叠绕一层 （2）0.17mm 聚酰亚胺带半叠绕一层 （3）0.2mm 环氧酚醛玻璃布板垫放一层 （4）0.2mm 硅有机云母带半叠绕三层 （5）用 0.5mm 环氧酚醛玻璃布板垫放至所需高度 （6）0.1mm 无碱玻璃丝带半叠绕一层

4. 嵌线工艺

嵌线前应做好以下工作：

1）清理电枢铁心。将槽内旧绝缘等杂物清除干净，用小锉修整铁心槽的毛刺，清除铁屑。

2）将绝缘材料下好料。

3）整理换向器。用喷灯对换向器升高片及换向片接线槽加热，清除焊渣和杂物。用大功率电烙铁对升高片进行搪锡，并用扁钳对升高片进行整理。

4）检查换向片有无片间短路故障，对换向片做耐压试验[试验电压为 $2U_e+1$（kV）；U_e 为电机额定电压（kV）]。无高压试验设备时，也可用 1000V 绝缘电阻表测量换向片对地的绝缘电阻。用弹性纸板将换向片包扎好，以免损伤换向片。

嵌线的常用工具与三相异步电动机的相同。嵌线的工序及注意事项，可参见第二章第六节有关内容，并按以下要求进行：

1）在电枢铁心前后的端环支架上按表4-30的要求包扎好绝缘。

2）安放槽绝缘。当电枢铁心长度 $l_a<100$mm 时，槽绝缘伸出铁心的总长度 $l'_a=10$mm；当 $l_a=100\sim200$mm 时，$l'_a=15$mm；当 $l_a>200$mm 时，$l'_a=20$mm。

3）依次将绕组的下层边嵌入槽内，并用理线板理齐槽内导线，再放好层间绝缘，然后用压线板压紧下层边和层间绝缘。

4）将绕组下层边的引线头安放进预定的换向器接线槽内。由于引线的绝缘层在焊接时会受到电烙铁高温的烘烤，嵌线时要注意加垫聚酰亚胺薄膜带或云母带，以上下交错或往复包覆的方式把相邻的引线隔开。

5）当绕组下层边嵌到一定数量时，即可嵌入该绕组的上层边。

6）用理线板理直槽内导线，然后剪去铁心槽表面多余的绝缘纸，再用理线板折叠槽绝缘，用压线板压住折叠的槽口绝缘，用锤子轻轻敲打导线使之紧密，最后打入槽楔。

7）全部底层、面层绕组边安放好后，逐个翻起上层边线头，用敲板将前端整理平服，将线头与端部之间的绝缘做好。用万用表找出同一只绕组元件底、面线的引线头，再按换向器节距将上层边（面线）线头嵌入换向器接线槽中。

8）进行中间试验，即进行对地交流耐压试验和换向片间电压降试验，以检查绕组是否有损伤、短路或换向片间短路现象，以及绕组接线是否正确。

9）放置均压线。如直流电机原来制造厂安设有均压线，应按接线图或原始记录连接。

10）全部嵌线完成后，电枢要用临时绑线捆紧，以防止各引线移位、松动；绕组也要整理捆平，然后截除多余的引线头，清除整个电枢表面的灰尘、毛刺、杂物。

5. 电枢绕组的焊接

电枢绕组的焊接质量直接影响到电机的运行性能与使用寿命。电枢绕组的焊接步骤及要求如下：

1）将电枢安置在滚架上，并使换向器端稍稍往下倾斜，防止焊锡流入绕组端部造成短路故障。

2）整理好升高片，使其排列整齐，中间楔入梯形木楔，以免升高片焊接时偏斜。

3）将焊接面处理干净，搪上锡，以免虚焊。

4）焊剂宜采用松香或松香、酒精溶液，严禁使用酸性焊剂，以免残留焊剂腐蚀接线头；焊料宜用铅锡合金（B级绝缘）及1号纯锡（F、H级绝缘）。

5）根据焊接面的形状制作专用烙铁头，以便在焊接时能充分与焊接面接触，并能防止虚焊。烙铁头先上好锡。

6）焊接时，将烙铁头插入升高片内进行加热。当接触面加热到能熔化焊料时，在换向片接线槽内加些松香粉末。

7）当接线槽和升高片被烫热后，把焊锡条插入换向片接线槽中，让熔锡充满接线槽的全部缝隙。

8）拔出烙铁头，并趁热用清洁的绝缘板条把锡滴刮去，并用抹布把余锡擦干净，使焊接面光滑平整。

9）焊接完后，拔出所有楔子，认真检查一遍。当接线槽后面的下层接线根部的焊锡能看到时才算完好。同时用电桥测量片间的直流电阻。若发现焊接不好或有短路现象，则应重焊，直到合格为止。

6. 电枢绕组的绑扎

直流电动机电枢绕组（或绕线型转子绕组）经修理或重绕后必须重新在两端进行绑扎。绑扎方法有用钢丝的，也有用无纬玻璃丝带的。

（1）采用钢丝绑扎　绑扎可在车床上进行，也可在自制的简易木架上进行，如图1-40所示。不用夹板也可用重锤吊拉。

绑扎用的钢丝应先用金刚砂布擦亮，以便于焊锡。绑扎前，在电枢需要绑扎的一段卷上一层绝缘纸板（青壳纸1～2层，云母带1层），在绝缘纸板的下面最好先包上2～3层白纱带。纸板宽度应比绑扎后钢丝部分的宽度大10～30mm，并在需绑扎的电枢圆周部位每隔一定宽度在钢丝底下垫上一条铜片，当钢丝绕好后，把铜片两头折到钢丝上焊牢，以便使钢丝绑扎紧固。对于特大型电机应采用防磁钢丝绑扎。

（2）采用无纬玻璃丝带绑扎　现在中小型电机一般都采用无纬玻璃丝带绑扎。这种方法具有绑扎工艺简单、坚固可靠、绝缘强度高、端部漏磁少等优点。但无纬玻璃丝带的储存条件要求较高，其延伸率、弹性模量等比钢丝低。常用的无纬玻璃丝带有聚酯B型、环氧H型、环氧F型、聚胺-酰亚胺H型和高温环氧H型。

在电枢绕组端部绑扎无纬玻璃丝带时，应先将其和电机预热至80～100℃（中小型电机约2h，大型电机约4h），并进行绕组端部整形，然后进行绑扎。对于0.17mm×25mm规格的无纬玻璃丝带，绑扎拉力为350～400N。绑扎完毕，同电枢绕组一起进行浸漆、烘干处理。

为了避免修复后的电机在运转时发生不正常的振动，对一些电枢（转子）直径较大的或转速较高的、振动小的电机，还需做动平衡试验。

三、并励绕组重绕工艺

1. 绕线模板

绕线模板的形状如图4-39所示。绕组模板的尺寸可根据拆下来的旧绕组的尺寸或直接测量磁极铁心的尺寸而定。考虑绕组和磁极铁心之间有绝缘物及浸漆的影响，实测的铁心尺寸应适当放大一些。表4-31列出了绕线模板比铁心尺寸放大的经验数据。

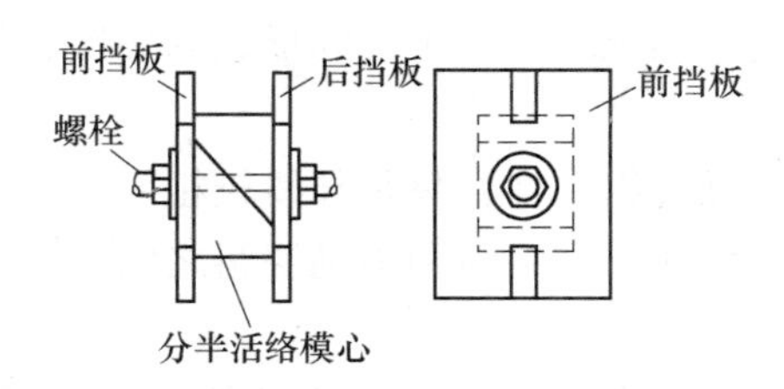

图4-39　磁极绕组的绕线模板

表4-31　绕线模板放大尺寸

磁极铁心长度/mm	模心放宽/mm	模心放长/mm
<100	6	8
100～200	7	10
>200	8	12

2. 励磁绕组的绝缘

励磁绕组（主磁极）的绝缘见表4-32。

表 4-32 主磁极的绝缘

极身绝缘形式	框架式	框架式	垫块式
绝缘等级	B	H	B
励磁电压/V	500	500	500
匝间绝缘	电磁线	电磁线	电磁线
线圈保护绝缘	—	—	用0.14mm醇酚云母带及0.1mm玻璃丝带各半叠绕一层
极身绝缘	0.25mm DMD围包2¼层	0.22mm NHN围包2¼层	0.5mm绝缘纸板围包1¼层 0.2mm玻璃丝布围包1¼层
线圈两端绝缘	环氧酚醛玻璃布板	硅有机层压布板	压制绝缘垫块
极身绝缘形式	熨包式	熨包式	成型极身绝缘
绝缘等级	B	F	F
励磁电压/V	500	1000	1000
匝间绝缘	电磁线	0.1mm环氧玻璃坯布围包三层	0.1mm环氧玻璃坯布围包三层
线圈保护绝缘	0.1mm玻璃丝带平绕或疏绕一周	—	—
极身绝缘	0.16mm环氧坯布围包1¼层 0.2mm环氧粉云母箔围包2¼层 0.16mm环氧坯布围包1¼层	0.2mm环氧玻璃坯布围包1¼层 0.2mm醇酚云母箔围包4¼层 0.2mm环氧玻璃坯布围1¼层	2mm环氧酚醛玻璃布压制成型件
线圈两端绝缘	环氧酚醛玻璃布板	环氧酚醛玻璃布板	环氧酚醛玻璃布板

四、串励绕组重绕工艺

串励绕组中通有负载电流，所以其导线截面积较大，匝数较少。大容量直流电机的串励绕组甚至只有一匝。中、小型直流电机一般采用绝缘圆导线或扁导线绕制；大型直流电机则采用裸铜线绕制，垫以或包扎匝间绝缘。对于不同形状的导线，绕制方法也不同。

1. 绝缘圆导线绕制的方法

这种导线的绕制工艺和并励绕组一样，只是导线较粗而已。有的电机的串励绕组就绕在并励绕组表面。为避免短路，应在并励绕组和串励绕组之间加一层绝缘。

2. 绝缘扁导线绕制的方法

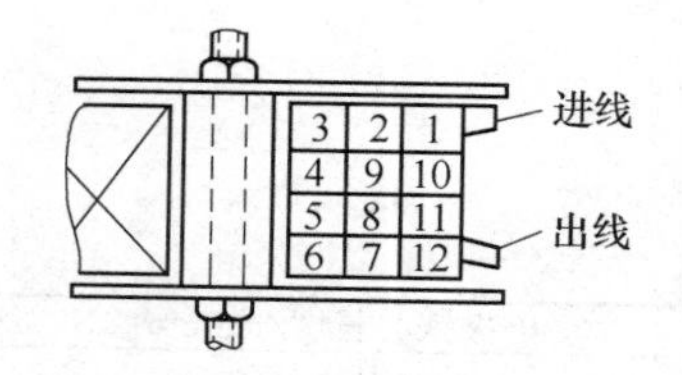

图 4-40 正、反面绕线法次序

绕制时先根据串励磁极铁心制作木模，然后进行绕制。由于串励绕组的导线较粗，为了便于连接串励绕组连接线，通常都将绕组的两只引线头排列在外面一层，从而避免一只引线头在内部连接受力损坏绝缘而发生短路故障。因此，在绕组绕法上采用正、反面绕线方法，如图 4-40 所示。导线的引线头应用 0.5mm 厚搪锡铜片制作套子（套子长 10～20mm），用锡焊连接在引线头上，以提高机械强度。

3. 裸铜扁线绕制的方法

裸扁铜线一般比较薄而宽，因此采用顺扁平方向立绕的方法。需采用专用工具（见图 4-41），使扁铜线成型。主要工艺步骤如下：

1）将扁铜线加热到600℃左右，经 1 ~ 2h 后，投入冷水进行退火处理，以消除内应力，降低铜线硬度。

2）将扁铜线一端固定在专用工具上，利用专用工具将扁铜线按尺寸要求加工成直角。

3）按尺寸要求，移动扁铜线，再利用专用工具弯第二个直角及直角边。

图 4-41 绕制扁线专用工具

4）依以上方法，绕制成最后一匝，切除多余铜线。

5）将两个引线头按要求的尺寸、角度弯制好，并在引线头上搪锡。

6）包扎好匝间绝缘，再包扎好绕组主绝缘（即对地绝缘）。

串励绕组的绝缘见表 4-32。

五、换向极绕组重绕工艺

根据电机容量的不同，换向极绕组采用的导线有绝缘圆导线、绝缘扁线及裸铜扁线 3 种。绝缘圆导线绕组的绕法可参见并励绕组的绕法；绝缘扁线绕组的绕法可参见绝缘扁线串励绕组的绕法；裸铜扁线绕组的绕法可参见裸铜扁线串励绕组的绕法。只是用于绕制线圈的专用工具需稍加改动，使之适应绕制换向极线圈的形状。对于截面积较大的线圈，可用心模法绕制，其专用工具如图 4-42 所示。绕制时，将导线端头固定在钢板平台上，用铁锤敲击冲头，使导线紧靠铁模。在绕制端部圆弧时，用喷灯或乙炔火焰将导线烧至暗红，然后轻轻敲击冲头，使导线紧贴在铁模的圆弧段上。如此不断地移动冲头，使导线成型。

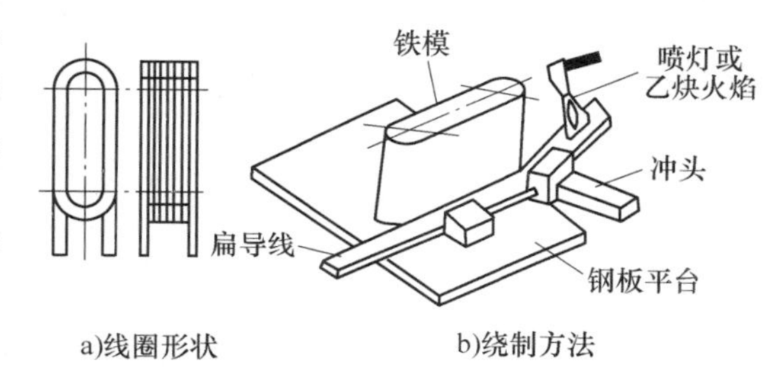

图 4-42 用心模法绕制换向极线圈

绕制完毕后，需除去导线上的毛刺，然后进行退火处理（方法同前）。整形后，在绕组两端焊上引线头，最后垫放匝间绝缘，进行绝缘处理，热压成型或用玻璃丝带扎紧。

换向极绝缘见表 4-33。

表 4-33 换向极绝缘

结构形式	框架式多层线圈	套极式多极线圈	裸线平绕线圈
电压等级/V	500	500	500
绝缘等级	B	H	F
线圈对地绝缘	0.25mm DMD 包绕 2¼层	在内表面和上、下侧垫放 0.25mm NHN 两层、保护布带 0.1mm 玻璃丝带半叠绕一层	在内表面和上、下侧垫放 0.25mm NMN 两层，外面用 0.05mm 聚酰亚胺薄膜和 0.1mm 玻璃丝带各半叠绕一层
极身绝缘	—	—	—
绝缘处理	线圈浸 1032 号漆一次	线圈浸 9111 号漆一次	线圈浸 155 号漆一次
适用范围	小型电机	小型电机	中、小型电机

（续）

结构形式	裸铜扁线	裸铜扁线	裸铜扁线
电压等级/V	500	1000	1000
绝缘等级	B	B	F
匝间绝缘	0.1mm 环氧玻璃坯布三层	绝缘垫块	绝缘垫块
线圈对地绝缘	—	—	—
极身绝缘	用0.16mm环氧玻璃坯布围包1¼层 用0.2mm环氧粉云母箔围包2¼层	用0.2mm环氧玻璃坯布围包1¼层 用0.05mm聚酯薄膜与0.25mm醇酸柔软云母板各围包2¼层	用0.2mm环氧玻璃坯布围包1¼层 用0.25mm硅有机柔软云母板与0.05mm聚酰亚胺薄膜各围包2¼层
绝缘处理	整个换向极浸1032号漆一次	整个换向极浸1032号漆一次	整个换向极浸155号漆一次
适用范围	大、中型电机	大型电机	大型电机

六、直流电动机改压计算

如果直流电动机的额定电压与电源电压不同时，可以考虑电动机改压重绕。重绕计算时应保持原来的绕组型式及电流密度和主磁通基本不变。

1. 电枢绕组改压计算

（1）电枢有效导线数

$$N_n' = N_n \frac{U'}{U}$$

式中，N_n、N_n'分别为改绕前、后的电枢绕组有效导线数（根）；U、U'分别为改绕前、后的电枢电压（V）。

（2）每槽导线数

$$N' = \frac{N_n'}{Z_2}$$

式中，Z_2为电枢槽数。

（3）每槽线圈数

$$N_0' = \frac{K}{Z_2}$$

式中，K为换向片数。

（4）每个线圈匝数

$$W = \frac{N'}{2N_0'}$$

（5）导线截面积

$$q' = \frac{U}{U'} q$$

式中，q、q'分别为改绕前、后电枢绕组的导线截面积（mm^2）。

2. 励磁绕组改压计算

（1）并（他）励绕组每极匝数

$$W_1' = \frac{q_1}{q_1'}W_1$$

式中，W_1、W_1'分别为改绕前、后并励绕组每极匝数；q_1、q_1'分别为改绕前、后并励绕组导线截面（mm^2），$q_1' = U_1/U_1'q_1$；U_1、U_1'分别为改绕前、后励磁绕组电压（V）。

（2）串励绕组每极匝数

$$W_{1c}' = \frac{U_1'a'}{U_1a}W_{1c}$$

式中，W_{1c}、W_{1c}'分别为改绕前、后串励绕组每极匝数；a、a'分别为改绕前、后串励绕组的并联支路数。

3. 换向极绕组改压计算

（1）每极匝数

$$W_w' = \frac{U'a_w}{Ua_w'}W_w$$

式中，W_w、W_w'分别为改绕前、后换向极绕组每极匝数；a_w、a_w'分别为改绕前、后换向极绕组的并联支路数；U、U'同前。

如果 W_w 未知时，则 W_w'可按下式估算：

$$W_w' = (1.2 \sim 1.3)\frac{N_n'}{8ap}$$

式中，N_n'为改绕后电枢绕组的有效导线数；a 为电枢绕组并联支路数；p 为电动机的极对数。

（2）导线截面积

$$q_w' = \frac{Ua_w'}{U'a_w}q_w$$

式中，q_w、q_w'分别为改绕前、后换向极绕组导线截面（mm^2）。

七、串励直流电动机改为并励的计算

串励直流电动机和并励直流电动机运行特性是不同的。如串励直流电动机具有软的转速特性，而并励直流电动机具有硬的转速特性等。如果负载要求并励直流电动机的运行特性，而手头有相近容量的串励直流电动机，可以将串励直流电动机改绕成并励直流电动机。具体计算如下：

要求改制前后电动机在额定点的主要性能指标基本不变，即要求气隙磁通不变。为此，改制前后定子绕组的励磁磁动势不能变化。首先测出原串励绕组电阻 R_{l1}、导线直径 d_{l1} 和匝数 W_{l1}；记录下电动机的额定参数，然后对励磁绕组进行改绕。

（1）并励绕组匝数计算

$$W_{l2} = \frac{U_{e1}}{I_{e1}R_{l1}}W_{l1}$$

式中，W_{l2}为并励绕组匝数；U_{e1}、I_{e1}分别为串励直流电动机的额定电压和额定电流。

(2) 并励绕组导线直径计算

$$d_{l2}=\sqrt{\frac{I_{e1}R_{l1}}{U_{e1}}}d_{l1}$$

式中，d_{l2}为并励绕组导线直径（mm）；其他符号意义同前。

(3) 并励励磁绕组电流计算

$$I_{l2}=\frac{W_{l1}}{W_{l2}}I_{e1}$$

式中，I_{l2}为并励励磁绕组电流（A）。

(4) 并励励磁绕组铜耗计算

$$P_{Cul2}=I_{l2}^2R_{l2}$$

式中，P_{Cul2}为并励励磁绕组铜耗（W）；R_{l2}为并励励磁绕组电阻（Ω），$R_{l2}=(W_{l2}d_{l1}^2/W_{l1}d_{l2}^2)R_{l1}$。

通过上述改制的并励直流电动机在额定转矩M_{e1}处，电动机的转速要高于原串励电动机。这是由于原串励直流电动机励磁绕组有压降，真正加到电枢两端的电压要低于U_{e1}的缘故。若欲改制前、后电动机在额定状态时的性能完全一致，则需改动电枢绕组。

测出原串励直流电动机的电枢电阻R_{a1}、导线直径d_{a1}和匝数W_{a1}，然后进行改绕计算。

(5) 并励直流电动机电枢绕组匝数计算：

$$W_{a2}=\sqrt{\frac{R_{a1}+R_{l1}}{R_{a1}}}W_{a1}$$

(6) 并励直流电动机电枢绕组导线直径计算：

$$d_{a2}=\sqrt[4]{\frac{R_{a1}}{R_{a1}+R_{l1}}}d_{a1}$$

【例4-4】 某串励直流电动机，已知额定功率P_{e1}为90W，额定电压U_{e1}为24V，额定电流I_{e1}为9.15A，额定转速n_{e1}为4000r/min，空载转速n_{o1}为12500r/min。测得其串励绕组电阻R_{l1}为0.32Ω，导线直径d_{l1}为1.06mm，匝数W_{l1}为70匝，励磁绕组铜耗$P_{Cul1}=I_{e1}^2R_{l1}=27W$。今保持电枢绕组不改动，改为并励，试计算改绕参数。

解： 1) 并励绕组匝数计算

$$W_{l2}=\frac{U_{e1}}{I_{e1}R_{l1}}W_{l1}=\left(\frac{24}{9.15\times0.32}\times70\right)匝\approx600匝$$

2) 并励绕组导线直径计算

$$d_{l2}=\sqrt{\frac{I_{e1}R_{l1}}{U_{e1}}}d_{l1}=\left(\sqrt{\frac{9.15\times0.32}{24}}\times1.06\right)mm=0.37mm$$

取标准线规ϕ0.36mm漆包线。

3) 并励励磁绕组电流计算

$$I_{l2}=\frac{W_{l1}}{W_{l2}}I_{e1}=\left(\frac{70}{600}\times9.15\right)A=1.068A$$

八、直流电机浸漆工艺和干燥处理

1. 浸漆工艺

直流电机的浸漆处理包括电枢绕组、励磁绕组、换向极绕组等的浸漆处理，以及其他绝缘零件的表面浸漆处理、热固性合成树脂的浇注、换向器两端面的绝缘涂封、电枢及定子有关部位表面覆盖漆的喷涂等。

由于直流电机有换向器，各部件较多，电枢回路并联支路多，所以在选择浸渍漆时要求浸渍漆具有漆膜光滑、挂漆量大、热态粘结力高、热态绝缘电阻高、渗透力强、导热性好、机械强度高以及与其他材料的相容性好等特点。

常用的电枢浸漆方法及工艺过程，可参见第二章第七节中所介绍的内容。需要注意，无论采用哪种浸漆方法，在浸漆、干燥过程中，为了更好地排除气泡，有利于电机的机械平衡，应将电枢直立起来，换向器端在上。另外，切勿让浸漆进入换向器内，因为换向器的热态绝缘电阻对整个电枢的热态绝缘电阻影响很大。

B、F级无溶剂漆沉浸法浸漆工艺见表4-34，H级有机硅漆沉浸法浸漆工艺见表4-35。

表4-34 B、F级无溶剂漆沉浸法浸漆工艺示例

序号	工序名称		工艺参数					
			B级 环氧聚酯酚醛无溶剂漆			F级 不饱和聚酯无溶剂漆		
			温度/℃	时间/h	热态绝缘电阻/MΩ	温度/℃	时间/h	热态绝缘电阻/MΩ
1	预烘		130	6	>20	130	6	>50
2	第一次浸漆、干燥	浸漆	50~60	0.5	—	50~60	0.5	—
		滴漆	室温	>1	—	室温	>1	—
		干燥	140	10	8	150	6	>10
3	第二次浸漆、干燥	浸漆	50~60	3min	—	50~60	3min	—
		滴漆	室温	0.5	—	室温	0.5	—
		干燥	140	12	>2①	150	10	>5

① 第二次浸漆、干燥时，绕组热态绝缘电阻需连续3h稳定在同一数值才能结束干燥。

表4-35 H级1053有机硅漆沉浸法浸漆工艺示例

序号	工序名称		工艺参数		
			温度/℃	时间/h	热态绝缘电阻/MΩ
1	预烘		130	6	>50
2	第一次浸漆、干燥	浸漆	50~60	0.5	—
		滴漆	室温	>0.5	—
		干燥	130 180	4 6	—
3	第二次浸漆、干燥	浸漆	50~60	3min	—
		滴漆	室温	0.5	—
		干燥	130 180	4 6	—
4	第三次浸漆、干燥	浸漆	50~60	1min	—
		滴漆	室温	>20min	—
		干燥	130 190	4 14~16	>10①

① 第三次浸漆、干燥时，绕组热态绝缘电阻需连续3h稳定在同一数值才能结束干燥。

2. 干燥处理

可参见第二章第七节有关三相异步电动机干燥处理的方法。

九、Z2系列直流电动机的铁心、绕组数据（见表4-36）

表 4-36 Z2 系列直流电动机铁心、绕组数据

机座号	功率/kW	电压/V	电流/A	转速/(r/min)	励磁方式	电枢绕组									换向器						主极绕组									换向极绕组						铜重/kg	
						外径/mm	内径/mm	长度/mm	槽数	槽形	元件匝数	总匝数	线径/mm	节距	外径/mm	长度/mm	换向片数	换向节距	每杆刷数	电刷DS-4/mm	极数	极身宽/mm	极长/mm	气隙/mm	每极匝数 串	每极匝数 并	线径/mm 串	线径/mm 并	并励电流/A	极数	极身长/mm	极宽/mm	气隙/mm	每极匝数	线径/mm	电枢	并励
Z2-11	0.4	220	2.68	1500	并	83	22	90	14	梨形	22	2464	ϕ0.53 ϕ0.60	1~5	62	42	56	1~33	2	10×12.5	2	38	90	0.7	72	3800		ϕ0.27 ϕ0.32	0.183	1	75	20	1.5	480	ϕ0.96 ϕ1.05	0.88	1.05
Z2-12	0.6	220	3.82	1500	并						16	1792	ϕ0.62 ϕ0.69												34	3140		ϕ0.31 ϕ0.36	0.28					345	ϕ1.08 ϕ1.19	0.99	1.53
Z2-21	0.8	220	4.92	1500	并	106	30	65	18		12¾	1800	ϕ0.74 ϕ0.83	1~10	82	45	72	±1				48	65		40	3700		ϕ0.33 ϕ0.38	0.301		50			352	ϕ1.35 ϕ1.46	1.46	1.76
	1.1	230	4.78	2850	复						9¾	1368	ϕ0.74 ϕ0.83												72	3200		ϕ0.27 ϕ0.32	0.217					264	ϕ1.35 ϕ1.46	1.10	0.97
Z2-22	1.1	220	6.5	1500	并			90			9	1296	ϕ0.86 ϕ0.95										90	0.8	24	3000		ϕ0.41 ϕ0.47	0.458		75			230	ϕ1.45 ϕ1.56	1.58	2.64
	1.7	230	7.39	2850	复						6¾	972	ϕ0.96 ϕ1.05												42	2900		ϕ0.29 ϕ0.34	0.268					174	1.0×2.44 1.31×2.75	1.48	1.18
	0.8	230	3.48	1450	他						14¾	2088	ϕ0.69 ϕ0.77												42	3200		ϕ0.33 ϕ0.38	0.308					370	ϕ1.2 ϕ1.31	1.64	1.64
Z2-31	1.5	220	8.7	1500	并	120		75			9¼	1336	ϕ1.0 ϕ1.1									58	75		30	3160	与换向极相同	ϕ0.38 ϕ0.44	0.424		55	25		240	1.0×2.44 1.27×2.71	2.26	2.27
	1.1	230	4.78	1450	复						13	1872	ϕ0.86 ϕ0.95												118	3100		ϕ0.33 ϕ0.38	0.308					336	ϕ1.35 ϕ1.46	2.35	1.66
	1.1	230	4.78	1450	他						13	1872	ϕ0.86 ϕ0.95												118	3480		ϕ0.38 ϕ0.44	0.408					336	ϕ1.35 ϕ1.46	2.35	2.43
Z2-32	2.2	220	12.35	1500	并			105			6¾	972	ϕ1.2 ϕ1.31										105	1.0	24	2940		ϕ0.41 ϕ0.47	0.412		85			174	1.08×3.28 1.4×3.6	2.66	2.95
	3.2	230	13.9	2850	复						4¾	648	ϕ1.35 ϕ1.46												24	2200		ϕ0.38 ϕ0.44	0.521					117	1.25×3.28 1.57×3.6	2.24	1.8
	1.7	230	7.4	1450	他						9¾	1368	ϕ1.0 ϕ1.1												24	2830		ϕ0.41 ϕ0.47	0.505					252	ϕ1.56 ϕ1.67	2.6	2.69
Z2-41	3	220	17	1500	并	138	45	85	27		6	972	ϕ1.25 ϕ1.49	1~8	100	32	81	1~41	1		4	42	85		12	1790		ϕ0.44 ϕ0.50	0.607	4	65	20		74	1.0×4.7 1.34×5.04	2.17	3.19
	4.2	230	18.25	2850	复						4⅓	702	ϕ1.45 ϕ1.69												12	1460		ϕ0.38 ϕ0.44	0.51					54	1.16×4.7 1.5×5.04	2.1	1.81
	2.4	230	10.45	1450	他						8⅔	1404	ϕ1.0 ϕ1.24												13	1780		ϕ0.47 ϕ0.53	0.624					105	1.16×2.44 1.47×2.75	2.0	3.42

Z2-42	4	220	22.3	1500	并	138	45	110	27	梨形	2⅔	756	ϕ1.45 2-ϕ1.69	1～8	100	32	81	1～41	1	10×12.5	4	42	110	1.0	6	1570	与换向极相同	ϕ0.49 ϕ0.54	0.77	4	90	20	1.5	58	1.16×4.7 1.5×5.04	2.55	3.89
	3.2	230	13.9	1450	复						6⅔	1080	ϕ1.16 ϕ1.4												21	1330		ϕ0.41 ϕ0.47	0.555					82	1.0×4.7 1.34×5.04	2.33	2.31
	3.2	230	13.9	1450	他						6⅔	1080	ϕ1.16 ϕ1.4												21	1340		ϕ0.51 ϕ0.58	0.821					82	1.0×4.7 1.34×5.04	2.33	3.47
Z2-51	5.5	220	30.3	1500	并	162	55	90	31		4	744	ϕ1.68 ϕ1.95	1～9	125	32	93	1～47				50	90	1.2	8	1780		ϕ0.51 ϕ0.58	0.75		65	20	1.7	57	1.25×4.7 1.6×5.04	3.38	4.62
	3	220	17.2	1000	复						5⅔	1054	ϕ1.35 ϕ1.59												8	2040		ϕ0.55 ϕ0.62	0.75					81	1.35×3.28 1.7×3.6	3.1	6.38
	4.2	230	18.25	1450	他						5⅓	992	ϕ1.35 ϕ1.59												29	1480		ϕ0.47 ϕ0.53	0.683					76	1.35×3.28 1.7×3.6	2.92	3.16
Z2-52	4	220	22.6	1000	并	162	55	130	31		4	744	ϕ1.62 2-ϕ1.88	1～9	125	32	93	1～47					130		7	1460		ϕ0.59 ϕ0.66	1.04		105	20	1.7	57	1.16×4.7 1.51×5.04	3.68	6.17
	3	220	17.5	750	并						5⅓	992	ϕ1.35 ϕ1.59												8	1680		ϕ0.57 ϕ0.64	0.8					76	1.35×3.28 1.7×3.6	3.42	6.71
	6	230	26.1	1450	他						4	744	ϕ1.62 ϕ1.88												8	1100		ϕ0.57 ϕ0.64	1.11					57	1.16×4.7 1.51×5.04	3.42	4.08
Z2-61	10	220	53.8	1500	并	195	55	95	31		3	558	2-ϕ1.56 2-ϕ1.82			48			2			58	95	1.5	6	1800		ϕ0.67 ϕ0.75	1.178		70	25	2.5	44	1.68×6.4 2.07×6.75	5	9.07
	4	220	23.2	750	并						6	1116	ϕ1.56 ϕ1.82												14	1900		ϕ0.59 ϕ0.66	0.862					88	1.16×4.7 1.54×5.05	5	7.25
	8.5	230	37	1450	复						4⅓	808	2-ϕ1.35 2-ϕ1.59												18	1630		ϕ0.55 ϕ0.62	0.761					63	1.25×6.4 1.59×6.74	5.41	5.2
Z2-62	13	220	69.5	1500	并	195	55	125	31		2⅓	434	3-ϕ1.56 3-ϕ1.82			65			3				125		8	1530		ϕ0.69 ϕ0.77	1.20		100	25	2.5	35	2.26×6.4 2.66×6.8	6.5	8.77
	11	230	47.8	1450	复						3⅓	620	2-ϕ1.62 4-ϕ1.88			48			2						10	1310		ϕ0.59 ϕ0.66	0.956					49	1.56×6.4 1.9×6.74	6.68	5.47
	7.5	220	41.3	1000	并						3⅔	682	2-ϕ1.45 2-ϕ1.69			48			2						10	1670		ϕ0.59 ϕ0.66	0.878					54	1.81×4.7 2.16×5.04	5.89	7.11

（续）

机座号	功率/kW	电压/V	电流/A	转速/(r/min)	励磁方式	电枢绕组									换向器						主极绕组									换向极绕组						铜重	
						外径/mm	内径/mm	长度/mm	槽数	槽形	元件匝数	总匝数	线径/mm	节距	外径/mm	长度/mm	换向片数	换向节距	每杆刷数	电刷DS-4/mm	极数	极身宽/mm	极长/mm	气隙/mm	每极匝数 串	每极匝数 并	线径/mm 串	线径/mm 并	并励电流/A	极数	极身长/mm	极宽/mm	气隙/mm	每极匝数	线径/mm	电枢/kg	并励/kg
	17	220	90	1500	并				33		2	396	1.45×4.7 1.78×5.03				99	1~50	2							1100		ϕ0.8 ϕ0.89	2.135					30	3.53×6.4 3.82×6.13	8.07	9.36
Z2-71	10	220	54.8	1000	并	210	60	125	33		3	594	1.35×3.05 1.68×3.38	1~9	150	100	99	1~50	1				125		4	1320		ϕ0.77 ϕ0.86	1.639		95	18	3	45	1.95×6.4 2.02×6.72	7.17	10.6
	14	230	61	1450	他				27		2	540	1.08×4.7 1.41×5.03				135	1~68	1					1.5		1040		ϕ0.83 ϕ0.92	2.17					40	2.26×6.4 2.59×6.73	8.13	9.26
	22	220	115.4	1500	并				27	矩形	2	324	1.81×4.7 2.08×4.97	1~8			81	1~41		12.5×25	4	68			3	1050	与换向极相同	ϕ0.77 ϕ0.86	1.90	4				25	1.95×12.5	9.16	9.35
Z2-72	19	230	82.55	1450	复	210	60	160	33		2	396	1.35×4.7 1.62×4.97	1~9	150	100	99	1~50					160		8	850		ϕ0.86 ϕ0.95	2.26		130	28	3	30	3.05×6.4 3.28×6.73	8.27	9.67
	17	220	92	1000	并				35		2	420	1.56×4.7 1.9×5.04	1~10			105	1~53	2							1320		ϕ1.0 ϕ1.11	2.465					34	3.05×6.4 3.38×6.73	10.52	20.6
Z2-81	14	230	60.9	960	他	245	70	135	27		2	540	1.08×4.7 1.42×5.04	1~8	180	100	135	1~63				84	135	2	2	1150		ϕ1.08 ϕ1.19	2.85		105	32	4	43	2.44×6.4 2.77×6.73	9.25	20.45

Z2-82	17	220	93.2	750	并	245	70	180	35	矩形	2	420	1.56×4.7 1.9×5.04	1~10	180	100	105	1~53	2	12.5×25	4	84	180	2	2	1200	与换向极相同	φ1.08 φ1.19	2.695	4	150	32	4	35	3.28×6.4 3.61×6.73	11.7	25.6
	19	230	82.5	960	复						2	420	1.56×4.7 1.9×5.04	1~10											10	1000		φ1.04 φ1.25	2.434					34	2.83×6.4 3.16×6.73	11.7	19.65
Z2-91	30	220	158.5	1000	并	294	30	145	29		2	343	2.44×6.4 2.77×6.73	1~8	200	120	87	1~44	3	16×25		106	145		2	1000		φ1.16 φ1.27	3.32		115	40	5	27	2.63×19.5	21.4	22.8
	22	220	119	750	并				37		2	444	1.81×6.4 2.08×6.67	1~10	200	90	111	1~56	2							1080		φ1.16 φ1.27	3.36					35	2.1×19.5	20.6	24.8
Z2-92	35	230	152	960	复	294	30	185	29		2	318	2.44×6.4 2.77×6.73	1~8	200	90	87	1~44	2				185	2.5	5	980		φ1.16 φ1.27	2.73		155	40	5	28	2.44×19.5	23.2	25.5
	67	230	291	1450	他				37		1	222	2-1.95×6.4 2-2.22×6.67	1~10	200	150	111	1~56	4							780		φ1.35 φ1.46	4.98					18	4.1×19.5	24.1	27
Z2-101	55	220	285.5	1000	并	327	95	195	37		1	222	2-1.95×6.4 2-2.28×6.73	1~10	230	110	111	1~56	2	20×32		128	195		2	820		φ1.16 φ1.26	3.60		160	45	5	16	3.8×19.5	26.35	22.6
	48	230	209	960	复				34		1	270	2-1.68×6.4 2-2.0×6.72	1~9			135	1~68	2						3.5	780		φ1.2 φ1.3	3.705					20	3.05×19.5	27.8	23.2

注：1. 电枢绕组支路数均为2。

2. 电枢、主极绕组的电磁线均为QZ型；换向极绕组的电磁线为QZ型或SBECB型。

第六节 直流电机修复后的试验

大修后的直流电机和绕组重绕的直流电机，均需经过认真检查并试验，合格后方可投入运行。

一、直流电机修复后的检查

1）检查各接线与端子标号是否相符，电机内部接线不得和转动部件相碰。

2）检查换向器。换向器表面应光滑、清洁，片间云母不得凸出，沟深应为0.5～1.5mm。

3）用塞尺检查气隙不均匀程度：3mm以下的气隙，不均匀度不得大于20%；3mm以上的气隙，不得大于10%。

4）检查刷握间的距离，它应等于换向器的极距，对于200kW以下的电机，允许误差应在1.5%～2%范围内。

5）检查刷握到换向器表面的距离，最小距离为2mm。

6）检查电刷在刷握中是否能自由活动，两者的间隙是否符合要求：轴向间隙为0.2～0.5mm；顺着电枢的旋转方向，刷厚为6～12mm时，间隙为0.1～0.2mm，刷厚大于12mm时，间隙为0.15～0.4mm。

7）检查电刷接触面积，要求电刷表面与换向器的接触面不小于电刷面积的75%，刷面应光滑。

二、直流电机大修后的试验

1. 试验项目

1）测量励磁绕组和电枢的绝缘电阻。

2）测量励磁绕组的直流电阻。

3）测量电枢整流片间的直流电阻。

4）励磁绕组和电枢的交流耐压试验。

5）检查电机绕组的极性及其连接的正确性。

6）调整电机电刷的中性位置。

7）电枢绕组匝间耐压试验。

8）空载试验。

9）负载试验。

10）超速试验。

11）温升试验。

2. 试验要求

（1）测量绝缘电阻　对于500V以下的低压直流电机，用500V绝缘电阻表测量，各绕组对机壳或转轴的绝缘电阻及各绕组之间的绝缘电阻均应不低于0.5MΩ；对于500V以上的高压直流电机，用1000V绝缘电阻表测量，应不低于1MΩ；对于新嵌线的直流电机，绝缘电阻应不低于5MΩ。

须指出，绝缘电阻测定值需与历次相同状况下和换算到相同温度下进行比较才有意义。与初次绝缘电阻比较，不应降低50%，否则要进行分析和查明原因。直流电机磁极绕组最低允许的绝缘电阻值见表4-37。

表4-37　直流电机磁极绕组最低允许的绝缘电阻值

环境温度/℃	10	20	30	40	50	60	70	80
绝缘电阻/MΩ	130	64	32	16	8	4	2	1

（2）确定电刷的中性线位置　确定方法已在本章第二节三项中作了介绍。

（3）测量直流电阻　绕组的直流电阻一般用电桥测量，测定值须作温度修正。所测得的各相直流电阻与制造厂提供的数值或前次测得的数值比较，其差别一般不应大于20%。

励磁绕组的直流电阻值与原始测量值比较，不应大于2%。

测量时要求绕组温度与周围环境温度差不大于±3℃。即电机放置时间应足够长。

（4）测量电枢整流片间的直流电阻

1）对于叠绕组，可在两相邻整流片间测量；对于波绕组，所测量的两整流片间的距离等于换向器节距；对于蛙式绕组，要根据其接线的实际情况来测量其叠绕组和波绕组的片间直流电阻。

2）片间直流电阻相互间的差值不应超过最小值的10%。根据由于均压线或绕组结构而产生的有规律的变化，可对各相应的片间直流电阻进行比较判断。

（5）交流耐压试验　在绝缘电阻测量合格后，方可进行工频耐压试验。

对于额定电压在36V以下的直流电机，工频试验电压为500V加2倍额定电压，持续时间为1min，大修后的交流耐压值为500V；对于容量为1kW以上、额定电压在36V以上的直流电机，工频试验电压为2倍额定电压加1000V，持续时间为1min，大修后的交流耐压值为1000V。

（6）电枢绕组匝间耐压试验　在空载情况下使电机电枢两端电压升到1.3倍的额定值，5min不击穿，即可认为电枢绕组匝间绝缘合格。

（7）空载试验　电机不带负载在额定电枢电压下运行1h，监听声音，观察电流、转速，电刷火花、电机振动情况测试温度等，以初步鉴定检修后的电机质量是否合格。

（8）负载试验　一般采用加负载电阻或回馈的方法进行负载试验，以检验电机在额定负载及过载时的特性和换向性能。检修后的直流电机一般不做负载试验。

（9）超速试验　电机不带负载，通过减小励磁电流或增加电枢电压的方法使其超速运行，转速可达额定转速的120%，持续2min，以检验电机的机械强度。注意，试验时电枢电压不得大于额定电压值的130%。试验时监听电机振动、噪声情况、观察电刷火花，检查各部件是否发生变形，以及轴承是否正常。

（10）温升试验　试验目的和试验方法，参见第二章中异步电动机的温升试验相关内容。

在环境温度为40℃、海拔在1000m以下时，直流电机各部分的允许温升限度见表4-38。

表4-38　直流电机各部分温升限度　（单位：℃）

绝缘等级 / 测温方法 / 电机部件名称	A		E		B		F		H	
	温度计法	电阻法	温度计法	电阻法	温度计法	电阻法	温度计法	电阻法	温度计法	电阻法
电枢绕组、励磁绕组	50	60	65	75	70	80	85	100	105	125
低电阻励磁绕组及补偿绕组	60	60	75	75	80	80	100	100	125	125
与绕组接触的铁心和其他部件	60		75		80		100		125	
换向器	60		75		80		100		125	
不与绕组接触的铁心及其他部件	这些部分的温升不应达到足以使任何相近的绝缘或其他材料有损坏危险的数值									

第五章 同步发电机的维修

第一节 同步发电机的基本知识

同步电机是一种交流电机，它与三相异步电动机的一个重要区别，在于它的转速 n(r/min) 与电流频率 f(Hz) 之间有着严格的关系，即 $n=60f/p$，式中 p 为电机的极对数。

同步电机分同步发电机和同步电动机两类。同步电机主要用作发电机。用汽轮机作为原动机的称为汽轮发电机，用水轮机作为原动机的称为水轮发电机。另外，同步电机还可用作同步调相机，向电网输送无功功率。发电机和电动机是同步电机的两种运行方式而已。从原理上看，同一台同步电机既可作发电机用，也可作电动机用。

一、同步发电机的型号、结构与额定参数

1. 同步发电机的型号

我国同步发电机型号标注法采用大写印刷体的汉语拼音字母和阿拉伯数字表示，见表5-1。

表5-1 同步发电机型号的规定标注法

第一个字	第二个字	第三个字	第四个字
T—同步	T—调相	Q—氢外冷	(S)—双水内冷
	Q—汽轮	N—氢内冷	
Q—汽轮	F—发电机	S(SS)—双水内冷	
	S—水轮	W—卧式	N—农用

同步发电机的型号含义如下：

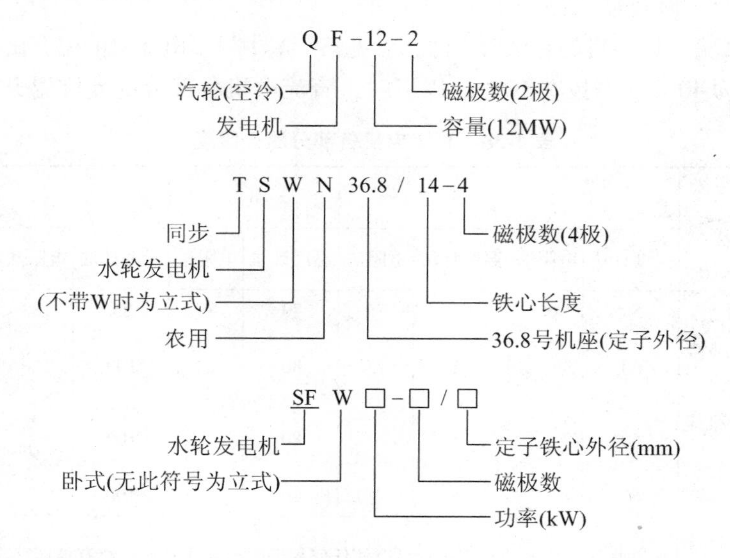

如SFW-320-6/740，表示水轮发电机，卧式，功率为320kW，6极，铁心外径为740mm。又如SF-500-10/990，表示水轮发电机，立式，功率为500kW，10极，铁心外径为990mm。

2. 同步发电机的结构

同步发电机的基本结构由定子、转子和其他部件组成。定子部分包括定子铁心、定子绕组、机座；转子部分包括转子铁心、励磁绕组和集电环（隐极式转子还有套箍、心环，凸极式转子有磁极、磁轭、转子支架）；其他部件包括电刷装置、端盖、轴承和风扇等。

同步发电机的基本结构如图 5-1 所示。

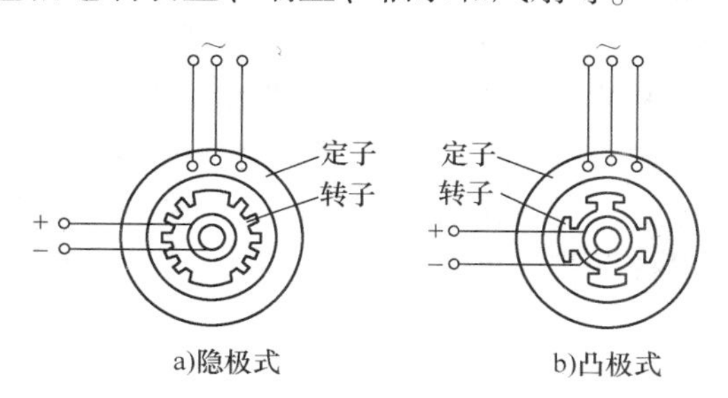

图 5-1　同步发电机的基本结构示意图

3. 同步发电机的主要技术参数

1）额定电压（U_e）：是指发电机正常运行时制造厂规定的定子三相长期安全工作的最高线电压，单位是 V 或 kV。

2）额定电流（I_e）：是指发电机定子绕组正常连续工作时的最大工作线电流，单位是 A 或 kA。

3）额定容量（P_e）：是指发电机正常连续工作时的最大允许输出电功率，单位用 kW 或 MW 表示。发电机的额定容量与额定电压和额定电流间的关系是：

$$P_e = \sqrt{3}U_e I_e \cos\varphi_e$$

4）额定功率因数（$\cos\varphi_e$）：是指发电机在额定功率下定子相电压和电流之间的相位移的余弦值，用额定有功功率和额定视在功率的比值来表示。

5）额定转速（n_e）：是指发电机转子正常运行时的转速，单位是 r/min。在一定的磁极对数 p 和额定频率 f_e 下运行时，转子的转速就是同步转速，即

$$n_e = \frac{60f_e}{p}$$

6）额定频率（f_e）：我国规定的额定工业频率为 50Hz。

7）额定效率（η_e）：是指发电机在额定状态下运行时的效率。

8）额定温升（T_e）：是指发电机连续正常运行时某部分的最高温度与额定入口风温的差值。额定温升的确定与发电机的绝缘等级以及测量方法有关。容量较大的发电机，定子采用 B 级浸渍绝缘，转子采用 B 级绝缘，在额定入口风温为 40℃时，发电机各部分的允许温度和温升见表 5-2。

表 5-2　发电机各主要部分的温度和温升限值

测温部位	测温方法	入口风温为 40℃时	
		允许温度/℃	允许温升/℃
定子铁心	埋入式检温计法	105	65
定子绕组	埋入式检温计法	105	65
转子绕组	电阻计算法	130	90

二、同步发电机的励磁方式及工作原理

同步发电机的励磁方式有直流发电机（励磁机）励磁、带复励的晶闸管励磁、他励式晶闸管励磁、相复励励磁、三次谐波励磁、电抗分流励磁、晶闸管自励恒压励磁（又称晶闸管静止励磁）和无刷励磁等。

励磁机励磁已淘汰，相复励励磁、三次谐波励磁和电抗分流励磁也逐渐被淘汰，目前应用最广泛的励磁方式是晶闸管自励恒压励磁和无刷励磁两类。

1. 直流发电机（励磁机）励磁方式

这是一种用于同步发电机的最早的传统励磁方式。励磁机通常与发电机同轴安装于发电机的一端。励磁机的容量一般为发电机容量的1%～2%。励磁系统的原理电路如图5-2所示。

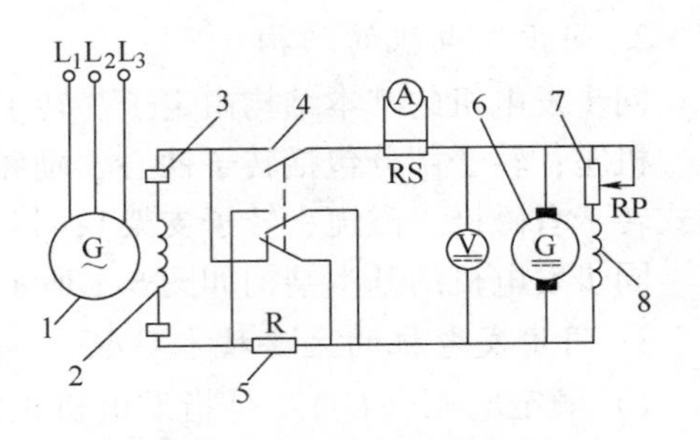

图5-2 采用同轴直流励磁机的励磁系统原理电路图

1—定子 2—转子 3—集电环 4—灭磁开关触头 5—灭磁电阻 6—直流励磁机 7—磁场变阻器 8—励磁机分励磁场绕组

调节励磁机磁场变阻器RP，便可改变励磁机的输出电压，从而调节发电机的励磁电流，达到改变发电机输出电压的目的。磁场变阻器的阻值可按下式计算：

$$R_{RP}=2\left(\frac{U_e}{I_0}-R_f\right)$$

式中，U_e为励磁机的额定电压（V）；I_0为励磁机在空载时达到额定电压时的励磁电流（A）；R_f为并励磁场绕组在75℃时的电阻（Ω）。

由于直流发电机励磁方式存在制造困难、维护保养工作量大、性能不理想等缺点，现已被晶闸管励磁方式所代替。

2. 带复励的晶闸管励磁方式

同步发电机带复励的晶闸管励磁系统的原理电路如图5-3所示。励磁装置的主回路由两部分组成：一是晶闸管励磁部分，由励磁变压器T供电，经三相半控桥式整流器供给转子电流。晶闸管输出的电流由自动调节器自动控制，也可手动调节控制；二是复励部分，由励磁变流器TA_1供电，经过三相桥式整流器供给转子电流，其输出电流与发电机定子电流成比例。发电机空载时输出励磁电流为零；发电机带负荷运行时，励磁电流大半由复励电流供给；当发电机外部短路时，复励部分输出强行励磁。

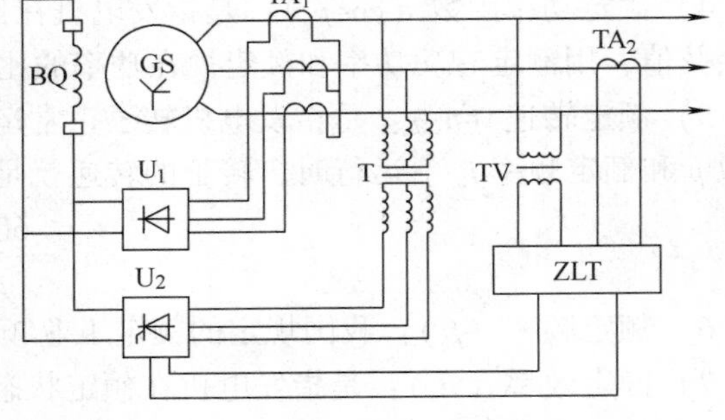

图5-3 带复励晶闸管励磁系统原理电路图

U_1—三相整流装置 U_2—三相晶闸管整流装置

T—励磁变压器 TA_1—励磁变流器

TA_2—电流互感器 TV—电压互感器

ZLT—自动励磁调节器

这种励磁方式的优点是：制造成本较低，调节性能好，反应速度快，动态品质好，具有较高的强励能力，操作维护方便；缺点是：电路较复杂，易受电网的影响。这种励磁方式多用于中、小型同步发电机。

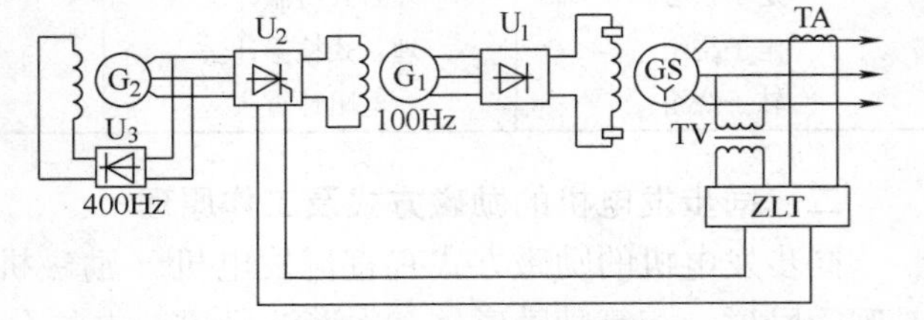

图5-4 他励式晶闸管励磁系统原理电路图

GS—同步发电机 G_1—交流励磁机 G_2—交流副励磁机

U_1、U_3—全波整流器 U_2—半控整流器 TA—电流互感器

ZLT—自动励磁调节器

3. 他励式晶闸管励磁方式

同步发电机他励式晶闸管励磁系统的原理电路如图5-4所示。图中，交流励磁机是一台中频100Hz的三相交流发电机，它与发电机同轴安装。交流副励磁机也是一台中频（500Hz）的交流发电

机。当同步发电机 GS 的负荷变动时，由自动励磁调节器 ZLT 输出前移或后移的脉冲来控制三相半控桥输出直流电流的增大或减小，以此来改变交流励磁机的机端电压，从而控制发电机的输出电压，使其稳定在原来给定的水平上。

这种励磁方式的优点是：励磁可靠，具有很高的强励能力，动态性能较好，缺点是：电路复杂，维护保养工作量大。它主要用于大型发电机组。

4. 相复励励磁方式

其原理电路如图 5-5 所示。图中，T 为相复励变压器，L 为电抗器，VC 为硅整流器，C 为电容器。

励磁装置由相复励变压器、电抗器、电容器和硅整流器等组成。当发电机起动后，发电机转子上的剩磁在定子绕组上感应出交流电压，此电压加到相复励变压器绕组 w_1 上，使绕组 w_2 感应出交流电压，经硅整流器 VC 整流后作为发电机转子的励磁电流。同时绕组 w_2 上的电流大小也影响着绕组 w_3 的输出电流。当发电机电压或负载电流变化时，励磁电流也相应变化，从而使发电机保持恒压。

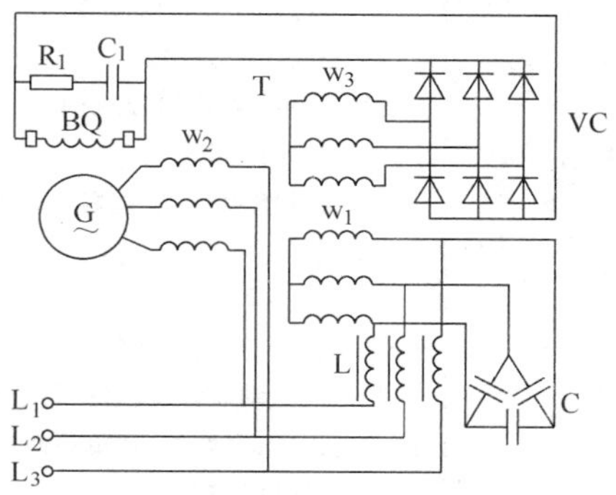

图 5-5 相复励励磁系统原理电路图

5. 三次谐波励磁方式

发电机定子槽中还嵌有谐波绕组。当发电机运行时，谐波绕组中将产生三次谐波电势，经硅整流器整流后供给转子励磁电流。三次谐波电势的大小随发电机负载电流的增大而增大，因此能自动调节励磁电流，使发电机保持恒压。

6. 晶闸管自励恒压励磁方式

晶闸管自励恒压励磁方式是当前应用最广泛的一种发电机励磁方式，其装置型号很多，有单相式、三相式和无刷励磁式（单相式）等，低压机组大多采用半控桥式整流方式，高压机组大都采用三相半控桥式或三相全控桥式整流方式。

7. 各种励磁方式的比较（见表 5-3）

表 5-3 各种励磁方式的比较

励磁方式	优点	缺点
直流励磁机励磁	（1）过载、过电压能力较强 （2）并网、并车较易 （3）对于并网运行的发电机，当外电网出现故障时，不会影响励磁系统的正常运行	（1）起动能力较差 （2）负载变化时，电压瞬时变化大，电压稳定所需时间较长 （3）电刷、换向器等故障较多，维护保养较麻烦 （4）体积较大，投资较高
晶闸管自励恒压励磁	（1）反应速度快，突然加、卸负载时电压瞬时变化小，稳态调压率可达 ±1% 左右 （2）体积小，重量轻	（1）线路较复杂，调整、试验、维修需有较高技术水平 （2）晶闸管过载能力差 （3）对无线电有干扰

（续）

励磁方式	优 点	缺 点
半导体自励式励磁（即自励式和他励式晶闸管励磁）	（1）调节性能好，反应速度快，动态品质好，具有较高的强励能力 （2）成本较低 （3）操作维护较晶闸管自励恒压励磁方式方便	（1）线路较复杂 （2）易受电网影响
相复励励磁	（1）能随负载电流和功率因数调节发电机电压 （2）稳态、动态性能较好，稳态电压调整率一般在±3%以内，突然加、卸负载时电压瞬时变化较小，电压稳定时间约为0.2s （3）过载能力较强，能顺利起动较大容量的异步电动机	（1）励磁效率较低 （2）负载突变时，反应较晶闸管自动恒压励磁方式慢 （3）并网性能较差 （4）体积较大，重量较重
三次谐波励磁	（1）稳态、动态性能较好，稳态电压调整率一般在±3%以内，突然加、卸负载时电压瞬时变化小，电压稳定时间较短 （2）励磁能力大，能直接起动接近自身容量的异步电动机 （3）设备简单，价格便宜，维护量少，工作较可靠	（1）发电机电压波形畸变较大 （2）主机并联运行较困难，无功负载与有功负载分配不稳定，谐波电动势增强到一定限度时将引起振荡，无法运行，降低谐波电动势会使无功出力不足 （3）更换或检修定子绕组时，需先拆除谐波绕组，增大了检修工作量

三、同步发电机的运行特性及试验

同步发电机的运行性能可以通过反映其电动势 E、端电压 U、定子电流 I、功率因数 $\cos\varphi$ 和励磁电流 I_f 等各基本量之间关系的曲线表达出来。同步发电机的特性曲线有空载特性曲线、负载特性曲线、短路特性曲线、外特性曲线和调整特性曲线等。

空载特性和短路特性是检验发电机的基本性能（如求取同步电抗 X_d、短路比 K 等）、分析发电机转子是否有匝间短路现象以及计算发电网电力系统继电保护和稳定问题所需要的。发电机的外特性、调整特性和负载特性主要是反映发电机运行状态的，运行人员可以根据这些特性曲线分析、判断发电机工作是否正常，以便及时进行调整，使发电机保持良好的运行状态。

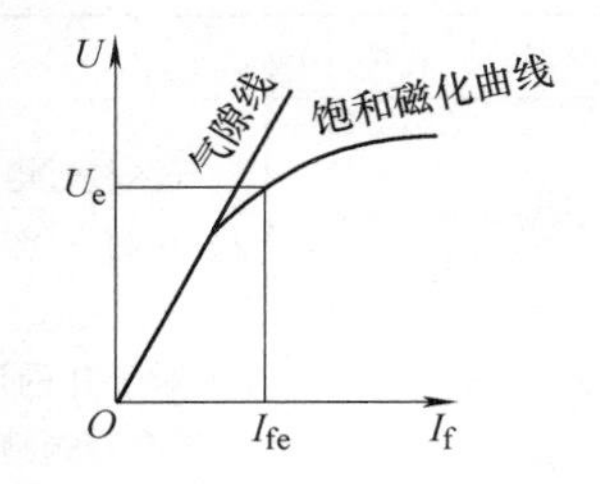

图5-6 同步发电机空载特性曲线

1. 空载特性

同步发电机在额定转速下空载运行，定子绕组的端电压 U_0（或感应电动势 E_0）随励磁电流 I_f 变化而变化的关系曲线，即 $n=n_e$，$I=0$ 时，$U_0=f(I_f)$ 的关系曲线叫空载特性曲线，如图5-6所示。

空载特性试验接线如图5-7所示。试验步骤如下：

1）断开发电机出口断路器，起动原动机，使发电机在额定转速下运转。如不能达到额定转速，测量的电压可按下式换算：

$$U_e = U_0 \frac{n_e}{n_0}$$

式中，U_e 为换算为额定转速下的电压（V）；

U_0 为试验时在实际转速下读取的电压（V）；

n_e 为额定转速（r/min）；

n_0 为试验时的实际转速（r/min）。

2）合上发电机灭磁开关，慢慢调节励磁装置的输出电压，使转子励磁电流逐渐加大，发电机端电压逐渐升高，直到 1.3 倍额定电压为止。然后将励磁电流逐渐减小到零，发电机端电压降到残压后，断开灭磁开关。在升压和降压过程中，各读取 6 ~ 10 点的三相电压 U_0、转子励磁电流 I_f 和转速 n 的数值。

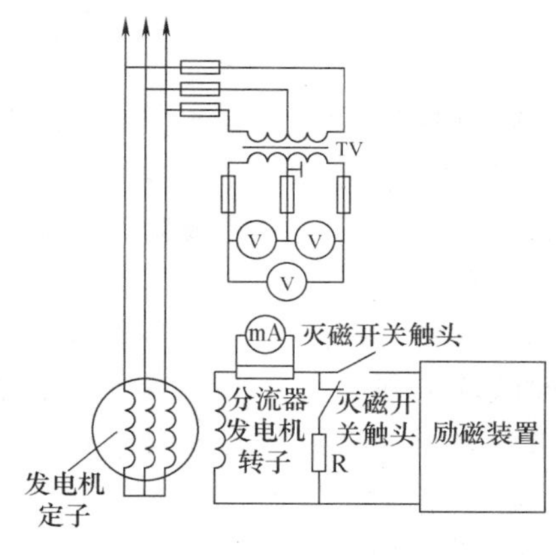

图 5-7　同步发电机空载特性试验接线

3）根据所测数据，画出一条上升曲线和一条下降曲线，然后取平均值，即可得如图 5-6 所示的发电机空载特性曲线。对应于额定电压 U_e 的励磁电流叫空载额定励磁电流，用 I_{fe} 表示。

发电机经大修或经特殊修理后，均应做空载特性试验，并与出厂和历年录制的曲线相比较。如果有差别，说明发电机不正常，如转子绕组有匝间短路故障等。

2. 负载特性

同步发电机在额定转速下带上额定负荷运行时，定子绕组的端电压 U（或感应电动势 E）随励磁电流 I_f 变化而变化的关系曲线，即 $n = n_e$、$I = I_e$，$\cos\varphi =$ 常数时的 $U = f(I_f)$ 的关系曲线叫负载特性曲线，如图 5-8 所示。

负载特性曲线的试验接线与图 5-10 相同，只是试验时发电机带上额定负荷。

3. 短路特性

同步发电机在额定转速下，定子三相绕组出口固定短接时，定子绕组每相的短路电流 I_d 随转子励磁电流 I_f 变化而变化的关系曲线，即 $n = n_e$ 时的 $I_d = f(I_f)$ 的关系曲线叫做短路特性曲线，如图 5-9 所示。

短路特性试验接线如图 5-10 所示。试验步骤如下：

1）用足够截面积的导线将发电机出口断路器的三相可靠短接，为了防止发电机开路而不安全，可将断路器的跳闸线路断开，使其在试验时不能跳闸。

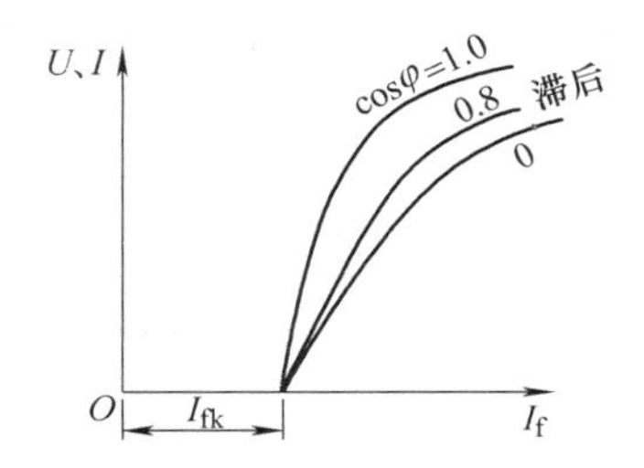

图 5-8　同步发电机负载特性曲线

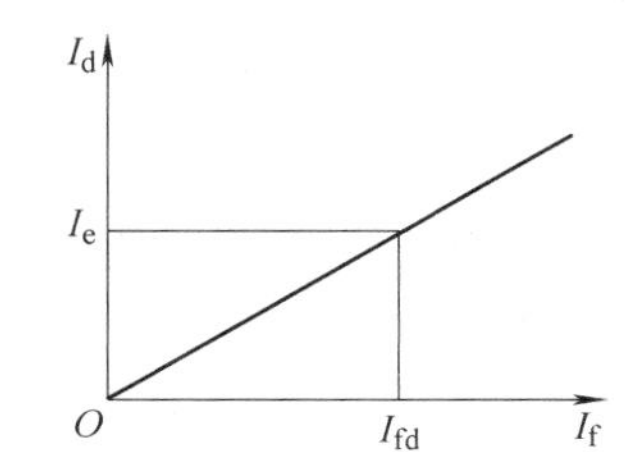

图 5-9　同步发电机短路特性曲线

2）起动原动机，使发电机在额定转速下稳定地运转。合上灭磁开关，慢慢调节励磁（装置的输出电压），使转子励磁电流逐渐增大，发电机三相短路电流逐渐升高，一直升到额定值为止。然后又逐渐减小励磁电流到零，使三相短路电流降到最小点后，断开励磁开关。在电流增大和电流减小的过程中，各读取 3～5 点的三相电流和转子电流。

3）根据所测数据，画出一条过坐标原点的直线，即为发电机短路特性曲线，如图 5-10 所示。对应于额定电流 I_e 的励磁电流叫短路额定励磁电流，用 I_{fd} 表示。

发电机经大修或经特殊修理后，均应做短路特性试验，并与出厂和历年记录的曲线相比较。如果有差别，说明发电机内部有了故障，如转子绕组有匝间短路故障等。

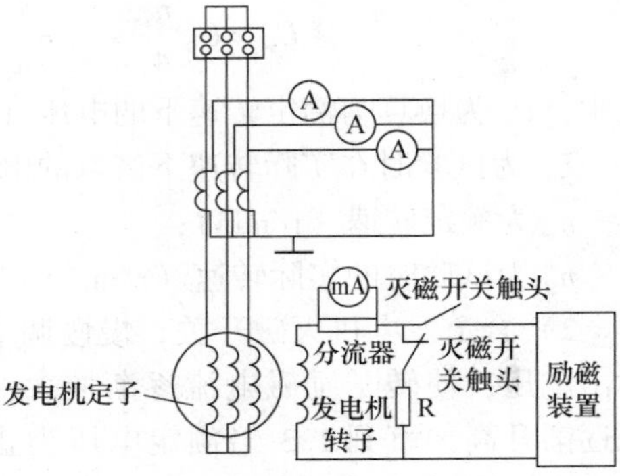

图 5-10 同步发电机短路特性试验接线

4. 外特性

同步发电机在额定转速时，在励磁电流和功率因数一定的情况下，发电机电压 U 随负载电流 I 变化而变化的关系曲线，即 $n=n_e$，I_f = 常数，$\cos\varphi$ = 常数时，$U=f(I)$ 的关系曲线叫做外特性曲线，如图 5-11 所示。

图中，曲线 1 是发电机带感性负载时的特性曲线，随负载电流增加，曲线下降（由于感性负载的电枢反应为去磁作用，以及定子漏抗电压降随负载电流增大而增大，从而使曲线下降较多）；曲线 2 是发电机带电阻性负载时的特性曲线，随负载电流增大，曲线略有下降（由于电阻性负载产生的横轴电枢反应一般也有去磁作用，再加上定子漏抗电压降的作用，从而使曲线略有下降）；曲线 3 是发电机带容性负载时的特性曲线，随负载电流增加曲线反而升高（由于容性负载对发电机的电枢反应是起助磁作用的）。三条曲线的交点是发电机的额定工作点，该点的纵坐标为额定电压 U_e，横坐标是额定电流 I_e。

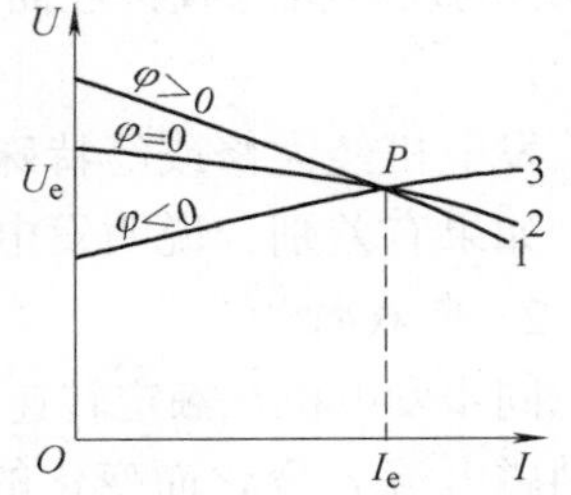

图 5-11 不同功率因数时的同步发电机外特性曲线

同步发电机的铭牌上都规定有额定功率因数，一般为 0.8，有的大容量发电机的额定功率因数比这个值高。在发电机运行中，功率因数不宜低于额定值。否则，当发电机满负荷运行时，转子励磁电流会超过额定值，使转子绕组过热，影响绝缘层寿命和安全。

5. 调整特性

同步发电机在额定转速时，在端电压和功率因数保持一定的情况下，励磁电流 I_f 随负载电流 I 变化而变化的关系曲线，即 $n=n_e$，$U=U_e$，$\cos\varphi$ = 常数时，$I_f=f(I)$ 的关系曲线叫做调整特性曲线，如图 5-12 所示。

图中，曲线 1 是发电机带电感性负载时的特性曲线，曲线 2 是带电阻性负载时的特性曲线。为了维持发电机端电压不变，在负载增加时励磁电流也必须增加，以补偿感性负载或电阻性负载电枢反应的去磁作用和漏抗电压降的影响，曲线 1、2 呈上升趋势。曲线 3 是带电容性负载的特性曲线。为了抵消容性负载电枢反应的增磁作用以及定子漏抗的升压作用，当负载电流增加时，要减小励磁电流才能维持发电机端电压不变，因而曲线 3 呈下降趋势。

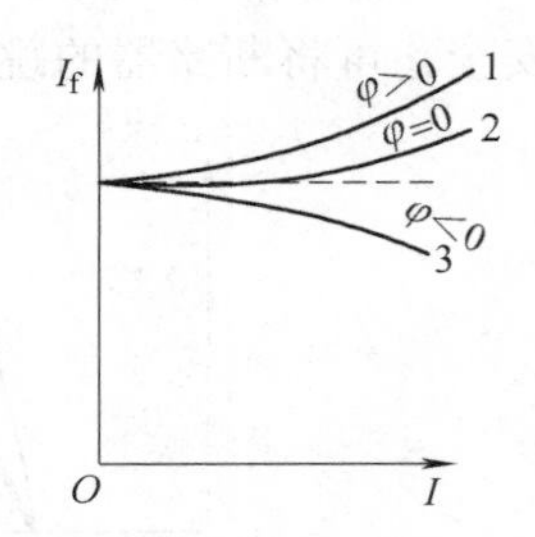

图 5-12 同步发电机的调整特性曲线

有了不同功率因数的调整特性曲线，就可根据这些曲线找出在各种负载下和任一功率因数下的转子电流允许值，指导运行人员在负载电流变化时相应调节励磁电流值，防止发电机超过额定励磁电流运行；或是当励磁电流达到额定值时，限制发电机的负载电流，以保证发电机的安全运行。

第二节　同步发电机投入运行前的检查与试车

一、同步发电机投入运行前的检查

同步发电机投入运行前应进行外观检查、吊出转子检查和绝缘电阻测量。吊起转子检查时，要注意护环、轴颈、小护环、进出水水箱、风扇、集电环（滑环）等不得作为着力点。轴颈应包扎保护，钢丝绳不得与风扇、集电环、进出水水箱等碰触。钢丝绳与转子的绑扎点应用木块垫好。穿转子时，不得碰伤定子绕组或铁心，下部铁心及绕组端部表面宜先用纸板或胶合板覆盖。

检查项目包括：

1）定子检查；

2）转子检查；

3）集电环、电刷和刷架检查；

4）绝缘电阻测量；

5）轴承检查；

6）通风装置及灭火装置检查；

7）发电机安装及接线检查；

8）发电机一、二次接线，控制设备，同期装置，仪表及继电保护等检查。

检查的方法、要求及注意事项，请见发电机日常维护及发电机大修的有关内容。

在发电机投入运行前，必须严格安装、校正好原动机与发电机等之间的连接。这一步工作未做好，将会给以后的运行带来严重的隐患。

二、同步发电机的试车

同步发电机试车的条件及试车过程中的注意事项和要求如下。

1. 起励、并网、运行

1）发电机起动前，应再次对其本体及附属设备进行全面检查，一、二次回路及励磁回路的绝缘电阻应合乎要求，灭火装置及其他保护设备处于备用状态，照明充足。确认可以投入工作时，方可起动试车。

2）起动原动机，使发电机逐渐升速，直到额定转速，并监听发电机内部有无摩擦声和异常的噪声，观察有无异常的振动，监视各仪表的指示情况。若有异常现象，应及时停机，检查并处理后再进行试车。

3）观察发电机的轴承有无向外溅油的现象。

4）观察密封冷却式发电机外壳接缝处及冷却系统有无漏风现象。

5）检查发电机和电网系统的相序，检查同期装置。确认正确无误后，方可并网试运行。

6）在发电机达到额定转速时，按下励磁装置的起励按钮，发电机随之起励建压。如果不能建压，则应检查励磁极性是否反了，或者发电机是否失磁。若极性接反，应将极性改正；若失磁，可用6V以上的直流电源（如4节1号干电池）对励磁回路进行充磁。建压后，调节励磁装置，使发电机机端电压与系统电网电压相同。同时，调节导水叶，使发电机频率达到规定值（约50Hz）。如果发现发电机指示（励磁电压、励磁电流等）有振荡，可调整励磁装置的消振元件，使振荡消失。

7）检查冷却风机的风向是否正确。接着就可起动并网断路器（即发电机出口断路器，可用自动或手动准同期并联），将发电机并入电网。并网后，注意调节导水叶和电压调整电位器，使发电机的功率因数符合规定要求（一般为0.8）。调整时，要细心，不可用力太猛。

运行中，应随时观察发电机、水轮机等的运行状况，并严格执行各项操作规程。

8）逐渐加上负载，并注意观察机端电压、三相线电流、功率及励磁电压、电流等。最后将负载加到满载。

2. 停机

（1）正常停机

1）逐渐减小负载，同时关小导水叶，使发电机电流为最小，调节励磁使功率因数接近1。然后按下并网柜上的分闸按钮，使并网断路器跳闸，将发电机解列。

2）按灭磁按钮，使发电机灭磁。

3）及时关上导水叶，使机组停机。

以上停机操作顺序不可弄错。

（2）紧急停机　当水轮发电机组发生紧急事故或发生需要立即停机的人身事故时，应采取紧急停机措施。这时应迅速按灭磁开关，使发电机灭磁，同时并网断路器会立即跳闸（通过继电器触头）或按紧急停机按钮，将发电机解列。及时关上导水叶，使机组停机（若有自动调节导水叶的装置，则能自动关闭导水叶）。其他操作可在停机后补作。

紧急停机后，必须进行仔细检查，查明事故原因，只有排除故障后才允许开机试验。

3. 甩负荷试验

使发电机带上满负荷，然后按紧急停机按钮，使出口断路器跳闸，以检查自动关导水叶装置或水电阻等是否正常。正常时，发电机不会“飞车”。

4. 调差整定

对于两机一变（两台发电机共用一台变压器）或多机一变的发电机，并列运行时需进行调差整定。调差极性判别方法如下：先将调差电位器RP置于“0”位置，让发电机并联并带上适量的无功负荷（为额定无功负荷的1/4～1/3），尽量少带有功负载，然后顺时针调节RP。若无功负荷相应减小，则为正调差；若无功负荷反而上升，则为负调差。负调差会使机组运行不稳定。这时应停机更改调差用电流互感器的极性。

确认为正调差后，在发电机并联并带上无功负荷后，若该发电机的无功表、功率因数表以及定子电流表的指针摆动幅度比其他并联机组的大，且摆动频繁，应顺时针调节RP，适当增大该发电机的正调差系数。

三、运行参数变化对发电机的影响

1. 发电机长期安全运行的必要条件

1）按制造厂铭牌规定的技术参数运行，即按额定运行方式运行。

2）当冷却介质的温度超过额定值［如发电机入口冷却空气温度大于40℃或轴承冷却介质的温度超过30℃（应为15～30℃），轴承温度不应超过70℃，温升最高不超过40℃］时，如果定子、转子绕组及定子铁心的温度未超过允许值，可不降低发电机出力，但当这些温度超过其允许值时，则应减小定子、转子电流，直到上述温度回到允许值为止。

3）机端电压 U 为 $U_e \times (1 \pm 5\%)$，而功率因数为额定功率因数（一般为 $\cos\varphi_e = 0.8$）时，发电机可带额定负载长期运行，即能保持额定出力。

4）发电机连续运行的最高允许电压不得大于 $1.1U_e$，最低运行电压一般不低于 $0.9U_e$。

5）当发电机端电压 U 降到 $0.95U_e$ 以下时，定子电流长期允许值仍不得超过 $1.05I_e$。

6）当功率因数 $\cos\varphi$ 与 $\cos\varphi_e$ 有出入时，发电机负载应调整到定、转子电流不超过该冷却介质温度下所允许的数值。

另外，发电机三相允许不平衡电流值应遵循制造厂的规定。在无制造厂规定时，三相电流之差不得超过 $20\% I_e$，同时任一相电流不得大于额定电流 I_e。

2. 运行参数变化对发电机的影响

（1）入口冷却空气温度 t_0　当 $t_0 < t_e$（40℃）时，可相应提高发电机的出力。一般 t_0 较 t_e 低 1℃时，允许定子电流升高额定电流的 0.5%，此时转子电流也允许有相应的增加。但 t_0 不能过低，否则会影响发电机端部绝缘。对于开启式通风冷却的发电机，t_0 不可低于 +5℃，否则应采取措施提高入口风温。对于封闭式通风冷却的发电机，t_0 不可低于 +20℃。

当 $t_0 > t_e$ 时，则发电机的出力应相应降低，即定子、转子电流应小于额定值，直至定子、转子绕组和定子铁心温度不超过最高允许值。通常 t_0 不要超过 50℃，最多不超过55℃。

（2）频率 f　频率 f 与发电机所带负载有关，随负载经常而又迅速地变化着，发电机频率 f 的波动是不可避免的（对独立电站而言）。

按规定，发电机的频率应符合以下要求：50Hz ±0.5Hz，即在 49.5 ~50.5Hz 范围内。若低于 49.5Hz、持续时间超过 1h 或低于 49Hz、持续时间超过 30min，均作为系统事故。严禁发电机低于 48Hz 运行。

f 过高，即发电机转速 n 过大，离心力越大，容易损坏转子的某些部件，对安全运行不利。因此，为使转子材料和绝缘免受过大应力，f 最高不可超过 52.5Hz，即不超过额定频率的 5%。

f 过低，n 过小，会使转子风扇的转速下降，发电机容易过热；同时，n 过小，发电机的端电压也会下降，为了使端电压不降低，必须增大励磁，从而会使转子温度升高。为避免转子过热，也只能降低负荷。因此，f 不能过低。低频解列一般整定为 48.5Hz，经延时解列。

f 变化大，对电动机、用户均不利。

（3）端电压 U　U 过高，必然是励磁电流过大引起的，这会使转子温度升高；铁耗增加（超过 $1.1U_e$ 时，铁心温度显著增大）；定子机座等出现局部过热；当 U 超过 $1.5U_e$ 时，定子绕组绝缘有击穿的危险；还会使无功发不足。

U 过低，发电机磁路可能处于不饱和状态，励磁电流稍有变化时，U 就会有较大的变动，使电压不稳，易失步；U 过低，还会使定子绕组温度升高（因为 U 降低，要使出力 P 不变，就要增大定子电流）。

U 过高或过低，对电动机、用户均不利。

因此国家规定：发电机端电压 U 为 $U_e \times (1 \pm 5\%)$，而 $\cos\varphi$ 为额定值（0.8）时，发电机可带额定负载长期运行。

（4）功率因数 $\cos\varphi$　$\cos\varphi$ 在 0.8 ~1 之间变化，可以保持额定出力不变。一般情况下，$\cos\varphi$ 不应超过 0.95（滞后）；有自动励磁装置时，允许短时间内在进相 0.95 ~1 下运行。

$\cos\varphi$ 过小，必然使发电机出力 P 降低（因为 $P = \sqrt{3} UI\cos\varphi$）。若要维持端电压 U 不变，

则必须增大励磁电流。此时若要保持 P 不变，必然使励磁电流超过额定值，这会使转子过热。若要维持励磁电流不变，则出力随 $\cos\varphi$ 降低而降低，这不利于经济运行。

第三节 同步发电机的维护与故障处理

一、同步发电机的日常检查与维护

为了确保发电机的安全可靠运行，并及时发现和排除发电机的异常情况，预防事故的发生，必须制定发电机的维护规程制度，进行日常的维护工作。日常维护检查的主要内容如下。

1. 监视各仪表指示是否正常

配电盘、控制盘及发电机本身所设的各类仪表，能正确地反映发电机的运行状态。若仪表指示超过规定范围（除仪表本身有问题外），说明发电机运行不正常。因此，通过监视和记录仪表的指示值，可以发现发电机的异常情况，以便及时采取措施加以排除。

发电机监视仪表，除电流表、电压表、频率表、功率因数表、功率表、电度表、励磁电压表和励磁电流表等外，还有监测定子绕组、铁心、轴承等的温度及进、出风温度的温度表。发电机正常运行时，要求各指示仪表的指示值不得超过规定范围，各部分的温度不得超过极限值，以防止绝缘过早老化而缩短发电机的使用寿命。发电机各部分的允许温度和温升见表5-2。

2. 检查主回路、二次回路、控制回路及励磁调节器等是否正常

重点检查以下内容：

1）主回路的导线有无过热现象。

2）二次回路以及控制、保护回路有无异常情况。

3）励磁调节器有无异常情况。

3. 监听和观察发电机运行有无异常现象

利用人的五官检查发电机有无异常声响、摩擦、放电、火花、高温、焦臭及其他情况。如有异常，应及时停机检查，排除故障。

4. 检查集电环、电刷与电刷架

1）运行中发电机的集电环应定时巡视检查，一般检查项目如下：

① 电刷是否有冒火花的现象；

② 电刷是否有振动，与集电环接触是否良好；

③ 电刷经磨损是否过短；

④ 电刷的刷辫连接是否良好，有无断股过热情况，对机壳有无碰连或距离过小；

⑤ 电刷在刷握内有无卡阻和摇动情况，电刷在刷握内应能上下自由活动，但又不能摆动过大；

⑥ 电刷的压力是否合适和均匀，电流分配是否均匀（可通过检查电刷和刷辫的温度差异来鉴别）；

⑦ 集电环表面是否光亮，有无磨损、不平整的情况，刷握、刷架和集电环的边缘是否清洁。若有油污或积存的电刷粉末，应及时清除干净。

2）每周用压缩空气或吸尘器对集电环进行一次除尘。在每次停机后，也应清洁集电环。如有油污，在停机后可用干净的抹布浸蘸汽油或四氯化碳擦除，擦拭前后应测量励磁回路的绝缘电阻。

3）如发现个别电刷下面有轻微火花，可适当调整电刷压力，通过改善与集电环的接触

状况来消除。如发现所有电刷下面均有火花，则应检查集电环表面状况，如果集电环表面有烧损、不平整现象，可用0号细砂布对集电环进行仔细研磨。切不可用金刚砂纸研磨，否则会使集电环表面粗糙，火花更加严重。

4）当电刷磨损到约1/3长度时应更换。新电刷换上前必须仔细研磨，使其接触面与集电环表面吻合良好。

5）调整电刷压力，电刷压力不宜过紧或过松。压力过紧或不均，易引起电刷的电流分配不匀。电刷压力一般以15～25kPa为宜。

5. 检查轴承的温度、振动和声响等

（1）检查轴承的温度　轴承的最高温度，以滚动轴承不得超过100℃、滑动轴承不得超过80℃为宜。如果轴承发热超过正常温度，应进一步检查润滑油或润滑脂是否合适；滑动轴承的油位是否正常，油流是否畅通；带油环的滑动轴承的油环是否在转动，是否带油；强制循环润滑的滑动轴承的入口油温是否过高（正常油温一般保持在40～45℃范围内）；润滑油或润滑脂是否清洁；轴承脂是否加得过满；轴安装是否完全水平，轴中心是否不正，振动是否过大。

（2）检查轴承是否漏油　每次注油或补充油时，要将轴承擦拭干净。此外，每天还要对不经常加油的轴承擦拭一次。检查轴承盖、轴承放油门等是否封闭严密。

为了防止强制循环润滑的滑动轴承向外喷油或洒油，可采取以下措施：

1）适当调整进油压力。

2）检查油管内油流动的情况。如有滞涩不畅或堵塞现象，会使轴承中的油压增高而产生漏油。

3）油档间隙可与轴直径成比例地减小到0.05～0.15mm。

4）适当调整轴承外壳与卫带之间的间隙，使之紧密。

（3）检查轴承的振动　轴承振动的允许值（两倍振幅）见表5-4。轴承振动的测量应从垂直、水平轴和水平横向三个方面进行。

表5-4　轴承振动允许值

转速/（r/min）	振动允许值/mm	转速/（r/min）	振动允许值/mm
3000	0.05	750	0.12
1500	0.07	600	0.16
1000	0.10	500	0.20

如果轴承振动超过允许值，则应检查轴承是否过度磨损。若过度磨损，应尽快更换，否则会进一步恶化，危害发电机。另外，对于强制循环润滑的滑动轴承，应检查入口油温是否太低（如低于35℃），以免使油膜黏性过大而引起振动。

（4）检查轴承间隙　滑动轴承的允许间隙是根据轴的直径和转速而规定的，见表5-5。如间隙超过允许值，则应重浇轴瓦的钨金。

表5-5　滑动轴承允许间隙

转速/（r/min）	750以下			1000及以上		
轴的直径/mm	30～50	50～80	80～120	30～50	50～80	80～120
两面的间隙/mm	0.10～0.15	0.15	0.15～0.20	0.15	0.15	0.20～0.25

(5) 检查及更换轴承的润滑油或润油脂 对于油杯润滑的滑动轴承，在注油前须先打开监视孔观察，注入油面至监视孔处即可。如有油位指示计，则注入到轴承中的油位到正常标线上即可。对于强制循环润滑的滑动轴承，油箱内的油位至正常标线上即可。

滚动轴承润滑脂的添加与加换，与三相异步电动机的相同。

6. 测量发电机绕组对地的绝缘电阻

具体操作方法如下：发电机停机时间较长或环境湿度大，怀疑受潮，应测量定子绕组和转子绕组的绝缘电阻。

测量转子绕组的绝缘电阻，其阻值一般不应低于0.5MΩ。

测量定子绕组的绝缘电阻。对于500V以下的低压发电机，用500V绝缘电阻表测量；对于高压发电机，用1000～2500V绝缘电阻表测量。定子绕组的绝缘电阻不作硬性规定，但与制造厂出厂的试验值或以前测量的结果比较不应有明显的降低，如低到以前所测值的1/3～1/5时，表明绝缘可能受潮、表面污脏或有其他缺陷，应查明原因并进行消除。

根据一般经验，当绝缘吸收比 $R_{60}/R_{15}>1.3$ 时，可认为绝缘是干燥的，而当 $R_{60}/R_{15}<1.3$ 时，则认为绝缘受潮，应进行干燥处理。

二、同步发电机运行中的常见故障及处理

发电机运行故障的原因是多方面的，如安装不良、维护不当、冷却润滑系统有问题、导水管内有杂物、操作不当、励磁调节装置及并网控制设备等有毛病，以及水轮机、发电机等设备本身存在缺陷等，都会造成发电机运行故障。同步发电机的常见故障及处理方法见表5-6。

表5-6 同步发电机的常见故障及处理方法

序号	故障现象	可能原因	处理方法
1	发电机过热	(1) 发电机没有按规定的技术条件运行，如： ① 定子电压太高，铁损增大 ② 负载电流过大，定子绕组铜损增大 ③ 频率过低，使冷却风扇转速变慢，影响发电机散热 ④ 功率因数过低，会使转子励磁电流增大，使转子发热	(1) 检查监视仪表的指示是否正常，若不正常，应进行必要的调节和处理，务必使发电机按照规定的技术条件运行
		(2) 发电机三相负载电流不平衡，过载的一相绕组会过热。如果三相电流之差超过额定电流的10%，则属严重三相电流不平衡。三相电流不平衡会产生负序磁场，从而增加损耗，引起磁极绕组及套箍等部件发热	(2) 调整三相负载，使各相电流尽量保持平衡
		(3) 风道被积尘堵塞，通风不良，发电机散热困难	(3) 清扫风道积尘、油垢，使风道畅通
		(4) 进风温度过高或进水温度过高，冷却器有堵塞现象	(4) 降低进风或进水温度，清扫冷却器的堵塞物。在故障未排除前应限制发电机负荷，以降低发电机温度
		(5) 轴承加润滑脂过少或过多	(5) 按规定要求加润滑脂，一般为轴承和轴承室容积的1/3～1/2(转速低的取上限，转速高的取下限)，并以不超过轴承室容积的70%为宜

（续）

序号	故障现象	可能原因	处理方法
1	发电机过热	(6)轴承磨损。磨损不严重时，轴承局部过热；磨损严重时，有可能使定子和转子相互摩擦，造成定子和转子局部过热 (7)定子铁心片绝缘损坏，造成片间短路，使铁心局部的涡流损失增加而发热，严重时会损坏定子绕组 (8)定子绕组的并联导线断裂，使其他导线中的电流增大而发热	(6) 检查轴承有无噪声，更换不良轴承。如定子和转子相互摩擦，应立即停机检修 (7) 立即停机检修 (8) 立即停机检修
2	发电机中性线对地有异常电压	(1) 正常情况下，由于谐波作用或制造工艺等原因，造成各磁极下气隙不等、磁动势不等 (2) 发电机绕组有短路现象或对地绝缘不良 (3) 空载时中性线对地无电压，而有负载时才有电压	(1) 电压很低(1V 至数伏)，没有危险，不必处理 (2) 会使用电设备及发电机性能变坏，容易发热，应设法消除，及时检修，以免事故扩大 (3) 由三相负载不平衡引起，通过调整三相负载便可消除
3	发电机过电流	(1) 负载过大 (2) 输电线路发生相间短路或接地故障	(1) 减轻负载 (2) 消除输电线路故障后，即可恢复正常
4	发电机端电压过高	(1) 与电网并列的发电机电网电压过高 (2) 励磁装置故障引起过励磁	(1) 与调度联系，由调度处理 (2) 检修励磁装置
5	无功出力不足	励磁装置电压源复励补偿不足，不能提供电枢反应所需的励磁电流，使机端电压低于电网电压，送不出额定无功功率	(1) 在发电机与电抗器之间接入一台三相调压器，以提高机端电压，使励磁装置的磁动势向大的方向变化 (2) 改变励磁装置电压、磁动势与机端电压的相位，使合成总磁动势增大(如在电抗器每相绕组两端并联数千欧、10W 的电阻) (3) 减小变阻器的阻值，使发电机励磁电流增大
6	定子绕组绝缘击穿，如匝间短路、对地短路、相间短路	(1) 定子绕组受潮 (2) 制造缺陷或检修质量不好造成绕组绝缘击穿，检修不当造成机械性损伤 (3) 绕组过热。绝缘过热后会使绝缘性能降低，有时在高温下会很快造成绝缘击穿事故 (4) 绝缘老化。一般发电机运行 15 ~ 20 年以上，其绕组绝缘会老化，电气特性会发生变化，甚至使绝缘击穿	(1) 对于长期停用或经较长时间修理的发电机，投入运行前需测量绝缘电阻，不合格者不许投入运行。受潮发电机需进行干燥处理 (2) 检修时不可损伤电机绝缘及各部分；要按规定的绝缘等级选用绝缘材料，嵌装绕组及浸漆干燥等必须严格按工艺要求进行 (3) 加强日常的巡视检查工作，防止发电机各部分过热而损坏绕组绝缘 (4) 做好发电机的大、小修工作，做好绝缘预防性试验。发现绝缘不合格者，应及时更换有缺陷的绕组绝缘或更换绕组，以延长发电机的使用寿命

（续）

序号	故障现象	可 能 原 因	处 理 方 法
6	定子绕组绝缘击穿，如匝间短路、对地短路、相间短路	（5）发电机内有金属异物 （6）过电压击穿，如： ① 线路遭雷击，而防雷保护不完善 ② 误操作，如在空载时把发电机电压升得过高 ③ 发电机内部过电压，包括操作过电压、弧光接地过电压及谐振过电压等	（5）检修后切勿将金属物件、零件或工具遗落在定子膛中；绑紧转子的绑扎线，紧固端部零件，以不致由于离心力的作用而松脱 （6）相应地采取以下措施： ① 完善防雷保护设施 ② 发电机升压要按规程规定的步骤进行操作，防止误操作 ③ 加强绝缘预防性试验工作，及时发现和消除定子绕组绝缘中存在的缺陷
7	定子铁心叠片松弛	制造装配不当，铁心未紧固	若是整个铁心松弛，对于大、中型发电机，一般需送制造厂修理；对于小型发电机，可用两块略小于定子绕组端部内径的铁板，穿上双头螺栓，收紧铁心，待恢复原形后，再用铁心原夹紧螺栓紧固 若是局部性铁心松弛，可先在松弛片间涂刷硅钢片漆，再在松弛部分打入硬质绝缘材料进行处理
8	铁心片之间短路，会引起发电机过热，甚至烧坏绕组	（1）铁心叠片松弛，发电机运转时铁心发生振动，逐渐损坏铁心片的绝缘 （2）铁心片个别地方绝缘受损伤或铁心局部过热，使绝缘老化 （3）铁心片边缘有毛刺或检修时受机械损伤 （4）有焊锡或铜粒短接铁心 （5）绕组发生弧光短路时也可能造成铁心短路	（1）、（2）处理方法见本表第7条 （3）用细锉刀除去毛刺，修整损伤处，清洁表面，再涂上一层硅钢片漆 （4）刮除或凿除金属熔焊粒，处理好表面 （5）将烧损部分用凿子清除后，处理好表面
9	转子集电环烧损或磨损，电刷火花增大	参见表1-88	参见表1-88
10	发电机振动	（1）转子不圆或平衡未调整好 （2）转轴弯曲 （3）联轴节连接不直 （4）结构部件共振 （5）励磁绕组层间短路 （6）供油量不足或油压不足	（1）严格控制制造和安装质量，重新调整转子的平衡 （2）可采用研磨法、加热法和锤击法等校正转轴 （3）调整联轴节部分的平衡，重新调整联轴节密配合螺栓的夹紧力。对联轴节端面重新加工 （4）可通过改变结构部件的支持方法来改变它的固有频率 （5）检修励磁绕组，重新包扎绝缘 （6）扩大喷嘴直径，升高油压；扩大供油口，减少间隙

（续）

序号	故障现象	可能原因	处理方法
10	发电机振动	（7）供油量太大，油压太高 （8）定子铁心装配不紧 （9）轴承密封过紧，引起转轴局部过热、弯曲造成质量偏移 （10）发电机通风系统不对称 （11）水轮机尾水管水压脉动	（7）缩小喷嘴直径，提高油温，降低油压，提高面积压力，增加间隙 （8）重新装压铁心 （9）检查和调整轴承密封，使之与轴之间有适当的配合间隙 （10）注意定子铁心两端挡风板及转子支架挡风板结构布置和尺寸的选择，使风路系统对称；增强盖板、挡风板的刚度并可靠固定 （11）对水轮机尾水管采取补气措施，如装设十字架等
11	发电机失去剩磁，造成起动时不能发电	（1）发电机长期不用 （2）外界线路短路 （3）非同期合闸 （4）停机检修时偶然短接了励磁绕组接线头或滑环	（1）常备蓄电池，在发电前先进行充磁 （2）如果附近有发电机，可利用发电的励磁电压对失磁的发电压充磁
12	自动励磁装置的励磁电抗器温度过高	（1）电抗器线圈局部短路 （2）电抗器磁路的气隙过大	（1）检修电抗器 （2）调整磁路气隙，使之不能过大，也不能过小。如对于TZH50kW自励恒压三相同步发电机的电抗器，气隙以5.5～5.8mm为宜

第四节　晶闸管自动励磁装置

下面介绍两种适用于低压发电机组的晶闸管自动励磁装置。

一、TWL-Ⅱ型无刷励磁装置的工作原理及故障处理

TWL-Ⅱ型无刷励磁装置适用于机端电压为400V、容量为1000kW及以下的无刷励磁同步发电机，作自动调节励磁用，其电路图如图5-13所示。

1. 工作原理

（1）主电路　由二极管1VD、2VD和晶闸管1V、2V等组成单相半控桥式整流电路。1V、2V的导通角由移相触发器产生的触发脉冲控制。3VD为续流二极管。阻容元件1R、2R、1C、2C及压敏电阻RV和电阻RL为器件的过电压保护，快熔1FU用于器件的过电流保护。

（2）移相触发器　由三极管VT_1（作电阻用）、VT_3和单结晶体管VT_2等组成单结晶体管触发器。移相触发脉冲的前移或后移，主要由C_3、R_8、电位器3RP和三极管VT_1决定。改变控制信号（来自检测比较器）的大小，便可改变VT_1的内阻，从而达到改变移相角的目的。

移相触发电路的有关电压波形如图5-14所示。

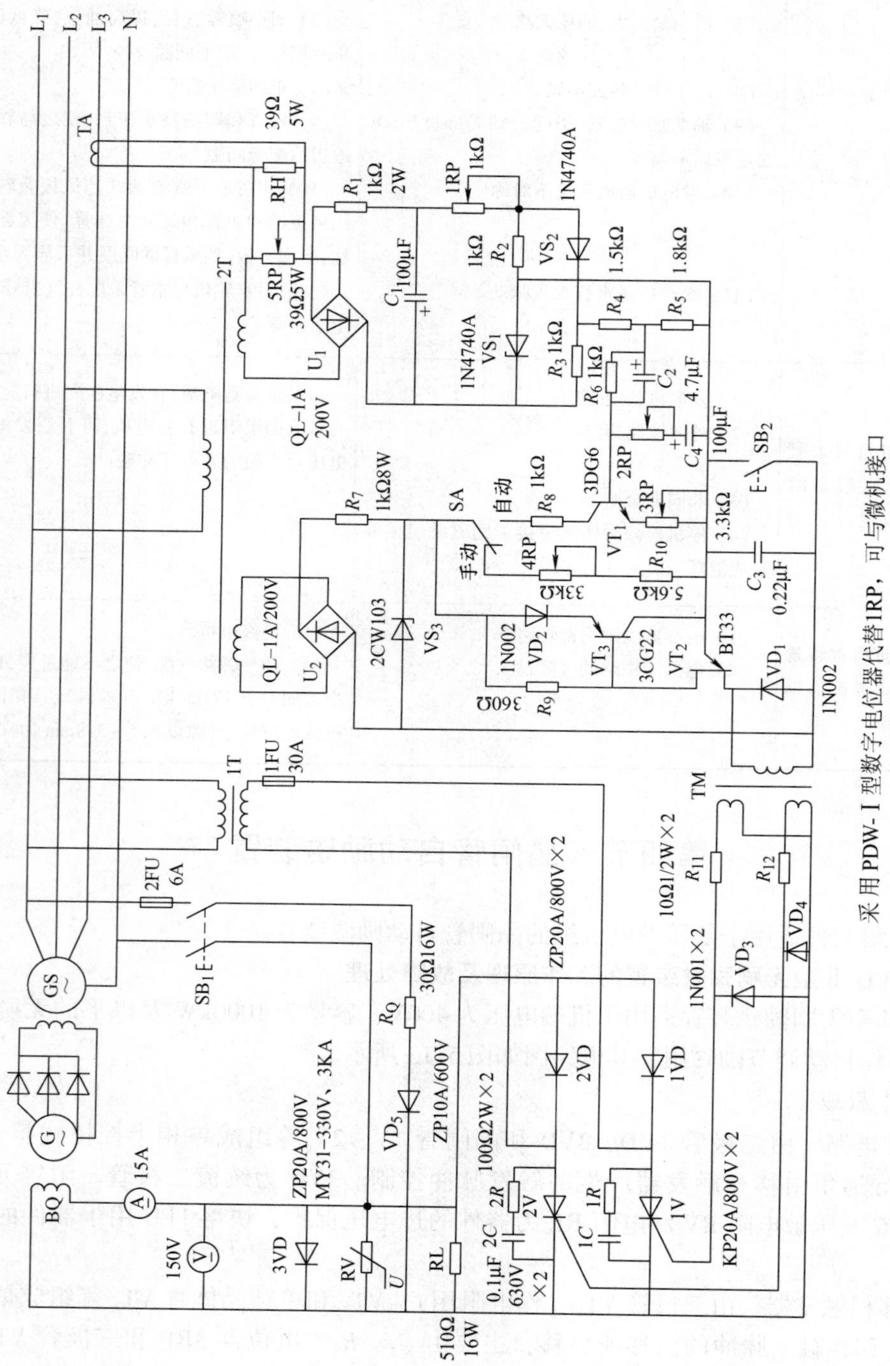

采用PDW-Ⅰ型数字电位器代替1RP，可与微机接口

图5-13 TWL-Ⅱ型无刷励磁装置电路

图 5-14a 为同步变压器 2T 的二次电压波形；图 5-14b 绘出了整流桥 U_2、稳压管 VS_3 和电容 C_3 的电压波形；图 5-14c 为脉冲变压器 TM 二次输出的脉冲电压波形；图 5-14d 为励磁电压波形。

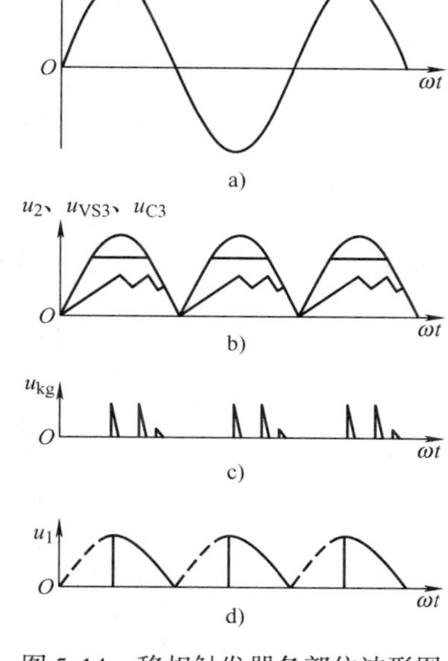

图 5-14 移相触发器各部位波形图

（3）检测比较器 由变压器 2T 的一组绕组、整流器 U_1 和滤波器 R_1、C_1 三部分组成检测单元。经检测单元输出的直流电压与发电机机端电压成正比例变化。

比较单元采用由稳压管 VS_1、VS_2 和电阻 R_2、R_3 组成的双稳压管比较桥。比较桥的输入、输出特性如图 5-15 所示。

当比较桥的输入电压小于稳压管的击穿电压 U_2 时，稳压管未击穿，所加电压几乎全部在稳压管上，如图中 OA 段所示；当输入电压大于或等于稳压管的稳压值时，稳压管击穿，输出电压如图中 AC 段所示，即输出电压 $U_{sc}=U_{sr}-U_z$，U_{sr}正比于发电机机端电压。比较桥的输出工作段选择在 AC 段。

（4）校正环节（即消振电路） 为防止系统产生振荡，采用由电容 C_2、C_4 和电位器 2RP、电阻 R_6 组成的微分电路和积分电路。适当调节电位器 2RP，就可抑制系统的振荡。

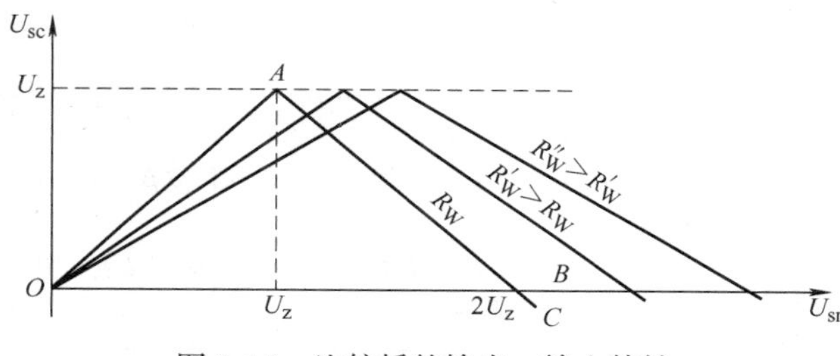

图 5-15 比较桥的输出、输入特性

（5）调差电路 该电路由电流互感器 TA（接 W 相）、电阻 RH 和电位器 5RP 等组成。调节 5RP 便可改变该机的调差系数，即调整无功调差电流信号的强弱，在一定范围内改变发电机无功负荷的大小。对于机端直接并联运行的发电机，通常采用正调差。单机运行时，只要将 5RP 旋至零位即可。调差电路的工作原理见本节二、2.（4）项。

（6）起励电路 采用机端残压起励。由剩磁引起的机端电压，经二极管 VD_5 和电阻 R_Q 起励。一般当机端电压升至 130V 时，松开起励按钮 SB_1，励磁调节器就自动投入工作。

2. TWL-Ⅱ型无刷励磁装置的常见故障及处理方法（见表 5-7）

表 5-7 TWL-Ⅱ型无刷励磁装置的常见故障及处理方法

序号	常见故障	可能原因	处理方法
1	不能起励	（1）熔丝 2FU 熔断 （2）按钮 SB_1 接触不良 （3）二极管 VD_5 损坏 （4）限流电阻 R_Q 烧断 （5）励磁失磁 （6）起励电路接线不良，有开路 （7）发电机转速过低	（1）更换熔丝 （2）检修或更换按钮 （3）更换二极管 （4）更换 R_Q （5）用 3～6V 干电池充磁 （6）检查起励电路并连接牢靠 （7）将发电机转速升至额定转速后再起励

（续）

序号	常见故障	可能原因	处理方法
2	起励后不能建压	（1）熔丝1FU熔断 （2）触发电路板故障 （3）变压器2T有故障 （4）主电路器件（二极管1VD、2VD或晶闸管1V、2V）损坏或晶闸管控制极接线松脱 （5）触发电路板与插座接触不良 （6）插座引线有虚焊	（1）更换熔丝 （2）更换触发电路板试试 （3）检查2T的各接线柱头连接是否牢靠，绕组有无断线 （4）由于器件容量和耐压裕量较大，器件损坏的可能性较小。若曾受雷击，有可能损坏。重点检查接线是否牢靠 （5）使电路板与插座接触紧密 （6）检查并重新焊接
3	电压调整不正常	（1）电压调整电位器1RP（自动）或4RP（手动）接触不良 （2）触发电路板故障 （3）同第2条（5）、（6）项 （4）空载调压正常而并网后无功调不上去，很可能是1VD、2VD或1V、2V与母线连接螺母松动 （5）晶闸管1V、2V中有一个损坏或特性变坏 （6）二极管1VD、2VD中有一个损坏	（1）更换1RP或4RP （2）更换触发电路板试试 （3）按第2条（5）、（6）项处理 （4）拧紧主电路连接螺母 （5）拔去触发电路板，用万用表“$R\times1$”挡测量晶闸管阴-控极电阻，正常时为10～50Ω；测量阳-阴极电阻，应为无穷大 （6）用万用表测量二极管正、反向电阻，正常时正向电阻为数百欧，反向电阻为无穷大
4	发电机振荡	（1）消振电路器件未调好 （2）三极管VT_1的放大倍数β太大 （3）水道内有杂物，表现为仪表指针不规则或偶然摆动	（1）调节电路板上的消振电位器，直至无振荡 （2）调大电位器3RP试试，不行的话，更换β值较小的管子 （3）检查水道，除去杂物
5	电压失控	（1）触发电路板上的元件有故障 （2）调压电位器1RP或4RP内部接触不良 （3）续流二极管3VD的正向压降太大或损坏	（1）更换触发电路板试试 （2）若调压电位器有问题，空载调压时会出现电压突然变化，应更换电位器 （3）3VD的正向压降应不大于0.55V，否则起不到续流作用而造成失控
6	调差失灵，自动跳闸解列	（1）单机运行时，电压正常；并联时，起负调差作用 （2）单机运行时，电压正常；并联时，调差紊乱 （3）调差电位器5RP失灵	（1）电流互感器TA的极性接反，调换极性即可 （2）TA不接在W相上，应将TA接在W相 （3）检查并更换5RP
7	压敏电阻RV击空损坏	励磁电路过电压（如非同期合闸、雷击等）	更换压敏电阻
8	整流器件1V、2V或1VD、2VD损坏	（1）器件质量差 （2）发电机强励时间过长 （3）过电压保护元件1R、1C、2R、2C损坏 （4）快熔1FU选得过大，起不到过电流保护作用	（1）更换器件 （2）强励时间一般为10～20s，切不可超过50s （3）更换损坏的过电压保护元件 （4）选择合适的熔丝，熔丝额定电流可按最大励磁电流（一般为1.6倍额定励磁电流）选择

二、JZLF-11F 型晶闸管励磁装置的工作原理及故障处理

JZLF-11F 型励磁装置适用于机端电压为 400V、容量为 1000kW 及以下的同步发电机作自动调节励磁用。该装置的系统框图如图 5-16 所示，其线路如图 5-17 所示。

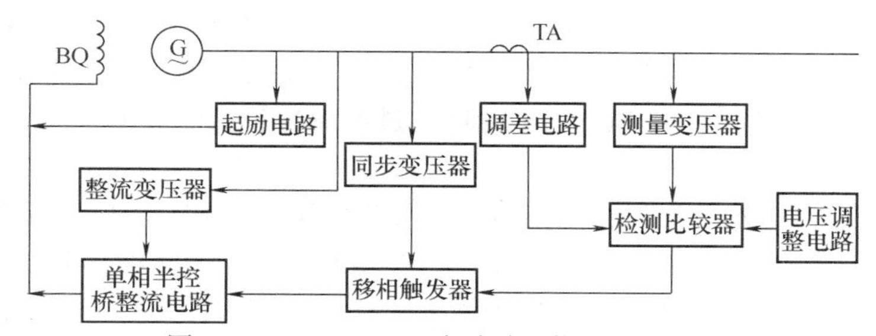

图 5-16　JZLF-11F 型自动励磁装置系统框图

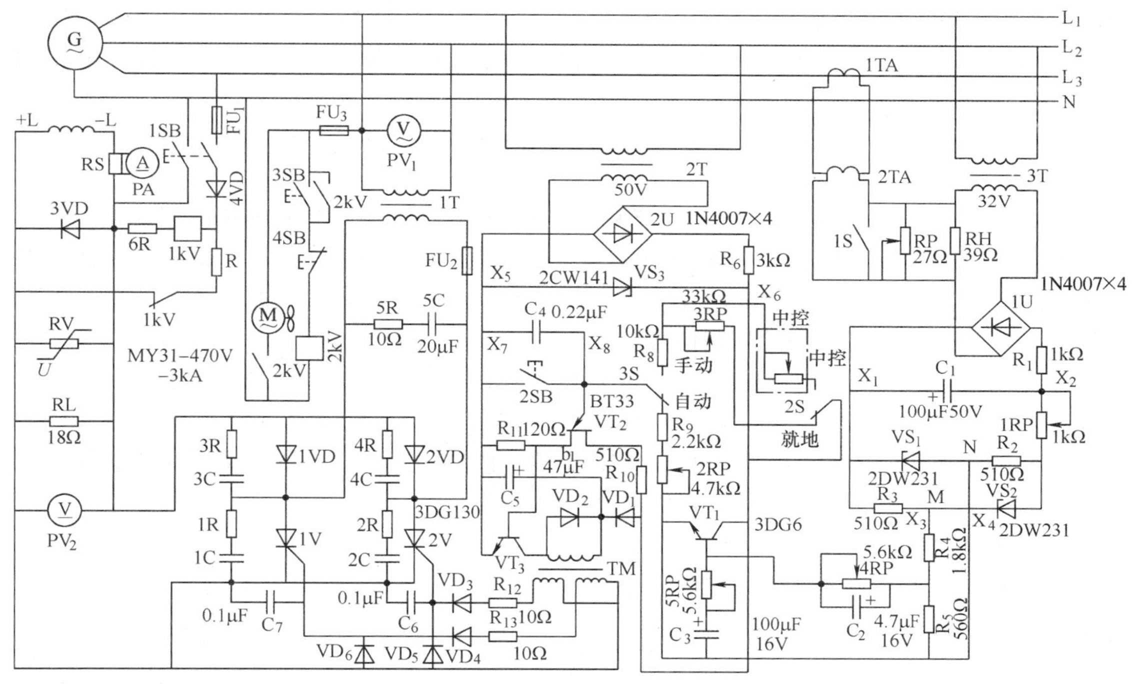

图 5-17　JZLF-11F 型自动励磁装置线路

1. 技术指标

该励磁装置主要技术指标如下：

1）自动电压调节范围为（75% ~120%）U_{fe}。

2）手动电压调节范围为（0 ~130%）U_{fe}。

3）调差率在 ±10% 范围内可调。

4）调节精度：当机端负荷从空载到额定值（额定功率、额定功率因数）变化时，机端电压变化率不大于 2%。

5）频率特性：当频率变化 ±10% 时，空载机端电压变化率不大于 2%。

6）机端电压下降到 80% 额定值时，装置能提供 1.6 倍强励磁电流。

7）强励至 1.6 倍励磁电流的反应时间不大于 0.1s。

该励磁装置采用机端残压起励，起励十分方便。装置的保护及报警系统完善。

2. 工作原理

励磁装置由主电路、移相触发器、检测比较器、起励电路和操作控制、风机冷却及显示报警回路等组成。

（1）主电路　其主电路采用单相半控桥式整流电路。并接于元件阳—阴极的阻容元件1R～4R、1C～4C，并接于交流侧的阻容元件5R、5C及并接于直流侧的压敏电阻RV，用于元件的过电压保护；快速熔断器FU_1用于元件的过电流保护；电容C_6、C_7用于防止外界干扰造成晶闸管误触发。

（2）移相触发器　交流电源经同步变压器2T变压、单相桥2U整流和电阻R_6降压后，在稳压管VS_3两端形成梯形电压，作为单结晶体管触发电路的同步电源。单结晶体管张弛振荡器在电阻R_{11}两端输出尖脉冲列，并经晶体管VT_3放大。当尖脉冲电压加在VT_3的基极和发射极之间时，VT_3导通；当尖脉冲休止时，VT_3截止。因而，脉冲变压器TM二次侧的两个绕组分别输出一组具有一定幅度和宽度的脉冲列，两组脉冲列分别轮流触发晶闸管1V和2V。电容C_5作滤波用，将梯形电压进一步拉平，作为脉冲放大电路的直流电源。

（3）检测比较器　它由桥式整流器1U、比较电路（VS_1、VS_2、R_2、R_3）和放大输出器（VT_1）等组成。

机端电压经变压器3T降压、1U整流和电容C_1滤波后，得到与发电机电压成正比的直流电压。经比较的电压U_{MN}与发电机电压成反比例关系，即发电机电压上升时，得到的偏差电压U_{MN}减小；发电机电压下降时，U_{MN}增大。该偏差电压经晶体管VT_1放大后，输出一个控制电压U_K，作为触发电路的控制信号。

（4）调差电路　调差电路如图5-18a所示。它由接在发电机W相的电流互感器1TA、变流器2TA、电阻RH及电位器RP等组成。变流器2TA二次侧输出的电流I_W流过RH和RP，在其两端形成电压降ΔU_w，与测量变压器3T的二次电压U_{uv}串联，组成交流叠加无功调差电路信号。其矢量图如图5-18b所示。

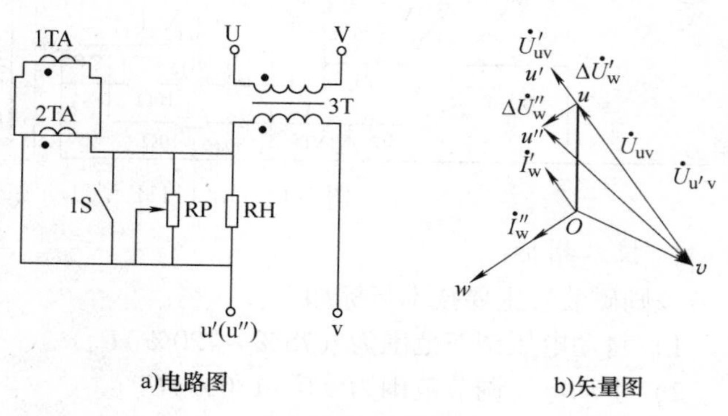

a)电路图　　b)矢量图

图5-18　调差电路及矢量图

$\dot{U}_w$超前$\dot{U}_{uv}$90°，$\dot{U}_{uv}$与$\dot{U}_{uv}$同相，ΔU_w与$\dot{I}_w$同相。当发电机带纯感性负载时，$\dot{I}_w$（如图中I'_w）滞后$\dot{U}_w$90°而与$\dot{U}_{uv}$同相，所以$\Delta\dot{U}_w$（如图中$\Delta\dot{U}'_w$）与$\dot{U}_{uv}$同相，$\dot{U}_{uv}+\Delta U'_w=\dot{U}'_{uv}$。显然，$U_{u'v}>U_{uv}$。$U_{u'v}$经整流后并通过后面环节，使励磁电流减小，降低发电机的无功输出。当发电机带纯电阻负载时，$\dot{I}_w$（如图中$\dot{I}''_w$）与$\dot{U}_w$同相而超前$\dot{U}_{uv}$90°，所以$\Delta\dot{U}_w$（如图中$\Delta\dot{U}''_w$）也超前$\dot{U}_{uv}$90°，$\dot{U}_{uv}+\Delta\dot{U}''_w=\dot{U}_{u''v}$，$U_{u''v}=\sqrt{U^2_{uv}+\Delta U''^2_w}$，其数值与$U_{uv}$相差甚微，励磁电流几乎不变，故无功调差装置对电阻性负载影响甚小。当发电机在某一功率因数负载下运行时，负载电流$\dot{I}_w$（经电流互感器变流后）可分解为一个起调差作用的无功分量$\dot{I}'_w$和一个对调差影响甚小的有功分量$\dot{I}''_w$，从而达到了无功调差的目的。

（5）起励电路　当发电机达到约额定转速时，按下起励按钮1SB，机端残压经二极管半波整流后，将直流电送入励磁绕组。当励磁电压达到一定值后，起励电路自动退出，发电机自动起励升压。

3. JZLF-11F 型晶闸管励磁装置的常见故障及处理方法（见表 5-8）

表 5-8 JZLF-11F 型晶闸管励磁装置的常见故障及处理方法

序号	常见故障	可能原因	处理方法
1	不能起励	（1）熔丝 FU_1 熔断 （2）按钮 1SB 接触不良 （3）二极管 4VD 损坏 （4）继电器 1KV 触点接触不良 （5）励磁失磁 （6）起励电路接线不良，开路 （7）发电机转速过低	（1）更换熔丝 （2）检修或更换按钮 （3）更换二极管 （4）打磨触点，调整触点弹片压力 （5）用 6V 干电池充磁 （6）检查起励电路并连接牢靠 （7）将发电机转速升至额定转速后再起励
2	电压调整不正常	（1）检测比较电路故障	（1）首先将开关 3S 打到手动位置，若调压正常，说明检测比较电路有问题，应重点检查稳压管 VS_1、VS_2 是否良好，电位器 1RP 接触是否良好，电容 C_1 有无损坏。正常时，$U_{X1\text{-}X2}$ 为 13 ~ 23V，$U_{X3\text{-}X4}$ 为 -0.2 ~ 3V
		（2）移相触发电路故障	（2）首先将 3S 打到手动位置，若调压正常，说明电源及触发系统基本正常，应重点检查三极管 VT_1 及电位器 2RP。必要时用示波器观察测试孔 X_7-X_8 的电压波形，正常波形为锯齿波。将 3S 打到自动位置，调节 1RP 锯齿波个数应平稳变多、变少。 若手动位置时调压都不正常，则重点应检测测试孔 X5-X6 的电压，正常时 $U_{X5\text{-}X6}$ 应为 18 ~ 20V。其次检查单结晶体管 VT_2、三极管 VT_3 和电容 C_4 等元器件是否良好
		（3）晶闸管 1V、2V 中有一个损坏或特性变坏	（3）拔去触发板，用万用表“$R\times1$”挡测量晶闸管阴-控极电阻，正常时为 10 ~ 50Ω；测量阳-阴极电阻，应为无穷大
		（4）二极管 1VD、2VD 中有一个损坏	（4）用万用表测量二极管的正、反向电阻，正常时正向电阻为数百欧，反向电阻为无穷大
		（5）插件与插座接触不良	（5）拔下插件仔细检查
3	起励后不能建压	（1）熔丝 FU_2 熔断 （2）主电路器件（二极管 1VD、2VD 或晶闸管 1V、2V）损坏 （3）测量电路故障 （4）触发电路故障	（1）更换 FU_2 （2）用万用表测试，更换损坏的器件 （3）、（4）检查方法同前
4	发电机振荡	（1）水道部分故障 （2）消振电路未调好 （3）三极管 VT_1 的放大倍数 β 太大	（1）检查水道部分 （2）调节电位器 4RP、5RP，若仍有振荡，调电容 C_2，C_3 直至无振荡 （3）调大电位器 2RP 试试，不行的话，更换 β 值较小的管子，如 $\beta\leqslant60$

（续）

序号	常见故障	可能原因	处理方法
5	调差失灵	（1）单机运行时，电压正常；并联时，起负调差作用 （2）单机运行时，电压正常；并联时，调差紊乱 （3）开关1S未打开 （4）电位器RP失灵	（1）电流互感器1TA极性接反，或变压器3T检修后极性接反 （2）1TA不接在W相上，或3T初级不接在U、V相上 （3）打开1S （4）检查并更换RP
6	整流器件1V、2V或1VD、2VD损坏	（1）器件质量差 （2）发电机长期过负荷运行 （3）强励时间过长 （4）冷却风机停转 （5）过电压保护元件$1R\sim4R$、$1C\sim4C$中有损坏	（1）更换器件 （2）不应让发电机长期在大于1.1倍额定励磁电流下运行 （3）强励时间一般为10~20s，切不可超过50s （4）检查熔丝FU_3、继电器2kV及风机本身和电容 （5）更换损坏的过电压保护元件
7	电压失控	（1）测量电路或触发电路故障 （2）续流二极管3VD的正向压降太大或损坏	（1）处理方法同前 （2）3VD的正向压降不大于0.55V，否则起不到续流作用
8	压敏电阻RV击穿损坏	励磁电路过电压	更换压敏电阻

三、励磁装置的检查与维护

励磁装置的性能直接影响发电机的运动状态。若励磁装置工作不正常，则发电机也不能正常发电，甚至要停机。因此，做好励磁装置的维护检修工作十分重要。电站运行人员应定期对运行中的励磁装置进行检查和维护。

1. 复式励磁装置与电磁型电压调整器的日常维护要点

对复式励磁装置与电磁型电压调整器进行日常维护时，应注意以下几点：

1）清扫装置面上的灰尘。

2）检查各元件及全部回路的绝缘电阻。

3）检查装置各部分的接线、焊接点是否牢固可靠，绝缘导线是否有机械损伤。

4）检查自耦变压器及复励变阻器的机械部分是否良好，滑动刷子是否完整，接触是否良好，各操作开关动作是否可靠。

5）检查并试验整流器。

6）录制电压校正器的输出特性。

7）进行强行励磁与强行减磁装置的整组动作试验。

另外，不得随意投入或切除强行励磁装置，只有出现电压互感器回路断线信号时，才能将其切除。当强行励磁或强行减磁装置每次动作后，应检查接触器的触头是否有烧损等现象。

2. 晶闸管自动励磁装置的日常维护要点

1）检查励磁装置各电气元件是否有过热现象，有无异常声响和焦臭味。

2）重点检查晶闸管和硅整流二极管是否过热，它们与母排的连接处有无过热发黑的痕迹。

3）检查冷却风机运行是否正常，是否停转、转向对否、转速是否偏低、风机是否过热等。

4）检查励磁电压、励磁电流、机端电压等仪表指示是否正常，各指示灯指示是否正常。

5）在有人值班的发电站，运行人员应随时监视励磁装置和控制柜各仪表的指示情况，并根据功率因数情况，及时调整励磁装置的调压电位器，使功率因数处于要求指标（一般为0.8）。

在采用微机控制的少人值班的发电站，在正常运行条件下，运行人员每班至少巡视一次。

6）清扫励磁装置表面的灰尘。

7）检查触头接触是否可靠，各焊接点是否牢固。

8）检查励磁装置的操作、调节是否灵活。

9）用500V绝缘电阻表测量回路的绝缘电阻，其值应不小于1MΩ。测量时要注意，先将触发板等插件拔去，将硅及晶闸管等电子器件用导线短接，然后再进行测量，以免损坏这些电子器件。

10）测试励磁装置的有关电压、波形及工作特性曲线，一般每年至少一次，必要时进行调整，使装置达到良好的性能状态。

11）若由于电网系统故障而引起发电机电压降低，则励磁装置进行强行励磁时，1min内严禁操作励磁调节器。

12）在运行中当自动励磁装置发生下列故障之一时，应立即切除自动励磁装置，而改用手动调节励磁，并报调度员和通知电气人员检修。

① 调节器输出电流突然增大或减小，发电机无功负荷增加或减小。

② 调节器输出电流消失。

③ 调节器输出电流增大到最大值，而发电机励磁消失。

第五节 同步发电机的修理

同步发电机的故障及修理，有许多内容与直流电机的故障及修理相同。下面着重介绍发电机绕组的修理与重绕。

一、同步发电机电枢绕组（定子）的基本概念及展开图

同步发电机的定子绕组与三相异步电动机的定子绕组基本相同。绕组型式有单层绕组（只适用于容量较小的发电机）、短距双层叠绕组（多用于大、中型发电机）和双层波绕组（多用于多极水轮发电机）。

【例5-1】 一台三相整距单层绕组的发电机，定子总槽数为24，极对数为4，求绕组的计算。

解： 每极每相槽数 $q=\frac{z}{2pm}=\frac{24}{4\times3}槽=2槽$

极距 $\tau=\frac{z}{2p}=\frac{24}{4}槽=6槽$

每槽所占电角度 $\alpha=\frac{2\pi p}{z}=\frac{360^\circ\times2}{24}=30^\circ$

节距 $y=\tau=6槽$

根据三相异步电动机绕组展开图的画法，可以画出同步发电机定子绕组的展开图，如图5-19所示。

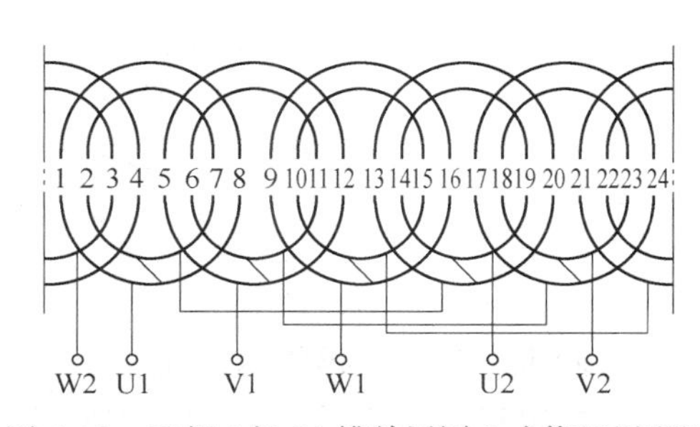

图5-19 三相4极24槽单层同心式绕组展开图

【例5-2】 一台三相双层短距绕组的发电机，定子总槽数为36，极对数为4，求绕组的计算。

解： 每极每相槽数　$q=\dfrac{z}{2pm}=\dfrac{36}{4\times3}$槽$=3$ 槽

极距　$\tau=\dfrac{z}{2p}=\dfrac{36}{4}$槽$=9$ 槽

每槽所占电角度　$\alpha=\dfrac{2\pi\rho}{z}=\dfrac{360°\times2}{36}=20°$

取短距线圈节距　$y=\dfrac{8}{9}\tau=\left(\dfrac{8}{9}\times9\right)$槽$=8$ 槽

据此，可画出该短距绕组的展开图，如图5-20所示。同理，也可画出V1-V2相、W1-W2相绕组的展开图。

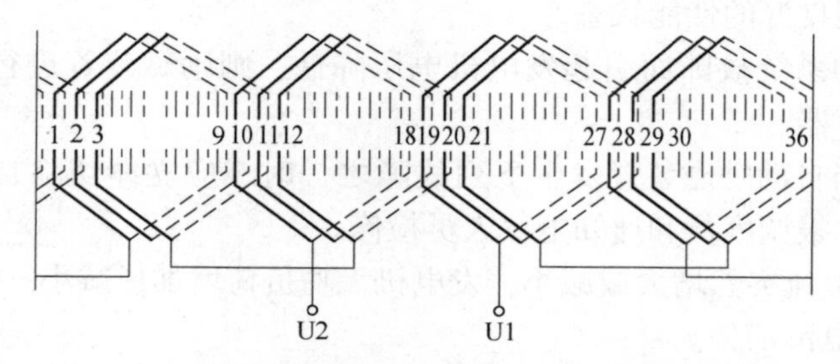

图5-20　三相4极36槽双层短距绕组展开图（U相）

另外，还可以将展开图画成如下形式，简单明了。

		上层下层	上层下层	上层下层		上层下层
		19～27′	28～36′	1～39′		10～18′
U1–U2相	U1	20～28′	29～1′	2～10′	U2	11～19′
		21～29′	30～2′	3～11′		12～20′
		25～33′	34～6′	7～15′		16～24′
V1–V2相	V1	26～34′	35～7′	8～16′	U2	17～15′
		27～35′	36～8′	9～17′		18～26′
		31～3′	4～12′	13～21′		22～30′
W1–W2相	W1	32～4′	5～13′	14～22′	W2	23～31′
		33～5′	6～14′	15～23′		24～32′

二、同步发电机电枢绕组（定子）的修理

同步发电机电枢绕组（定子）的故障及处理方法，可参见三相异步电动机的有关内容。这里着重介绍高压定子绕组的局部修理方法。

1. 绕组主绝缘击穿的临时修理

当发电机定子绕组发生接地短路故障或做预防性试验被击穿时，在没有备用绕组而绝缘

损坏又不太严重的情况下，可以对绕组作局部修理。具体修理方法如下：

1）找出故障线圈。如果故障部位在槽口附近，则查找较方便；若在槽内，则应将故障线圈从槽内取出，查明击穿部位。

2）清洁故障部位，分开短路点，进行1.7倍额定线电压的交流耐压试验（线圈槽内部分应用锡箔纸包裹）。合格后，即可进行修补工作。

3）将击穿点两侧的主绝缘用刀剖割成如图5-21所示的形状。割去部分的长度不小于$L=10+U_e/200$（mm），式中U_e为线圈额定线电压（V）。

4）检查一下匝间绝缘情况，如有烧损，应进行修补。

5）割开处的绝缘剖口，用厚0.13mm、宽20～25mm的绸云母带包缠。先从底层开始，每缠一层，用绝缘气干漆薄薄地刷一层。包缠时，绸云母带每层的接缝一定要错开。

6）待新绝缘填充一半时，为使绸云母带压紧和气干漆固化，应进行第一次烘压，即把没有缠满的剖口用白纱带缠满，然后用自制夹具（见图5-22）夹住（夹板的长度应超出剖口长度两侧约10mm），加热前夹具不要压得太紧。

7）对夹具加热，使新绝缘软化后逐渐压紧夹具，加热温度控制在100～120℃，需2～4h。

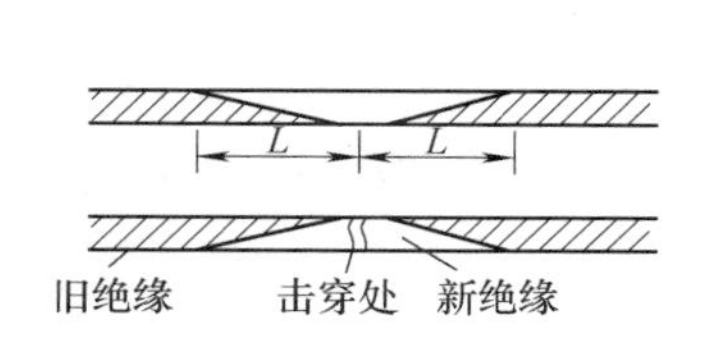

图5-21 线圈故障部位削成锥形

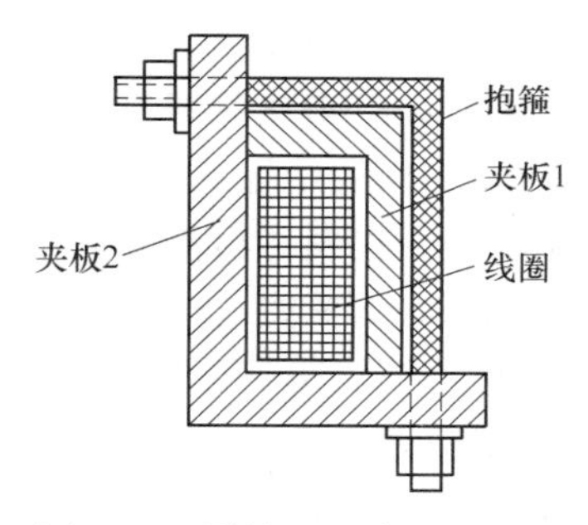

图5-22 烘线圈绝缘用的夹具

8）拆去白纱带，继续用上述方法将割口缠满，面层用玻璃丝带半叠包扎，最后再用夹具夹牢，进行第二次烘干。

9）可在线圈内通入电流或采用其他方法加热烘干，加热温度控制在80～100℃，需2～4h。最后在绝缘修补处进行局部升温（120℃），强力干燥2～4h，使新、旧绝缘牢固相接，并使新绝缘固化。

10）最后做交流耐压试验（修补部分也用锡箔纸包裹起来），施加电压：

6.3kV及以下的发电机　$U=2.25U_e+2$（kV）

10kV及以上的发电机　$U=2.25U_e+4$（kV）

其中，U_e为线圈额定线电压（kV）。

11）将线圈嵌入线槽后，未和其他线圈连接前，可按1.7倍额定线电压做交流耐压试验。

12）全部修理完毕并经干燥后，可按下面电压做交流耐压试验：

运行10年以下的发电机　$U=1.5U_e$

运行10年以上的发电机　$U=(1.3\sim1.5)U_e$

2. 更换被击穿的线圈边

若双层绕组的击穿部位在槽内，则修补工作比较困难。为了不破坏邻近线圈的绝缘，可以用局部更换线圈边的方法进行修理。修理方法如下：

1）查出故障线圈。如果是上层线圈边出故障，只要取出故障线圈边即可修理；如果是底层线圈边出故障，需先将上层好的线圈边取出，然后取出底层故障线圈边。

2）对于开口槽式发电机，先取出槽内的楔子，然后取出线圈边；对于闭口槽式发电机，则只能从线槽中把整个线圈边抽出。取线圈边时要谨慎，不可伤及线圈绝缘。

3）装入新的线圈边，并将取出的上、下层线圈边嵌入槽内，此工作需特别谨慎。线圈边装入槽内前适当加热，使其均匀地压入线槽内。经检查后，打入槽楔子。

4）进行新、旧线圈边在端部的焊接工作。焊接时应注意以下事项：

① 导线不能接错，否则会前功尽弃，运行时将会产生短路电流烧毁线圈；

② 使用银焊条焊接，必须保证焊接质量，焊面应光洁；

③ 为防止焊接时导体传热损坏绝缘层，应用湿的石棉绳把铜导体裹住，同时要防止焊接火焰烤伤绝缘层。

④ 按原绝缘要求包缠好端部绝缘。注意与相邻端部及端盖之间留有足够的电气距离和通风间隙。

在故障线圈边取出后，对留下的线圈需做交流耐压试验；在新线圈边装入后及新、旧线圈连接后，均应做交流耐压试验。

3. 绕组端部及引出线绝缘的修理

绕组端部及引出线绝缘的修理比较简单，修理时要注意以下事项：

1）所用的绝缘材料尽可能与原来的绝缘材料相同或接近，使检修后的绝缘不变。

2）绝缘包缠必须紧密。包扎完后，绝缘表面应喷涂三层漆：第一层为灰色或黑色绝缘气干漆，干燥后再喷涂第二层绝缘防油漆，待干燥后再喷涂第三层气干漆。喷涂漆层不宜太厚，以免影响散热效果。

3）全部绝缘处理完毕后，对绕组通电进行干燥，最后做交流耐压试验。

三、定子铁心的修理

如果定子铁心被严重烧坏或全部铁心松弛，应更换新的定子。如果定子铁心仅在齿部表面损伤，或只是铁心局部松弛，则可按以下方法修理：

1）嵌入绝缘材料，夹紧硅钢片。如果铁心烧坏的直径不大（5～10mm），表面熔解和绝缘损坏的深度不深（5～10mm），则可以将钢锥打入硅钢片间，使熔化在一起的硅钢片分开，然后在片间嵌入厚度为0.05～0.07mm的云母片。如果铁心局部松弛，可在松弛片间嵌入厚度为2～3mm的云母板或环氧玻璃胶板，使硅钢片相互挤紧。为了防止嵌入的绝缘片在发电机运转时脱落，可在绝缘片上涂一层硅钢片漆后再嵌入，并将硅钢片向嵌入绝缘片方向微折。

修理完毕后，如有必要，还应做铁损试验。试验时用0.8～1T的磁通密度，试验持续时间为90min。试验结果（折算到磁通密度1T及50Hz时的数值）如下：

① 单位铁损 ΔP_{Fe} 未超过2.5W/kg或未超过所采用牌号的硅钢片的允许单位铁损（如D41或2.1W/kg，D42为1.9W/kg，D43为1.6W/kg等）；

② 铁心齿部相互间的温差 Δt 未超过30℃（以不超过15℃为良好）；

③ 铁心最高温升 Δt_2 未超过45℃（以不超过25℃为良好）时，则认为修理成功。

如试验结果超过上述三个数值，说明故障未完全消除，还需进一步查明原因进行处理。

2）切削烧损的铁心表面，作填补处理。如果受损面熔解深度较浅，可先用利凿切削掉被烧损的部分，直至挖到片间绝缘良好处。切削后的硅钢片表面再用刮刀、砂轮等处理，将毛刺除去，最后做铁损试验。如果铁心齿部烧损严重，则在先用上述方法处理后，应在切去部分用环氧树脂粘结材料填补。注意，为了不使被切削的齿部表面电场强度过于集中，切削时切削表面外形要呈半圆弧形，避免出现尖锐形。

四、励磁绕组（转子）的修理

修理励磁绕组时应按以下步骤进行：

1）在每个磁极上编上号码，并在磁极与磁轭连接处打上记号，以便修复后按原位安装。

2）焊下极间连接头，取下绑扎的铜丝或铜套，然后拆下磁极。

3）取下励磁线圈，仔细查明数据，并记录。

4）用铁丝将线圈四角绑扎好后（以免散乱），烧去线圈上的绝缘。

5）清理线圈，并将导线敲平敲直，然后用白绸带半重叠包缠一层。

6）按原来线圈的形状、层数和匝数绕制成新的线圈。

7）做好线圈的连接头。

8）再将线圈用白布带半重叠包一层，使其紧实。

9）线圈作浸漆、烘干处理，一般浸1032号漆2～3次，工艺要求与三相异步电动机的相同。

10）按照原来的要求包扎好磁极铁心的外绝缘，然后将线圈套入磁极。

11）最后按图5-23所示的连接方法，焊接极间连线。

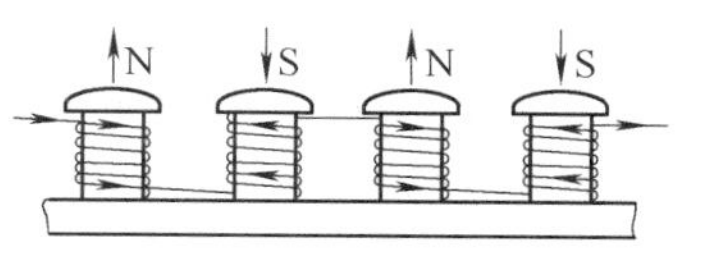

图5-23 磁极线圈的连接

五、发电机的干燥处理

如果发电机的绝缘电阻或吸收比达不到规定要求（见本章第三节一项），应对其进行干燥处理。

发电机的干燥处理方法可参照三相异步电动机的干燥处理方法。另外，发电机的干燥处理还应注意以下事项：

1）温度应缓慢上升，温升可为每小时5～8℃。

2）铁心和绕组的最高允许温度应根据绝缘等级确定，当用酒精温度计测量时为70～80℃，当用电阻温度计或温差热电偶测量时为80～90℃。

3）带转子干燥的发电机，当温度达到70℃后，至少每隔2h将转子转动180°，用电阻温度计测量转子绕组的温度，平均温度应不超过120℃。

4）当吸收比及绝缘电阻符合要求，并在同一温度下经5h稳定不变时，方可认为干燥完毕。一般预热到65～70℃的时间不得少于12h，全部干燥时间不少于70h。

5）发电机如就位干燥，宜与风室的干燥同时进行。

6）发电机干燥后，如不及时起用，应有防潮措施。

六、被洪水淹浸的小型发电机的现场干燥处理

对于严重受潮或被洪水淹浸的小型发电机，采用短路电流法进行干燥处理较方便，且效果也很好。短路电流干燥法的接线如图5-24所示。在发电机励磁绕组上加以可调直流电源（见点画线框内部分），通过控制发电机励磁电流来控制发电机定子绕组中的短路电流，利用定子绕组产生的热量进行干燥。

可调直流电源主要由单相调压器T_1、交流电焊机T_2和大功率整流二极管VD_1～VD_4等组成。通过调节单相调压器便可调节励磁电流的大小。具体步骤如下：

1）断开发电机出口的断路器QF和隔离开关QS_1，在隔离开关接近断路器的一侧用导线将三相短路。

2）起动水轮发电机组，使发电机达到额定转速。

3）合上发电机出口断路器 QF。

4）合上外加励磁电源开关 QS_2。

5）通过调节调压器 T_1 来调节发电机定子绕组的短路电流。短路电流的大小可以用发电机控制屏上的电流表来监视。

开始加上去的电流应较小，然后在温升不超过每小时 5℃的情况下适当增大电流，但不应超过发电机的额定电流。在干燥过程中，应严格注意发电机的温升情况，干燥温度不得超过发电机规定的允许温度。

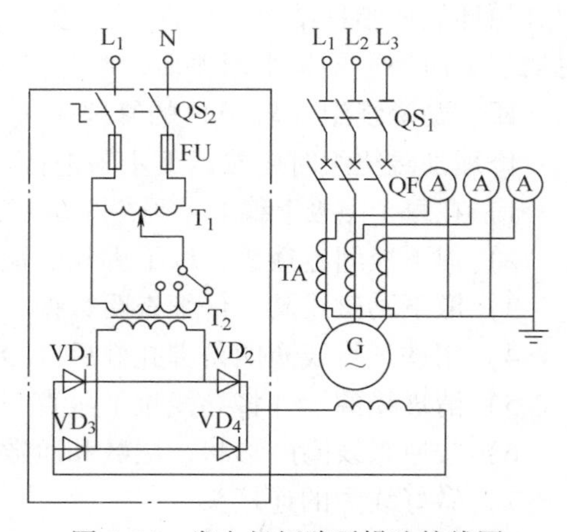

图 5-24 发电机短路干燥法接线图

对于带励磁机的发电机，只要把可调直流电源正、负极分别接到励磁机的励磁绕组 F_1、F_2 上即可，这样也能同时干燥励磁机。

作者曾在某小水电站调试中遇到一台严重受潮的 800kW 发电机，该发电机已在未加励磁的情况下空转一昼夜，定子绕组对地绝缘为零。参加试车工作的有制造厂、安装公司等许多单位，而电站处于深山中，不可能按常规方法做干燥处理。作者利用晶闸管自动励磁装置对其进行了干燥处理，具体方法如下：

1）将发电机定子绕组用母排短接，短接部位为出口断路器下桩头，以使电流互感器能参加工作。

2）打开导水叶，将发电机开至额定转速。

3）起励并调节自动励磁装置，使定子电流约为发电机额定电流的 1/3，即约 500A，运行 8h。结束后，停机并马上测试绝缘电阻。

4）然后将发电机定子电流升至额定值的 1/2 左右，即约 750A，运行 10h。结束后测试绝缘电阻。

5）最后再将定子电流升至额定值的 2/3 左右，即约 1000A，运行 6h，其间每隔 3h 测试一次绝缘电阻。

在以上调节中，结合调节导水叶，让发电机的功率因数始终维持在 0.8 左右。

在干燥过程中，值班人员必须密切监视控制柜、励磁柜上的各个指示仪表，尤其是三相定子电流表和功率因数表，并注意检查发电机的温升情况。

经过一昼夜的干燥处理，发电机的绝缘电阻已升至 5MΩ 且较稳定，完全符合试车要求，从而使这次试车调试工作得以顺利进行。

七、同步发电机的小修和大修

1. 同步发电机的小修

小修期限一般为 1~2 年一次，通常在每年枯水期进行。小修项目包括：

1）清扫发电机上的灰尘、油垢。

2）拆开端盖，检查与清扫定子绕组端部及引出线，紧固绕组端部绑线，必要时在绕组表面涂喷绝缘漆和更换楔子。

3）检查转子端部、风扇、集电环、电刷、刷架及转子引出线。

4）检查发电机附属设备。

5）拧紧各接线螺钉，紧固各部件的固定螺栓、螺钉。

6）调换油、水、气管路渗漏处的密封件，加注黄油。

7）更换或过滤透平油。

8）重点检查水涡轮的泥沙与气蚀的破坏情况。一般当气蚀深度达2mm时，即应铲后用不锈钢焊条补焊并打磨圆滑（这属于机组大修范围）。

2. 同步发电机的大修

同步发电机的大修期限为，开启式通风发电机每年一次，封闭式通风发电机每2～4年一次。同步发电机大修的主要项目及质量标准如下：

（1）拆开机体及取出转子

1）解体前将螺钉、销子、衬垫、电缆头等做上记号。电缆头拆开后应用清洁的布包好，转子集电环用中性凡士林涂后用青壳纸包好。

2）拆卸端盖后，仔细检查转子与定子之间的气隙，并测量上、下、左、右4点间隙。

3）取出转子时，不允许转子与定子相撞或摩擦，转子取出后应放置在稳妥的硬木垫上。

（2）检修定子

1）检查底座与外壳，并清洁干净，要求油漆完好。

2）检查定子铁心、绕组、机座内部，并清扫灰尘、油垢和杂物。绕组上的污垢，只能用木质或塑料制的铲子清除，并用干净抹布擦拭，注意不能损伤绝缘层。

3）检查定子外壳与铁心的连接是否紧固，焊接处有无裂纹。

4）检查定子的整体及其零部件的完整性，配齐缺件。

5）用1000～2500V绝缘电阻表测量三相绕组的绝缘电阻，若阻值不合格，应查明原因并进行处理。

6）检查定子铁心硅钢片有无锈斑、松动及损伤现象。若有锈斑，可用金属刷子刷除后涂上硅钢片漆。若有松动现象，可打入薄云母片或环氧玻璃胶板制的楔子。如发现有局部过热引起的变色锈斑，应做铁心试验，当铁损和温升不合格时，应对铁心进行特殊处理。

7）检查定子槽楔有无松动、断裂及凸出现象，检查通风沟内的线棒有无胀鼓情况。如楔子和绝缘套发黑，说明有过热现象，应消除通风不良现象或降低负荷运行。检查端部绝缘有无损坏。当绝缘垫块和绝缘夹有干缩情况时，可加垫或更换。端部绑扎如有松动，可将旧绑线拆除，用新绑线重新绑扎。

8）检查定子铁心夹紧螺钉是否松动，如发现夹紧螺帽下面的绝缘垫损坏，应更换。用500～1000V绝缘电阻表测量夹紧螺钉的绝缘电阻，一般应为10～20MΩ。

9）检查发电机引出线头与电缆连接的紧固情况。

10）检查轴承有无向绕组端部溅油的情况。如绕组端部粘有油垢，可用干净的布浸以汽油或四氯化碳擦拭。如端部绝缘受油侵蚀比较严重，必要时可喷一层耐油防护漆。

11）如定子中有埋入式测温元件，其引出线及端子板应清洁，且绝缘良好（可用250V以下的绝缘电阻表测量）。当发现绝缘不良时，应先检查引出线绝缘是否不良，若是在槽内部分绝缘不良，应制定措施，在以后修理绕组时处理。埋设于汇水管支路处的测温元件应安装牢固。

12）检查并修整端盖、窥视窗、定子外壳上的毡垫及其他接缝处的衬垫。

（3）检修转子

1）用500V绝缘电阻表测量转子绕组的绝缘电阻，若阻值不合格，应查明原因并进行处理。

2）检查转子表面有无变色锈斑。若有，则说明铁心、楔子或护环上有局部过热现象，应查明原因并进行处理。如不能消除，应限制发电机出力。

3）检查转子上的平衡块，应固定牢固，不得增减或变位，平衡螺钉应锁牢。

4）对于隐极式转子，应检查槽楔有无松动、断裂及变色情况，检查套箍、心环有无裂纹、锈斑以及是否变色，检查套箍与转子接合处有无松动、位移的痕迹。

5）对于凸极式转子，应检查磁极有无锈斑，螺钉是否紧固，磁极绕组是否松动，并测量绕组的绝缘电阻，应合格。

6）检查风扇，清除灰尘和油垢。扇叶片应无松动、破裂现象，锁定螺钉无松动现象。

7）对发电机镜板与轴颈上的轻微锈蚀和划伤的处理：自制一只分半夹具，将砂布夹紧在轴颈上旋转粗磨，每15min更换一次砂布，同时将转子旋转90°。这样每小时可磨去0.1mm左右。在除去锈迹与伤痕后，仍用夹具将轴颈抛光。镜板的研磨处理与轴颈相似。如锈蚀和划伤严重，则应送制造厂处理。

（4）检修集电环、电刷和刷架

1）检查集电环的状态及对轴的绝缘情况。集电环表面应光滑，无损伤及油垢。当表面不均匀度超过0.5mm时，应进行磨光或旋光处理。集电环应与轴同心，其摆度应符合产品的规定，一般不大于0.05mm。集电环对轴的绝缘电阻应不小于0.5MΩ。

2）检查集电环的绝缘套有无破裂、损坏和松动现象；清除集电环表面的电刷粉末、灰尘和油垢。

3）检查集电环引线绝缘是否完整，其金属护层不应触及带有绝缘垫的轴承；检查接头螺钉是否紧固，有无损伤。

4）检查正、负集电环磨损情况，如两个集电环磨损程度相差较大，可调换连接集电环电缆的正、负线，使两个集电环的正、负极性互换。

5）检查刷架及其横杆是否固定稳妥、有无松动现象，绝缘套管及绝缘垫有无破裂现象，并清除灰尘、油垢，要求绝缘良好。刷握应无破裂、变形现象，其下部边缘与集电环之间的距离应为2～4mm。

6）同一发电机上的电刷必须使用同一制造厂制造的同一型号产品。

7）电刷应有足够的长度（一般应在15mm以上），与刷握之间应有0.15mm左右的间隙，电刷在刷握中能上下自由移动。

8）连接电刷与刷架的刷辫接头应紧固，刷辫无断股现象。

9）检查弹簧及其压力。恒压弹簧应完整，无机械损伤，其型号及压力要求应符合产品规定。非恒压弹簧的压力应符合制造厂的规定。若无规定，应调整到不使电刷冒火的最低压力。同一刷架上各个电刷的压力应力求均匀，一般为15～25kPa。

10）检查电刷接触面与集电环的弧度是否吻合，要求接触面积不小于单个电刷截面积的80%。研磨后，应将电刷粉末清扫干净。

11）运行时，电刷应在集电环的整个表面内工作，不得靠近集电环的边缘。

（5）检修通风装置及灭火装置

1）检查密封式通风道及通风室有无漏风的缝隙，清扫灰尘，要求冷、热风无短路现象。

2）检查各窥视孔的门盖及玻璃窗，要求清洁、完整，无漏风的缝隙。

3）检查空气冷却器的冷却水管及两端水箱的状况，要求清洁、无锈蚀、无水垢，进、出水阀门及法兰处无漏水现象，阀门开闭灵活，用200kPa的水压试验无渗漏。

（6）发电机安装及接线

1）安装前先检查发电机膛内有无遗留工具及其他物品，用0.2MPa的干净压缩空气仔细对定子、转子进行吹扫。

2）吊装转子时，转子和定子不能相撞或相互摩擦。

3）测量发电机转子与定子之间的间隙，在发电机两侧分上、下、左、右4点进行测量，各点间隙与其平均值的差别不应超过平均值的±5%。

4）安装端盖前，发电机内部应无杂物及任何遗留物，气封通道应畅通。密封冷却发电机在装端盖前应测量端盖封口与转轴之间的间隙，分上、下、左、右4点进行测量。各点间隙与其平均值的差别不应大于平均值的5%。卫带准确地与轴相遇，并应磨尖，外盖严密，毡垫良好，无漏风现象。采用端盖轴承的发电机，其端盖接合面应用10mm×0.1mm塞尺检查，塞入深度不得超过10mm。

5）引出线在连接前应检查相序是否正确，引出线的接触面应平整、清洁、无油垢，其镀银层不宜锉磨，接头应紧固（必须注意铁质螺栓的位置，连接后不得构成闭合磁路），绝缘包扎良好，并涂上明显的相序颜色。

八、同步发电机检修后的试验

发电机的正常寿命可达25年，但实际上由于制造的缺陷，以及运行维护等方面的工作未做好，检修质量达不到要求，加上系统故障的影响，都会引起发电机故障，减少其使用寿命。为了预先掌握发电机的技术特性，检验检修质量，以便及时发现隐患并加以处理，必须进行电气试验。

发电机运行中的试验项目主要包括空载试验、短路试验和温升试验等，这些内容已在本章第一节三项中作了介绍。

1. 发电机检修后的试验项目

1）测量定子绕组的绝缘电阻和吸收比。

2）测量定子绕组的直流电阻。

3）定子绕组直流耐压试验和泄漏电流试验。

4）定子绕组交流耐压试验。

5）测量转子绕组的绝缘电阻。

6）测量转子绕组的直流电阻。

7）转子绕组的交流耐压试验。

8）定子的铁损试验。

9）转子交流阻抗和功率损耗试验。

2. 发电机一般性试验项目

1）测量发电机和励磁回路连同所连接的所有设备的绝缘电阻。

2）进行发电机和励磁回路连同所连接的所有设备的交流耐压试验。

3）测量发电机、励磁机和转子进水支座轴承的绝缘电阻。

4）测量埋入式测温计的绝缘电阻并校验温度误差。

5）测量灭磁电阻、自同期电阻的直流电阻等。

3. 发电机检修后及一般性试验的要求和规定

(1) 测量定子绕组的绝缘电阻和吸收比

1) 绝缘电阻不作硬性规定，只是采取和历次测量相比较（在同样空气温度的情况下）的办法来判断绝缘状况，也可按每千伏不小于1MΩ的标准大致判断。

2) 各相绝缘电阻的不平衡系数不应大于2。

3) 吸收比（$K=R_{60}/R_{15}$）不应小于1.3。

(2) 测量定子绕组的直流电阻　直流电阻应在冷态下测量，测量时绕组表面温度与周围空气温度之差应不大于±3℃。各相或各分支绕组的直流电阻，在校正了由于引线长度不同而引起的误差后，相互间的差别应不超过其最小值的2%；与产品出厂时测得的相应数值比较，其相对变化也不应大于2%。

(3) 定子绕组直流耐压试验和泄漏电流的测量

1) 试验电压为发电机额定电压的3倍。

2) 试验电压按每级0.5倍额定电压分阶段升高，每阶段停留1min，并记录泄漏电流。

在规定的试验电压下，泄漏电流应符合下列规定：

① 各相泄漏电流的差别应不大于最小值的50%；当最大泄漏电流在20μA以下时，各相间差值不作规定（但与出厂试验值相比不应有显著变化）。

② 泄漏电流应不随时间的延长而增大。若不符合上述标准之一，应尽可能找出原因并加以消除，但并非不能投入运行。

③ 泄漏电流随电压不成比例地显著增大时，应注意分析。

3) 氢冷发电机必须在充氢前或排氢后（含氢量在3%以下）进行试验，严禁在置换氢过程中进行试验。

4) 水内冷发电机试验时，宜采取低压屏蔽法进行。其泄漏电流不作规定（在通水情况下试验时，对特殊结构的水内冷发电机，非被试绕组可以不接地）。

(4) 定子绕组交流耐压试验　试验标准按表5-9进行。

表5-9　定子绕组试验电压标准

容量/kW	额定电压/kW	试验电压/kV
10000以下	0.036以上	$0.75(2U+1)$
10000及以上	3.15~6.3	$0.75\times2.5U$
	6.4以上	$0.75\times(2U+3)$

注：U为发电压额定电压（kV）。

水内冷发电机一般在通水情况下进行试验；氢冷发电机必须在充氢前或排氢后（含氢量在3%以下）进行试验，严禁在置换氢过程中进行试验。

(5) 测量转子绕组的绝缘电阻

1) 转子绕组额定电压为200V及以下者，用1000V绝缘电阻表测量；200V以上者，用2500V绝缘电阻表测量。转子绕组的绝缘电阻一般不低于0.5MΩ。

2) 水内冷转子绕组使用500V以下绝缘电阻表或其他仪器测量，绝缘电阻应不低于5kΩ。

3) 当发电机定子绕组的绝缘电阻已符合起动要求，而转子绕组的绝缘电阻不低于2kΩ时，可允许投入运行。

4) 必要时，在发电机额定转速下（超速试验前后）测量转子绕组的绝缘电阻。

（6）测量转子绕组的直流电阻　应在冷态下进行，测量时绕组表面温度与周围空气温度之差应不大于±3℃。测量数值与产品出厂数值比较，其差别应不超过2%。对于显极式转子绕组，应对各磁极绕组进行测量。

（7）转子绕组的交流耐压试验　转子绕组的试验电压为产品出厂试验电压的75%。

（8）定子铁心试验　请见本章第四节三项。

（9）测量转子绕组的交流阻抗和功率损耗　应在定子膛内、膛外和起动后、额定转速下（超速试验前后）分别进行测量。对于显极式发电机，一般仅要求在膛外对每一磁极绕组进行测量。试验时施加电压的峰值应不超过额定励磁电压值。其阻抗值不作规定。

（10）测量发电机和励磁回路连同所连接的所有设备的绝缘电阻及进行交流耐压试验　绝缘电阻应不低于0.5MΩ，否则应查明原因，并加以消除。试验电压为1kV。

（11）测量发电机和转子进水支座等轴承的绝缘电阻　应在装好油管后用1000V绝缘电阻表测量，绝缘电阻应不低于0.5MΩ。

（12）测量检温计的绝缘电阻并校验温度误差　使用250V绝缘电阻表测量，绝缘电阻不作规定。检温计指示值误差不应超过制造厂规定值。

（13）测量灭磁电阻、自同步电阻的直流电阻　灭磁电阻和自同步电阻的直流电阻与铭牌数值比较，其差别应不超过10%。

第六节　柴油发电机的维修

柴油发电机组可作为距大电网远，缺乏电力场合的电源，也常用做电力不足场合的备用电源，以便在电网停电时及时投入运行，以保证生产和生活的用电需要。

一、柴油发电机组的型号及选型

1. 柴油发电机组的型号

柴油发电机组的型号含义如下（部分产品编制方法有所不同）：

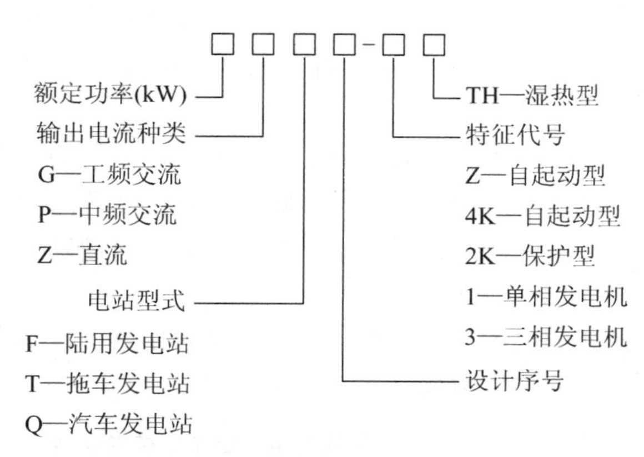

例如：10GF-3型，为额定功率10kW，工频交流陆用、三相柴油发电机组。

2. 柴油发电机组容量（功率）的定义

1）内燃机功率的标定值按其用途和使用特点可分为15min功率、1h功率、12h功率和持续功率四种。

2）陆地用固定电站用柴油机铭牌标定的是12h功率和持续功率两种。

3）12h功率为柴油机允许连续运行12h的最大有效功率，其中包括超过12h功率10%的情况下连续运行1h。

4）持续功率为柴油机允许长期连续运行的最大有效功率，通常持续功率为12h功率的90%。

5）柴油机的标定功率是指规定大气状况下发出的功率。

陆用柴油发电机使用的环境温度为20℃，大气压力为101.325kPa，相对湿度为60%。

船用柴油发电机使用的环境温度为30℃，大气压力为101.325kPa，相对湿度为60%。

6）当柴油机运行在与标准大气状况不一致的场合，应修正其功率。

3. 柴油发电机组的选型

1）宜采用国产柴油发电机组。因为国产设备与引进设备在质量上和经济技术指标上相差无几，而价格却低1/3。

2）电源类型的选择。对于用电量较小，且集中在一处用电，又不需要三相动力电源时，应选择单相发电机组；对于用电量较大，且用电地点分布在相邻的几个地方（如一个院内或一幢楼房）及需要三相动力电源时，则应选择三相发电机组。

3）发电机组结构形式的选择。

① 从励磁形式分，有无刷励磁和有刷励磁。无刷机组无线电干扰极小，发电机组维护工作量少，适用于国防、邮电、通信、计算机等对防无线电干扰要求高的部门和场所；有刷机组适用于除上述部门以外的各行业。

② 在室外及有砂尘、风雪等场所，应选择罩式机组；在室内及无污染的场所，可选择开启式机组。开启式机组价格较罩式便宜，且散热性能较好。

4）冷却方式的选择。柴油发电机组分内冷却和外冷却两种方式。

① 内冷却方式。其优点是辅助设备少，操作简单，维修量小；缺点是占用机组一部分容量。对具备富余容量的机组，应选择内冷却方式。

② 外冷却方式。其缺点是要设水池或水塔，并建立一个冷却循环系统，占地面积较大，维修工作量大。对超大机组或不具备富余容量的机组，应选择外冷却方式。

5）按起动方式选择。一般柴油发电机组容量在160kW以下的，采用电起动；大于160kW的采用压缩空气起动。

6）湿热型和普通型机组。对于化工、轻工、医药、冶炼、海上作业等潮湿、有盐雾、易霉变的行业和场所，应选用湿热型机组；其他场所，可选用普通型机组。

此外，励磁调节器也有不同形式，尽量采用具有手动和自动励磁的调节器，调节器性能（如稳压范围、灵敏度等）要好。

柴油发电机组控制设备的保护功能及信号、报警系统要好，以确保机组运行的安全。

二、常用柴油发电机组的技术数据（见表5-10～表5-12）

表5-10 2～30kW柴油发电机组主要技术数据

机组型号	型式	额定功率/kW	额定转速/(r/min)	外形尺寸/mm	起动方式	额定电压/V	额定电流/A	励磁方式
2GF	移动式	2	2200	1050×525×770	手摇	单相 230	9.66	无刷
2GF-1	滑行式	2	1500/1800	1100×500×890	手摇	230/115	8.7/17.4	谐波

（续）

机组型号	型式	额定功率/kW	额定转速/(r/min)	外形尺寸/mm	起动方式	额定电压/V	额定电流/A	励磁方式
3GF	移动式	3	2600	1050×467×770	手摇	230	14.5	无刷
3GF-1	滑行式	3	1500/1800	1100×500×890	手摇	230/115	13/26	谐波
5GF	移动式	5	2000	1350×800×752	手摇	230	24.2	无刷、谐波
5GF-1	滑行式	5	1500/1800	1300×600×920	手摇	230/115	21.8/43.5	谐波
7.5GF	移动式	7.5	2000	1350×800×752	手摇	230	36.2	无刷
7.5GF-1	滑行式	7.5	1500/1800	1300×600×920	手摇	230/115	32.6/65.2	谐波
7.5GF-3	滑行式	7.5	1500	1300×600×920	手摇	三相 400/230	13.5	谐波
10GF	雪橇式	10	1500	1460×690×950	电起动	400/230	18.1	无刷
10GF-3	滑行式	10	1500	1500×600×100	电起动	400/230	18.1	谐波
12GF	雪橇式	12	1500	1500×690×950	电起动	400/230	21.7	无刷
12GF6 等	滑行式	12	1500	1350×610×1005	电起动	400/230	21.7	谐波等
15GF	雪橇式	15	1500	1700×690×930	电起动	400/230	27.1	无刷
20GF 等	雪橇式	20	1500	1744×800×1150	电起动	400/230	36.1	无刷、谐波
24GF 等	雪橇式	24	1500	1810×700×1090	电起动	400/230	43.3	无刷、谐波、相复励
30GF 等	滑行式	30	1500	2168×895×1835	汽油机 电动机	400/230	54.5	相复励、无刷
12GF6-Z1	滑行式	12	1500	1387×610×1069	电起动、应急自起动	400/230	21.7	谐波
30GF-1W	滑行式	30	1500		电起动，全自动机组	400/230	54.5	无刷

表 5-11　40～75kW 柴油发电机组主要技术数据

型　号	额定功率/kW	外形尺寸/mm	起动方式	额定电流/A	励磁方式	独立安装的控制屏外形尺寸/mm
40GF	40	(2180～2550)×(800～900)×(1400～1880)	电起动、汽油机(有自起动型)	72	相复励、无刷、谐波	700×500×1700(或背在发电机上)
40X4	40	2260×780×1380	电动机	72	相复励	背在发电机上
50X4	50			90		
50GF,50GF1,50GF4,50GF7 等	50	(2200～2700)×(784～970)×(1360～1835)	电起动、汽油机(有自起动型)	90	相复励、无刷、谐波、励磁机	背在发电机上(或落地式 700×500×1700)
55GF1	55	2200×800×1350	电起动	99.1	相复励	800×500×1650

（续）

型号	额定功率/kW	外形尺寸/mm	起动方式	额定电流/A	励磁方式	独立安装的控制屏外形尺寸/mm
64GF	64	2180×830×1370	电起动（有自起动型）	115	无刷	900×600×2140
64GFZ1		2470×910×1360			无刷	840×610×1850
64X4		2690×900×1412			相复励	背在发电机上
75X4	75	2690×900×1412	电起动（有自起动型）	135	相复励、无刷、同轴励磁机相复励/无刷	背在发电机上
75GFZ1		2810×910×1390				840×610×1850
75GF4		2995×900×1445				背在发电机上
75GF1,70GF2		2802×904×1440				背在发电机上

表5-12 84kW以上柴油发电机组主要技术数据

额定功率/kW	型号	发电机励磁方式	起动方式	外形尺寸/mm
84	1-84A,84GF	三次谐波	压缩空气	3405×1000×1531等
90	90GF、90GF-1,90GF5,90X4,90GF2,90GFZ1,90GF1	无刷相复励	电起动	2780×910×1650等
100	1000GF	无刷	电起动	2780×910×1650
120	8-120A,120GF,120GF4Z,120GF7,120GF-Z1,120GF-3,120X4	谐波、无刷、相复励	压缩空气 电起动	3245×1000×1615等
150	150GF,150GF1	相复励、无刷	电起动	3270×1145×1510等
160	160GF1	相复励	压缩空气	3325×1000×1615
200	200GF,200GF5	无刷、相复励	电起动、压缩空气	3600×1400×1900等
250	250GF,GC250LA	无刷、相复励	电起动、压缩空气	2875×1540×1955 5107×1580×2300
300	300GF	相复励	压缩空气	5410×1170×2327
320	320GF,GC320LA	相复励	压缩空气	4182×1320×1950 5107×1580×2300
400	GC400LA,400X1,400GF	谐波, 可控相复励	压缩空气	5249×1582×2479 4923×1812×2487 3885×1535×2369
500	500GF,500GF1,GC500LA,500GF2	无励、相复励、励磁机旋转整流	压缩空气	3905×1675×2489等
630	630GF,630GF1-1	无刷、相复励	压缩空气、电	4156×1360×2489
750	750GF	无刷	压缩空气	4156×1360×2489
80	800-GF	三次谐波可控	压缩空气	5360×1970×2880
1000	GC1000LA		压缩空气	8225×2250×2777
1250	1250GF1	无刷	压缩空气	8400×2270×3800

三、柴油发电机组的日常检查与维护

1）检查所用柴油是否符合规定要求。柴油型号的选用应根据不同季节、不同地区及柴油机的转速而定。按规定加足柴油。

2）正确选择润滑油和做好润滑工作，能大大降低柴油机转动部分的磨损，延长使用寿命。常用的柴油机润滑油有以下几种：

柴油机润滑油分8、11、14号三种牌号，适用于高速柴油机。

低速柴油机润滑油适用于中、低速柴油机。

汽油机润滑油分6、10、15号三种牌号，适用于中、低速柴油机。

汽轮机油适用于高速转动的增压器。

用户应按照柴油机的要求和环境正确选择合适的润滑油。不可让灰尘、杂质混入润滑油中，以免影响润滑效果。要经常清洗润滑油过滤器，以保持润滑油的清洁。有时为了使润滑油中的炭减少结渣，提高润滑效果，可在油中加入二硫化钼。运行中应注意保持柴油机的润滑油压力和出油温度在规定范围之内（见表5-13）。

表5-13　柴油机润滑油压力及出油温度

柴油机系列	润滑油出油温度/℃		润滑油压力/kPa	柴油机系列	润滑油出油温度/℃		润滑油压力/kPa
	最适宜	最　高			最适宜	最　高	
135	80	90	160～300	250	55～60	≤70	98～140
160	≤85		200～500	350	<70		180～260

3）检查并加足冷却水。冷却水一般应尽可能用软水，如清洁的雨水或雪水。不要使用含有矿物质和盐类的硬水。没有软水时可用河水、湖水进行软化处理后使用。

4）检查油压力、机油温度、冷却水温度、充电电流等仪表指示是否正常。一般机组的机油压力应为150～390kPa，机油温度应为70～90℃，进水温度应为55～65℃，出水温度应为75～85℃。

5）观察发电机的电压、电流和频率是否正常。在负载正常时，频率为50Hz，电压应为额定值，电流不超过额定值，三相电流不平衡度应不超过25%。

6）观察排气颜色是否正常。正常的排气颜色为无色或淡灰色，不正常时为深灰色，超负荷时为黑色。

7）检查机组有无漏油、漏水、漏风、漏气和漏电现象。若有，应查明原因，及时处理。

8）检查发电机电刷火花是否正常。若有异常情况，应立即停机检查集电环、换向器、电刷及刷架等情况，以免烧坏集电环和换向器造成重大损失。

9）检查联轴器、皮带安装是否良好，皮带松紧程度是否适当（以中间部位用手能压下10～15mm为宜）；检查各传动部分是否灵活。

10）注意机组运转有无异常声响、振动和焦臭味。

11）检查发电机外壳和轴承处温度是否过高。

12）检查各紧固螺栓有无松动，接地连接是否可靠，接地线是否完好。

13）检查控制盘有无异常情况。

14）严格防止柴油机低温低速、高温高速或长期超载运行。长期连续运行时，应以90%额定功率为宜。以额定功率运行时，连续运行时间不许超过12h。

15）维护好柴油发电机组的保护装置。保护装置能在柴油发电机组发生故障时保护机组不被烧损而造成重大损失，因此要正确配备、调整和维护。

保护装置要能在下列重大故障时使机组自动停机：

① 机组超速至额定转速的1.16倍。

② 润滑油压力异常降低。

③ 冷却水断水，水温异常升高。

④ 发电机内部短路及过电压。

⑤ 并列运行时发电机为电动机旋转。

当机组发生下列异常情况时能自动报警：

① 燃料油箱的油位下降至规定值。

② 空气瓶的压力下降至规定值。

③ 发电机的保护继电器动作。

第六章　同步电动机的维修

第一节　同步电动机的日常维护与故障处理

一、同步电动机的特点及技术数据

1. 同步电动机的特点

同步电动机是一种交流电动机，它与三相异步电动机的一个重要区别，在于它的转速n(r/min)与电流频率f(Hz)之间有着严格的关系，即$n=60f/p$，式中p为电动机的极对数。

同步电动机的结构与同步发电机相同，其转子有励磁绕组，由直流电源进行励磁，而其定子绕组与异步电动机相似。

三相同步电动机主要用于拖动恒速旋转的大型机械，如大型空气压缩机、风机、水泵等设备，其额定电压多在3.3kV以上，功率多在250kW以上。

由于同步电动机没有起动转矩，所以不能自起动。同步电动机的起动方式见表6-1。

表6-1　同步电动机不同起动方式的主要特点和适用场合

起动名称	辅助电动机起动	异步起动	调频起动
起动方式	同步电动机的转轴需与另一台三相异步电动机的转轴联接;在定子绕组接通三相电源时,异步电动机顺着同步电动机旋转方向拖动同步电动机旋转而起动	在同步电动机转子表面装有与异步电动机完全相同的笼型绕组,在定子绕组接通电源时,转子的笼型绕组所起作用与异步电动机的转子绕组相同,从而使同步电动机得以起动	起动时将极低频率的电源接到同步电动机定子绕组,以克服转子的惯性,慢慢起动,逐渐提高电源频率以达到同步转速
特点及适用场合	占地面积大,不经济,较少采用	操作简便,经济,最常采用	需要一套大功率变频电源设备,费用高,技术难度较大,在特殊情况下才采用

不论采用哪种起动方式，在起动过程中转子绕组中不许通入励磁电流，否则将增加起动难度。另外，为避免转子绕组中感应出高电压电动势而击穿绝缘、损坏元件，通常在起动过程中用电阻将励磁绕组短接。此放电电阻的阻值一般为励磁绕组电阻的5~10倍，起动过程结束前再将它切除。

同步电动机起动步骤如下：先接入定子电源（根据情况可以是全电压起动，也可以是减压起动），开始起动；当转速达到准同步速度（即同步转速的95%）及以上时，切除放电电阻，投入直流励磁。

2. 同步电动机的技术数据

现以TD系列同步电动机为例，其技术数据见表6-2。

表6-2 TD系列同步电动机技术数据

型号	额定功率/kW	额定电压/kV	额定电流/A	额定转速/(r/min)	功率因数(超前)	效率(%)	堵转电流/额定电流	牵入转矩/额定转矩	最大转矩/额定转矩	励磁电压/V	励磁电流/A	质量/kg
TD225-10	225	0.38	409	600	0.9	92.5	6	0.7	1.6	68	77	3000
TD250-6	250	0.38	452	1000	0.9	93	6.5	0.7	1.6	28	146	3000
TD280-10	280	0.38	508	600	0.9	92.5	6	0.7	1.6	43	119	3400
TD400-10	400	3	91.4	600	0.9	93.3	6.5	0.7	1.6	34	174	4270
TD400-6	400	6	45.9	1000	0.9	93	6.5	0.7	1.6	26	202	4000
TD400-8	400	6	45.7	750	0.9	93.5	6	0.7	1.6	52	111	4500
TD400-10	400	6	46	600	0.9	93.5	6.5	0.7	1.6	43	169	4110
TD250-12	250	6	28.7	500	0.9	92.5	6	0.7	1.6	51	111	4000
TD560-6	560	6	63.3	1000	0.9	94	6.5	0.7	1.6	41	170	4400
TD630-4	630	6	71	1500	0.9	94	6	0.7	1.6	32	172	5200
TD630-6	630	6	71.1	1000	0.9	94	6	0.7	1.6	40	180	4750
TD630-8	630	6	71	750	0.9	94.5	6	0.7	1.6	49	169	6770

注：1. 励磁方式均为静止整流器励磁。

2. 堵转转矩/额定转矩均为0.7。

二、同步电动机直接起动的计算

同步电动机能否采用直接起动，可由以下两种方法估算。

1. 按电动机本身结构能否允许直接起动的估算

当电动机额定电压为3kV时，则

$$\frac{P_e}{2p} \leqslant (250 \sim 300)\text{kW}$$

当电动机额定电压为6kV时，则

$$\frac{P_e}{2p} \leqslant (200 \sim 250)\text{kW}$$

式中，P_e 为电动机额定功率（kW）；p 为电动机极对数。

2. 按母线允许电压值能否允许直接起动的计算

电动机允许直接起动的条件为

$$k_q S_e < \alpha(S_{dm} + Q_z)$$

式中，k_q 为额定电压时电动机的起动电流倍数；S_e 为电动机额定容量（MVA）；α 为系数，$\alpha = U_{em}/U_m - 1$；U_{em} 为母线额定电压（kV）；U_m 为起动时母线允许电压（kV）；S_{dm} 为母线上最小短路容量（MVA）；Q_z 为母线上负载的无功功率（Mvar）。

若不能满足以上两式之一的要求，则应采用减压起动

【例6-1】 一台额定功率 P_e 为500kW、额定电压 U_e 为3kV的4极同步电动机。已知母线额定电压 U_{em} 为3kV，起动时母线允许电压 U_m 为2.4kV，母线上最小短路容量 S_{dm} 为100MVA，母线上负载的无功功率 Q_z 为2.5Mar，试问该同步电动机能否直接起动。

解：（1）按电动机本身结构考虑的估算

$$\frac{P_e}{2p} = \frac{500}{4} = 125(\text{kW}) < 250\text{kW}$$

（2）按母线允许电压考虑的计算

电动机额定容量为

$$S_e = P_e/\cos\varphi_e = 500/0.85\text{kVA} = 588.2\text{kVA}$$

系数

$$\alpha = \frac{U_{em}}{U_m} - 1 = \frac{3}{2.4} - 1 = 0.25$$

设起动电流倍数 $k_q = 5$，则

$$k_q S_e = 5 \times 588.2\text{kVA} = 2941\text{kVA} = 2.94\text{MVA}$$

而 $\alpha(S_{dm} - Q_z) = 0.25 \times (100 - 2.5)\text{MVA} = 24\text{MVA} > k_q S_e = 2.94\text{MVA}$

故该同步电动机可以直接起动。

三、同步电动机电抗器减压起动的计算

采用电抗器减压起动，应满足下式要求：

$$\frac{U_q}{U_{em}} \frac{S_{dm} + Q_z}{k_q S_e} > \beta \sqrt{\frac{M_j}{M_q}}$$

式中，U_q 为电动机额定起动电压（kV）；U_{em}为母线额定电压（kV）；S_{dm}为母线上最小短路容量（MVA）；Q_z 为母线上负载的无功功率（Mvar）；k_q 为额定电压时电动机的起动电流倍数；S_e 为电动机额定容量（MVA）；M_j 为机械静转矩（N·m）；M_q 为 U_q 电压时的起动转矩（N·m）；β 为系数，$\beta = \frac{1.05}{1 - U_m/U_{em}}$；$U_m$ 为起动时母线允许电压（kV）；U_{em}为母线额定电压（kV）。

若能满足上式要求，则可按下式选择电抗器的电抗值：

$$X_k = U_{em}^2 \left(\frac{\gamma}{S_{dm} + Q_z} - \frac{U_q}{k_q S_e} \right)$$

式中，X_k 为电抗器的电抗值（Ω）；γ 为系数，$\gamma = U_m/(U_{em} - U_m)$。

电抗器可选用NKL型铝电缆水泥电抗器。

【例6-2】 如果起动转矩相对值 m_q 为0.9，机械静转矩相对值 m_j 为0.05，而母线上最小短路容量 S_{dm}为25MVA，起动时母线允许电压为 U_m 为2.85kV，母线上负载的无功功率 Q_z 为2Mvar，其他条件同例6-1。试求：

（1）该电动机是否需采用电抗器减压起动。设电动机额定起动电压 U_q 为1.9kV。

（2）若采用电抗器减压起动，则电抗值是多少？

解：（1）是否采用电抗器减压起动的计算

$$\frac{U_q}{U_{em}} \frac{S_{dm} + Q_z}{k_q S_e} = \frac{1.9}{3} \times \frac{25 + 2}{5 \times 0.588} = 5.8$$

系数

$$\beta = \frac{1.05}{1 - U_m/U_{em}} = \frac{1.05}{1 - 2.85/3} = 21$$

$$\beta \sqrt{\frac{M_j}{M_q}} = \beta \sqrt{\frac{m_j}{m_q}} = 21 \times \sqrt{\frac{0.05}{0.9}} = 4.95$$

故满足电抗器减压起动的要求。

（2）电抗器电抗值的计算

系数

$$\gamma = U_m/(U_{em} - U_m) = 2.85/(3 - 2.85) = 19$$

电抗器的电抗值为

$$\begin{aligned} X_k &= U_{em}^2\left(\frac{\gamma}{S_{dm}+Q_z}-\frac{U_q}{k_q S_e}\right) \\ &= 3^2\times\left(\frac{19}{25+2}-\frac{1.9}{5\times 0.588}\right)\Omega = 9\times(0.704-0.646)\Omega \\ &= 0.52(\Omega) \end{aligned}$$

四、同步电动机自耦变压器减压起动的计算

1. 能否满足自耦变压器减压起动的条件

采用自耦变压器减压起动，应满足下式要求：

$$\delta\times\frac{S_{dm}+Q_z}{k_q S_e} > 1.1\frac{M_j}{M_q}$$

式中，δ为系数，$\delta=\frac{U_m}{U_{em}}\left(1-\frac{U_m}{U_{em}}\right)$。

2. 自耦变压器电压比的计算

自耦变压器电压比可按下式选择

$$k=\frac{U_q}{U_{em}}\sqrt{\alpha\left(\frac{S_{dm}+Q_z}{k_q S_e}\right)}$$

式中，α为系数，$\alpha=\frac{U_{em}}{U_m}-1$。

【例6-3】 对于例6-2中的实例，试求：

(1) 能否采用自耦变压器减压起动？

(2) 若采用自耦变压器减压起动，则自耦变压器的电压比为多少？

解：(1) 能否采用自耦变压器减压起动的计算系数 $\delta=\frac{2.85}{3}\times\left(1-\frac{2.85}{3}\right)=0.0475$

$$\delta\times\frac{S_{dm}+Q_z}{k_q S_e}=0.0475\times\frac{25+2}{5\times 0.588}=0.432$$

而

$$1.1\frac{m_j}{m_q}=1.1\times\frac{0.05}{0.9}=0.073$$

故可采用自耦变压器减压起动。

(2) 自耦变压器电压比的计算

$$\alpha=\frac{3}{2.85}-1=0.0526$$

电压比 $k=\frac{1.9}{3}\times\sqrt{0.0526\times\left(\frac{25+2}{5\times 0.588}\right)}=0.44$，即44%

五、同步电动机能耗制动的计算

在需要经常起动、频繁正反转及要求准确停机的同步电动机拖动机械，可采用能耗制动。同步电动机能耗制动有电阻能耗制动和频敏变阻器能耗制动方式。

同步电动机能耗制动是将运行中的同步电动机定子电源断开，再将定子线组接一个外电阻或频敏变阻器上，并保持转子励磁绕组的直流励磁，同步电动机就成为电枢被电阻或频敏变阻器短接的同步发电机，于是就很快地将转动的机械能变换成电能，并以热能的形式消耗

在电阻或频敏变阻器上，电动机即被制动。

同步电动机电阻能耗制动和频敏变阻器能耗制动线路如图6-1所示。

制动时，接触器KM_1失电释放，使同步电动机定子绕组从电网中断开，但励磁绕组仍保持一定的励磁电流，紧接着接触器KM_2得电吸合，将制动电阻或频敏变阻器接入定子回路，进行能耗制动。

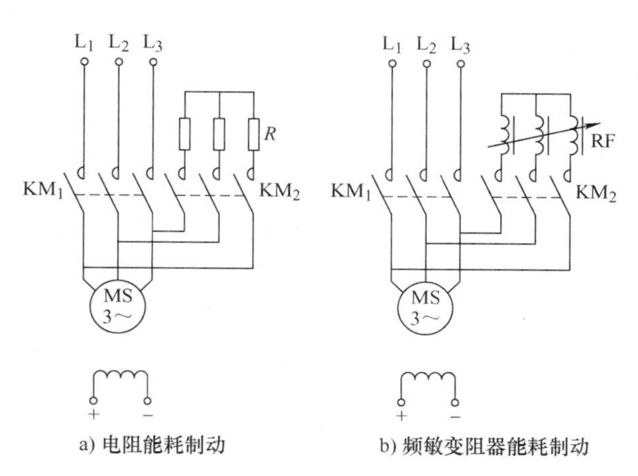

图6-1 同步电动机能耗制动线路

采用电阻能耗制动，实践表明，当转子回路励磁电流/转子回路空载额定励磁电流为1.93时，能获得最大制动转矩，其值为同步电动机额定转矩的2.8倍。当定子回路电阻/定子额定阻抗为0.4时，可得到较短的制动时间；而当此值为0.6值，可得到较短的制动行程。

采用频敏变阻器能耗制动，可得到比接入电阻制动更为优良的制动性能。

六、同步电动机的日常检查与维护

同步电动机的日常检查和维护内容包括：

1）监视各仪表指示是否正常。同步电动机监视仪表有电流表、电压表、励磁电压表、励磁电流表，还有监测定子绕组、铁心、轴承等的温度及进、出风温度的温度表等。通过监视和记录仪表的指示值，可以发现电动机的异常情况，以便及时采取措施加以排除。

同步电动机正常运行时，要求各指示仪表的指示值不得超过规定范围，各部分的温度不得超过极限值。

2）检查主回路、二次回路、控制回路及励磁调节器等是否正常。重点检查以下内容：

① 主回路的导线有无过热现象。

② 二次回路以及控制、保护回路有无异常情况。

③ 励磁调节器有无异常情况。

3）监听和观察发电机运行有无异常现象。利用人的五官检查电动机有无异常声响、摩擦、放电、火花、高温、焦臭及其他情况。如有异常，应及时停机检查，排除故障。

4）检查集电环、电刷与电刷架。可参见直流电动机的有关内容。

5）测量电动机绕组对地的绝缘电阻。

① 测量转子绕组的绝缘电阻。用500V绝缘电阻表测量，其阻值一般不应低于0.5MΩ。

② 测量定子绕组的绝缘电阻。对于500V以下的低压同步电动机，用500V绝缘电阻表测量；对于高压同步电动机，用1000～2500V绝缘电阻表测量。测量结果与制造厂的试验值或以前测量值比较不应有明显的降低。若低到以前所测值的1/3～1/5，说明绝缘可能受潮、表面污脏，应查明原因并加以消除。若绝缘吸收比$R_{60}/R_{15}<1.3$，则认为绝缘受潮，应做干燥处理。

七、同步电动机的U形曲线及试验

1. U形曲线

适当地增加励磁电流，使同步电动机在过励磁状态下运行，则同步电动机会从电网吸取容性电流和容性无功功率，或者说，向电网发出感性电流和感性无功功率，补偿电网中电感性负荷的需要，提高电网的功率因数。其作用类似于无功补偿电容器组。

同步电动机一般是按照过励磁（$\cos\varphi=0.9$ 超前）的运行条件设计的。但要注意，同步电动机的励磁电流不能过分加大，因为励磁电流太大会引起定子电流增大，定子和转子损耗增加，使电动机温升增高。

同步电动机从电网吸取的有功功率的大小，由它所带动的机械负载大小决定。若机械负载不变，调节励磁电流，会使定子电流也发生变化。励磁电流和电枢电流之间的关系，可用U形曲线来表示，如图6-2所示。每条曲线的最低点是定子电流最小（$\cos\varphi=1$）的情况，把这些点连接起来，就得到一条稍微向上倾斜的U形规律曲线。它的右方是电动机的过励区，对电网来说，电动机相当于一个电容性负载，它的定子电流相位超前电压相位。曲线左方是欠励区，定子电流相位滞后电压相位，从电网吸收感性无功功率。

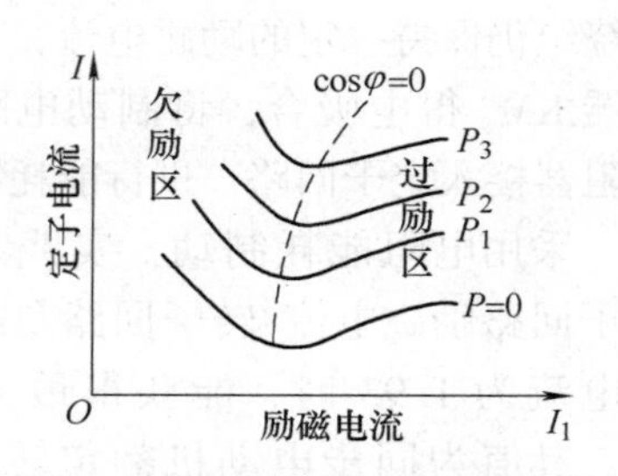

图6-2 同步电动机的U形曲线

2. 试验方法

同步电动机带上某一恒定功率负载并加以额定电压，从大到小调节励磁电流，读取每一阶段的功率、电枢电流 I 和励磁电流 I_1。

不同恒定功率，可按额定功率 P_e 的5/4、4/4、3/4、2/4、1/4及零，6点进行。

试验过程要注意，调节励磁电流时，不可过大过小，以免电动机运行不稳定和失步。

八、同步电动机的常见故障及处理

1. 同步电动机的常见故障及处理

同步电动机的结构与同步发电机相同，其故障及处理方法也类似，可参见表5-6。同步电动机不能起动和转速不正常的故障及处理方法，可参见表6-3。

表6-3 同步电动机的两种故障及处理方法

故障现象	可能原因	处理方法
不能起动	（1）电源电压太低，起动转矩过小	（1）如果是减压起动，可适当提高起动电压，以增大起动转矩
	（2）定子绕组开路	（2）检修开路的绕组
	（3）负载太重	（3）使电动机轻载起动
	（4）轴承太紧或安装不当，使定、转子相擦	（4）重新安装轴承，调整定、转子之间的气隙使其达正常值
	（5）定子绕组的电源或控制电路有缺陷或错误	（5）检查定、转子的主电路和控制电路
	（6）转子上起动绕组断路或各铜条的连接点接触不良	（6）检查起动绕组的各连接点
	（7）电动机的起动转矩较低，不足以起动所传动的机械设备	（7）使电动机空载起动或减载起动，必要时换一台更大的电机
起动后转速不能增加到正常转速，且有较大振动	（1）励磁系统有故障，不能投入额定励磁电流	（1）检修励磁系统，测量励磁电流
	（2）励磁绕组有匝间短路现象	（2）可只在励磁回路中通入额定励磁电流，用直流电压表测量各励磁绕组的电压降，以找出故障绕组
	（3）励磁绕组的接线有错误或绕制方向、匝数有错误	（3）检查励磁绕组的方向、匝数和接线方式，并纠正过来

2. 同步电动机常见故障的修理

（1）同步电动机阻尼绕组焊接处断裂的修理　同步电动机的阻尼绕组由阻尼条和阻尼环组成，用铜焊或银焊连接。由于受电动机长期运行中的电磁力和机械力作用，若焊接质量不良，焊接处容易断裂，断裂处会产生火花，并有异常电磁声。

同步电动机的阻尼绕组发生断裂时，应立即停机检查，查出故障点后进行铜焊或银焊予以修复。修理步骤如下：

1）焊接前在焊点附近裹上浸水的石棉绳，以保护完好部分。

2）用石墨钳加热断裂处。操作时，断续接通电源，将焊接温度控制在600～700℃之间。

3）当断裂处阻尼条呈暗红色时，将磷铜焊片熔于断裂处即可。如果进行银铜焊，则焊接时应添加硼砂作为助焊剂。

4）焊接后，将焊接处打磨平整。

（2）同步电动机定子接线处开焊的修理　同步电动机定子接线处开焊的修理方法可参照以上阻尼绕组断裂的修理方法。焊接前用细砂布将焊接导线头擦亮，在线头附近裹上浸水的石棉绳，以防止焊剂、焊料流入绕组缝内。焊接后用电桥测量直流电阻值，并与安装时最初测得的数值比较，相差不应超过±2%。

第二节　同步电动机励磁装置及故障处理

一、同步电动机晶闸管励磁装置

同步电动机晶闸管励磁装置有采用三相半控桥式和全控桥式的，也有采用单相半波式和全波式的，但它们的基本原理是类同的。

采用单相半波式晶闸管励磁装置的电路如图6-3所示。

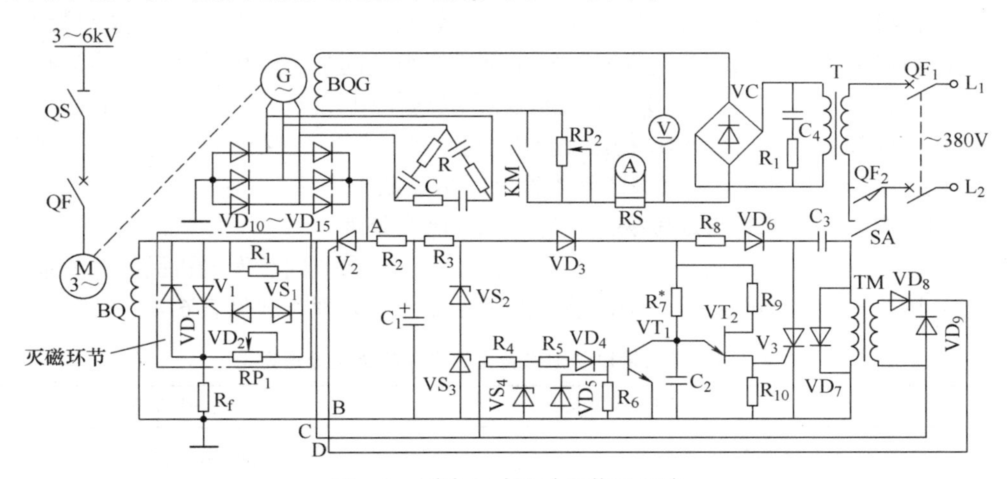

图6-3　同步电动机励磁装置电路

工作原理：合上主电路隔离开关QS和油断路器QF，合上控制回路电源开关QF_1，同步电动机MS开始全压异步起动，灭磁环节开始工作。灭磁环节由续流二极管VD_1、晶闸管V_1、二极管VD_2、稳压管VS_1、电位器RP_1和电阻R_1组成。

同步电动机起动时，转子产生感应电压。负半周时，感应的交流电流经过放电电阻R_f和VD_1；正半周时，开始时感应交变电压未达到晶闸管V_1整定的导通开放电压前，感应交

流电流通过 R_1、RP_1 及 R_f 回路，这样外接电阻为转子励磁绕组电阻值的几千倍以上，所以励磁绕组相当于开路起动，感应电压急剧上升。当其瞬间值上升至晶闸管 V_1 整定的导通电压时，V_1 导通，短接了电阻 R_1 和 RP_1，使同步电动机转子励磁绕组 BQ 从相当于开路起动变为只接入放电电阻 R_f 起动，因此转子感应电压的峰值就大为减弱，直至此半周结束。电压过零时，V_1 没有维持电流而自行关闭。

调整电位器 RP_1，可使晶闸管 V_1 在不同的转子感应电压下导通工作，接入放电电阻 R_f。可见，同步电动机在起动过程中，随着转子加速，转子励磁绕组所产生的感应交变电压半周经晶闸管 V_1、放电电阻 R_f 灭磁；半周经续流二极管 VD_1、放电电阻 R_f 灭磁。

由异步起动转入同步运行的过程如下：交流励磁发电机 G 的励磁绕组 BQG 得到励磁电流，随着同步电动机的加速，G 输出的电流经三相整流桥 $VD_{10} \sim VD_{15}$ 整流送到 A、B 两点。

同步电动机在整个起动过程中，其转子励磁绕组 BQ 所感应出的交变电压的频率和幅值随转子转速的增高而下降，R_f 上的电压降减小。同步电动机刚起动时，BQ 感应出的交变电流在 R_f 上的电压降大。此时电压降按转差率正负交变，是整步投励控制环节的信号源。这个信号经电阻 R_4 降压、稳压管 VS_4 削波、电阻 R_5 限流后，送到三极管 VT_1 的基极。

在同步电动机被牵入同步运行前，负半周时（即 C 端为负、B 端为正），晶体管 VT_1 因无基极电流而截止。此时电容 C_2 经电阻 R_7 被充电，但尚未达到单结晶体管 VT_2 的峰点电压，故 VT_2 截止。在正半周时，VT_1 得到基极偏压而导通，C_2 即经 VT_1 而放电，故 VT_2 仍截止。

当同步电动机被加速到准同步速度（即 95% 额定转速，转差率 $S=0.05$）时，转子感应的电压不足使晶闸管 V_1 导通而关闭。由于转子励磁绕组感应出的交变电压的频率为每秒 2.5 周，负半周的延续时间比较长，电容 C_2 的充电时间延长了。其两端电压达到的单结晶体管 VT_2 的峰点电压时，VT_2 导通，由 VT_2 等组成的弛张振荡器发出脉冲信号，晶闸管 V_3 触发导通。电容 C_3 在 VT_2 未导通前已通过电阻 R_2、R_3、R_8 以及二极管 VD_3、VD_6、VD_7 充电，当 V_3 导通时，C_3 便通过脉冲变压器 TM 迅速放电，TM 发出强脉冲，使晶闸管 V_2 触发导通。此时将励磁电流送入同步电动机的转子励磁绕组，同步电动机被牵入同步运行。

图中，二极管 $VD_3 \sim VD_6$、VD_8、VD_9 起保护隔离作用，以防止投励环节中各元件受暂态过电压作用而损坏；二极管 VD_7 构成 C_3 的充电回路，同时它又能防止脉冲变压器 TM 一次绕组出现过电压；电阻 R_6 用以保证晶体管 VT_1 可靠截止。

二、同步电动机晶闸管自动励磁装置的常见故障及处理

同步电动机晶闸管自动励磁装置的日常维护工作，可参照同步发电机晶闸管自动励磁装置的内容。同步电动机晶闸管自动励磁装置的常见故障及处理方法见表 6-4。

表 6-4　晶闸管自动励磁装置的常见故障及处理方法

序号	故障现象	可能原因	处理方法
1	励磁装置无直流输出	（1）给定回路及元件开路 （2）负反馈电路及元件开路 （3）给定电源中稳压管击穿或开路 （4）主回路晶闸管或触发板件损坏，无脉冲输出 （5）励磁回路开路或严重接触不良，使回路电流小于晶闸管的维持电流，即使励磁装置正常，晶闸管也无法导通	（1）检查给定回路及元件 （2）检查负反馈电路及元件 （3）检查稳压管是否良好 （4）检查主回路晶闸管及触发板件，用示波器观察波形，更换触发板件试试 （5）检查励磁回路

（续）

序号	故障现象	可能原因	处理方法
2	同步电动机起动时投不上励磁，导致起动失败	（1）联锁回路触头闭合不良 （2）整流桥中主回路中个别晶闸管误触发，致使电动机有时能起动，有时不能起动 （3）同本表第1条	（1）检查联锁回路 （2）检查主回路中晶闸管元件及触发板件 （3）同本表第1条
3	运行中突然失磁，致使同步电动机跳闸停车	（1）整流回路异常 （2）触发回路无脉冲输出 （3）同步电源、控制电源无电压 （4）给定电源开路 （5）续流二极管击穿，使整流电流短路，并威胁晶闸管元件	（1）检查整流回路及元件 （2）检查触发回路、触发板件，可更换触发板件试试 （3）检查同步电源、控制电源的电压是否正常 （4）检查给定电源有无输出电压 （5）检查续流二极管
4	投励磁过早（在电动机起动前或同时投入励磁电流），使电动机堵转	（1）主回路晶闸管所需的触发功率太小，受外界干扰而误导通 （2）主回路晶闸管正向额定电压降低，导致正向转折 （3）安装工艺不当，如将励磁回路导线与动力线平行敷设，引起干扰 （4）触发板件失调或锯齿波发生器中有关元件损坏 （5）移相插件中的开关晶闸管短路或失控	（1）在主回路晶闸管门极与阴极之间并联一只0.1～0.22μF的电容，或更换触发功率大些的晶闸管 （2）更换晶闸管 （3）励磁回路的导线应与动力线分开敷设 （4）检查触发板件，可更换触发板件试试 （5）检查并更换开关晶闸管
5	励磁不稳定，直流表计抖动，幅度较大	（1）移相插件中电压负反馈失常，这时直流表计摆动与电源电压波动有关 （2）直流表计从零到整定值大幅度摆动或时有时无，主要是由于电源相序接错，导致主回路与触发脉冲不同步 （3）直流表计摆动变化无规律，但调节给定电位器可使输出回零，原因是电压负反馈环节接触不良，元件虚焊，给定电位器等电源回路接触不良 （4）励磁脉动成分较大，直流表计抖动明显，主要原因是晶闸管导通角不一致	（1）检查时调节给定电位器，可发现调节输出直流无阻尼作用，应更换插板试试；检查电压负反馈回路 （2）检查并改正相序 （3）检查电压负反馈环节、给定电位器及各电源电压 （4）重新调试励磁装置
6	有电流，无电压	（1）灭磁晶闸管误触发 （2）灭磁检查按钮常开触头闭合 （3）击穿熔断器和续流二极管击穿，这时放电电阻会发热	（1）检查灭磁晶闸管是否良好 （2）检查灭磁检查按钮 （3）更换熔断器和续流二极管
7	电压正常，电流偏小	转子回路故障，如分流器和直流母线接触不良，集电环和电刷接触不良	检查转子回路，消除接触不良现象，修理或更换电刷
8	电流正常，电压偏离	某只晶闸管短路，从而把交流成分叠加到直流输出电压上，由于转子交流阻抗较大，故电流增加极少	用示波器检查输出电压波形，可看到有交流成分，用万用表查出击穿的晶闸管，并予以更换

参考文献

[1] 方大千，朱征涛，等. 电机维修实用技术手册 [M]. 北京：机械工业出版社，2012.
[2] 方大千，朱征涛. 实用电机维修技术 [M]. 北京：人民邮电出版社，2004.
[3] 方大千，等. 现代电工技术问答 [M]. 北京：金盾出版社，2006.
[4] 方大千，等. 电工计算应用280例 [M]. 南京：江苏科学技术出版社，2008.
[5] 方大千，等. 实用电工手册 [M]. 北京：机械工业出版社，2012.
[6] 方大千，朱征涛，等. 实用电动机速查速算手册 [M]. 北京：化学工业出版社，2013.
[7] 方大千，朱征涛，等. 电动机实用技术260问 [M]. 北京：化学工业出版社，2016.
[8] 雷晓明，周大林. 应用新型保护剂处理严重受潮的电机 [J]. 电世界，1992 (6).